Roth, Zahnradtechnik, Stirnrad-Evolventenverzahnungen, 2. Aufl.

Springer

Berlin
Heidelberg
New York
Barcelona
Hongkong
London
Mailand
Paris
Singapur
Tokio

Karlheinz Roth

Zahnradtechnik
Stirnrad-Evolventenverzahnungen

Geometrische Grundlagen,
Profilverschiebungen, Toleranzen, Festigkeit

2. Auflage

Mit 173 Abbildungen

Springer

o. Professor em. Dr.-Ing. Dr. h.c. Karlheinz Roth

Beckurtstraße 20
38116 Braunschweig

Bis 1989 Direktor des Instituts für Konstruktionslehre
Maschinen- und Feinwerkelemente
der Technischen Universität Braunschweig

Dieser Band erschien 1989 als:
K. Roth, Zahnradtechnik, Bd. 1: Stirnradverzahnungen - Geometrische Grundlagen ISBN 3-540-51168-7 und
K. Roth, Zahnradtechnik, Bd. 2: Stirnradverzahnungen - Profilverschiebungen, Toleranzen, Festigkeit ISBN 3-540-51169-5

ISBN 3-540-67650-3 2. Aufl. Springer-Verlag Berlin Heidelberg New York
ISBN 3-540-51168-7 1. Aufl. Springer-Verlag Berlin Heidelberg New York
ISBN 3-540-51169-5 1. Aufl. Springer-Verlag Berlin Heidelberg New York

Die Deutsche Bibliothek - CIP-Einheitsaufnahme
Roth, Karlheinz: Stirnrad-Evolventenverzahnungen / Karlheinz Roth. -
Berlin; Heidelberg; New York; Barcelona; Hongkong; London; Mailand; Paris; Singapur; Tokio: Springer, 2001
ISBN 3-540-67650-3

Springer-Verlag Berlin Heidelberg New York
ein Unternehmen der BertelsmannSpringer Science+Business Media GmbH

Einbandgestaltung: Struve & Partner
Gedruckt auf säurefreiem Papier SPIN: 10769737 62/3020hu - 5 4 3 2 1 0 -

In dankbarer Erinnerung
an meinen verehrten Lehrer,
Prof. Dr.-Ing. Gustav Niemann

Vorwort zur 2. Auflage

Das vorliegende Zahnradbuch, welches in der 1. Auflage in zwei Bänden erschienen ist, wurde zu einem zusammengefaßt. Es hat sich im Laufe der Zeit immer mehr verbreitet, wohl weil es eines der wenigen aktuellen Werke geblieben ist, in dem die Verzahnungsgrundlagen der üblichen Evolventenstirnradverzahnungen von Anfang an auch für fachlich nicht vorbelastete Leser dargestellt und entwickelt werden. Die Geometrie ist darin für Außen- und Innenverzahnungen mit gleicher Ausführlichkeit behandelt und systematisch dargestellt. Auch kleinste Zähnezahlen, wie z.B. der Einzahn, werden mit einbezogen, so daß die Gesetzmäßigkeiten gut zu erkennen und zu merken sind. Die große Wandlungsfähigkeit der Evolventenverzahnungen beruht hauptsächlich auf dem Mittel der Profilverschiebung, der ein eigenes Kapitel gewidmet wurde. Auch die Zahnradtoleranzen und -passungen sind schwerpunktmäßig behandelt. Übersichtliche Formelsammlungen, Berechnungsunterlagen und Beispielsammlungen beschließen den Band.

In der 1. Auflage wurden noch die Bände III und IV angekündigt. Es wurde jedoch nur noch ein Band geschrieben mit dem Inhalt des ehemals geplanten Bandes IV. Dieser erschien 1998 unter dem Titel "Evolventen-Sonderverzahnungen" im gleichen Verlag. Kegelradverzahnungen sowie Meßverfahren wurden darin nicht behandelt, jedoch eine ausführliche Systematik der Zahnradherstellungverfahren.

Herrn Dr.-Ing. Ulrich Haupt sei für zahlreiche Korrekturen, besonders im Toleranzteil, der aufgrund neuer internationaler Normen geändert werden mußte, für viele gute Vorschläge sowie die persönlich durchgeführte Aufarbeitung alter Unterlagen ganz besonders gedankt. Ebenso danke ich Herrn Prof. Dr.-Ing. Shyi-Jeng Tsai für wertvolle Hinweise. Dem Springer-Verlag gebührt Dank für die ansprechende Buchgestaltung.

Braunschweig, Oktober 2000 — Karlheinz Roth

Vorwort zur 1. Auflage

Ein neues Buch über Evolventen-Verzahnungen zu schreiben, scheint angesichts gut eingeführter Standardwerke zunächst nicht erforderlich, ist es aber dennoch. wenn - wie im vorliegenden Fall - versucht wird, neue Berechnungsmethoden zu berücksichtigen, das große Gebiet der Verzahnungen auch außerhalb der genormten Bezugsprofile zu betrachten und schließlich zahlreiche Zusammenhänge zwischen bekannten und weniger bekannten Ausführungen in übersichtlichen Konstruktionskatalogen darzustellen. Es soll die Aufmerksamkeit auch auf den Einsatz der nicht berücksichtigten Verzahnungen in Grenzgebieten, der Sonderverzahnungen mit extremen Eigenschaften, gelenkt werden.

Die Absicht, eine gewisse Abrundung bei der Behandlung von Stirnrad- und Kegelradverzahnungen zu erzielen, sowohl die genormten als auch die wichtigsten nicht genormten zu behandeln, ihre Geometrie und Tragfähigkeit sowie die Prinzipien für ihre Herstellung, veranlaßten den Autor, vier Bände vorzusehen. Die vorliegenden ersten zwei Bände befassen sich ausschließlich mit Stirnrädern (Zylinderrädern) und Stirn-Radpaarungen, der dritte Band mit den für die Konstruktion wichtigen Prinzipien ihrer Herstellung und der vierte mit den nicht genormten Evolventenverzahnungen wie Evoloid-Verzahnungen (z = 1 bis 5), den konischen Verzahnungen, den Keilschräg-Verzahnungen (axiale Doppelschräg-Verzahnungen), den Kronenrad-Verzahnungen, den Komplement-Verzahnungen (für erhöhte Tragfähigkeit) und den Kegelrad-Verzahnungen.

Im ersten und zweiten Band sind die Grundlagen der Verzahnungsgeometrie, der Toleranz- und Tragfähigkeitsberechnung enthalten. Geometrie und Toleranzberechnungen sind weitgehend so dargestellt und erläutert, daß sie für die Sonderverzahnungen des vierten Bandes angewendet werden können (z.B. die Behandlung des Teilkreises als nicht herausgehobenem Kreis und die Betrachtung der Zähnezahlen von $z = -\infty$ über $z = -1$, $z = +1$ bis $z = +\infty$). Die Tragfähigkeitsberechnungen im Band II wurden dagegen ausschließlich auf DIN 3990 [7/1] abgestimmt. In Band IV werden sie im Hinblick auf die speziellen Verzahnungen erweitert.

Bei der Darstellung des Stoffes wird versucht, den Ansprüchen verschiedener Leserkreise gleichzeitig gerecht zu werden. Für Studierende und Leser, die sich in den Stoff einarbeiten wollen, sind zum Verständnis der Zusammenhänge keine speziellen verzahnungstechnischen Kenntnisse vorausgesetzt. Für alle wichtigen Probleme werden beispielhafte Aufgabenstellungen mit Lösungen in Gleichungsform und als Zahlenrechnung gebracht. Hilfreich kann dabei die Verwendung der Diagramme und der Formelsammlung sowie der Struktogramme in Kapitel 8 zur Übertragung der Berechnung auf Rechner sein. Der Konstrukteur und der im Betrieb arbeitende Ingenieur findet für eine erste Auslegung alle notwendigen Unterlagen und Daten in den entsprechenden Kapiteln.

Band I und II kann auch zur Vorbereitung für das Einsteigen in schwierigere Standardwerke sowie in die mit Faktenwissen und Definitionen angehäuften, nicht ganz leicht verständlichen Normblätter [2/1;4/1] verwendet werden. Das wird erleichtert, da die Bezeichnungen und Gleichungen vollkommen übereinstimmen und ein ausführliches Sachverzeichnis vorliegt. Die Bildunterschriften sind relativ ausführlich, so daß sie beim schnellen Nachschlagen zur ersten Erklärung des Bildinhalts genügen. Schließlich ist eine ganze Reihe von Zusammenhängen erläutert, bildlich dargestellt und systematisch variiert worden, die mehr den "Feinschmecker" ansprechen, den auch das "Warum" und nicht allein das "Wie" interessiert wie z.B. der Zusammenhang zwischen Eingriffswinkel, Achsabstand und Kopfhöhenänderung bei Außen- und Innen-Radpaaren, bei V-Plus- und V-Minus-Verzahnungen, auftretende Reibsysteme bei Außen- und Innen-Radpaaren, für Übersetzungen ins Langsame und ins Schnelle, vor und nach dem Wälzpunkt sowie neue Methoden zur Berechnung der Passung (des Flankenspiels) usw. Eine Formelsammlung aller Gleichungen bringt schließlich Kapitel 8, ebenso eine kurzgefaßte Abhandlung über das Rechnen mit Grenzmaßtoleranzen und verschiedenen Berechnungsmöglichkeiten für die Ersatzzähnezahlen.

In der Verzahnungstechnik erhalten die einzelnen Bestimmungsgrößen häufig zahlreiche Indizes, die für den Außenstehenden sehr verwirrend sein können. Sie entpuppen sich aber als wesentliche Hilfe zum Verständnis, wenn sie konsequent angewendet werden. Leider wurden in dem Normblatt DIN 3960 [7/1], in den nach 1976 folgenden Ausgaben neben vielen Verbesserungen auch sehr unschöne Kompromisse gemacht. Was soll man davon halten, wenn Teilkreisgrößen als spezielle Größen keinen Index erhalten, einige Größen im Normalschnitt (wie der Profilverschiebungsfaktor), eine andere im Stirnschnitt (wie der Achsabstand) ohne entsprechenden Index geschrieben werden? Es entstehen dann Gleichungen, die statt der allgemeinen Form $a \cdot \cos\alpha$ = konst. z.B. die Form haben: $a_d \cdot \cos\alpha_{wt} = a_v \cdot \cos\alpha_{vt}$, wobei es irreführend ist, daß für zusammenhängende Größen verschiedene Indizes verwendet werden. Die "Übersetzungstabelle" in Abschnitt 8.1 soll dann weiterhelfen.

In den einzelnen Kapiteln werden unter anderem folgende Gebiete behandelt:

Kapitel 1: Übersichten

Konstruktionskataloge von Zahnrädern und Zahnradpaarungen bezüglich der Drehbewegung, Achslage, Grundkörper, Schrägungswinkel und Paarungsmöglichkeiten verschiedener Zahnkörper.

Kapitel 2: Grundlagen der Evolventengeometrie für Stirnräder
Erzeugen der Evolventenverzahnung mit Zähnezahlen von z = 1 bis ∞ (mit Schablone), Spitzen- und Unterschnittgrenzen, die Zahnradpaarung als Reibsystem.

Kapitel 3: Schrägverzahnungen und Paarungen
Problematik und Genauigkeit von Ersatzzähnezahlen

Kapitel 4: Hohlräder
Spektrum der Hohlradpaarungen (Übersicht von Planetengetrieben). Gegenüberstellung von Profilverschiebung, Zahnhöhen- und Kopfhöhenänderung bei Außen- und Innenrädern.

Kapitel 5: Profilverschiebung
Auswirkungen auf innenverzahnte Räder, Eingriffsbeginn und -ende bei Außen- und Innen-Radpaarungen, notwendige Zahnkorrekturen, Angriff der Übertragungskräfte, Gleitgeschwindigkeiten.

Kapitel 6: Toleranzen und Passungen
Vergleich von Längen- und Zahnradpassungen. Berechnung des Flankenspiels mit dem System für Toleranz-Summierung. Maschinenbau- und feinwerktechnisches Paßsystem für Verzahnungen.

Kapitel 7: Tragfähigkeit
Berechnung von Zahnradpaarungen nach DIN 3990 [7/1] Methode B. Zusammenfassung mit übersichtlichen Beispielen, Berechnung der Einflußfaktoren.

Kapitel 8: Benennungen und Berechnungsunterlagen
Übersichtliche Formeltafeln, Spitzen- und Unterschnittdiagramme. Rechenregeln für die Summierung von Grenzmaßtoleranzen, Berechnung von Ersatzzähnezahlen. Verschiedene Struktogramme, Modul- und Involutfunktions-Tafeln.

Für die vorbildliche Ausführung der Zeichnungen und das geduldige Verständnis bei der Durchführung zahlreicher Änderungen danke ich ganz herzlich Frau Ursula Gent. Den Schriftsatz besorgte mit größter Sorgfalt und Hingabe Frau Renate Metje, der ich dafür an dieser Stelle meinen ganz besonderen Dank ausspreche. Das Hauptverdienst für zahlreiche Verbesserungsvorschläge, für die Abstimmung der Zeichen- und Schreibarbeiten, für die Übereinstimmung und Richtigkeit der Gleichungen und Textpassagen sowie für inhaltliche und formale Korrekturen gebührt dem Akademischen Rat,

Herrn Dr.-Ing. Ulrich Haupt, dem ich dafür meinen ganz besonderen Dank ausspreche. Dank sage ich auch für Korrektur, Durchsicht und wertvolle Hinweise Herrn Dipl.-Ing. Detlev Petersen (ihm auch für die umfangreichen Arbeiten an Kapitel 7) sowie für die Ausführung der Aufgabenstellungen Herrn Dipl.-Ing. Andreas Wenzel. Dem Springer-Verlag danke ich für die ansprechende Gestaltung des Buches. Entscheidende Voraussetzungen, um dieses Buch schreiben zu können, schuf meine Frau, der ich dafür ganz herzlich danke.

Mögen die Erkenntnisse und Erfahrungen, welche auf langjähriger Industrietätigkeit sowie Forschungs- und Lehrtätigkeit an der Hochschule beruhen, zum besseren Verständnis, zur besseren Beherrschung der konventionellen und zur Anwendung neuer Verzahnungstechniken dienen.

Braunschweig, August 1989 K. Roth

Inhaltsverzeichnis

Inhaltsübersicht des Bandes Zahnradtechnik, Evolventen-Sonderverzahnungen zur Getriebeverbesserung

1 Einleitung und Überblick

1.1 Zielsetzung

Die Zahnräder als Elemente für die Übertragung und Veränderung einer Drehbewegung durch Normalflächenschluß kommen in sehr vielen Maschinen und Geräten vor. Eugen Roth [1/4] weiß das so treffend als "Mensch" auszudrücken:

... Und staunend hat er bald entdeckt,
Wo überall ein Zahnrad steckt:
Beinah in allem Nützlich-Guten,
Oft dort selbst, wo wir's nicht vermuten ...

Tritt aber nun tatsächlich ein technisches Problem auf, bei dem es notwendig ist, Zahnräder zu verwenden, zu ändern oder ein Problem, bei dem unkonventionelle Zahnräder eine elegante Lösungsmöglichkeit bieten, dann soll sich der Leser anhand der Unterlagen oder der Hinweise der folgenden Ausführungen zu helfen wissen, sei es, daß er auf die zu beachtenden wesentlichen Probleme hingewiesen wird, oder daß er sich letztendlich das notwendige Wissen leicht aneignen kann.

Es werden daher in möglichst anschaulichen Bildern und Übersichten die wichtigsten Grundlagen der Evolventenverzahnungen entwickelt. Sie sollen nicht nur das Verständnis der Zusammenhänge, die Berechnungen der geometrischen Daten, sondern auch eine überschlägige Abschätzung der Festigkeitswerte und Verzahnungstoleranzen möglich machen. Besonderer Wert wird auf Übersichtsdarstellungen gelegt, die neben einer informativen Systematik stets auch die Grenzgebiete der üblichen Verzahnungstechnik berücksichtigen. Das ermöglicht ein leichteres Erfassen der Gesetzmäßigkeiten und läßt das Neue als Teil des Bekannten leichter in eine Gesamtübersicht einordnen. Einige Übungsaufgaben wurden im Text aufgenommen, um das Verständnis zu fördern und den eigenen Wissensstand zu prüfen.

Das erste Kapitel enthält eine Übersicht und eine Einteilung wichtiger Verzahnungen, insbesondere der Evolventenverzahnungen, im zweiten Kapitel werden die Grundlagen der Verzahnungsgeometrie für Evolventen-Geradverzahnungen in leicht verständlicher Weise entwickelt, im dritten bis fünften Kapitel werden die Schräg- und

Innenverzahnung, die Profilverschiebung, im sechsten Kapitel die Tolerierung und im siebten die Festigkeitsberechnung behandelt. Die zur Berechnung notwendigen Ausgangswerte sind nach Möglichkeit schon in der Aufgabenstellung angegeben oder durch Schrifttumshinweise zugänglich gemacht. In Kapitel 8 sind enthalten: Zeichen und Benennungen, alle Gleichungen, Spitzen- und Unterschnittdiagramme, Diagramme über zulässige Profilverschiebungen bei Innen-Radpaarungen, weitere Möglichkeiten zur Bestimmung der Ersatzzähnezahlen, einige Struktogramme, Rechenregeln für die Summierung tolerierter Maße und eine Tafel 7-stelliger Werte der inv-Funktion.

Die Berechnungen beschränken sich auf die Auslegung der Verzahnungspaarungen, nicht auf die des Radkörpers, der Welle und der Lagerungen. Behandelt werden hier nur zylindrische Stirnrad-Verzahnungen. Diesen Verzahnungen liegt ein genormtes Bezugsprofil zugrunde. Evolventen-Sonderverzahnungen sind in einem eigenen Band [1/15] enthalten.

Da dieses Werk nur allgemeine technische, jedoch keine verzahnungstechnischen Voraussetzungen erfordert, ist es für technische Schulen, Fach- und Hochschulen geeignet, ebenso auch für das schnelle Nachschlagen in der Getriebe-Auslegungspraxis. Insbesondere soll das Verständnis der Zusammenhänge gefördert und der Leser stets bis zu dem entscheidenden Punkt geführt werden, aus dem Schlüsse für die Weiterverfolgung in Spezialwerken oder für den Übergang zu anderen Lösungsmöglichkeiten entnommen werden. Die Unterlagen ermöglichen die Auslegung von Zahnradpaarungen in allen wesentlichen Punkten. Die Bezeichnungen, Formeln und Festigkeitsberechnungen sind den gültigen DIN-Normen angeglichen, um von der formalen Seite her keine zusätzlichen Schwierigkeiten entstehen zu lassen.

1.2 Übertragen der Drehbewegung durch Tangential- und Normalflächenschluß

Die einfachen Zahnradpaarungen bestehen aus drei Gliedern, nämlich den beiden Zahnrädern und dem Gestell. Bei dreigliedrigen Getrieben muß für den Zwanglauf e i n e Elementenpaarung zweiwertig, d.h. ein Kurvengelenk sein, und zwei Paarungen müssen einwertig, d.h. zwei Dreh- oder ein Dreh- und ein Schubgelenk sein. Die Bewegungsübertragung über Kurvengelenke (auch Zwiegelenke) kann nun entweder durch Normalflächenschluß (normal zur Berührungstangente) oder durch Tangentialflächenschluß (in Richtung der Berührungstangente) übertragen werden. Daher gibt es für die Übertragung der Drehbewegung mit drei Gliedern formschlüssig und reibschlüssig wirkende Getriebe, üblicherweise als Zahnrad- und Reibradgetriebe bezeichnet.

Der grundsätzliche Unterschied dieser Getriebearten besteht im Nichtauftreten oder im Auftreten von Schlupf. Der Schlupf verändert die Nennübersetzung der beiden Räder, je nach Größe des zu übertragenden Drehmoments. Schlupf tritt ausschließlich bei Reibradgetrieben auf und ist bei Zahnradgetrieben nicht möglich. Wegen der größeren Kräfte, die bei gleichen Abmessungen mit Normalflächenschluß übertragen werden können, ist der Leistungsdurchsatz pro Volumen bei Zahnradgetrieben viel größer. Daher werden sie viel häufiger als die Reibradgetriebe in Maschinen, Geräten und Apparaten verwendet.

Den wesentlichen Unterschied zwischen beiden Getriebearten kann man aus der Änderung ihrer Übersetzung, z.B. bei Belastung erkennen. Die Übersetzung i eines Radpaares [1/1] ist das Verhältnis der Winkelgeschwindigkeiten (Drehzahlen) des treibenden Rades (Index a) zu der des getriebenen Rades (Index b).

Diese Unterschiede für die Übersetzung i bei Reibrad- und Zahnradpaarungen zeigt Bild 1.1. Es wird dabei zwischen der momentanen, der mittleren und der nach DIN definierten Übersetzung i [1/1] unterschieden. Die momentane Übersetzung i_ω kennzeichnet das Winkelgeschwindigkeitsverhältnis während eines beliebigen Zeitpunkts des Zahndurchgangs, die mittlere Übersetzung $i_{\omega m}$ gilt als Durchschnitt für eine Periode, nach der sich die gleichen Zahnpaare wieder berühren und die übliche Übersetzung i als der theoretische Sollwert der Übersetzung nach einer Umdrehung des größeren Rades. Wie aus Bild 1.1 zu entnehmen ist, bleibt bei Reibradpaarungen weder die momentane Übersetzung i_ω noch die mittlere Übersetzung $i_{\omega m}$ konstant, während bei allen Zahnradpaarungen die mittlere Übersetzung grundsätzlich konstant bleibt. Die Übersetzungen i_ω und $i_{\omega m}$ sind im Normblatt [1/1] nicht definiert.

Bei Reibradgetrieben stehen den Vorteilen des kleinen Achsabstands, des geringen Gewichts, des niedrigen Preises und des Sicherungseffekts beim Durchrutschen doch erhebliche Nachteile wie die große Anpreßkraft und der starke Verschleiß entgegen. Die Zahnradgetriebe dagegen haben stets eine konstante mittlere Übersetzung und bei bestimmten Flanken (Evolventen und Zykloiden) auch eine konstant bleibende momentane Übersetzung. Die konstante mittlere Übersetzung garantiert stets die gleiche, einmal eingestellte Relativlage der Zahnkörper, die konstante momentane Übersetzung einen gleichförmigen Lauf, der nur durch toleranz- und fertigungsbedingte Abweichungen der Verzahnungsgeometrie oder elastische Verformungen infolge hoher Belastung gestört wird. Der gleichförmige Lauf ist zur Vermeidung von Massenkräften und Geräusch für schnell laufende Getriebe eine der wichtigsten Voraussetzungen.

Die folgenden Darstellungen beziehen sich allein auf Paarungen mit verzahnten Rädern bzw. Zahnstangen, insbesondere mit solchen, deren momentane Übersetzung bei fehlerfrei vorausgesetzten geometrischen Formen während des ganzen Eingriffs konstant bleibt.

Schlußart	Tangentialflächenschluß (Schlupf)	Normalflächenschluß (kein Schlupf)
Beispiel / Übersetzung	Reibräder 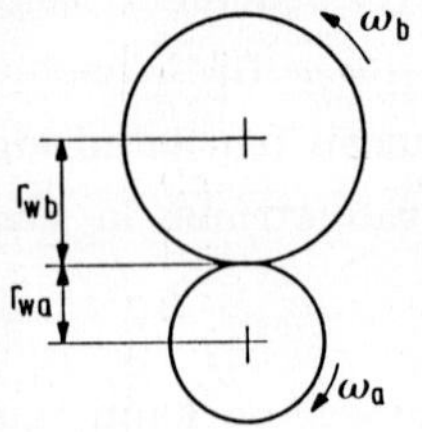	Zahnräder 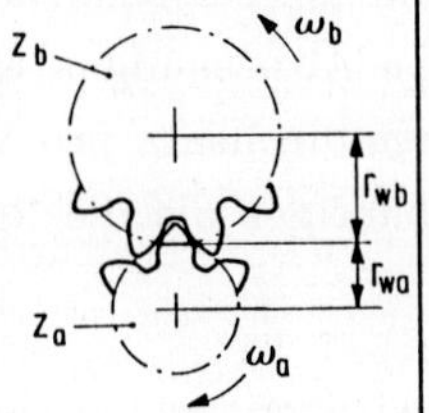
momentane $i_\omega = \frac{\omega_a}{\omega_b}$	$i_\omega \lessgtr i$	$i_\omega = i$ .... (Evolvente, Zykloide) $i_\omega \lessgtr i$ ....(Kreisbogen)
mittlere $i_{\omega m} = \frac{1}{t_2 - t_1} \int_{t_1}^{t_2} i_\omega \, dt$	$i_{\omega m} \lessgtr i$	$i_{\omega m} = i$
Übersetzung i	$i = -\frac{r_{wb}}{r_{wa}}$ (r_{wa}, r_{wb} Nennmaße)	$i = -\frac{z_b}{z_a}$

Bild 1.1. Momentane und mittlere Übersetzung für Radpaarungen mit Tangential- und Normalflächenschluß, verglichen mit der (Nenn-)Übersetzung i nach [1/1]. Die momentane Übersetzung i_ω erhält man aus den momentanen Winkelgeschwindigkeiten ω_a und ω_b der Räder, die sich umgekehrt proportional mit den momentanen Ersatzwälzkreisen (r_{wa} und r_{wb}) ändern. Index: a treibend, b getrieben.

Bild 1.2. Mögliche Änderung der Drehbewegung durch eine Zahnradpaarung, dargestellt in einem Konstruktionskatalog, der wie folgt aufgebaut ist:

Gliederungsteil: Ursache der Drehbewegungsänderung bezüglich Drehrichtung, Drehsinn, Drehzahl

Hauptteil: Typische Beispiele für Zahnradpaarungen

Zugriffsteil: Auswahl über wichtige Eigenschaften

Aufgezeigt werden soll, mit welchen - auch unüblichen - Paarungen eine Änderung der Drehbewegung möglich ist, wenn man zu deren Ermittlung eine systematische Gliederung und Kombination z.B. in einem Konstruktionskatalog vornimmt.

Die periodisch veränderliche Übersetzung wird durch exzentrische Lage des Grundkörpers (Grundkreisradius) erzielt.

Gliederungsteil			Hauptteil				Zugriffsteil		
Drehbewegungen ω_1, ω_2			Beispiele				Änderung		
Drehrichtung	Drehsinn	Drehzahlverhältnis		Anordnung	Schrägungswinkel β_1, β_2	Weitere Möglichkeiten	Drehrichtung	Drehsinn	Drehzahl
1	2	3	Nr.	1	2	3	1	2	3
Parallel	Gleich	Gleich, i = 1	1	1.1 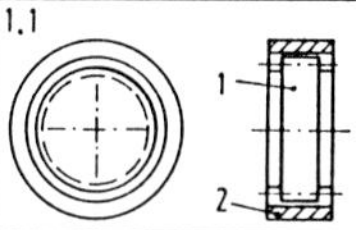	1.2 $\beta_1 = \beta_2 = 0$	1.3 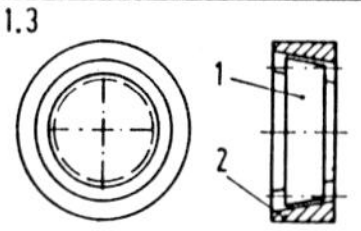	—	—	—
		Verschieden, 0 < i ≠ 1 i konstant	2	2.1 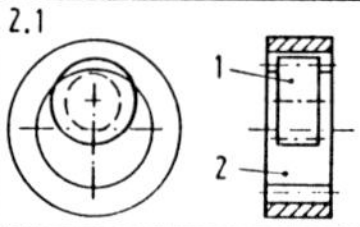	β_1 rechtssteigend β_2 rechtssteigend, oder β_1 linkssteigend β_2 linkssteigend	2.3 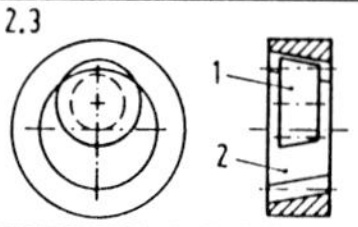			z_2/z_1
		Verschieden, i_ω periodisch veränderlich	3	3.1 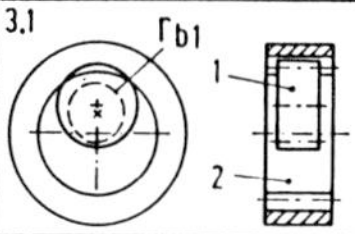		3.3 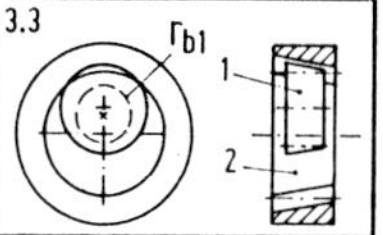			Exzentrischer Grundkreis (r_b)
	Verschieden	Gleich, i = -1	4	4.1 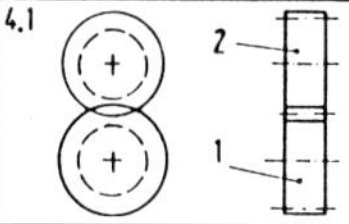	4.2 $\beta_1 = \beta_2 = 0$	4.3 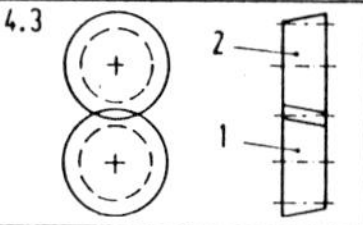		Durch Außenverzahnung	—
		Verschieden, 0 > i ≠ -1 i konstant	5	5.1 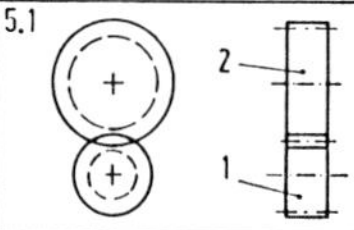	β_1 rechtsst. β_2 linksst., oder β_1 linksst. β_2 rechtsst.	5.3 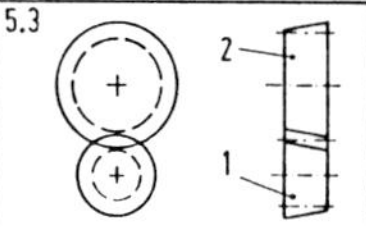			z_2/z_1
		Verschieden, i_ω periodisch veränderlich	6	6.1 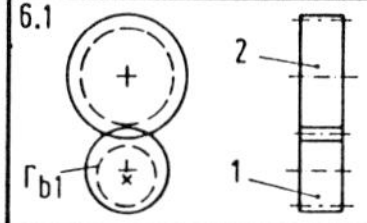		6.3 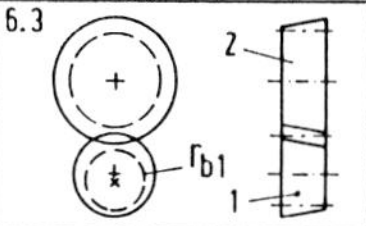			Exzentrischer Grundkreis (r_b)
Nicht parallel	Gleich	Gleich, i = 1	7	7.1 —	7.2	7.3 2) 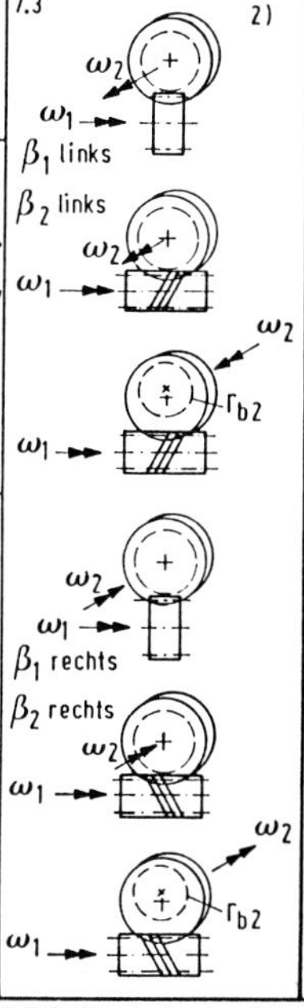	Durch nicht parallele Achslagen	—	—
		Verschieden, 0 < i ≠ 1 i konstant	8	8.1 1) 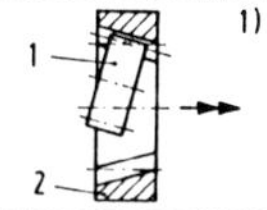	8.2 $\beta_1 = \beta_2 = 0$ β_1 rechtsst. β_2 rechtsst, oder β_1 linksst. β_2 linksst.				z_2/z_1
		Verschieden, i_ω periodisch veränderlich	9	9.1 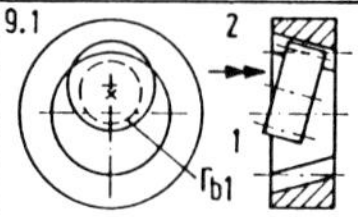					Exzentrischer Grundkreis (r_b)
	Verschieden	Gleich, i = -1	10	10.1 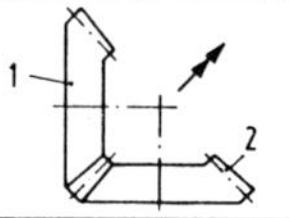	10.2 $\beta_1 = \beta_2 = 0$			Durch Außenverzahnung	—
		Verschieden, i konstant 0 > i = -1	11	11.1 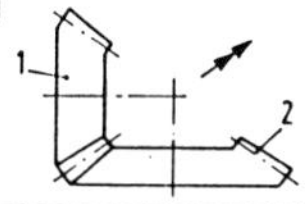	β_1 rechtsst. β_2 linksst., oder β_1 linksst. β_2 rechtsst.				z_2/z_1
		Verschieden, i_ω periodisch veränderlich	12	12.2 —					Exzentrischer Grundkreis (r_b)

1) Feld 8.1 ... 11.1 Drehsinn auf Pfeilrichtung bezogen 2) Feld 7.3 Drehsinnbeziehung nicht definiert

+ Mittelpunkt Radkörper, × Mittelpunkt Grundkörper

1.3 Aufgaben der Zahnradpaarungen

Von der Funktion her können Zahnradpaarungen sowie aus hintereinander geschalteten Paarungen bestehende Zahnradgetriebe folgende Aufgaben erfüllen:

1. Übertragen einer Drehbewegung (ω)
2. Übertragen eines Drehmoments (M)
3. Übertragen einer Leistung (P).

Das "Übertragen" [1/5] kann ein "Leiten" sein, das heißt, daß die Drehbewegung, das Moment oder die Leistung vom Eingang zum Ausgang im Betrag nicht geändert werden, sondern nur eine Ortsänderung erfahren, oder kann ein "Umformen" sein, was bedeutet, daß die Drehbewegung bzw. das Moment in seinem Betrag und seinem Richtungssinn eine einmalige oder eine laufende Änderung erfährt. Diese Änderung kann z.B. den Betrag der Winkelgeschwindigkeit (also die Drehzahl) verändern. Da die Leistung bis auf die unvermeidlichen Verluste gleich bleibt,

$$P = M \cdot \omega = \text{konst.}, \tag{1.1}$$

bedingen Winkelgeschwindigkeitsänderungen auch Momentenänderungen und umgekehrt. Hat ein Zahnrad den Radius $r \to \infty$, wird es zur Zahnstange, und die Umformung erfolgt von einer Winkel- in eine Translationsgeschwindigkeit, von einem Drehmoment in eine Kraft und umgekehrt. Das "Umformen" kann auch mit einer Ortsänderung, also mit "Leiten" verknüpft sein.

Die folgenden Übersichten wie die Bilder 1.2, 1.5 und 1.6 möge der Leser zunächst nur zur allgemeinen Orientierung überfliegen. Die Feinheiten und einzelne, noch nicht erläuterte Begriffe werden in den entsprechenden Kapiteln eingehend besprochen.

Ein Konstruktionskatalog [1/5], in Bild 1.2 dargestellt, zeigt die möglichen Drehbewegungsübertragungen einer Zahnradpaarung übersichtlich zusammengefaßt, bringt Beispiele für ihre Realisierung und gibt an, welche Arten von Verzahnungen für die einzelnen Möglichkeiten geeignet sind. Dabei kann man durch Paarung mit Außen- oder Innenverzahnung den Drehsinn ändern (Kopfspalte 2), durch das Zähnezahlverhältnis die Übersetzung i und durch die exzentrische Lage des Grundkörpers r_b die momentane Übersetzung i_ω (Kopfspalte 3). Durch Änderung des Achskreuzungswinkels läßt sich auch die Drehrichtung verändern (Kopfspalte 3). Im Hauptteil des Katalogs sind in Spalte 1 und 3 mehrere Möglichkeiten dargestellt, mit denen diese Änderungen realisiert werden können.

Die theoretische Möglichkeit, eine variable Änderung der Achslage und des Drehsinnes während des Betriebs einzustellen, ist in Bild 1.2 nicht erfaßt, da beides mit den bekannten hochwertigen Verzahnungen nicht möglich ist.

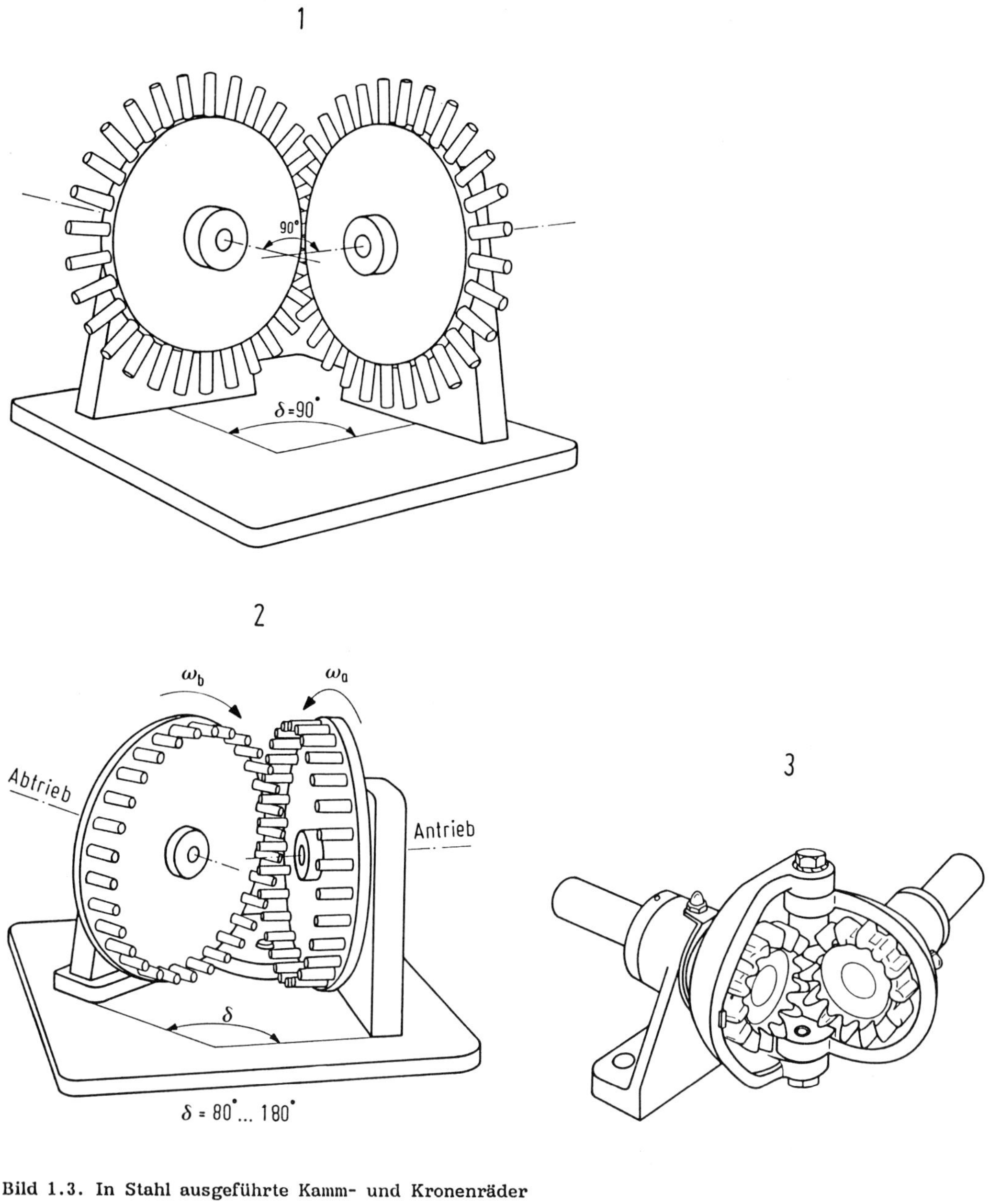

Bild 1.3. In Stahl ausgeführte Kamm- und Kronenräder

Teilbild 1: Kammräder. Sie haben im wesentlichen ein kleines Spiel. Ihre Achsen schneiden sich.

Teilbild 2: Kronenräder. Sie haben ein großes loses Spiel. Bei Kronenrädern (Übersetzung i=1) läßt sich der Achswinkel δ während des Betriebs verändern, im vorliegenden Fall von 80° bis 180°. Die Drehbewegung wird bei diesen Rädern von der Antriebsseite nur in einem Richtungssinn korrekt übertragen, weil die Achsmitten um eine Bolzendicke versetzt sind. Die Achsen kreuzen sich, schneiden sich aber nicht. Die Verzahnung kann auch als feste Kupplung für sich kreuzende und versetzte Achsen betrachtet werden.

Teilbild 3: Schwenkbarer Winkelantrieb [1/13;1/14;1/15].

Mit den mittelalterlichen Kronenrädern, Bild 1.3, Teilbild 2, konnte man den Achswinkel δ verschieden auslegen oder während des Betriebs in weiten Grenzen verändern. Der Vollständigkeit halber ist auch eine Paarung mit mittelalterlichen Kammrädern (Bild 1.3, Teilbild 1) angeführt. Solche Zahnräder wurden für wind- und wasserkraftgetriebene Arbeitsmaschinen wie Mühlen und Hebewerke verwendet. Zum Handwerk der Müller gehörte es auch, zerbrochene Zähne kunstvoll nachzuschnitzen und ins Rad einzusetzen, während zum Handwerk der Uhrmacher und Astronomen die Herstellung von kleinen und von Präzisionszahnrädern gehörte. Eine moderne Ausführung von achswinkelverstellbaren Getrieben ist in Bild 1.3, Teilbild 3, dargestellt [1/13, 1/14].

Während im heutigen mittleren und Großmaschinenbau die Anforderungen meistens auf eine günstige Leistungsübertragung hinzielen, spielt diese bei feinwerktechnischen Zahnradgetrieben oft eine untergeordnete Rolle. Wie aus Bild 1.4 [1/2] zu entnehmen ist, steht häufig die Übertragung der Drehbewegung, in bestimmten Fällen sogar allein die Übertragung eines während des Zahndurchgangs konstanten Drehmoments, im Vordergrund.

	Getriebeart	Wichtige Anforderungen	Beispiel
1	Leistungsgetriebe	$i_\omega \rightarrow$ konstant guter Wirkungsgrad	Motor- nachschaltgetriebe
2	Meßgetriebe	$i_\omega \rightarrow$ konstant	Meßuhr
3	Laufwerkgetriebe	$i_{\omega m}$ = konstant	Zählwerk
4	Einstellgetriebe	$\frac{di_\omega}{dt} \rightarrow$ stetig	Mikroskop
5	Ablaufgetriebe	$i_M \rightarrow$ konstant	Zeitablaufwerke (mech. Uhrwerke)

Bild 1.4. Unterteilung feinwerktechnischer Zahnradgetriebe aufgrund der Anforderungen an die Eigenschaften der Drehbewegungs-Übertragung, gekennzeichnet durch die momentane Übersetzung i_ω durch das Drehmomentenverhältnis i_M und durch den Wirkungsgrad [1/2].

1.4 Einteilung der Zahnradpaarungen nach Achslagen, Wälzkörper und Flankenverlauf

1.4.1 Einteilung nach Achslagen

Die Relativlage der beiden Rotationsachsen einer Zahnradpaarung bedingt weitgehend die Art der Verzahnung. Die Radachsen können entweder in der gleichen oder in verschiedenen Ebenen liegen. Liegen sie in einer Ebene, dann können sie entweder parallel verlaufen (Bild 1.5, Teilbild 1, Zeile 1) oder sich schneiden (Zeile 2). Kann

Teilbild 1

Getriebeart	Achslage	Verzahnungseingriff	Nr.	Zahnradbezeichnung 1	Zahnradpaarung 2	Mantelflächen der Zahnrad- und Grundkörper 3
Ebene Wälzgetriebe	Parallel	In der Achsenebene	1	1.1 Stirnräder	1.2 Achsebene 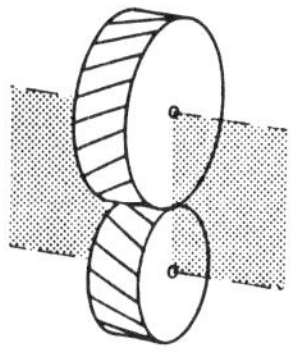	1.3 Zylinder 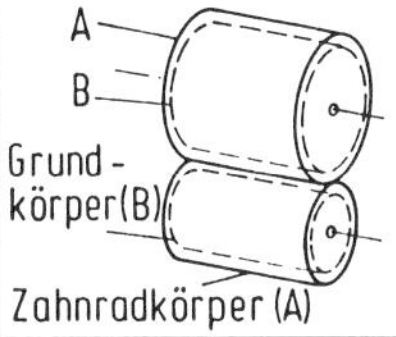
Ebene Wälzgetriebe	Nicht parallel (schneidend)	In der Achsenebene	2	2.1 Kegelräder	2.2 Achsebene 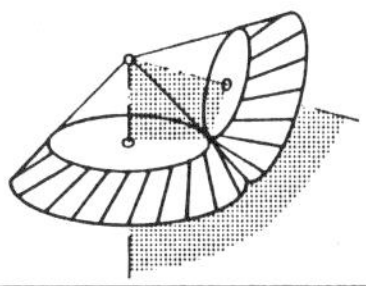	2.3 Kegel 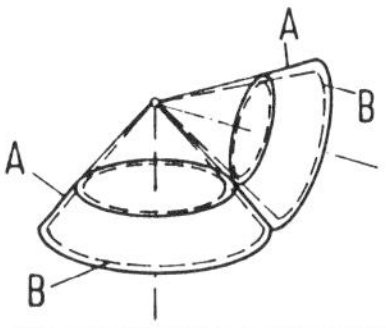
Räumliche Wälzgetriebe (Schraubgetriebe)	Nicht parallel (nicht schneidend)	Im Achslot	3	3.1 Stirn-Schraubräder	3.2 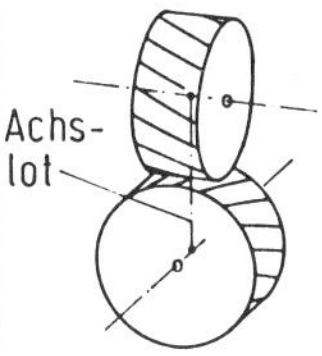	3.3 Zylinder 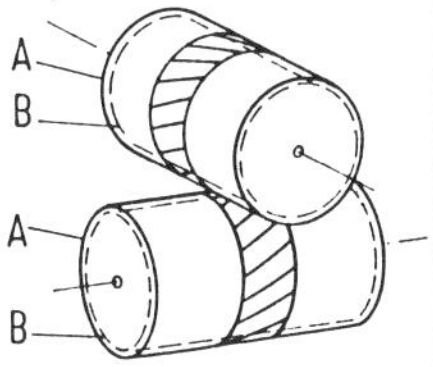
Räumliche Wälzgetriebe (Schraubgetriebe)	Nicht parallel (nicht schneidend)	Außerhalb des Achslots	4	4.1 Kegel-Schraubräder	4.2 Achslot 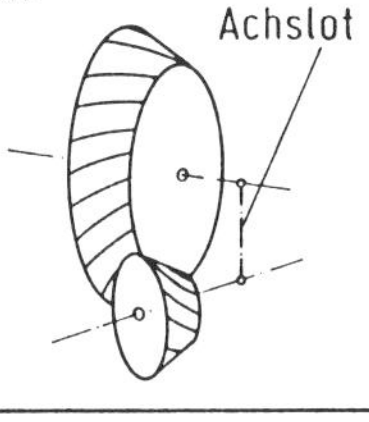	4.3 Hyperboloid 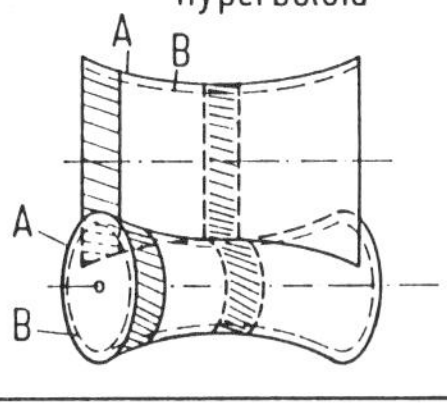

◥ Linienberührung

Bild 1.5. Einteilung der Zahnradpaarungen nach verschiedenen Achslagen, nach Zahn- und Grundkörperformen und deren Äquidistanz sowie nach dem Flankenlinienverlauf.

Teilbild 1: Zahnradpaarungen mit verschiedenen Achslagen. Die Achslage bestimmt in entscheidendem Maße die Verzahnungsart. So ergeben parallele Achsen (Zeile 1) Stirnräder, sich schneidende Achsen (Zeile 2) Kegelräder, gekreuzte, sich nicht schneidende Achsen (Zeile 3) Stirn-Schraubräder gegebenenfalls Schneckenräder für Verzahnungen im Achslot und Kegel-Schraubräder (Hypoidräder, Zeile 4), für Verzahnungen, die nicht im Achslot sind. Alle Verzahnungen, bei denen sich die körpererzeugenden Linien (Geraden) decken, haben Linienberührung, hier die Paarungen der Zeilen 1,2,4.

man mit den Achsen keine gemeinsame Ebene aufspannen, dann gibt es eine Stelle ihrer kürzesten Entfernung, an der sie sich kreuzen, das sogenannte Achslot (Zeile 3). Die Verzahnungen liegen dann mit der Mitte der Zahnbreite im Achslot. Werden die Verzahnungen außerhalb des Achslots an den Zahnkörper angebracht, ergibt das wieder eine andere Verzahnungsart (Zeile 4), die auf Hyperboloidkörper zurückzuführen ist [1/6].

Diese Relativlagen der Achsen bedingen bestimmte rotationssymmetrische Körper, deren Mantelflächen die späteren Verzahnungen tragen und die Form für gedachte Ersatzwälzkörper, in der Regel auch die Form der zu verzahnenden Radkörper festlegen. Für parallele Achsen sind die Ersatzwälzkörper (d.h. Körper, die die Zahnradpaarung als wälzende Reibradpaarung ersetzen, siehe auch Bild 1.9) Zylinder (Bild 1.5, Teilbild 1, Feld 1.3). Man erhält mit ihnen die üblichen zylindrischen Stirnräder (Feld 1.2). Für sich schneidende Achsen sind es Kegel (Feld 2.3); man erhält die üblichen Kegelräder (Feld 2.2). Für gekreuzte und sich nicht schneidende Achsen sind es Hyperboloide (Feld 4.3); man erhält die Kegel-Schraubräder (Feld 4.2). Die Hyperboloide, hier durch Geraden erzeugt, können auch mit Zylindern (Feld 3.3) oder mit Kegeln (bei Hypoidverzahnungen) angenähert werden. Man erhält die Stirn-Schraubräder (Feld 3.2) und die Kegel-Schraubräder (Feld 4.2).

Berühren sich die Ersatzwälzkörper längs einer Linie, dann kann man aus ihnen eine Verzahnung mit Linienberührung entwickeln. Stirnrad-Paarungen mit gekreuzten Achsen müssen schrägverzahnte Räder haben. Ist der Kreuzungswinkel wesentlich kleiner als 90°, muß mindestens ein Rad, ist er in der Größenordnung von 90°, müssen jedoch beide Räder schrägverzahnt sein.

1.4.2 Einteilung nach Lage der Wälz- und Grundkörper

Die Zahnradkörper haben zwar in der Regel, aber nicht immer die Form der Ersatzwälzkörper wie in Bild 1.1 bzw. die bei Evolventenverzahnungen für die Übersetzung maßgebende Form der Grundkörper (siehe Kapitel 2). Es gibt nun drei Achsen für ein Zahnrad, die über dessen Eigenschaft entscheiden:

1. Die Zahnkörper-Mittelachse.

2. Die Ersatzwälzkörperachse, bei Evolventenrädern auch durch die Grundkörperachse ersetzt.

3. Die tatsächliche Drehachse.

Alle Maßnahmen, welche die Ersatzwälzkörperachse aus der Drehachse rücken (z.B. auch Maßtoleranzen), bedingen eine Abweichung von der theoretischen Übersetzung, also bei runden Ersatzwälzkreisen (bzw. Grundkreisen) eine periodisch schwankende Übersetzung, wie schon in Bild 1.2 dargelegt wurde. Die Lage der Zahnkörperachse

Teilbild 2

Zahnkörper Form	Zahnkörper Lage	Grundkörper, Zahn-Drehachse Zahnkörper	Form Lage Nr.	Rund Äquidistant Beispiel	i_ω	Rund Nicht äquidistant Beispiel	i_ω
				1	2	3	4
Rund	Zentrisch		1	1.1	1.2 i_ω = konstant Zahnspiele konstant	1.3	1.4 $i_\omega \neq$ konstant, periodisch Zahnspiele konstant
Rund	Exzentrisch		2	2.1	2.2 $i_\omega \neq$ konstant, periodisch Zahnspiele schwankend	2.3	2.4 $i_\omega \neq$ konstant, periodisch Zahnspiele schwankend
				Grundkörper: nicht rund Äquidistant		Grundkörper: rund Nicht äquidistant	
Nicht rund	In Symmetrieachse		3	3.1	3.2 $i_\omega \neq$ konstant, periodisch Zahnspiele konstant	3.3	3.4 i_ω = konstant Zahnspiele konstant
Nicht rund	Im Focus		4	4.1 a b	4.2 $i_\omega \neq$ konstant, a periodisch b nicht umlauffähig Zahnspiele konstant	4.3	4.4 $i_\omega \neq$ konstant, periodisch Zahnspiele konstant

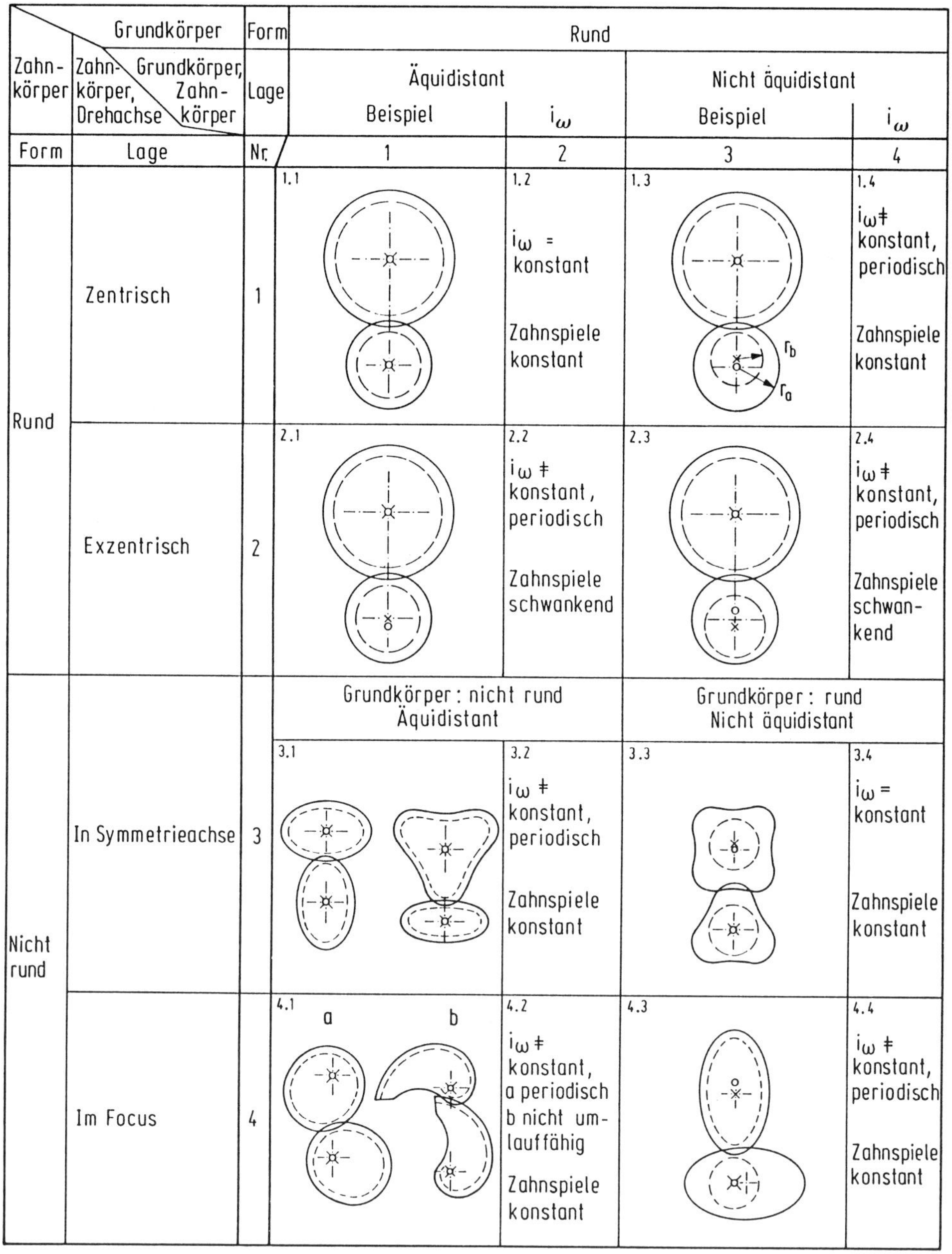

○ Drehachse;   -|- Zahnkörper-Mittelpunkt ;   × Grundkörper-Mittelpunkt

Bild 1.5. Einteilung der Zahnradpaarungen
Teilbild 2: Einfluß der Zahnkörper-, Grundkörper- und Drehachslage im Stirnschnitt auf die Übersetzung und das Zahnspiel. Die Relativlage des Grundkörpers (bzw. Ersatzwälzkörpers) zur Drehachse und seine radiale Form bestimmen die momentane Übersetzung i_ω und aufgrund ihrer Größenverhältnisse auch die Übersetzung i. Liegen beide Grundkörper im Drehpunkt und sind rund - wie in den Feldern 1.1 und 3.3 -, dann ist i_ω = konstant, in allen anderen Fällen nicht. Form und Lage des Zahnkörpers spielt dabei keine Rolle, darf nur nicht zu Durchdringungen führen und beeinflußt in erster Linie die Zahnspiele, die dann konstant bleiben, wenn die Körperformen aufeinander abgestimmt und die maßgebenden Körperformachsen in der Sollage sind.

hat nur eine Bedeutung für die Eingriffs- und Zahnspielverhältnisse. In Bild 1.5, Teilbild 2, sind die grundsätzlichen Paarungsmöglichkeiten mit verschiedenen Zahn- und Wälzkörperformen zusammengestellt. Es ist bemerkenswert, daß man mit runden und rund laufenden Zahnrädern periodisch schwankende Übersetzungen realisieren kann (Feld 1.3) und mit eckigen Zahnkörpern gleichförmige (Feld 3.3).

1.4.3 Einteilung nach Zahnrad- und Grundkörperlage im Achsschnitt

Schon in Bild 1.2, Felder 1.3 bis 6.3, wurden Zahnradpaarungen gezeigt, bei denen der Grundkörper (maßgebend für die Übersetzung) und der Zahnradkörper im Achsschnitt nicht die gleiche Form haben. Man kann sich nun Mischkombinationen vorstel-

Teilbild 3

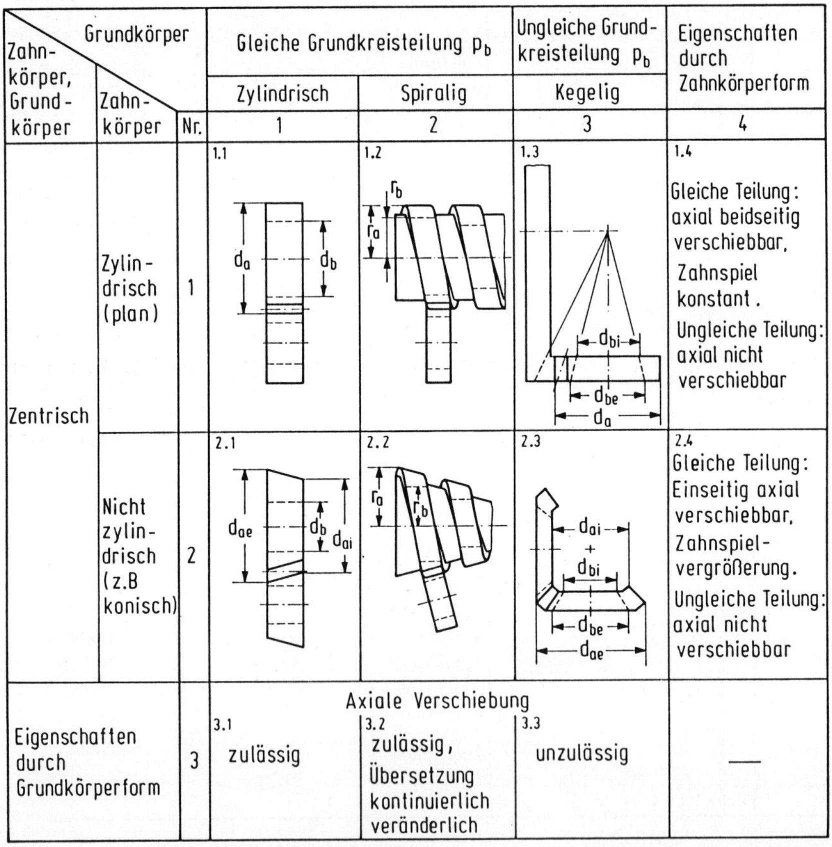
Grundkörper
Zahnkörper, Grundkörper
Zahnkörper
Nr.
Gleiche Grundkreisteilung p_b
Ungleiche Grundkreisteilung p_b
Eigenschaften durch Zahnkörperform
Zylindrisch
Spiralig
Kegelig
1
2
3
4
Zentrisch
Zylindrisch (plan)
1.1
d_a
d_b
1.2
r_b
r_a
1.3
d_{bi}
d_{be}
d_a
1.4
Gleiche Teilung: axial beidseitig verschiebbar, Zahnspiel konstant.
Ungleiche Teilung: axial nicht verschiebbar
Nicht zylindrisch (z.B konisch)
2
2.1
d_{ae}
d_b
d_{ai}
2.2
r_a
r_b
2.3
d_{ai}
d_{bi}
d_{be}
d_{ae}
2.4
Gleiche Teilung: Einseitig axial verschiebbar, Zahnspielvergrößerung.
Ungleiche Teilung: axial nicht verschiebbar
Eigenschaften durch Grundkörperform
3
Axiale Verschiebung
3.1
zulässig
3.2
zulässig, Übersetzung kontinuierlich veränderlich
3.3
unzulässig
—

Bild 1.5. Einteilung der Zahnradpaarungen

Teilbild 3: Zahn- und Grundkörperlage im Achsschnitt. Bei Stirn- und Kegelrädern können die Zahnkörper (Begrenzung der Zahnköpfe bzw. der Zahnfüße) sowie die Grundkörper (Abwicklungskörper der Evolvente) gleich oder verschieden, z.B. zylindrisch, spiralig oder kegelig sein. Dabei kommen beim gleichen Rad auch Mischkombinationen von Zahn- und Grundkörpern vor wie in Feld 2.1 (kegelig und zylindrisch), in Feld 2.2 (der Zahnkörper spiralig kegelig und der Grundkörper spiralig parallel zur Achse) sowie in Feld 1.3 (zylindrisch und kegelig). Alle Kombinationen haben besondere Eigenschaften, wie der Zeile 3 und der Spalte 4 zu entnehmen ist.

len (Bild 1.5, Teilbild 3), bei denen Zahnradkörper/Grundkörper zylindrisch/zylindrisch sind (Feld 1.1 mit normalen Stirnrädern), zylindrisch/kegelig (Feld 1.3 mit Planrädern), kegelig/zylindrisch (Feld 2.1 mit konischen Rädern), kegelig/kegelig (Feld 2.3 mit normalen Kegelrädern).

Es kann daher festgestellt werden, daß die durch die Achslage bestimmte Verzahnungsart nicht primär durch die Form des späteren Zahnkörpers gekennzeichnet wird, sondern durch die Form des Ersatzwälzkörpers bzw. dem ihm vollkommen ähnlichen verkleinerten Grundkörper. So haben die zylindrischen und konischen Stirnräder der Felder 1.1 und 2.1 in Bild 1.5, Teilbild 3, bezüglich Achslage, Übersetzung und Linienberührung - nicht der Überdeckung - die gleichen Eigenschaften, weil sie gleiche Ersatzwälz- bzw. Grundkörper besitzen.

Für kontinuierlich veränderliche Übersetzungen durch seitliches Verschieben der Ritzel sind Spiralräder geeignet, bei denen Zahn- und Grundkörper ein schraubenförmiges zylindrisches Band und ein zur Achse paralleles Spiralband sein können (Feld 1.2), oder der Zahnkörper als kegeliges, der Grundkörper als achsparalleles Spiralband ausgebildet werden (Feld 2.2). Solche Zahnradpaarungen sind nicht beliebig lange umlauffähig, sondern es muß das Ritzel durch Umkehr der Drehrichtung axial wieder zurückgeschoben werden.

1.4.4 Einteilung nach dem Flankenverlauf

Die Flankenrichtungen könnten theoretisch die Form jeder kontinuierlichen Kurve annehmen. Aus herstellungstechnischen Gründen kommen für Stirnräder nur Gerad- und Schrägverzahnung in Betracht, bei Rädern mit großen Axialkräften, vornehmlich

Teilbild 4

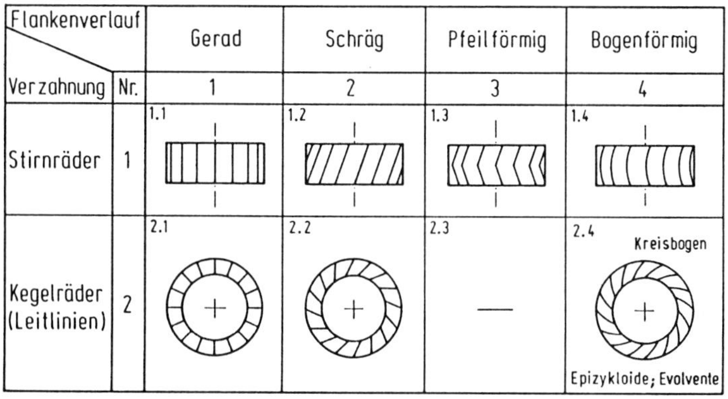
Flankenverlauf
Verzahnung
Nr.
Gerad
Schräg
Pfeilförmig
Bogenförmig
1
2
3
4
Stirnräder
1
1.1
1.2
1.3
1.4
Kegelräder (Leitlinien)
2
2.1
2.2
2.3
2.4
Kreisbogen
Epizykloide; Evolvente

Bild 1.5. Einteilung der Zahnradpaarungen

Teilbild 4: Flankenverlauf entlang der Zahnbreite, bezogen auf eine zur Achse parallele Flankenlinie des geraden Bezugskörpers. Er beschränkt sich in der Regel bei

Stirnrädern (Zeile 1) auf: gerade, schräge, keil- und bogenförmige Flanken, bei

Kegelrädern (Zeile 2) auf: gerade, schräge, epizykloidische, kreisbogen- und evolventenförmige Flanken.

in Planetengetrieben, auch Pfeilverzahnung (Bild 1.5, Teilbild 4, Felder 1.1, 1.2, 1.3). Bogenverzahnungen sind sehr selten anzutreffen und müßten mit Schneidmessern, nicht mit Wälzfräsern hergestellt werden. Bei spanend hergestellten Kegelrädern empfiehlt sich gerade wegen der Fertigung mit Schneidmessern, aber auch aus Festigkeitsgründen, eine bogenförmige Flankenform. Man unterscheidet rechts- und linkssteigende Flankenrichtungen, je nachdem, ob bei Stirnrädern die Verzahnung einer Rechts- oder Linksschraube ähnelt bzw. ob bei Kegelrädern beim Blick von der Kegelspitze die Tangente an die Flankenlinie im betrachteten Bezugspunkt nach rechts oder links verläuft gegenüber einer Geraden zum Mittelpunkt.

1.5 Paarungsmöglichkeiten der wichtigsten Zahnkörperformen

In Bild 1.6 sind nun die wichtigsten fertigungstechnisch gut herstellbaren Formen, welche die Zahnradkörper an ihren durch die Zahnköpfe festgelegten Mantelflächen haben können, in der Kopfzeile dargestellt. Es handelt sich um zylindrische, kegelige, hyperboloidische und plane außen- oder innenverzahnte Räder. Die Kopfspalte enthält die drei unterschiedenen Achslagen: parallel, sich schneidend und sich kreuzend ohne Schnittpunkt. In den Kreuzungsfeldern der Kopfzeile und Kopfspalte sind die Zahnkörper, welche (als Evolventenverzahnung) korrekt miteinander gepaart werden können, dargestellt. Es können zwei Gruppen von Verzahnungen unterschieden werden, solche, deren Grundkörper bzw. Ersatzwälzkörper - der Zahnradkörper nicht immer - zylindrisch ist (Zeilen 1,2,3, Zeilen 4,5,6 links) und solche, deren Verzahnung kegelig ist (Zeilen 4,5,6 rechts). In der Kopfzeile haben die Spalten 1,2 links, 5 sowie 6 links, auch Spalte 4 zylindrische Verzahnungen (Grundkörper) und die Spalten 2 rechts, 6 rechts kegelige Verzahnungen. Es können jedoch nur zylindrische, nur kegelige oder nur hyperbolische Verzahnungen miteinander gepaart werden. (Schwach hyperbolische können im Achslot mit zylindrischen, außerhalb mit kegeligen Gegenrädern gepaart werden.) Innen- oder Hohlradverzahnungen können selbstverständlich nur mit Außenverzahnungen gepaart werden. Die mit schwarzen Ecken versehenen Felder zeigen Paarungen mit Linienberührung an, eine Eigenschaft, welche für die Übertragung von Kräften von großer Bedeutung ist.

Die Zusammenstellung in Bild 1.6 soll zeigen, daß mit konventionellen Zahnkörperformen und Verzahnungen auch unkonventionelle Paarungen möglich sind, so z.B. in Feld 5.6 links die Paarung eines gerad- oder schrägverzahnten Hohlrades mit einem konischen Außenrad. Paarungen mit großem Gleitanteil bei der Bewegungsübertragung entlang der Zahnflanken sind für die Leistungsübertragung nicht, jedoch als Erzeugungspaarungen für die Herstellung von Zahnrädern sehr gut geeignet. Paarungen mit kleinem Gleitanteil eignen sich zur Leistungsübertragung. So ist die Paarung in Feld 3.3 für das übliche Wälzfräsen und die Paarung in Feld 3.5 eventuell für das

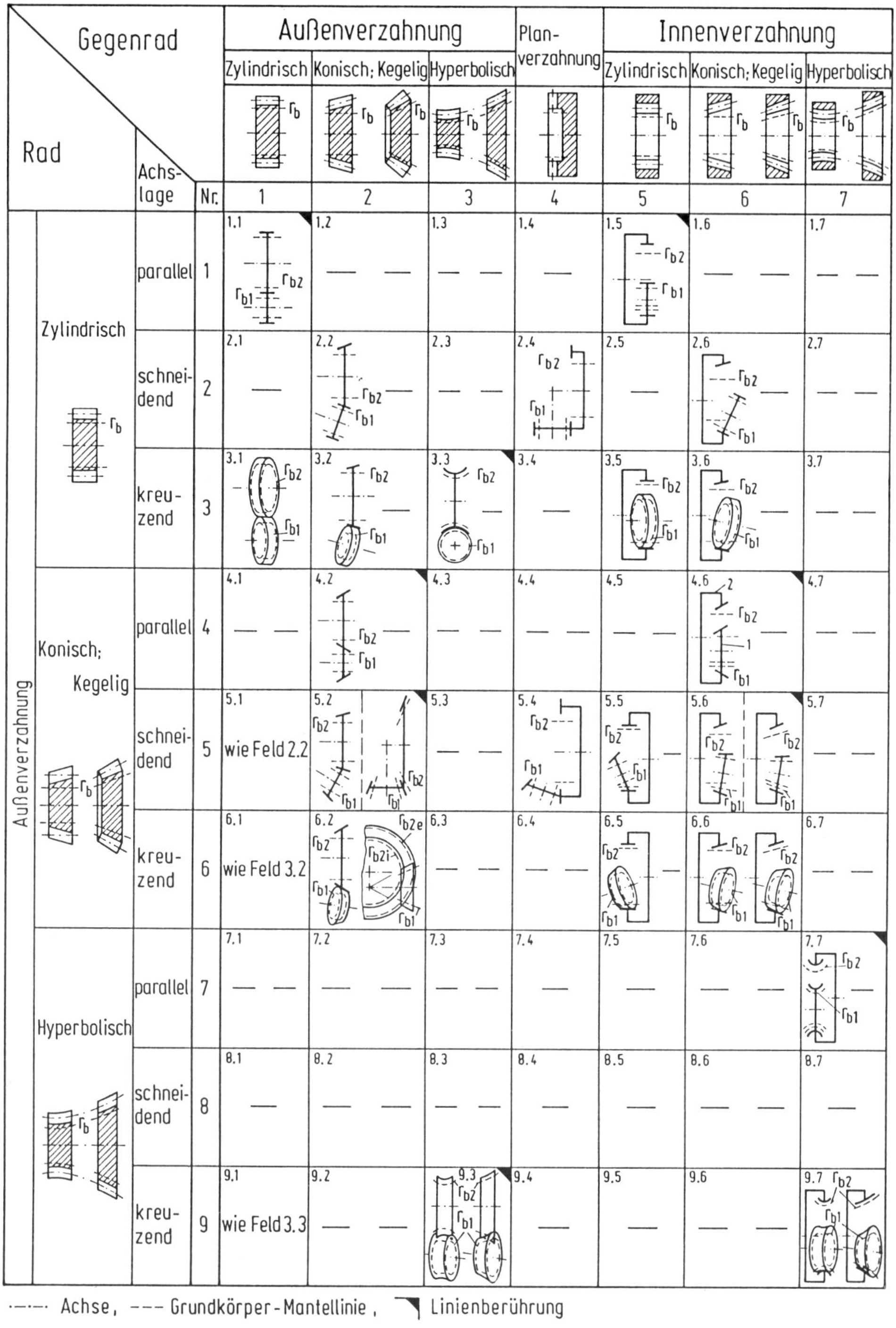

Bild 1.6. Paarungsmöglichkeiten der wichtigsten Zahnkörperformen mit Berücksichtigung der drei Achslagen: Parallel, schneidend, kreuzend und der Verzahnung im und außerhalb des Achslots. Zylindrische und konische Räder haben achsparallele, Kegelräder zur Achslage geneigte Grundkörper-Mantellinien.

Schälen z.B. von Hohlrädern geeignet, wenn das kleinere Rad als Schälrad ausgebildet wird.

1.6 Einteilung nach der Flankenform

Die Flankenform einer Verzahnung ist von ausschlaggebender Bedeutung für ihre Tragfähigkeit. Die Tragfähigkeit ist im Hinblick auf die Hertzsche Pressung am größten, wenn sich die beiden paarenden Flanken aneinanderschmiegen, z.B. eine konvexe in eine konkave Flanke, so wie das bei der Paarung eines innen- mit einem außenverzahnten Rad oder bei der Wildhaber-Novikov-Verzahnung [1/7] der Fall ist.

Dieser Forderung steht bei der Paarung zweier Evolventen-Außenverzahnungen die Forderung nach einer konstanten Übersetzung entgegen, denn die verlangt zwei konvexe Zahnflanken. Stellt man noch eine weitere Forderung, nämlich die, daß die Flanken der paarenden Zahnräder die gleiche Kurvenart haben sollen, dann bleiben nur noch Zykloiden übrig und als Sonderfall der Zykloiden die Evolventen.

Zykloiden als Zahnflanken wurden und werden noch in von Federn getriebenen mechanischen Laufwerken, hauptsächlich jedoch in Cyclo-Getrieben angewendet. Ihre Herstellung ist sehr schwierig, da zu ihrer Erzeugung ein Rollkreis auf bzw. in einem Wälzkreis ablaufen muß (siehe Bild 1.7, Feld 2.2) und nur der Punkt E die Zykloide erzeugt (punktförmige Werkzeuge). Die kleinsten Toleranzen ergeben schon abweichende Kurvenformen. Bei der ehemaligen Uhrenverzahnung half man sich so, daß die Zykloide durch Kreisbogen angenähert wurde und die innere Zahnkurve bei Ritzeln diejenige Hypozykloide war, welche zur Geraden entartete, was der Fall ist, wenn

$$\rho_h = \frac{r_w}{2}\,, \tag{1.2}$$

der Rollkreis ρ_h halb so groß wie der Wälzkreis r_w wird.

Neben der Evolventen- und Zykloidenflankenform bleibt als leicht herstellbare Kurve die Kreisbogenform zu betrachten. Die momentane Übersetzung der Kreisbogenverzahnung ist grundsätzlich nicht konstant, da sie stets der eines entsprechenden Viergelenks zwischen Kurbel und Schwinge entspricht. Die Zykloidenverzahnung hat eine konstante momentane Übersetzung nur beim vorgesehenen Soll-Achsabstand. Voraussetzung ist bei Zykloidenverzahnungen außerdem noch, daß die Rollkreise (Bild 1.7, Feld 2.2) des Zahnkopfes vom Rad und des Zahnfußes vom Gegenrad sowie des Zahnfußes vom Rad und des Zahnkopfes vom Gegenrad wechselseitig gleich sind.

Diese Vielfalt der möglichen und notwendigen Rollkreise (z.B. bei der Hypozykloide muß der Rollkreis kleiner als der Wälzkreis sein, $\rho_h < r_w$), hat eine Vielzahl von Werkzeugen zur Folge und erschwert die Paarung beliebiger Zahnräder miteinander.

<table>
<tr><th></th><th>Kurvenform</th><th>Erzeugung</th><th>Zahnform</th><th>Wichtige Paarungseigenschaften</th></tr>
<tr><td></td><td>1</td><td>2</td><td>3</td><td>4</td></tr>
<tr><td>1</td><td>1.1
Evolvente</td><td>1.2
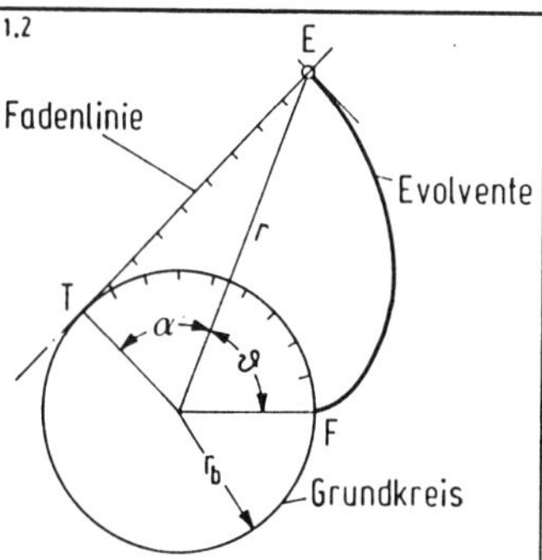

$r = r_b / \cos \alpha$
$\vartheta = \tan \alpha - \widehat{\alpha} = \mathrm{inv}\,\alpha$</td><td>1.3
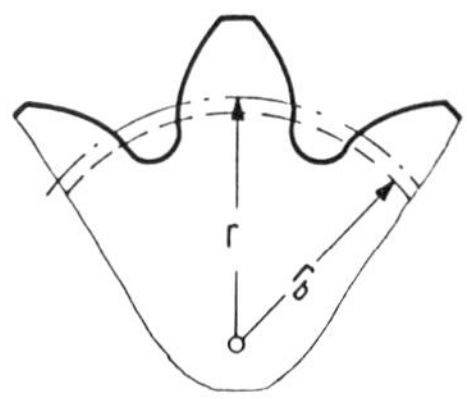
</td><td>1.4
i_ω = konstant auch bei Achsabstandsänderung
Relativ kleine Zahnüberdeckung
Relativ große radiale Kraftkomponente
Leichte Herstellbarkeit (Abwälzverfahren)</td></tr>
<tr><td>2</td><td>2.1
Zykloide</td><td>2.2
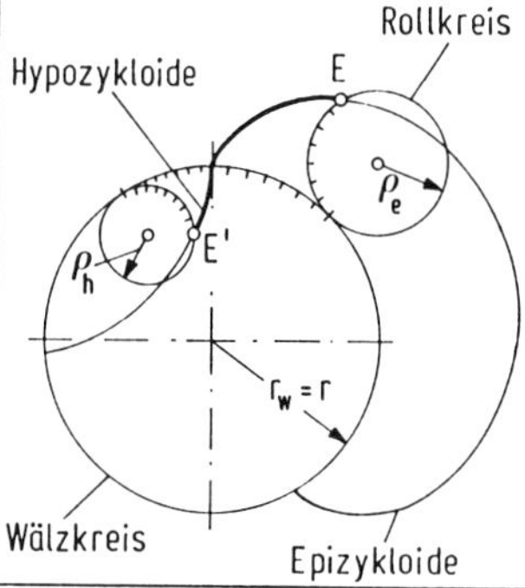
</td><td>2.3
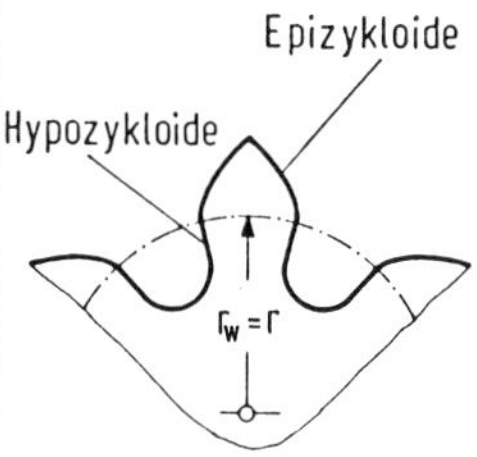

Hypozykloide als Gerade</td><td>2.4
i_ω = konstant nur beim Soll- Achsabstand
Relativ große Zahnüberdeckung
Kleine radiale Kraftkomponente
Schwierige Herstellbarkeit
Durch Kreisbogen angenähert, leichtere Herstellbarkeit</td></tr>
<tr><td>3</td><td>3.1
Kreisbogen</td><td>3.2
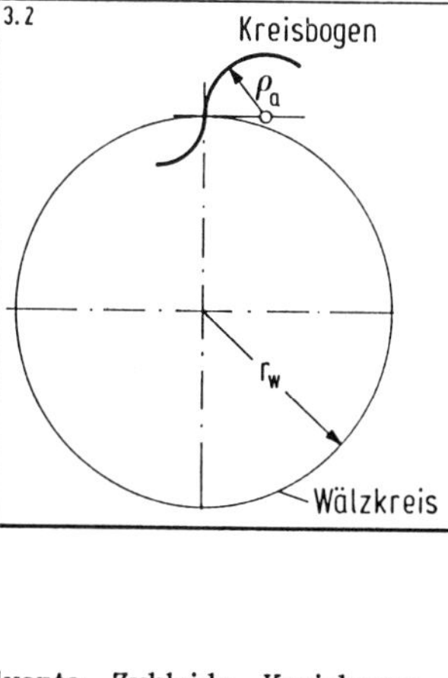
</td><td>3.3
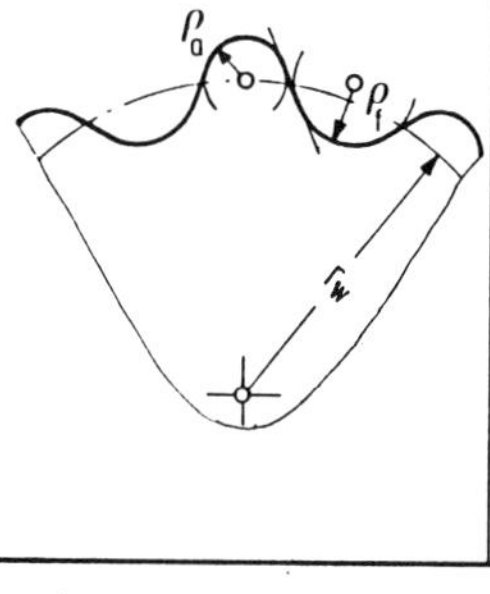
</td><td>3.4
$i_\omega \neq$ konstant
Periodische Übersetzungsschwankungen
Radiale Kraftkomponente nach Auslegung
Leichte Herstellbarkeit nur im Teilverfahren</td></tr>
</table>

Bild 1.7. Evolvente, Zykloide, Kreisbogen, die gebräuchlichsten Flankenformen für Zahnräder und ihre Erzeugung.

Zeile 1: Evolventenerzeugung mit Punkt E durch Abwickeln eines Fadens vom Grundkreis (r_b).

Zeile 2: Zykloidenerzeugung mit den Punkten E und E' durch Abwälzen der Rollkreise ρ_e und ρ_h am Wälzkreis (r_w).

Zeile 3: Erzeugen von Kreisbogenverzahnung durch Zusammensetzen von Kreisbogen und Geraden.

Obwohl bei Zykloidenverzahnungen die Variabilität der Zahnformen sehr groß ist sowie die Möglichkeit gegeben ist, daß Hypo- und Epizykloide konvex und konkav sein können und sich Zahnkopf und Zahnfuß von Zahn und Gegenzahn gut anschmiegen, sowie die Möglichkeit, daß die Zahnnormalkräfte beinahe tangential zur Drehrichtung wirken, hat sie sich für übliche schnellaufende Getriebe des Maschinenbaus nicht durchgesetzt.

Die Gründe sind: Gefahr des periodischen Schwankens der Übersetzung bei kleinsten Achsabstands- und Verzahnungsabweichungen und die Schwierigkeiten ihrer Herstellung. Auch die Möglichkeit der Zykloidenverzahnung, mehr als 2 Zahnpaare ständig im Eingriff zu haben - als Voraussetzung eines geräuscharmen Laufes - hat die Tendenz nicht geändert.

Die Kreisbogenverzahnung ist für die zur Zeit übliche Technik, zumal nach der sinkenden Bedeutung der Uhrenverzahnung, fast ohne Interesse. In Bild 1.7 sind die drei angeführten Kurvenformen für Zahnflanken und ihre wichtigsten Eigenschaften zusammengestellt.

1.7 Die Übersetzung von Zahnradpaarungen

1.7.1 Das Verzahnungsgesetz

Mit Hilfe des "Verzahnungsgesetzes" kann die momentane Übersetzung i_ω zweier um die Punkte 0_1 und 0_2 drehbarer Lenker, die sich beispielsweise in Punkt Y (Bild 1.9) berühren, ermittelt werden.

Die entsprechende Beziehung ist sehr leicht abzuleiten, wenn man sich an die Zusammenhänge zwischen Winkel- und Tangentialgeschwindigkeit erinnert. Bild 1.8, Teilbild 1, veranschaulicht die Definition der Winkelgeschwindigkeit ω als das Verhältnis von Tangentialgeschwindigkeit v zum Radius r oder als $\pi/30$ der Drehzahl n pro Minute

$$\omega = \frac{v}{r} = \frac{\pi}{30} \cdot n. \tag{1.3}$$

Auf einer drehenden Scheibe, Teilbild 2, kann die Tangentialgeschwindigkeit jedes Punktes P in einer beliebigen Richtung ermittelt werden, wenn man - genau wie in Teilbild 1 - den zur Richtung senkrechten Abstand r zum Drehpunkt feststellt. Da die Winkelgeschwindigkeit aller Punkte auf der Scheibe gleich ω ist, muß nur der zum Punkt P und zur gewählten Richtung von v senkrechte Abstand zum Drehpunkt ermittelt werden, also r_1 bzw. r_2. Danach ist die momentane Translationsgeschwindigkeit der Punkte P_1 und P_2 in den durch die Geschwindigkeitspfeile gegebenen

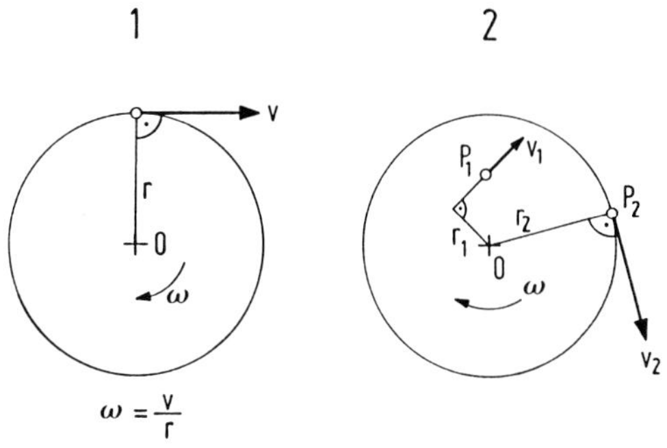

Bild 1.8. Translations- und Winkelgeschwindigkeit.

Teilbild 1: Definition der Winkelgeschwindigkeit ω.

Teilbild 2: Momentane Translationsgeschwindigkeit eines beliebigen Punktes P in beliebiger Richtung auf der mit der Winkelgeschwindigkeit ω rotierenden Scheibe.

Richtungen nach Gleichung (1.3)

$$v_1 = \omega r_1 \tag{1.3-1}$$

$$v_2 = \omega r_2, \tag{1.3-2}$$

immer das Produkt der Winkelgeschwindigkeit mit dem senkrecht zur Geschwindigkeit gemessenen Abstand zum Drehpunkt 0.

Damit die beiden Hebel in Bild 1.9, Teilbild 1, in Berührung bleiben, wie man es ja von zwei im Eingriff befindlichen Zähnen erwartet, muß ihre Normalgeschwindigkeit v_n gleich sein, also

$$v_{n1} = v_{n2}. \tag{1.4}$$

Betrachtet man die Lenker 1 und 2 als rotierende Scheiben und den Berührungspunkt Y als einen Punkt, der gleichzeitig zu beiden Scheiben gehört, dessen Geschwindigkeit v_n in beiden Scheiben gleich ist und die Richtung der Berührungsnormalen $\overline{NN}$ hat, dann läßt sich die momentane Winkelgeschwindigkeit der drehbaren Lenker 1 und 2 nach Gl.(1.3) sofort angeben. Es ist nach Bild 1.9, Teilbild 2, wobei der Richtungssinn der Winkelgeschwindigkeiten zu berücksichtigen ist,

$$-\omega_a = \frac{v_{n1}}{\overline{T_1 0_1}} \tag{1.5-1}$$

$$\omega_b = \frac{v_{n2}}{\overline{T_2 0_2}}, \tag{1.5-2}$$

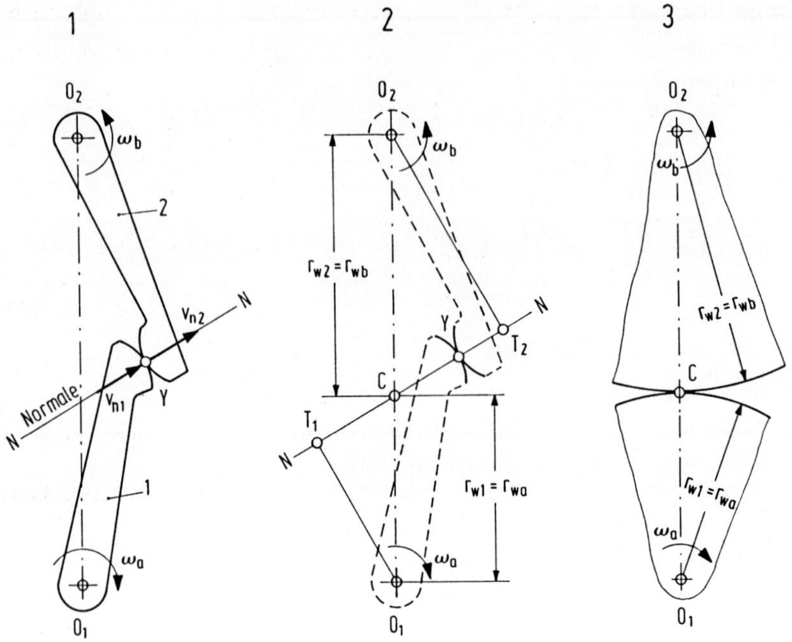

Bild 1.9. Übersetzung einer Kurvenpaarung mit Glied 1 und 2. Wälzpunkt C zwischen den Drehpunkten.

Teilbild 1: Gleiche Normalgeschwindigkeit $v_{n1} = v_{n2}$ am Punkt Y.

Teilbild 2: Ermittlung der Wälzkreisradien r_{w1} und r_{w2}.

Teilbild 3: Ersatzwälzgetriebe für Berührung von Lenker 1 und Lenker 2 in Punkt Y.

Es gehören Größen mit Index 1 zum kleineren, mit Index 2 zum größeren Rad; Größen mit Index a zum treibenden, mit Index b zum getriebenen Rad.

wobei ω_a die momentane Winkelgeschwindigkeit des treibenden und ω_b die momentane Winkelgeschwindigkeit des getriebenen Rades ist. Mit Gl.(1.4) erhält man als momentane Übersetzung

$$i_\omega = \frac{\omega_a}{\omega_b} = -\frac{\overline{T_2 0_2}}{\overline{T_1 0_1}} \quad . \tag{1.6-1}$$

und mit Gleichung (1.6-1) die momentane Übersetzung (Verzahnungsgesetz)

$$i_\omega = \frac{\omega_a}{\omega_b} = -\frac{r_{wb}}{r_{wa}} \quad . \tag{1.6-2}$$

Aufgrund der ähnlichen Dreiecke 0_1T_1C und 0_2T_2C in Bild 1.9, Teilbild 2, ist mit den momentanen Wälzkreisradien r_{wa} des treibenden und r_{wb} des getriebenen Rades

$$\frac{\overline{T_2 0_2}}{\overline{T_1 0_1}} = \frac{r_{wb}}{r_{wa}} \tag{1.7}$$

Für die gleichförmige Übersetzung während eines gesamten Zahn- oder Raddurchganges erhält man mit den gleichförmigen Winkelgeschwindigkeiten ω_{am} und ω_{bm} die Übersetzung (Verzahnungsgesetz)

$$i = \frac{\omega_{am}}{\omega_{bm}} = -\frac{r_{wb}}{r_{wa}} = -\frac{z_b}{z_a} \ . \tag{1.8}$$

Eine Übersetzung ins Langsame liegt vor, wenn

$$|i| > 1 \tag{1.9-1}$$

ist, eine Übersetzung ins Schnelle, wenn

$$|i| < 1 \tag{1.9-2}$$

ist. Demgegenüber definiert man als Verhältnis der Zähnezahl z_2 des größeren Rades zu der Zähnezahl z_1 des kleineren Rades das Zähnezahlverhältnis mit

$$u = \frac{z_2}{z_1} \ , \tag{1.10}$$

stets ist aber

$$|u| > 1 \ . \tag{1.11}$$

Die Vorzeichen für die Winkelgeschwindigkeiten sind positiv im Gegenuhrzeigersinn und negativ im Uhrzeigersinn, für die Radien und Zähnezahlen positiv bei Außen- und negativ bei Innenverzahnungen.

Das Verhältnis der momentanen Winkelgeschwindigkeiten - also die momentane Übersetzung i_ω - ist umgekehrt proportional dem Verhältnis der durch Punkt C gegebenen Radien r_w, Bild 1.9, Teilbild 2. Diese Radien nennt man Wälzkreisradien, weil sie ein Wälzgetriebe festlegen, dessen Scheiben (Bild 1.9, Teilbild 3) die gleichen momentanen Winkelgeschwindigkeiten bei schlupflosem Wälzen aufweisen würden, wie die beiden drehbaren Lenker in den Teilbildern 1 und 2. Dementsprechend nennt man den Schnittpunkt C Wälzpunkt. Entscheidend ist bei dieser Konstruktion das Auffinden dieses Wälzpunktes C. Er wird konstruiert als Schnittpunkt der durch den Berührungspunkt Y gehenden Normalen $\overline{NN}$ und der die Drehpunkte (Radmitten) verbindenden Mittenlinie $\overline{0_1 0_2}$.

Der Wälzpunkt C wandert in der Regel bei beliebig gewählten Berührungskurven entlang der Mittenlinie und zeigt an, daß die momentane Übersetzung i_ω schwankt; auch ist der geometrische Ort der Berührungspunkte nur bei Evolventenverzahnungen eine Gerade, bei Zykloidenverzahnungen ein Kreisbogen, bei anderen Flankenformen eine davon abweichende Kurve.

1.7.2 Interpretation des Verzahnungsgesetzes

Das Verzahnungsgesetz nach den Gl.(1.6-2) und (1.8) besagt daher folgendes:

1. Die momentane Übersetzung zweier drehbarer, im Eingriff befindlicher Kurvenglieder (Zahnräder) ist gleich dem negativen umgekehrten Verhältnis der momentanen Wälzkreisradien, Gl.(1.6-2). Die Wälzkreisradien sind durch den Abstand des Wälzpunktes von den Drehpunkten der Kurvenglieder gegeben. Der Wälzpunkt ist der Schnittpunkt der Berührungs-Normalen mit der Mittenlinie.

2. Soll die momentane Übersetzung über den gesamten Eingriffsbereich konstant bleiben, Gl.(1.8), muß der Wälzpunkt den Drehpunkteabstand (Achsabstand) stets im gleichen Verhältnis unterteilen. Dies Verhältnis kann
   2.1 bei konstantem sowie
   2.2 in manchen Fällen auch bei variablem Achsabstand
   gleich bleiben.

In Bild 1.10, Teilbild 1, wird gezeigt, daß diese Gesetzmäßigkeiten auch dann gelten, wenn der Wälzpunkt C auf der Mittenlinie außerhalb der Strecke $\overline{0_1 0_2}$ liegt, wie das bei Zahnradpaarungen mit Innenverzahnung der Fall ist. Dabei müssen die Wälzkreisradien r_w immer vom Drehpunkt aus zum Wälzpunkt[1)] gerechnet werden. Bild 1.10, Teilbild 2, zeigt das Ersatzwälzgetriebe für eine Paarung mit Innenverzahnung.

Das Verzahnungsgesetz wurde bewußt in zwei Aussagen unterteilt. Die Aussage 1 drückt nur die Gleichheit von momentanem Übersetzungs- und Wälzkreisradienverhältnis aus. Erst Aussage 2 besagt, wann die Übersetzung konstant ist. Häufig wird nur Aussage 1 formuliert und die Konstanz der Übersetzung schon aus dieser Aussage abgeleitet, da man nur an die Evolventenverzahnung denkt.

Die beiden Aussagen gestatten es, drei grundsätzlich verschiedene Verzahnungsarten bezüglich der momentanen Übersetzung zu unterscheiden.

---

1) In der Getriebelehre [1/8] betrachtet man anhand des Viergelenks den allgemeinen Fall und nennt den Schnittpunkt C Drehpol. Sofern man in den Bildern 1.9, Teilbild 1, und 1.10, Teilbild 1, die Punkte 0_1, T_1, T_2, 0_2 und Bild 1.11, Teilbild 1, die Punkte 0_1, R_1, R_2, 0_2 als Drehpaare auffaßt und die verbindenden Linien als Glieder, kann die momentane Übersetzung i_ω der Zahnräder auf die eines entsprechenden Viergelenks zurückgeführt werden.

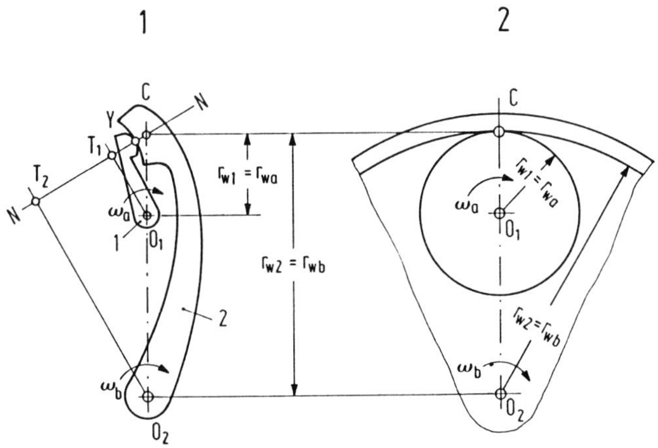

Bild 1.10. Übersetzung einer Kurvenpaarung mit Lenker 1 und 2. Wälzpunkt C außerhalb der Drehpunktverbindung.

Teilbild 1: Anordnung der Glieder, der Kurvenpaarung, Ermittlung der Wälzkreisradien.

Teilbild 2: Dazugehöriges Ersatzwälzgetriebe.

Indizes wie bei Bild 1.9.

1.8 Verzahnungseigenschaften bei verschiedenen Flankenformen

Verzahnungsart 1

Wird nur Aussage 1 erfüllt, nicht aber Aussage 2, dann gilt als typischer Vertreter - bei gleicher Kurvenart von Flanke und Gegenflanke - die Kreisbogenverzahnung, Bild 1.11, Teilbild 1. Die momentane Übersetzung ändert sich während eines Zahndurchganges laufend, da der Wälzpunkt ohne Sprünge von C'' nach C' wandert. Der geometrische Ort der Eingriffspunkte ist der Linienzug A,E auf der durch Punkt Y erzeugten Koppelkurve.

Verzahnungsart 2

Werden Aussage 1 und 2.1 erfüllt, d.h. der Wälzpunkt C unterteilt nur bei einem vorgegebenen Sollachsabstand den Drehpunktabstand für alle Eingriffspunkte im selben Verhältnis, gilt als typischer Vertreter - bei gleicher Kurvenart von Flanke und Gegenflanke - die Zykloidenverzahnung, Bild 1.11, Teilbild 2. Der geometrische Ort der Berührungspunkte liegt auf dem Umfang der entsprechenden Rollkreise.

Die Berührungspunkt-Normalen, z.B. Linien YC oder AC, liegen nicht tangential zu diesen Kreisen, gehen aber alle durch den gleichen Wälzpunkt C. Bei Änderung des Achsabstandes wandert der Wälzpunkt C, jedoch nicht im Verhältnis der Wälzkreisradien, so daß die momentane Übersetzung nicht mehr konstant bleibt [1/11].

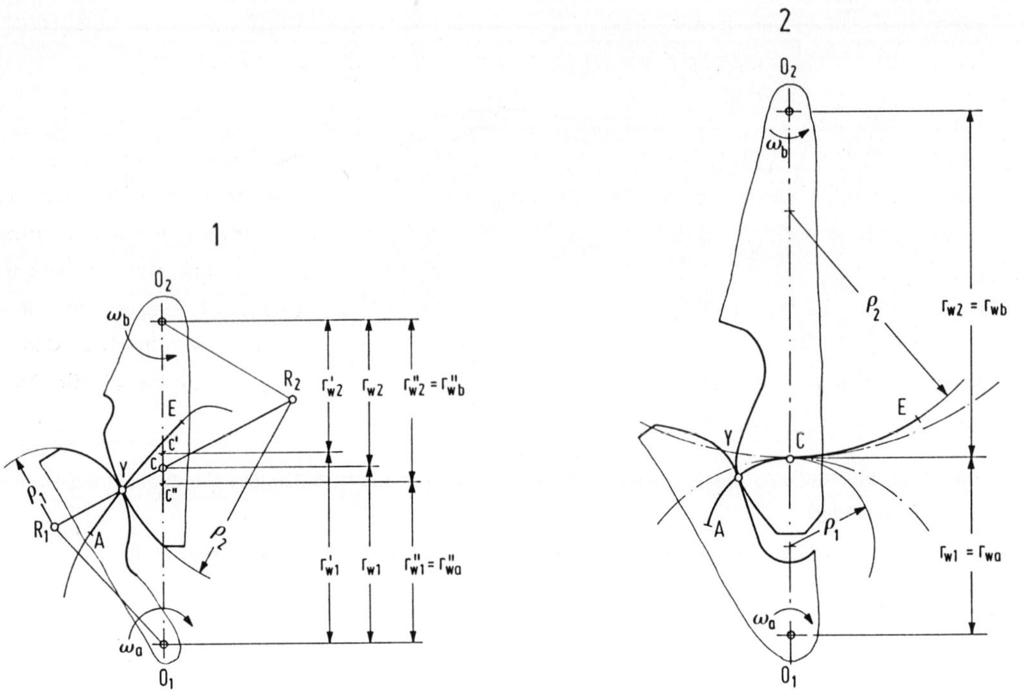

Bild 1.11. Momentane Übersetzung und Eingriffslinie bei Kreisbogen-, Zykloiden- und Evolventenverzahnungen. In den Teilbildern sind die kleineren Zahnräder stets auch die treibenden. Daher sind die Indizes 1 und a sowie 2 und b den gleichen Größen zugeordnet.

Teilbild 1: Kreisbogenverzahnung. Die Normalen in verschiedenen Berührungspunkten Y schneiden die Mittenlinie $\overline{O_1O_2}$ in verschiedenen Wälzpunkten (z.B. bei C", C, C' usw.), so daß sich die Übersetzung laufend ändert. Die Eingriffslinie AE entspricht der Bahn des Berührungspunktes Y, wenn man sich die Zahnradpaarung ersetzt denkt durch ein Viergelenk, dessen Drehgelenke durch die Punkte O_1, R_1, R_2, O_2 und dessen Glieder durch die Strecken $\overline{O_1R_1}$, $\overline{R_1R_2}$, $\overline{R_2O_2}$ und $\overline{O_2O_1}$ bestimmt sind.

Teilbild 2: Zykloidenverzahnung. Alle Normalen in den Berührpunkten Y schneiden beim Soll-Achsabstand $\overline{O_1O_2}$ die Mittenlinie im gleichen Wälzpunkt C, der seine Lage nicht ändert. Die Übersetzung bleibt konstant. Die Berührpunkte A,Y,C und E (Eingriffslinie) liegen auf Kreissektoren der Rollkreise ρ.

Eine konstante Übersetzung und Gewähr für korrekten Eingriff erhält man, wenn jeweils der Zahnkopf der Flanke und der Zahnfuß der Gegenflanke mit dem gleichen Rollkreis erzeugt werden. So erzeugt in Bild 1.11, Teilbild 2, der Rollkreis ρ_1 die Fußflanke von Rad 1 und die Kopfflanke von Rad 2, je nachdem, ob er im Wälzkreis (r_{w1}) oder auf dem Wälzkreis (r_{w2}) abrollt, der Rollkreis ρ_2 die Fußflanke von Rad 2 und die Kopfflanke von Rad 1. Ist der Rollkreis halb so groß wie der Wälzkreis, dann ist die Hypozykloide eine auf den Mittelpunkt zeigende Gerade (Bild 1.7, Feld 2.3). ist er gleich dem Wälzkreis, dann ist sie ein Punkt, der durch Zapfenerweiterung zum Bolzen mit Kreisquerschnitt gemacht wird (siehe Cyclogetriebe [1/9,1/10]). Ist der Rollkreis einer Epizykloide unendlich groß, entartet sie zur Evolvente.

Verzahnungsart 3
Werden die Aussagen 1, 2.1 und 2.2 erfüllt, dann bleibt das Wälzradienverhältnis bei gleichem und veränderlichem Achsabstand konstant. Der typische Vertreter dieser Verzahnungsart - bei gleicher Kurvenart von Flanke und Gegenflanke - ist die Evolventenverzahnung mit parallelen Achsen, Bild 1.11, Teilbild 3. Der bei der Evolvente zur Geraden entartete Rollkreis der Zykloide (Bild 1.11, Teilbild 3, Gerade durch die Punkte T_1,T_2) ist gleichzeitig geometrischer Ort der Berührungspunkte, also Eingriffsstrecke, als auch Berührungspunkt-Normale. Ihre Verlängerung ist die Tangente an die Grundkreise (r_{b1} und r_{b2}).

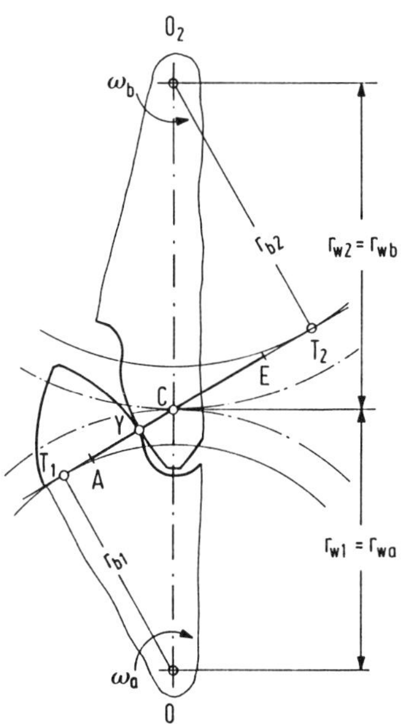

Bild 1.11. Eingriffslinie und momentane Übersetzung

Teilbild 3: Evolventenverzahnung. Auf der Normalen im Berührpunkt Y liegen auch alle anderen Berührpunkte (Eingriffsstrecke $\overline{AE}$). Der Schnittpunkt C (Wälzpunkt) ändert seine Lage nicht. Die Übersetzung bleibt konstant.

In Bild 1.12 ist die momentane Übersetzung verschiedener Verzahnungsarten in Abhängigkeit der Achsabstandsänderung zusammengestellt.

Neben den erwähnten Zahnradpaarungen mit gleicher Kurvenart für Flanke und Gegenflanke gibt es grundsätzlich solche mit verschiedener Kurvenart, die man als "Mischverzahnungen" bezeichnen kann. Es gelingt z.B. durchaus, zu einer vorgege-

Achsabstandsänderung \ Verzahnungsart	1 Kreisbogenverzahnung	2 Zykloidenverzahnung	3 Evolventenverzahnung
$\Delta a = 0$	$i_\omega \neq$ konst.	$i_\omega =$ konst.	$i_\omega =$ konst.
$\Delta a \neq 0$	$i_\omega \neq$ konst.	$i_\omega \neq$ konst.	$i_\omega =$ konst.

Bild 1.12. Momentane Übersetzung i_ω bei drei Verzahnungsarten mit den am häufigsten vorkommenden, jedoch verschiedenen Flankenformen. Die Aussage gilt für ideale, toleranzfreie Zahnradpaarungen.

benen Flankenform, z.B. zu einem Parabelast, eine Form der Gegenflanke zu finden, die eine konstant bleibende momentane Übersetzung ermöglicht. Die Schwierigkeit besteht darin, die Gegenflanke, die eine beliebige Kurve sein kann, die sich mit Flankenradius und Zähnezahl ändert, zu erzeugen und den Eingriff trotz vorliegender Toleranzen über die ganze Teilung nur zwischen den vorgesehenen Flankenpunkten eines Zahndurchganges aufrecht zu erhalten. Außerdem geht die Eigenschaft der konstanten momentanen Übersetzung bei kleinsten Achsabstandsänderungen verloren (Verzahnungsart 2).

In Bild 1.13 ist die Konstruktion der Gegenflanke (Rad 2) und der Eingriffslinie bei gegebener Flanke (Rad 1) und vorgeschriebener gleichbleibender momentaner Übersetzung dargestellt. Sie beruht darauf, daß man jeden gegebenen Flankenpunkt um 0_1 soweit verdreht, bis seine Normale durch den Wälzpunkt C geht. Nun dreht man diesen Punkt - den gleichen Wälzweg zugrundelegend - um den Drehpunkt 0_2 zurück. Die Konstruktion in Bild 1.13 ist im einzelnen folgende [1/12]:

Von den Punkten 1.1 bis 5.1 der gegebenen Flanke ausgehend, wird - wie für Punkt 3.1 gezeigt - die Strecke l_3, welche durch den Schnittpunkt der Flankennormalen mit dem Wälzkreis (r_{w1}) gefunden wurde, ermittelt. Der Punkt 3.1 wird in die spätere Eingriffslage nach Position 3.3 versetzt durch Verdrehen von Rad 1, bis sich Punkt 3.2 mit Punkt C deckt. Punkt 3.3 ist gleichzeitig ein Punkt der Eingriffsstrecke. Nun wird Punkt 3.3 an Rad 2 aus der späteren Eingriffslage in die augenblickliche zurückversetzt, indem der punktierte Wälzbogen 3.2.C am Wälzkreis (r_{w2}) bis zu Punkt 3.4 abgetragen wird. Man erhält Punkt 3.4 und durch Abtragen der Strecke l_3 den Punkt 3.5, den gesuchten Gegenflankenpunkt zu Punkt 3.1.

In der Regel existiert nicht für jeden gewünschten Flankenabschnitt ein passender Gegenflankenabschnitt, wie das z.B. bei den Punkten 4.1 und 4.5 nachgeprüft werden kann. Daher ist zu beachten:

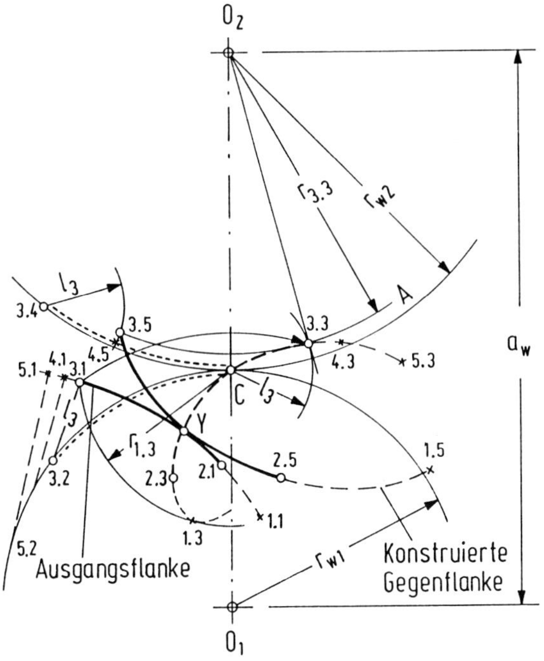

Bild 1.13. Konstruktion der Eingriffslinie und der Gegenflanke für konstant bleibende momentane Übersetzung bei einer vorgegebenen willkürlichen Flankenform von Rad 1.

Gegeben ist die Übersetzung, festgelegt durch die Drehpunkte 0_1, 0_2 und den Wälzpunkt C, sowie die Flanke des Rades 1, gekennzeichnet mit den Punkten 1.1 bis 5.1. Die Konstruktion des Gegenflankenpunktes zu 3.1 erfolgt mit Hilfe der Punkte 3.2, C, 3.3 und 3.4 sowie der Länge der Normalen l_3 (siehe Text). Die Punkte von 1.3 über Y,C bis 5.3 geben die Eingriffslinie an, deren Eingrenzung für korrekte Flanken durch die Berührungspunkte mit den Kreisen $r_{3.3}$ und $r_{1.3}$ ermittelt wird.

- Die Ausgangsflanke kann höchstens soweit genutzt werden, als ihre Normale den eigenen Wälzkreis schneidet oder berührt (siehe Punkte 5.1 und 5.2).
- Eingriffslinien dürfen keine Schlingen haben.
- Geometrisch sinnvolle und korrekt kämmende Gegenflanken erhält man nur bis zu d e m Punkt der Eingriffslinie, dessen Normale durch den Drehpunkt des treibenden Rades für Eingriffsbeginn, des getriebenen Rades für das Eingriffsende geht (Radius $r_{3.3}$).
- Die Eingriffsstrecke wird ferner begrenzt durch den Berührungspunkt eines von C aus geschlagenen einschreibenden Kreises (Radius $r_{1.3}$).

Die beiden letzten Bedingungen grenzen die Eingriffsstrecke in Bild 1.13 von den Punkten 1.3 bis 3.3, die Flanke von den Punkten 1.1 bis 3.1 und die Gegenflanke von den Punkten 1.5 bis 3.5 ein. Verwendet wurde nur der Bereich von den Punkten 2.1 bis 3.1 bzw. 2.5 bis 3.5.

1.9 Schrifttum zu Kapitel 1

Normen, Richtlinien

[1/1] DIN 3960: Begriffe und Bestimmungsgrößen für Stirnräder (Zylinderräder) und Stirnradpaare (Zylinderradpaare) mit Evolventenverzahnungen. Berlin, Köln: Beuth-Vertrieb März 1987

[1/2] DIN 58405, Blatt 1: Stirnradgetriebe der Feinwerktechnik. Berlin, Köln: Beuth-Vertrieb Mai 1972.

[1/3] DIN 3971: Begriffe und Bestimmungsgrößen für Kegelräder und Kegelradpaare. Berlin, Köln: Beuth-Vertrieb Juli 1980.

Bücher, Dissertationen

[1/4] Roth, E.: Zahnradgedanken. Friedrichshafen: Zahnradfabrik Friedrichshafen 1954.

[1/5] Roth, K.: Konstruieren mit Konstruktionskatalogen. Berlin, Heidelberg, New York: Springer 1982.

[1/6] Krumme, W.: Klingelnberg Spiralkegelräder. Berlin, Heidelberg, New York: Springer 1950.

[1/7] Niemann, G., Winter, H.: Maschinenelemente Band II, 2. Auflage. Berlin, Heidelberg, New York, Tokyo: Springer 1983.

[1/8] Dizioğlu, B.: Getriebelehre, Band I-III. Braunschweig: Friedrich Vieweg u. Sohn 1965

[1/9] Lehmann, M.: Beschreibung der Zykloiden, ihrer Äquidistanten und Hüllkurven. Habilitationsschrift TU München 1981.

[1/10] Heikrodt, K.: Ein Beitrag zur Theorie und Anwendung innenachsiger Rotationskolbenmaschinen. Dissertation TU Braunschweig 1985.

[1/11] Roth, K.: Untersuchungen über die Eignung der Evolventenzahnform für eine allgemein verwendbare feinwerktechnische Normverzahnung. Dissertation TU München 1963.

[1/12] Aßmus, F.: Technische Laufwerke einschließlich Uhren. Berlin, Göttingen, Heidelberg: Springer 1958.

[1/15] Roth, K.: Zahnradtechnik - Evolventensonderverzahnungen zur Getriebeverbesserung: Evoloid-, Komplement-, Keilschräg-, Konische-, Konus-, Kronenrad-, Torus-, Wälzkolbenverzahnungen, Zahnrad-Erzeugungsverfahren. Berlin, Heidelberg, New York: Springer 1998

Aufsätze, Firmenschriften, Patentschriften

[1/13] Fa. F.F.A. Schulze: Firmenprospekt, Schwenkbarer Winkeltrieb, Hamburg 1976

[1/14] Roth, K.: Evolventenverzahnung und Räderpaarung unter Verwendung einer solchen Verzahnung. Österreichische Patentanmeldung, Az. A8384/67, 38721/JR, 1967.

2 Geradverzahnte Stirnräder und Stirn-Radpaarungen mit genormten Evolventen-Verzahnungen

Die folgenden Betrachtungen beziehen sich nur auf Evolventen-Zahnräder. An der einfachsten Ausführung eines Evolventen-Zahnrades, dem geradverzahnten Stirnrad, werden die wichtigsten geometrischen Zusammenhänge für die Auslegung von Verzahnungen aufgezeigt.

2.1 Entstehung des geradverzahnten Stirnrades

Zur Ausbildung einer Verzahnung genügt es nicht, evolventische oder sonstige Kurven auszuwählen, denn sie bestimmen nur den Verlauf der für die Berührung mit dem Gegenzahn vorgesehenen Flanke, die bei nicht zurückgenommenen Zahnköpfen vom Kopfkreis (r_a), bei zurückgenommenem Zahnkopf vom Kopf-Formkreis bis höchstens zum Grundkreis reicht. In Bild 2.1 wird gezeigt, wie aus den gleichen Evolventenkurven Zähne verschiedener Zahnhöhe und Zahndicke zusammengestellt werden können, wobei für alle die gleiche Zahnfußausrundung angenommen wurde. Der Fuß-Formkreis (Bild 2.2) liegt nie innerhalb des Grundkreises (r_b), nur in Extremfällen auf ihm, in der Regel über ihm. Er wird durch den tiefsten Fußpunkt der vom Werkzeug erzeugten Evolventenflanke bestimmt [2/1]. Im wesentlichen unabhängig von diesem Teil der Zahnflanke ist die Ausbildung des Zahnkopfes (Zone 1 in Bild 2.2), dessen Form beispielsweise bestimmt wird durch den wählbaren Kopfkreisradius (r_a), durch die Zahnkopfdicke bzw. durch die Profilrücknahme am Zahnkopfeckpunkt, die den Kopf-Formkreis (r_{Fa}) festlegt. Auch die Ausbildung des unteren Zahnbereichs unterhalb der nutzbaren Zahnflanke (Zone 3) ist von der Flankenform in weiten Grenzen unabhängig. Der fußseitige Teil des Zahnes beginnt mit einer möglichst ohne Knick angrenzenden Fußrundung, anfangend am Fuß-Formkreis (r_{Ff}), deren unterster Punkt den Fußkreis (r_f) bestimmt. Die Zahnfußausrundung kann in den Fußkreis übergehen oder in die gegenüberliegende Fußrundung. Ihre Form ist nur durch kleinstzulässige bzw. größtmögliche Rundungsradien und durch das Kopfspiel eingegrenzt. Im einzelnen bestimmt die Kopfausbildung des Werkzeugprofils [2/8] im Zusammenhang mit dem Fertigungsverfahren den genauen Verlauf der Zahnform am Fußgrund. Die Ausbildung der Zahnlücke am Zahnfuß dient in erster Linie dem berührungslosen Eintauchen der Gegenzahnspitze unter Berücksichtigung von Schmier-

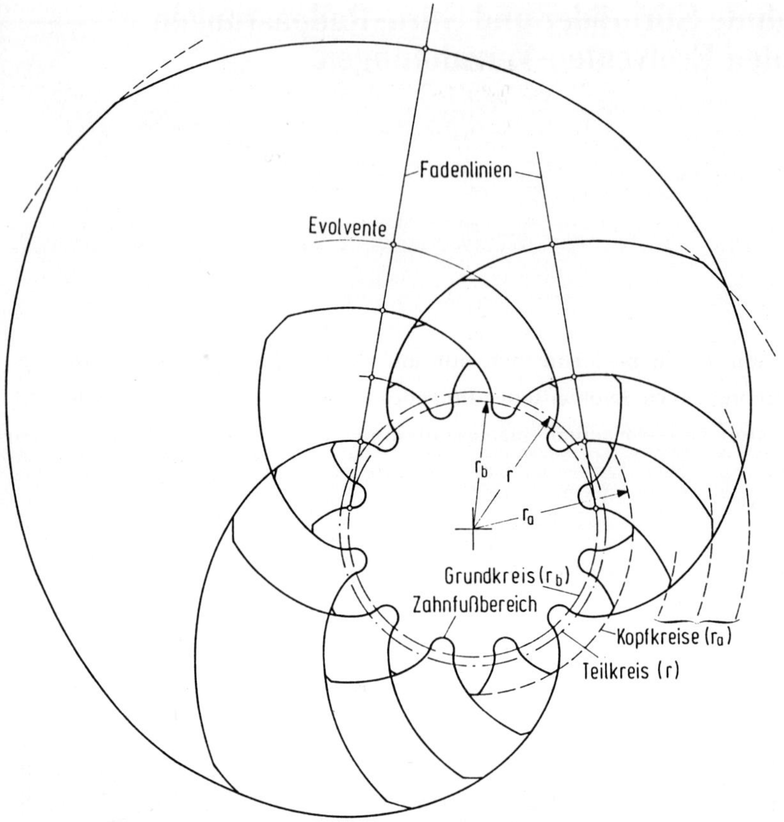

Bild 2.1. Erzeugen von Kreisevolventen durch Abwickeln der Fadenlinie am Grundkreis (r_b). Erzeugen von verschieden großen Evolventenzähnen durch Zusammenfassen zweier Evolventen des gleichen Grundkreises (r_b), die der vorgegebenen Zahndicke entsprechen sowie durch Festlegen der oberen Begrenzung aufgrund des gewählten Kopfkreises (r_a) und der Ausbildung des Zahnfußbereichs aufgrund der Werkzeugform. Der Teilkreis (r) ist ein bewährter Bezugskreis, der aber nur dann von allen möglichen Bezugskreisen hervorgehoben ist, wenn der Profilwinkel α_P eines geradflankigen Bezugsprofils eine besondere Rolle spielt.

mittelrückständen und soll einen möglichst kerbwirkungsfreien Übergang der Zahnflanke zum Zahngrund gewährleisten, um die Zahnfußtragfähigkeit zu erhöhen.

Der unter dem nutzbaren Teil der Zahnflanke liegende Teil des Zahnfußes (Zone 3, Bild 2.2) kann sowohl innerhalb als auch außerhalb des Grundkreises liegen, ohne daß der korrekte Eingriff gestört wird. In Bild 2.2 ist zusätzlich noch der Zahn des erzeugenden Werkzeugs eingezeichnet, dessen Kontur identisch mit der Lücke des Bezugsprofils des Rades ist. Die Werkzeugflanke erzeugt die nutzbare Zahnflanke und der Werkzeugkopf die Zahnfußrundung. Das gerade Kopfende der erzeugenden Werkzeugflanke und das Fußende der nutzbaren Zahnflanke berühren sich am Beginn des Erzeugungswälzvorganges. Die nutzbare Zahnflanke reicht vom Fuß-Formkreis (r_{Ff}),

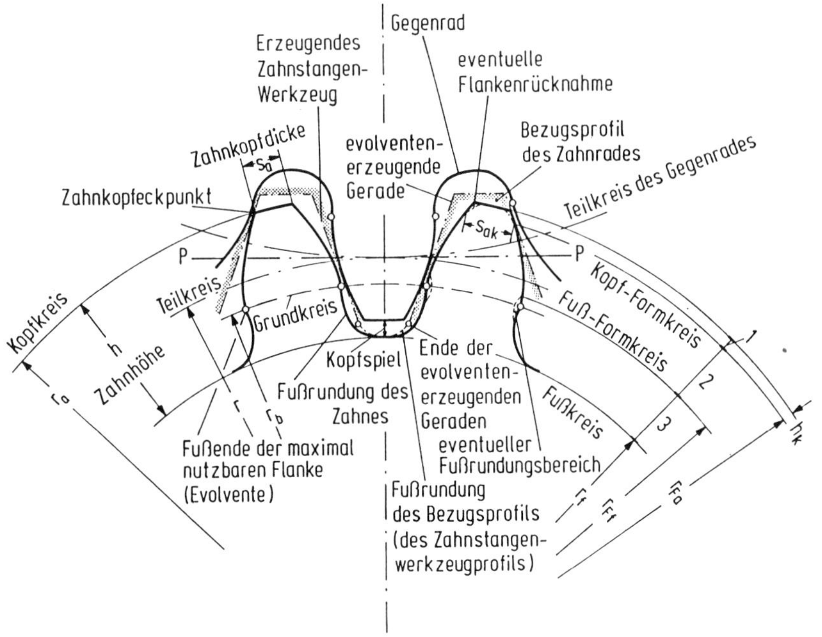

Bild 2.2. Ausbildung eines Evolventenzahnes [2/1] aus drei Zonen (Beispiel ohne Profilverschiebung)
Zone 1: Oberer Zahnkopfbereich (vom Kopfkreis (r_a) mit der Zahnkopfdicke s_a, dem Kopfeckpunkt, eventuell mit Flankenrücknahme bis zum Kopf-Formkreis (r_{Fa})).

Zone 2: Potentiell tragender und berührender Teil der Flanke, also nutzbarer Bereich (Evolvente vom Kopf-Formkreis (r_{Fa}) bis zum Fuß-Formkreis (r_{Ff})).

Zone 3: Unterer Zahnfußbereich (vom Fuß-Formkreis (r_{Ff}), d.h. dem Fußende der nutzbaren Flanke über die Fußrundung bis zum Fußkreis (r_f)).

Das erzeugende Zahnstangen-Werkzeug [2/7] hat in der dargestellten Ebene eine Kontur, die sich zum Bezugsprofil wie Patrize und Matrize verhält. Die nutzbare Evolventenflanke reicht vom Kopf-Formkreis (r_{Fa}) zum Fuß-Formkreis (r_{Ff}). Der Kopf-Formkreis kann im äußersten Falle bis zum Kopfkreis reichen, $r_{Fa} \leq r_a$, und der Fuß-Formkreis bei Außenverzahnungen im äußersten Falle bis zum Grundkreis, $r_{Ff} \geq r_b$.

der im Extremfall bis zum Grundkreis (r_b) verkleinert werden kann, bis zum Kopf-Formkreis (r_{Fa}), der im äußersten Fall bis zum Kopfkreis (r_a) vergrößert werden kann. Für Außenverzahnungen gilt

$$r_{Ff} \geq r_b \tag{2.1}$$

$$r_{Fa} \leq r_a . \tag{2.2}$$

Zähne verschiedener Dicke bildet man aus, indem bestimmte Abschnitte zweier entgegengesetzt abgewickelter Flankenkurven - hier Evolventen - zu einem Zahn zusammengefaßt werden. Dies geschieht z.B. im einfachsten Fall so, daß Zahndicke und

Zahnlücke am Teilkreis gleich groß sind (Bild 2.1, innerstes Zahnrad) und daß immer eine ganze Anzahl von voll ausgebildeten Zähnen und Zahnlücken entsteht.

In Bild 2.1 sind als Beispiele für die Verwendung von Evolventen des gleichen Grundkreises folgende Zahnräder dargestellt: Ein Rad mit 12 kleinen Zähnen, mit den gleichen Evolventen ein mittelgroßes Rad mit 6 Zähnen sowie jeweils ein Zahnrad mit 4, 3, 2 Zähnen und einem großen Zahn. Die Zahnräder können mit Rädern der gleichen Teilung korrekt kämmen, nur müssen die Zähne der Gegenräder entsprechend komplementär ausgelegt werden.

2.2 Gleichung und Erzeugung der Evolventenflanke

Ausgangskurve für die nutzbare, d.h. die für die Berührung zur Verfügung stehende Flanke eines Zahnes, ist bei dieser Verzahnungsart die Kreisevolvente. Es hat etwa 100 Jahre gedauert, bis die von Leonhard Euler [2/11] 1762 vorgeschlagene Kreisevolvente als günstigste Zahnflanke und die durch sie entstehenden Vorteile bei ihrem technischen Einsatz zur Verdrängung der Zykloidenverzahnung führte.

2.2.1 Die Kreisevolvente

Die zweckmäßigste Schreibweise für die Kreisevolventengleichung erhält man bei ihrer Darstellung in Polarkoordinaten mit dem in der Verzahnung immer wieder auftretenden Profilwinkel α_y als Parameter. Mit Bild 2.3, in dem r_y ein beliebiger Radius,

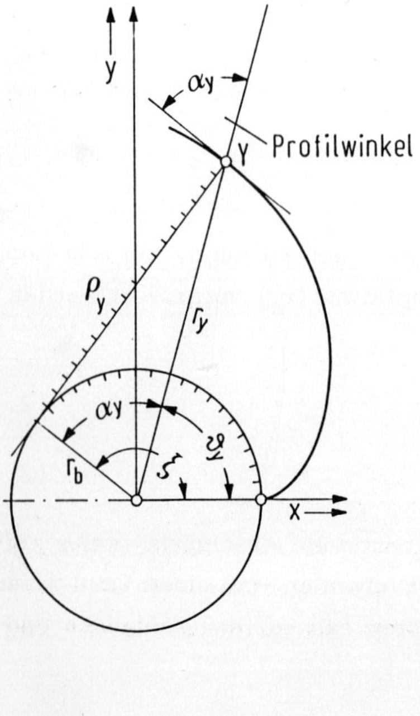

Bild 2.3. Größen zur Darstellung der Kreisevolvente in Polarkoordinaten. Es bedeutet

ϑ_y Polarwinkel, $\xi_y = \alpha_y + \vartheta_y$ Wälzwinkel

r_b Grundkreisradius, r_y Radius zum Punkt Y

ρ_y Krümmungsradius

r_b der Grundkreisradius und α_y der Profilwinkel ist, ergibt sich

$$r_y = \frac{r_b}{\cos \alpha_y} . \tag{2.3}$$

Mit dem Polarwinkel ϑ_y sowie dem Krümmungsradius ρ_y, welcher bei der Evolvente gleichzeitig der über die Winkel $\alpha_y+\vartheta_y$ abgewickelte Bogen ist, erhält man

$$\rho_y = r_b \cdot \operatorname{arc}(\alpha_y + \vartheta_y) \tag{2.4}$$

sowie

$$\rho_y = r_b \cdot \tan \alpha_y . \tag{2.5}$$

Aus Gl.(2.4) und (2.5) ist der Polarwinkel ϑ_y als Bogen direkt zu entnehmen und beträgt

$$\operatorname{arc} \vartheta_y = \tan \alpha_y - \operatorname{arc} \alpha_y . \tag{2.6}$$

Die trigonometrische Beziehung der rechten Seite wird - wie die Kreisfunktionen $\sin \alpha$, $\cos \alpha$ usw. - direkt tabelliert und als neue Funktion behandelt und mit $\operatorname{inv} \alpha$ bezeichnet (sprich: involut). Es ist

$$\operatorname{inv} \alpha = \tan \alpha - \operatorname{arc} \alpha \tag{2.7}$$

und für den Polarwinkel ϑ_y gilt

$$\operatorname{arc} \vartheta_y = \operatorname{inv} \alpha_y . \tag{2.8}$$

Die Kreisevolvente, in kartesischen Koordinaten mit dem Wälzwinkel ξ_y

$$\xi_y = \alpha_y + \vartheta_y \tag{2.9}$$

als Parameter ergibt sich aus

$$x_y = r_b \cdot (\cos \xi_y + \operatorname{arc} \xi_y \cdot \sin \xi_y) \tag{2.10}$$

$$y_y = r_b \cdot (\sin \xi_y - \operatorname{arc} \xi_y \cdot \cos \xi_y) . \tag{2.11}$$

Ihre Bogenlänge ist

$$s_y = \frac{1}{2} r_b \cdot (\operatorname{arc} \xi_y)^2 . \tag{2.12}$$

2.2.2 Erzeugung der Kreisevolvente

So einfach und schön es ist, die Kreisevolvente durch Abwicklung eines Fadens zeichnerisch zu erzeugen (Bild 2.1) und aus einer entsprechenden Skizze (Bild 2.3) die mathematischen Zusammenhänge zu entnehmen, so ungeeignet ist dies Verfahren zur technischen Erzeugung evolventischer Zähne. Das geht schon daraus hervor, daß

Gliederungsteil				Hauptteil	
Abwälzen auf	Erzeugen	Abwälzende Kurve	Schneid-Kurve		Beispiel
1	2	3	4	Nr.	
Grundkreis	Punktweise	Gerade	Punkt, (Spitzstichel)	1	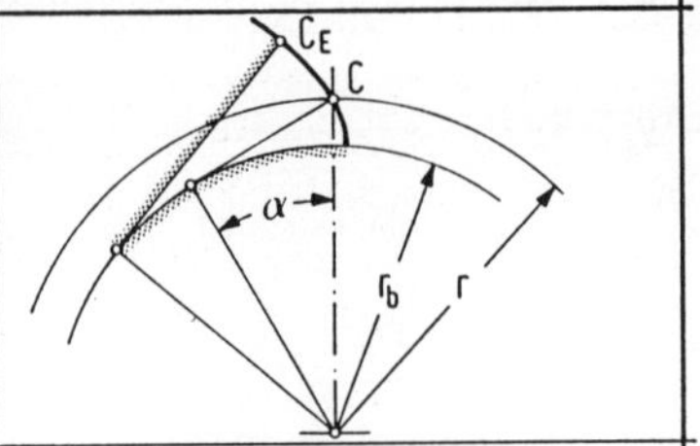
Grundkreis	Durch Hüllschnitte	Gerade	Gerade, (Schneide senkrecht zum Lineal)	2	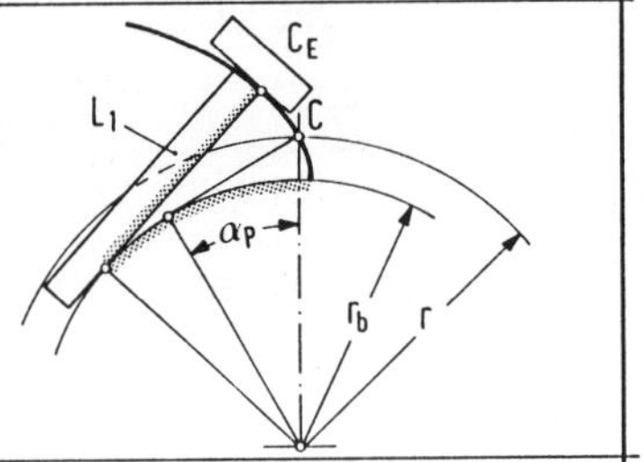
zum Grundkreis äquidistanten Kreis	Punktweise	Logarithmische Spirale	Punkt, (Spitzstichel)	3	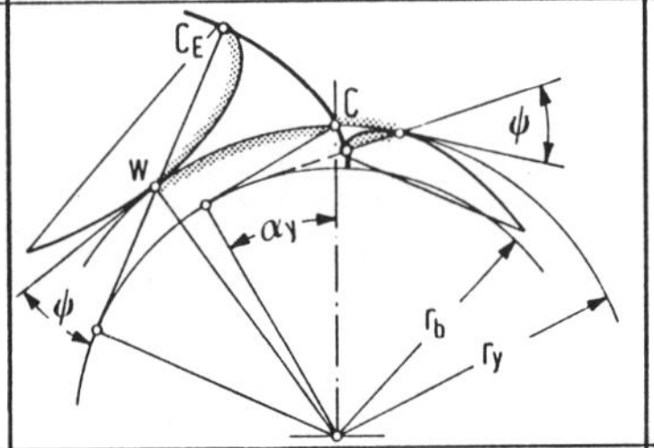
zum Grundkreis äquidistanten Kreis	Durch Hüllschnitte	Gerade	Gerade, (Schneide schräg zum Lineal)	4	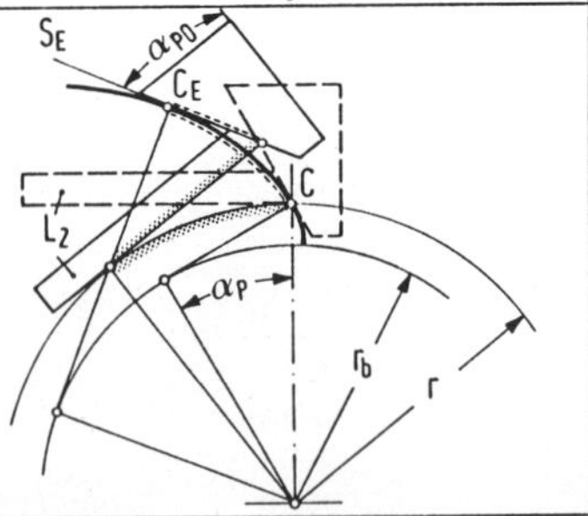
zum Grundkreis äquidistanten Kreis	Durch Hüllschnitte	Kreisbogen	Gegenevolvente	5	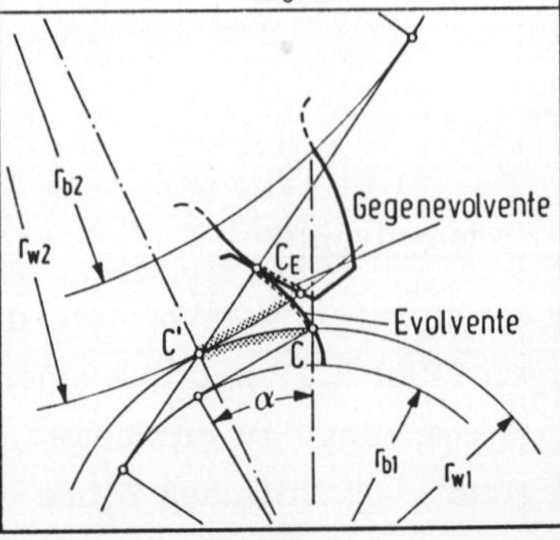

	Zugriffsteil			Anhang
	Wälzkreis	Erzeugung: Endliche Hüllschnittzahl	Gleichung	Geeignet für
Nr.	1	2	3	1
1	Grundkreis r_b	nein		Zeichnerische Darstellung mit Fadenlinie. Der Grundkreis r_b ist Erzeugungswälzkreis
2		ja		Abwälzbewegung mit Lineal, mit Band, z.B. MAAG Schleifverfahren
3	Durch Kreuzungswinkel ψ bestimmter Wälzkreis	nein	$r_y = \frac{r_b}{\cos \alpha_y}$ $\psi = \alpha$	Zur Zeit noch keine Anwendung. Winkelbeziehung $\psi = \alpha_w$
4	Teilkreis r	ja	$r = \frac{r_b}{\cos \alpha_P}$	Werkzeug bildet eine Zahnstange nach. Sehr häufige Anwendung z.B. beim Hobeln, Wälzfräsen, Teilwälzfräsen, Wälzschleifen usw.
5	Durch „Achsabstand" bei Erzeugung entstehender Betriebswälzkreis r_w, auch r			Werkzeug ist Zahnradförmig, Anwendung z.B. beim Wälzstoßen, Wälzschälen, Schaben, Honen, Kaltwalzen usw.

Bild 2.4. Konstruktions-Katalog für Verfahren zur Erzeugung einer Evolventen-Zahnflanke und dazugehörende Fertigungsverfahren nach Niemann [2/12]. Es bedeutet r_b Grundkreisradius, r Teilkreisradius, r_W Wälzkreisradius.

beim Zeichenverfahren nach Bild 2.1 bzw. Bild 2.4 stets der Grundkreis (r_b) als Ausgang gilt, bei den technischen Erzeugungsverfahren in der Regel ein Erzeugungswälzkreis, der für die zahnstangenförmigen Werkzeuge ein besonders ausgezeichneter ist, nämlich der Teilkreis (r). Der Erzeugungswälzkreis (r_{w0}) kann aufgrund der erzeugten Flankenform, sofern der Profilwinkel α_P bekannt ist, bestimmt werden. Er ist wie alle erzeugten Größen toleranzbehaftet. Da im folgenden von theoretisch exakten Größen ausgegangen wird, ist der Erzeugungswälzkreis gleichgroß dem Teilkreis, Gl.(2.3-1).

In Bild 2.4 sind nun alle bekannten Abwälzverfahren [2/12] in Form eines Konstruktions-Katalogs [1/5] systematisch zusammengefaßt sowie die Erzeugung der Evolventen im Hauptteil dargestellt. Spalte 1 des Gliederungsteils unterscheidet den Ausgangspunkt des Verfahrens nach Grund- oder äquidistantem Kreis als Erzeugungswälzkreis, Spalte 2 nach punktweiser oder hüllschnittartiger Erzeugung, Spalte 3 nach der abwälzenden Kurve und Spalte 4 nach der Form der Schneide. Im rechten Teil des Katalogs erscheinen einige Zugriffsmerkmale und im Anhang zusätzliche Hinweise. Man kann danach die Evolvente nicht allein vom Grundkreis in üblicher Weise als Fadenlinie abwickeln, sondern auch von einem äquidistanten Kreis her erzeugen, z.B. vom Teilkreis (r) (Zeile 4) oder von einem anderen Kreis (Zeile 5) und sogar mit Hilfe einer logarithmischen Spirale (Zeile 3).

Den Verfahren Nr. 1, 2 und 3 haftet der Nachteil an, daß immer die gleiche Spitze C_E eines Stichels oder der gleiche Punkt einer Schneide C_E die Evolvente erzeugt. Bei den Verfahren Nr. 4 und 5 wandert der erzeugende Punkt C_E entlang der Schneide, so daß sie nicht so schnell abgenutzt wird. Bei der Zahnradherstellung muß diese Schneide neben der Wälzbewegung in der Zeichenebene noch eine Schneidbewegung senkrecht zu dieser Ebene machen. Ein weiterer Unterschied für die Herstellung ist der, daß die Hüllschnittverfahren digitalisiert werden können (nicht müssen) d.h. durch einzelne Schneidzähne oder Schneidhübe die Evolvente in Polygonen annähern können, während die "Punktverfahren" kontinuierlich ausgeführt werden müssen.

Bekannt und häufig eingesetzt sind die technischen Erzeugungsverfahren nach Nr. 4, 5 und 2, bekannt und nicht eingesetzt Verfahren Nr. 3. Verfahren Nr. 4 ahmt die Erzeugung eines Evolventenzahnrades mit einem Zahnstangenwerkzeug nach. Der Erzeugungswälzkreis (r_{w0}) ist gleich dem Teilkreis (r), der wiederum aus dem Grundkreis nach Gl.(2.3) ermittelt wird mit

$$r_{w0} = r = \frac{r_b}{\cos\alpha_P} \; . \tag{2.3-1}$$

Der Profilwinkel α_P des Stirnrad-Bezugsprofils ist nicht nur gleich dem Eingriffswinkel α bei Nullverzahnungen (siehe Bild 2.26), sondern auch dem Profilwinkel α

des Zahnes am Teilkreis (r) sowie dem Winkel α_{P0} für die Schrägstellung der Schneide S_E zum abwälzenden Lineal (Bild 2.4, Nr. 4), also dem Profilwinkel α_{P0} des erzeugenden Zahnstangen-Bezugsprofils (Bild 2.5).

Es läßt sich rechnerisch nachweisen, daß das Abwälzen eines Lineals mit der um α_{P0} schräggestellten Schneide S_E auf einem um den Faktor $1/\cos\alpha_{P0}$ veränderten Wälzkreis (Verfahren Nr. 4 in Bild 2.4) durch Hüllschnitte die gleiche Evolvente erzeugt wie das Abwälzen eines Lineals mit senkrechter Schneide oder eines Fadens (Verfahren Nr. 2 und 1) auf dem Grundkreis. Durch Schrägstellung der Schneide kann man daher den ursprünglichen Wälzkreis vergrößern und alle Schneidenpunkte für die Zerspanung heranziehen.

Bei Verwendung einer logarithmischen Spirale als Abwälzlineal, deren Verbindungsgerade vom asymptotischen Punkt C_E zum Wälzpunkt W mit der Kurventangente stets den Schnittwinkel α bildet, kann der Wälzkreis gegenüber dem Grundkreisradius auch um den Faktor $1/\cos\alpha$ vergrößert werden, mit dem Unterschied gegenüber Verfahren Nr. 4, daß die Evolvente dann durch einen Punkt und nicht über Hüllschnitte erzeugt wird. Verfahren Nr. 3 wird zur Zeit technisch nicht eingesetzt.

2.2.3 Das Zahnstangenwerkzeug

Es genügt nach den Darlegungen in Bild 2.1 nicht, nur *eine* Zahnflanke zu erzeugen, sondern es müssen, möglichst beim gleichen Abwälzvorgang, *beide* Flanken ausgebildet werden. Die Schneidkante S_E des Lineals L_2 aus Bild 2.4, Nr.4, wird daher beidseitig symmetrisch zur Mittellinie mit gleichen Winkeln α_{P0} ausgebildet. Mehrere Schneidkanten ergeben dann eine Werkzeug-Zahnstange (Bild 2.5), die zur Ausbildung eines Kopfspiels mit dem späteren Gegenzahn und der erforderlichen Fußausrundung der Zahnlücke noch einen abgerundeten Zahnkopf hat. Dieser Zahnkopf muß gegenüber der verlängerten Schneidkante S_E zurückgenommen sein, damit beim Austauchen des Werkzeugs nicht schon erzeugte Zahnflankenteile weggeschnitten werden (siehe Kapitel 5). Erzeugungsprofile mit trapezförmigen Schneidzähnen wie in Bild 2.5 sind die am häufigsten vorkommenden und werden bei allen zum Abwälzen bestimmten Werkzeugen mit Zahnstangenform verwendet.

In gleicher Weise läßt sich auch Lineal L_1 aus Bild 2.4, Nr. 2, zu einer Zahnstange ausbilden, wie das in Bild 2.6 dargestellt ist. Man kann deutlich erkennen, daß die Fräserzähne nur mit den Schneidpunkten S_E die Zahnflanken berühren und aus dem vollen Material herausarbeiten, daß ferner hier die "Schneidkante" nicht über den Schneidpunkt S_E hinaus verlängert werden darf, da sie sonst beim Austauchen den größten Teil des Zahnes wieder wegschneiden würde. Auch in diesem Fall muß der Zahnkopf des Zahnwerkzeugs hinter den Schneidpunkt S_E zurückgenommen werden. Da der Profilwinkel $\alpha_{P0} = 0°$ ist (ebenso der Erzeugungs-Eingriffswinkel α_0), ist der Grundkreisradius r_b nach Gl.(2.3-1) gleich dem Teilkreisradius r und dieser

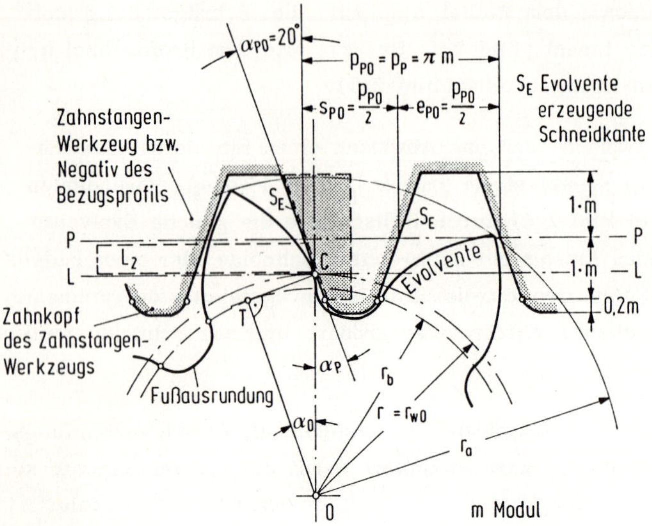

Bild 2.5. Durch Verdoppelung der Schneidkanten des Lineals L_2 aus Bild 2.4, Nr. 4, erhält man die Evolventen schneidenden Flanken der erzeugenden Zahnstange mit den Schneidkanten S_E. Die Zahnstange wälzt mit der Geraden LL auf dem Erzeugungswälzkreis (r_{w0}) und nicht auf dem Grundkreis (r_b) ab. Der Erzeugungswälzkreis (r_{w0}) ist bei Zahnstangenwerkzeugen gleich dem Teilkreis (r) des Rades. Der Profilwinkel α_{P0} des Werkzeug-Bezugsprofils ist gleich dem Profilwinkel des Bezugsprofils α_P, dieser ist gleich dem Profilwinkel α_w des Zahnes am Erzeugungswälzkreis (r_{w0}) (bzw. Teilkreis (r) des Rades) und gleich dem Eingriffswinkel α_0 am Erzeugungsgetriebe und dem Eingriffswinkel α beim Kämmen des Zahnrades mit einer Zahnstange. Der Zahn ist am Evolventenfußpunkt nicht schädlich unterschnitten, der Zahnkopf jedoch ist spitz. Auf der Profilbezugslinie PP ist Zahndicke s und Lückenweite e gleich groß. Es bedeutet p (Teilkreis-)Teilung, m Modul, Indizes P, P0 bezogen auf Bezugs- bzw. Werkzeug-Bezugsprofil.

gleich dem Erzeugungswälzkreis (r_{w0}). Auch hier ist wieder deutlich erkennbar, daß der Teilkreis (r), auf den häufig die ganze Zahnradgeometrie aufgebaut wird, nur durch den Profilwinkel α_P eines geradflankigen Bezugs- oder Werkzeugprofils definiert ist und dadurch allein seine Bedeutung hat.

Wenn wie in Bild 2.5 auch in Bild 2.6 die Zahndicke der Zahnstange s_{P0} gleich der Lückenweite e_{P0} sein müßte, erhielte man viel zu dünne und zu kurze Radzähne. Das kann man leicht durch Verringerung der Zahndicke am Zahnstangenprofil ändern. Man muß dann nur in Kauf nehmen, daß auch die Zähne eines späteren Gegenprofils dünner werden.

Werkzeuge dieser Profilform sind z.B. bestimmte Schleifscheiben beim MAAG-Verfahren (0°-Schleifmethode). Allerdings wird wegen der veränderlichen Schleifscheibendicke beim Abrichten nur e i n e Seite zur Evolventenerzeugung eingesetzt.

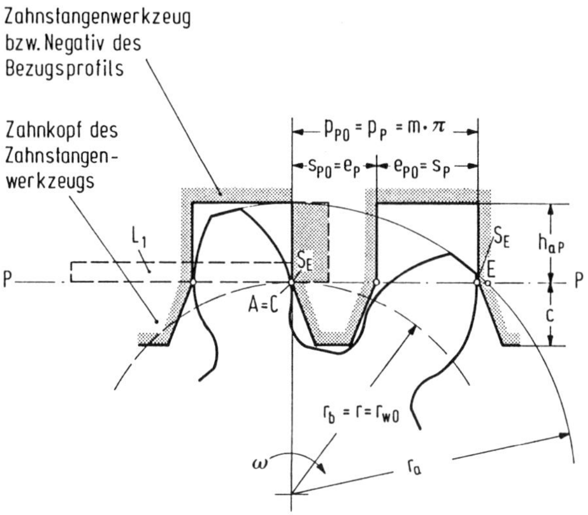

Bild 2.6. Durch Verdoppelung der Schneidkanten des Lineals L_1 aus Bild 2.4, Nr. 2, erhält man die erzeugende Zahnstange mit den schneidenden Punkten S_E und als ihre "Negativform" das Zahnstangen-Bezugsprofil. Die Zahnstange wälzt auf der Geraden PP am Grundkreis (r_b) ab, der gleichzeitig Teilkreis (r) und Erzeugungswälzkreis (r_{w0}) ist. Da der Profilwinkel α_{P0} der Schneidkante des Zahnstangen-Werkzeugs null ist, ebenso der Profilwinkel α der Evolvente im Schnittpunkt mit dem Erzeugungswälzkreis (r_{w0}) (Teilkreis), wirkt die Kraft im Berührungspunkt der Flanken stets senkrecht zur Mittenlinie, aber es ist auch immer nur Punkt S_E der Zahnstange im Eingriff. Die senkrechte "Schneidkante" muß unterhalb des Punktes S_E zurückgenommen werden, da sonst die erzeugte Evolventenflanke unterschnitten würde. Zahndicke s und Lückenweite e sind bei diesem Sonderbezugsprofil nicht gleich groß, um einigermaßen brauchbare Zahnformen zu erhalten. Rad und linke "Flanke" des Zahnstangenzahns berühren sich bei Rechtsdrehung nur von Punkt C, der auch gleichzeitig der Punkt A des Eingriffsbeginns ist, bis Punkt E. Es bedeutet: p Teilung, h_{aP} Zahnkopfhöhe des Bezugsprofils, r_a Kopfkreisradius, c Kopfspiel.

Bei trapezförmigen Zahnstangen sind die Zahndickenverhältnisse viel günstiger, wie der Vergleich mit Bild 2.5 zeigt, in welchem alle Verzahnungswerte bis auf den Profilwinkel α_P gleich sind. Die verkürzte Zahnhöhe in Bild 2.6 ist eine Folge der nicht beliebig vergrößerbaren Lückenweite e_{P0} des Zahnstangenwerkzeugs.

2.2.4 Schablonen zur zeichnerischen Ermittlung von Evolventenzahnformen

Bei der Erzeugung eines Zahnrades, z.B. nach dem Verfahren Nr. 4 aus Bild 2.4, interessiert häufig mehr noch als der Evolventenverlauf die Größe und der Verlauf der Fußrundung, ihr Übergang zur Evolventenflanke und zum Fußkreis (Bild 2.2), wenn z.B. die Form der Schnittkanten des erzeugenden Werkzeugs vorgegeben ist. Kennt man den Profilverlauf unterhalb des Fußendes der nutzbaren Evolventenflanke, kann man daraus eine Reihe von Schlüssen ziehen, z.B. über das korrekte oder nicht korrekte Kämmen von Zahn und Gegenzahn, über den Freiraum für das Aufsitzen und Nichtaufsitzen des Zahnkopfes vom Gegenrad (Kopfspiel), über unerlaubtes Wegschneiden der Evolventenflanke (Unterschnitt), über die Kerbwirkung am Übergang vom Zahn zum Zahnkörper und über die Zahndicke, welche später zur Berechnung der Fußtragfähigkeit maßgebend ist.

Viel einfacher und didaktisch wirksamer als mit rechnerischen Verfahren ist es, die tatsächlich entstehende Zahnform einschließlich des Zahnlückengrundes als Ergebnis des Hüllschnittverfahrens und der Form des Schneidwerkzeugs mit Hilfe von entsprechenden Schablonen selbst Schritt für Schritt zeichnerisch zu ermitteln. Müssen solche Zahnkonturen sehr häufig ermittelt werden, ist es selbstverständlich möglich, sie mit Hilfe eines entsprechenden Programms am Bildschirm zu generieren. Für Einzelfälle ist jedoch die "Schablonenmethode" am effektivsten.

Bild 2.7 zeigt eine Schablone [2/18] aus durchsichtigem Kunststoff, in der - z.B. selbstangefertigt - oben die am Kopf stehende Lücke des Werkzeug-Bezugsprofils ausgeschnitten wurde. Dort, wo die Zahnlücke des Zahnstangen-Werkzeugprofils

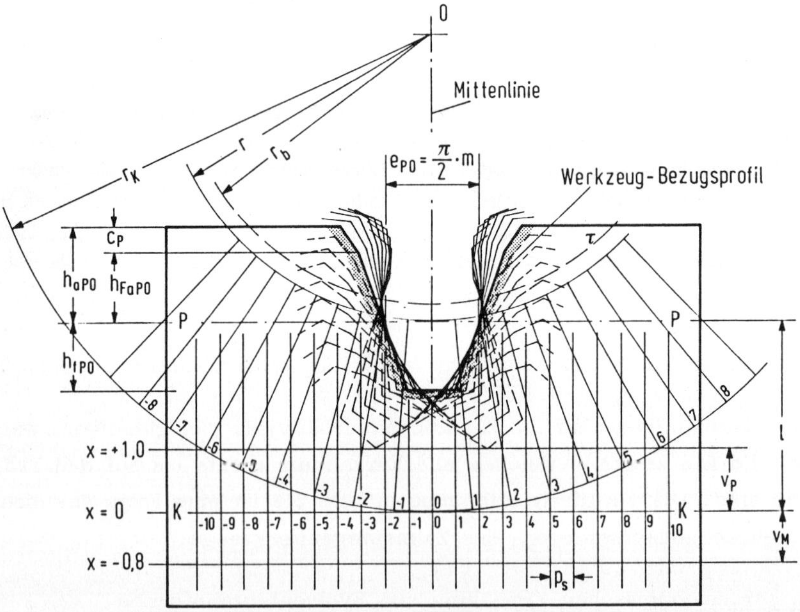

Bild 2.7. Schablone aus durchsichtigem Kunststoff zum Zeichnen von Evolventenzähnen aufgrund eines vorgegebenen Werkzeug-Bezugsprofils (Negativ des Bezugsprofils) und einer vorgegebenen Anzahl von Hüllschnitten.

Beispiel: Größen am Werkzeug-Bezugsprofil (Index P0), Zahnkopfhöhe $h_{aP0} = 1{,}5 \cdot m$, Zahnfußhöhe $h_{fP0} = 1{,}1 \cdot m$, Lückenweite an der Profilbezugslinie PP $e_{P0} = (\pi/2) \cdot m$, Zähnezahl $z = 9$, Profilverschiebungsfaktor $x = 0$, Hüllschnittzahl $n_s = 8$, Hüllschnitteilung $p_s = \pi \cdot m/n_s$ am Erzeugungswälzkreis. Für die Schablone mit Modul $m = 20$ mm, $n_s = 8$ ist $p_s = 7{,}85$ mm.

$e_{P0} = \pi \cdot m/2$ ist, liegt die Profilbezugslinie PP und in einem Abstand, der mindestens $2{,}5 \cdot m$ (in Bild 2.7 sind es $3 \cdot m$) davon entfernt ist, die Konstruktionslinie KK. Diese wird von der Mittellinie beidseitig durch parallele Linien so oft unterteilt, als man Hüllschnitte haben möchte. Alle Linien auf der Schablone werden zweckmäßigerweise mit einer spitzen Nadel auf der Rückseite angebracht (Parallaxfehler). Der Abstand der Unterteilung p_S errechnet sich aus der Teilung am Teilkreis

$$p = \pi \cdot m \tag{2.13}$$

und der gewünschten Hüllschnittzahl n_S mit

$$p_S = \frac{p}{n_S} \; . \tag{2.14}$$

Diese Teilung, welche wegen der ausgeschnittenen Lücke nicht an der Profilbezugslinie PP angebracht werden kann, wird numeriert. Anschließend zeichnet man den Konstruktionskreis (r_K), der um den Abstand zwischen Profilbezugslinie PP und Konstruktionslinie KK größer als der Teilkreis ist (z.B. $r_K = r+3 \cdot m$). Die Teilung p_S wird am Teilkreis (r) aufgetragen, auf den Konstruktionskreis (r_K) durch Mittelpunktstrahlen übertragen und numeriert. Durch Anlegen der Punkte auf der Konstruktionslinie KK an die Punkte am Konstruktionskreis mit gleicher Nummer, wobei die Rasterlinie des angelegten Schablonenpunkts genau auf dem entsprechenden Mittelpunktstrahl liegen muß, hat die Schablone die richtige Lage, so daß die nachgefahrene Ausschnittskontur genau einen Hüllschnitt ergibt.

Durch Anlegen einer zur Konstruktionslinie KK parallelen Linie, z.B. der Linie $x = +1{,}0$ oder $x = -0{,}8$, also durch Verschieben des Schablonenprofils, erhält man andere Zahnausbildungen, die der später noch zu behandelnden "Profilverschiebung" (Abschnitt 2.5) entsprechen. Es läßt sich auf diese Weise jede mögliche abwälzbare Verzahnung bei entsprechender Vergrößerung (Modul $m = 20$ bis 30 mm) einschließlich der Zahnfußausbildung zeichnerisch entwickeln.

Die Umkehrung des Verfahrens ermöglicht es nach Bild 2.8, für ein gewünschtes Zahnprofil Z die nötige Werkzeugprofilform zu ermitteln. Die Schablone hat zu diesem Zweck einen Durchbruch, der von unten mit Transparentpapier überklebt wird und nach Durchzeichnen des Zahnprofils Z in den verschiedenen Schablonenlagen als Umriß der Hüllschnitte das notwendige Werkzeugprofil ergibt [2/18].

Für Stichproben und beschränkte Anwendungshäufigkeit kann die Schablone nach Bild 2.9 aus Karton ausgeschnitten und das Fenster von unten mit Transparent beklebt werden. Ungenauigkeiten entstehen durch das Aufrauhen des Schablonenausschnitts und durch die Kürze der Rasterlinien (siehe auch Aufgabenstellung 2-1).

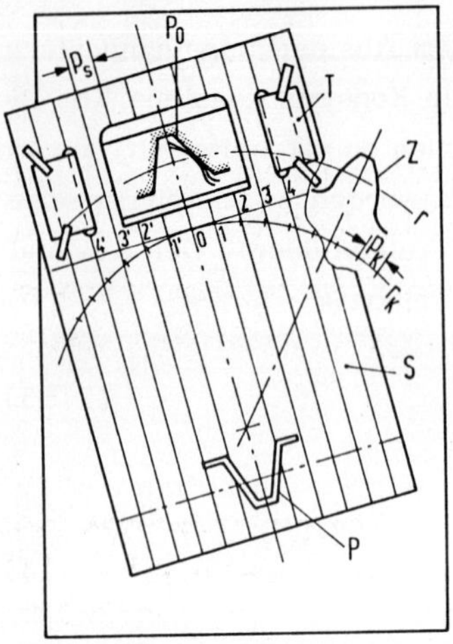

Bild 2.8. Schablone S aus durchsichtigem Kunststoff zum Zeichnen von Evolventenzähnen aufgrund eines vorgegebenen Bezugsprofils P oder zur Ermittlung des Werkzeugprofils P_0 aufgrund der Hüllkurven des vorgegebenen Zahnprofils Z.

Es bedeutet: T Transparent-Papierstreifen, r Teilkreisradius, r_k Konstruktionskreisradius, p_s Spannutenteilung am Teilkreis, p_k Spannutenteilung am Konstruktionskreis. Die Anzahl der Hüllschnitte entspricht der Anzahl der Spannuten.

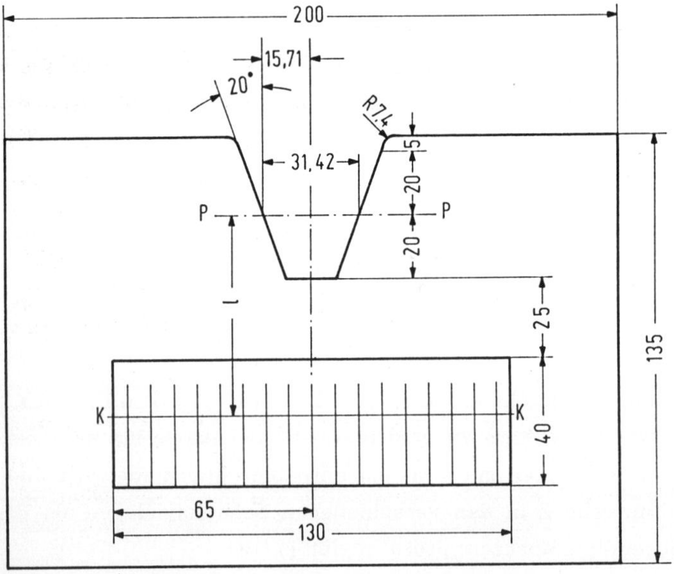

Bezugsprofil DIN 867
m = 20mm
c = 0,25·m

Bild 2.9. Skizze zur Anfertigung einer Schablone aus Karton für die Zeichnung eines Zahnprofils mit Hüllschnitten des verwendeten Fräserprofils. Fenster mit Transparentpapier bedecken und die Spannutenteilung p_s entsprechend Bild 2.7 einzeichnen. Abstand l aus Konstruktionskreis (r_k), Teilkreis (r) und Profilverschiebung berechnen. Es ist $l = r_k - r + xm$ und $r_k - r \approx 65$ mm gewählt. Es ist KK die Konstruktionslinie.

2.2.5 Aufgabenstellung 2-1 (Zahnkopf- und Zahnfußdicke an einem gezeichneten Zahnprofil)

Es soll mit Hilfe der Schablone in Bild 2.9 die Zahnform eines Zahnes mit 14, mit 7, mit 5 und mit 3 Zähnen ermittelt werden. Die Hüllschnittzahl betrage $n_s = 8$.

1. Von welcher Zähnezahl an wird die erzeugte Evolventenflanke durch das austauchende Werkzeugprofil merklich zerstört, wenn an der Konstruktionslinie angelegt wird?
2. Wie groß sind die minimalen Zahndicken im Fußbereich?
3. Um welchen Faktor werden die Zahnkopfdicken s_a kleiner gegenüber den Zahnkopfdicken $s_{aP} = m\cdot(\pi/2 - 2\cdot\tan 20°)$ am erzeugenden Bezugsprofil?

2.3 Genormte Zahnstangen-Bezugsprofile

2.3.1 Bezugsprofil und "Zahnradfamilie"

Um zwei Zahnräder miteinander paaren zu können, müssen ihre Bestimmungsgrößen aufeinander abgestimmt sein. Man kann dabei zwei Wege verfolgen: Entweder werden die entsprechenden Größen wie z.B. Kurvenform der Zahn- und Gegenzahnflanke gleich oder nicht gleich gewählt. Ebenso können die Zahnkopf- und Zahnfußhöhe oder Zahndicke und Lückenweite am selben Rad gleichgroß sein, aber immer so, daß diese Größen wechselseitig an Rad und Gegenrad passen. Schon Bild 1.11, Teilbild 2 und 3 zeigt, daß Rad und Gegenrad beide Zykloiden bzw. Evolventenflanken hatten, in Bild 1.13 jedoch, daß die Flankenkurven verschieden waren und zu einer vorgegebenen Flankenform von Rad 1 eine passende für das Gegenrad konstruiert wurde. In beiden Fällen konnte der Effekt einer konstanten momentanen Übersetzung erzielt werden.

Auch die Abstimmung von Zahnkopfhöhe des Rades und Zahnfußhöhe des Gegenrades (Bild 2.2) und umgekehrt kann so sein, daß sie nur wechselseitig gleich sind, aber am selben Rad ungleich (komplementär) oder wechselseitig u n d am selben Rad gleich (symmetrisch) sind.

Schließlich muß die Teilung von der linken zur linken, von der rechten zur rechten Zahnflanke an Rad und Gegenrad stets gleich sein. Für die Größe der Lückenweite des Rades und der Zahndicke des Gegenrades und umgekehrt gilt, genau wie bei den Zahnhöhen, entweder die komplementäre oder die symmetrische Abstimmung. Es kann danach entweder Lückenweite und Zanndicke des gleichen Rades verschieden sein, aber für Rad und Gegenrad wechselseitig passend oder sie können am selben Rad u n d wechselseitig gleich sein.

Verzahnung			Innenverzahnt		
Zähnezahl			$z_1 = -\infty$	$z_1 = -20$	$z_1 = -1$
		Nr.	1	2	3
Beispiel		1	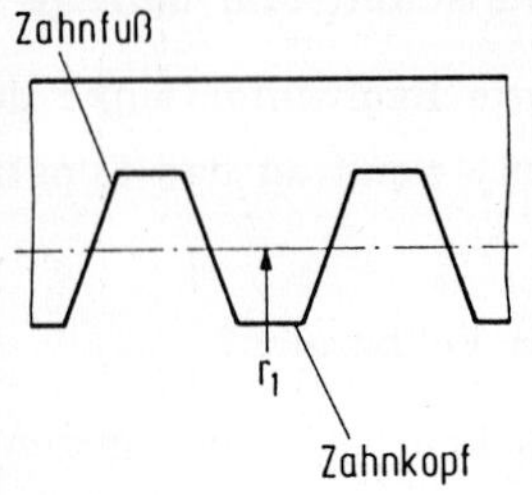	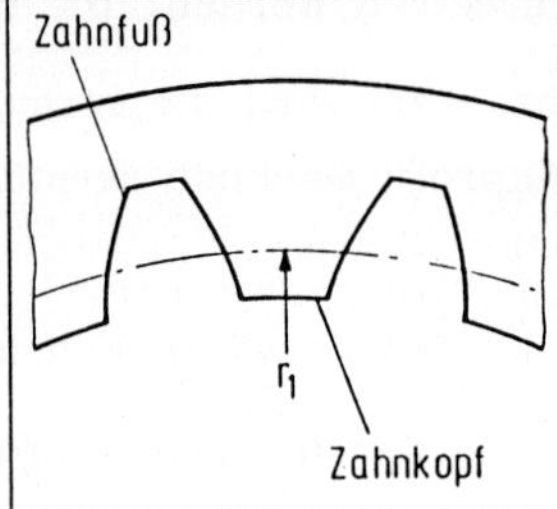	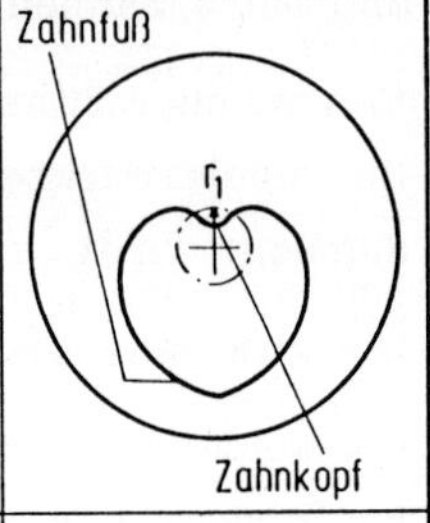
Paarungsmöglichkeit	gerad	2	$+3 \leq z_2 < +\infty$	$+3 \leq z_2 < +14$	
	schräg	3	$+1 \leq z_2 < +\infty$	$+1 \leq z_2 < +14$	

Wenn man weiterhin noch berücksichtigt, daß auch bezüglich der Fußrundung, des Fußendes der nutzbaren Flanke (Bild 2.2) einer eventuellen Rücknahme der Flanke am Zahnkopfende Abstimmungen nötig sind, mutet die für den Gebrauch in der Praxis gefundene Lösung genial und einfach an. Aber sie verführt auch zur Annahme, daß diese spezielle Möglichkeit für die Auslegung von Verzahnungen die alleinige sei und verhindert daher häufig den Weg zu anderen Lösungen.

In Bild 2.4, Nr. 4, und in Bild 2.5 wurde gezeigt, daß die Evolvente durch Abwälzen eines Lineals am Erzeugungswälzkreis mit schräggestellter Schneide S_E im Hüllschnittverfahren erzeugt werden kann, und zwar jede Kreisevolvente. Ändert man nach Gl.(2.3-1) den als Wälzkreis wirkenden Teilkreis mit Radius r, ändert sich auch der Grundkreisradius r_b, und der "abzuwickelnde" Faden beschreibt eine ähnliche, aber andere Kreisevolvente. Will man nun nach diesem Verfahren ein Zahnrad mit kleiner Zähnezahl entwickeln, wird der Wälzkreis- bzw. Teilkreisradius r kleiner gewählt, und es entstehen stärker gekrümmte Evolventen, aber immer solche, die für die Zähnezahl und die gewählte Teilung passend sind. Da immer die gleiche Schneide mit derselben Neigung α_{P0} und den gleichen Zahn- und Fußhöhen verwendet wurde (Bild 2.5), liegt es nahe anzunehmen, daß das "Zahnrad", welches bei unendlich großem Wälzradius r_{w0} entstehen würde. ein Zahnstangenprofil hat mit allen wesentlichen Eigenschaften aller anderen mit dem gleichen Werkzeug erzeugten Verzahnungen. Dieses Zahnstangenprofil ist einfach die negative bzw. die komplementäre Kontur des erzeugenden Zahnstangen-Schneidprofils, ein typischer und leicht darzustellender Vertreter einer ganzen "Zahnradfamilie".

Bild 2.10 zeigt eine solche Zahnradfamilie, und zwar im gesamten möglichen Bereich mit Zähnezahlen von $z = -\infty$ bis $z = +\infty$. Man kann aus dieser Zusammenstellung folgende Schlußfolgerungen ziehen:

Außenverzahnt					
$z_1 = +1$	$z_1 = +20$	$z_1 = +\infty$		Zähnezahl	
4	5	6	Nr.		
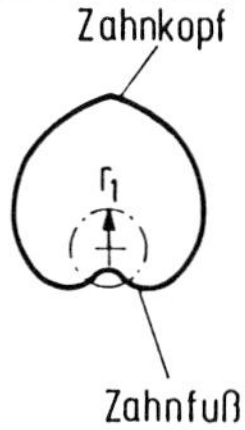	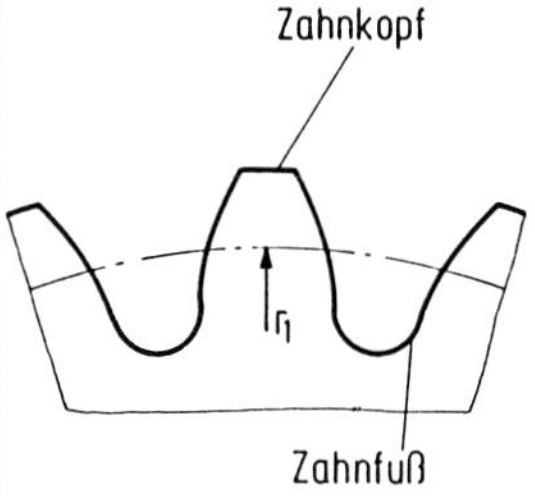	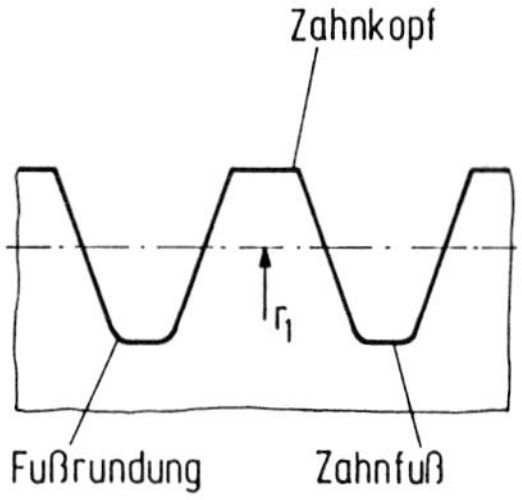	1	Beispiel	
—	$+3 \leq z_2 \leq +\infty$	$+3 \leq z_2 \leq +\infty$	2	gerad	Paarungsmöglichkeit
$+1 \leq z_2 \leq +\infty$	$+1 \leq z_2 \leq +\infty$	$+1 \leq z_2 \leq +\infty$	3	schräg	

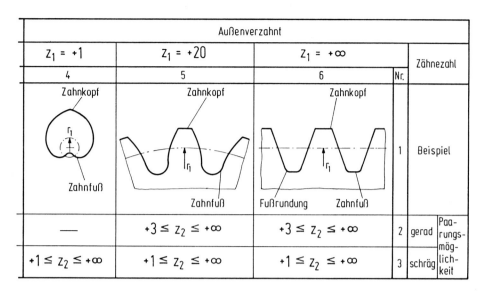

Bild 2.10. Evolventenzahnräder einer "Familie", die sich - mit Ausnahme des Bereichs $-6 \leq z_1 \leq +6$ - in ihrem Bestimmungsgrößen nur durch die Zähnezahl und die beim Abwälzen entstehende Fußrundung unterscheiden. Im eingegrenzten Bereich sind für die dargestellten Beispiele gegenüber den anderen Bereichen zusätzlich die Zahnkopf- bzw. die Zahnfußhöhen etwas gekürzt, alle anderen Größen aber gleich. In Zeile 2 sind die Zähnezahlen der korrekt paarenden Gegenräder angegeben bei Berücksichtigung der gekürzten Zahnhöhen. Die Profilformen in den Spalten 1 bis 6 sind bis auf die Fußrundungen gleich. Die Radien, welche von den Drehpunkten ausgehen, haben bei Außen- und Innenverzahnung verschiedene Vorzeichen. Die positiven Radien, z.B. auch die Teilkreisradien r_1, zeigen immer auf den Zahnkopf und wechseln daher gegenüber dem Mittelpunkt bei Außen- und Innenverzahnung ihr Vorzeichen. Die Indizes 1 und 2 gelten hier ausnahmsweise nicht für die Bezeichnung des kleineren und größeren Rades, sondern nur zur Unterscheidung von Rad und Gegenrad. Zahnräder mit Zähnezahlen von 1 bis 8 siehe [1/15].

1. Die innenverzahnten Räder erhalten negative Zähnezahlen sowie negative Kopf-, Teil-, Fußkreisradien usw., da die Krümmung der verschiedenen Kreise gegenüber den außenverzahnten Rädern das Vorzeichen gewechselt hat (außenverzahnt: konvex; innenverzahnt: konkav). Die außenverzahnten Räder können alle miteinander gepaart werden, die innenverzahnten nur mit solchen außenverzahnten, deren Zähnezahl kleiner ist.

2. Das Zahnstangenprofil in Spalte 6 hat mit allen Außenverzahnungen von $z = +7$ bis $z = +\infty$ viele gemeinsame Größen. Für die Zähnezahlen $z_1 = +1$ bis $+6$ gelten in den Zahnhöhen etwas abgewandelte Werte. Es hat gerade Flanken, ist bezüglich der Flankenneigung durch e i n e Größenangabe und bezüglich der Zahnhöhen, der Zahndicke und der Lückenweite jeweils durch z w e i Größenangaben eindeutig darstellbar. Es kann mit jedem außenverzahnten Gegenrad gepaart werden, sofern dieses durch ein Zahnstangen-Werkzeugprofil erzeugt wurde, das seine komplementäre Form hat.

3. Das Zahnstangenprofil in Spalte Nr. 6 kann daher alle außenverzahnten Zahnprofile der Spalten 5 bis 6 vertreten, also für Verzahnungen der Zähnezahl $z = +7$ bis $+\infty$ als "Bezugsprofil" dienen, im Bereich $z = +1$ bis $+6$ mit veränderten Zahnhöhen.

4. Das Profil in Spalte Nr. 1 gleicht bis auf die Fußrundung dem Profil in Spalte Nr. 6 und kann daher alle Innenverzahnungen der Zähnezahlen $z_1 \leqq -20$ vertreten. Für die Zähnezahlen $z = -1$ bis -19 liegen noch keine Erfahrungen vor.

5. Eine Paarung mit einem innenverzahnten Profil und damit auch seine durch Abwälzen ausgeführte Erzeugung muß mit einem außenverzahnten Zahnprofil, dessen Zähnezahl um eine von Fall zu Fall verschiedene Anzahl von Zähnen kleiner ist, erfolgen (siehe Kapitel 4). Das Zahnstangenprofil in Spalte 1 kann für Innenverzahnungen wohl "Bezugsprofil" sein, aber seine komplementäre Form kann nicht wie bei Außenverzahnungen zur Zahnraderzeugung verwendet werden. Das hat für die Erzeugung und Paarung von Innenverzahnungen weitreichende Folgen.

6. Auch für Außenverzahnungen kann man von Zahnstangen abweichende Bezugs- bzw. Erzeugungsprofile verwenden (z.B. beim Stoßen). Die korrekte Paarungsmöglichkeit solcher Verzahnungen mit anderen ist dann im Einzelfall stets zu prüfen.

Nach Bild 2.10 kann die Zähnezahl eines "Zahnrades" oder Zahnsegments jede reelle Zahl annehmen. Soll jedoch das Zahnrad geschlossen sein und jeder Zahn am Umfang voll ausgebildet werden, muß die Zähnezahl ganzzahlig sein. Wird die Geschlossenheitsbedingung nicht gestellt, so kann es durchaus reelle Zähnezahlen von $z = 20{,}37$ oder von $z = 7{,}5$ usw. geben, die für eine Teilumdrehung korrekt mit anderen Rädern paaren.

2.3.2 Ausführung genormter Bezugsprofile

Nach den Erkenntnissen, welche in den Punkten 2 und 3 des vorigen Abschnitts gewonnen wurden, ist es nicht verwunderlich, daß zur Normung eines Bezugsprofils für Außenverzahnungen stets das entsprechende Zahnstangenprofil zugrunde gelegt wird. Diese Wahl wird nicht zuletzt auch deshalb getroffen, weil das Zahnstangenprofil z.B. im Fußteil der Gegenlücke den größten Freiraum benötigt und man gewiß ist, daß alle Zahnräder mit kleineren Zähnezahlen korrekt kämmen können, wenn ein Zahnstangenprofil als Gegenprofil korrekt kämmt. Kennt man die Auswirkungen der einzelnen Bestimmungsgrößen dieses Bezugsprofils auf die Ausformung der damit abgewälzten Verzahnungen endlicher Zähnezahl, dann ist es leicht, die notwendigen Zahlenwerte richtig auszuwählen und festzulegen.

2.3.2.1 Bezugsprofil für den Maschinenbau, Teilung, Modul (Bereich m = 1 bis 70 mm)

In Bild 2.11 ist das genormte Bezugsprofil nach DIN 867 [2/3] mit Evolventenverzahnungen für den allgemeinen Maschinen- und Schwermaschinenbau dargestellt. Das B e z u g s p r o f i l eines Stirnrades (Zylinderrades) ist danach der Normalschnitt durch die Verzahnung eines Rades mit unendlich großem Durchmesser (Bezugszahnstange).

Das Gegenprofil ist die zur Profilbezugslinie spiegelbildlich symmetrische um eine halbe Teilung verschobene Ergänzung des Bezugsprofils.

Zur maßlichen Bestimmung des Bezugsprofils muß die Festlegung seines Profilwinkels α_P, seiner Teilung p und der Zahn-, Zahnkopf-, Zahnfußhöhen und des Kopfspiels c_P erfolgen. Da die Bezugsprofile verschieden großer Zähne zwar verschieden, aber ähnlich sind, legt man alle Größen in Vielfachen einer "Längenbezugsgröße" des sogenannten Moduls m fest. Er hat die Einheit einer Länge und wird in Millimetern angegeben. Man kann dann mit einem einzigen Bezugsprofil für alle Zahngrößen auskommen.

Von entscheidender Bedeutung für die Eigenschaften einer "Zahnradfamilie" ist die Wahl des Profilwinkels α_P am Bezugsprofil. Aus Gl.(2.3-1) und aus Bild 2.5 kann man entnehmen, daß bei konstantem Teilkreisradius r der Grundkreisradius r_b verschieden groß wird, wenn sich die Neigung der Schneide S_E und damit der Profilwinkel des Bezugsprofils α_P und als Folge auch der Eingriffswinkel α ändert. Bei verändertem Profilwinkel α_P aber entstehen unter sonst gleichen Bedingungen andere Evolventen, z.B. bei größerem α_P solche von kleineren Grundkreisen.

Die nächste Festlegung gilt der Teilung, insbesondere der Teilkreisteilung p. Sie ist das π-fache des vorhin als "Längenbezugsgröße" bezeichneten Moduls m und wird auf dem Teilkreisbogen von Links- zu Links- bzw. von Rechts- zu Rechtsflanke gemessen. Die Wahl des Faktors π, der die Teilung zu einer irrationalen Zahl macht (da der Modul eine rationale Zahl ist), ist nicht zwingend, aber zweckmäßig[1]. Es wird dann nämlich der Teilkreisradius r eine rationale Zahl und mit Gl.(2.15) auch der Modul. Der Teilkreisumfang als π-Vielfaches des Durchmessers ist gleich dem z-Vielfachen der Teilung

$$2r \cdot \pi = \pi m \cdot z$$

$$r = \frac{z}{2} \cdot m \,. \qquad (2.15)$$

1) Es gab z.B. feinwerktechnische Verzahnungen, bei denen die Teilung eine rationale und der Teilkreisdurchmesser eine irrationale Zahl war.

$h_{aP} = 1 \cdot m$ $c_P = 0{,}17 \cdot m \,;\ 0{,}25 \cdot m \,;\ 0{,}3 \cdot m$
$h_{fP} = 1 \cdot m + c_P$ $\rho_{fP} = 0{,}25 \cdot m \,;\ 0{,}38 \cdot m \,;\ 0{,}45 \cdot m \,;\ 0{,}39 \cdot m$
$h_{wP} = 2 \cdot m$ $\rho_{fP} = \rho_{fP}^{*} \cdot m$
$h_P = 2 \cdot m + c_P$
$h_{FfP} = h_{fP} - \rho_{fP}(1 - \sin \alpha_P)$

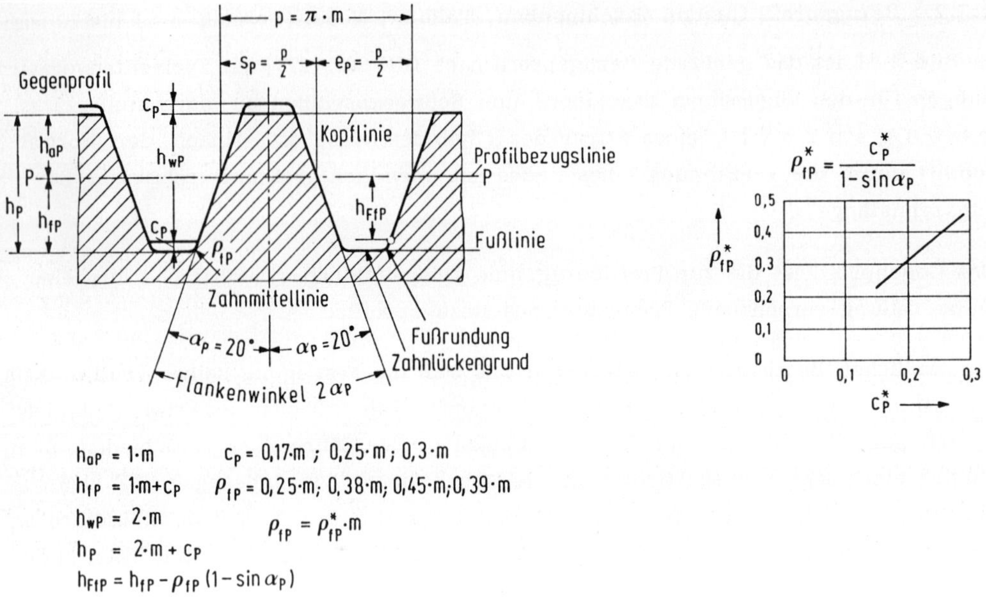

Bild 2.11. Bezugsprofil mit Gegenprofil für Stirnräder mit Evolventenverzahnung [2/3] für den allgemeinen Maschinenbau und Schwermaschinenbau nach DIN 867 für Modulgrößen m = 1 bis 70 mm [2/2]. Es bedeutet, bezogen auf das Stirnrad-Bezugsprofil (Index P): h_{aP} Kopfhöhe, h_{fP} Fußhöhe, h_{wP} gemeinsame Zahnhöhe von Bezugsprofil und Gegenprofil, h_P Zahnhöhe, α_P Profilwinkel, p Teilung, s_P Zahndicke, e_P Lückenweite, c_P Kopfspiel zwischen Bezugsprofil und Gegenprofil, ρ_{fP} Fußrundungsradius, m Modul. Die gemeinsame Zahnhöhe von Bezugsprofil und Gegenprofil, gleichzeitig nutzbare Flanke, ist $h_{wP} = 2 \cdot m$, die Zahnkopfhöhe h_{aP}, gleichzeitig Kopf-Formhöhe, ist $h_{aP} = 1 \cdot m$ und damit die Fuß-Formhöhe (von der Linie PP zum Fußende der geraden Flanke) $h_{FfP} = 1 \cdot m$.

Der Teilkreisradius r aber ist für die Evolventengeometrie, welche sich aus dem Erzeugungsverfahren nach Bild 2.4, Nr. 4, ableitet, von Bedeutung und wird als Bezugsradius für die Maschineneinstellung, für die Festlegung des Achsabstandes usw. verwendet. Er ist gleich dem Erzeugungswälzkreisradius bei zahnstangenartigen Werkzeugen und sollte daher Zahlenwerte mit wenigen Kommastellen haben. Die Größe der Teilung, Gl.(2.13), entsteht durch die Wahl des Moduls. Der Modul m ist im Normblatt DIN 780 [2/2] nach aufgerundeten geometrischen Reihen mit zweckmäßigen Stufensprüngen festgelegt und überstreicht die Werte von m = 0,05 mm bis m = 70 mm. Da die gesamte Zahnhöhe eines Rades in den meisten Fällen 2,25 · m ist, kann man aus ihr durch eine einfache Messung am vorhandenen Zahnrad unmittelbar den Modul abschätzen. International sind empfohlene Modul- und Diametral Pitch-Werte für Stirnräder in [2/6] angegeben. Die genormten Modulwerte nach DIN 780 [2/2] sind in Bild 8.1 aufgeführt.

Die Bemaßung von Zahnkopfhöhe h_{aP} und Zahnfußhöhe h_{fP} am Bezugsprofil erfolgt von der Profilbezugslinie PP aus. Diese schneidet das Bezugsprofil dort, wo Zahndicke s_P und Lückenweite e_P gleich groß sind. In DIN 867 [2/3] wird auch die Fuß-Formhöhe h_{FfP} des Bezugsprofils angegeben, die maßgebend für den dem Grundkreis am nächsten liegenden Punkt der nutzbaren Evolventenflanke ist.

Eine letzte Festlegung gilt dem Kopfspiel c_P, das ein Aufsitzen des Zahnkopfes am Fußgrund von Zahn und Gegenzahn verhindert und Platz für das Herausdrücken des Schmiermittels bzw. von Verschmutzungsrückständen aus dem Spalt zwischen den Zähnen schafft.

Beim Bezugsprofil nach DIN 867, Bild 2.11, sind als wichtigste Maße festgelegt: Profilwinkel α_P; Zahnkopfhöhe h_{aP}; gemeinsame Zahnhöhe h_{wP} und Zahnhöhe h_P. Das Kopfspiel c_P wird je nach Bedarf zwischen $c_P = 0{,}1 \cdot m \ldots 0{,}4 \cdot m$ gewählt. Es begrenzt den Rundungsradius ρ_{fP} des Stirnrad-Bezugsprofils und damit den Kopfkantenrundungsradius ρ_{aP0} des Werkzeugbezugsprofils. Die Fußrundung muß an oder unterhalb der gemeinsamen Zahnhöhe h_{wP} ansetzen. Alle Maße sind Nennmaße. Bis auf darstellerische Kleinigkeiten und solche Kopfspielwerte, die verschieden vom Maß $c_P = 0{,}25 \cdot m$ sind, entspricht das Bezugsprofil nach DIN 867 dem international genormten Bezugsprofil nach ISO 53-1974. Ein weitgehend ähnliches Bezugsprofil ist in den USA durch eine AGMA-Norm festgelegt [2/9].

2.3.2.2 Bezugsprofil für die Feinwerktechnik (Bereich m = 0,1 bis 1 mm)

Das Bezugsprofil für den Maschinenbau nach DIN 867 gilt für Modulgrößen von m ≧ 1 mm, das der Feinwerktechnik nach DIN 58400 für Modulgrößen mit m ≦ 1 mm [2/5]. Das Bezugsprofil der Feinwerktechnik nach DIN 58400 ist in Bild 2.12 dargestellt. Es unterscheidet sich gegenüber dem Maschinenbauprofil in folgenden Punkten:

- Der Gültigkeitsbereich für die Moduln ist m = 0,1 bis 1,0 mm

- Die gemeinsame Zahnhöhe von Bezugsprofil und Gegenprofil, gleichzeitig nutzbare Flanke, ist $h_{wP} = 2,2 \cdot m$, die Zahnkopfhöhe $h_{aP} = 1,1 \cdot m$. Gleichzeitig ist die Fuß-Formhöhe $h_{FfP} = 1,1 \cdot m$ und damit die Kopfhöhe auch $h_{aP} = 1,1 \cdot m$.

- Das Kopfspiel ist für die größeren Modulwerte m ≥ 0,6 bis 1,0 mm mit $c_P = 0,25 \cdot m$ relativ kleiner und für die kleineren Modulwerte, m = 0,1 bis 0,6 mm mit $c_P = 0,4 \cdot m$ relativ größer ausgelegt.

$h_{aP} = 1,1 \cdot m$ $c_P = 0,25 \cdot m$ $c_P = 0,4 \cdot m$
$h_{fP} = 1,1 \cdot m + c_P$ für m > 0,6 bis 1mm   für m = 0,1 bis 0,6mm
$h_{wP} = 2,2 \cdot m$ $\rho_{fP} \leq 0,2 \cdot m$
$h_P = 2,2 \cdot m + c_P$

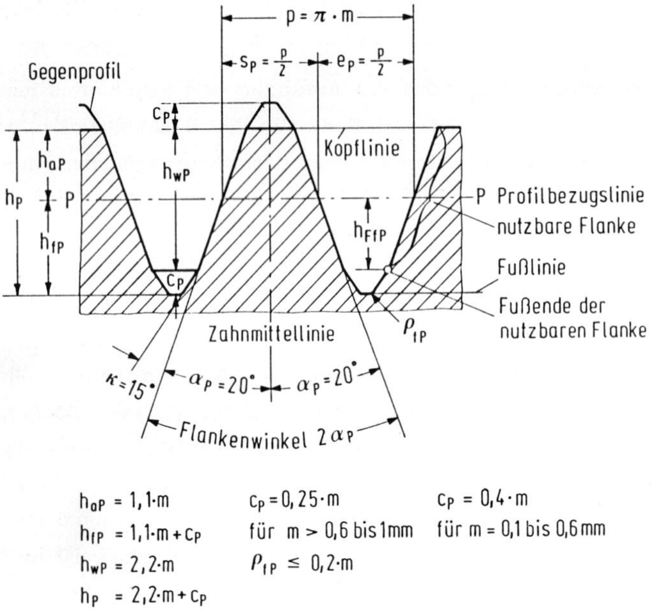

Bild 2.12. Bezugsprofil für Stirnräder mit Evolventenverzahnung für die Feinwerktechnik nach DIN 58400 [2/5] für Modulgrößen von 0,1 bis 1 mm. κ Kopfrücknahmewinkel. Sonstige Bezeichnungen wie in Bild 2.11. (In Anlehnung an DIN 867 [2/3] wurde vom Autor auch für DIN 58400 [2/5] die Fuß-Formhöhe eingetragen, welche $h_{FfP} = 1,1 \cdot m$ ist.)

Der Grund für die größeren Zahnhöhen ist der, daß die Maßtoleranzen z.B. des Achsabstandes nicht proportional, sondern nur mit der dritten Wurzel des Nennmaßes kleiner werden und daher bei den kleinen Zähnen eine größere gemeinsame Zahnhöhe von Profil und Gegenprofil nötig ist, um sie aufzufangen. Das relativ große Kopfspiel bei kleinen Moduln berücksichtigt die Forderung, daß ein Herausdrücken von Schmieröl und von Verschmutzungsresten auch bei sehr kleinen Zahnabmessungen noch möglich sein soll.

2.4 Bestimmungsgrößen am Zahnrad

2.4.1 Allgemeine Gesichtspunkte

Die Bestimmungsgrößen des Bezugsprofils müssen ergänzt und in Beziehung zu den Bestimmungsgrößen des Zahnrades gebracht werden. Der Unterschied zwischen der Zahnform am Bezugsprofil und der an einem üblichen Zahnrad ergibt sich aus der unendlichen Größe des Grundkreises (r_b) bzw. der von ihm abhängenden Größe des Erzeugungswälzkreises ($r_{w0} = r$) bei der Zahnstange und den endlichen Größen beim Rad. Während mit Gl.(2.13) der Modul definiert wurde, zeigt Gl.(2.15) den einfachen aber grundlegenden Zusammenhang zwischen der Zähnezahl und dem Teilkreisradius r. Dieser bestimmt zusammen mit Profilwinkel α_P den Grundkreis (r_b) nach Gl.(2.3-1) und die Krümmung der Evolventen. Auch für die zweite Zahnflanke verwendet man in der Regel die gleichen spiegelbildlich verlaufenden Evolventen und kann je nach der gewählten Zahndicke mehr oder weniger Zähne am Grundkreis und damit am Teilkreis anbringen. In Bild 2.13 ist aus Evolventen, die zum selben Grundkreis (r_b) gehören, ein 27-, 9-, 3- und 1-zähniges Zahnrad erzeugt worden. Da das hier nicht dargestellte Bezugsprofil für alle Zahnräder den gleichen Profilwinkel α_P hat, sind nach Gl.(2.3-1) auch ihre Teilkreise (r) alle gleichgroß. Es ist deutlich zu erkennen, daß bei gleichem Grundkreis die Zahnräder mit der großen Zähnezahl allein aus dem stärker gekrümmten Bereich der Evolvente zusammengesetzt sind und die mit der kleinen Zähnezahl sich auch über den weniger gekrümmten Bereich der Evolvente erstrecken. Eine ähnliche Aussage macht auch Bild 2.1. Der Unterschied zu Bild 2.13 ist der, daß die Fußausrundungen und Zahnlücken der größeren Zahndicke entsprechend auch größer gewählt wurden.

In der Regel wird zum Ausgangspunkt der Verzahnungsgeometrie der Teilkreis (r) gemacht, der durch die einfache Gl.(2.15) mit Modul und Zähnezahl verknüpft wurde. Der Teilkreis ist aber allein durch den Profilwinkel α_P des Zahnstangenbezugsprofils definiert (siehe Bild 2.4, Nr. 4, 2.5, 2.11) und seine Verknüpfung mit dem Grundkreis erfolgt über Gl.(2.3-1). Bezieht man daher eine Verzahnung nicht auf ein Zahnstangenbezugsprofil, verliert der Teilkreis seine bevorzugte Bedeutung, da der Flankenwinkel am Zahnstangenprofil α_P gegenüber den anderen Flankenwinkeln am Radprofil durch nichts hervorgehoben wird. Wichtig sind dann die jeweiligen Betriebswälzkreise (r_w) (siehe Abschnitt 2.6), von denen man sowohl bei der Erzeugung als auch beim Paaren von Zahnrädern ausgehen muß.

Ist jedoch der Teilkreis (r) bzw. der entsprechende zylindrische oder kegelige Körper Ausgangspunkt, so stellt man ihn sich als einen idealisierten gedachten Kreis oder Körper vor, der am Rad keine reale Entsprechung hat und daher nicht gemessen, aber auch nicht toleriert werden kann. Nach Gl.(2.15) muß das aber auch für den Modul m gelten, da die Zähnezahl z eine digitale Größe, also nicht toleranzbehaftet ist. Nach Gl.(2.13) ist danach auch die Teilkreisteilung p ein idealisierter nicht schwankender Wert. Da die ausgeführte Teilkreisteilung eines Zahnrades sehr wohl gemessen werden kann und oft erhebliche Abweichungen aufweist, kann man sich die theoretische Teilkreisteilung p als den z-ten Teil des Teilkreisumfangs vorstellen, der als theoretischer Vergleichswert, also als Nennmaß für die Messung gilt.

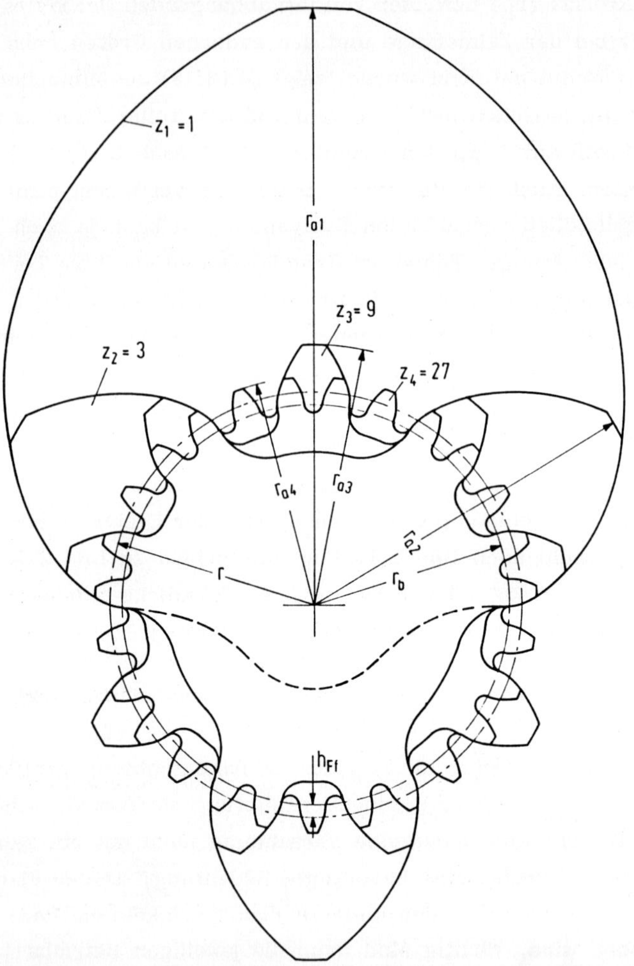

Bild 2.13. Zahnräder verschiedener Zähnezahlen, erzeugt aus den Evolventen des gleichen Grundkreises (r_b). Da der Profilwinkel des zugrunde liegenden Bezugsprofils $\alpha_P = 20°$ für alle Zahnräder gleich groß ist, haben sie alle auch denselben Teilkreisradius r, jedoch verschieden große Kopfkreisradien r_a. Die Moduln verhalten sich dann umgekehrt proportional zu den Zähnezahlen. Es ist im vorliegenden Fall $m_1 : m_2 : m_3 : m_4 = 1/z_1 : 1/z_2 : 1/z_3 : 1/z_4$; $h^*_{aP} = 1$, $x = 0$, $c^*_P = 0{,}25$.

Die aufgrund der Zahnform nutzbare Fußhöhe, auch Fuß-Formhöhe h_{Ff} genannt, ist als Absolutgröße für alle Zähnezahlen gleich, und zwar $h_{Ff} = 1 \cdot m_4$, der Fußhöhenfaktor dagegen nicht, denn es ist hier $h^*_{Ff1} = z_1/z_4$, $h^*_{Ff2} = z_2/z_4$, $h^*_{Ff3} = z_3/z_4$, $h^*_{Ff4} = z_4/z_4$.

Zahnräder mit Zähnezahlen von 1 bis 8 siehe [1/15].

In Bild 2.14 ist ein ausgeführtes Zahnrad mit dem Bezugsprofil nach DIN 867 (siehe auch Bild 2.11) dargestellt, in dem die wichtigsten Bestimmungsgrößen eingezeichnet sind. Es handelt sich im einzelnen um die Halbmesser am Zahnrad, die Zahndicken und Zahnhöhen. Die Zahnhöhen am Rad werden nach DIN 3960 [2/1] nicht vom Verschiebungskreis (r_V) aus gerechnet, was ihren Bezug zu den Zahnhöhen am Bezugsprofil sehr erleichtern würde, sondern vom Teilkreis (r), siehe Bild 2.15. Zu beachten ist die starke Verkürzung der Zahnfuß-Formhöhe h_{Ff} am Rad bei kleinen Zähnezahlen infolge der Wälzgeometrie.

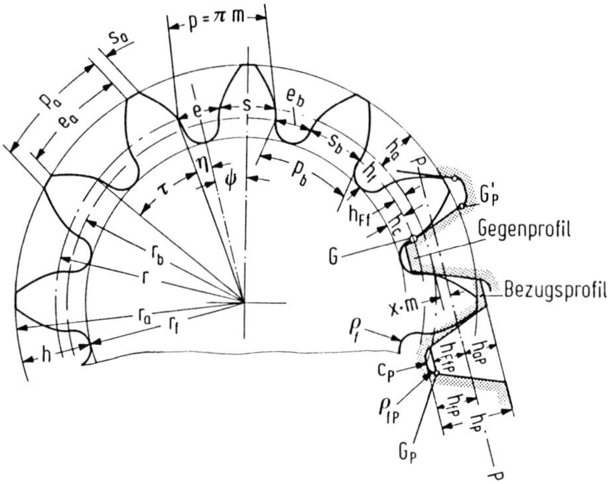

Bild 2.14. Bestimmungsgrößen am geradverzahnten Stirnrad; Darstellung der Größen am Rad- und am Bezugsprofil. Verschiedene Lagen des Fußendes der maximal nutzbaren Flanke am Zahn (Punkte G) und am Bezugsprofil (Punkt G_P) sowie am Gegenprofil (Punkt G'_P), verschiedene Größen der Fußrundung ρ_f, ρ_{fP} und der an der Übertragung nicht beteiligten Zahnhöhe des Fußgrundes h_c (nicht genormt) sowie des Kopfspiels c_P am Bezugsprofil. Es bedeutet:

p_a, p, p_b	Teilung am Kopf-, Teil-, Grundkreiszylinder
τ, ψ, η	Teilungswinkel (für alle Kreise gleich groß), Zahndicken-, Zahnlückenhalbwinkel
r_a, r, r_b, r_f	Kopf-, Teil-, Grund- und Fußkreishalbmesser
s_a, s, s_b	Zahndicke auf dem Kopf-, Teil- und Grundkreiszylinder
e_a, e, e_b	Lückenweite am Kopf-, Teil- und Grundkreiszylinder
h_a, h_{Nf}, h_{Ff}, h_c	Zahnkopfhöhe, Zahnfuß-Nutzhöhe, Zahnfuß-Formhöhe, Zahnhöhe des Fußgrundes
z, m, x	Zähnezahl, Modul, Profilverschiebungsfaktor

Beim Erzeugungsgetriebe mit Zahnstangenwerkzeug ist die Zahnfuß-Nutzhöhe des Rades h_{Nf0} gleich der maximal nutzbaren Zahnfußhöhe und gleich der Zahnfuß-Formhöhe h_{Ff0}.

2.4.2 Radien wichtiger Zahnradgrößen

Nach den Festlegungen des Normblatts DIN 3960 [2/1] ist der Mantel des Teilzylinders die Bezugsfläche für die Radverzahnung. Seine Achse fällt mit der Führungsachse des Rades (Radachse) zusammen. Der Teilkreis mit dem Radius r ist der Schnitt des Teilzylinders mit einer Stirnschnittebene.

Der Grundzylinder ist derjenige zum Teilzylinder koaxiale Zylinder, der für die Erzeugung der Evolventenflächen (Evolventen-Schraubenflächen) bestimmend ist. Sein Schnitt mit der Stirnebene ergibt den Grundkreis (r_b). Der Stirnebenenschnitt eines die Zahnköpfe umhüllenden koaxialen und eines den Grund der Zahnlücken berührenden Zylinders schließlich definiert den Kopf- und den Fußkreis mit den Radien r_a und r_f (siehe auch Bilder 2.14; 2.15 und 2.31).

2.4.3 Teilungen, Zahndicken und Lückenweiten bei Geradverzahnungen

Die Teilkreisteilung p (Bild 2.14) ist d i e Bogenlänge des Teilkreises, welche bei Teilung des ganzen Umfangs durch die Zähnezahl z entsteht. Sie ist genau so groß wie die Teilung p des Bezugsprofils,

$$p = \frac{2\pi r}{z} \;. \tag{2.16}$$

Der Teilungswinkel τ ist der in einem Stirnschnitt liegende Winkel, der aus der Teilung eines vollen Kreisumfanges in z gleiche Teile hervorgeht (Bild 2.14).

$$\tau = \frac{2\pi}{z} \quad \text{in Radiant,} \tag{2.17}$$

$$\tau = \frac{360°}{z} \quad \text{in Grad.} \tag{2.17-1}$$

Die Grundkreisteilung p_b ist d i e Bogenlänge des Grundkreises, welche bei Teilung seines ganzen Umfangs durch die Zähnezahl entsteht.

Mit Gl.(2.3-1) erhält man

$$p_b = \frac{2\pi r \cdot \cos\alpha}{z} \tag{2.18}$$

und mit Gl.(2.16)

$$p_b = p \cdot \cos\alpha \;. \tag{2.18-1}$$

Man kann diese Teilungen auch als Bogenlängen der entsprechenden Kreise zwischen den Rechts- oder Linksflanken benachbarter Zähne definieren [2/1], muß dann aber bei der zahlenmäßigen Festlegung des Nennmaßes hinzufügen, daß es sich um theoretische fehlerfreie Verzahnungen handelt. Das gilt auch für die Definition der folgenden Größen.

Die Zahndicke s ist die Länge des Teilkreisbogens zwischen den beiden Flanken eines Zahnes (Bild 2.14), die Lückenweite e ist die Länge des Teilkreisbogens zwischen den eine Zahnlücke einschließenden Zahnflanken. Zahndicke und Lückenweite am Teilkreis ergeben die Teilkreisteilung,

$$p = s + e \;. \tag{2.19}$$

Die gleichen Festlegungen für den Grund- und Kopfkreisbogen ergeben die Zahndicke s_b und die Lückenweite e_b am Grundkreis und die Zahndicke s_a und die Lükkenweite e_a am Kopfkreis. Man erhält entsprechend Gl.(2.19)

$$p_b = s_b + e_b \tag{2.19-1}$$

$$p_a = s_a + e_a \tag{2.19-2}$$

2.4.4 Zahnhöhen

Die Zahnhöhe h einer Stirnradverzahnung erhält man aus der Zahnhöhe h_P des Bezugsprofils und der Kopfhöhenänderung k. Es ist

$$h = h_P + k = (h_P^* + k^*) \cdot m \tag{2.20}$$

Die Zahnkopfhöhe h_a und die Zahnfußhöhe h_f eines Stirnrades (Bilder 2.14; 2.15) werden vom Teilkreis (r) aus angegeben [2/1]. Die so definierten Zahn- und Fußhöhen des Rades und des Bezugsprofils sind voneinander abhängig, stimmen aber im Zahlenwert meistens nicht überein (Bild 2.15), die Zahnhöhe differiert z.B. auch wegen der häufig angewendeten Kopfhöhenänderung k, Zahn- und Fußhöhe aber auch wegen der noch zu erörternden Profilverschiebung $x \cdot m$ (siehe Abschnitt 2.5). Dabei wird das Bezugsprofil vom Teilkreis abgerückt, so daß es mit seiner Profilbezugslinie PP nicht mehr den Teilkreis, sondern den Verschiebungskreis (r_v) berührt, die Zahnhöhen aber nach wie vor vom Teilkreis gerechnet werden.

Betrachtet man in den Bildern 2.14 und 2.15 die Zahnfuß-Formhöhe des Bezugsprofils h_{FfP} und die maximal nutzbare Zahnfußhöhe am Radzahn, also die Zahnfuß-Formhöhe h_{Ff} sowie den durch die Fußrundungen ρ_f entstehenden, für die Übertragung nicht nutzbaren Teil der Fußhöhen c_P und h_c, dann fallen die verschiedenen Höhen besonders auf. Neben der Profilverschiebung ist ein weiterer Grund die Geometrie des Abwälzvorganges (Bild 2.4, Zeile 4), der den Zahnkopf des Gegenrades mit seinen nutzbaren Zahnkopfflanken wohl tief - oft bis unterhalb des Grundkreises (r_b) - in den Zahnlückengrund eintauchen läßt, aber innerhalb des Grundkreises nie eine Berührung mit der Gegenflanke ermöglicht. Die untersten Fußpunkte G und G_P der maximal nutzbaren Flanken am Rad und am Bezugsprofil, also der Zahnfuß-Formhöhen (Bild 2.15) liegen auch verschieden hoch, berühren sich nur am Eingriffsbeginn des Erzeugungsvorgangs mit dem Werkzeug-Bezugsprofil W. Die relativ große Höhe des Lückengrundes h_c am Rad wird mit dem Betrag $h_c - c_P$ für das Eintauchen des Gegenradkopfes und mit dem Betrag c_P für das Kopfspiel benötigt. Je kleiner die Zähnezahl z ist, um so kleiner ist die Zahnfuß-Formhöhe h_{Ff} gegenüber der Zahnfußhöhe h_f.

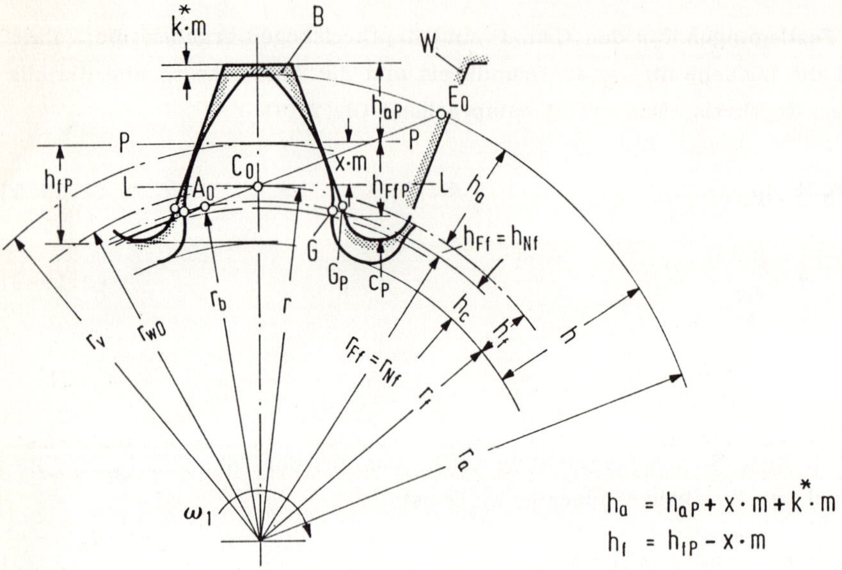

Bild 2.15. Zahnkopfhöhen am Bezugsprofil und am Rad sind nicht gleich groß, wenn entweder eine Profilverschiebung ($x \cdot m \neq 0$) oder eine Kopfhöhenänderung ($k \neq 0$) vorliegt. Grundsätzlich wird die Zahnfuß-Formhöhe h_{Ff} insbesondere bei kleinen Zähnezahlen zugunsten der Zahnhöhe des Fußgrundes h_c stark verkleinert. Die Zahnhöhe des Fußgrundes h_c ist größer als das vorgegebene Kopfspiel c_P, da ein Teil des Zahnkopfes des Gegenprofils in ihr Platz finden muß. Die Verkürzung der Zahnfuß-Formhöhe h_{Ff} gegenüber der Zahnfuß-Formhöhe des Bezugsprofils h_{FfP} ist eine Folge der Wälzgeometrie, da sich die Fußpunkte G und G_P (rechts der Mittenlinie) der nutzbaren Flanken des Zahnprofils und des Bezugsprofils B nur am Eingriffsbeginn in Punkt A_0 berühren. Der Fuß-Nutzkreisradius darf nicht kleiner als der Grundkreisradius sein, $r_{Nf} > r_b$. Hierbei entspricht das erzeugende Werkzeug-Bezugsprofil W der komplementären Form des Bezugsprofils B. Der Erzeugungswälzkreis r_{w0} für Zahnstangenwerkzeuge ist toleranzbehaftet und hat das gleiche Nennmaß wie der Teilkreis. Bei Profilverschiebung $x \cdot m = 0$ fällt der Verschiebungskreis (r_v) mit dem Teilkreis (r) zusammen, $r_v = r$.

Bezeichnungen wie in Bild 2.14.

Es bedeutet B Bezugsprofil, W Werkzeug-Bezugsprofil, A_0 Eingriffsbeginn, C_0 Wälzpunkt, E_0 Eingriffsende am Erzeugungs-Wälzgetriebe. Die Zahnfuß-Nutzhöhe h_{Nf}, d.h. die bei der Paarung durch den Kopfkreis des Gegenrades genutzte Zahnfußhöhe ist beim Erzeugungsgetriebe genau so groß wie die Zahnfuß-Formhöhe h_{Ff}, das ist die durch die Zahnform gegebene größte nutzbare Zahnhöhe.

Zahnkopf- und Zahnfußhöhe erhält man mit

$$h_a = h_{aP} + x \cdot m + k \tag{2.20-1}$$

$$h_f = h_{fP} - x \cdot m \tag{2.20-2}$$

2.4.5 Diametral Pitch

Im englischsprachigen Schrifttum wird in der Regel statt des Moduls m die Größe P (Diametral Pitch) verwendet. Die Zähnezahl z, geteilt durch P, ergibt den Teilkreisdurchmesser in Zoll. Am besten ersetzt man in solchen Gleichungen P durch den Modul,

$$P = \frac{w}{m} \ 1/\text{Zoll}, \tag{2.21}$$

mit w als Umrechnungsgröße, z.B.

$$w = 25{,}4 \ \text{mm/Zoll}. \tag{2.21-1}$$

Mit dem Modul m in mm ist

$$P = \frac{25{,}4}{m} \ \text{in } 1/\text{Zoll}. \tag{2.21-2}$$

Weiterhin ersetzt man alle Längen durch die Zahlenwerte in Millimetern und erhält dann die wohlvertrauten Gleichungen im metrischen System. Desgleichen gilt auch

$$m = \frac{25{,}4}{P} \ \text{in mm}. \tag{2.21-3}$$

Als Merkformel gelte:

$$P \cdot m = 25{,}4 \ \text{in mm/Zoll} \tag{2.21-4}$$

Dabei ist zu beachten, daß ein großer Wert für P kleine Zähne, ein kleiner Wert dagegen große Zähne kennzeichnet.

2.4.6 Aufgabenstellung 2-2 (Zahnhöhen und Zahnfußradius an einem gezeichneten Zahnprofil)

Mit Hilfe der Zeichenschablone in Bild 2.9 sollen zwei Zähne eines Zahnrades mit Zähnezahl z = 6 durch Abwälzen am Teilkreis (r) erzeugt werden. Der Modul, durch die Schablonengröße gegeben, ist m = 20 mm. Es ist festzustellen, alles in Vielfachen des Moduls:

1. Wie groß ist die verbleibende, durch den Eingriff mit dem Erzeugungsprofil entstehende Zahnfuß-Formhöhe h_{Ff} bis zum untersten Punkt der nutzbaren Zahnfußflanke G? Wievielmal kleiner ist sie als die Zahnfuß-Formhöhe h_{FfP} des Bezugsprofils (Bild 2.15)?
2. Wird von einer möglichen nutzbaren Zahnfußflanke, die höchstens bis zum Grundkreis (r_b) reichen kann, etwas weggeschnitten oder nicht?
3. Wie groß ist der Betrag h_c-cp für die Eintauchmöglichkeit des Gegenzahnes?
4. Wie groß ist der kleinste Fußrundungsradius ρ_f?
5. Wie groß ist die kleinste Zahndicke am Zahnfuß?

2.5 Grenzen der korrekten Verzahnung

Bei der Erzeugung von Zähnen und Zahnlücken mit Hilfe des Hüllschnittverfahrens, wie es z.B. in den Bildern 2.5 bis 2.7 und 2.45 dargestellt ist, treten gewisse Veränderungen der Zahnkopfdicke und der Zahnfußausrundung auf, welche bisher nicht beachtet worden sind, für eine tragfähige Verzahnung jedoch von großer Bedeutung sind. In Bild 2.5 beispielsweise sind die Zähne relativ spitz, weil die Zähnezahl klein ist ($z=7$), in Bild 2.6 besteht die große Gefahr, daß der austauchende Fräser am Fuß eine erzeugte Flanke wegschneidet, weil der Profilwinkel des Bezugsprofils sehr klein ist ($\alpha_P=0°$), in Bild 2.7 schwächt der Fräserkopf den Zahnfuß übermäßig stark und beschädigt auch die Evolventenflanke, weil die Fuß-Formhöhe des Bezugsprofils ($h_{FfP}=1{,}1\cdot m$) groß ist.

Auch bei Verwendung des Bezugsprofils nach DIN 867, bei dem α_P nicht so extrem klein ist, bei dem $h_{aP}=h_{FfP}=1{,}0\cdot m$ ist, treten für kleine Zähnezahlen, grundsätzlich ab $z=17$, ähnliche Erscheinungen auf, die im einzelnen von der Lage der Profilbezugslinie PP des erzeugenden Zahnstangenwerkzeugs in Bezug zum Teilkreis abhängen (siehe Bild 2.45 für $z \leqq 7$).

In Bild 2.16 ist die Entfernung der Profilbezugslinie PP vom Teilkreis (r), die sogenannte Profilverschiebung $x\cdot m$, einmal kleiner, einmal Null und einmal größer als Null. Im ersten Fall wird die Evolventenflanke unterschnitten, im zweiten bleibt sie gerade noch unverletzt, und im dritten Fall wird der Zahn spitz. Durch die Verschiebung des Bezugsprofils läßt sich danach sowohl ein anderer Teil der Evolvente als tragende Flanke auswählen, was wegen der verschieden großen Krümmung für die noch zu betrachtende Hertzsche Pressung bedeutungsvoll ist, als auch ein zu starkes Anschneiden des Fußgrundes bzw. gar Unterschneiden der fertigen Evolventenflanke oder ein Spitzwerden des Zahnes vermeiden. Der im Hinblick auf eine korrekte Zahnform zulässige Verschiebungsbereich ist begrenzt, z.B. im Falle von $z = 17$ Zähnen (Bild 2.16) für das Bezugsprofil nach DIN 867 zwischen $x = 0$ bis $x \leqq +1{,}1$, im Falle von kleineren Zähnezahlen, z.B. von $z=9$ (Bild 2.17) sogar in den Grenzen $x \geqq +0{,}45$ bis $x \leqq +0{,}65$ (siehe Bilder 2.19; 4.9 und 8.2 bis 8.5). Die untere Grenze zeigt den Beginn des Unterschneidens schon gefertigter Evolventenflanken am Fußende an, die obere Grenze das Spitzwerden des Zahnes.

2.5.1 Festlegungen

Die Profilverschiebung einer Evolventenverzahnung [2/1] ist der Abstand der Profilbezugslinie PP des erzeugenden (zahnstangenförmigen) Bezugsprofils vom Teilzylinder bzw. Teilkreis (r). Die Größe der Profilverschiebung wird als Produkt des Profilverschiebungsfaktors x und des Normalmoduls ausgedrückt ($x\cdot m_n$), bei Geradstirnrädern des Moduls ($x\cdot m$).

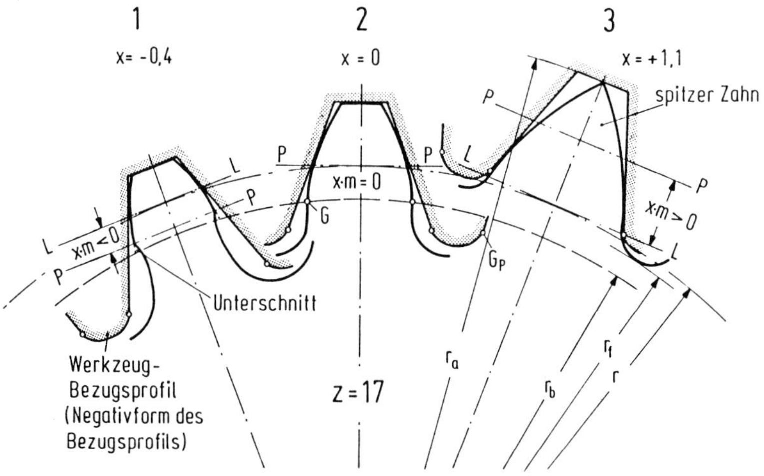

Bild 2.16. Grenzen der Verschiebung des Bezugsprofils bei einem Zahnrad mit z = 17.
Teilbild 1: Entstehen von Unterschnitt am Zahn durch Verschieben des Bezugsprofils und damit der Profilbezugslinie PP vom Teilkreis (r) in Richtung zum Fußkreis (r_f).
Teilbild 2: Normaler, nicht profilverschobener Zahn. Die Profilbezugslinie PP berührt den Teilkreis (r).
Teilbild 3.: Ausbildung eines spitzen Zahnkopfes durch Verschieben des Bezugsprofils vom Teilkreis (r) in Richtung zum Kopfkreis (r_a). Die Entfernung zwischen der Wälzlinie LL, als Tangente zum Teilkreis und der Profilbezugslinie PP, wird Profilverschiebung x·m genannt. Sie ist positiv, wenn die Profilbezugslinie PP vom Teilkreis zum Kopfkreis und negativ, wenn sie vom Teilkreis zum Fußkreis verschoben wird (gilt auch bei Innenverzahnungen).

Bei Zähnezahlen z ≥ 17 entsteht mit einem Zahnstangenwerkzeug, dessen Bezugsprofil DIN 867 [2/3] entspricht, für Profilverschiebung x·m = 0 gerade noch kein Unterschnitt.

Das Vorzeichen der Profilverschiebung ist positiv, wenn die Profilbezugslinie PP vom Teilkreis in Richtung zum Kopfkreis verschoben wird; dabei ist die Zahndicke am Teilkreis größer als bei der Profilverschiebung Null (Bild 2.16). Sie ist negativ, wenn die Profilbezugslinie vom Teilkreis in Richtung zum Fußkreis verschoben wird; dabei ist die Zahndicke am Teilkreis kleiner als bei der Profilverschiebung Null (Bild 2.16). Die Definition gilt auch für Innenverzahnungen (Bild 4.8).

Schädlicher Unterschnitt
liegt vor, wenn z.B. durch den Kopf des austauchenden Werkzeugs ein Teil der Evolventenflanke weggeschnitten wird, der im Eingriff mit einem Gegenrad zum Tragen kommen sollte, also innerhalb der Eingriffsstrecke liegt.

Die Spitzengrenze
ist erreicht, wenn die Zahnkopfhöhe gerade noch erhalten bleibt, die Zahndicke am Zahnkopf jedoch den Wert Null annimmt,

$$s_{an} = 0 \;. \qquad (2.22\text{-}1)$$

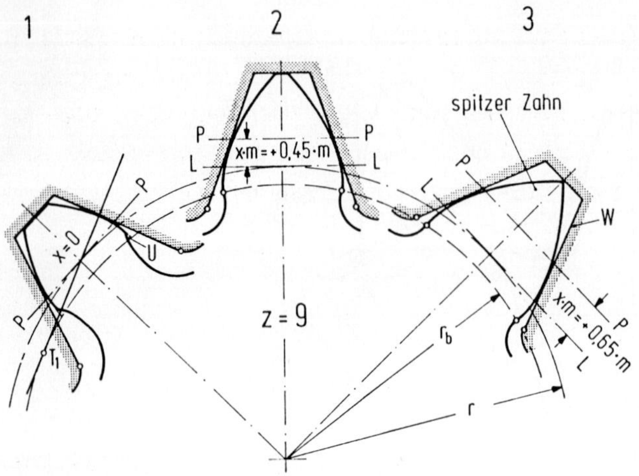

Bild 2.17. Die Grenzen der Profilverschiebung sind bei kleinen Zähnezahlen, z.B. bei z = 9, viel enger als bei größeren.

Teilbild 1: Am Zahn entsteht schon bei Profilverschiebung x = 0 Unterschnitt.

Teilbild 2: Der Zahn ist bei x = +0,45 gerade noch nicht unterschnitten, und der Zahnkopf hat die zulässige Dicke von $s_a = 0,2 \cdot m$.

Teilbild 3: Der Zahn wird schon bei x = +0,65 spitz. Zulässig ist die Profilverschiebung daher bei dieser Zähnezahl und dem verwendeten Bezugsprofil nach DIN 867 nur in den Grenzen $+0,45 \leq x \leq +0,65$, wenn der Zahn nicht spitz werden darf, sogar nur bei x = +0,45 (siehe auch Diagramme in den Bildern 2.19;4.9;8.2 bis 8.5).

Es bedeutet W Werkzeugbezugsprofil, U Unterschnitt, T_1 Berührungspunkt von Eingriffslinie und Grundkreis.

Der Zahn wird spitz (Bilder 2.16; 2.17, Teilbild 3). Praktisch sollte die Normalzahndicke s_{an} am Kopfzylinder den Wert

$$s_{an} = 0,2 \cdot m \qquad (2.22\text{-}2)$$

nicht unterschreiten, bei Geradstirnrädern die Zahndicke s_a am Kopfzylinder. Gründe für eine Mindestzahnkopfdicke sind: Gefahr der Beschädigung, Gefahr der Durchhärtung, notwendige Tragfähigkeit, Tolerierungsmöglichkeit.

Geometrische Grenzen

Schädlicher Unterschnitt und Spitzwerden der Zähne begrenzen die für ein Außenrad ausführbare Zähnezahl nach unten, sie begrenzen bei kleinen Zähnezahlen mehr, bei großen weniger auch die mögliche Profilverschiebung in positiver und negativer Richtung.

Profilverschiebung und Zähnezahl

Obwohl durch positive Profilverschiebung der Kopfkreisdurchmesser d_a größer und durch negative kleiner wird (Bilder 2.16; 2.17), ändert sich dadurch die Zähnezahl z (und die Teilkreisteilung p) bei gleichem Modul m nicht. Das hat folgenden Grund:

Beim Verschieben des Werkzeugprofils, z.B. in radialer Richtung, wie in Bild 2.18, bleibt seine Wälzgeschwindigkeit v_0 erhalten und ist gleich der Tangentialgeschwindigkeit v_t am Erzeugungswälzkreis, der beim Zahnstangen-Werkzeug die Größe des Teilkreises hat ($r_{w0} = r$). Da aber auch in abgerückter Lage gleichviele Schneidzähne am Rad vorbeistreichen, ändert sich auch die erzeugte Zähnezahl nicht, sondern die Zähne werden dicker oder dünner. Es ist

$$v_0 = v_t \ , \tag{2.23-1}$$

$$v_t = r \cdot \omega \tag{2.23-2}$$

mit Gl.(2.15)

$$v_t = \frac{z}{2} \cdot m \cdot \omega \ , \tag{2.23-3}$$

nach z entwickelt

$$z = \frac{2 v_0}{m \cdot \omega} \tag{2.24}$$

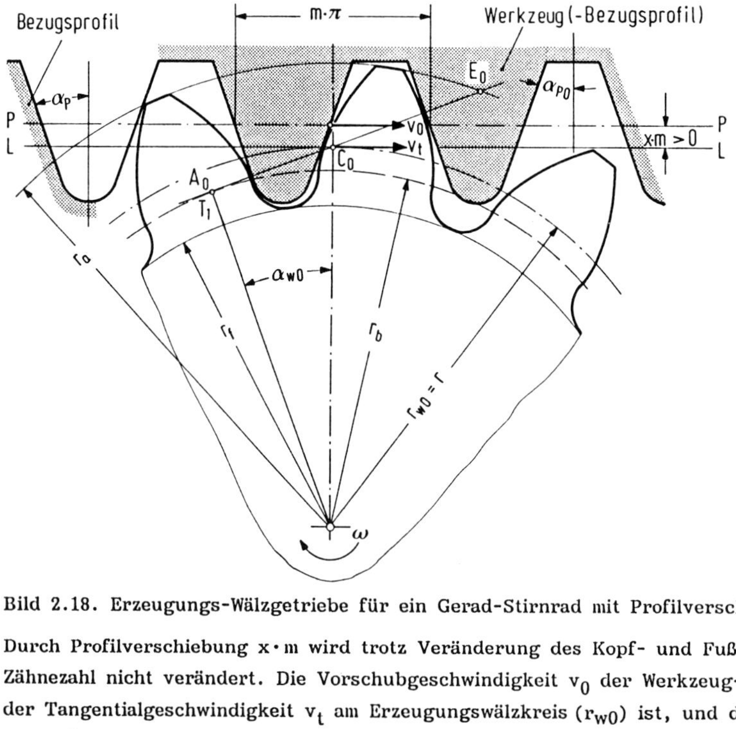

Bild 2.18. Erzeugungs-Wälzgetriebe für ein Gerad-Stirnrad mit Profilverschiebung.

Durch Profilverschiebung $x \cdot m$ wird trotz Veränderung des Kopf- und Fußkreisradius r_a, r_f die Zähnezahl nicht verändert. Die Vorschubgeschwindigkeit v_0 der Werkzeug-Zahnstange, die gleich der Tangentialgeschwindigkeit v_t am Erzeugungswälzkreis (r_{w0}) ist, und der Modul m des Zahnstangenprofils sowie die Winkelgeschwindigkeit ω des Werkstücks bestimmen die Zähnezahl. Die Geschwindigkeiten werden beim Erzeugungsvorgang durch die Einstellung der Maschine erzwungen, der Modul wird vom Werkzeugprofil bestimmt.

Da es sich um ein Rad mit kleiner Zähnezahl handelt ($z = 12$), wurde der Erzeugungs-Eingriffsbeginn A_0 an den äußersten Punkt, den Tangentenberührungspunkt T_1 am Grundkreis (r_b) gelegt. In der Regel rückt man von diesem Punkt ab.

Bis auf den Modul bestimmen die durch den Getriebezug in der Verzahnmaschine eingestellten Geschwindigkeitsverhältnisse von Werkzeug und Werkstück allein die Zähnezahl.

2.5.2 Durch Profilverschiebung erzielbare Effekte

Das Mittel der Profilverschiebung, welches in seiner Bedeutung erst von Fölmer (etwa 1920) erkannt und vorgeschlagen wurde, ist realisierbar durch entsprechende Maschineneinstellungen bei der Zustellung des Werkzeugs und kann für folgende Zwecke eingesetzt werden:

1. Achsabstandsänderung in der Größenordnung von $\Delta a \approx 1 \cdot m$, ohne Änderung der Zähnezahl bzw. der Übersetzung.
2. Vermeiden von Unterschnitt und spitzen Zähnen, insbesondere bei kleinen Zähnezahlen (z.B. für $z \leq 17$ beim Bezugsprofil nach DIN 867).
3. Verbessern der Tragfähigkeit der Zähne durch Vergrößern der Zahndicke und des Flankenkrümmungsradius, z.B. bei V-Plus-Verzahnungen.
4. Verbessern des Übersetzungswirkungsgrades durch Erzeugen günstigerer Gleitverhältnisse durch entsprechende Verlegung der Eingriffsstrecke mittels Profilverschiebung.

2.5.3 Diagramm für Unterschnitt- und Spitzengrenze

Aus den Bildern 2.16 und 2.17 kann man entnehmen, daß der absolute Wert für die zulässige Profilverschiebung unter anderem sehr stark von der Zähnezahl z abhängt. Er hängt weiter wesentlich von der Größe des Profilwinkels α_P und den Zahnhöhen am Bezugsprofil h_{aP} sowie h_{FfP} ab. Für Unterschnitt- und Spitzengrenze sind die Zahn-Formhöhen h_{FaP} und h_{FfP} maßgebend, d.h. die Zahnhöhen, welche durch die Erzeugende des Bezugs- bzw. Werkzeug-Bezugsprofils sich ergeben. Es sind beim geradflankigen Profil die durch die äußersten Punkte auf der geraden Flanke sich ergebenden Zahnhöhen. Während die Zahnfuß-Formhöhe aufgrund der verschiedenen Übergänge von der Evolventenflanke zur Fußausrundung von Fall zu Fall wechseln kann, entspricht die Zahnkopf-Formhöhe h_{FaP} in der Regel der Zahnkopfhöhe h_{aP}, daher wird bis auf die erwähnten Ausnahmen immer die Zahnkopfhöhe in den Gleichungen eingesetzt. Um für alle Möglichkeiten der Änderung von Zähnezahl und Zahnhöhen bei 20°-Bezugsprofilen die zulässige Profilverschiebung schnell ermitteln zu können, ist in Bild 2.19 ein Diagramm für die Unterschnitt- und Spitzengrenze wiedergegeben mit den Parameterwerten für Zahnkopfhöhe h_{aP} und Zahnfuß-Formhöhe h_{FfP} des Bezugsprofils mit $h_{aP} = 0...1{,}7 \cdot m$ und $h_{FfP} = 0...1{,}7 \cdot m$. Da spitze Zähne jedoch nicht zulässig sind, wird im gleichen Diagramm für einen Zahnkopfhöhen-Faktor ($h^*_{aP} = 1{,}0$) durch eine gepunktete Linie der Profilverschiebungsfaktor angegeben, welcher noch eine Zahndicke am Kopfzylinder von $s_a = 0{,}2 \cdot m$ garantiert. Im einzelnen können diese geometrischen Grenzen der Profilverschiebung wie folgt ermittelt werden:

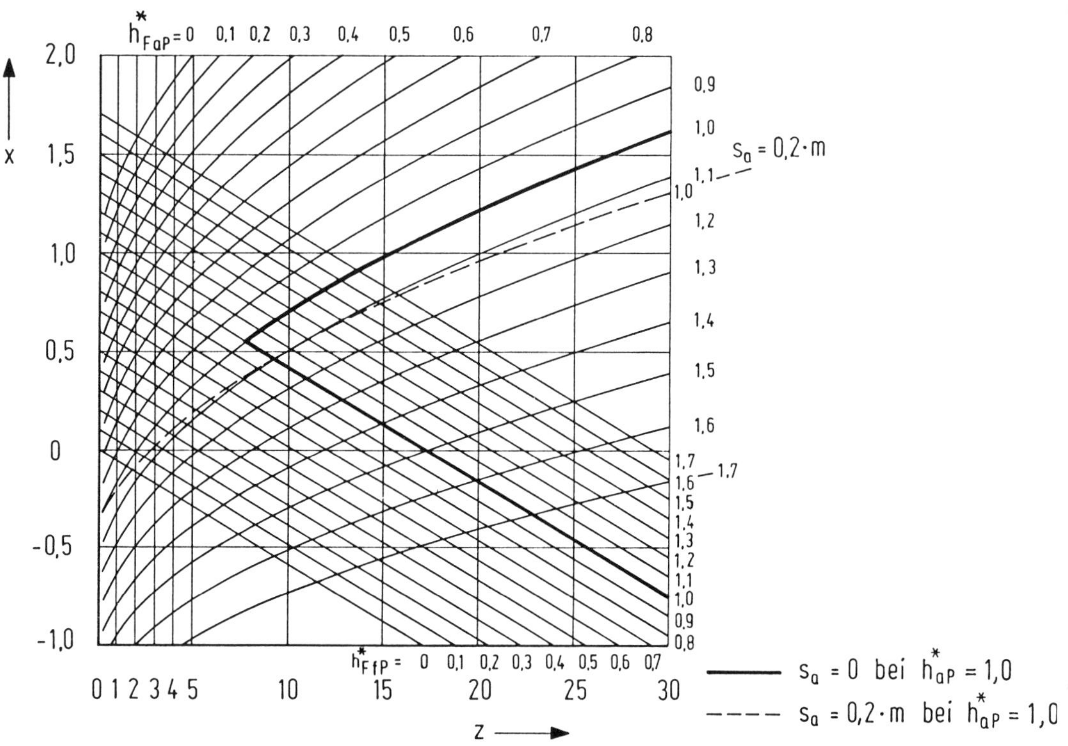

Bild 2.19. Diagramm für Unterschnitt- und Spitzengrenze. Aufgetragen ist der Profilverschiebungsfaktor x in Abhängigkeit der Zähnezahl z für Zähne, welche mit Zahnstangen-Bezugsprofilen (Profilwinkel $\alpha_P = 20°$) erzeugt wurden. Kopf-Formhöhen-Faktor h^*_{FaP} und Zahnfuß-Formhöhen-Faktor h^*_{FfP} des Bezugsprofils sind als Parameter aufgetragen.

Zulässiger Bereich: Unterhalb der Spitzengrenze und oberhalb der Unterschnittgrenze. Dick umrahmt: Theoretisch möglicher Bereich für Bezugsprofil nach DIN 867 bzw. ISO 53-1974 [2/3;2/9]. Die Zahndicke am Kopfzylinder soll stets $s_a \geq 0{,}2 \cdot m$ gewählt werden, um spitze Zähne zu vermeiden. Siehe auch Bilder 8.2 bis 8.5 und 4.9.

2.5.3.1 Unterschnittgrenze

Es darf bei der Erzeugung der Zahnflanke, Bild 2.20, der Endpunkt der geraden Flanke des Werkzeugs G_P nicht tiefer eintauchen, als es dem Ursprungspunkt U der Evolvente entspricht, der sich in dieser Lage mit Punkt T deckt. Im äußersten Fall darf der Punkt G_P den Punkt T (hier Evolventen-Ausgangspunkt U am Grundkreis) erzeugen. Wenn der darüber hinausgehende Zahnkopf des Werkzeugs entsprechend zurückgenommen ist, dann wird die erzeugte Evolventenflanke im Verlauf der weiteren Abwälzbewegung nicht zerstört.

Aus dieser untersten Zahnstangen-Profillage erhält man folgende Beziehungen:

$$r + x \cdot m - h^*_{FfP} \cdot m \geq r_b \cdot \cos \alpha_{w0} \qquad (2.25)$$

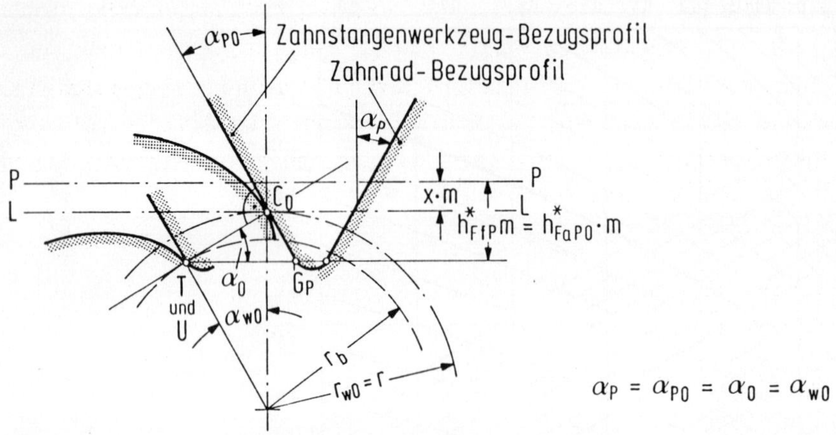

Bild 2.20. Größen zur Bestimmung des Beginns des Unterschnitts. Das Zahnstangenwerkzeug ist das geometrische Komplement des Bezugsprofils. Es bedeutet PP Profilbezugslinie, LL Wälzlinie, G_P Endpunkt der geraden Bezugsprofilkante, U Ursprungspunkt der Evolvente, T Berührpunkt der Eingriffslinie am Grundkreis. Es ist α_{P0} der Profilwinkel am Werkzeug-Bezugsprofil, α_P der Profilwinkel am Bezugsprofil, α_{w0} der Betriebseingriffswinkel am Erzeugungsgetriebe und h^*_{FfP} der Fuß-Formhöhen-Faktor des Bezugsprofils, der gleich dem Kopf-Formhöhen-Faktor h^*_{FaP0} des Werkzeug-Bezugsprofils ist.

mit Gl.(2.3) und Gl.(2.15)

$$\frac{z}{2}\cdot m + x\cdot m - h^*_{FfP}\cdot m \geq \frac{z}{2}\cdot m\cdot\cos^2\alpha_{w0} \qquad (2.26)$$

Da beim Kämmen mit Zahnstangen die Eingriffswinkel α gleich den Profilwinkeln α_P der Bezugsprofile sind und diese gleich den Betriebseingriffswinkeln, gilt (auch für das Zahnstangen-Erzeugungsgetriebe)

$$\alpha = \alpha_0 = \alpha_{w0} = \alpha_P = \alpha_{P0}. \qquad (2.27)$$

Man erhält nach entsprechender Umformung von Gl.(2.26) für die Erzeugung mit Zahnstangenwerkzeugen als Zähnezahl

$$z \geq \frac{2(h^*_{FfP} - x)}{\sin^2\alpha_P} = z_u, \qquad (2.28)$$

die kleinste unterschnittfreie Zähnezahl z_u. Um Zahnräder mit möglichst kleiner unterschnittfreier Zähnezahl zu erhalten. muß daher die Fuß-Formhöhe des Bezugsprofils h_{FfP} möglichst klein, der Profilwinkel α_P und der Profilverschiebungsfaktor x möglichst groß sein. Wenn die beiden ersten Größen durch Vorgabe des Bezugsprofils (siehe Bild 2.11) festgelegt sind, kann man die kleinste unterschnittfreie Zähnezahl z_u nur durch Wahl einer großen positiven Profilverschiebung verkleinern. Gerade diese Maßnahme aber führt bei kleinen Zähnezahlen leicht zu spitzen Zähnen.

So zeigt Bild 2.21, daß bei Profilverschiebungen, welche größer sind als die für die Spitzengrenze, z.B. $x = +0{,}8$ für Zähnezahlen $z < 12$, nicht nur spitze Zähne erzeugt werden, sondern auch ein Teil des erforderlichen Zahnkopfes weggeschnitten wird. Der vorgesehene Kopfkreisradius r_a kann nicht erreicht werden. Die größtmögliche positive Profilverschiebung bis zum Erreichen eines spitzen, aber nicht verkürzten Zahnes kann aus der folgenden Ableitung bestimmt werden.

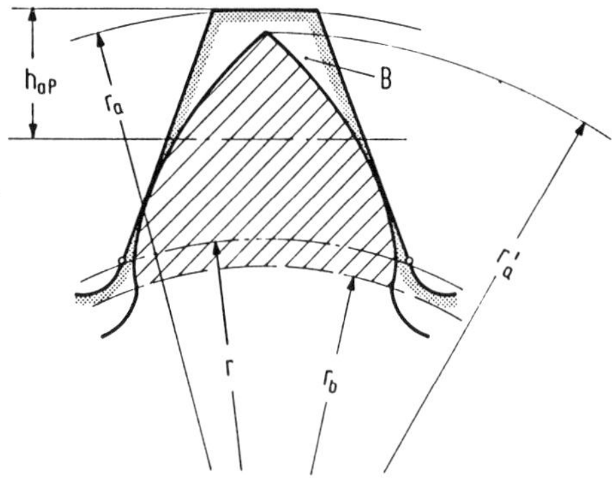

Bild 2.21. Wegschneiden des Zahnkopfes bei zu großer positiver Profilverschiebung. Es bedeutet: B Bezugsprofil, r_a der Bezugsprofillage entsprechender Kopfkreisradius, r'_a durch Unterschreiten der Spitzengrenze verkürzter Kopfkreisradius.

2.5.3.2 Spitzengrenze

Es wird die Zahndicke s_a am Kopfkreisradius r_a in Abhängigkeit der Zähnezahl z, der Profilverschiebung x, des Profilwinkels α_P und der Zahnkopfhöhe h_{aP} am Bezugsprofil berechnet und dafür gesorgt, daß sie größer gleich null ist.

Aus Bild 2.22, in welchem der Polarwinkel ϑ_y (siehe Bild 2.3) mit dem Zahndickenhalbwinkel ψ_y und der Evolventenfunktion inv α_y des Profilwinkels am Teilkreis im Punkt Y berechnet wird, erhält man

$$\psi_y + \mathrm{inv}\,\alpha_y = \psi + \mathrm{inv}\,\alpha. \qquad (2.29)$$

Nach Ersatz der Zahndicken-Halbwinkel ψ durch die entsprechenden Bogen und Radien

$$\psi = \frac{s/2}{r} \qquad (2.30)$$

$$\psi_y = \frac{s_y/2}{r_y} \qquad (2.30\text{-}1)$$

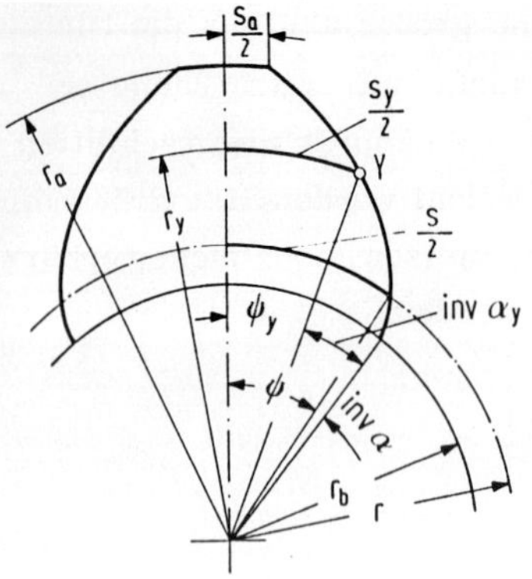

Bild 2.22. Bestimmung der einzelnen Zahndicken. Es bedeutet: ψ und ψ_y Zahndicken-Halbwinkel am Teilkreis (r) und am beliebigen Kreis (r_y); s, s_y, s_a Zahndicken an den entsprechenden Kreisen.

ergibt sich

$$\frac{s_y/2}{r_y} + \operatorname{inv}\alpha_y = \frac{s/2}{r} + \operatorname{inv}\alpha \tag{2.31}$$

und nach s_y entwickelt, die Zahndicke am Radius r_y

$$s_y = 2\,r_y\left(\frac{s}{2r} + \operatorname{inv}\alpha - \operatorname{inv}\alpha_y\right). \tag{2.31-1}$$

Nach Gl.(2.27) kann man statt des Eingriffswinkels α den Profilwinkel des Bezugsprofils α_P in Gl.(2.31-1) einsetzen.

Die Zahndicke s am Teilkreis (r), der gleichzeitig Wälzkreis r_{w0} zwischen dem Rad und der Zahnstange ist, ist in Gl.(2.31-1) noch unbekannt. Mit Bild 2.23 läßt sie sich aus der Wälzbedingung leicht ermitteln, da der Bogen für die Zahndicke am Wälzkreis $s_{w0} = s$ gleich der Lückenweite e_{wP0} des Zahnstangenprofils an der Wälzlinie LL ist. Mit der Profilverschiebung des Rades $x \cdot m$ (am Bezugsprofil gibt es keine Profilverschiebung) und dem Winkel $\alpha_{P0} = \alpha_P$ wird

$$e_{wP0} = \left(\frac{\pi}{2} + 2x\tan\alpha_P\right)\cdot m\ . \tag{2.32}$$

Die Zahndicke s (als Bogen) ist

$$s = CD' = \overline{CD} = e_{wP0}\ . \tag{2.33}$$

Die Lückenweite e_{wP0} des Zahnstangenprofils auf der Wälzlinie LL ist nach Gl.(2.33) gleich der Zahndicke s des Rades und daher ist

$$s = \left(\frac{\pi}{2} + 2x\tan\alpha_P\right)\cdot m\ . \tag{2.33-1}$$

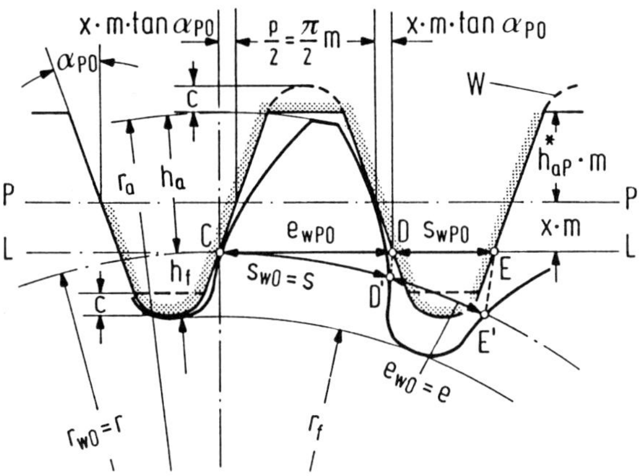

Bild 2.23. Am Wälzkreisradius r_{w0}, der bei einer Zahnstangen-Paarung immer gleich dem Teilkreisradius r des Rades ist, ist die Teilung für Rad und Gegenrad bzw. für Rad und Zahnstange gleich. Danach läßt sich die Zahndicke s und Lückenweite e des Rades am Teilkreis (r) aus Lückenweite e_{wP0} und Zahndicke s_{wP0} der erzeugenden Zahnstange berechnen. Es bedeutet: PP Profilbezugslinie, LL Wälzgerade, W Werkzeug-Bezugsprofil.

Durch Einsetzen von Gl.(2.33-1) in Gl.(2.31-1) erhält man

$$s_Y = 2\,r_Y \left[\frac{m}{2r}\left(\frac{\pi}{2} + 2x\tan\alpha_P\right) + \mathrm{inv}\,\alpha_P - \mathrm{inv}\,\alpha_Y\right]. \tag{2.34}$$

Die noch unbekannten Radien lassen sich mit Hilfe von Gl.(2.15)

$$2r = z \cdot m \tag{2.15}$$

und von Gl.(2.35) für den Kopfkreisradius r_a durch bekannte Größen ersetzen. Dabei wird in Gl.(2.34) der Radius r_Y am Punkt Y durch den Kopfkreisradius r_a ersetzt. Dieser ist nach Bild 2.23

$$r_a = r + x \cdot m + h^*_{aP} \cdot m + k^* \cdot m \tag{2.35}$$

und mit Gl.(2.15)

$$r_a = \left(\frac{z}{2} + x + h^*_{aP} + k^*\right) \cdot m\,. \tag{2.35-1}$$

Entsprechend gilt für den Fußkreisradius

$$r_f = r + x \cdot m - h^*_{FfP} \cdot m - c^*_P \cdot m \tag{2.36}$$

mit Gl.(2.15)

$$r_f = \left(\frac{z}{2} + x - h^*_{FfP} - c^*_P\right) \cdot m\,. \tag{2.36-1}$$

Für die Zahndicke s_a am Kopfzylinder (Kopfkreisradius r_a) wird

$$s_Y = s_a\,, \tag{2.37}$$

und man erhält mit den Gl.(2.34;2.36;2.37) bei der Erzeugung mit Zahnstangenwerkzeugen den Ausdruck

$$\frac{s_a}{m} = \left(z + 2x + 2h^*_{aP} + 2k^*\right)\left[\frac{\frac{\pi}{2} + 2x \tan\alpha_P}{z} + \operatorname{inv}\alpha_P - \operatorname{inv}\alpha_a\right]. \tag{2.38}$$

Die Spitzengrenze ist erreicht, wenn die Zahndicke am Kopfkreis null wird,

$$s_a = 0. \tag{2.39}$$

Die Zahndicke am Kopfzylinder wird in Gl.(2.38) null, wenn e i n Faktor null wird, also wenn z.B.

$$\frac{1}{z}\left(\frac{\pi}{2} + 2x \tan\alpha_P\right) + \operatorname{inv}\alpha_P - \operatorname{inv}\alpha_a = 0. \tag{2.40-1}$$

Die dazugehörende Zähnezahl z_s für die Spitzengrenze ist

$$z_s = \frac{\frac{\pi}{2} + 2x \tan\alpha_P}{\operatorname{inv}\alpha_a - \operatorname{inv}\alpha_P}. \tag{2.40}$$

Unbekannt ist in Gl.(2.40) nur noch der Profilwinkel α_a am Kopfzylinder. Setzt man in Bild 2.3 für $r_y = r_a$ und für $\alpha_y = \alpha_a$, ist er aufgrund des Kopfkreisradius r_a unter Hinzunahme der Gl.(2.3;2.15;2.36) wie folgt zu ermitteln:

Es ist

$$\cos\alpha_a = \frac{r_b}{r_a} = \frac{m\cdot\frac{z}{2}\cos\alpha_P}{m\cdot\left(\frac{z}{2} + x + h^*_{aP} + k^*\right)}$$

und nach Kürzung

$$\cos\alpha_a = \frac{z\cdot\cos\alpha_P}{z + 2x + 2h^*_{aP} + 2k^*}. \tag{2.41}$$

Mit Hilfe der Gl.(2.28;2.40;2.41) wurde das Diagramm für 20°-Verzahnungen in Bild 2.19 berechnet sowie die Diagramme in den Bildern 4.9 und 8.2 bis 8.5, die für die meisten Fälle genügen. Wünscht man andere Zahnkopfdicken oder Profilwinkel als die dort eingetragenen, so können diese mit geringem Rechenaufwand mit obigen Gleichungen ermittelt werden, wobei Gl.(2.40) und (2.41) nicht explizit darstellbar sind und durch Iteration gelöst werden müssen (siehe auch Kapitel 8).

Verwendet man statt der Zahnstangen-Werkzeugprofile Schneidprofile mit endlicher Zähnezahl, z.B. Schneidräder bei Stoßmaschinen, dann ergeben sich günstigere Werte für die Spitzen- und Unterschnittgrenzen, als nach obiger Berechnung und Bild 2.19. Um mit Sicherheit unkorrekten Eingriff zu vermeiden, sollte die Gegenradzähnezahl nie größer sein als die Zähnezahl des Erzeugungsprofils.

Die Auswirkung der Profilverschiebung auf die Zahnform ist in Bild 2.24 sehr gut zu erkennen. Der linke Teil des Bildes zeigt, daß es immer die gleichen Evolventen sind, welche die Flanken von Zahnrädern mit gleichem Grundkreis bilden, daß aber, je nach Zahnhöhe und Profilverschiebung, immer andere Evolventenabschnitte zur Zahnbildung herangezogen werden. Dem rechten Teil des Bildes kann man entnehmen, daß nicht profilverschobene Räder Nullräder, profilverschobene Räder V-Plus- und negativ verschobene V-Minus-Räder genannt werden. Die Zähne von V-Plus-Rädern neigen zu spitzen Zahnköpfen und dicken Zahnfüßen, die von V-Minus-Rädern dagegen zu dickeren Zahnköpfen und dünneren Zahnfüßen.

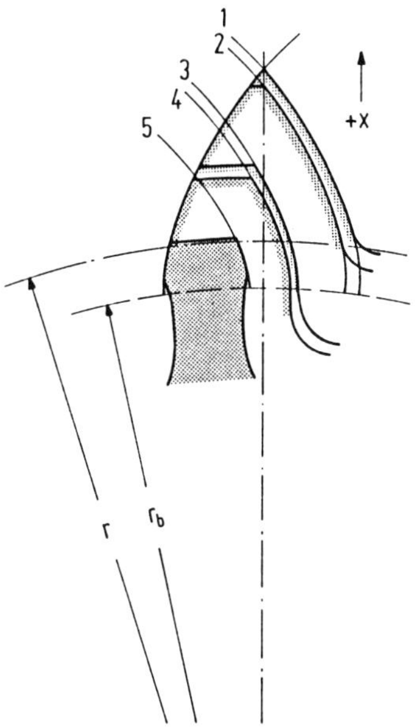

Nr.	Verschiebungsfaktor x	Bezeichnung des Zahnrades	Typische Zahnformen (z = 20)	Zahnkopf, Zahnfuß
1	> 0	V-Plus-Rad		spitzer Zahnkopf, dicker Zahnfuß
2				dünner Zahnkopf, dicker Zahnfuß
3	= 0	Null-Rad		normale Zahnkopf- und Zahnfußdicke
4	< 0	V-Minus-Rad		normaler Zahnkopf, dünnerer Zahnfuß
5				Zahnfuß sehr dünn, stark unterschnitten

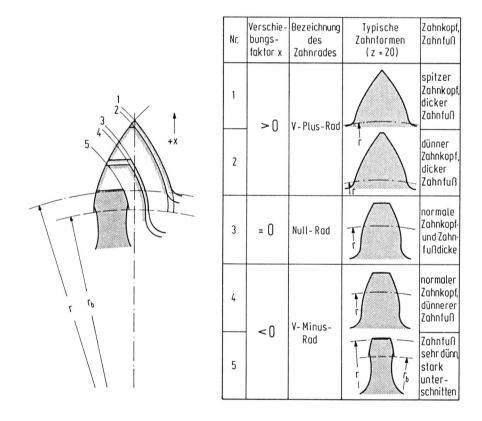

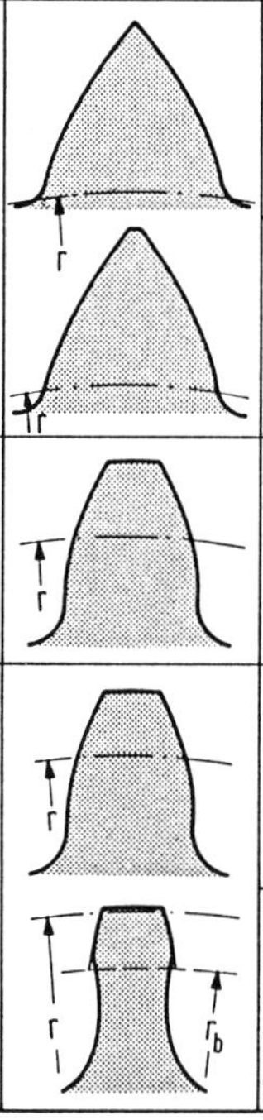

Bild 2.24. Entwickeln aller Zahnformen aus den gleichen Evolventen. Charakteristische Form der Zähne bei verschiedenen Profilverschiebungsfaktoren x, gezeigt am Zahn eines Zahnrades mit z = 20 Zähnen als Null-, V-Plus- und V-Minus-Räder. Der Unterschied der Zahnformen wird bei größeren Zähnezahlen immer geringer und der mögliche Profilverschiebungsbereich immer größer. Zahnformen der Zeilen 1 und 5 sollten nicht eingesetzt werden.

2.5.4. Aufgabenstellung 2-3 (Verschiedene Bezugsprofile und Profilverschiebungen)

1. Ein Zahnrad mit z = 22 Zähnen, einer Diametral-Pitch-Größe von

$$P = 40 \frac{1}{\text{Zoll}}$$

und Profilverschiebung von x/P = 0,0125 Zoll nach dem Bezugsprofil ISO 53-1974 ist durch ein möglichst ähnliches Zahnrad mit gleicher Zähnezahl zu ersetzen. Es soll das Normprofil DIN 867 verwendet werden, wobei mit einem genormten Modul auch eine möglichst gleiche Teilung erzielt werden soll. Genormte Modulgrößen siehe Bild 8.1, für ISO 53-1974 ist $\alpha_P = 20°$, und die Zahnhöhen sind gleich denen des Bezugsprofils nach DIN 867.

2. Es sollen zwei Zahnräder verglichen werden mit der Zähnezahl z = 25. Eines nach Bezugsprofil DIN 867 und eines nach DIN 58400. Wie groß ist bei beiden der kleinste und der größte zulässige Profilverschiebungsfaktor x für s_a = 0 (Iteration mit Gl.(2.40;2.41))?

3. Dem zweiten Zahnrad möge ein 15°-Bezugsprofil zugrunde liegen. Ansonsten gelten bis auf die Fußrundungsradien alle Maße des Bezugsprofils nach DIN 867. Wie groß ist nun der kleinste und größte zulässige Profilverschiebungsfaktor x für s_a = 0 ?

2.6 Räderpaarung, Achsabstand, Überdeckung

Korrekt ausgeführte Zahnräder sind zwar eine notwendige, aber noch keine hinreichende Voraussetzung zum korrekten Kämmen einer Räderpaarung. Zu diesem Zweck müssen drei Bereiche der paarenden Verzahnungen aufeinander abgestimmt sein:

1. Die Bewegung übertragenden Zahnflanken und der Achsabstand.
2. Die Teilungen einschließlich der Zahnspiele.
3. Die Bestimmungsgrößen für Eingriffsstrecke und Profilüberdeckung.

2.6.1 Profilverschiebung und Achsabstand

Die Evolventenflanken haben im Vergleich mit Zykloidenflanken eine Reihe angenehmer Eigenschaften, z.B. die Erzeugungsmöglichkeit durch geradflankige Werkzeuge, die Berührung längs einer Geraden (Bild 2.25, Teilbild 1), die gemeinsame Tangente an die Grundkreise ist und Eingriffslinie genannt wird. Die weitaus wichtigste der "angenehmen" Eigenschaften aber ist - wie schon in Abschnitt 1 erwähnt - daß bei Evolventenverzahnungen selbst eine nachträgliche Achsabstandsänderung z.B. aufgrund von Gehäusetoleranzen oder Lagerspielen keine Änderung der gleichförmigen Übersetzung nach sich zieht (wie bei Zykloidenflanken [2/15]). Die Übersetzung ist bei theoretisch idealen Zahnflanken nach Bild 2.25, Teilbild 2, das Verhältnis der Teilkreisradien r_2/r_1 oder auch das Verhältnis der momentanen Wälzkreisradien r_{w2}/r_{w1}

$$i_\omega = -\frac{r_2}{r_1} = -\frac{r_{w2}}{r_{w1}} = -\frac{r_{b2}}{r_{b1}} = \frac{\omega_1}{\omega_2}\,. \tag{2.42}$$

Da die Grundkreise bei theoretisch idealen Flanken stets gleich bleiben, ändert sich auch die momentane Übersetzung i_ω und daher auch die Übersetzung i nicht.

Der Achsabstand einer theoretisch spielfreien Zahnradpaarung mit Rädern, die keine Profilverschiebung haben (Null-Radpaarung), ist die Summe der beiden Teilkreisradien mit der Bezeichnung Nullachsabstand a_d

$$a_d = r_1 + r_2 = \frac{z_1 + z_2}{2}\cdot m. \tag{2.43}$$

Für Paarungen mit profilverschobenen Zahnrädern, bei denen die Summe der Profilverschiebungsfaktoren null ist (V-Null-Radpaarung)

$$x_1 + x_2 = 0 \tag{2.44-1}$$

gilt Gl.(2.43) auch.

Ist ein Rad oder sind beide Zahnräder einer Paarung profilverschoben (V-Radpaarungen), so daß die Summe

$$x_1 + x_2 \neq 0 \tag{2.44-2}$$

ist, dann ändert sich der Achsabstand gegenüber dem in Gl.(2.43) ermittelten um einen Wert, der aus der Summe der Profilverschiebung, der Summe die Zähnezahlen und dem Profilwinkel errechnet werden kann. Leider entspricht dieser zusätzliche Wert nicht einfach der zusätzlichen Vergrößerung der Kopfkreisradien durch die Profilverschiebungen an den einzelnen Zahnrädern, sondern ist dem Betrag nach etwas kleiner. Würde man den Achsabstand a_v (den Verschiebungs-Achsabstand) aus den Teilkreisradien und der Summe der Profilverschiebungen bzw. aus den V-Kreis-Radien r_{v1} und r_{v2} berechnen,

$$a_v = r_{v1} + r_{v2} = r_1 + r_2 + (x_1 + x_2)\cdot m = \left(\frac{z_1 + z_2}{2} + x_1 + x_2\right)\cdot m, \tag{2.45}$$

mit

$$r_{v1} = r_1 + x_1\cdot m, \tag{2.45-1}$$

$$r_{v2} = r_2 + x_2\cdot m, \tag{2.45-2}$$

dann würde zwischen den Zahnflanken von Außenverzahnungen ein zusätzliches sogenanntes Flankenspiel entstehen, welches bei Umkehr des Moments zu Stößen, zu kleinen Relativdrehungen zwischen An- und Abtrieb, d.h. zu einer häufig sehr unangenehmen Lose führte. Bei Innen-Radpaaren würde die Gefahr der Durchdringung bestehen (siehe Bild 5.6). Man korrigiert daher den Achsabstand so, daß auch bei Profilverschiebung für Zahndicken mit Nennmaß kein Spiel entsteht.

2.6.2 Spielfreier Achsabstand a bei Profilverschiebung

Zu seiner Berechnung dienen zwei Gleichungen. Die erste Gl.(2.48) gibt das Verhältnis zwischen zwei Achsabständen und den zu ihnen gehörenden Eingriffswinkeln an und die zweite (die Korhammersche Beziehung, Gl.(2.49)) gibt den Betriebseingriffswinkel α_w an, welcher bei Profilverschiebung und spielfreiem Achsabstand entsteht.

Aus Bild 2.25, Teilbild 2, entnimmt man, daß

$$(r_1 + r_2)\cdot\cos\alpha = (r_{w1} + r_{w2})\cdot\cos\alpha_w = r_{b1} + r_{b2} \tag{2.46}$$

ist. Mit Gl.(2.43) und (2.45) sowie (2.47)

$$a = r_{w1} + r_{w2} \tag{2.47}$$

erhält man

$$a_d\cdot\cos\alpha = a\cdot\cos\alpha_w = a_v\cdot\cos\alpha_v \tag{2.48}$$

und daraus

$$a = a_d\,\frac{\cos\alpha}{\cos\alpha_w} \tag{2.48-1}$$

$$a = a_v\,\frac{\cos\alpha_v}{\cos\alpha_w}\quad. \tag{2.48-2}$$

Allgemein: Das Verhältnis der Achsabstände ist umgekehrt proportional zum Verhältnis der Kosinuswerte ihrer Eingriffswinkel. Daß der zu a_d gehörende Eingriffswinkel α und der zu α_w gehörende Achsabstand a nicht den gleichen Index haben, ist eine der Ungereimtheiten des zur Zeit gültigen Normenwerkes [1/1,2/1].

Der Betriebseingriffswinkel α_w für flankenspielfreie Paarung ist aus der folgenden Gleichung (der Korhammerschen Beziehung) zu berechnen, die in Abschnitt 2.13 abgeleitet ist. Danach ist

$$\mathrm{inv}\,\alpha_w = \frac{x_1 + x_2}{z_1 + z_2}\cdot 2\cdot\tan\alpha + \mathrm{inv}\,\alpha \tag{2.49}$$

wobei der Eingriffswinkel α für die Paarung mit Zahnstangen oder für die Paarung mit $\Sigma x = 0$ gilt und daher gleich dem Profilwinkel α_P des Bezugsprofils ist, Gl.(2.27).

Aus Gl.(2.49) läßt sich ablesen, daß der Betriebseingriffswinkel α_w und damit der Achsabstand durch die Profilverschiebung n i c h t verändert wird,

$$a = a_w = a_d \tag{2.47-1}$$

wenn ihre Summe null ist,

$$x_1 + x_2 = 0, \tag{2.44-1}$$

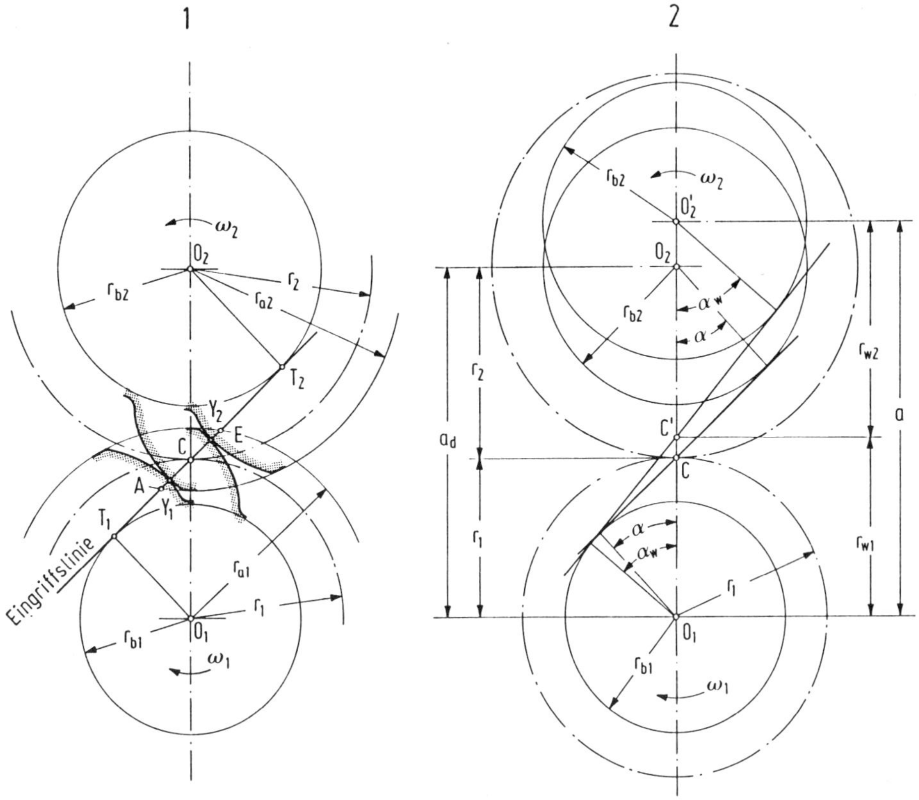

Bild 2.25. Übersetzung bei Achsabstandsänderung

Teilbild 1: Die Normale durch den Berührpunkt (z.B. Y_1 oder Y_2) der Zahnflanken ist bei Evolventenverzahnung gleichzeitig Tangente an den Grundkreisen (r_{b1}, r_{b2}) und geometrischer Ort der Berührpunkte. Sie ist die Eingriffslinie und in den durch die Kopfkreise gegebenen Grenzen auch Eingriffsstrecke.

Teilbild 2: Die Änderung des Achsabstands a ändert bei Evolventenverzahnungen die Übersetzung nicht, weil das Verhältnis der Wälzkreisradien r_{w2}/r_{w1} wegen des konstanten Verhältnisses der Grundkreisradien r_{b2}/r_{b1} gleich bleibt, wobei die "neuen" Wälzkreise (r_{w1}, r_{w2}) von den "alten" Wälzkreisen, den Teilkreisen (r_1, r_2) verschieden sind.

und/oder wenn die Zähnezahlsumme unendlich ist,

$$z_1 + z_2 \to \infty \tag{2.50}$$

d.h. wenigstens ein "Rad" eine Zahnstange ist. Bei sehr großen Zähnezahlen sind die durch Gl.(2.50) sich ergebenden Winkeländerungen $\alpha_w - \alpha$ vernachlässigbar klein. Die Verteilung der Profilverschiebung auf die beiden Räder spielt für den Achsabstand keine Rolle und richtet sich nach zulässigen Beanspruchungen der Zähne oder nach vorgeschriebenen anderen Abmessungen.

Der Grund, weswegen bei V-Verzahnungen und bei Verzahnungen mit einem von null verschiedenen Teilkreisabstand [1] $y \cdot m$

$$a - a_d = y \cdot m \neq 0 \tag{2.51}$$

ohne Achsabstandskorrektur Flankenspiel entsteht, ist beim Vergleich der Bilder 2.26 und 2.27 zu erkennen. In Bild 2.26 sind zwei Nullräder gepaart (Nullverzahnung), ihre Teilkreise berühren sich, der Eingriffspunkt Y ist sowohl für die Berührung mit dem Bezugsprofil als auch mit dem Gegenprofil der gleiche. Daher ist auch die Normale in Punkt Y sowohl für die Erzeugung durch das Zahnstangenprofil als auch für das Gegenprofil die gleiche; sie ist gemeinsame Eingriffslinie. Auch wenn man die Profilbezugslinie PP verschiebt, den Achsabstand beläßt, d.h. $x_1 = -x_2$ verschieden von null macht (V-Nullverzahnung) bleibt die gemeinsame Eingriffslinie erhalten, der Teilkreisabstand $y \cdot m = 0$. Es werden nur die Zähne bei negativer Profilverschiebung dünner, bei positiver dicker, die Summe der Zahndicken am Teilkreis aber bleiben gleich. Die Eingriffswinkel für die Zahnradpaarung α, für das Erzeugungsgetriebe α_0 und der Flankenwinkel der Bezugsprofile α_P sind gleich, Gl.(2.27).

Man kann in Bild 2.26 drei Zahnrad-Paarungen unterscheiden: Die Paarung von Rad und Gegenrad, die Erzeugungs-Paarung von Rad und Zahnstangen-Werkzeug, die Erzeugungs-Paarung von Gegenrad und Zahnstangen-Werkzeug (gestrichelt). Die Eingriffslinie, die Eingriffswinkel und die jeweiligen Wälz- und Teilkreisradien sind für alle drei Paarungen gleich.

Betrachtet man Zahnräder mit Profilverschiebungen, die einen Abstand der Teilkreise bewirken und daher den Achsabstand gegenüber dem Null-Achsabstand verändern, dann stimmen die Richtungen der Erzeugungs- und der sich ergebenden neuen Verschiebungseingriffslinie nicht mehr überein (Bild 2.27). Die Verschiebungseingriffslinie T_1T_2 hat einen anderen Betriebseingriffswinkel $\alpha_{w(v)}$ (in Bild 2.27 einen größeren) als die Zahnstangen-Erzeugungseingriffslinien $T_{01}Y_1$ bzw. $T_{02}Y_2$, deren Eingriffswinkel α_{w0} gleich dem Profilwinkel α_P des Bezugsprofils sind, Gl.(2.27). Da die Zähne aber dicker sind als bisher, können ihre Berührungspunkte nicht an derselben Stelle (Y_1 und Y_2) der Bezugsprofilflanke liegen wie vorher, sondern auf der Eingriffslinie T_1T_2. Es entsteht das Normalflankenspiel j_n beim zugrunde gelegten Achsabstand a_v, der sich aus dem Nullachsabstand a_d und der Summe der Profilverschiebungen ergibt, Gl.(2.45).

---

[1] Da $a = a_d + y \cdot m$ ist, kann der spielfreie Achsabstand a auch mit Hilfe des Teilkreisabstands $y \cdot m$ berechnet werden. Es ist für Geradverzahnungen

$$y = \frac{z_1 + z_2}{2}\left(\frac{\cos\alpha_P}{\cos\alpha_w} - 1\right) \tag{2.52}$$

und der spielfreie Betriebseingriffswinkel α_w aus Gl.(2.49) zu berechnen.

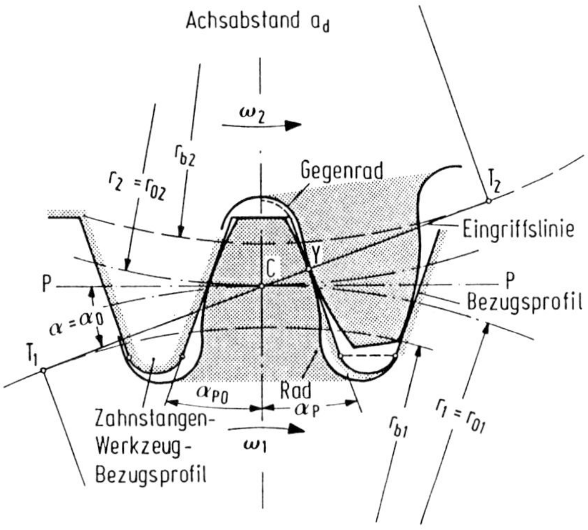

Bild 2.26. Eingriff bei Null-Radpaarungen, bei Zahnstangen- und bei Zahnstangen-Erzeugungs-Getrieben. Gleiche Eingriffslinie für das Zahnstangen-Erzeugungs-Getriebe (Index 0), das Zahnstangen-Getriebe und für den Eingriff zweier Zahnräder im Betrieb, wenn die Summe ihrer Profilverschiebungsfaktoren $x_1 + x_2 = 0$ ist (Null- bzw. V-Null-Radpaarungen) und der Nullachsabstand a_d zugrunde gelegt wird. Bei Null-Getrieben und Getrieben mit einer Zahnstange sind die Eingriffswinkel α gleich dem Betriebseingriffswinkel α_w, gleich dem Profilwinkel α_P.

Eine Besonderheit, die bei genauer Betrachtung des Bildes 2.27 auffällt, ist, daß sowohl die Profilbezugslinie PP, von der aus die Profilverschiebungen gerechnet werden, nicht durch den Wälzpunkt C geht, als auch die V-Kreis-Radien r_{v1} und r_{v2}, während die Wälzkreisradien $r_{w(v)1}$, $r_{w(v)2}$ stets durch diesen Punkt gehen. Das hat folgenden Grund:

Nach Gl.(2.45) geht nur die Summe der Profilverschiebungen in den Achsabstand a_v ein, nicht ihre Aufteilung auf die einzelnen Räder. Für jeden Achsabstand wird daher mit Hilfe der Grundkreise eindeutig der Wälzpunkt C bestimmt und mit ihm die dazugehörenden Wälzkreisradien $r_{w(v)1}$ und $r_{w(v)2}$. Die V-Kreis-Radien können demgegenüber, je nach Aufteilung der gesamten Profilverschiebung auf die beiden Räder, in gewissen Grenzen alle möglichen Werte annehmen. Nur in einem einzigen Fall sind diese Werte gleich denen der Wälzkreisradien, nämlich wenn

$$\frac{x_2}{x_1} = \frac{z_2}{z_1} \tag{2.53}$$

ist.

Den Abstand des Wälzpunktes C von den Teilkreisen, also $x_1' \cdot m$ und $x_2' \cdot m$ kann man berechnen mit den Gl.(2.15) und (2.3-2)

$$r_w = \frac{r_b}{\cos\alpha_w} \tag{2.3-2}$$

und den folgenden Ansätzen

$$r_{w(v)1} = r_1 + x_1' \cdot m \qquad (2.54\text{-}1)$$

$$r_{w(v)2} = r_2 + x_2' \cdot m \ . \qquad (2.54\text{-}2)$$

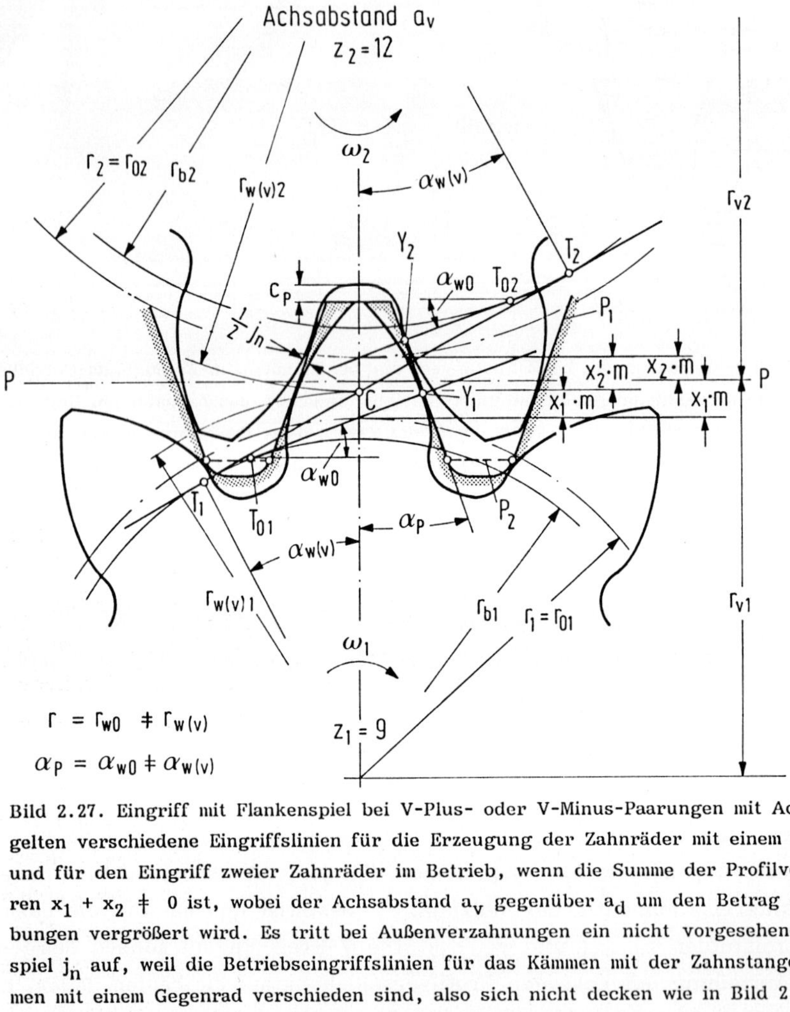

Bild 2.27. Eingriff mit Flankenspiel bei V-Plus- oder V-Minus-Paarungen mit Achsabstand a_v. Es gelten verschiedene Eingriffslinien für die Erzeugung der Zahnräder mit einem Zahnstangenprofil und für den Eingriff zweier Zahnräder im Betrieb, wenn die Summe der Profilverschiebungsfaktoren $x_1 + x_2 \neq 0$ ist, wobei der Achsabstand a_v gegenüber a_d um den Betrag der Profilverschiebungen vergrößert wird. Es tritt bei Außenverzahnungen ein nicht vorgesehenes Normalflankenspiel j_n auf, weil die Betriebseingriffslinien für das Kämmen mit der Zahnstange und für das Kämmen mit einem Gegenrad verschieden sind, also sich nicht decken wie in Bild 2.26. Die beim Verschiebungs-Achsabstand a_v sich ergebende Eingriffslinie ist T_1T_2, der Eingriffswinkel ist $\alpha_{w(v)}$. Die bei der Erzeugung entstehenden Eingriffslinien sind für Rad 1 Linie T_1Y_1 und für Rad 2 T_2Y_2 die Erzeugungs-Eingriffswinkel α_{w0}. Besonders zu beachten ist, daß die V-Kreis-Radien r_{v1} und r_{v2} verschieden von den dazugehörenden Wälzradien $r_{w(v)1}$ und $r_{w(v)2}$ sind. Der sich einstellende Betriebseingriffswinkel $\alpha_{w(v)}$ für den Verschiebungsachsabstand a_v hängt nicht von den einzelnen V-Kreis-Radien, sondern von ihrer Summe bzw. der Summe der Profilverschiebungen ab. Jeder Profilverschiebungssumme ist eindeutig jeweils nur ein Wälzkreisradius $r_{w(v)1}$ und $r_{w(v)2}$ zugeordnet, der den Wälzpunkt C bestimmt, aber es sind, abhängig von der Aufteilung der Profilverschiebungen, beliebig viele V-Kreis-Radien denkbar. Daher geht - bis auf den Ausnahmefall, daß $x_2/x_1 = z_2/z_1$ ist - die Profilbezugslinie PP nicht durch den Wälzpunkt C. Der Abstand des Wälzpunktes C von den Teilkreisen ist durch die Verschiebungen $x_1' \cdot m$ und $x_2' \cdot m$ gegeben, deren Verhältnis $x_2' \cdot m / x_1' \cdot m = z_2/z_1$ ist, während ihre Summe gleich der Summe der Profilverschiebungen ist.

Man erhält dann

$$\frac{x_2'}{x_1'} = \frac{z_2}{z_1} \quad . \tag{2.55}$$

Aus Gl.(2.55) und dem Ansatz

$$x_1' + x_2' = x_1 + x_2 \tag{2.56}$$

folgt

$$x_1' = \frac{z_1}{z_1 + z_2} \cdot (x_1 + x_2) \tag{2.57-1}$$

$$x_2' = \frac{z_2}{z_1 + z_2} \cdot (x_1 + x_2) \tag{2.57-2}$$

und daraus mit den Gl.(2.54-1) und (2.54-2) die Gleichungen für die Wälzkreisradien

$$r_{w(v)1} = r_1 + \frac{z_1}{z_1 + z_2} \cdot (x_1 + x_2) \cdot m \tag{2.58-1}$$

$$r_{w(v)2} = r_2 + \frac{z_2}{z_1 + z_2} \cdot (x_1 + x_2) \cdot m \quad . \tag{2.58-2}$$

Trifft Gl.(2.53) zu, dann ist $x_1' = x_1$ und $x_2' = x_2$ und die Gl.(2.54-1) und die Gl.(2.54-2) gehen in die Gl.(2.45-1) und Gl.(2.45-2) über, d.h. die V-Kreis- und die Wälzkreisradien werden gleich groß. Setzt man in den Gl.(2.58) statt der Profilverschiebung $(x_1 + x_2) \cdot m$ die Achsabstandsvergrößerung $a - a_d$ eines beliebigen Achsabstands ein, erhält man auch die entsprechenden Wälzkreisradien.

In Bild 2.28 wurde der Achsabstand soweit verringert, daß Flankenberührung stattfindet. Trotzdem decken sich die Erzeugungseingriffslinien $T_{01}Y_1$ bzw. $T_{02}Y_2$ untereinander nicht und auch nicht mit der Betriebseingriffslinie T_1T_2. Der neue Betriebseingriffswinkel α_w ist für positive Profilverschiebungssummen größer, für negative kleiner als der Eingriffswinkel α bei Nullverzahnung bzw. der Betriebseingriffswinkel α_{w0} bei der Erzeugung. Auch die Wälzradien bei dem Erzeugungsgetriebe r_{w0} stimmen nicht mehr mit den Wälzradien r_w der Paarung überein (siehe auch Bild 5.5).

Da die Zahnköpfe der Räder infolge der Achsabstandsänderung am Zahngrund aufsitzen können, müssen die Zahnkopfhöhen um den Betrag dieser Achsabstandsänderung verändert werden. Es wird daher eine Kopfhöhenänderung k definiert, die der Differenz des Betriebs- und des Verschiebungsachsabstands entspricht

$$k = k^* \cdot m = a - a_v = (y - \Sigma x) \cdot m \tag{2.59}$$

$$k^* = y - \Sigma x \quad . \tag{2.59-1}$$

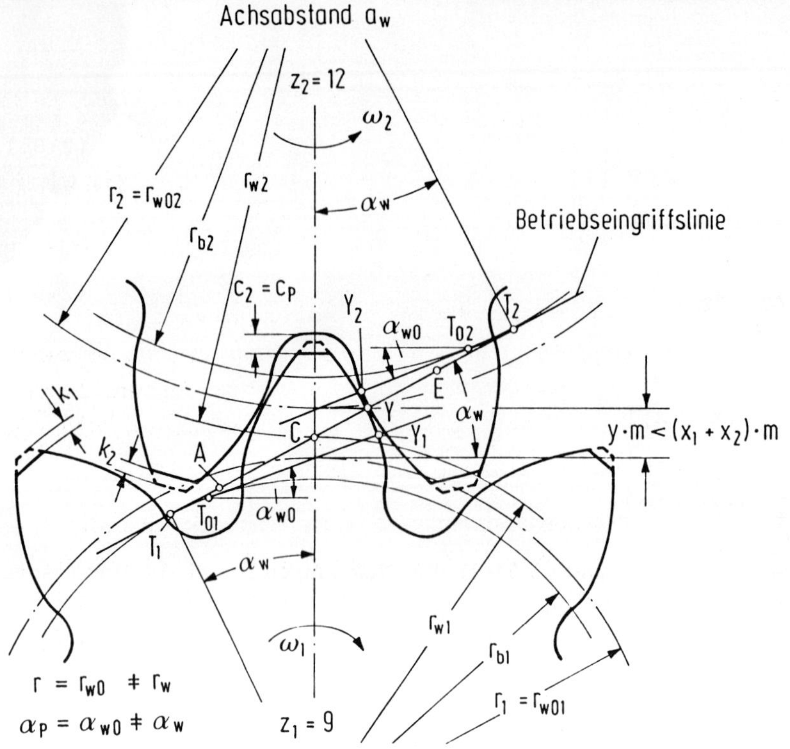

Bild 2.28. Flankenspielfreier Eingriff bei V-Plus- oder V-Minus-Paarungen mit Achsabstand a. Durch Verkleinern des Achsabstandes a_v bei profilverschobenen Verzahnungen nach Bild 2.27 bis zum Normalflankenspiel $j_n = 0$. Der neue Achsabstand a ist nicht um den vollen Betrag der Profilverschiebungen größer als der Achsabstand a_d bei V-Null-Radpaarungen.

Die entstandene Gefahr des Aufsitzens des Zahnkopfes im Zahngrund wird durch eine Kopfhöhenänderung $k_1 = k_2$ beseitigt, die gleich der Differenz $a-a_v$ ist und das ursprüngliche Kopfspiel z.B. c_P wieder herstellt.

Die Kopfhöhenänderung k bzw. der Kopfhöhenänderungsfaktor k^* sind negativ, wenn der Achsabstand verkürzt und positiv, wenn er vergrößert werden muß (siehe Kapitel 5) und sorgen dafür, daß trotz der Achsabstandsänderungen stets das Kopfspiel $c = c_P$ erhalten bleibt. Danach muß man immer, wenn die Summe der Profilverschiebungsfaktoren verschieden von null ist

$$x_1 + x_2 \neq 0 \quad , \tag{2.44-2}$$

den Betriebseingriffswinkel α_w mit Gl.(2.49) und den Achsabstand mit Gl.(2.48) korrigieren, soll zusätzliches Flankenspiel oder Durchdringung vermieden werden. Für Achsabstände und Eingriffswinkel gilt mit Gl.(2.48) bei Außenverzahnungen (wenn man die Zahlenwerte absolut nimmt, auch bei Innenverzahnungen, siehe Bild 5.6, wenn

$$x_1 + x_2 > 0 \quad , \tag{2.44-3}$$

dann ist

$$a_v > a > a_d \tag{2.60-1}$$

und

$$\alpha_v > \alpha_w > \alpha \quad . \tag{2.60-2}$$

Wenn

$$x_1 + x_2 < 0 \,, \qquad (2.44\text{-}4)$$

dann ist

$$a_d > a_v > a \qquad (2.61\text{-}1)$$

und

$$\alpha > \alpha_v > \alpha_w \,. \qquad (2.61\text{-}2)$$

Schiebt man die Zahnräder auf den Achsabstand $a < a_v$ zusammen, dann können die Zahnköpfe eines Rades bei Außenverzahnungen im Zahngrund des Gegenrades aufsitzen. Die Zahnkopfhöhen beider Zahnräder müssen daher um den Betrag des Zusammenrückens der Achsmitten nach Gl.(2.54) verkleinert werden, so daß das im Bezugsprofil (Bilder 2.11;2.12) vorgegebene Kopfspiel c_P erhalten bleibt.

Regel: Ist die Summe der Profilverschiebungen verschieden von null, dann ist der spielfreie Betriebsachsabstand a immer kleiner als der durch Summieren der Teilkreisradien und Profilverschiebungen erhaltene Achsabstand a_v. (Vergleicht man nur die Zahlenbeträge, gilt das auch für Paarungen mit Innenverzahnungen.)

2.6.3 Teilungen

Die Gleichheit der Teilungen von Rad und Gegenrad ist für Zahnradpaarungen eine unabdingbare Voraussetzung. Sollen die einzelnen Räder umlauffähig sein, muß die Anzahl der Teilungen am Umfang ganzzahlig gewählt werden. Nach Gl.(2.13) wird die Teilung p am Teilkreis in Vielfachen der Zahl π gewählt. Legt man für Rad und Gegenrad den gleichen Modul m zugrunde, ist diese Forderung erfüllt.

Die Teilung am Teilkreisbogen wird in die Zahndicke s und Lückenweite e unterteilt. Das erfolgt bei der Erzeugung automatisch und so, daß beide Räder bezüglich der Zahndicke korrekt kämmen, wenn ihnen das gleiche Bezugsprofil[1)] zugrunde gelegt

---

1) Paart man Zahnräder gleichen Moduls sowie passender Zahnhöhen des Bezugsprofils, aber verschiedener Profilwinkel α_P miteinander, dann kämmen sie nicht korrekt, und die momentane Übersetzung i_ω (siehe Bild 1.1) stimmt mit der mittleren Übersetzung $i_{\omega m}$ nicht überein. Gründe: 1. Die Zähne des Rades passen nicht zu den Zähnen des Gegenrades, ähnlich wie ein Keil und eine keilige Nut, deren Neigungen verschieden sind. 2. Das Zähnezahlverhältnis, welches dem Teilkreisverhältnis entspricht, ist wegen der verschiedenen Eingriffswinkel verschieden vom Grundkreisradienverhältnis $r_2/r_1 \neq r_{b2}/r_{b1}$. Der Unterschied von i_ω und $i_{\omega m}$ wird durch entsprechende Flankenspiele gegebenenfalls ausgeglichen (ungleichförmiger Lauf, Klappern).

wird, und der Achsabstand ohne zusätzliches Spiel ausgelegt wird. An den Wälzkreisen (r_{w1}, r_{w2}), aber auch nur dort, sind wechselweise die Zahndicken s_{w1} des Rades bei Spielfreiheit gleich den Lückenweiten e_{w2} des Gegenrades und umgekehrt (Bild 2.30). Es ist

$$s_{w1} = e_{w2} \tag{2.62}$$

$$s_{w2} = e_{w1} \tag{2.63}$$

$$s_{w1} + e_{w1} = s_{w2} + e_{w2} = p_w \, . \tag{2.64}$$

Das gilt auch für Paarungen mit einer Zahnstange (siehe Bild 2.23), an der die Größen leicht bestimmt werden können.

2.6.4 Aufgabenstellung 2-4 (Achsabstand und Profilverschiebung)

1. Eine Verzahnung habe folgende Daten:

   $z_1 = 18,\ z_2 = 55,\ x_1 = 0,\ x_2 = 0,\ \alpha_P = 20°,\ m = 1{,}25$ mm.

   Zu bestimmen ist der Null-Achsabstand a_d, der Betriebseingriffswinkel α_w, der Betriebsachsabstand a, die erforderliche Kopfhöhenänderung k.

2. An derselben Verzahnung soll aus Festigkeitsgründen am Ritzel eine Profilverschiebung $x_1 = +0{,}5$ durchgeführt werden. Welcher Profilverschiebungsfaktor ist für das Rad zu wählen, wenn der Achsabstand beibehalten werden soll?

3. Die Verzahnung soll in ein Getriebegehäuse mit dem Achsabstand a = 46 mm eingebaut werden. Wie groß muß für $x_1 = +0{,}5$ der Profilverschiebungsfaktor des Gegenrades sein, und welche Kopfhöhenänderung k ist erforderlich?

2.7 Zahnspiele

Zwischen den miteinander kämmenden Verzahnungen sind bestimmte Spiele notwendig, damit eine ungestörte Relativbewegung der Flanken möglich wird. Man unterscheidet zwei Arten von Zahnspielen, das Kopfspiel c und das Flankenspiel j. Das Kopfspiel soll unter anderem verhindern, daß sich die nicht zur Bewegungsübertragung vorgesehenen Zahnbereiche wie der Kopf und die Zone am Fußkreis auch tatsächlich nicht berühren, und daß insbesondere bei kleinen Moduln Schmierreste und Verunreinigungen aus der Zahnlücke herausgedrückt werden können. Daher wurde der Wert für c_P beim Bezugsprofil nach DIN 58400 (Bild 2.12) für kleine Werte mehr als modulproportional vergrößert. Das Flankenspiel, ein Spiel zwischen den Evolventenflanken, gleicht Abweichungen der Zahndicken, des Achsabstandes, der Zahnform, der Teilung usw. aus und ermöglicht die Ausbildung eines Schmierfilms. Die im folgenden angegebenen Gleichungen beziehen sich auf abweichungsfreie Stirnräder.

2.7.1 Das Kopfspiel c

ist der Abstand des Kopfkreises eines Rades vom Fußkreis seines Gegenrades [2/1], siehe Bilder 2.28 und 2.29. Ebenso ist es aber auch der Abstand der Kopflinie bzw. der Fußlinie einer Zahnstange zum Fußkreis bzw. Kopfkreis des Gegenrades (Bild 2.23) oder der Abstand zwischen Fuß- und Kopflinie von zwei Zahnstangen oder Bezugsprofilen wie in den Bildern 2.11 und 2.12. Das Kopfspiel läßt sich danach aus der Differenz der Zahnhöhe h und der gemeinsamen Zahnhöhe h_w ermitteln. Das Nenn-Kopfspiel kann aus den Nennwerten für h und h_w ermittelt werden und ist mit Kopfspielfaktor c^*

$$c = c^* \cdot m = h - h_w \; . \qquad (2.65)$$

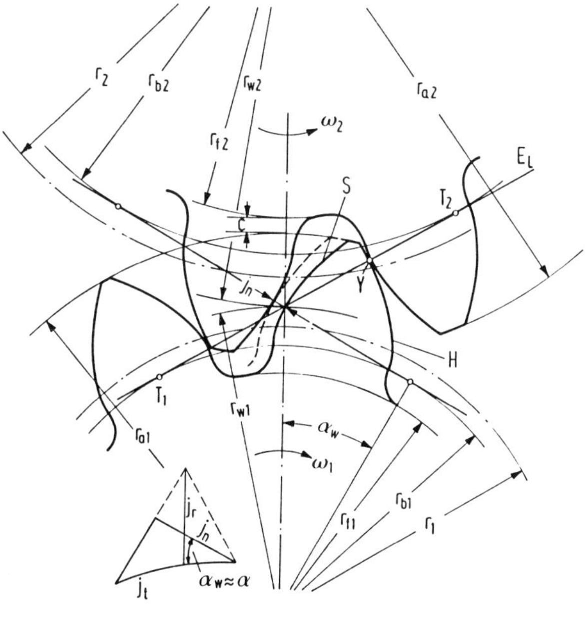

Bild 2.29. Zahnspiele: Nenn-Kopfspiel c als Abstand des Kopf- und Fußkreises von Rad und Gegenrad bei Zugrundelegung von Nennmaßen, Drehflankenspiel j_t als Länge des Wälzkreisbogens beim Drehen vom Berührpunkt der Arbeitsflanke H zum Berührpunkt der Rückflanke S und feststehendem Gegenrad, Normalflankenspiel j_n als kürzester Abstand der Rückflankenfläche von der Gegenflankenfläche bei Berührung der Arbeitsflanke, Radialspiel j_r als Differenz der Achsabstände bei Betriebszustand und demjenigen bei flankenspielfreiem Eingriff. Es bedeutet hier: H Arbeitsflanke, S Rückflanke, E_L Eingriffslinie.

Das Ist-Kopfspiel kann aufgrund von ausgeführten Kopfkreisen (r_a) - Kopfhöhenänderung - und tatsächlich erzeugten Fußkreisen (r_{fE}) für beide Räder verschieden sein und ist für Rad 1

$$c_1 = a - (r_{a1} + r_{fE2}) = c_1^* \cdot m, \qquad (2.66)$$

und für Rad 2

$$c_2 = a - (r_{a2} + r_{fE1}) = c_2^* \cdot m \ . \tag{2.67}$$

2.7.2 Das Flankenspiel j

Das Flankenspiel j kann durch eine der drei folgenden Komponenten j_t, j_n, j_r [2/1], die ineinander überführbar sind, ausgedrückt werden (Bild 2.29). Es gelten folgende Definitionen:

2.7.2.1 Das Drehflankenspiel j_t

ist die Länge des Wälzkreisbogens, um den sich jedes der beiden Zahnräder bei festgehaltenem Gegenrad z.B. von der Anlage der Rechtsflanken bis zur Anlage der Linksflanken drehen läßt. Seine Größe stellt sich im Stirnschnitt dar [2/1].

2.7.2.2 Das Normalflankenspiel j_n

ist der kürzeste Abstand zwischen den Rückflanken der Zähne eines Zahnradpaares, wenn ihre Arbeitsflanken sich berühren. Bei Vernachlässigung des Bogens, für den j_t definiert ist (Bild 2.29), ist

$$j_n = j_t \cdot \cos\alpha \ . \tag{2.68}$$

2.7.2.3 Das Radialspiel j_r

ist die Differenz des Achsabstandes zwischen dem Betriebszustand und demjenigen des spielfreien Eingriffs. Bei Vernachlässigung der Bogenform von j_t ist

$$j_r = \frac{j_t}{2\tan\alpha_w} \ . \tag{2.69}$$

Das Radialspiel j_r ist von großer Bedeutung, wenn man bei Zahnradpaarungen mit exzentrisch laufenden Verzahnungen rechnen muß oder bei sehr kleinen Moduln ($m < 0{,}6$ mm) oder wenn die Abweichungen des Achsabstandes in der Größenordnung der Zahnhöhen liegen.

2.8 Die Eingriffsteilung

Da die Eingriffsteilung p_e gleich der Grundkreisteilung p_b ist,

$$p_e = p_b \ , \tag{2.70}$$

und weil die Eingriffslinie auch als ein vom Grundkreis abgewickelter Faden betrachtet werden kann, erhält man mit den Gl.(2.13;2.18-1;2.79) die Beziehung

$$p_e = \pi \cdot m \cdot \cos\alpha \ . \tag{2.71}$$

2.9 Die Eingriffsstrecke

2.9.1 Die Eingriffslinie

Bisher wurde allein der zur Achse senkrechte Schnitt, der Stirnschnitt, betrachtet und daher nur von Eingriffslinie und Eingriffsstrecke gesprochen. Bezieht man die Breite des Zahnrades mit in die Betrachtung ein, dann wird die Eingriffslinie zur Eingriffsebene und die Eingriffsstrecke zum Eingriffsfeld. Im Hinblick auf den Eingriff ändert sich bei Geradverzahnungen nichts, da in jeder Stirnschnittebene zur gleichen Zeit der gleiche Punkt auf der Eingriffsstrecke im Eingriff ist.

Jede Zahnradpaarung hat zwei mögliche Eingriffslinien bzw. Eingriffsstrecken, die jeweils wirksam werden, wenn der Drehsinn des treibenden oder getriebenen Rades geändert wird. Sie kreuzen sich im Wälzpunkt C und sind, sofern die Zahnflanken der einzelnen Zähne symmetrisch sind, auch symmetrisch (Bild 2.30).

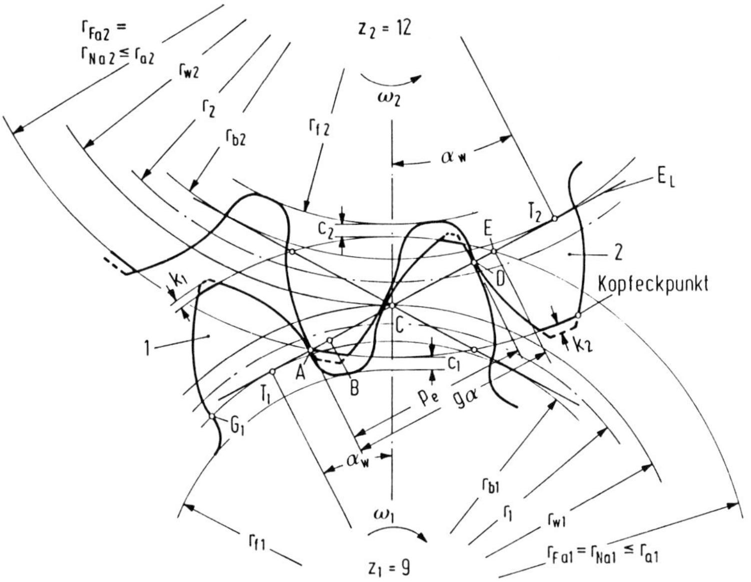

Bild 2.30. Die Eingriffsstrecke g_α (Strecke $\overline{AE}$) ist der geometrische Ort aller Berührungspunkte von Flanke und Gegenflanke. Sie ist ein Teil der Eingriffslinie, die gleichzeitig gemeinsame Tangente an den Grundkreisen ist. Die Eingriffslinie ist auch Normale zu den Berührungstangenten der Flanken. Die Eingriffsstrecke muß größer sein als die Eingriffsteilung p_e (Strecke $\overline{AD}$) und kann höchstens von Tangentenberührpunkt T_1 bis T_2 reichen. Sie wird begrenzt von den Form-Kopfkreisradien r_{Fa}, die im dargestellten Fall den Kopfkreisradien r_a entsprechen. Die Kopf-Nutzkreisradien r_{Na} sind hier gleich den Kopf-Formkreisradien r_{Fa}, da wegen der korrekt ausgebildeten Evolvente am jeweiligen Gegenrad durch sie die Eingriffsgrenzen bestimmt werden. Verschieden sind sie, wenn am Gegenrad ein schädlicher Unterschnitt oder Freischnitt vorliegt [2/1]. Bei Drehrichtung im eingezeichneten Sinn gilt die nach rechts steigende Eingriffslinie bei Drehrichtung in umgekehrtem Sinn die nach links steigende Eingriffslinie. Es bedeutet A Anfangspunkt, E Endpunkt der Eingriffsstrecke, B innerer, D äußerer Einzeleingriffspunkt, Strecke $\overline{AC}$ Eintritt-Eingriffs-Strecke, $\overline{CE}$ Austritt-Eingriffsstrecke, c_1, c_2 Ist-Kopfspiele an Rad und Gegenrad, E_L Eingriffslinie.

Je steiler die Eingriffslinie, d.h. je größer der Betriebseingriffswinkel α_w ist, um so kleiner wird bei gleichen Zahnnormalkräften das übertragbare Drehmoment und um so größer werden die von den Radlagern aufzunehmenden Radialkräfte. Man sollte diesen Einfluß bei kleinen Winkeländerungen allerdings nicht überschätzen, bei großen nicht unterschätzen. Als Anhaltspunkt möge gelten, daß auch bei extremen Winkeländerungen in der Regel α_w = 30° nicht überschritten wird und im Vergleich zum Ausgangswinkel von α_w = 20° die Achsbelastungen um die Hälfte steigen, genau im Verhältnis

$$\frac{\sin\alpha_{w2}}{\sin\alpha_{w1}} = \frac{\sin 30°}{\sin 20°} \approx 1{,}5 \ .$$

Zusätzlich steigt aber auch die Gleitgeschwindigkeit zwischen den Zahnflanken (siehe Abschnitt 2.10). Sie niedrig zu halten, insbesondere bei der Gefahr des Reibverschleißes oder des Fressens [1/7], ist ein wichtiger Punkt für die Auslegung von Zahnradpaarungen.

2.9.2 Die Länge der Eingriffsstrecke

Die dritte geometrische Voraussetzung für korrekte Paarung zweier Zahnräder betrifft die Länge und die Lage der Berührstrecke der kämmenden Zahnflanken, die bei Evolventenverzahnungen eine Gerade ist und Eingriffsstrecke g_α genannt wird. Im einzelnen kommt es darauf an, daß die Eingriffsstrecke (Bild 2.30)

- relativ lang ist (bei Geradverzahnungen möglichst länger als 1,2 bis 1,4 Eingriffsteilungen p_e, siehe Gl.(2.71)), aber nie über die Berührpunkte T_1 und T_2 hinausgeht,
- ihr Anfangspunkt A und Endpunkt E in einem zulässigen Bereich liegen (z.B. stets innerhalb der Schnittpunkte der n u t z b a r e n , also der korrekten Evolventenflanke mit der Eingriffslinie)[1],
- die Punkte A (Eingriffsbeginn) und E (Eingriffsende) eine bestimmte Relativlage zu Punkt C haben (z.B. meistens gleichweit von C entfernt, häufig auch A näher an C als C an E).

Die Eingriffsstrecke kann man in den Abschnitt vor und den Abschnitt nach dem Wälzpunkt C unterteilen. Die Abschnitte werden Eintritt-Eingriffsstrecke g_f und Austritt-Eingriffsstrecke g_a genannt. Die Länge und Lage der beiden Eingriffsstrek-

---

[1] Eine zusätzliche Einschränkung der üblichen maximal nutzbaren Evolventenflanke vom Kopfkreis bis zum Fußpunkt kann erfolgen durch Kopfrücknahme am kopfseitigen Ende oder durch die spezielle Lage der Fußausrundung bzw. durch schädlichen Unterschnitt am fußseitigen Flankenende (Bild 2.31).

ken-Abschnitte werden einzeln berechnet, aber auch im Hinblick auf ihre Länge und die völlig unterschiedlichen Reibungsverhältnisse einzeln betrachtet (siehe Abschnitt 2.11). Wichtig ist noch der Punkt B auf der Eingriffsstrecke (Bild 2.30), der den Beginn des Einzeleingriffs, und der Punkt D, der das Ende des Einzeleingriffs anzeigt, d.h. von A bis B und von D bis E sind in der Regel zwei Zahnpaare im Eingriff, von B bis D aber nur eines.

Eine nicht überschreitbare Grenze für die Vergrößerung der Eingriffsstrecke und damit auch der Profilüberdeckung ε_α ist durch die Tangentenberührpunkte T_1 und T_2 gegeben. Sie fallen beim Eingriff mit dem tiefstmöglichen Evolventenpunkt, ihrem Fußpunkt, zusammen, von dem an die Fußausrundung beginnen muß. In der Regel nutzt man die Evolvente wegen ungünstiger Gleitverhältnisse nicht bis zu diesem Punkt aus, wie in Bild 2.31, Teilbild 2, an der Flanke von Rad 2 gezeigt wird. In Grenzfällen kann der unterste Evolventenpunkt G bis zum Fußpunkt U der Evolvente, der auf dem Grundkreis liegt, verschoben werden.

Außerhalb der Berührpunkte T_1 und T_2 der Eingriffslinie mit den Grundkreisen darf die Eingriffsstrecke nie liegen, weil dann die Evolventenflanke bzw. der Kopfeckpunkt des Gegenzahnes mit d e n Bereichen der Zahnfußrundung in Berührung käme, die nicht zur Bewegungsübertragung vorgesehen, zum Tragen ungeeignet sind.

Um korrektes Kämmen über den ganzen Bereich der Eingriffsstrecke zu gewährleisten, ist es zweckmäßig, zwischen der durch die Form des Zahnprofils entstehenden Begrenzung der Evolventenflanke (Bild 2.31, Teilbild 1) und den dadurch definierten Form-Kopfkreisradien r_{Fa} und Form-Fußkreisradien r_{Ff} zu unterscheiden und der aufgrund des Eingriffs tatsächlich genutzten oder aktiven Evolventenflanke mit den Nutz-Kopfkreisradien r_{Na} und Nutz-Fußkreisradien r_{Nf} (Bild 2.31, Teilbild 2).

Es gilt daher für Außenverzahnungen

$$r_a \geqq r_{Fa} \geqq r_{Na}, \qquad (2.72)$$

$$r_f < r_{Ff} \leqq r_{Nf}. \qquad (2.73)$$

Die Länge der Eingriffsstrecke wird, wie in Bild 2.30 dargestellt, in der Regel durch die Kopf-Nutzkreise (r_{Na}) von Rad und Gegenrad auf der Eingriffslinie abgegrenzt. Es können aber auch Fälle auftreten, wie in Bild 2.31, Teilbild 2, bei denen die Zahnköpfe und Zahnfüße nicht bis zum Ende nutzbare Evolventenflanken aufweisen, so daß sich die Eingriffsstrecke entsprechend verkürzt. In diesem Bild ist z.B. die Form des Zahnfußes des Rades 1 durch Unterschnitt verkürzt und am Zahn des Rades 2 die Form des Kopfes durch Kopfrücknahme schon bei der Herstellung verändert. Daher kann hier der Eingriff erst an Punkt A und nicht an Punkt F_1 beginnen, der Unterschnitt wirkt sich daher nicht schädlich aus. Läge keine Kopfrücknahme an

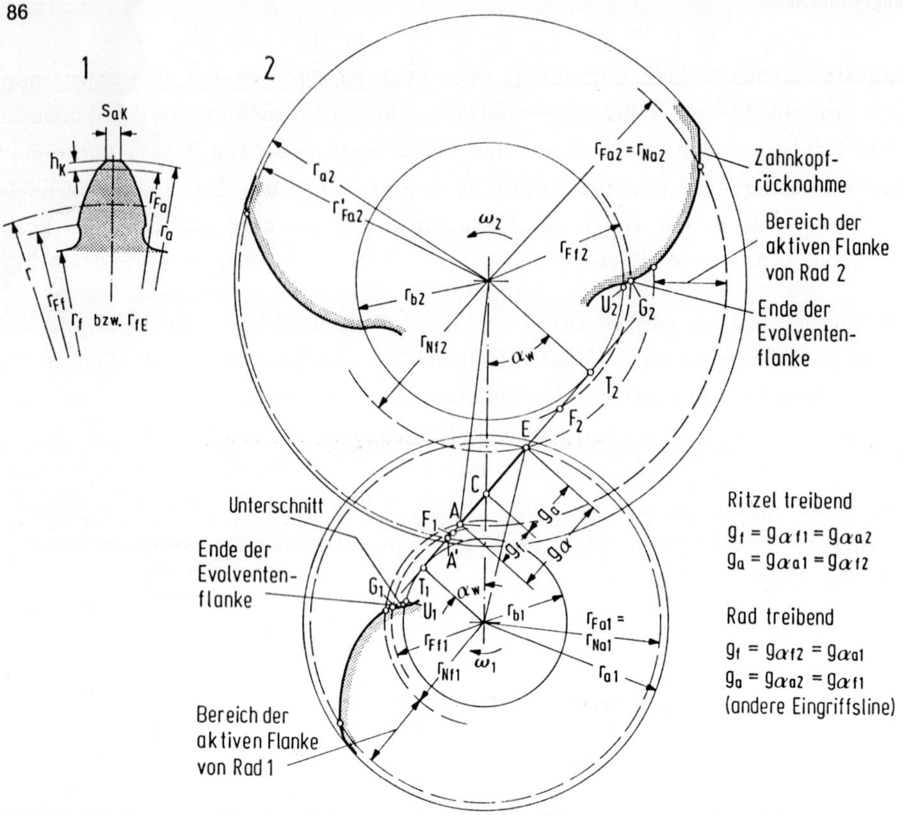

Bild 2.31. Kreise, welche die Eingriffsstrecke begrenzen.

Teilbild 1: Kopf-Formkreisradius r_{Fa} und Fuß-Formkreisradius r_{Ff} eines Zahnprofils. Sie sind allein durch die Profilform gegeben und unabhängig vom möglichen Paarungseingriff. Es ist: s_{aK} Restzahnkopfdicke bei Kopfkantenrücknahme, h_K Radialbetrag bei Kopfkantenrücknahme, r_{fE} erzeugter Fußkreisradius.

Teilbild 2: Begrenzung der Eingriffsstrecke durch die Kopf-Nutzkreisradien r_{Na} (meistens ist $r_{Na} \approx r_a$). Die Fuß-Nutzkreisradien r_{Nf} stellen sich ein. Die Länge der Nutzkreisradien bestimmt Länge und Lage der Eingriffsstrecke. Für korrektes Paaren müssen allerdings die Schnittpunkte A und E der Kopf-Nutzkreisradien r_{Na} mit der Eingriffslinie innerhalb der Schnittpunkte F_1 und F_2 der Form-Fußkreisradien r_{Ff} mit der Eingriffslinie liegen. Die Nutzkreisradien bestimmen die tatsächlich genutzten, die aktiven Teile der Zahnflanken, die Formkreisradien dagegen die maximal nutzbaren Teile der Zahnflanken. Während beispielsweise der Kopf-Formkreisradius r_{Fa2} (rechts oben) ein Flankenteil begrenzt, das auch vollkommen genutzt wird und somit $r_{Na2} = r_{Fa2}$ ist, begrenzt der Kopf-Formkreisradius r'_{Fa2} (links oben) ein Flankenteil, das wegen des Fuß-Formkreisradius r_{Ff1} nicht vollkommen genutzt werden kann, daher ist $r_{Na2} < r'_{Fa2}$. Der entsprechende Eingriffsbeginn A' läge außerhalb des Punktes F_1, was einen unkorrekten Eingriff zur Folge hätte.

Die Kopf-Nutzkreise dürfen die Eingriffslinie nie außerhalb der Tangentenberührungspunkte T schneiden.

Gleichgültig, in welchem Sinne sich die Räder drehen, gilt, daß die Eintritt-Eingriffsstrecke vom Schnittpunkt des Kopf-Nutzkreises des getriebenen Rades mit der Eingriffslinie bis zum Wälzpunkt geht, die Austritt-Eingriffsstrecke vom Wälzpunkt bis zum Schnittpunkt des Kopf-Nutzkreises vom treibenden Rad mit der Eingriffslinie. Eingriffsbeginn A und Eingriffsende E gelten bei treibendem Ritzel und eingezeichneter Drehrichtung. Es ist g_α Länge der gesamten Eingriffsstrecke, g_f Länge der Eintritt-Eingriffsstrecke, g_a Länge der Austritt-Eingriffsstrecke, $g_{\alpha f}$ Länge der Fußeingriffsstrecke, $g_{\alpha a}$ Länge der Kopfeingriffsstrecke.

Rad 2 vor, würde der Eingriff wegen des nun schädlich wirkenden Unterschnitts an Rad 1 auch erst beim Punkt F_1 beginnen, aber es würde vor Punkt F_1 der scharfkantige Punkt G_1 von Rad 1 mit der Gegenrad-Evolvente unkorrekt kämmen. Das Eingriffsende wird in Punkt E wie üblich durch den Kopf-Nutzkreisradius r_{Na1} des Rades 1 bestimmt. Hier liegt günstigerweise das Ende der nutzbaren Fußflanke von Rad 2 außerhalb der Eingriffsstrecke und wirkt sich erst ab Punkt F_2 aus. Bis dorthin könnte man Punkt E z.B. durch Vergrößern des Kopf-Nutzkreisradius r_{Na1} verschieben, aber nicht weiter.

Die Eingriffsstrecke ergibt sich aus beiden Abschnitten zu

$$\overline{AE} = \overline{AC} + \overline{CE} \ . \tag{2.74}$$

Es ist nach Bild 2.31, Teilbild 2, (mit Berücksichtigung der Zahnkopfrücknahme an Rad 2)

$$g_f = \overline{AC} = \overline{AT_2} - \overline{CT_2} = \sqrt{r_{Na2}^2 - r_{b2}^2} - r_{b2} \cdot \tan \alpha_w \tag{2.75}$$

$$g_a = \overline{CE} = \overline{T_1E} - \overline{T_1C} = \sqrt{r_{Na1}^2 - r_{b1}^2} - r_{b1} \cdot \tan \alpha_w \ . \tag{2.76}$$

Für die Eingriffsstrecke $\overline{AE}$ ergibt sich nach Bild 2.30 aus Gl.(2.74;2.75;2.76)

$$\overline{AE} = \sqrt{r_{Na1}^2 - r_{b1}^2} + \frac{z_2}{|z_2|} \cdot \sqrt{r_{Na2}^2 - r_{b2}^2} - (r_{b1} + r_{b2}) \cdot \tan \alpha_w \ . \tag{2.77}$$

Damit nie eine Berührung korrekter Zahnflankenabschnitte mit unkorrekten, z.B. unterschnittenen oder nicht evolventischen Flankenteilen stattfinden kann, müssen die Schnittpunkte der Kopf-Nutzkreise stets innerhalb der Schnittpunkte der nutzbaren Zahnflanken, also der Kopf-Formkreise (r_{Fa}) und der Fuß-Formkreise (r_{Ff}) mit der Eingriffslinie liegen. Diese und die durch die Tangentenberührungspunkte T gegebene Begrenzung läßt sich für die Länge jedes Abschnitts der Eingriffsstrecke in den folgenden Ungleichungen mit den Bezeichnungen aus Bild 2.31, Teilbild 2, festlegen:

Eingriffsabschnitt vor dem Wälzpunkt C

$$\overline{T_1C} \geqq \overline{F_1C} \geqq \overline{AC} = g_f \ , \tag{2.78}$$

Eingriffsabschnitt nach dem Wälzpunkt C

$$\overline{T_2C} \geqq \overline{F_2C} \geqq \overline{EC} = g_a \ . \tag{2.79}$$

2.9.3 Aufgabenstellung 2-5 (Eingriffsstrecke, Eingriffswinkel zeichnerisch ermitteln)

Gegeben ist eine Zahnradpaarung mit $z_1 = z_a = 20$, $x_1 = +0{,}2$, $z_2 = z_b = 90$, $x_2 = -0{,}2$, $m = 0{,}8$ mm, $a = 44$ mm, Bezugsprofil nach DIN 58 400 (Bild 2.12). Zeichnerisch (zweckmäßig im Maßstab M = 5:1 bis 10:1) ist zu ermitteln: Der Betriebseingriffswinkel α_w, die Eintritt-Eingriffsstrecke g_f, die Austritt-Eingriffsstrecke g_a und die Profilüberdeckung ε_α (siehe Abschnitt 2.9.6). Der Index a gibt an, daß das kleinere Rad, also Rad 1, das treibende Rad ist.

2.9.4 Lage von Eingriffsbeginn und Eingriffsende

Die Lage der Eingriffsstrecke sowohl hinsichtlich ihres Eingriffswinkels α_w als auch hinsichtlich ihres Beginns und Endes ist von ausschlaggebender Bedeutung für die Übertragungseigenschaften einer Zahnradpaarung. Je näher der Eingriff an die Berührpunkte der Tangente am Grundkreis T_1, T_2 (Bild 2.31, Teilbild 2) rückt, um so näher ist die Berührungsstelle am Fußpunkt der Evolvente des einen Zahnes (meist des Zahnes am kleineren Zahnrad). Am Fußpunkt der Evolvente, d.h. am Grundkreis, ist die Flanke aber stark gekrümmt, und es besteht die Gefahr großer Hertzscher Pressung (siehe Kapitel 7). Ist das kleinere Rad - wie in den meisten Fällen - Antriebsrad, dann kann ein weit vom Wälzpunkt gelegener Eingriffsbeginn auch zum Verklemmen der Zahnräder führen, sofern die resultierende Kraft aus Normal- und Reibkraft F_{res} nicht mehr unterhalb des Drehpunktes des Gegenrades zeigt. In Punkt A (Bild 2.32) wirkt die Kraft F_{res} mit Hebelarm l und erzeugt das notwendige Drehmoment. Verschiebt man den Eingriffsbeginn in Punkt T_1, wirkt die Kraft F'_{res} auf oder oberhalb des Drehpunktes 0_2, der Hebelarm l ist $l \leq 0$, das Getriebe klemmt. Der gleiche Effekt kann durch große Reibungswinkel ρ und große Betriebseingriffswinkel α_w ausgelöst werden [2/15].

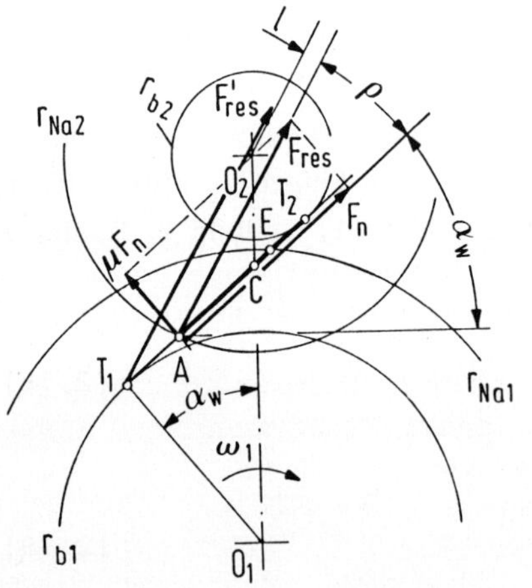

Bild 2.32. Klemmgefahr bei ungünstiger Lage der Eingriffsstrecke
Der Eingriffsbeginn, Punkt A, ist vom Tangentenberührpunkt T_1 weit entfernt. Es besteht im dargestellten Fall noch keine Klemmgefahr. Gefahr des Klemmens, wenn der Reibungswinkel ρ und der Betriebseingriffswinkel α_w so groß sind, daß der Hebelarm $l \to 0$ geht, z.B. bei Eingriffsbeginn in T_1. Es bedeutet: F_n Zahnnormalkraft, F_{res}, F'_{res} resultierende Kraft aus Zahnnormal- und Reibkraft bei Eingriffsbeginn in Punkt A bzw. in Punkt T_1.

Auch die Gleitverhältnisse sind im Bereich der Tangentenberührungspunkte T_1, T_2 sehr schlecht, denn ein großer Abschnitt der Gegenzahn-Kopfflanke gleitet an einem kleinen Abschnitt der Zahnfußflanke vorbei, und daher unterliegt der Fußpunkt einem starken Verschleiß. Es gilt deshalb die Regel, daß die Tangentenberührungspunkte T der Eingriffslinie möglichst weit außerhalb der Eingriffsstrecke liegen sollen, insbesondere am Eingriffsbeginn. Am Eingriffsbeginn sind die Reibungsverhältnisse, im besonderen bei Übersetzungen ins Schnelle, viel schlechter als am Eingriffsende, weil bis zum Wälzpunkt C ein bezüglich des Reibeinflusses progressives Reibsystem [2/19; 2/16] wirksam ist ("stoßende Reibung"), welches die Tendenz hat, bei Trockenlauf die Flanken aufzurauhen. Am Eingriffsende wirkt ein degressives Reibsystem, das bei Trockenlauf zur Flankenglättung beiträgt ("ziehende Reibung"), siehe auch Abschnitt 2.11.

Für Übersetzungen ins Schnelle gelten die gleichen Überlegungen, nur trifft dort das ungünstigere progressive Reibsystem am Eingriffsbeginn nicht mit den stärker gekrümmten Fußflanken des kleineren, sondern des größeren Rades zusammen, z.B. bei Drehrichtungsumkehr und Antrieb von Rad 2 in Bild 2.31. Wählt man jedoch für diese Übersetzungsart sehr kleine Ritzelzähnezahlen mit positiver Profilverschiebung, dann wird die Fußeingriffsstrecke $g_{\alpha f2}$ groß und die Kopfeingriffsstrecke $g_{\alpha a2}$ kurz. Ziel jeder Auslegung ist es jedoch, die Eingriffsstrecke möglichst symmetrisch zum Wälzpunkt zu legen. Wenn schon eine Unsymmetrie unvermeidlich ist, dann sollte grundsätzlich bei Außen-Radpaarungen die Eintritt-Eingriffsstrecke g_f kürzer und die Austritt-Eingriffsstrecke g_a länger sein, so wie in den Bildern 2.31 und 2.33 für Übersetzung ins Langsame. Bei der Paarung in Bild 2.32 ist das nicht realisiert worden, weil das größere Rad treibt.

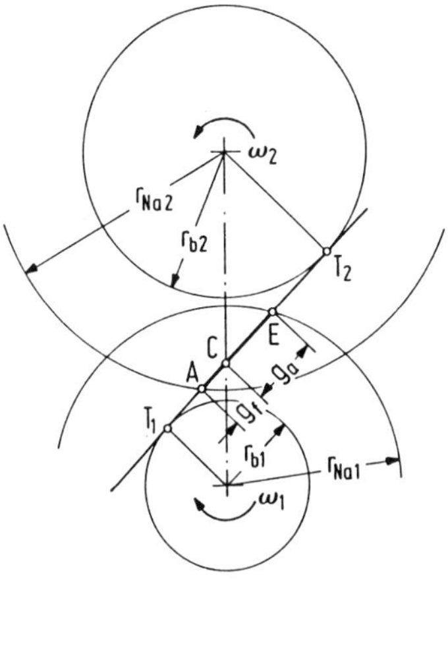

Bild 2.33. Lage der Eingriffsstrecke $\overline{AE}$. Bei "ausgewogenen" Verzahnungen liegt die Eingriffsstrecke symmetrisch, d.h. die Eintritt-Eingriffsstrecke g_f (Strecke $\overline{AC}$) ist gleich der Austritt-Eingriffsstrecke g_a (Strecke $\overline{CE}$). Bei nicht symmetrischer Lage wie im Bild sollte man eine längere Austritt-Eingriffsstrecke g_a bevorzugen, $g_a > g_f$.

Festigkeitsnachrechnungen zeigen häufig, daß an dem inneren Einzeleingriffspunkt B, manchmal auch an dem äußeren Einzeleingriffspunkt D die kritischen Belastungen auftreten. Oft stört auch die hohe Gleitgeschwindigkeit in den äußeren Punkten A und E, welche zu einem ungünstigen Wirkungsgrad oder gar zum Fressen [1/7;2/12] führt. Die Verschiebung vom Eingriffsbeginn und/oder vom Eingriffsende zum Wälzpunkt C kann entscheidende Verbesserungen bringen, sofern die notwendige Überdeckung nicht unterschritten wird. Mit welchen verzahnungsgeometrischen Maßnahmen diese entscheidenden Verbesserungen zu erzielen sind, soll im folgenden gezeigt werden [2/15].

2.9.5 Verschieben des Eingriffsbeginns zum Wälzpunkt und Verkürzen der Eintritt-Eingriffsstrecke

Es bestehen folgende Möglichkeiten:

1. Den Kopf-Formkreisradius r_{Fa2} des Gegenrades verkleinern auf $r'_{Fa2} = r'_{Na2}$ (siehe Bild 2.34, Teilbild 1). Er schneidet dann die Eingriffslinie an einem Punkt A', der näher am Wälzpunkt C liegt als beim größeren Kopf-Formkreis. Es muß mit einer kleineren Profilüberdeckung gerechnet werden.
2. Am treibenden Rad $z_a = z_1$ die Zähnezahl verkleinern und positive Profilverschiebung, $x_1 > 0$, vorsehen (Bild 2.34, Teilbild 2). Der Betriebseingriffswinkel α_w wird größer (α'_w) und der Schnittpunkt des Kopf-Nutzkreises (r_{Na2}) des Gegenrades mit der Eingriffslinie A' rückt näher an den neuen Wälzpunkt C'. Der Achsabstand wird in der Regel kleiner.
3. Den Profilwinkel α_P der verwendeten Bezugsprofile vergrößern (Bild 2.34, Teilbild 3). Aufgrund des nun größeren Betriebseingriffswinkels α'_w tritt ein ähnlicher Effekt ein wie bei Maßnahme 2. Der Eingriffsbeginn bei A' liegt näher am Wälzpunkt C als der Eingriffsbeginn bei A. Der Effekt ist sehr gering.
4. Hier werden zwei Maßnahmen getroffen, wobei jede einzelne schon etwas bringt, jedoch aufgrund beider Maßnahmen im Sonderfall sogar der Achsabstand gleich bleiben kann.

   4.1 Am treibenden Rad $z_a = z_1$ positive Profilverschiebung $x_1 > 0$ vorsehen. Die dadurch notwendige Verschiebung des Drehpunktes von 0_1 nach $0'_1$ ergibt eine Achsabstandsvergrößerung, die auch den Betriebseingriffswinkel und damit die Neigung der Eingriffslinie vergrößert. Diese Verschiebung rückt den Schnittpunkt mit dem Kopfkreis (r_{Na2}) des Gegenrades von Punkt A zu Punkt A', also näher zum Wälzpunkt C', Bild 2.34, Teilbild 4.1. Es gilt nun der Achsabstand a_2, der größer als a_1 ist.

   4.2 Negative Profilverschiebung $x_2 < 0$, am Gegenrad vorsehen, wodurch der Achsabstand und auch der Betriebseingriffswinkel verkleinert werden. Gleichzeitig wird auch der Kopfkreis (r'_{Na2}) kleiner, dessen Schnittpunkt mit der

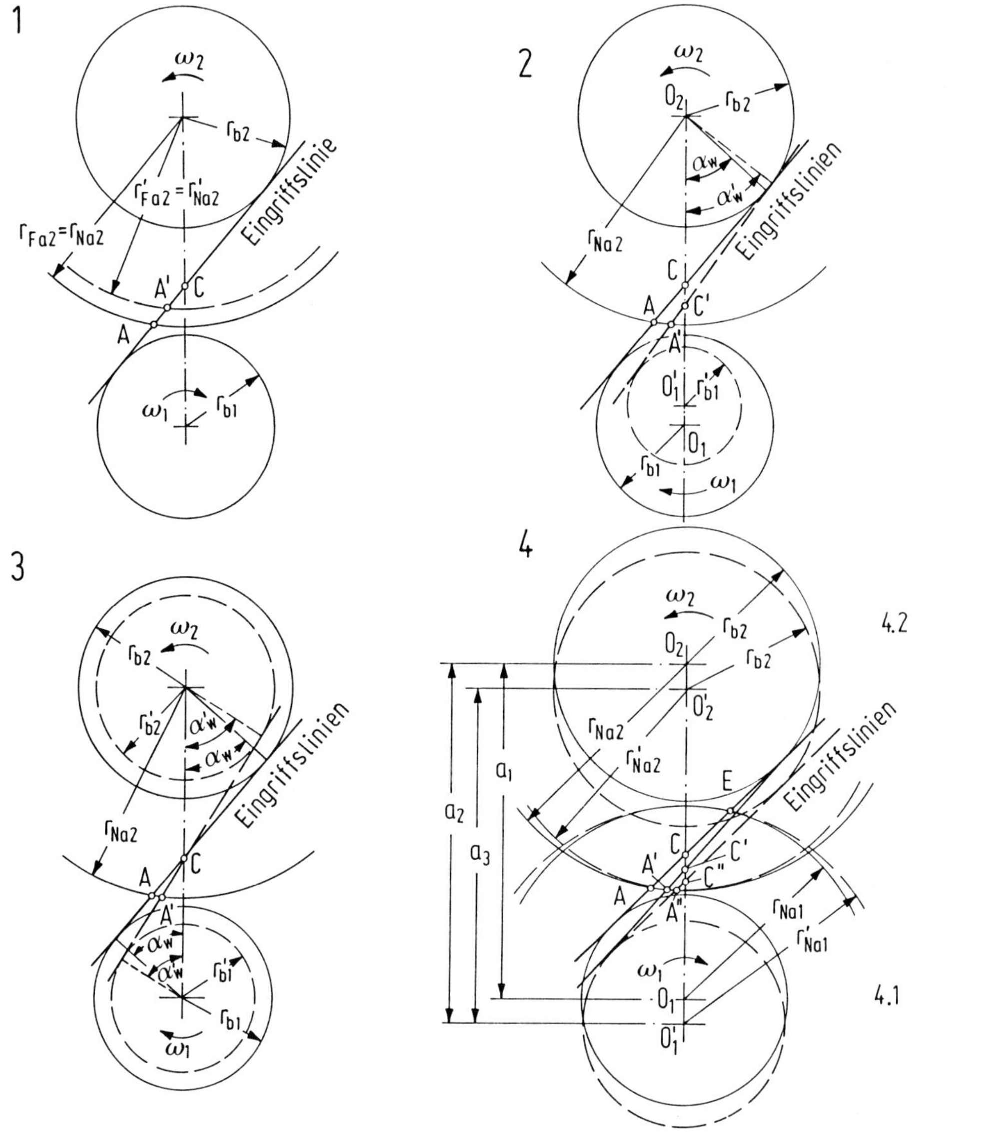

Bild 2.34. Möglichkeiten zur Annäherung des Eingriffs-Anfangspunktes A an den Wälzpunkt C.
Teilbild 1: Durch Verkleinern des Kopf-Formkreisradius r_{Fa2} des Gegenrades. Punkt A' rückt gegenüber Punkt A näher an Punkt C.

Teilbild 2: Durch Verkleinern der Zähnezahl des Rades 1 und dadurch erzielter Verkleinerung des Grundkreises r_{b1}'. Positive Profilverschiebung x_1, um den Achsabstand möglichst groß zu halten und $0_1'$ nicht zu weit von 0_1 wegzurücken. Punkt A' rückt näher an Punkt C', Abstand $\overline{A'C'} < \overline{AC}$.
Teilbild 3: Durch Vergrößerung des Profilwinkels α_P des erzeugenden Bezugsprofils, wodurch die Grundkreise (r_b) kleiner und die Betriebseingriffswinkel α_w größer werden. Punkt A' rückt näher an Punkt C.

Teilbild 4: Durch positive Profilverschiebung am treibenden, d.h. hier am Rad 1, $x_1 > 0$ (Teilbild 4.1), wobei durch Achsabstandsvergrößerung und gleichbleibendem Kopf-Nutzkreis r_{Na2}' Punkt A' näher an Punkt C' rückt. Durch negative Profilverschiebung am getriebenen, d.h. hier am Rad 2, $x_2 < 0$ (Teilbild 4.2), wobei der Mittelpunkt $0_2'$ näher zu $0_1'$ rückt, der Kopf-Nutzkreisradius r_{Na2}' kleiner als r_{Na2} wird und Punkt A" noch näher an Punkt C" rückt.

Eingriffslinie A" noch näher an den Wälzpunkt C" rückt als bei den vorigen Maßnahmen (Bild 2.34, Teilbild 4.2). Nun gilt der Achsabstand a_3.

Im Sonderfall, wenn $x_2 = -x_1$ ist (V-Null-Radpaarung), bleibt der alte Achsabstand erhalten, da der neue Achsabstand a_3 dann gleich a_1 ist.

Die gleichen Maßnahmen, die für Rad 1 getroffen wurden, welches hier immer als treibend angenommen wurde, auf Rad 2 übertragen, bewirken, daß auch das Eingriffsende E näher an den Wälzpunkt C rückt, was gegebenenfalls zur Verringerung der Gleitgeschwindigkeit erwünscht ist.

Hat man es mit Übersetzungen ins Schnelle zu tun, gelten die gleichen Maßnahmen. Da Punkt A in der Regel dann näher an Punkt T liegt, müßte man, um Klemmneigung zu vermeiden, z.B. in Fall 4, das kleine Rad (Rad z_b) nach minus und das große (dann Rad z_a) nach plus profilverschieben.

2.9.6 Die Profilüberdeckung ε_α

Um durch Angabe einer dimensionslosen Zahl gleich prüfen zu können, ob genügend Zahnpaare und wieviele gleichzeitig im Eingriff sind, definiert man die Profilüberdeckung ε_α. Sie gibt das Verhältnis der Länge der Eingriffsstrecke $\overline{AE}$ (im Stirnschnitt) zur Länge der Eingriffsteilung p_e an. Es ist

$$\varepsilon_\alpha = \frac{\overline{AE}}{p_e} \tag{2.80}$$

und mit den Gl.(2.74) bis (2.76)

$$\varepsilon_\alpha = \frac{g_\alpha}{p_e} = \frac{g_f + g_a}{p_e} \tag{2.81}$$

Die Größe heißt Profilüberdeckung, weil sie der von der Profilform, im besonderen der gemeinsamen Zahnhöhe h_w abhängige Betrag der Überdeckung ist.

Mit Gl.(2.80;2.77;2.70) ergibt sich die Profilüberdeckung

$$\varepsilon_\alpha = \frac{1}{\pi \cdot m \cdot \cos\alpha_P}\left[\sqrt{r_{Na1}^2 - r_{b1}^2} + \frac{z_2}{|z_2|} \cdot \sqrt{r_{Na2}^2 - r_{b2}^2} - (r_{b1} + r_{b2}) \cdot \tan\alpha_w\right] \tag{2.82}$$

Im allgemeinen, wenn keine Zahnkopfrücknahme vorgesehen ist, kann man $r_{Na} \approx r_a$ setzen und in Gl.(2.82) damit rechnen. Der das Vorzeichen bestimmende Faktor

$$\frac{z_2}{|z_2|}$$

erzeugt das negative Vorzeichen, das bei Hohlradpaarungen erforderlich ist. Bei Außenverzahnungen bleibt er ohne Wirkung (siehe Kapitel 4).

Eine große Profilüberdeckung bewirkt, daß möglichst viele Zahnpaare gleichzeitig im Eingriff sind, daher die Tragfähigkeit steigt und die Neigung zu sprunghaften Eingriffsstörungen und Geräuscherzeugung sinkt.

Ist die Eingriffsstrecke kürzer als die Eingriffsteilung p_e, dann endet die Flankenberührung des auslaufenden Zahns, bevor die des einlaufenden beginnt, und es entsteht eine entsprechend große Lose zwischen den beiden Zahnrädern. Ganz außer Eingriff kommen die Zahnräder bei kleinen Unterschreitungen noch lange nicht, es berühren sich aber in der Übergangsphase nicht Flanke mit Flanke, sondern Kopfeckpunkt mit Flanke.

Bei Schrägverzahnungen (siehe Kapitel 3) gibt es noch die sogenannte Sprungüberdeckung, die von anderen Größen, z.B. der Zahnbreite, abhängt.

2.10 Gleiten der Zahnflanke

Obwohl man die Zahnradpaarungen in die Gruppe der Wälzgetriebe einordnet, ist der Gleitanteil neben dem Wälzanteil an den Berührungslinien zum Teil sehr groß und steigt mit der Entfernung des Berührpunktes Y vom Wälzpunkt C linear an. Im Wälzpunkt ist der Gleitanteil Null. Der Richtungssinn des Gleitens kehrt sich im Wälzpunkt um, ähnlich als würde man mit einem Schlitten einmal stoßend vorwärts- und einmal ziehend zurückgehen. Dieser Vergleich hat insofern eine tiefere Bedeutung, als ähnlich wie beim Schlitten zwei verschiedene Reibsysteme [2/19;2/16] wirksam sind, bei Außen-Radpaarungen vor dem Wälzpunkt C ein progressives, bei dem die Reibwertänderung eine progressive Reibkraftänderung, nach dem Wälzpunkt ein degressives, bei dem die Reibwertänderung eine degressive Reibkraftänderung zur Folge hat. Darauf wird im folgenden noch näher eingegangen.

Die größten Gleitanteile treten immer an den vom Wälzpunkt entferntesten Punkten auf, d.h. am Berührungspunkt von Zahnkopf und Zahnfuß. Eine kleine Strecke des Zahnfußes eines Rades gleitet stets entlang einer großen Strecke des Zahnkopfes des anderen Rades (Bild 2.35). Bezieht man auch den Fußpunkt der Evolventenflanke am Grundkreis (z.B. Punkt $U_1 = T_1$ oder $U_2 = T_2$ in Bild 2.35) in den Eingriff mit ein, dann gleitet tatsächlich dieser Fußpunkt entlang einer relativ langen Strecke am Kopf des Gegenrades und der umgebende Bereich des Fußpunktes unterliegt einem entsprechend großen Verschleiß. Das ist mit ein Grund, weswegen man die Eingriffsstrecke nicht bis zu den Tangentenpunkten T_1 und T_2 auslegt, die im Eingriff mit den Evolventenfußpunkten, also den Flankenbereichen mit der Nummer 1, zusammenfallen.

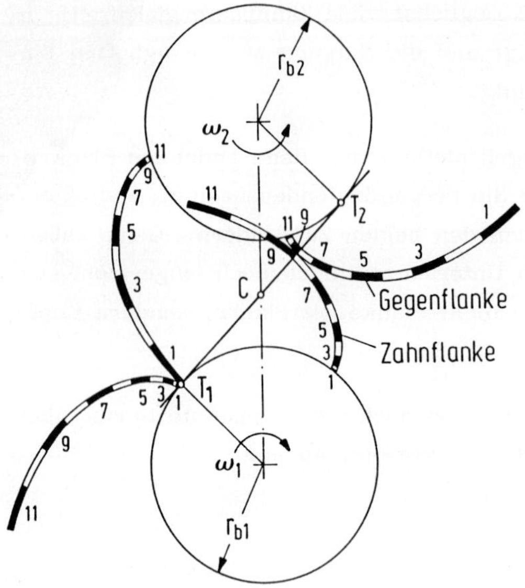

Bild 2.35. Flankenabschnitte 1 bis 11, die bei Rad- und Gegenradzahn miteinander im Eingriff sind. Es wälzen immer die Abschnitte mit gleicher Nummer aufeinander ab. Die Längendifferenz der Abschnitte gleicher Nummer bei Rad und Gegenrad ist ein Maß für die Gleitgeschwindigkeit v_g.

2.10.1 Die Gleitgeschwindigkeit

Die Gleitgeschwindigkeit v_g [2/13;2/12;2/15;2/16;2/1] der Flanken im Berührungspunkt wird aus der Differenz der jeweiligen Radialgeschwindigkeiten v_{r1} und v_{r2} berechnet (Bild 2.36). Bezogen auf die Flanke des Rades 1 ist sie

$$v_{g1} = v_{r1} - v_{r2} \; . \tag{2.83}$$

In diesem Bild ist die Umfangsgeschwindigkeit von Rad v_{t1} und Gegenrad v_{t2} zerlegt in die gemeinsame Normalgeschwindigkeit v_n und die jeweilige Radialgeschwindigkeit v_{r1} und v_{r2}.

Die Radialgeschwindigkeiten v_r erhält man als Produkt der jeweiligen Winkelgeschwindigkeit ω und dem zur Radialgeschwindigkeit senkrechten Abstand ρ_y bis zum jeweiligen Drehpunkt des Rades (siehe Bild 1.8). Danach ist nach Bild 2.36, Teilbild 2

$$v_{r1} = \rho_{y1} \cdot \omega_1 = (\overline{T_1C} + g_{\alpha y}) \cdot \omega_1 \tag{2.84}$$

$$v_{r2} = \rho_{y2} \cdot \omega_2 = (\overline{T_2C} - g_{\alpha y}) \cdot \omega_2 \; . \tag{2.85}$$

Bei Berücksichtigung der Beziehung

$$\omega_1 \cdot \overline{T_1C} = \omega_2 \cdot \overline{T_2C} \; , \tag{2.86}$$

die sich ergibt, da das Streckenverhältnis $\overline{T_1C} : \overline{T_2C}$ den Winkelgeschwindigkeiten umgekehrt proportional sind (siehe Verzahnungsgesetz), erhält man mit den Gl.(2.83;

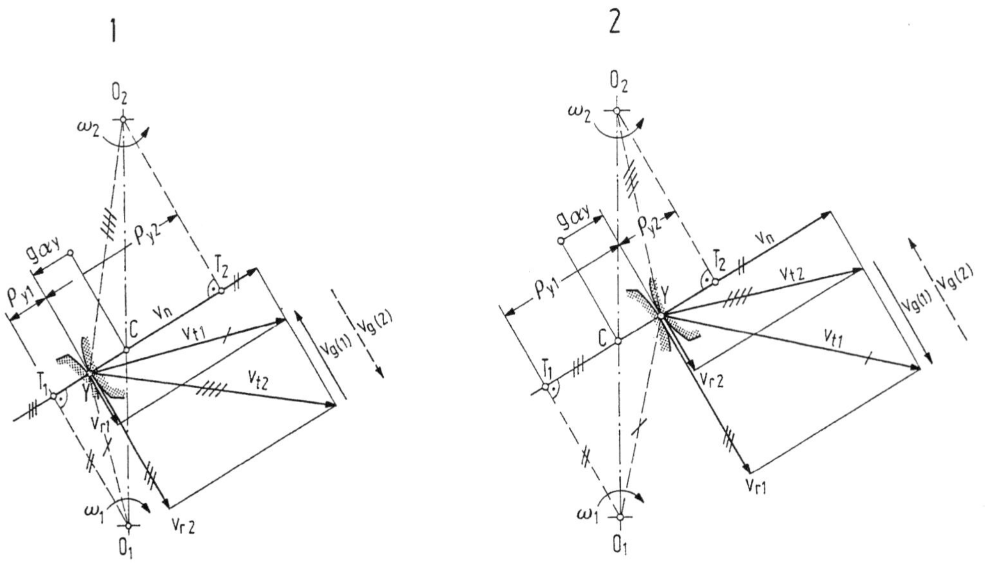

Bild 2.36. Größe und Richtung der Gleitgeschwindigkeit v_g, bezogen auf die Flanke des getriebenen Rades (v_{g2}) und auf die Flanke des treibenden Rades (v_{g1}) für den Eingriff vor dem Wälzpunkt C (Teilbild 1) und nach dem Wälzpunkt (Teilbild 2).

Es bedeutet: ρ_y Krümmungshalbmesser der Evolvente im Punkt Y, $g_{\alpha y}$ Abstand der Punkte Y und C. Die mit gleicher Anzahl von Querstrichen versehenen Linien stehen senkrecht aufeinander.

2.84;2.85;1.10) die Gleitgeschwindigkeit

$$v_{g1} = \omega_1 \cdot g_{\alpha y} \cdot \left(1 + \frac{1}{u}\right) . \qquad (2.87)$$

Die Gl.(2.87) ist auf die Flanke des Rades 1 bezogen (v_{g1}) und kann durch Vorzeichenumkehr entsprechend dem Ansatz

$$v_{g2} = v_{r2} - v_{r1} = -v_{g1} \qquad (2.88)$$

auf die Flanke des Rades 2 bezogen werden, Gl.(2.88), in Bild 2.36 durch gestrichelte Pfeile angedeutet. Die Gleitgeschwindigkeit ist proportional zum Abstand $g_{\alpha y}$ und im Wälzpunkt gleich Null. Ihre Maximalwerte erreicht sie am Beginn der Eintritt-Eingriffsstrecke g_f (Fußeingriffspunkt) und am Ende der Austritt-Eingriffsstrecke g_a (Kopfeingriffspunkt). Sie hat an diesen Punkten die Werte

$$v_{gf} = \omega \cdot g_f \cdot \left(1 + \frac{1}{u}\right) , \qquad (2.89)$$

$$v_{ga} = \omega \cdot g_a \cdot \left(1 + \frac{1}{u}\right) . \qquad (2.90)$$

Bei der Paarung mit der Zahnstange kann man das Zähnezahlverhältnis $u \rightarrow \infty$ setzen und erhält für die Gleitgeschwindigkeit, bezogen auf das Rad

$$v_g = \omega_1 \cdot g_{\alpha y} \qquad (2.87\text{-}1)$$

und entsprechend

$$v_{gf} = \omega_1 \cdot g_f \qquad (2.87\text{-}2)$$

$$v_{ga} = \omega_1 \cdot g_a \ . \qquad (2.87\text{-}3)$$

Wenn g_f oder g_{ay} vor dem Wälzpunkt negativ, g_a oder g_{ay} nach dem Wälzpunkt positiv eingesetzt werden, dann erhält man auch das Vorzeichen der Gleitgeschwindigkeit v_g. Bei Innen-Radpaaren wird v_{r2} nicht so groß wie bei Außen-Radpaaren, so daß sich kleinere Gleitgeschwindigkeiten ergeben (siehe Bild 5.15).

Die Gleitgeschwindigkeit bestimmt zusammen mit der Normalkraft die Verlustleistung durch Reibung. Die mittlere Gleitgeschwindigkeit ist daher ein reziprokes Maß für den Wirkungsgrad der Leistungsübertragung von einem Zahnrad auf das andere. Vor dem Wälzpunkt ist die Gleitgeschwindigkeit für das treibende Rad negativ, für das getriebene Rad positiv, nach dem Wälzpunkt kehren sich ihre Vorzeichen um[1).

Bei Zahnradpaarungen mit großem Reibwert (z.B. infolge von mangelhafter Schmierung oder infolge von ungünstigen Werkstoffpaarungen) sollte zur Vermeidung progressiver Reibverhältnisse der Eingriffsbeginn möglichst nahe an den Wälzpunkt gelegt werden.

2.10.2 Spezifisches Gleiten

Zur Beurteilung des anteiligen Betrages der Reibung an den beiden Flanken einer Paarung wird das spezifische Gleiten ζ [2/19;2/1] definiert. Spezifisches Gleiten ist das Verhältnis der Gleitgeschwindigkeit zur Radialgeschwindigkeit. Man erhält es für Rad 1 und Rad 2 aus Gl.(2.83;2.88) zu

$$\zeta_1 = \frac{v_{g1}}{v_{r1}} = \frac{v_{r1} - v_{r2}}{v_{r1}} = 1 - \frac{v_{r2}}{v_{r1}} \ , \qquad (2.91)$$

$$\zeta_2 = \frac{v_{g2}}{v_{r2}} = \frac{v_{r2} - v_{r1}}{v_{r2}} = 1 - \frac{v_{r1}}{v_{r2}} \ . \qquad (2.92)$$

Beim Einsetzen der Gl.(2.84;2.85;1.10) erhält man

$$\zeta_1 = 1 - \frac{\rho_{y2}}{u \cdot \rho_{y1}} \ , \qquad (2.93)$$

$$\zeta_2 = 1 - \frac{u \cdot \rho_{y1}}{\rho_{y2}} \ . \qquad (2.94)$$

---

1) In DIN 3960 [2/1] werden beide Vorzeichen angegeben und $g_{\alpha y}$ stets positiv angenommen. Durch obige Vorzeichenregelung kann man das richtige Vorzeichen stets zwangsläufig erhalten.

Die Maximalwerte für ζ werden in den Endpunkten A und E der Eingriffsstrecke erreicht

$$\text{in A:} \quad \zeta_{f1} = 1 - \frac{\rho_{A2}}{u \cdot \rho_{A1}} , \tag{2.95}$$

$$\text{in E:} \quad \zeta_{f2} = 1 - \frac{u \cdot \rho_{E1}}{\rho_{E2}} . \tag{2.96}$$

Das spezifische Gleiten zeigt, welches der beiden Zahnräder durch Reibverschleiß besonders gefährdet erscheint.

In Bild 2.37, Teilbild 1, ist eine Zahnradpaarung mit $z_1 = 9$ und $z_2 = 14$ Zähnen dargestellt. Auf der Eingriffslinie ist zwischen den Punkten A und E die Eingriffsstrecke für die Paarung mit dem 14-zähnigen Gegenrad, zwischen den Punkten T_1 und E', die Eingriffsstrecke für die Paarung mit einer Zahnstange, $z_2' = \infty$, eingezeichnet. In Teilbild 2 ist über der waagerecht dargestellten Eingriffslinie die auf Winkelgeschwindigkeit und Modul bezogene Gleitgeschwindigkeit $v_{g1}/(\omega_1 \cdot m)$ von Rad 1 aufgetragen sowie das spezifische Gleiten ζ_1 des Rades 2 auf Rad 1. Strichpunktiert sind diese Werte auch für die Paarung des Ritzels mit der Zahnstange angedeutet.

Man kann daraus entnehmen, daß es bezüglich des Einflusses der Gleitgeschwindigkeit v_g auf den Übertragungswirkungsgrad um so günstiger ist, je näher Eingriffsbeginn und Eingriffsende am Wälzpunkt C liegen und bezüglich des spezifischen Gleitens ζ, je mehr sich das Zähnezahlverhältnis dem Wert $u = 1$ nähert und je weniger der Krümmungsradius ρ der miteinander kämmenden Flanken unterschiedlich groß ist, siehe Gl.(2.93). Bei Innenrad-Paarungen gleicher Übersetzung, wobei u negativ ist, sind die Werte für v_g und ζ wesentlich kleiner, Bild 5.15, [2/1].

Ein weiterer Umstand, der bei Zahnradpaarungen viel zu wenig beachtet wird, ist die Tatsache, daß bei der Berührung der Zahnflanken vor und nach dem Wälzpunkt C zwei verschiedenartige, nichtlineare Reibsysteme wirksam sind (siehe Abschnitt 2.11). Sie können eine zusätzliche Ursache für die Anregung von Schwingungen im Bereich der Zahneingriffsfrequenz sein.

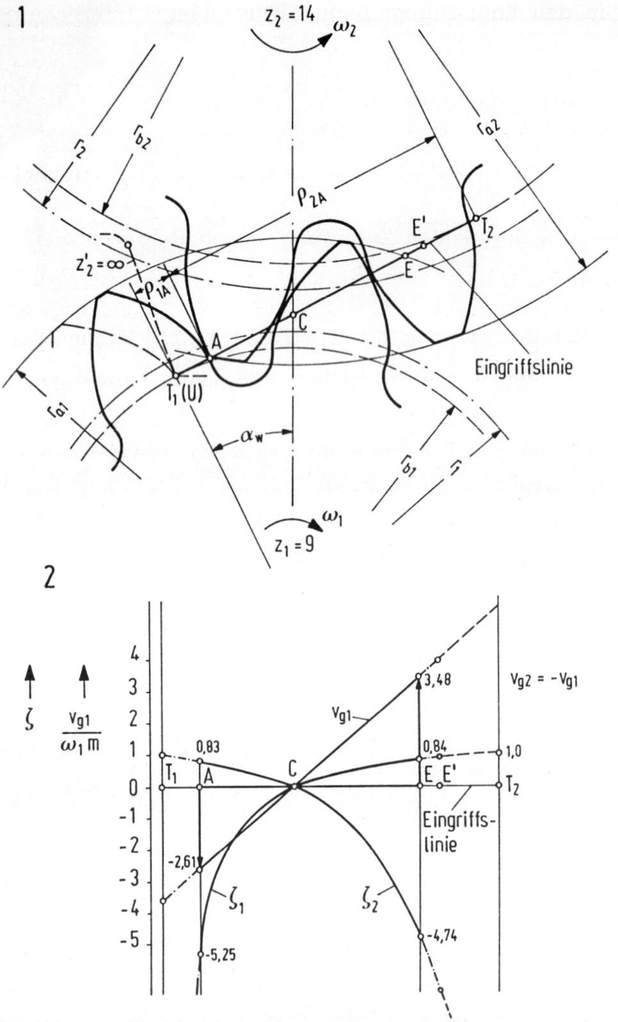

Bild 2.37. Gleitgeschwindigkeit v_g und spezifisches Gleiten ζ.
Teilbild 1: Beispiel für eine Zahnradpaarung von 9 und 14 Zähnen. Wird der Eingriffsbeginn z.B. durch die Zahnstange z_2' in den Punkt T_1 verlegt, vergrößern sich die Werte für v_g und ζ sehr stark, es wird sogar $\zeta_1 = -\infty$, d.h. das Gegenrad gleitet auf einem Punkt, dem Evolventenursprungspunkt U des Rades.
Teilbild 2: Die Gleitgeschwindigkeit v_g und das spezifische Gleiten ζ, über der Eingriffslinie T_1T_2 aufgetragen, ändern im Wälzpunkt C ihren Richtungssinn. Vor dem Wälzpunkt herrscht sogenannte "stoßende", nach dem Wälzpunkt "ziehende" Reibung.
Verzahnungsgrößen: Bezugsprofil DIN 867; $z_1 = 9$; $z_2 = 14$, $x_1 = +0{,}474$; $x_2 = +0{,}181$; $s_{amin} = 0{,}2 \cdot m$.

In DIN 3960 [2/1] wird noch der sogenannte Gleitfaktor K_g angeführt, der dimensionslos ist und im Prinzip dasselbe aussagt wie die Gleitgeschwindigkeit. Der Gleitfaktor K_g ist das Verhältnis der Gleitgeschwindigkeit v_g zur Umfangsgeschwindigkeit v_t der Wälzkreise. $K_g = v_g/v_t = (g_{ay}/r_{w1}) \cdot (1+1/u)$. Die Höchstwerte werden in den Endpunkten der Eingriffsstrecke A und E erreicht. Es ist in A: $K_{gf} = g_f/r_{w1}(1+1/u)$ und in E: $K_{ga} = g_a/r_{w1}(1+1/u)$. (Siehe auch Abschnitt 8.4.)

2.10.3 Aufgabenstellung 2-6 (Berechnung der wichtigen Verzahnungs- und Paarungsgrößen)

Zur Festigung des bisher behandelten Stoffes werden die folgenden beiden Aufgabenstellungen für eine möglichst vollständige Berechnung der geometrischen Größen von zwei geradverzahnten Radpaarungen herangezogen. Die tabellarische Ergebnistafel in Abschnitt 2.12.6 kann auch als Muster für weitere Zahnradberechnungen dienen.

1. Es ist eine V-Null-Radpaarung mit den Zähnezahlen $z_1 = z_a = 24$ und $z_2 = z_b = 54$, dem Modul m = 1 mm und einem Bezugsprofil nach DIN 867 für folgende drei Fälle von Profilverschiebungen des Ritzels zu berechnen: I. $x_1 = x_u$ (Unterschnitt-Grenze); II. $x_1 = 0$ (Null-Verzahnung); III. $x_1 = x_{sa}$ (Profilverschiebung bei vorgegebener Zahndicke $s_a = 0{,}2 \cdot m$ am Kopfzylinder).
2. Es ist eine V-Radpaarung mit den Zähnezahlen $z_1 = z_a = 24$ und $z_2 = z_b = 54$, dem Modul m = 1 mm und einem Bezugsprofil nach DIN 867 für einen Achsabstand a = 40 mm und eine Profilverschiebung des Ritzels $x_1 = +0{,}6$ auszulegen.

2.11 Die Reibsysteme einer Verzahnung

Die aufeinander gleitenden Flanken einer Zahnradpaarung wirken bezüglich des Einflusses von Reibwert μ und des für den Eingriffspunkt gültigen Profilwinkels α_y bzw. seines Ergänzungswinkels, des sogenannten Auslenkwinkels κ,

$$\kappa = 90° - \alpha_y \,, \qquad (2.97)$$

wie nichtlineare Reibsysteme. Die Eigenschaft dieser Reibsysteme ist dergestalt, daß bei den progressiven die Reibkraft F_R und die Normalkraft F_N in Abhängigkeit vom Reibwert μ und vom Winkel κ mehr, bei den degressiven weniger als linear wächst. Selbst bei konstantem Reibwert μ und konstantem Antriebsmoment M ändern sich Reib- und Normalkraft ständig, wobei die Reibkraft wegen des Richtungswechsels der Gleitgeschwindigkeit nicht nur ihre Richtung wechselt, sondern auch bei Eingriff vor dem Wälzpunkt C für Außenverzahnungen ein progressives und für Eingriff nach dem Wälzpunkt ein degressives Reibsystem erzeugt mit jeweils sehr verschiedenen Eigenschaften. Vollends unangenehm wirkt sich der Sprung der Kräfteverhältnisse am Eingriffsende (degressives Reibsystem) zu den Kräfteverhältnissen am Eingriffsanfang (progressives Reibsystem) aus, da Reib- und Normalkräfte bei sonst konstanten Bedingungen verschieden sind. Dieser Kraftwechsel kann unabhängig von geometrischen Abweichungen reibungsbedingte zahnfrequenzabhängige Schwingungen anregen. Es sollen daher die Eigenschaften der Reibsysteme, welche auch bei Kupplungen und Bremsen sowie ähnlichen Mechanismen immer wieder auftreten, näher betrachtet werden.

2.11.1 Lineare und nichtlineare Reibsysteme

Erzeugt man die Reibkraft F_R durch eine Lenkeranordnung, ähnlich wie sie in Bild 2.38, Teilbilder 1 bis 3, dargestellt ist, dann ist ein linearer Zusammenhang zwischen Reibwert μ, Reibkraft F_R und der die Reibung verursachenden äußeren Kraft F nur beim Reibsystem in Teilbild 1, dem linearen System, gegeben [1/5;2/16;2/19]. Dort gilt

$$F_R = \frac{v_g}{|v_g|} \cdot \mu \cdot F \ , \tag{2.98}$$

wobei aus dem Richtungssinn der Gleitgeschwindigkeit v_g das Vorzeichen für den Richtungssinn der Reibkraft F_R hervorgeht. Der Reibwert μ - eine technologische Größe ohne Vorzeichen - soll definiert sein als das Verhältnis der Reibkraft $|F_R|$ und der Normalkraft $|F_N|$, wobei F_N immer zur Gegenlage gerichtet sein muß, normal zur Tangierungsebene im Berührungspunkt steht und F_R parallel zur Tangierungsebene. Der Reibwert μ ist dann

$$\mu = \frac{|F_R|}{|F_N|} \ . \tag{2.99}$$

Für die Anordnung mit Lenkerhebeln kann eine Beziehung angegeben werden, mit welcher die reibungsauslösende Kraft F berechnet wird, zurückgeführt auf das Moment M, das am Reibung erzeugenden Hebel anliegt

$$F \approx \frac{M_{abtr}}{r_b} \ , \tag{2.100}$$

bei Zahnradpaarungen am Abtriebsrad (Vernachlässigen der Reibkräfte).

Mit den aus dem Kräftegleichgewicht sich ergebenden Vektorpolygonen läßt sich das Verhältnis der Reibkraft F_R und der Normalkraft F_N zur Kraft F, die hier durch das Moment entsteht, leicht ableiten. Die dimensionslosen Größen, welche das Verhältnis der Reibkraft F_R sowie der Normalkraft F_N zur Reibung einleitenden Kraft F bei Reibsystemen angeben, sollen Übertragungsfaktoren λ genannt werden, mit dem Index R für den Reibkraft- und dem Index N für den Normalkraft-Übertragungsfaktor. Es wird definiert

$$\lambda_R = \frac{|F_R|}{F} \quad ^{1)} \tag{2.101}$$

$$\lambda_N = \frac{|F_N|}{F} \ . \tag{2.102}$$

---

1) Da der Vorzeichenwechsel des Übertragungsfaktors λ_R und der Reibkraft F_R sowie der von λ_N und F_N keinen ursächlichen Zusammenhang haben, muß von den Beträgen für F_R und F_N ausgegangen werden.

Nach der Definition in Gl.(2.101;2.102) haben die Übertragungsfaktoren λ und die die Reibung einleitende Kraft F das gleiche Vorzeichen. Es ist dabei angenommen, daß die Kraft F von der Lenkerseite her zum Berührungspunkt zeigt. In bestimmten Fällen (bei Klemmsystemen) kann F aufgrund von λ_R auch das Vorzeichen wechseln und vom Berührpunkt wegzeigen. F ist dann die notwendige Kraft zum Lösen des Reibsystems. Das Vorzeichen der Reibkraft F_R wird durch den Richtungssinn der Gleitgeschwindigkeit v_g bestimmt. Berücksichtigt man diese, kann das Absolutzeichen in Gl.(2.101) wegfallen, und man erhält die für alle Reibsysteme gültige Beziehung

$$F_R = \frac{v_g}{|v_g|} \cdot \lambda_R \cdot F \; . \qquad (2.103)$$

Mit den Gl.(2.99;2.101;2.102) kann man die Beziehung der Übertragungsfaktoren für Reib- und Normalkraft erhalten. Sie ist

$$\lambda_N = \frac{\lambda_R}{\mu} \; . \qquad (2.104)$$

Allein durch den Übertragungsfaktor λ_R unterscheidet sich Gl.(2.98) von Gl.(2.103). Benutzt man immer Gl.(2.103), dann ist sowohl der Einfluß des Reibwertes μ als auch der von konstruktiven Größen (z.B. des Lenkerwinkels κ und seines Vorzeichens), welche eine Nichtlinearität des Reibsystems verursachen, berücksichtigt. Der Übertragungsfaktor λ wird für jedes prinzipiell anders aufgebaute Reibsystem berechnet, indem man aufgrund der Gleichgewichtsbedingungen nach Gl.(2.101) die Reibkraft F_R und die die Reibung einleitende Kraft F in Beziehung setzt. Für die Reibsysteme in Bild 2.38, Teilbilder 2 und 3, erhält man mit Hilfe der Vektorpolygone den Übertragungsfaktor für die Reibkraft zu

$$\lambda_R = \frac{\mu}{1 + \frac{v_g}{|v_g|} \cdot \mu \cdot \cot \kappa} \; . \qquad (2.105)$$

Mit Gl.(2.104) wird der Übertragungsfaktor λ_N für die Normalkraft

$$\lambda_N = \frac{1}{1 + \frac{v_g}{|v_g|} \cdot \mu \cdot \cot \kappa} \; . \qquad (2.106)$$

Der Übertragungsfaktor λ_R, der bei konstanter Kraft F proportional der Reibkraft F_R ist, ist nach Gl.(2.105) von drei Faktoren abhängig: Dem Reibwert μ (der immer positiv bleibt), dem Lenkerwinkel κ und dem Richtungssinn der Gleitgeschwindigkeit v_g. Wenn sich das Vorzeichen von v_g oder das von κ ändert, geht e i n nichtlineares Reibsystem in das a n d e r e , gleich aufgebaute, nichtlineare Reibsystem über (vergleiche Bild 2.38, Teilbilder 2 und3). Nimmt der Lenkerwinkel κ die Werte $\kappa = \pm 90°$ oder $\pm 270°$ an, wird der Nenner in den Gl.(2.105) bzw. (2.106) eins und damit

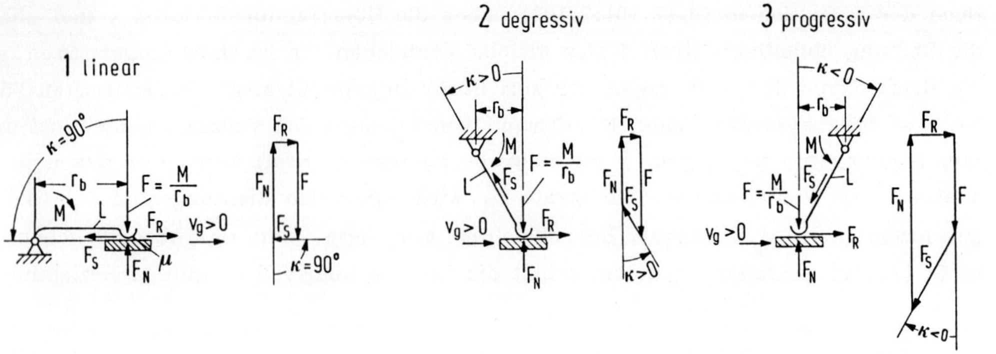

$$\mu = \frac{|F_R|}{|F_N|}$$

$$\lambda_N = \frac{|F_N|}{F}\ ;\ \lambda_R = \frac{|F_R|}{F}$$

$$\lambda_N = \frac{1}{1 + \frac{v_g}{|v_g|} \cdot \mu \cdot \cot\kappa}$$

$$\lambda_R = \frac{\mu}{1 + \frac{v_g}{|v_g|} \cdot \mu \cdot \cot\kappa}$$

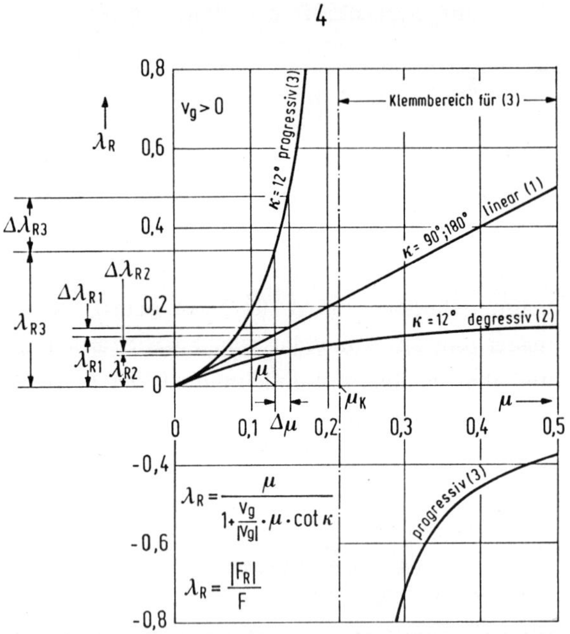

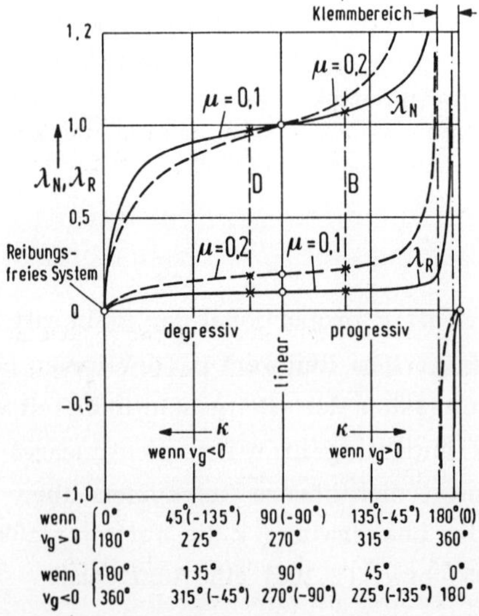

Bild 2.38. Aufbau und Funktionsweise der drei typischen Reibsysteme.
Teilbild 1: Übliches, lineares Reibsystem mit Auslenkwinkel $\kappa = 90°$. Die Reibkraft

$$F_R = \frac{v_g}{|v_g|} \cdot \mu \cdot F$$

ändert sich linear mit dem Reibwert μ.
Teilbild 2: Degressives (nicht lineares) Reibsystem. Die Reibkraft

$$F_R = \frac{v_g}{|v_g|} \cdot \lambda_R \cdot F$$

ändert sich bei Auslenkwinkeln $0° < \kappa < 90°$ weniger als proportional mit dem Reibwert μ, sofern die Gleitgeschwindigkeit v_g im eingezeichneten Sinn wirkt.
Teilbild 3: Progressives (nicht lineares) Reibsystem. Die Reibkraft

$$F_R = \frac{v_g}{|v_g|} \cdot \lambda_R \cdot F$$

ändert sich bei Auslenkwinkeln $0° > \kappa > -90°$ mehr als proportional als der Reibwert μ, sofern die Gleitgeschwindigkeit v_g im eingezeichneten Sinne positiv ist. Ändert v_g seinen Bewegungssinn, vertauschen die Reibsysteme 2 und 3 ihre Eigenschaften.
Teilbild 4: Kennlinien der Reibsysteme bezüglich des Reibwerts μ.
Übertragungsfaktor λ_R (der bei F = konst. proportional zur Reibkraft F_R ist) aufgetragen über dem Reibwert μ. Der Funktionsverlauf zeigt bei System (1) einen linearen, bei System (2) einen degressiven und bei System (3) einen progressiven Verlauf. Die Übertragungsfaktoren λ_R und bei konstantem F damit die Reibkräfte F_R sind beim progressiven System größer, beim degressiven kleiner als beim linearen, $\lambda_3 > \lambda_1 > \lambda_2$, die Übertragungsfaktor-Änderung $\Delta\lambda_R$ (und damit die Reibkraftänderung) ist beim progressiven System mehr, beim degressiven weniger als proportional, beim linearen gleich der Reibwertänderung $\Delta\mu$, daher ist $\Delta\lambda_3 > \Delta\lambda_1 > \Delta\lambda_2$ bzw.

$$\frac{d^2\lambda_3}{d\mu^2} > 0 \; ; \; \frac{d^2\lambda_2}{d\mu^2} < 0 \; ; \; \frac{d^2\lambda_1}{d\mu^2} = 0 .$$

Das progressive Reibsystem (3) kann klemmfähig sein, d.h. beim Reibwert μ_k wird der Übertragungsfaktor und die übertragbare Reibkraft F_R beliebig groß, $\lambda_3 \to \infty$. Bei größeren Reibwerten wird λ_R negativ. $\lambda_R < 0$ bedeutet, daß "die Reibung erzeugende" Kraft F negativ werden kann, um so größer wird, je kleiner $|\lambda_R|$ wird und beim Wert μ_k gerade das Reibsystem noch nicht löst.
Teilbild 5: Kennlinien der Reibsysteme bezüglich des Lenkerwinkels κ.
Übertragungsfaktoren bezüglich der Reibkraft λ_R und bezüglich der Normalkraft λ_N über dem Lenkerwinkel κ aufgetragen. Es ist $|F_R| = \lambda_R \cdot F$, $|F_N| = \lambda_N \cdot F$. Der Reibwert wird definiert als Verhältnis

$$\mu = \frac{|F_R|}{|F_N|} \quad .$$

Das dargestellte progressive Reibsystem ist klemmfähig. In der Lage $\kappa = 0°$ geht das Reibsystem in ein Wälzsystem über. (Progressive Reibsysteme sind nicht klemmfähig, z.B. auch das Schlingfedersystem, wenn bei ihnen gilt $0 < \lambda_R < +\infty$.)
Vorzeichenregelung: Der Winkel κ ist positiv, wenn er von der Normalen auf die Berührebene (Berührtangente) zur Verbindungsgeraden von Dreh- und Berührpunkt im Gegenuhrzeigersinn und negativ, wenn er im Uhrzeigersinn verläuft (siehe Teilbilder 2 und 3).

Der Richtungssinn der Geschwindigkeit v_g ist positiv, wenn er bei oben liegendem Lenkerberührungspunkt von links nach rechts und negativ, wenn er von rechts nach links verläuft.

1

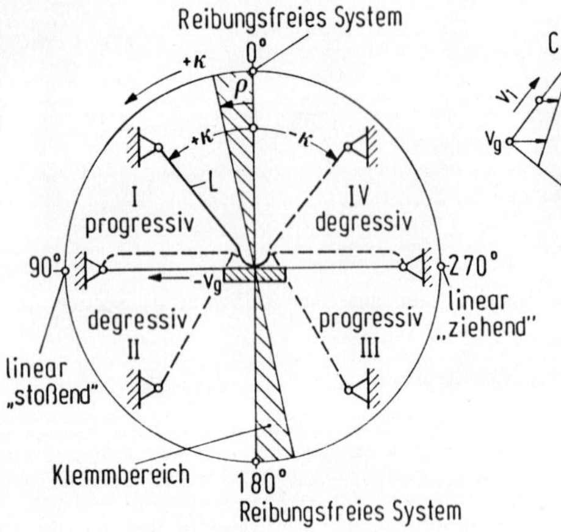

$$\lambda_R = \frac{\mu}{1 + \frac{v_g}{|v_g|}\,\mu \cot\kappa} \qquad \lambda_R = \frac{|F_R|}{F}$$

$$\lambda_N = \frac{\lambda_R}{\mu}\ ;\ \mu = \tan\rho \qquad \lambda_N = \frac{|F_N|}{F}$$

$$\mu = \frac{|F_R|}{|F_N|}$$

2

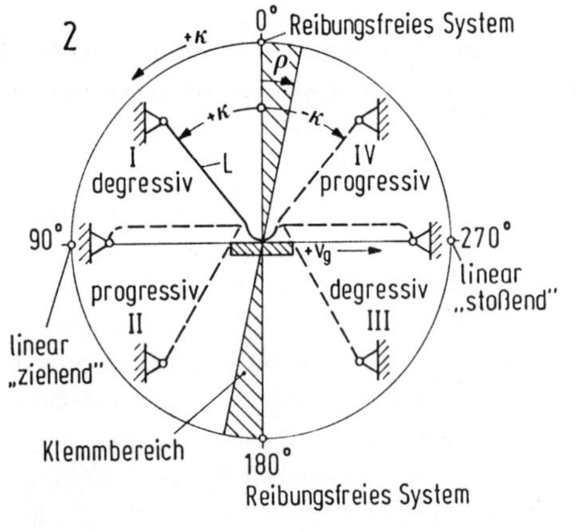

3

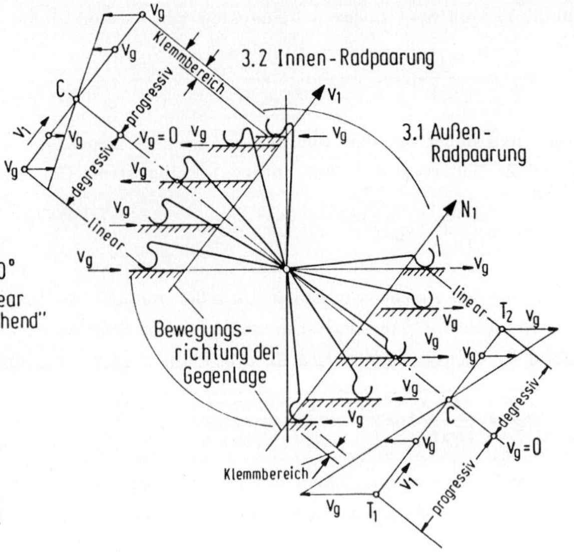

4

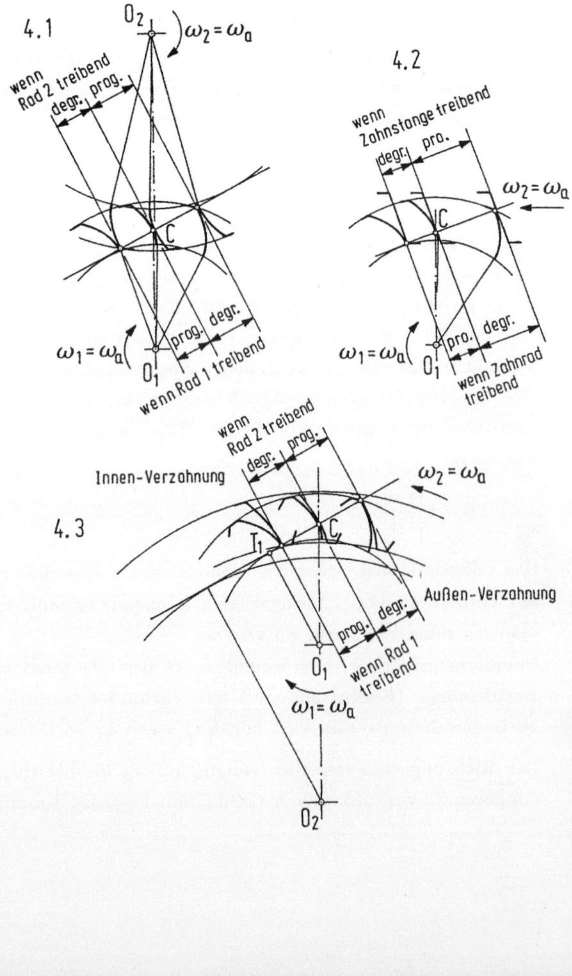

$$\lambda_R = \mu \tag{2.105-1}$$

sowie

$$\lambda_N = 1 \ . \tag{2.106-1}$$

Gl.(2.103) geht dann in Gl.(2.98) über, also in ein lineares Reibsystem, mit Gl. (2.102) wird

$$|F_N| = F \ , \tag{2.107}$$

eine für lineare Reibsysteme typische Eigenschaft, daß nämlich die die Reibung erzeugende Kraft F und die Normalkraft F_N bis auf ihr Vorzeichen gleich groß sind.

Bild 2.38, Teilbild 4, zeigt den Verlauf der Kennlinien der drei Reibsysteme, wobei der Übertragungsfaktor λ_R über dem Reibwert aufgetragen wird, Teilbild 5 ihren Verlauf in Abhängigkeit des Lenkerwinkels κ, wobei die Übertragungsfaktoren λ_R und λ_N aufgetragen sind. Für die Sonderfälle, daß der Lenkerwinkel $\kappa = 0°$ oder $\pm 180°$ ist (Gl.2.114), wird

$$\lambda_R = 0 \tag{2.115}$$

und

$$\lambda_N = 0 \ . \tag{2.116}$$

Bild 2.39. Kontinuierlicher Übergang zwischen den drei Reibsystemen und der kombinierten Gleit-Wälzbewegung durch Verändern des Auslenkwinkels κ, dargestellt am "Reibkreis".
Teilbild 1: "Reibkreis" bei negativer Gleitgeschwindigkeit am Lenker L ($v_g < 0$). Zu beachten ist, daß bei Winkeländerung von κ um 180° stets die gleichen Arten von Reibsystemen entstehen. Die Lage von $\kappa = 0°$ bzw. 180° stellt ein reibungsfreies System dar. Verändert sich der Lenkerwinkel κ des Reibsystems während des Betriebs, dann tritt neben dem Gleiten gleichzeitig auch Wälzen auf (wie bei Zahnradpaarungen), bleibt er konstant, erfolgt reines Gleiten. Somit erfaßt der Reibkreis alle Zustände von Wälzen, Gleiten und deren Kombinationen.
Teilbild 2: "Reibkreis" bei positiver Gleitgeschwindigkeit am Lenker L ($v_g > 0$). Zu beachten ist, daß die gleichen Reibsysteme in den um die senkrechte Achse gespiegelten Positionen bzw. Quadranten (gegenüber Teilbild 1) auftauchen. Ein Wechsel des Bewegungssinnes von v_g läßt danach bei sonst gleicher Anordnung die nichtlinearen Reibsysteme wechseln.
Teilbild 3: Reibsysteme bei diagonaler Bewegung der Gegenlage durch den Reibkreis. Wechsel der Reibsysteme bei gleichem Lenker (Zahnradzahn für Außen-Radpaarung) vom progressiven Bereich (einschließlich Klemmbereich), zum degressiven und linearen Bereich in Teilbild 3.1 und für Innen-Radpaare vom degressiven zum progressiven Bereich in Teilbild 3.2.
Teilbild 4: Aufteilung der progressiven und degressiven Reibsystem-Bereiche bei Außen-Radpaarungen (4.1), Paarungen mit Zahnstange (4.2) und bei Innen-Radpaarungen (4.3). Bei Hohlradpaarungen ist das progressive und degressive Reibsystem immer weniger unterschiedlich und geht bei extrem kleinen Zähnezahldifferenzen allmählich einem linearen Reibsystem entgegen. Als Folge kann eine solche Zahnradpaarung gleichermaßen gut für Übersetzungen ins Schnelle und ins Langsame verwendet werden.

Es kann nach Gl.(2.101) bei beliebig großem F bei starren Lenkern tangential und normal keine Kraft übertragen werden. Bei elastischen Werkstoffen wirkt das System im engen Bereich von $\kappa = 0^\circ$ wie ein reines Wälzsystem (Bild 2.39).

Betrachtet man bei Reibpaarungen immer auch die Übertragungsfaktoren und das zu ihnen gehörende Reibsystem, werden entscheidende Eigenschaften erkannt, die für die Aufrechterhaltung einer notwendigen Reibkraft über längere Zeit, über ihre annähernde Konstanthaltung bei veränderlichem Reibwert oder über ihre Klemmfähigkeit wichtige Aufschlüsse geben. Man erfaßt die Eigenschaften von Reibpaarungen nicht nur für einen bestimmten Eingangswert, sondern wie eine Funktion über einen ganzen Bereich.

Die besonderen Eigenschaften der einzelnen Reibsysteme werden in den folgenden Abschnitten beschrieben.

2.11.2 Die Eigenschaften der drei Reibsysteme

Wie aus Bild 2.38, Teilbild 4, zu erkennen ist, unterscheiden sich die drei Reibsysteme der Teilbilder 1 bis 3 in der Abhängigkeit des Übertragungsfaktors λ_R von dem Reibwert μ grundsätzlich voneinander. Während bei Reibsystem (1), bei dem der Lenkerwinkel $\kappa = 90^\circ$ bzw. 270° ist - es entspricht auch der üblichen Reibpaarung von zwei aufeinander gleitenden Scheiben - der Übertragungsfaktor λ_R und damit die Reibkraft linear mit dem Reibwert μ steigt, erfolgt diese Steigung bei Reibsystem (2) nur degressiv, bei Reibsystem (3) jedoch progressiv. Diese Eigenschaft gibt ihnen auch den Namen.

1. Lineares Reibsystem
   Die Anordnung ist in Bild 2.38, Teilbild 1, dargestellt. Die Reibkraft F_R wächst bei konstantem Reibwert μ proportional mit der die Reibung verursachenden Kraft F und bei konstantem F proportional mit dem Reibwert. Reibwertänderungen $\Delta\mu$ wirken sich proportional in Reibkraftänderungen ΔF_R aus, Gl.(2.98). Angewendet wird dies Reibsystem bei Scheibenbremsen und Scheibenkupplungen. Wenn man von Reibpaarungen spricht, denkt man üblicherweise an ein lineares Reibsystem.

2. Degressives Reibsystem
   Die Anordnung ist in Bild 2.38, Teilbild 2, dargestellt. Die Reibkraft F_R wächst bei konstantem Reibwert μ und konstantem κ auch proportional mit der die Reibung verursachenden Kraft F, aber bei konstanter Kraft F weniger als proportional mit dem Reibwert μ (Teilbild 4), ebenso weniger als proportional mit dem Auslenkwinkel κ (Teilbild 5). Reibwertänderungen $\Delta\mu$ und Winkeländerungen $\Delta\kappa$ wirken sich weniger als proportional auf Reibkraftänderungen ΔF_R aus. Bei degressiven Systemen ergibt sich in Gl.(2.105;2.106) ein positives Vorzeichen am zweiten Term des Nenners. Angewendet wird das Reibsystem bei Bremsen und

Kupplungen mit möglichst wenig von Reibwertänderungen $\Delta\mu$ abhängigen Reibkraftänderungen ΔF_R, z.B. bei Meßprüfständen mit möglichst konstantem Reibmoment.

3. Progressives Reibsystem

   Die Anordnung ist in Bild 2.38, Teilbild 3, dargestellt. Die Reibkraft F_R wächst bei konstantem Reibwert μ auch proportional mit der die Reibung verursachenden Kraft F, aber bei konstanter äußerer Kraft F mehr, manchmal sehr viel mehr als proportional mit dem Reibwert μ und mit dem Auslenkwinkel κ. Reibwertänderungen $\Delta\mu$ gehen mehr als proportional in Reibkraftänderungen ΔF_R ein (siehe Teilbild 4). Bei progressiven Systemen ergibt sich in Gl.(2.105;2.106) ein negatives Vorzeichen am zweiten Term des Nenners. Wenn das Produkt des zweiten Terms im Nenner der Gl.(2.105;2.106) minus eins oder kleiner minus eins ist,

   $$\frac{v_g}{|v_g|}\cdot\mu\cdot\cot\kappa \leqq -1, \tag{2.113}$$

   wird der Nenner null oder negativ, die Kennlinie hat einen Pol, der den Beginn des Klemmens eines Systems anzeigt. Die Klemmwirkung erstreckt sich über den gesamten Bereich der negativen Kennlinie. Die Kennlinie ist so lange negativ, wie der Wert im Nenner negativ ist. So lange bleibt der Klemmzustand des Reibsystems erhalten (siehe Bild 2.38, Teilbild 4). Aus dem Verlauf der Kennlinie (3) ist zu entnehmen, daß geringe Reibwertänderungen $\Delta\mu$, große Änderungen des Übertragungsfaktors λ_R und damit der Reibkraft F_R zur Folge haben. Das kann sich bei Klemmsystemen sehr unangenehm auswirken, wenn der Betriebsreibwert μ_W nur wenig größer als der Klemmreibwert μ_K ist. Geringfügiges Verkleinern von μ_W unter den Wert von μ_K läßt den Übertragungsfaktor λ_R bzw. die Reibkraft schlagartig vom Wert $\lambda_R \rightarrow \infty$ auf einen relativ kleinen Wert fallen. Eine ehemals klemmende Reibpaarung wird dann durchrutschen.

   Die Anwendung dieses Reibsystems erfolgt bei Backenbremsen und -kupplungen, Trommelbremsen und -kupplungen. In diesen Fällen wird der Betriebsreibwert μ_W so gewählt, daß kein Klemmen eintritt. Bei Klemmgesperren, Klemmbremsen und -kupplungen jedoch soll das Reibsystem bei den auftretenden Reibwerten im Klemmbereich arbeiten [2/22].

Um auch den Einfluß eines veränderlichen Lenkerwinkels κ, wie er bei Zahnradpaarungen auftritt, deutlich zu machen, wird in Bild 2.38, Teilbild 5, ein Diagramm gezeigt, das den Verlauf der Übertragungsfaktoren λ_R und λ_N bei konstantem Reibwert μ, konstanter Kraft F (bzw. konstantem Abtriebsmoment M_{abtr}) bei positiver und negativer Gleitgeschwindigkeit v_g, jedoch veränderlichem Auslenkwinkel κ darstellt. Wenn die die Reibung einleitende Kraft F konstant bleibt, ist nach Gl.(2.101; 2.102) λ_R und λ_N proportional der Reibkraft F_R und der Normalkraft F_N. Für $v_g > 0$ und

$$0° < \kappa < 90° \tag{2.108}$$

bleibt der Nenner in Gl.(2.105) positiv, wird immer kleiner, und es steigt λ_R immer weniger, je größer κ wird (degressives Reibsystem).

Bei

$$\kappa = 90° \tag{2.109}$$

ist

$$\lambda_R = \mu \quad , \tag{2.105-1}$$

$$\lambda_N = 1 \tag{2.106-1}$$

und somit liegt ein lineares Reibsystem vor. Die Steigungen sind aus den Differentialquotienten der Gl.(2.105;2.106) zu berechnen und betragen bei $\kappa = 90°$

$$\frac{d\lambda_R}{d\kappa} = \mu^2 \tag{2.105-2}$$

bzw.

$$\frac{d\lambda_N}{d\kappa} = \mu \; . \tag{2.106-2}$$

Mit steigendem κ werden dann die Übertragungsfaktoren λ stetig größer (progressives Reibsystem) und können, da $\cot\kappa < 0$ wird und der Nenner in Gl.(2.105;2.106) gegen Null geht, beliebig groß oder negativ[1)] werden, z.B. für den Winkelbereich

$$90° < \kappa < 180° \; . \tag{2.110}$$

Ein negativer Wert für den zweiten Term im Nenner der Gl.(2.105;2.106) und damit gegebenenfalls ein beliebig kleiner oder negativer Wert des Nenners kann auch entstehen, wenn bei einem degressiven System, z.B. Bild 2.38, Teilbild 2, die Bewegungsrichtung der Gleitgeschwindigkeit v_g am Hebel sich umkehrt, also negativ wird,

$$v_g < 0 \; , \tag{2.111}$$

$$\frac{v_g}{|v_g|} = -1 \tag{2.112}$$

und das degressive zu einem progressiven Reibsystem wird.

Ein negativer Wert des zweiten Terms im Nenner von Gl.(2.105;2.106) kann nicht nur durch Vergrößerung von κ über 90°, sondern durch ein negatives κ entstehen,

---

1) Die Deutung für ein negatives λ und entsprechende Reibkräfte siehe in [2/19;1/5].

wie in Bild 2.38, Teilbild 3, zu sehen ist. Klemmen entsteht immer dann, wenn gilt:

$$\frac{v_g}{|v_g|} \cdot \mu \cdot \cot \kappa \leqq -1 \ . \tag{2.113}$$

Einen Sonderfall stellen im Diagramm (Teilbild 5) - wie schon erwähnt - die Punkte für

$$\kappa = 0° \text{ bzw. } \kappa = 180° \tag{2.114}$$

dar. Sie definieren mit

$$\lambda_R = 0 \tag{2.115}$$

ein Reibsystem ohne Reibkraft, obwohl der Reibwert in Gl.(2.105) größer als null ist. Gleichzeitig wird auch mit Gl.(2.106) der Übertragungsfaktor für die Normalkraft

$$\lambda_N = 0 \ . \tag{2.116}$$

2.11.3 Übertragung auf die Verhältnisse an Zahnradpaarungen

Das Auftreten von verschiedenen Reibsystemen für verschiedene Winkellagen κ des Lenkers ist in Bild 2.39, Teilbilder 1 bis 3, dargestellt. In Teilbild 1 bewegt sich die Gegenlage so, daß die Gleitgeschwindigkeit v_g negativ ist, in Teilbild 2 so, daß v_g positiv ist. Die Änderung des Richtungssinnes von v_g bewirkt, daß die Reibsysteme spiegelbildlich (um die senkrechte Mittellinie) gewechselt werden, also in den Quadranten I und IV und in den Quadranten II und III sowie auf der waagerechten Linie zwischen linear "ziehend" und linear "stoßend". Die periodische Folge in Abhängigkeit von κ bleibt erhalten. Der schraffierte Sektor gilt für den Bereich, in dem κ kleiner oder gleich dem Reibungswinkel ρ ist,

$$\kappa \leqq \rho \tag{2.117}$$

wobei

$$\rho = \arctan \mu \tag{2.117-1}$$

ist. Dieser Sektor zeigt die Bereiche an, in denen das progressive Reibsystem klemmt (Selbsthemmung hat). Die Lagen für $\kappa = 0°$ bzw. 180° stellen, wie schon in Bild 2.38, Teilbild 5, erwähnt, Sonderfälle, nämlich reibungsfreie "quasi Wälzlagerungen" dar.

Es wechseln kombinierte Zustände von Gleiten und Wälzen, wie sie z.B. bei Zahnradpaarungen entstehen, wenn während des Gleitens eine Veränderung des Lenkerwinkels κ erfolgt, mit reinen Gleitzuständen, wenn der Lenkerwinkel κ konstant bleibt. Wechselt der Richtungssinn des Gleitens (z.B. im Wälzpunkt C), dann sinkt für diesen Augenblick die Gleitgeschwindigkeit auf null herab, $v_g = 0$. Wechselt der Richtungssinn der Lenkerwinkeländerung, dann hört für diesen Augenblick das Wälzen auf. Das tritt bei Zahnradpaarungen nur im Augenblick der Drehsinnänderung auf.

Bild 2.39, Teilbild 3, stellt eine Lenkeranordnung dar, die den Vergleich mit Verzahnungen erleichtert. In Teilbild 3.1 ist ein Lenker angegeben, der eine gerade

Gegenfläche berührt, etwa wie eine Außenzahnflanke eine Zahnstangenflanke berührt, Teilbild 3.2 zeigt einen Lenker, dessen Ende eher der Anordnung einer Innenzahnflanke gleicht. Die Gleitgeschwindigkeit v_g ist hier so gerichtet, daß die Reibkraft F_R zunächst den Lenker von der Gleitfläche wegdrehen, dann aber auf sie zudrehen möchte wie Flanke und Gegenflanke einer Innen-Radpaarung. Aus der Richtung der Gleitgeschwindigkeit v_g am Lenker und der Lenkerstellung zwischen Drehpunkt und Gegenlage läßt sich mit Hilfe der Teilbilder 1 und 2 sofort das Reibsystem ermitteln. Es können, wie man erkennen kann, jeweils alle Bereiche der Reibsysteme durchlaufen werden, vom Klemmbereich durch den progressiven Bereich zum Wälzpunkt, durch den degressiven zum linearen Bereich. Bemerkenswert ist, daß im Wälzpunkt C die nichtlinearen Reibsysteme wechseln und erst am Tangentenpunkt T des getriebenen Rades ein lineares Reibsystem entsteht. Weiter ist von Interesse, daß bei Außen-Radpaarungen der Eingriffsbereich vor dem Wälzpunkt C (Mittenlinie) stets ein progressives, nach dem Wälzpunkt ein degressives Reibsystem darstellt. Bei Innen-Radpaarungen ist im Gegensatz dazu der Eingriff bis zum Wälzpunkt C (Mittenlinie) stets degressiv und nach dem Wälzpunkt progressiv.

In Bild 2.39, Teilbild 3, sind die Reibsysteme so eingezeichnet, als würde die als Gerade gekennzeichnete Ebene das Profil treiben. Treibt dagegen der Lenker, kehrt sich die Gleitgeschwindigkeit v_g um, und aus den degressiven werden progressive, aus den progressiven werden degressive Reibsysteme.

In Teilbild 4 sind die Reibsysteme noch einmal für Außen-Radpaarungen (4.1), Paarungen mit Zahnstange (4.2) und Innen-Radpaarungen (4.3) dargestellt.

Aus der Betrachtung der Reibsysteme kann man folgende Erkenntnisse ziehen: Soll die aufrauhende Wirkung z.B. durch den Eingriff vor dem Wälzpunkt [2/15;2/20; 2/21] im Bereich von progressiven Reibsystemen, insbesondere bei hohen Reibwerten μ und Coulombscher Reibung (Mangelschmierung) vermieden werden, dann sollte man den Eingriffsbeginn bei Außen-Radpaarungen (auch bei Übersetzungen ins Schnelle) möglichst nahe an den Wälzpunkt C legen und das Eingriffsende so nahe an den "Tangentenpunkt" T des getriebenen Rades schieben, als es von der Überdeckung her notwendig ist. Bei Innen-Radpaarungen sollte der Eingriffsbeginn dagegen gegebenenfalls weiter vor dem Wälzpunkt C liegen, das Eingriffsende möglichst nahe dahinter. Hier kann die Regel nicht so eindeutig empfohlen werden, da die wirksame Hebellänge am Abtriebsrad die Vorteile eventuell wieder zunichte macht, wie in Kapitel 5 noch gezeigt wird. Beidemal erhält man Verzahnungen, bei denen die Reibung eher zum Glätten als zum Aufrauhen der Zahnflanken beiträgt. Es wird dadurch der Klemmneigung (insbesondere bei Übersetzung ins Schnelle) entgegengewirkt und der Zahnverschleiß möglichst niedrig gehalten. Im Hinblick auf die Grübchenbildung ist charakteristisch, daß die Schäden beinahe ausschließlich im Bereich des progressiven Reibsystems auftreten.

2.11.4 Reibungsverhältnisse an konkreten Verzahnungen

In Bild 2.40 sind die Lenkerwinkel κ für die wichtigen Eingriffspunkte von T_1 bis T_2 für die Verhältnisse an der konkreten Verzahnung aus Bild 2.37 eingezeichnet. Es fällt dann leichter, die Analogie zu den Lenkern der Bilder 2.38 und 2.39 zu erkennen. Die Eingriffsverhältnisse der gewählten Radpaarung sind bis zu den Tangentenberührpunkten extrapoliert. Als maßgebende Auslenkwinkel bei Antrieb durch Rad 1 (Übersetzung ins Langsame) gelten die Auslenkwinkel κ_2 des Rades 2 (siehe auch Bild 2.41), für den Antrieb durch Rad 2 die Auslenkwinkel κ_1 des Rades 1 (siehe auch Bild 2.42). Sie gelten so wie eingezeichnet als positiv und sind mit Gl. (2.97) aus den Eingriffswinkeln α_y für den jeweiligen Berührungspunkt zu berechnen.

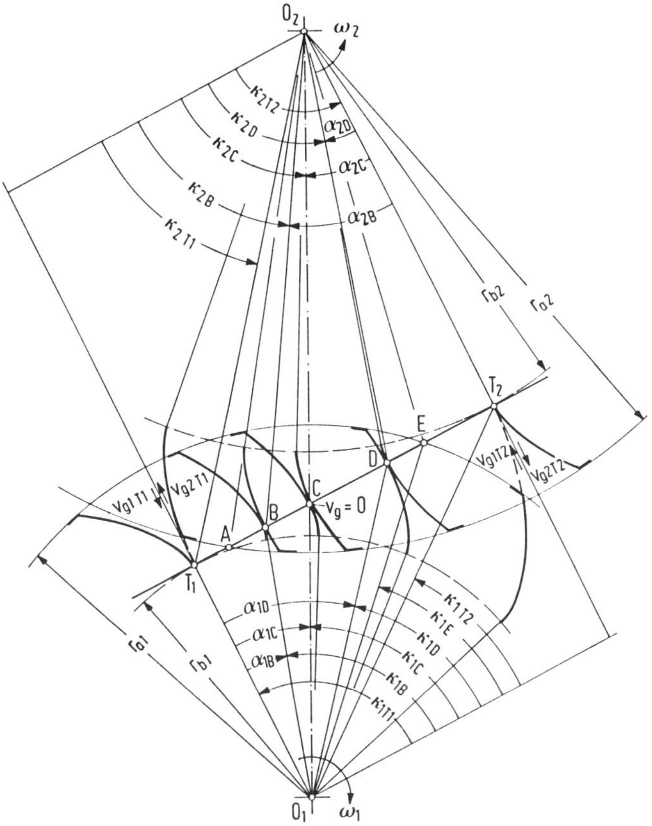

Bild 2.40. Reibsysteme an einer Außen-Radpaarung.

Sowohl bei Übersetzungen ins Langsame als auch ins Schnelle wirken Rad und Gegenrad in der Eintritt-Eingriffsstrecke als progressive, in der Austritt-Eingriffsstrecke als degressive Reibsysteme. In Punkt T_2 wirkt die Paarung bei treibendem Rad 1, in T_1 bei treibendem Rad 2 als lineares Reibsystem, in Punkt C sind es Wälzsysteme. Bei treibendem Rad 1 kann in der Nähe des Punktes T_1 durch das Gegenrad ein Klemmsystem (Selbsthemmung) entstehen, in der Nähe von Punkt T_2 bei treibendem Rad 2. Eingetragen ist die Größe der Eingriffswinkel α_y für die Eingriffspunkte B, C, D und die Größe der Lenkerwinkel κ_y für die Punkte T_1, B, C, D, E, T_2.

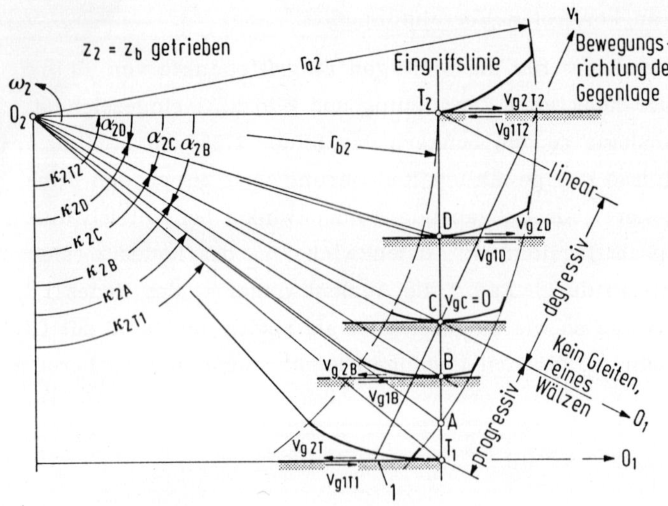

Bild 2.41. Reibsystem für getriebenes größeres Rad.
Erkennen der verschiedenen Reibsysteme von Rad 2 beim Durchlauf einer geraden Gegenflanke (Zahnstange) im gesamten möglichen Eingriffsbereich zwischen den Tangentenberührungspunkten an den Grundkreisen T_1 bis T_2. Im Vergleich mit Bild 2.39, Teilbild 1, Quadrant I, erkennt man, daß im Bereich T_1 bis C ein progressives Reibsystem wirkt, im Vergleich mit Teilbild 2, Quadrant I, daß im Bereich C bis T_2 ein degressives und im Punkt T_2 ein lineares Reibsystem wirkt. Bestimmte progressive Reibsysteme wie die beschriebenen können klemmen und erzeugen Reibkräfte, die mehr als μ-mal größer als die Normalkräfte sind sowie mit wachsendem μ mehr als proportional wachsen. Im Bereich von T_1 ist der Auslenkwinkel κ am kleinsten und die "stoßende" Reibkraft F_R am größten.

In Bild 2.42 sind die Reibsysteme der Zahnradpaarung aus Bild 2.40 eingetragen, wenn der Antrieb nicht von Rad 1, sondern von Rad 2, also dem größeren Rad, erfolgt. Es ändert sich nichts an der Reihenfolge der Reibsysteme bezüglich der Eintritt- und Austritt-Eingriffsstrecke, nur ist die Gefahr des Klemmens bei Eingriffsbeginn viel größer, da der Auslenkwinkel bei Eingriffsbeginn z.B. $\kappa_{1A} = 44°$ aus Bild 2.42 bedeutend kleiner ist als der aus Bild 2.41 mit $\kappa_{2A} = 53{,}5°$. In Bild 2.38, Teilbild 5, kann man erkennen, daß die λ-Werte größer werden, je kleiner der Winkel ist, weil sie wegen der negativen Gleitgeschwindigkeit v_g von rechts gezählt werden (unterste Skala).

Den entsprechenden Wert der Übertragungsfaktoren für die Zahnradpaarungen in Bild 2.37 kann man für die Eingriffspunkte T_1, A, B, C, D, E, T_2 direkt im Diagramm des Bildes 2.38, Teilbild 5 ablesen. Es gilt, daß die aus F_N und F_R resultierende Kraft mit dem für sie wirksamen Radius das Abtriebsmoment ergibt.

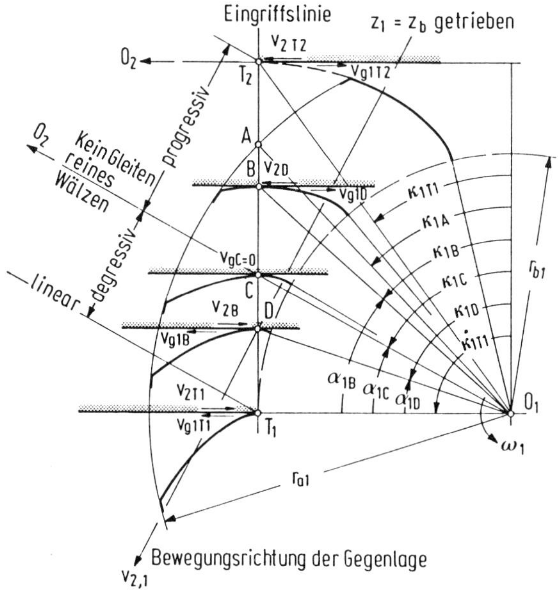

Bild 2.42. Reibsystem für getriebenes kleineres Rad.
Wird das kleinere Rad z_1 getrieben, dann entsprechen auch die Reibsysteme am Rad 1 denen von Rad 2, nun jedoch mit Punkt T_2 beginnend. Sie folgen den Systemen von Bild 2.39, Teilbild 1, im Quadrant I mit einem progressiven Reibsystem beginnend und wie in Teilbild 2 mit einem degressiven fortsetzend. Für κ = 40° (Punkt T_1) ergibt sich ein lineares System. Nicht nur die Reibkraft F_R kann sich durch den Systemwechsel deutlich ändern, sondern vielmehr auch die Normalkraft F_N. Das kann relativ große Schwankungen der wirksamen Antriebskräfte verursachen. Es bedeutet, daß auch fehlerfreie Zahnradpaarungen allein durch den plötzlichen Wechsel der Reibsysteme, zumal, wenn sie trocken laufen, eine zahnfrequenzabhängige Schwankung der Normal- und Reibkraft aufweisen.

In den Bildern 2.40 bis 2.42 ist der Vergleich der Lenkerstellung für die verschiedenen Eingriffspunkte mit den Systemen aus Bild 2.38 nicht so einfach möglich, weil die Lenker alle in einem Drehpunkt vereinigt sind. Das Bild 2.43 läßt das jeweilige Reibsystem für wichtige Eingriffspunkte in Einzeldarstellungen deutlich erkennen, ebenso die Absolut- und die Relativbewegung der Gegenlage (Zahnstangenflanke, Tangente auf Zahnradflanke) und das Verhältnis der verschiedenen Winkel. Gleit- und Wälzbewegungen sowie ihr Übergang in den einzelnen Phasen sind gut zu unterscheiden. Das Bild gilt für Außen-Radpaare. Stellt man es jedoch auf den Kopf und stellt sich vor, die Gegenlage 1 würde von einem Drehpunkt aus geführt, der auf der gleichen Seite wie der Drehpunkt des Lenkers liegt, dann gilt die Darstellung auch für Innen-Radpaare und antreibendes Ritzel. Treibt jedoch das Hohlrad an, dann bedeutet das eine kinematische Umkehr, bei der die nichtlinearen Reibsysteme wechseln [1/5], und es hat bei Innen-Radpaaren die Eintritt-Eingriffsstrecke stets ein degressives und die Austritt-Eingriffsstrecke immer ein progressives Reibsystem.

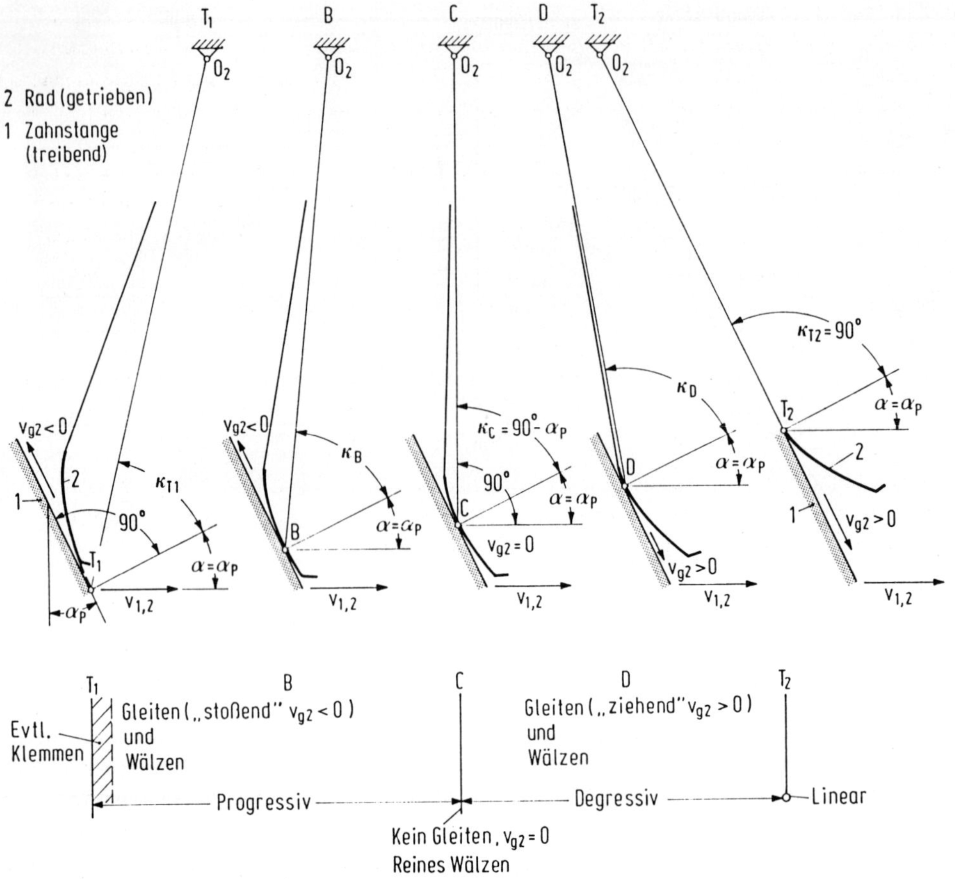

2.11.5 Übertragungsfaktoren, Normal- und Reibkraft entlang der Eingriffsstrecke

Um noch deutlicher zu erkennen, an welchen Stellen des Eingriffs sich die Reibung zwischen den Flanken in welcher Weise auf die Zahnkräfte auswirkt, werden in Bild 2.44 die Werte für die Normalkraft F_N, die Reibkraft F_R und die Übertragungsfaktoren λ_R, λ_N für Sonder- und Normalverzahnungen berechnet sowie gemessen und in Diagrammen über der Eingriffsstrecke aufgetragen. In Teilbild 1 sind die entsprechenden Werte der Verzahnung aus Bild 2.40 so aufgetragen, als wäre nur ein Zahnradpaar ($\varepsilon_\alpha = 1$) und das vom Punkt T_1 bis T_2 im Eingriff. Dies und das Umkehren des Ordinatenrichtungssinnes in Teilbild 1.2 dient dem besseren Vergleich mit den Meßschrieben des Teilbildes 2.

Das Diagramm in Teilbild 1.1 zeigt deutlich den Sprung der Normalkraft F_N beim Übergang vom progressiven zum degressiven Reibsystem im Wälzpunkt C und beim Übergang vom degressiven zum progressiven Reibsystem am Eingriffsende E, das mit dem Eingriffsanfang A hier zusammenfällt. In Teilbild 1.2 ist der entsprechende Verlauf

Bild 2.43. Gleitverhältnisse an Außen-Radpaaren, dargestellt an einem Lenkermodell, das einer Zahnradpaarung mit treibender Zahnstange entspricht. Das Modell ermöglicht eine unmittelbare Übertragung der Gesetzmäßigkeiten von Reibsystemen auf Außen-Radpaare. $v_{1,2}$ ist die Geschwindigkeit von Gegenlage 1 gegenüber dem Gestell 0_2. Rad 2 wird getrieben. An den einzelnen Eingriffspunkten wirken folgende Reibsysteme:

T_1: Die Gleitgeschwindigkeit ist $v_{g2} < 0$ und der Lenkerwinkel $\kappa > 0$. Es entsteht nach Gl. (2.105) ein progressives Reibsystem. Klemmen (Selbsthemmung) der Verzahnung ist in ungünstigen Fällen möglich. Im Eingriffsbereich zwischen T_1 und C findet Gleiten und Wälzen statt.

B: Wie im Eingriffspunkt T_1, jedoch mit größerem Lenkerwinkel κ und kleinerem Betrag für v_{g2}.

C: Im Wälzpunkt C findet kein Gleiten statt, jedoch Wälzen. Die Gleitgeschwindigkeit kehrt ihren Richtungssinn um und daher wechselt hier das progressive in ein degressives Reibsystem. Die Reibkraft F_R und die Normalkraft F_N haben einen Sprung (siehe Bild 2.44).

D: Die Gleitgeschwindigkeit v_{g2} und der Lenkerwinkel sind vom Eingriffspunkt C an positiv. Nach Gl.(2.105) liegt ein degressives Reibsystem vor. Die Reibkraft wird kleiner als bei einem linearen System. Es findet gleichzeitig Wälzen statt.

T_2: Die Gleitgeschwindigkeit v_g und der Lenkerwinkel κ haben den größten positiven Wert. Da $\kappa_{T2} = 90°$ ist, wirkt nach Gl.(2.105) ein lineares Reibsystem mit $\lambda = \mu$ und $F_N = \mu F$. Dieser Eingriffspunkt am Ende der degressiven Phase ist der einzige mit einem linearen Reibsystem. Er wird bei Radpaarungen beinahe nie für die Überdeckung ausgenutzt, da er am Grundkreis des Rades 2 liegt und sehr große Gleitgeschwindigkeiten aufweist.

---

der Reibkraft F_R gezeigt, der den größeren Sprung am Eingriffsanfang A bzw. Eingriffsende E zeigt, da sich aufgrund der wechselnden Gleitgeschwindigkeit eine Richtungssinn-Umkehr ergibt.

In den Teilbildern 1.1 und 1.2 sind als Ordinaten immer die Vielfachen der Kraft F, d.h. die Übertragungsfaktoren angegeben. Teilbild 1.3 zeigt das Diagramm für den Übertragungsfaktor λ_R und Teilbild 1.4 für den Richtungssinn der Gleitgeschwindigkeit. Aus den Teilbildern 1.3 und 1.4 entsteht aufgrund der Gl.(2.103) das Teilbild 1.2. Teilbild 1.3 gestattet aber andererseits auch den Vergleich mit dem Übertragungsfaktor λ_R einer üblichen Außen-Radpaarung.

Teilbild 2 des Bildes 2.44 zeigt Meßschriebe über die Normal- und Reibkräfte einer Evolventen-Radpaarung zwischen den Berührpunkten T_1 und T_2 der Tangente an die Grundkreise. Um den Eingriffsbereich bis zu diesen Punkten ausdehnen zu können, wurden Sonderverzahnungen angefertigt mit jeweils zwei Zähnen. Bei der Paarung war jeweils nur ein Zahnpaar im Eingriff. Die Versuchsergebnisse von Mette [2/16] erfaßten die Zahnnormalkraft F_N und die Reibkraft F_R in Abhängigkeit der maximalen Gleitgeschwindigkeit $v_{g\,max}$, der Werkstoffpaarungen Messing/Kunststoff, Messing/Messing und der Schmierverhältnisse. Das Verhältnis der Trägheitsmomente

1

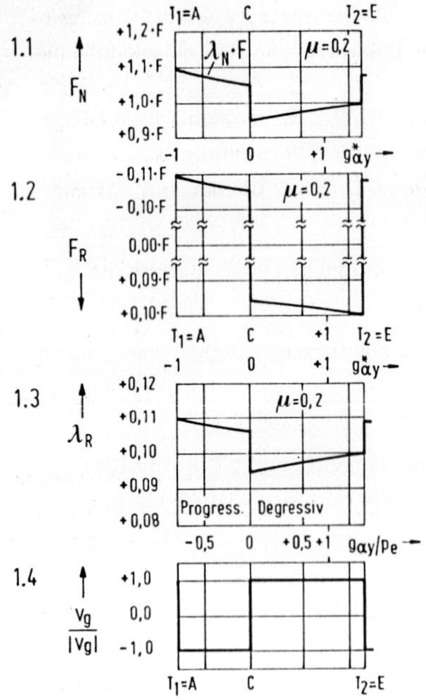

2

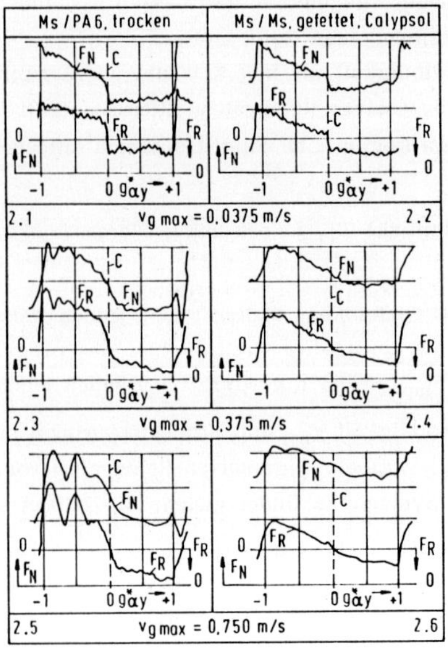

$$F_N = \lambda_N \cdot F$$

$$F_R = \frac{v_g}{|v_g|} \cdot (\lambda_R \cdot F)$$

$$F = M_{Abtr.} / r_{b\,Abtr.}$$

$$g_{\alpha y} = \pm(\rho_{C1} - \rho_{y1}) = \mp(\rho_{C2} - \rho_{y2})$$

$$g^*_{\alpha y} = g_{\alpha y} / \overline{T_1 C} = g_{\alpha y} / r_{b1} \tan \alpha_w$$

3

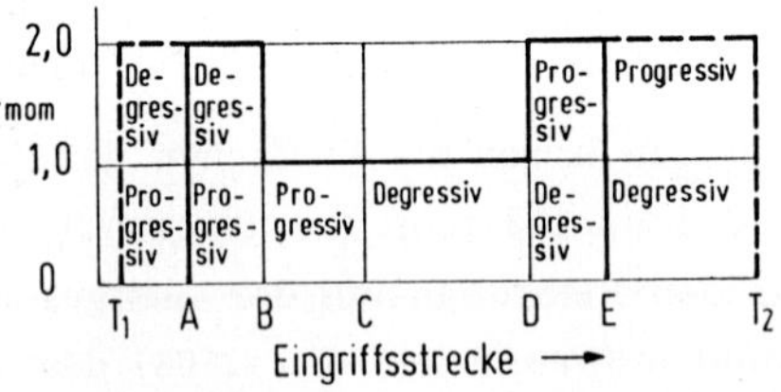

5

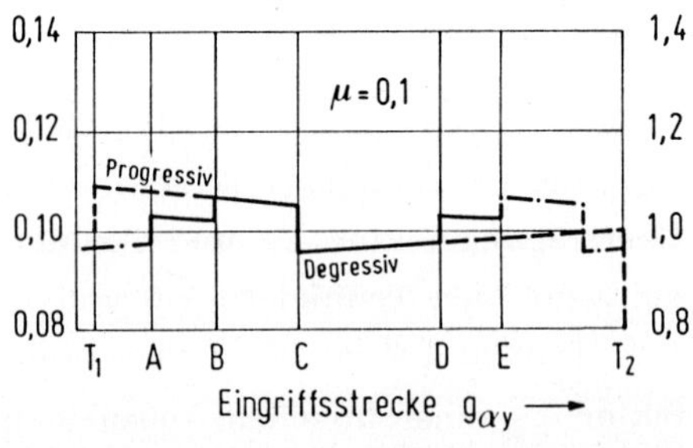

4

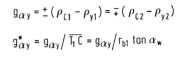

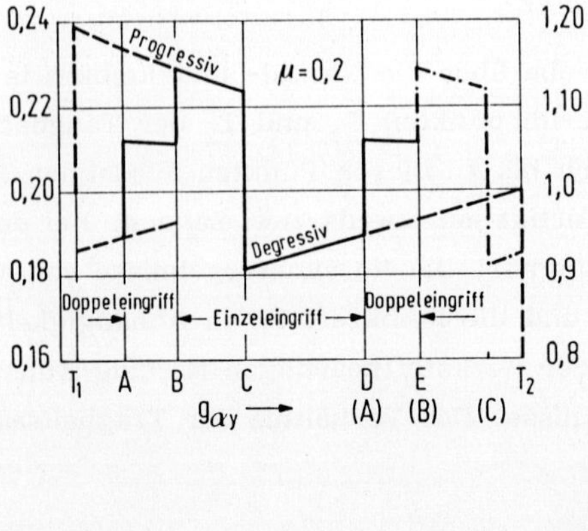

Bild 2.44. Wechsel der Reibsysteme im Eingriffsverlauf bei Außen-Radpaaren, Verlauf der Kraftübertragung bei wirksamen Größen des Reibwertes.
Teilbild 1: Übertragungsfaktoren und Kräfte für Einzeleingriff. Für eine Außen-Radpaarung (Bedingungen wie in Teilbild 2), wird in Diagramm 1.1 die Normalkraft F_N nach Gl.(2.102) sowie der dazugehörende Übertragungsfaktor λ_N, und in Diagramm 1.2 die Reibkraft F_R, Gl.(2.103), über der bezogenen theoretisch möglichen Eingriffsstrecke $g^*_{\alpha y}$ aufgetragen. Zwischen Tangentenberührungspunkt T_1 und Wälzpunkt C wirkt bei Antrieb von Rad 1 ein progressives, zwischen Wälzpunkt C und Tangentenberührungspunkt T_2 ein degressives Reibsystem. Sowohl am Wälzpunkt C als auch am Übergang von Eingriffsende zu Eingriffsbeginn (hier bei Überdeckung $\varepsilon = 1$) erfolgt ein Sprung der Normal- und Reibkraft. Für eine konstante Abtriebskraft F (bzw. Abtriebsmoment M_{abtr}) muß die Antriebskraft F_N (Antriebsmoment M_{antr}) am Eingriffsbeginn größer sein, am Wälzpunkt kleiner werden, um am Eingriffsende gleich der Abtriebskraft zu sein. Ist die Antriebskraft F_N (Antriebsmoment) konstant, wird die Abtriebskraft F (Abtriebsmoment) am Eingriffsbeginn kleiner, springt am Wälzpunkt auf einen höheren Wert und sinkt auf den Wert der Abtriebskraft. Ähnlich verhalten sich die Reibkräfte in Diagramm 1.2.

Die Darstellungen in Diagramm 1.1 und 1.2 sind des besseren Vergleichs wegen den Meßprotokollen in Teilbild 2 angepaßt. Aus der üblichen Darstellung des Übertragungsfaktors für Reibkräfte λ_R, Diagramm 1.3, und des Richtungssinnes für Gleitgeschwindigkeiten, Diagramm 1.4, ergibt sich nach Gl.(2.103) das Diagramm 1.2.
Teilbild 2: Messung der Normal- und Reibkräfte. An einem für diese Zwecke besonders geeigneten Sonder-Zahnradpaar mit möglichst kleiner Zähnezahl ($z = 2$, geradverzahnt), extremen Gleitverhältnissen ($-\infty \leq \xi \leq +1$), geometrisch gleichen Zahnflanken, Kraftübertragung nur an e i n e m Zahnpaar, Eingriff über den gesamten möglichen Bereich von T_1 bis T_2, Überdeckung $\varepsilon = 1$, wurden die Gleitverhältnisse experimentell erfaßt und die Normal- und Reibkraft bei verschiedenen Schmierverhältnissen, Gleitgeschwindigkeiten und Paarungswerkstoffen gemessen [2/16]. Die Änderung der Normal- und Reibkräfte ist ähnlich wie in Teilbild 1. Schmierung und hohe Gleitgeschwindigkeit verringern zusätzlich den Reibwert μ bis beinahe zum Wert Null im Wälzpunkt C, so daß dort kein Sprung mehr erfolgt (Felder 2.4 und 2.6). Das Verhältnis der Trägheitsmomente J_1, J_2 von Antrieb zu Abtrieb war bei der Versuchseinrichtung etwa $J_1/J_2 \rightarrow \infty$.
Teilbild 3: Überdeckungsverhältnisse für übliche Außen-Radpaarungen mit ($1 < \varepsilon_\alpha < 2$), hier im besonderen für die Paarung nach Bild 2.37 bzw. 2.40. Während des Eingriffs von zwei Zahnpaaren vom Anfangspunkt des Eingriffs A bis zum inneren Einzeleingriffspunkt B sowie vom äußeren Eingriffspunkt D bis zum Endpunkt des Eingriffs E wirken ein progressives und ein degressives Reibsystem gleichzeitig (allerdings mit halber Kraft), zwischen den Punkten B und C nur ein progressives, zwischen C und D nur ein degressives Reibsystem (hier mit ganzer Kraft für F, F_N und F_R).
Teilbilder 4;5: Übertragungsfaktoren λ_R für Reibkräfte bei Doppeleingriff. Gegenüber dem Diagramm 1.3 wird der Sprung am Anfangspunkt A und am Endpunkt E des Eingriffs gemildert, ist aber an den Einzeleingriffspunkten B und D relativ groß und am größten am Wälzpunkt C. Wie sehr eine Verringerung des Reibwertes μ diese Verhältnisse verändert, zeigt der Vergleich der Diagramme in den Teilbildern 4 und 5. Die gestrichelten Linien zeigen den Verlauf, wenn die Einzeleingriffspunkte an den Anfangs- bzw. Endpunkt des Eingriffs wandern würden.

der rotierenden Massen J_1/J_2, das auf den Kurvenverlauf einen starken Einfluß hat, war im dargestellten Fall $J_1/J_2 \to \infty$. Bei langsamer Bewegung gleicht der theoretische Verlauf der Übertragungsfaktoren λ_N, λ_R bzw. der ihnen proportionalen Kräfte F_N, F_R (Bild 2.44, Teilbild 1) auffallend dem gemessenen Verlauf der Felder 2.1, 2.2, 2.3 und 2.5 in Teilbild 2. Sowohl der Sprung im Wälzpunkt C ist vorhanden als auch der Sprung am Ende eines Eingriffpaares zum Eingriff des nächsten. Bei höheren Gleitgeschwindigkeiten und zusätzlicher Schmierung wird der Übergang im Wälzpunkt C kontinuierlich und der Abfall der Kräfte in diesem Bereich stärker als mit dem Reibsystem erklärbar. Die Größe der Reibkraft hängt offensichtlich neben der Gleitgeschwindigkeit wesentlich vom Anteil des Gleitens bei einer kombinierten Gleit-Wälzbewegung ab. Es muß angenommen werden, daß hier beim Übergang vom Gleit-Wälzen zum reinen Wälzen bei relativ geringer Belastung der Gleitreibwert sehr klein wird. Es wurde mit den Versuchen bestätigt, daß auch bei einer annähernd fehlerfreien Verzahnung ein reibungsbedingter Sprung der Zahnkräfte grundsätzlich unvermeidbar ist. Damit konnte nachgewiesen werden, daß aufgrund des Reibungseinflusses ein rein stationärer Bewegungszustand im allgemeinen nicht möglich ist. In weiteren Versuchen [2/16] wurde gezeigt, daß der beschriebene Verlauf der Zahnkräfte von dynamischen Zusatzwirkungen abhängt, die über angekoppelte Drehmassen an An- und Abtrieb beeinflußbar sind (z.B. wenn J_1/J_2 die Werte ∞, 1 oder 0 annimmt).

Um den Einfluß der Reibsysteme für übliche Paarungen mit Überdeckungen zwischen $1 < \varepsilon_\alpha < 2$ zu erfassen, wurden in Bild 2.44 für die Paarung aus Bild 2.37 bzw. 2.40 die Übertragungsfaktoren sowohl für den Mehrfach- als auch für den Einzeleingriffsbereich über dem Eingriff aufgetragen. Teilbild 3 veranschaulicht die momentane Überdeckung $\varepsilon_{\alpha mom}$ von einem oder zwei Zahnpaaren und die gleichzeitige Wirkung von einem oder zwei Reibsystemen. Die Teilbilder 4 und 5 zeigen den Übertragungsfaktor für Reibkraft λ_R bei Mehrfacheingriff. Bei gleichzeitiger Wirkung von zwei verschiedenen Reibsystemen, also im Bereich zwischen A und B bzw. zwischen D und E wurde ein Mittelwert der λ-Werte angenommen. Die gestrichelte Linie zeigt, ähnlich wie in Teilbild 1.3, den λ_R-Verlauf, wenn nur ein Zahnpaar im Eingriff ist mit dem großen Sprung am Eingriffsbeginn (bzw. -ende), die strichpunktierte Linie veranschaulicht die periodische Wiederholung der Schwankungen des Übertragungsfaktors $\lambda_R = f(g_{\alpha y})$.

Gut zu erkennen ist in den Teilbildern 4 und 5, daß am Eingriffsbeginn A nicht mehr der große Sprung von λ_R, wie z.B. in Teilbild 1.3 vorliegt, sondern ein etwas kleinerer, der im Gegensatz dazu aber unterhalb der Größe $\lambda_R = \mu$ beginnt. Er ist identisch mit dem Sprung am äußeren Einzeleingriffspunkt D. Am inneren Einzeleingriffspunkt B und am Eingriffsende E erfolgt ein kleinerer Sprung. Der größte Sprung findet im Wälzpunkt C statt, der danach gar nicht so ideale Eingriffsverhältnisse aufweist, wie man es schlechthin annimmt. Dieser Sprung, insbesondere bei größeren

Reibwerten, kann zwei Auswirkungen haben: Zum einen eine ungleichförmige Bewegungsübertragung, denn die Normalkraft F_N schwankt im gleichen Verhältnis, zum anderen eine ungünstige Oberflächenbeanspruchung, weil die unmittelbar vor und nach dem Wälzpunkt wirksame Reibkraft F_R bei großen Kräften, bei gegen Null gehender und umkehrender Gleitgeschwindigkeit die Oberfläche auch tangential verformt, da die Profilflächen zu langsam übereinander hinweggleiten.

Aus den Teilbildern 4 und 5 ist zu erkennen, daß der Übertragungsfaktor λ_R, mit ihm auch die Reibkraft F_R mehr bzw. weniger als proportional mit dem Reibwert steigen kann (siehe auch Bild 2.38, Teilbild 4), die Differenz, d.h. die Sprünge, jedoch hier mehr als proportional steigen. Die folgenden Zahlenbeispiele für die Außen-Radpaarung nach Bild 2.37 bzw. 2.40 mögen das veranschaulichen.

Nach Gl.(2.103) und Gl.(2.102) kann man schreiben

$$dF_R = \frac{v_g}{|v_g|}\,(d\lambda_R \cdot F) \qquad (2.118)$$

und

$$dF_N = d\lambda_N \cdot F \ . \qquad (2.119)$$

Ändert sich daher beim Wechsel der Reibsysteme der Übertragungsfaktor λ_R oder λ_N, ändert sich in gleichem Maße auch die Reib- bzw. die Normalkraft. Für den Sprung am Wälzpunkt C erhält man z.B. mit den Werten aus der Tabelle und den Gl.(2.118;2.119) für $\mu = 0{,}1$ und $\mu = 0{,}2$

$$\Delta F_R \approx 0{,}010 \cdot F \quad \text{mit} \quad \mu = 0{,}1 \qquad (2.118\text{-}1)$$

$$\approx 0{,}041 \cdot F \quad \text{mit} \quad \mu = 0{,}2 \qquad (2.118\text{-}2)$$

$$\Delta F_N \approx 0{,}102 \cdot F \quad \text{mit} \quad \mu = 0{,}1 \qquad (2.119\text{-}1)$$

$$\approx 0{,}206 \cdot F \quad \text{mit} \quad \mu = 0{,}2 \ . \qquad (2.119\text{-}2)$$

Mit F kann man auch d i e Kraft bezeichnen, die sich aus dem Abtriebsmoment ergibt, das im betrachteten Fall von Rad 2 ausgeht

$$F = \frac{M_2}{r_{b2}} \qquad (2.120)$$

und mit F_N die entsprechende Kraft aus dem Antriebsmoment

$$F_N = \frac{M_1}{r_{b1}} \ . \qquad (2.121)$$

Bei gleicher Abtriebskraft F ändert sich daher beim betrachteten Beispiel am Wälzpunkt die Reibkraft F_R und die Antriebskraft F_N für $\mu = 0{,}1$ kurzzeitig um bis zu 10%, für $\mu = 0{,}2$ um bis zu 20%.

κ \ λ	$\mu = 0,1$			$\mu = 0,2$		
	λ_R	$\Delta\lambda_R$	$\Delta\lambda_N = \frac{1}{\mu}\Delta\lambda_R$	λ_R	$\Delta\lambda_R$	$\Delta\lambda_N = \frac{1}{\mu}\Delta\lambda_R$
$\kappa_{2A} = 53,5°$	0,10799	$\frac{A+D}{2} - D = 0,00539$	0,0539	0,23474	$\frac{A+D}{2} - D = 0,02280$	0,1140
$\kappa_{2B} = 57,5°$	0,10680	$B - \frac{B+E}{2} = 0,00436$	0,0436	0,22920	$B - \frac{B+E}{2} = 0,01831$	0,0916
$\kappa_{2Cp} = 63,0°$	0,10536	$C_p - C_d = 0,01021$	0,1021	0,22269	$C_p - C_d = 0,04119$	0,2060
$\kappa_{2Cd} = 63,0°$	0,09515			0,18150		
$\kappa_{2D} = 74,0°$	0,09721	$\frac{\Delta\lambda_R}{\lambda_R} \approx 10\%$	$\frac{\Delta\lambda_N}{\lambda_N} \approx 10\%$	0,18915	$\frac{\Delta\lambda_R}{\lambda_R} \approx 20\%$	$\frac{\Delta\lambda_N}{\lambda_N} \approx 20\%$
$\kappa_{2E} = 79,0°$	0,09809			0,19259		

Tabelle mit den Werten für die Übertragungsfaktoren der Radpaarung aus Bild 2.37 bzw. 2.40 an den Eingriffspunkten A, B, C, D, E. Es bedeutet in der Tabelle $A = \lambda_{RA}$, $B = \lambda_{RB}$, $C_p = \lambda_{RCprogr}$, $C_d = \lambda_{RCdegr}$ usw.

Die in der Praxis eingesetzten Radpaarungen arbeiten in der Regel mit Ölschmierung, so daß sowohl der Reibwert μ als auch die Ungleichförmigkeit von Abtriebs- bzw. Antriebskraft viel kleiner werden. Allerdings macht sich diese Ungleichförmigkeit der An- bzw. Abtriebskraft im Geräusch bemerkbar. Bei Verwendung von Schrägverzahnungen gleichen sich die ungleichförmigen An- bzw. Abtriebskräfte in gewissen Grenzen aus, weil der Eingriff in jeder Stirnebene phasenverschoben erfolgt. Der Grad des Ausgleichs hängt von der günstigen Größe und Aufteilung von Profil- und Sprungüberdeckung ab.

2.12 Berechnung der geometrischen Größen für geradverzahnte Stirnräder

2.12.1 Lösung der Aufgabenstellung 2-1

Aufgabenstellung 2-1 siehe Abschnitt 2.2.5, S. 43 (Zahnkopf-, Zahnfußdicke)

1. Die Evolventenflanken werden bei Zähnezahlen z < 7 am Fußende merklich zerstört (siehe Bild 2.45).

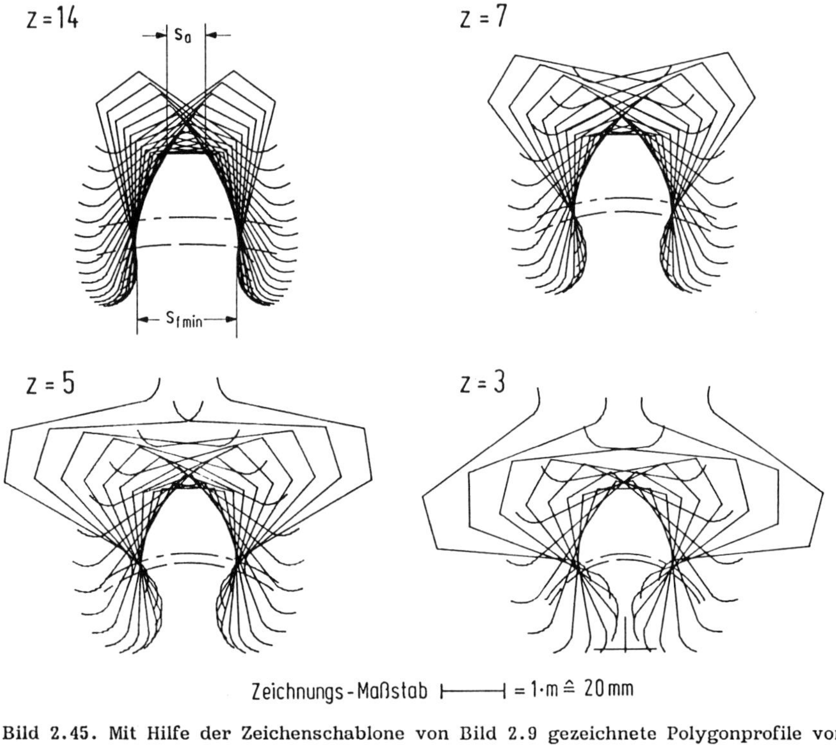

Bild 2.45. Mit Hilfe der Zeichenschablone von Bild 2.9 gezeichnete Polygonprofile von Zahnrädern mit verschiedenen Zähnezahlen zur Bestimmung der verbleibenden minimalen Zahndicken im Fußbereich $s_{f\,min}$ und am Zahnkopf s_a. Bezugsprofil (Bild 2.11) nach DIN 867 [2/3], Profilverschiebungsfaktor x = 0.

2. Die minimalen Zahndicken sind s_{min} = 32 mm, 24 mm, 17,5 mm, 4 mm. Sie nehmen mit sinkender Zähnezahl infolge des auftretenden Unterschnitts ab.

3. Die Zahnkopfdicke des erzeugenden Bezugsprofils ist $s_{aP} = 20 \cdot (\pi/2 - \tan 20°) =$ 16,86 mm. Aus Bild 2.45 können die Zahnkopfdicken direkt abgegriffen werden, wobei der Zeichnungs-Maßstab zu berücksichtigen ist. Es ergibt sich für z = 14;7;5;3, s_a = 13 mm, 10 mm, 9 mm, 4,5 mm, s_a/s_{aP} = 0,77;0,59;0,53;0,27.

2.12.2 Lösung der Aufgabenstellung 2-2

Aufgabenstellung 2-2 siehe Abschnitt 2.4.6, S. 57 (Zahnhöhen, Zahnfußradius)

1. Die nutzbare Zahnflanke wird am Fußende durch den Beginn des Unterschnitts begrenzt. Aus Bild 2.46 folgt, daß h_{Ff} = 2,5 mm ist. Die Fuß-Formhöhe des zugrunde gelegten Bezugsprofils beträgt $h_{FfP} = h^*_{FfP} \cdot m = 1{,}0 \cdot 20 = 20$ mm. Die Fuß-Formhöhe und damit die nutzbare Zahnfußhöhe des Rades ist achtmal kleiner als die Fuß-Formhöhe h_{FfP} des Bezugsprofils.

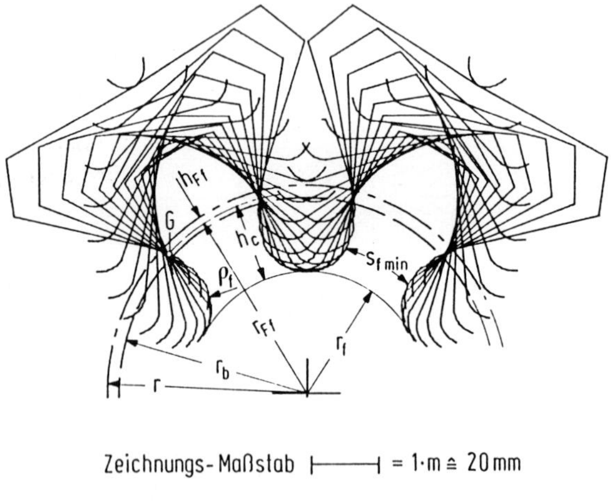

Bild 2.46. Mit Hilfe der Zeichenschablone von Bild 2.9 gezeichnetes Polygonprofil eines Zahnrades mit $z = 6$ Zähnen zur Ermittlung der Zahnfuß-Formhöhe h_{Ff}, des beginnenden Unterschnitts am Punkt G, der Zahnhöhe des Fußgrundes h_c, des kleinsten Fußrundungshalbmessers ρ_F und der kleinsten Zahndicke $s_{f\,min}$ am Zahnfuß. Bezugsprofil (Bild 2.11) nach DIN 867 [2/3], Profilverbungsfaktor $x = 0$.

2. Es tritt Unterschnitt ein, da ein Teil der erzeugten Flanke durch den austauchenden Fräserkopf weggeschnitten wird, siehe Bild 2.46.

3. Aus Bild 2.46 entnimmt man die Höhe des Zahnlückengrundes mit h_c = 23 mm. Da das Kopfspiel mit $c = c^* \cdot m = 0{,}25 \cdot 20 = 5$ mm ist, kann der Gegenzahn um den Betrag $h_c - c = 23 - 5 = 18$ mm eintauchen.

4. Der kleinste Fußrundungshalbmesser beträgt ρ_F = 15 mm.

5. Die kleinste Zahndicke am Fuß beträgt $s_{f\,min}$ = 21,5 mm.

2.12.3 Lösung der Aufgabenstellung 2-3

Aufgabenstellung 2-3 siehe Abschnitt 2.5.4, S. 70 (Verschiedene Bezugsprofile, xm)

1. Mit den Gl.(2.21;2.21-1;2.13) ergeben sich Modul m und Teilung p des alten Zahnrades in metrischen Maßen zu m = w/P [mm] = (25,4/40) mm = 0,635 mm; $p = \pi \cdot m = \pi \cdot 0{,}635$ mm = 1,995 mm.

   Nach DIN 780 [2/2], siehe Bild 8.1, sind als nächstliegende genormte Moduln die Werte m = 0,6 mm der Reihe I oder m = 0,65 mm der Reihe II zu wählen. Obwohl Reihe I bevorzugt werden soll, wird wegen besserer Übereinstimmung der Teilung m = 0,65 mm gewählt. Es ist dann die Teilung mit Gl.(2.13) $p = \pi \cdot 0{,}65$ mm = 2,042 mm, der Profilverschiebungsfaktor $x = (x/P) \cdot P$ = 0,0125 Zoll · 40 Zoll^{-1} = 0,5, die Profilverschiebung $x \cdot m = 0{,}5 \cdot 0{,}65$ mm = 0,325 mm.

2. Kleinster und größter Profilverschiebungsfaktor werden durch Unterschnitt- und Spitzengrenze bestimmt. Für die beiden genormten Bezugsprofile [2/3;2/5], siehe auch Bilder 2.11 und 2.12, erhält man mit Gl.(2.28) $x_u = x_{min} = h^*_{FfP} - (1/2) \cdot z \cdot \sin^2 \alpha_P$ für DIN 867 den Wert $x_{min} = 1 - 1/2 \cdot 25 \cdot \sin^2 20° = -0{,}462$, für DIN 58400 $x_{min} = 1{,}1 - 1/2 \cdot 25 \cdot \sin^2 20° = -0{,}362$.

   Die Spitzengrenze kann aus der Gl.(2.40)

$$x_s = x_{max} = \frac{z \cdot (\text{inv}\alpha_a - \text{inv}\alpha_P) - \frac{\pi}{2}}{2 \cdot \tan\alpha_P}$$

   und der Gl.(2.41), wobei hier $k^* = 0$ sei,

$$\cos\alpha_a = \frac{z \cdot \cos \alpha_P}{z + 2x_s + 2h^*_{aP} + 2k^*}$$

   durch iteratives Vorgehen berechnet werden. Die Werte sind für DIN 867 x_s = 1,432, für DIN 58 400 x_s = 1,207. Die Werte können auch den Bildern 2.19, 4.9 und 8.2 bis 8.5 entnommen werden. Für DIN 867 ist der Bereich zulässiger Profilverschiebung viel größer als für DIN 58 400.

3. Für das Zahnrad mit dem Profilwinkel des Bezugsprofils $\alpha_P = 15°$ erhält man für $x_{min} = 1 - (1/2) \cdot 25 \cdot \sin^2 15° = 0{,}163$ und mit Gl.(2.40;2.41) nach Iteration x_{max} = 1,47. Die Unterschnittgrenze tritt früher, die Spitzengrenze später auf. In Kapitel 8 wird ein Struktogramm für die Programmierung der beiden Gl.(2.40) und (2.41) angegeben für die Durchführung des Iterationsprozesses im Rechner.

2.12.4 Lösung der Aufgabenstellung 2-4

Aufgabenstellung 2-4 siehe Abschnitt 2.6.4, S. 80 (Achsabstand, Profilverschiebung)

1. Der Null-Achsabstand a_d ist mit Gl.(2.43)

$$a_d = \frac{18+55}{2}\cdot 1{,}25 = 45{,}625 \text{ mm},$$

der Betriebseingriffswinkel α_w mit Gl.(2.49)

$$\text{inv}\alpha_w = \frac{0+0}{18+55}\cdot 2\cdot \tan 20° + \text{inv}\,\alpha_P,$$

weil $x_1 + x_2 = 0$ ist, wird $\text{inv}\alpha_w = \text{inv}\,\alpha_P$, also $\alpha_w = \alpha_P$. Somit ist auch der (Betriebs-) Achsabstand mit Gl.(2.48) $a = a_d$ gleich dem Nullachsabstand. Da $x_1 + x_2 = 0$ ist, ist auch keine Kopfhöhenänderung erforderlich, $k = 0$.

2. Damit der Achsabstand $a = a_d$ erhalten bleibt, muß $\alpha_w = \alpha_P$ sein. Das ist nach Gl.(2.49) nur der Fall, wenn $z_1 + z_2 \to \infty$ geht (also Zahnstangen vorliegen) oder wenn $x_1 + x_2 = 0$ ist. Wählt man $x_1 = +0{,}5$, muß dann $x_2 = -0{,}5$ werden.

3. Mit der Korhammerschen Beziehung, Gl.(2.49) und den gegebenen Größen wird der Profilverschiebungsfaktor

$$x_2 = \frac{z_1 + z_2}{2\tan\alpha_P}\,(\text{inv}\,\alpha_w - \text{inv}\,\alpha_P) - x_1.$$

Mit dem Betriebseingriffswinkel aus Gl.(2.48) erhält man

$$a_d\cdot\cos\alpha_P = a\cdot\cos\alpha_w$$

$$\cos\alpha_w = \frac{a_d}{a}\cos\alpha_P$$

und damit

$$\alpha_w = \text{arc}\cos\left(\frac{a_d}{a}\cos\alpha_P\right) = \text{arc}\cos\left(\frac{45{,}625}{46}\cos 20°\right) = 21{,}2462°.$$

Es ist dann

$$x_2 = \frac{18+55}{2\cdot\tan 20°}\,(\text{inv}\ 21{,}2462° + \text{inv}\ 20°) - 0{,}5 = -0{,}191.$$

Da $x_1 + x_2 \neq 0$, ist eine Kopfhöhenänderung erforderlich. Sie beträgt mit Gl.(2.59) $k^*\cdot m = y\cdot m - (x_1 + x_2)\cdot m$ und mit Gl.(2.51) $y\cdot m = a - a_d$ ergibt sich $k^*\cdot m = a - a_d - (x_1 + x_2)\cdot m = 46{,}00 - 45{,}625 - (0{,}5 - 0{,}191)\cdot 1{,}25 = -0{,}011$ mm; $k^* = -0{,}009$.

2.12.5 Lösung der Aufgabenstellung 2-5

Aufgabenstellung 2-5 siehe Abschnitt 2.9.3, S. 87 (Eingriffsstrecke, Eingriffswinkel)

Grundkreise zeichnen im Abstand a mit den Mittelpunkten 0_1 und 0_2. Mit den Gl. (2.3-1;2.15) erhält man

$$r_{b1} = \frac{z_1 \cdot m}{2} \cdot \cos\alpha_P = \frac{20}{2} \cdot 0{,}8 \cdot \cos 20° = 7{,}52 \text{ mm}$$

und

$$r_{b2} = \frac{90}{2} \cdot 0{,}8 \cdot \cos 20° = 33{,}83 \text{ mm}.$$

Die Tangente an die Grundkreise (Bild 2.47) - Berührung an den Punkten T_1 und T_2 - ergibt die Eingriffslinie und schneidet die Mittenlinie $0_1 0_2$ im Wälzpunkt C. Der Betriebseingriffswinkel ist

$$\alpha_w = \sphericalangle\, C0_1T_1 = \sphericalangle\, C0_2T_2.$$

Die Kopfkreise werden mit Gl.(2.36)

$$r_a = \left(\frac{z}{2} + x + h^*_{aP} + k^*\right) \cdot m$$

und ergeben sich zu

$$r_{a1} = \left(\frac{20}{2} + 0{,}2 + 1{,}1 + 0\right) \cdot 0{,}8 = 9{,}04 \text{ mm},$$

$$r_{a2} = \left(\frac{90}{2} - 0{,}2 + 1{,}1 + 0\right) \cdot 0{,}8 = 36{,}72 \text{ mm},$$

wenn man vorläufig mit $k^* = 0$ rechnet.

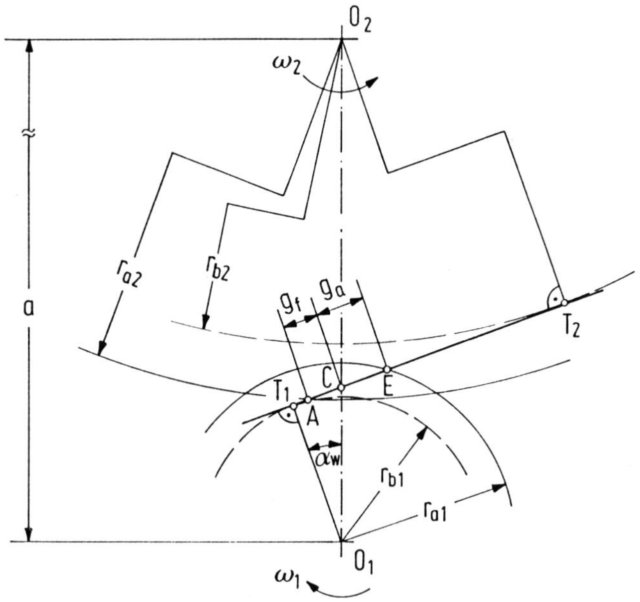

Bild 2.47. Zeichnerische Ermittlung des Betriebseingriffswinkels α_w sowie der Ein- und Austritt-Eingriffsstrecken g_f, g_a für eine Zahnradpaarung mit den gegebenen Größen z_1, z_2, x_1, x_2, a, m und dem Bezugsprofil (zu Übung 2-5).

Die Eintritt-Eingriffsstrecke kann man abgreifen, sie ist

$$g_f = \overline{AC} = 1{,}96 \text{ mm},$$

die Austritt-Eingriffsstrecke ist

$$g_a = \overline{CE} = 2{,}28 \text{ mm}.$$

Die Profilüberdeckung ist mit Gl.(2.72)

$$\varepsilon_\alpha = \frac{g_f + g_a}{p_e}$$

und die Eingriffsteilung mit Gl.(2.80)

$$p_e = \pi \cdot m \cos \alpha_P .$$

Man erhält

$$\varepsilon_\alpha = \frac{1{,}96 + 2{,}28}{\pi \cdot 0{,}8 \cdot \cos 20°} = 1{,}80 .$$

2.12.6 Lösung der Aufgabenstellung 2-6

Aufgabenstellung 2-6 siehe Abschnitt 2.10.3, S. 99 (Berechnung wichtiger Verzahnungsgrößen)

1. V-Null-Radpaarung

Verzahnungsgrößen	Fall I: $x_1 = x_u$	Fall II: $x_1 = 0$	Fall III: $x_1 = x_{sa}$
Zähnezahl	gegeben		
	$z_1 = 24$ $z_2 = 53$	$z_1 = 24$ $z_2 = 53$	$z_1 = 24$ $z_2 = 53$
Modul	gegeben		
	$m = 1{,}000$ mm	$m = 1{,}000$ mm	$m = 1{,}000$ mm
Profilwinkel	nach DIN 867		
	$\alpha_P = 20°$	$\alpha_P = 20°$	$\alpha_P = 20°$
Zahnkopf-höhenfaktor	nach DIN 867		
	$h^*_{aP1} = 1{,}000$ $h^*_{aP2} = 1{,}000$	$h^*_{aP1} = 1{,}000$ $h^*_{aP2} = 1{,}000$	$h^*_{aP1} = 1{,}000$ $h^*_{aP2} = 1{,}000$
Zahnfuß-Formfaktor	nach DIN 867		
	$h^*_{FfP1} = 1{,}000$ $h^*_{FfP2} = 1{,}000$	$h^*_{FfP1} = 1{,}000$ $h^*_{FfP2} = 1{,}000$	$h^*_{NfP1} = 1{,}000$ $h^*_{NfP2} = 1{,}000$
Kopfspiel-faktor	nach DIN 867		
	$c^*_{P1} = 0{,}250$ $c^*_{P2} = 0{,}250$	$c^*_{P1} = 0{,}250$ $c^*_{P2} = 0{,}250$	$c^*_{P1} = 0{,}250$ $c^*_{P2} = 0{,}250$

Berechnung wichtiger Verzahnungsgrößen (Fortsetzung) V-Null-Radpaarung

Übersetzung, Zähnezahlverhältnis	$i = -\frac{z_b}{z_a}$; $u = \frac{z_2}{z_1}$		(1.9) (1.10)
	$i = -(\frac{53}{24}) = -2{,}208$ $u = 2{,}208$	$i = -2{,}208$ $u = 2{,}208$	$i = -2{,}208$ $u = 2{,}208$
Teilkreisradius	$r = \frac{z}{2} \cdot m$		(2.15)
	$r_1 = \frac{24}{2} \cdot 1{,}0 = 12{,}0$ mm $r_2 = \frac{53}{2} \cdot 1{,}0 = 26{,}5$ mm	$r_1 = 12{,}0$ mm $r_2 = 26{,}5$ mm	$r_1 = 12{,}0$ mm $r_2 = 26{,}5$ mm
Grundkreisradius	$r_b = \frac{z}{2} \cdot m \cdot \cos\alpha_P$		(2.3-1) (2.15)
	$r_{b1} = \frac{24}{2} \cdot 1{,}0 \cdot \cos 20° = 11{,}276$ mm $r_{b2} = \frac{53}{2} \cdot 1{,}0 \cdot \cos 20° = 24{,}902$ mm	$r_{b1} = 11{,}276$ mm $r_{b2} = 24{,}902$ mm	$r_{b1} = 11{,}276$ mm $r_{b2} = 24{,}902$ mm
Unterschnittgrenze	$x_u = h^*_{FfP} - \frac{1}{2} \cdot z \cdot \sin^2\alpha_P < x$		(2.28)
	$x_{u1} = -0{,}404$ $x_{u2} = -2{,}100$	$x_{u1} = -0{,}404$ $x_{u2} = -2{,}100$	$x_{u1} = -0{,}404$ $x_{u2} = -2{,}100$
Grenze für Mindest-Zahnkopfstärke	$x_{sa} > x$ aus Diagramm, Bilder 8.4;8.5		
	$x_{sa1} = 1{,}09$ $x_{sa2} = 1{,}91$	$x_{sa1} = 1{,}09$ $x_{sa2} = 1{,}91$	$x_{sa1} = 1{,}09$ $x_{sa2} = 1{,}91$

Berechnung wichtiger Verzahnungsgrößen (Fortsetzung) V-Null-Radpaarung

Null-Achs-abstand	$a_d = \frac{z_1+z_2}{2} \cdot m$ (2.43)		
	$a_d = \frac{24+53}{2} \cdot 1{,}0 = 38{,}500$ mm	$a_d = 38{,}500$ mm	$a_d = 38{,}500$ mm
Profilver-schiebungs-faktor	x_1 gegeben		
	$x_1 = -0{,}400$	$x_1 = 0$	$x_1 = 1{,}09$
	$x_2 = -x_1$ (V-Null-Verzahnung)		
	$x_2 = +0{,}400$	$x_2 = 0$	$x_2 = -1{,}09$
Betriebs-eingriffs-winkel	$\mathrm{inv}\alpha_w = \frac{x_1+x_2}{z_1+z_2} \cdot 2 \cdot \tan\alpha_P + \mathrm{inv}\alpha_P$ (2.49)		
	$\mathrm{inv}\alpha_w = \frac{-0{,}400+0{,}400}{24+53} \cdot 2 \cdot \tan 20° + \mathrm{inv}20°$ $\alpha_w = \alpha_P = 20°$	$\alpha_w = 20°$	$\alpha_w = 20°$
Betriebs-Achsabstand	$a = a_d \cdot \frac{\cos\alpha_P}{\cos\alpha_w}$ (2.48-1)		
	$a = 38{,}500 \cdot \frac{\cos 20°}{\cos 20°} = 38{,}500$ mm	$a = 38{,}500$ mm	$a = 38{,}500$ mm
Verschiebungs-Achsabstand	$a_v = a_d + (x_1 + x_2) \cdot m$ (2.45) (2.43)		
	$a_v = 38{,}500 + (-0{,}400 + 0{,}400) \cdot 1{,}0 = 38{,}500$ mm	$a_v = 38{,}500$ mm	$a_v = 38{,}500$ mm
Kopfhöhen-änderungs-faktor	$k^* = \frac{a - a_v}{m}$ (2.59)		
	$k^* = \frac{38{,}500 - 38{,}500}{1{,}0} = 0$	$k^* = 0$	$k^* = 0$

Berechnung wichtiger Verzahnungsgrößen (Fortsetzung) V-Null-Radpaarung

Kopfkreisradius	$r_a = r + (x + h^*_{aP} + k^*) \cdot m$ (2.35)		
	$r_{a1} = 12{,}000 + (-0{,}400 + 1 + 0) \cdot 1{,}0 = 12{,}600$ mm $r_{a2} = 26{,}500 + (0{,}400 + 1 + 0) \cdot 1{,}0 = 27{,}900$ mm	$r_{a1} = 13{,}000$ mm $r_{a2} = 27{,}500$ mm	$r_{a1} = 14{,}090$ mm $r_{a2} = 26{,}410$ mm
Fußkreisradius	$r_f = r - (h^*_{FfP} - x + c^*_P) \cdot m$ (2.36)		
	$r_{f1} = 12{,}000 - (1{,}000 + 0{,}400 + 0{,}250) \cdot 1{,}000 = 10{,}350$ mm $r_{f2} = 26{,}500 - (1{,}000 - 0{,}400 + 0{,}250) \cdot 1{,}000 = 25{,}650$ mm	$r_{f1} = 10{,}750$ mm $r_{f2} = 25{,}250$ mm	$r_{f1} = 11{,}840$ mm $r_{f2} = 24{,}160$ mm
Wälzkreisradius	$r_w = \frac{r_b}{\cos\alpha_w}$ (2.3-2)		
	$r_{w1} = \frac{11{,}276}{\cos 20°} = 12{,}000$ mm $r_{w2} = \frac{24{,}902}{\cos 20°} = 26{,}500$ mm	$r_{w1} = 12{,}000$ mm $r_{w2} = 26{,}500$ mm	$r_{w1} = 12{,}000$ mm $r_{w2} = 26{,}500$ mm
Zahndicke am Wälzkreis	$s_w = \left(\frac{m}{2 \cdot r} \cdot (\frac{\pi}{2} + 2 \cdot x \cdot \tan\alpha_P) + \mathrm{inv}\alpha_P - \mathrm{inv}\alpha_w\right) \cdot 2 \cdot r_w$ (2.34)		
	$s_{w1} = \left(\frac{1{,}000}{2 \cdot 12} \cdot (\frac{\pi}{2} - 2 \cdot 0{,}400 \cdot \tan 20°) + \mathrm{inv}20° - \mathrm{inv}20°\right) \cdot 2 \cdot 12 = 1{,}280$ mm $s_{w2} = \left(\frac{1{,}000}{2 \cdot 26{,}500} \cdot (\frac{\pi}{2} + 2 \cdot 0{,}400 \cdot \tan 20°) + \mathrm{inv}20° - \mathrm{inv}20°\right) \cdot 2 \cdot 26{,}500 = 1{,}862$ mm	$s_{w1} = 1{,}571$ mm $s_{w2} = 1{,}571$ mm	$s_{w1} = 2{,}364$ mm $s_{w2} = 0{,}777$ mm
Teilkreisteilung	$p = \pi \cdot m$ (2.13)		
	$p = \pi \cdot 1{,}000 = 3{,}142$ mm	$p = 3{,}142$ mm	$p = 3{,}142$ mm
Eingriffsteilung	$p_e = \pi \cdot m \cdot \cos\alpha_P$ (2.71)		
	$p_e = \pi \cdot 1{,}000 \cdot \cos 20° \doteq 2{,}952$ mm	$p_e = 2{,}952$ mm	$p_e = 2{,}952$ mm

Berechnung wichtiger Verzahnungsgrößen (Fortsetzung) V-Null-Radpaarung

Austritt-Eingriffs-strecke	$g_a = \overline{CE} = \sqrt{r_{Na1}^2 - r_{b1}^2} - r_{b1} \cdot \tan\alpha_w$ (2.76)		
	$g_a = \sqrt{12{,}600^2 - 11{,}276^2} - 11{,}276 \tan 20° = 1{,}518$ mm	$g_a = 2{,}365$ mm	$g_a = 4{,}345$ mm
Eintritt-Eingriffs-strecke	$g_f = \overline{AC} = \sqrt{r_{Na2}^2 - r_{b2}^2} - r_{b2} \cdot \tan\alpha_w$ (2.75)		
	$g_f = \sqrt{27{,}900^2 - 24{,}902^2} - 24{,}902 \tan 20° = 3{,}518$ mm	$g_f = 2{,}605$ mm	$g_f = -0{,}267$ mm
Profil-überdeckung	$\varepsilon_\alpha = \frac{g_f + g_a}{p_e} > 1$ (2.81)		
	$\varepsilon_\alpha = \frac{3{,}518 + 1{,}518}{2{,}952} = 1{,}706$ ausreichend	$\varepsilon_\alpha = 1{,}683$ ausreichend	$\varepsilon_\alpha = 1{,}381$ ausreichend
Geometrie-bedingung	$\overline{T_1C} = r_{b1} \cdot \tan\alpha_w > g_f$ (2.78)		
	$\overline{T_1C} = 11{,}276 \cdot \tan 20° = 4{,}104$ mm erfüllt	$\overline{T_1C} = 4{,}104$ mm erfüllt	$\overline{T_1C} = 4{,}104$ mm erfüllt
	$\overline{T_2C} = r_{b2} \cdot \tan\alpha_w > g_a$ (2.79)		
	$\overline{T_2C} = 24{,}902 \cdot \tan 20° = 9{,}064$ mm erfüllt	$\overline{T_2C} = 9{,}064$ mm erfüllt	$\overline{T_2C} = 9{,}064$ mm erfüllt

2. V-Radpaarung Berechnung wichtiger Verzahnungsgrößen

Verzahnungs-größen	Gleichungen
Zähnezahl	gegeben
	$z_1 = z_a = 24$ $z_2 = z_b = 53$
Modul	gegeben
	$m = 1{,}000$ mm
Profilwinkel	nach DIN 867
	$\alpha_P = 20°$
Zahnkopf-höhenfaktor	nach DIN 867
	$h^*_{aP1} = 1{,}000$ $h^*_{aP2} = 1{,}000$
Zahnfuß-Formfaktor	nach DIN 867
	$h^*_{FfP1} = 1{,}000$ $h^*_{FfP2} = 1{,}000$
Kopfspiel-faktor	nach DIN 867
	$c^*_P = 0{,}250$
Übersetzung	$i = -\frac{z_b}{z_a}$ (1.9) $i = -\left(\frac{53}{24}\right) = -2{,}208$
Zähnezahl-verhältnis	$u = \frac{z_2}{z_1}$ (1.10)
	$u = 2{,}208$
Teilkreis-radius	$r = \frac{z}{2} \cdot m$ (2.15)
	$r_1 = \frac{24}{2} \cdot 1{,}000 = 12{,}000$ mm $r_2 = \frac{53}{2} \cdot 1{,}000 = 26{,}500$ mm

Berechnung wichtiger Verzahnungsgrößen (Fortsetzung) V-Radpaarung

Grundkreisradius	$r_b = \frac{z}{2}\cdot m\cdot \cos\alpha_P$	(2.3-1) (2.15)
	$r_{b1} = \frac{24}{2}\cdot 1{,}000\cdot \cos 20° = 11{,}276$ mm $r_{b2} = \frac{53}{2}\cdot 1{,}000\cdot \cos 20° = 24{,}902$ mm	
Null-Achsabstand	$a_d = \frac{z_1+z_2}{2}\cdot m$	(2.43)
	$a_d = \frac{24+53}{2}\cdot 1{,}000 = 38{,}500$ mm	
Betriebsachsabstand	gegeben	
	a = 40,000 mm	
Betriebseingriffswinkel	$\alpha_w = \arc\cos\left(\frac{a_d}{a}\cdot \cos\alpha_P\right)$	(2.48-1)
	$\alpha_w = \arc\cos\left(\frac{38{,}5}{40}\cdot \cos 20°\right) = 25{,}25°$	
Profilverschiebungsfaktor	x_1 = gegeben	
	$x_1 = 0{,}600$	
	$x_2 = \frac{z_1+z_2}{2\cdot \tan\alpha_P}(\mathrm{inv}\alpha_w - \mathrm{inv}\alpha_P) - x_1$	(2.49)
	$x_2 = \frac{24+53}{2\cdot \tan 20°}(\mathrm{inv}25{,}250° - \mathrm{inv}20°) - 0{,}600 = 1{,}096$	
Unterschnittgrenze	$x_u = h^*_{FfP} - \frac{1}{2}\cdot z\cdot \sin^2\alpha_P < x$	(2.28)
	$x_{u1} = 1 - \frac{1}{2}\cdot 24\cdot \sin^2 20° = -0{,}404$ erfüllt $x_{u2} = 1 - \frac{1}{2}\cdot 53\cdot \sin^2 20° = -2{,}100$ erfüllt	
Grenze für Mindest-Zahnkopfstärke	$x_{sa} > x_u$ aus den Bildern 8.4;8.5	
	$x_{sa1} = 1{,}09$ erfüllt $x_{sa2} = 1{,}91$ erfüllt	
Verschiebungsachsabstand	$a_v = a_d + (x_1 + x_2)\cdot m$	(2.45) (2.43)
	$a_v = 38{,}500 + (0{,}600 + 1{,}096)\cdot 1{,}000 = 40{,}196$ mm	
Kopfhöhenänderungsfaktor	$k^* = \frac{a - a_v}{m}$	(2.59)
	$k^* = \frac{40{,}000 - 40{,}196}{1{,}000} = -0{,}196$	

Berechnung wichtiger Verzahnungsgrößen (Fortsetzung) V-Radpaarung

Kopfkreisradius	$r_a = r + (x + h^*_{aP} + k^*)\cdot m$ (2.35)
	$r_{a1} = 12{,}000 + (0{,}600 + 1{,}000 - 0{,}196)\cdot 1{,}000 = 13{,}404$ mm $r_{a2} = 26{,}500 + (1{,}096 + 1{,}000 - 0{,}196)\cdot 1{,}000 = 28{,}400$ mm
Fußkreisradius	$r_f = r - (h^*_{FfP} - x + c^*_P)\cdot m$ (2.36)
	$r_{f1} = 12{,}000 - (1{,}000 - 0{,}600 + 0{,}250)\cdot 1{,}000 = 11{,}350$ mm $r_{f2} = 26{,}500 - (1{,}000 - 1{,}096 + 0{,}250)\cdot 1{,}000 = 26{,}346$ mm
Wälzkreisradius	$r_w = \frac{r_b}{\cos\alpha_w}$ (2.3-2)
	$r_{w1} = \frac{11{,}276}{\cos 25{,}250°} = 12{,}468$ mm $r_{w2} = \frac{24{,}902}{\cos 25{,}250°} = 27{,}533$ mm
Zahndicke am Wälzkreis	$s_w = 2\cdot r_w\left(\frac{m}{2\cdot r}\cdot(\frac{\pi}{2} + 2x\cdot\tan\alpha_P) + \mathrm{inv}\alpha_P - \mathrm{inv}\alpha_w\right)$ (2.34)
	$s_{w1} = 2\cdot 12{,}468\left(\frac{1{,}000}{2\cdot 12{,}000}\ (\frac{\pi}{2} + 2\cdot 0{,}600\ \tan 20°) + \mathrm{inv}20° - \mathrm{inv}25{,}250°\right)$ $= 1{,}686$ mm $s_{w2} = 2\cdot 27{,}533\left(\frac{1{,}000}{2\cdot 26{,}500}\ (\frac{\pi}{2} + 2\cdot 1{,}096\ \tan 20°) + \mathrm{inv}20° - \mathrm{inv}25{,}250°\right)$ $= 1{,}578$ mm
Teilkreisteilung	$p = \pi\cdot m$ (2.13)
	$p = \pi\cdot 1{,}000 = 3{,}142$ mm
Eingriffsteilung	$p_e = \pi\cdot m\cdot\cos\alpha_P$ (2.71)
	$p_e = \pi\cdot 1{,}000\cdot\cos 20° = 2{,}952$ mm
Eintritt-Eingriffsstrecke	$g_f = \overline{AC} = \sqrt{r^2_{Na2} - r^2_{b2}} - r_{b2}\cdot\tan\alpha_w$ (2.75)
	$g_f = \sqrt{28{,}400^2 - 24{,}902^2} - 24{,}902\cdot\tan 25{,}250° = 1{,}910$ mm
Austritt-Eingriffsstrecke	$g_a = \overline{CE} = \sqrt{r^2_{Na1} - r^2_{b1}} - r_{b1}\cdot\tan\alpha_w$ (2.76)
	$g_a = \sqrt{13{,}404^2 - 11{,}276^2} - 11{,}276\cdot\tan 25{,}250° = 1{,}928$ mm

Berechnung wichtiger Verzahnungsgrößen (Fortsetzung) V-Radpaarung

Profil-überdeckung	$\varepsilon_\alpha = \dfrac{g_f + g_a}{p_e} > 1$	(2.81)
	$\varepsilon_\alpha = \dfrac{1{,}910 + 1{,}928}{2{,}952} = 1{,}300$ ausreichend	
Geometrie-bedingung	$\overline{T_1C} = r_{b1} \cdot \tan\alpha_w > g_f$	(2.78)
	$\overline{T_1C} = 11{,}276 \cdot \tan 25{,}250° = 5{,}318$ mm $> g_f$ erfüllt	
	$\overline{T_2C} = r_{b2} \cdot \tan\alpha_w > g_a$	(2.79)
	$\overline{T_2C} = 24{,}902 \cdot \tan 25{,}250° = 11{,}745$ mm $> g_a$ erfüllt	

2.13 Herleitung der Korhammerschen Beziehung

Sie lautet nach Gl.(2.49)

$$\operatorname{inv}\alpha_w = \frac{x_1 + x_2}{z_1 + z_2} \cdot 2 \cdot \tan\alpha + \operatorname{inv}\alpha \ . \tag{2.49}$$

Am Wälzkreis (r_w), Bild 2.30, ist die Zahndicke des Ritzels s_{w1} gleich der Lückenweite des Rades e_{w2}, Gl.(2.62), und die Zahndicke des Rades s_{w2} gleich der Lükkenweite des Ritzels s_{w1}, Gl.(2.63). Da nun Zahndicke und Lückenweite die Teilung des jeweiligen Kreises, also auch des Wälzkreises, ergeben, Gl.(2.64), ist im speziellen Fall des Wälzkreises die Zahndicke von Ritzel und Rad gleich der Wälzkreisteilung p_w, die für Ritzel und Rad gleich ist, also

$$p_w = s_{w1} + s_{w2} \ . \tag{2.64}$$

Mit Gl.(2.16) ist allgemein die Teilung Umfang durch Zähnezahl, daher im Fall des Wälzkreises

$$p_w = \frac{2\,\pi\,r_w}{z} = \frac{2\,\pi\,r_{w1}}{z_1} = \frac{2\,\pi\,r_{w2}}{z_2} \ . \tag{2.16-1}$$

Aus Gl.(2.64) und (2.16-1) erhält man

$$s_{w1} + s_{w2} = \frac{2\,\pi\,r_w}{z} \tag{2.122}$$

und mit Gl.(2.31) - auf den Wälzkreis bezogen -

$$\frac{s_w}{2\,r_w} + \operatorname{inv}\alpha_w = \frac{s}{2r} + \operatorname{inv}\alpha \ . \tag{2.31-2}$$

Die beiden letzten Gleichungen stellen den geometrischen Ansatz dar und ergeben

$$s_w = 2r_w \left(\frac{s}{2r} + \mathrm{inv}\,\alpha - \mathrm{inv}\,\alpha_w\right), \tag{2.31-3}$$

Aus Gl.(2.64;2.122;2.31-3) leitet man her

$$2r_{w1}\left(\frac{s_1}{2r_1} + \mathrm{inv}\,\alpha_1 - \mathrm{inv}\alpha_{w1}\right) + 2r_{w2}\left(\frac{s_2}{2r_2} + \mathrm{inv}\,\alpha_2 - \mathrm{inv}\alpha_{w2}\right) = \frac{2\,\pi\,r_{w1}}{z_1}. \tag{2.123}$$

Da die Eingriffswinkel für beide Räder gleich sind

$$\alpha_1 = \alpha_2 \tag{2.124}$$

$$\alpha_{w1} = \alpha_{w2} \tag{2.124-1}$$

erhält man mit Division durch $2 \cdot r_{w1}$

$$\frac{s_1}{2r_1} + \mathrm{inv}\,\alpha - \mathrm{inv}\,\alpha_w + \frac{2r_{w2}}{2r_{w1}}\left(\frac{s_2}{2r_2} + \mathrm{inv}\,\alpha - \mathrm{inv}\,\alpha_w\right) = \frac{\pi}{z_1}\quad. \tag{2.125}$$

Aus Gl.(1.8) entnimmt man

$$\frac{r_{w2}}{r_{w1}} = \frac{z_2}{z_1} \tag{1.8-1}$$

und vereinfacht fortlaufend

$$(\mathrm{inv}\,\alpha - \mathrm{inv}\,\alpha_w)\left(1 + \frac{z_2}{z_1}\right) + \frac{s_1}{2r_1} + \frac{z_2}{z_1}\cdot\frac{s_2}{2r_2} - \frac{\pi}{z_1} = 0 \tag{2.126}$$

$$2r_1\cdot(\mathrm{inv}\,\alpha - \mathrm{inv}\,\alpha_w)(z_1 + z_2) + z_1\ s_1 + z_1\ s_2 - 2\pi r_1 = 0 \tag{2.126-1}$$

$$\mathrm{inv}\,\alpha_w = \frac{z_1\cdot(s_1 + s_2) - 2\pi r_1}{2r_1\cdot(z_1 + z_2)} + \mathrm{inv}\,\alpha\ . \tag{2.126-2}$$

Für die Zahndicke am Teilkreis Gl.(2.33-1) eingesetzt, wobei für α Gl.(2.27) gilt,

$$s = \left(\frac{\pi}{2} + 2\ x\ \tan\alpha_P\right)\cdot m \tag{2.33-1}$$

wird

$$\mathrm{inv}\alpha_w = \frac{z_1(\pi\cdot m + 2x_1\cdot m\cdot\tan\alpha + 2x_2\cdot m\cdot\tan\alpha) - 2\pi r_1}{2r_1\cdot(z_1 + z_2)} + \mathrm{inv}\,\alpha \tag{2.127}$$

und mit Gl.(2.15)

$$r = \frac{z}{2} \cdot m \tag{2.15}$$

erhält man schließlich das Ergebnis

$$\operatorname{inv} \alpha_w = \frac{x_1 + x_2}{z_1 + z_2} \cdot 2 \cdot \tan \alpha + \operatorname{inv} \alpha \ . \tag{2.49}$$

2.14 Schrifttum zu Kapitel 2

Normen, Richtlinien

[2/1] DIN 3960: Begriffe und Bestimmungsgrößen für Stirnräder (Zylinderräder) und Stirnradpaare (Zylinderradpaare) mit Evolventenverzahnung. Berlin: Beuth-Verlag, März 1987.

[2/2] DIN 780, Teil 1: Modulreihe für Zahnräder, Moduln für Stirnräder. Berlin: Beuth-Verlag Mai 1977.

[2/3] DIN 867: Bezugsprofile für Evolventenverzahnungen an Stirnrädern (Zylinderrädern) für den allgemeinen Maschinenbau und den Schwermaschinenbau. Berlin: Beuth-Verlag, Februar 1986.

[2/4] DIN 3998, Teil 1 und 2: Benennungen an Zahnrädern und Zahnradpaaren. Berlin, Köln: Beuth-Verlag, September 1976.

[2/5] DIN 58400: Bezugsprofil für Evolventenverzahnungen an Stirnrädern für die Feinwerktechnik. Berlin: Beuth-Verlag, Juni 1984.

[2/6] ISO 54-1977: Moduln und Diametral Pitches für Stirnräder für den allgemeinen Maschinenbau und den Schwermaschinenbau.

[2/7] DIN 3992: Profilverschiebung bei Stirnrädern mit Außenverzahnung. Berlin, Köln: Beuth-Verlag 1964.

[2/8] DIN 3972: Bezugsprofile von Verzahnwerkzeugen für Evolventenverzahnung nach DIN 867. Berlin, Köln: Beuth-Verlag, Februar 1952.

[2/9] AGMA 115.01 - 1974: Reference information - basic gear geometry.

[2/10] AGMA 207.06 - 1974: Tooth proportions for pitch involute spur and helical gears (ANSI B 6.7-1977).

Bücher, Dissertationen

[2/11] Seherr-Thoss, H.-Chr. Graf v.: Die Entwicklung der Zahnrad-Technik. Berlin, Heidelberg, New York: Springer 1965.

[2/12] Niemann, G.: Maschinenelemente, Band 2, 1. Auflage. Berlin, Heidelberg, New York: Springer 1965 (siehe auch [1/7]).

[2/13] Keck, K.F.: Zahnradpraxis, Geradstirnräder, Band I. München: Oldenbourg 1956.

[2/14] Zimmer, H.-W.: Verzahnungen I, Stirnräder mit geraden und schrägen Zähnen. Werkstattbücher. Berlin, Heidelberg, New York: Springer 1968.

[2/15] Roth, K.: Untersuchungen über die Eignung der Evolventen-Zahnform für eine allgemein verwendbare feinwerktechnische Normverzahnung. Dissertation TH München 1963.

[2/16] Mette, M: Einfluß der Reibung auf die Änderung der Zahnkraft über dem Eingriff bei geradverzahnten Stirnrädern unter Berücksichtigung der Massenverhältnisse. Dissertation TU Braunschweig 1975.

[2/17] Winter, H.: Zahnradgetriebe. Dubbel Taschenbuch für den Maschinenbau. 14. Auflage, S. 451-475. Berlin, Heidelberg, New York: Springer 1981.

Aufsätze, Firmenschriften, Patentschriften

[2/18] Roth, K., Pini, P., Trapp, H.-J.: Zeichengerät zum Zeichnen von Wälzprofilen (für Verzahnungen und Verzahnwerkzeuge). DBP 1486 936 (12.9.1966).

[2/19] Roth, K.: Die Kennlinie von einfachen und zusammengesetzten Reibsystemen. Feinwerktechnik 64 (1960) H. 4, S. 135-142.

[2/20] Niemann, G., Stössel, K.: Reibungszahlen bei elastohydrodynamischer Schmierung in Reibrad- und Zahnradgetrieben. Konstruktion 23 (1971), H. 7, S. 245-256.

[2/21] Niemann, G., Ehrlenspiel, K.: Anlaufreibung und Stick-Slip bei Gleitpaarungen. VDI-Z 108 (1966), Nr. 6, S. 201-276.

[2/22] Roth, K.: Reibkupplungen in der Feinwerktechnik. Feinwerktechnik 65 (1961) H. 8, S. 285-296.

Weiteres Schrifttum in [1/7].

3 Schrägverzahnte Stirnräder und Stirn-Radpaarungen mit genormten Evolventen-Verzahnungen

Eine wesentliche Erweiterung der Eigenschaften von Zahnradpaarungen läßt sich durch das Schrägstellen der Zähne zur Radachse erzielen (siehe Bild 1.5, Teilbild 4, Feld 1.2). Diese Schrägstellung, festgelegt durch den Schrägungswinkel β (Bild 3.4), läßt die Zahnköpfe und Zahnlücken auf dem Radkörper wie die Gewindegänge einer Schraube erscheinen.

Schrägverzahnte Stirnräder haben gegenüber vergleichbaren geradverzahnten den Vorteil, daß sie leiser laufen, imstande sind, höhere Zahnkräfte zu übertragen und auch kleinere Zähnezahlen ermöglichen. Der Nachteil des Auftretens von Axialkräften und der relativen Verdrehung bei axialen Verschiebungen wird für Leistungsgetriebe gern in Kauf genommen. Alle Stirnradpaarungen moderner Kraftfahrzeuggetriebe sind z.B. schrägverzahnt.

3.1 Entstehung des schrägverzahnten Stirnrades

Grundlage für die Bestimmung aller im folgenden behandelten Verzahnungen ist die Geometrie der evolventischen Geradverzahnung. Bei den schrägverzahnten Stirnrädern kommt als einziger neuer Parameter der Schrägungswinkel β hinzu. Der Schrägungswinkel β ist der spitze Winkel zwischen einer Tangente an eine Teilzylinder-Flankenlinie und der Teilzylinder-Mantellinie durch den Tangentenberührpunkt. Die Teilzylinder-Flankenlinie ist die Schnittlinie der Flanke mit dem Teilzylinder (siehe auch Bild 3.4). Der Schrägungswinkel hat u.a. zur Folge, daß nun ein Stirnschnitt und ein Normalschnitt der Zahnprofile unterschieden werden muß. Der Stirnschnitt entsteht, wenn die Verzahnung von einer Ebene, die senkrecht zur Achse verläuft, geschnitten wird. Er stellt praktisch die Ansicht der Verzahnung dar, wenn man sie in Richtung der Drehachse betrachtet. Der Normalschnitt entsteht beim Schnitt einer Evolventen-Schrägverzahnung mit einer Fläche, die im Schnittpunkt senkrecht zu einer ausgewählten Flankenlinie der Evolventenschraubenflächen verläuft [2/1]. Eine Normalschnittfläche, die alle Flankenlinien senkrecht schneidet, ist räumlich gekrümmt, weil die Flankenlinien - das sind die Schnitte der Zahnflanke mit konzentrischen Zylindern - vom Zahnfuß bis Zahnkopf nicht parallel gerichtet sind. In Bild 3.3, Teilbild 3, ist der Schnitt einer Ebene N-N, die senkrecht zu den Flankenlinien am Teilzylinder verläuft, dargestellt. In der Abwicklung sind die Flankenlinien Geraden.

Die Entstehung der Schrägverzahnung aus der Geradverzahnung kann nun auf zwei Weisen erklärt werden, von denen die erste einfach, daher sehr verbreitet, aber im Hinblick auf die praktische Fertigung irreführend ist, die zweite schwerer verständlich, wenig bekannt, das Verständnis für die tatsächlichen Zusammenhänge und die praktische Erzeugung aber sehr treffend beschreibt.

3.1.1 Erste Möglichkeit: Stirnschnittgrößen konstant

Eine Schrägverzahnung entsteht aus einer Geradverzahnung dadurch, daß man die Geradverzahnung in möglichst viele dünne Scheiben aufschneidet und die Scheiben gegeneinander versetzt, bis ihre schmalen Oberflächen den gewünschten Schrägungswinkel β der Zahnflanke ergeben (siehe Bilder 3.1 und 3.3, Teilbilder 1,2,3).

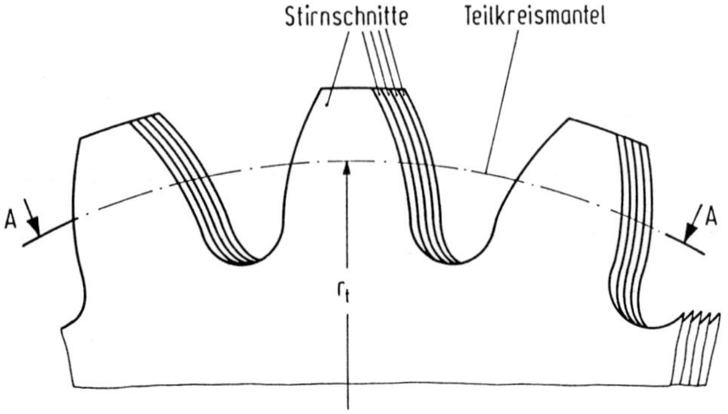

Bild 3.1. Schrägverzahnung, zusammengesetzt aus den Scheiben einer Geradverzahnung. Das Bezugsprofil und die Zahnprofile im Stirnschnitt der Gerad- und der Schrägverzahnung sind gleich. Die Zahndicken und Lückenweiten im Normalschnitt werden mit größeren Schrägungswinkeln immer kleiner. Die radialen Größen, d.h. die Zahnhöhen und das Kopfspiel, ändern sich nicht.

Die Verzahnungswerte sind:

$z = 20$, $x = 0$, $\beta = 40°$, $c^* = 0{,}2$,

das Bezugsprofil im Stirnschnitt entspricht DIN 867.

Die Folge dieser Vorgehensweise ist die, daß die Scheiben bei jedem beliebigen Schrägungswinkel β das gleiche Stirnschnittprofil behalten (Bild 3.1;3.3, Teilbilder 2 und 3) und somit die gleiche Zahndicke s_t und Lückenweite e_t, aber mit größer werdendem Schrägungswinkel im Normalschnitt immer geringere Zahndicken s_n und Lückenweiten e_n haben. Alle Bestimmungsgrößen koaxial und tangential zum Teilkreis (r) werden um den Faktor $\cos\beta$ kleiner, wie z.B. die Zahndicken s_{n2} und

s_{n3} in Bild 3.3, Teilbilder 2 und 3. Das Unangenehme sind dabei die variablen kleineren Zahndicken s_n und die variablen kleineren Lückenweiten e_n im Normalschnitt. Die Zähne werden beim Zerspanen nämlich durch Ausarbeiten der Zahnlücke vom Fräser parallel zur Flankenlinie erzeugt. Wenn die Zahnlücken bzw. die Zahndicken einer Schrägverzahnung abhängig vom Schrägungswinkel β veränderlich sind, braucht man bei dieser Art der Zahnraderzeugung für jeden Schrägungswinkel einen anderen Fräser, aber auch ein anderes Bezugsprofil.

3.1.2 Zweite Möglichkeit: Normalschnittgrößen konstant

Das Prinzip ist das gleiche wie bei der ersten Möglichkeit, nur werden die Zahndicken s_n und Lückenweiten e_n im Normalschnitt, somit auch das Bezugsprofil im Normalschnitt konstant gehalten (Bild 3.3, Teilbilder 1 und 4). Die Folge ist, daß die Zahndicken s_t und alle zum Teilkreis koaxialen und tangentialen Größen für jeden Schrägungswinkel einen anderen Wert erhalten und um den Faktor $1/\cos\beta$ größer werden (Bild 3.2;3.3, Teilbild 4). Das Bezugsprofil für Gerad- und Schrägverzahnungen bleibt gleich, z.B. DIN 867, und für alle Schrägungswinkel genügt e i n Fräser bzw. Fräserprofil.

Schrägverzahnungen kann man im Normalschnitt ähnlich wie Geradverzahnungen berechnen und alle Tabellen für Geradverzahnungen verwenden wie Unterschnitt- und Spitzengrenze (siehe Bilder 4.9,8.2 bis 8.5). Man muß allerdings mittels der im fol-

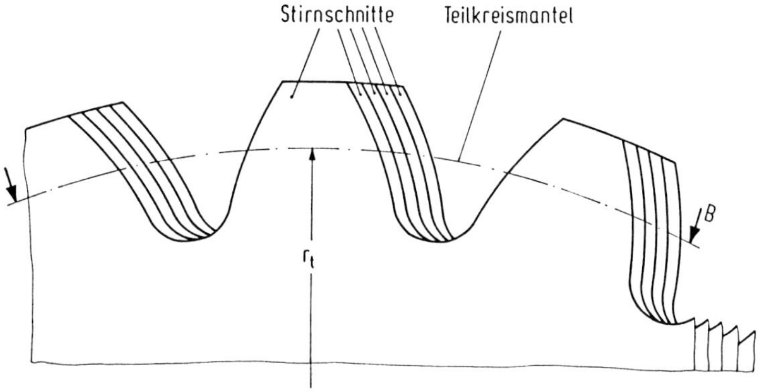

Bild 3.2. Schrägverzahnung, zusammengesetzt aus den Scheiben einer Geradverzahnung. Das Bezugsprofil, die Zahndicken und die Lückenweiten im Normalschnitt der Schrägverzahnung bleiben gleich und entsprechen dem Normprofil. Die Zahndicken und Lückenweiten im Stirnschnitt werden mit größeren Schrägungswinkeln β auch immer größer. Die radialen Größen, d.h. die Zahnhöhen und das Kopfspiel, ändern sich nicht.

Die Verzahnungswerte sind:

$z = 20$, $x = 0$, $\beta = 40°$, $c^* = 0{,}25$,

das Bezugsprofil im Normalschnitt entspricht DIN 867.

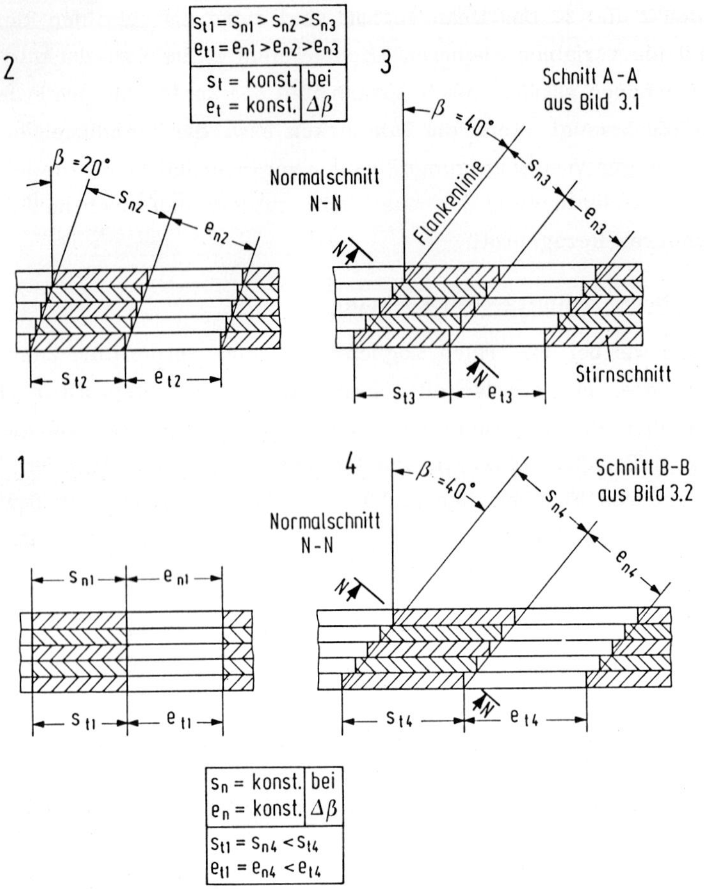

Bild 3.3. Zwei Möglichkeiten für die Entstehung einer Schrägverzahnung aus einer Geradverzahnung, dargestellt am abgewickelten Teilkreismantel.
Oben: Geradverzahnung im Teilbild 1 in Scheiben geschnitten. Die Scheiben werden in Teilbild 2 und 3 verschieden stark versetzt, so daß der Schrägungswinkel $\beta = 20°$ bzw. $\beta = 40°$ entsteht. Die Stirnschnittgrößen bleiben konstant, die koaxial zum Teilkreis verlaufenden Größen im Normalschnitt ändern sich. Dies Verfahren entspricht nicht dem üblichen Herstellverfahren, weil sich die Zahndicken s und die Lückenweiten e im Normalschnitt mit dem Schrägungswinkel β ändern und somit auch die Werkzeugprofile.
Unten: Zusammensetzung der Schrägverzahnung wie oben, jedoch werden die Zahndicke s_{t4} und die Lückenweite e_{t4} im Stirnschnitt (Teilbild 4) so verändert, daß die Zahndicke s_{n4} und die Lückenweite e_{n4} bei Geradverzahnung und Schrägverzahnung gleich bleiben. Die Normalschnittgrößen bleiben konstant, die Stirnschnittgrößen koaxial zum Teilkreis ändern sich. (Übliches Herstellverfahren!)

genden angeführten Gleichungen die Werte aus dem Stirnschnitt in den Normalschnitt umrechnen. Vorteil dieser Berechnungsart ist das schnelle Finden gut angenäherter Werte und die Überschaubarkeit der Ergebnisse, Nachteil, daß die Werte im Normalschnitt nur für d i e Flankenlinien ganz exakt stimmen, auf welche man den Normalschnitt bezogen hat, denn die Zahnflanke ist im üblichen Normalschnitt keine Kreisevolvente (siehe Bild 3.6 oben). Eine Evolvente des Ersatzkrümmungsradius nähert die Zahnflankenform mehr oder weniger gut an (Bilder 8.13;8.14). Für sehr genaue Berechnungen, insbesondere mit Rechenanlagen, wird daher der Stirnschnitt zugrunde gelegt, und es werden die Größen des Bezugsprofils, welches im Normalschnitt festgelegt ist, aufgrund des Schrägungswinkels β auf den Stirnschnitt umgerechnet. In ihm sind die Zähne wohl dicker, aber genau evolventisch (da man ja auch im Stirnschnitt abwälzt).

3.2 Gleichungen für Schrägverzahnungen

Zur Umrechnung der Größen des Normalschnitts in die entsprechenden Größen des Stirnschnitts kann man die im folgenden hergeleiteten Gleichungen verwenden. Der entscheidende Parameter ist der gewählte Schrägungswinkel β am Teilzylinder. Die schräggestellten Zähne legen sich über den zylindrischen Zahnradkörper wie Schraubengänge und haben am Zahnfuß einen kleineren und am Zahnkopf einen größeren Schrägungswinkel. Es hat sich als zweckmäßig erwiesen, bei der Festlegung der Verzahnungsgrößen die Schrägstellung am Teilzylinder mit dem Winkel β anzugeben. Wickelt man den Teilkreiszylindermantel zu einer ebenen Fläche ab, erscheinen die Zahnflanken als Geraden, und der Schrägungswinkel β ist dann der spitze Winkel in der abgewickelten Ebene zwischen der Flankenlinie und einer Mantellinie (Bild 3.4). Senkrecht zum Normalschnitt kann man das dem Zahnrad zugrunde liegende Normalschnitt-Bezugsprofil (z.B. DIN 867, ISO 53 [2/3]) projizieren und senkrecht zum Stirnschnitt das Bezugsprofil, welches sich aufgrund des gewählten Normalschnittprofils und des vorgegebenen Schrägungswinkels β ergibt. Im Stirnschnitt ergibt sich bei den Abwälzverfahren eine exakte Kreisevolventen-Zahnform [3/1].

3.2.1 Beziehung der Längen

Es gelten folgende Beziehungen (Bild 3.4): Mit Gl.(2.13) ist

$$\cos\beta = \frac{p_n}{p_t} = \frac{\pi \cdot m_n}{\pi \cdot m_t} ,$$

$$m_n = m_t \cdot \cos\beta \; . \tag{3.1}$$

Auch alle anderen Größen wie z.B. die Zahndicke s unterscheiden sich im Stirnschnitt durch den Faktor cos β. So ist z.B. die Zahndicke an der Profilbezugslinie im Normalschnitt

$$s_n = s_t \cdot \cos\beta \tag{3.2}$$

um den Faktor cos β mal dünner als im Stirnschnitt. Die gleiche Beziehung gilt für die Zahndicken am Teilkreis.

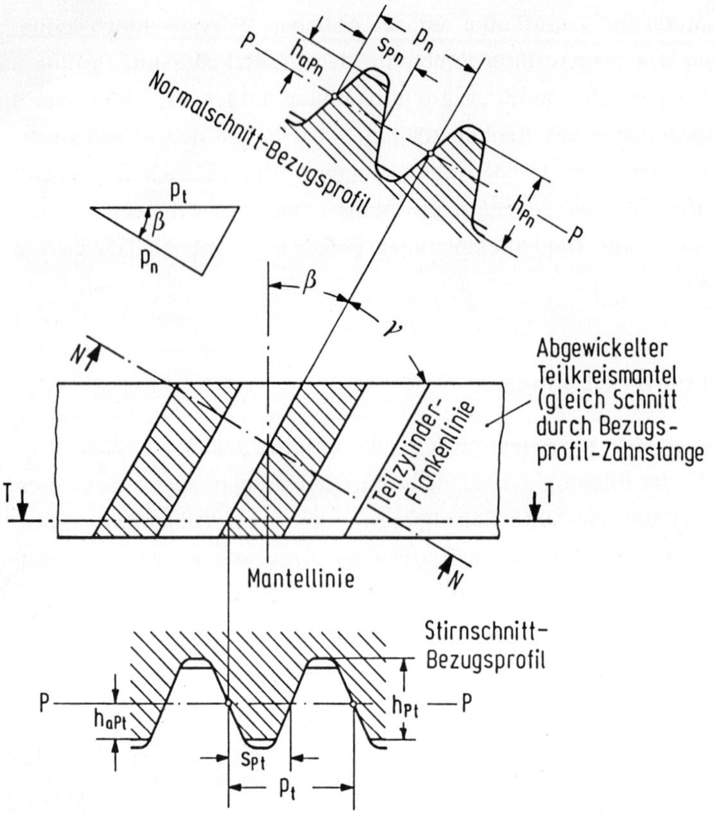

Bild 3.4. Bezugsprofil eines Schrägstirnrades im Normalschnitt N-N und im Stirnschnitt T-T.

Der Normalschnitt ist bezogen auf die Flankenlinien und deren Schrägungswinkel β am abgewickelten Teilkreismantel. Die radialen Größen sind im Normal- und Stirnschnitt gleich groß, die zum abgewickelten Teilkreismantel parallelen Größen sind im Stirnschnitt um den Faktor 1/cos β größer als im Normalschnitt.

Es bedeutet: γ Steigungswinkel auf dem Teilzylinder, h Zahnhöhen, p Teilung am Teilkreis, Index n für Normalschnitt-, Index t für Stirnschnittgrößen.

Da sich die Zahngrößen in radialer Richtung nicht verändern, ist die Zahnhöhe h, die Zahnkopfhöhe h_a, die Zahnfußhöhe h_f, die Zahnfuß-Formhöhe h_{Ff} und die Zahnfuß-Nutzhöhe h_{Nf} im Normalschnitt und in dem dazugehörenden Stirnschnittprofil gleich groß. Es ist

$$h_n = h_t \tag{3.3}$$

$$h_{an} = h_{at} \tag{3.4}$$

$$h_{fn} = h_{ft} \tag{3.5}$$

$$h_{Ffn} = h_{Fft} \tag{3.6}$$

$$h_{Nfn} = h_{Nft} \,. \tag{3.6-1}$$

Da sich die Zahnhöhen aus dem Produkt des entsprechenden Faktors mit dem Modul (im Normal- bzw. Stirnschnitt) ergeben, erhält man mit den Gl.(3.3) bis (3.6)

$$h_n^* \cdot m_n = h_t^* \cdot m_t \tag{3.7}$$
$$h_{an}^* \cdot m_n = h_{at}^* \cdot m_t \quad \text{usw.} \tag{3.8}$$

und mit Gl.(3.1)

$$h_t^* = h_n^* \cdot \cos\beta \tag{3.9}$$
$$h_{at}^* = h_{an}^* \cdot \cos\beta \tag{3.10}$$
$$h_{Fft}^* = h_{Ffn}^* \cdot \cos\beta \tag{3.11}$$
$$h_{Nft}^* = h_{Nfn}^* \cdot \cos\beta \tag{3.11-1}$$
$$h_{ft}^* = h_{fn}^* \cdot \cos\beta \quad \text{usw.} \tag{3.11-2}$$

Analog dazu gilt für den Profilverschiebungsfaktor

$$x_t = x_{(n)} \cdot \cos\beta \ . \tag{3.12}$$

Da der Modul im Normal- und Stirnschnitt verschieden ist, müssen auch die Faktoren im Normal- und Stirnschnitt verschieden sein, damit die Produkte den gleichen Wert ergeben. In der Regel berechnet man auch die Größen des Stirnschnitts mit den Faktoren des Normalschnitts, weil letztere konstant bleiben, d.h. man geht von den üblichen Faktoren des Bezugsprofils und vom Profilverschiebungsfaktor $x_{(n)} = x$ aus.

3.2.2 Berechnung der Ersatzzähnezahl

Beim Vergleich der Bestimmungsgrößen im Normal- und im Stirnschnitt muß auch eine Aussage über die Zähnezahl z getroffen werden. Im Normalschnitt erscheint ein zylindrisches Rad elliptisch (Bild 3.6) mit dem Krümmungsradius r_{bn} des Grundkreises, der für die entsprechende Flankenform im Normalschnitt maßgebend ist. Der dazugehörende Krümmungsradius r_n des Teilkreises ist größer als der entsprechende Radius im Stirnschnitt. Man kann im Normalschnitt diesen Teilkreisradius r_n so groß annehmen wie den großen Scheitelradius der Schnittellipse des Stirnschnitt-Teilkreises (r_t). Aus dem derart ermittelten Teilkreisradius r_n und dem Normalmodul m_n läßt sich die sogenannte Ersatzzähnezahl z_{nx} im Normalschnitt berechnen, die man am Zahnrad nicht erkennen kann, die in der Regel nicht ganzzahlig ist.

Man kann sich im wesentlichen auf drei Verfahren stützen, um einen Schrägstirnradzahn bezüglich verschiedener Eigenschaften durch einen angenäherten Geradstirnradzahn zu ersetzen, der zu einem hypothetischen geradverzahnten Zahnrad mit entsprechendem Teil- und Grundkreisradius sowie zu einer sogenannten Ersatzzähnezahl gehört. Das Schnittprofil so eines geraden Zahnes erhält man mit den drei folgenden Verfahren (siehe auch Abschnitt 8.11):

1. Durch einen ebenen Schnitt senkrecht zum Schrägungswinkel β am Teilzylinder mit der aus der Teilung am Teilzylinder ermittelten Ersatzzähnezahl (Bild 3.5, Linie 1).
2. Durch einen ebenen Schnitt senkrecht zum Schrägungswinkel β_b am Grundzylinder mit der aus der Teilung am Teilzylinder ermittelten Ersatzzähnezahl (Bild 3.5, Linie 2, Bild 3.6, Teilbild 1).
3. Durch einen ebenen Schnitt senkrecht zum Schrägungswinkel β_b am Grundzylinder und der aus der Teilung am geschnittenen Grundzylinder ($\bar{r}_{bn}$) ermittelten Ersatzzähnezahl (Bild 3.5, Linie 3).

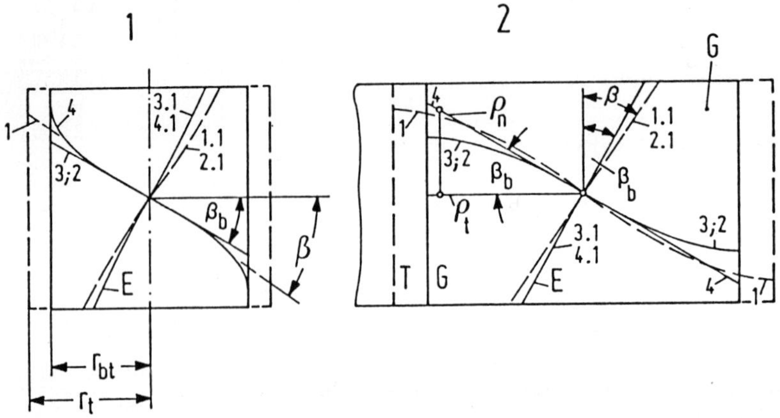

Bild 3.5. Darstellung verschiedener Schnitte durch einen zylindrischen Körper mit Schrägverzahnung, mit deren Hilfe die Ersatzzähnezahl für die zugrunde liegende Ersatz-Geradverzahnung berechnet werden kann.

Teilbild 1: Grundzylinder (r_{bt}) und Teilzylinder (r_t).

Teilbild 2: Abgewickelter Grundzylinder-Mantel G mit der die Evolventen erzeugenden Linie E sowie Grundschrägungswinkel β_b und abgewickelter Teilzylinder-Mantel T (gestrichelt), mit Schrägungswinkel β.

Es bedeutet:

Linie 1: Ebener Schnitt durch den Teilzylinder (r_t), senkrecht zum Schrägungswinkel β. Linien 1.1 und 2.1 zeigen die Lage der Erzeugenden am Teilzylinder (r_t), von dem die Zahnteilung in den Verfahren 1 und 2 abgeleitet wird (siehe Bild 3.6).

Linie 3;2: Ebener Schnitt durch den Grundzylinder (r_b), senkrecht zum Grundschrägungswinkel β_b. Linien 3.1 und 4.1 zeigen die Lage der Erzeugenden E am Grundzylinder (r_{bt}), von dem die Zahnteilung in den Verfahren 3 und 4 abgeleitet wird (siehe auch Abschnitt 8.12).

Linie 4: Schnitt entlang einer Schraubenlinie, welche auf dem Grundzylinder senkrecht zur Erzeugenden Linie E verläuft. Die in Richtung ρ_n abgewickelte Fadenlinie erzeugt eine exakte Evolvente für den jeweiligen Normalschnitt. Die senkrecht zur Achse abgewickelte Fadenlinie ρ_t erzeugt die exakte Evolvente im Stirnschnitt. Wichtig ist, daß alle ebenen Schnitte am zylindrischen Zahnkörper (Linie 1-3, Teilbild 1) Ellipsenquerschnitte ergeben (Bild 3.6) und in der Abwicklung, Teilbild 2, gekrümmte Linie 1-3. Die Abwicklung der Schraubenlinie 4 ist in der Grundzylinder-Ebene G jedoch eine Gerade.

Im folgenden wird zunächst nur Verfahren 2 behandelt, das auch den Gleichungen des Normblattes DIN 3960 [2/1] zugrunde gelegt wurde. Über die anderen Verfahren siehe Kapitel 8.

Der Krümmungsradius der Teilkreis-Schnittellipse in Punkt C (Bild 3.6) ist

$$r_n = \frac{a^2}{b} = \frac{(r_t/\cos\beta_b)^2}{r_t} = \frac{1}{\cos^2\beta_b}\cdot r_t \quad . \tag{3.13}$$

Die Gl.(2.15) mit Index n versehen erhält die Form

$$r_n = \frac{z_n}{2}\cdot m_n \tag{3.14}$$

und die analoge Gleichung für den Stirnschnitt eine entsprechende Form[1)]

$$r_t = \frac{z_{(t)}}{2}\cdot m_t \quad . \tag{3.15}$$

Aus Gl.(3.13) mit Gl.(3.14;3.15) unter Berücksichtigung von Gl.(3.1) erhält man schließlich

$$z_{nx} = \frac{z_{(t)}}{\cos^2\beta_b\cdot\cos\beta} = z^*_{nx}\cdot z_{(t)} \tag{3.16}$$

die Ersatzzähnezahl eines im Normalschnitt gedachten, dem Schrägstirnrad bezüglich der Zahnflanken annähernd entsprechenden Geradstirnrades. Der Index x weist darauf hin, daß die Ersatzzähnezahl hauptsächlich zur Berechnung des Unterschnitts geeignet ist. Wie man sieht, ist immer die Zähnezahl im Stirnschnitt kleiner als im Normalschnitt (siehe Bild 3.9), da der Ersatz-Zähnezahlfaktor

$$z^*_{nx} = \frac{1}{\cos^2\beta_b\cdot\cos\beta} \tag{3.17}$$

absolut größer als 1 ist,

$$|z_{nx}| > |z| \tag{3.18}$$

mit allen Konsequenzen für Unterschnitt, Spitzengrenze und Flankenkrümmung. Diese Wahl einer Ersatzverzahnung ist nicht die einzige, sondern die, welche es ermög-

---

1) Den eingeklammerten Index (t) läßt man in der Regel weg, da es sich um die reale Zähnezahl des Schrägstirnrades handelt. Ebenso läßt man den Index (n) beim Profilverschiebungsfaktor meistens weg, weil man keinen anderen Profilverschiebungsfaktor verwendet. Auch beim Normalmodul m_n setzt man den Index n nur dann, wenn er gegenüber dem Stirnmodul m_t herausgehoben werden soll. In der Regel verwendet man nur den Normalmodul.

1

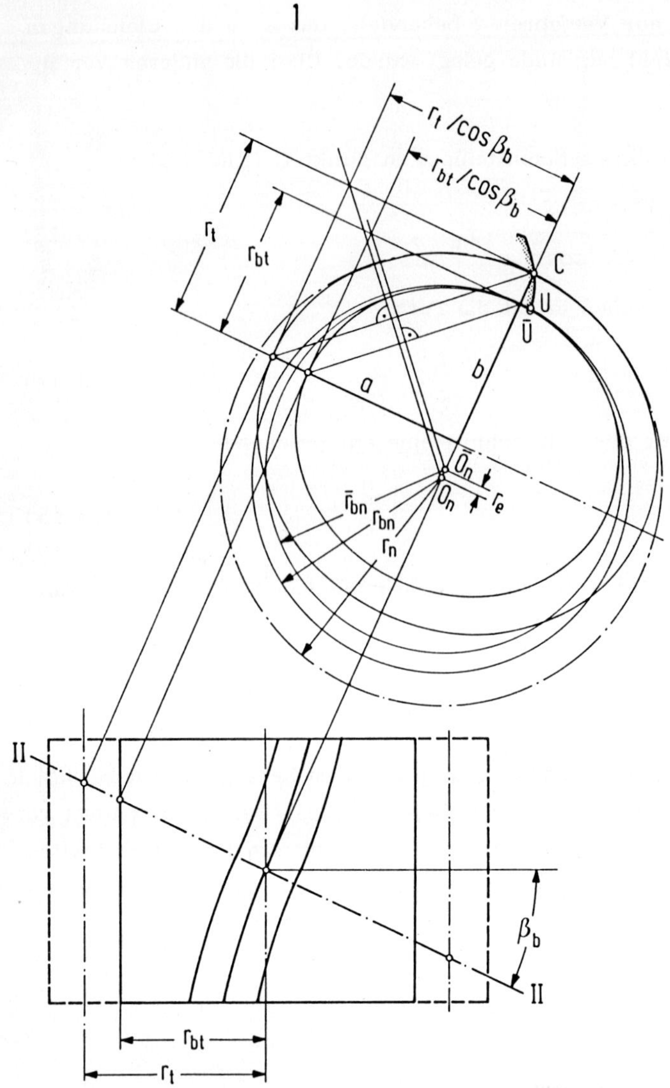

Bild 3.6. Ersatzzähnezahl für Schrägverzahnungen

Teilbild 1: Ermitteln einer Ersatzzähnezahl nach DIN 3960 [2/1] für den Normalschnitt auf den Grundschrägungswinkel β_b einer Schrägverzahnung (im Text nach Verfahren Nr. 2). Die Zahnflanke ist in diesem Schnitt keine Kreisevolvente. Der Krümmungsradius der Schnittellipse im Scheitelpunkt C wird zur Bestimmung des Teilkreisradius r_n des Ersatzrades und die Teilung in diesem Normalschnitt zur Berechnung der Ersatzzähnezahl verwendet.

Der Grundkreisradius r_{bn} im Normalschnitt wird mit dem Teilkreisradius und dem Eingriffswinkel α_n im Normalschnitt berechnet und nicht mit Hilfe der Projektion von Schnitt II-II der Grundkreis-Schnittellipse. Letztere Möglichkeit wäre für die Unterschnittverhältnisse korrekt, würde aber im Normalschnitt kein Rad ergeben, bei dem das Verhältnis $r_{bn}/r_n = \cos\alpha_n$ ist, da $\bar{r}_{bn}$ aus der Schnittellipse kleiner als r_{bn} aus dem Teilkreisradius ist. Die Mitten für r_n und $\bar{r}_{bn}$ liegen nicht im gleichen Punkt (siehe auch Abschnitt 8.11).

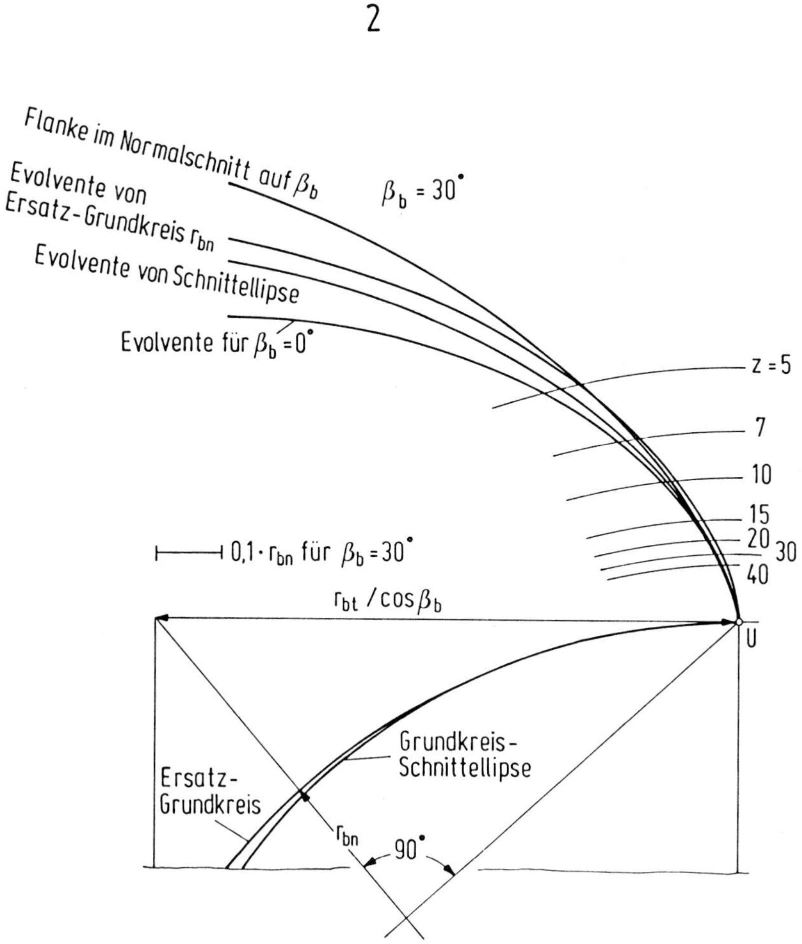

Bild 3.6. Ersatzzähnezahl für Schrägverzahnungen

Teilbild 2: Verlauf des Zahnprofils der Flanke im Normalschnitt auf den Grundschrägungswinkel $\beta_b = 30°$, der Evolvente vom Ersatzgrundkreis (r_{bn}) und der Evolvente der Schnittellipse des Grundkreises. Für den Evolventenabschnitt bei üblichen Zähnezahlen, $z > 10$, weicht die Normalschnittflanke (tatsächliche Flanke) doch erheblich von der Evolvente des Ersatzgrundkreises (r_{bn}) ab. Die Evolvente der Schnittellipse nähert die tatsächliche Schnittflanke für größere Zähnezahlen ($z > 20$) sehr gut an. Für $\beta_b = 20°$ liegt diese Schnittflanke zwischen den beiden mittleren Kurven und deckt sich etwa ab $z > 10$ mit der tatsächlichen Schnittflanke für $\beta_b = 30°$. Aus der eingezeichneten Länge für $0{,}1 \cdot r_{bn}$ kann man die tatsächlichen Werte der jeweiligen geometrischen Abweichungen der einzelnen Flanken ablesen.

licht, daß sich für eine Schrägverzahnung und die zugehörige Ersatz-Geradverzahnung aus der Gl.(3.19) annähernd der gleiche Wert für den kleinstmöglichen Profilverschiebungsfaktor $x_{E\min}$ ergibt [2/1], also

$$x_{E\min} = \frac{h_{FaP0}}{m_n} - \frac{z \cdot \sin^2\alpha_t}{2 \cdot \cos\beta} . \tag{3.19}$$

Diese Gleichung erlaubt es, die Unterschnittgrenze der Geradverzahnungen sofort auf die Unterschnittgrenze von Schrägverzahnungen zu übertragen und z.B. auch die Unterschnitt-Diagramme, mit gewissen Abweichungen auch die Spitzengrenze-Diagramme von Geradverzahnungen für Schrägverzahnungen zu verwenden (Bilder 2.19;4.9;8.2 bis 8.9).

Die Zahnflankenkrümmung wird aus zwei Gründen nur angenähert:

1. Der Schnitt II-II in Bild 3.6, Teilbild 1, erfolgt senkrecht auf die Grundflankenlinie, also im Winkel β_b, die Umrechnung der Zähnezahlen geht aber von der Schnittellipse des Teilzylinders aus. Der Schnitt erfolgt daher nicht senkrecht auf die Flankenlinie am Teilkreis, d.h. nicht unter dem Winkel β.
2. Die tatsächlich sich ergebende Flanke im Normalschnitt stimmt weder mit der von der Schnittellipse des Grundkreises abgewickelten Evolvente, noch mit der vom Ersatzgrundkreis (r_{bn}) abgewickelten Evolvente genau überein (siehe Teilbild 2). Bei Zähnezahlen $z>10$ stimmt die Ellipsen-Evolvente mit der tatsächlich sich ergebenden Flanke im Normalschnitt recht gut überein.

Bei allen Verfahren, in denen eine Schnittebene nicht senkrecht zu dem Schrägungswinkel auf dem Zylinder steht, aus welchem man auch die Teilung errechnet, also hier in Verfahren 2, stößt man auf einen grundsätzlichen Widerspruch, der nur mit einem Kompromiß gelöst werden kann. Man erhält nämlich nach Bild 3.6, Teilbild 1, jeweils einen anderen Grundkreisradius $\bar{r}_{bn}$, wenn man ihn direkt aus der Grundkreis-Schnittellipse berechnen würde, was korrekt ist, als wenn man ihn aus dem ermittelten Ersatzteilkreis im Normalschnitt r_n über die Beziehung $r_{bn} = r_n \cdot \cos\alpha_n$ berechnet, was man, um die Definitionsgleichung des Grundkreises, Gl.(2.3), aufrecht zu erhalten, tatsächlich macht. Daher können die Ergebnisse bezüglich des Unterschnitts theoretisch nicht ganz korrekt, für die Praxis aber hinreichend sein. Wie aus Bild 3.6, Teilbild 1, hervorgeht, ist $\bar{r}_{bn} + e < r_{bn}$ (siehe auch Abschnitt 8.11).

3.2.3 Beziehungen der Winkel

Die Entstehung der Evolventenflanke eines schrägverzahnten Rades kann man sich leicht vorstellen bei Betrachtung des Teilbildes 1 in Bild 3.7. Die Flanke wird erzeugt durch die Strecke $\overline{B_1B'}$, die auf einer vom Grundzylinder (r_{bt}) abgewickelten Ebene NMM'N' liegt. Diese Strecke liegt nun nicht parallel zur Achse 00 wie die Strecke $\overline{B_1A'}$, die eine Geradverzahnung ergeben würde, sondern um den Grundschrägungswinkel β_b auf der Grundzylinderebene NMM'N' geneigt. Daraus kann man gleich zwei Regeln für die späteren Eingriffsverhältnisse ableiten, nämlich, daß

- bei jeder Schrägverzahnung die Oberfläche längs der Erzeugenden $\overline{B_1B'}$ nicht gekrümmt ist,
- die zur gleichen Zeit im Eingriff stehenden Punkte (längs dieser Linie) auf verschiedenen Zahnhöhen liegen.

Außer der vom Grundzylinder abgewickelten Ebene NMM'N' ist noch eine zweite Ebene dargestellt, $C_1E_1DC_2$, die allerdings vom Teilzylinder (r_t) abgewickelt worden ist. Deren schräge Abgrenzung E_1D ist zur achsparallelen Linie E_1E_2 um den Winkel β geneigt.

In Teilbild 2 des Bildes 3.7 ist ein Ausschnitt aus Teilbild 1 groß herausgezeichnet. Dabei wird nicht die ganze Zahnbreite b berücksichtigt, sondern nur der Betrag, welcher sich aus dem rechten Winkel an Punkt B_1 ergibt. Man erhält nun folgende trigonometrische Beziehungen:

$$y = x \cdot \tan\alpha_t = u \cdot \tan\alpha_n$$

mit

$$\cos\beta = \frac{x}{u}$$

wird

$$\tan\alpha_n = \tan\alpha_t \cdot \cos\beta \tag{3.20}$$

wobei

$$\alpha_n = \alpha_{P(n)} \tag{3.21}$$

ist und ebenso

$$\alpha_t = \alpha_{Pt} \ . \tag{3.21-1}$$

Gl.(3.20) stellt die Beziehung der Eingriffswinkel im Normal- und Stirnschnitt her.

Mit

$$\sin\alpha_t = \frac{y}{w} \ , \ \sin\alpha_n = \frac{y}{v} \text{ und } \cos\beta_b = \frac{w}{v}$$

erhält man eine andere Beziehung für die Eingriffswinkel im Normal- und Stirnschnitt, nämlich

$$\sin\alpha_n = \sin\alpha_t \cdot \cos\beta_b \ . \tag{3.22}$$

Weiterhin gilt

$$\tan\beta = \frac{\overline{b}}{x} \ , \quad \tan\beta_b = \frac{\overline{b}}{w} \ , \quad \cos\alpha_t = \frac{x}{w} \ .$$

Durch Eliminieren der Längen erhält man

$$\tan\beta_b = \tan\beta \cdot \cos\alpha_t \,, \tag{3.23}$$

eine Beziehung zwischen dem Schrägungswinkel β_b auf dem abgewickelten Grundzylindermantel und dem Schrägungswinkel β auf dem abgewickelten Teilzylindermantel.

Weiter ist

$$\cos\alpha_n = \frac{u}{v}$$

und

$$\sin\beta = \frac{\overline{b}}{u}$$

sowie

$$\sin\beta_b = \frac{\overline{b}}{v} \,.$$

Aus den letzten drei Gleichungen ergibt sich

$$\sin\beta_b = \sin\beta \cdot \cos\alpha_n \,, \tag{3.24}$$

eine Beziehung zwischen dem Grundschrägungswinkel β_b und dem Eingriffswinkel im Normalschnitt α_n. Mit diesen Gleichungen lassen sich die Größen des Stirnschnitts auf die des Normalschnitts zurückführen. Das ist wichtig, weil auch bei Schrägverzahnungen die Größen des genormten Bezugsprofils im Normalschnitt angegeben werden, wobei $\alpha_n = \alpha_P$ ist.

3.3 Bereiche des Schrägungswinkels und Veränderungen der Zahnformen

Es interessiert nun die Frage, welcher Bereich des Schrägungswinkels β für praktisch ausführbare Stirnradverzahnungen sinnvoll ist. Von der Verzahnungsform her kann der Schrägungswinkel den Bereich

$$0° \leq |\beta| < 90° \tag{3.25}$$

überstreichen, und es entstehen immer brauchbare Verzahnungen (siehe Bild 3.8). Da der Schrägungswinkel β für rechts- und linkssteigende Räder verschiedene Vorzeichen hat, muß man hier Absolutzeichen setzen. Der Wert $\beta = 0°$ ergibt Geradverzahnungen, die Schrägungswinkel mit Werten von

$$0° < |\beta| \leq 30° \tag{3.26}$$

führen zu üblichen Schrägstirnrädern, welche in Stirnradgetrieben eingesetzt werden. Schrägstirnräder mit größeren Schrägungswinkeln

$$30° < |\beta| \leq 65° \tag{3.27}$$

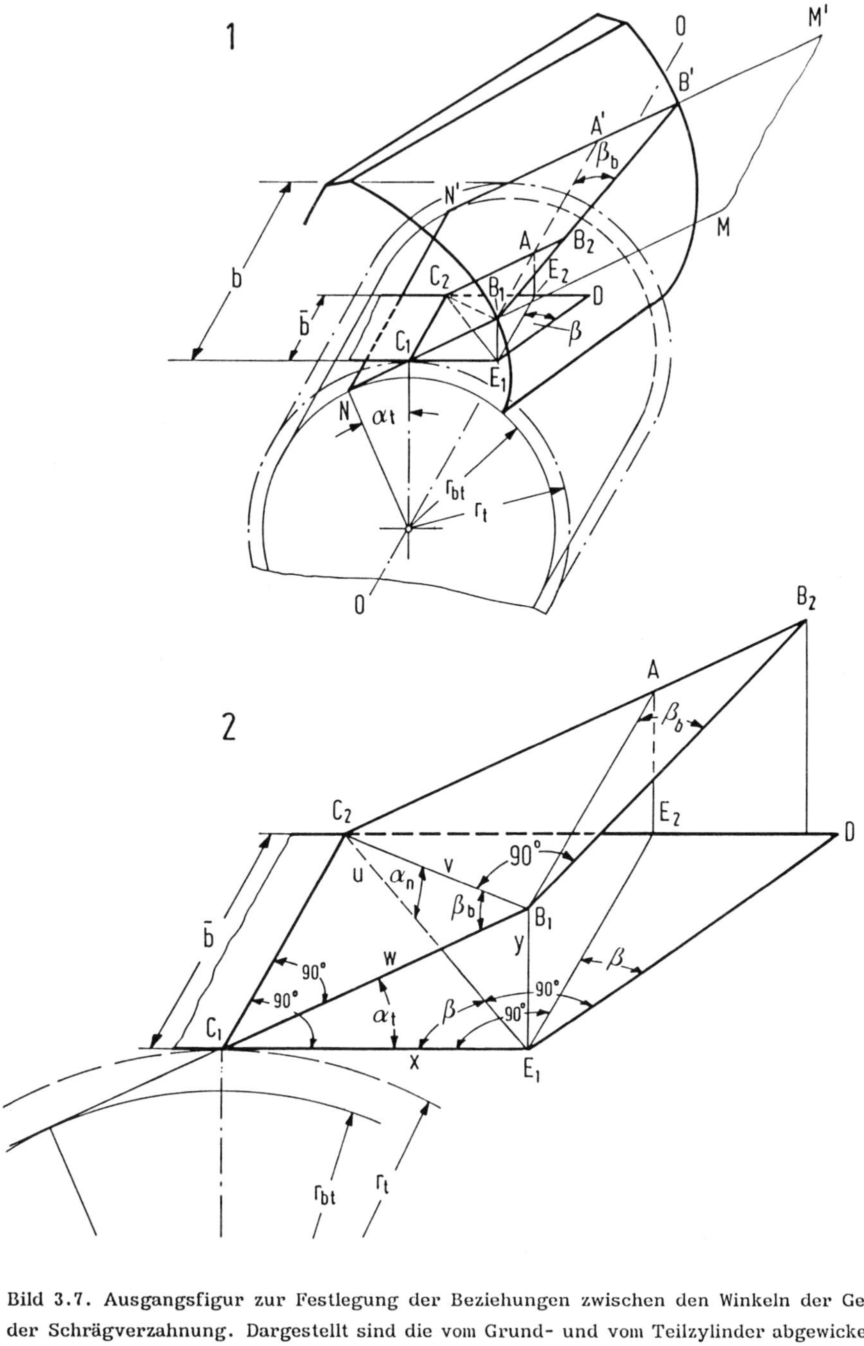

Bild 3.7. Ausgangsfigur zur Festlegung der Beziehungen zwischen den Winkeln der Gerad- und der Schrägverzahnung. Dargestellt sind die vom Grund- und vom Teilzylinder abgewickelten Ebenen. Teilbild 1: Abwicklung des Grundzylindermantels NMM'N', in dem die Eingriffsebene $NB_1B'N'$ liegt und des Teilzylindermantels $C_1E_1DC_2$ für die Zahnbreite b.

Teilbild 2: Strecken und Winkel am abgewickelten Grund- und Teilzylindermantel.

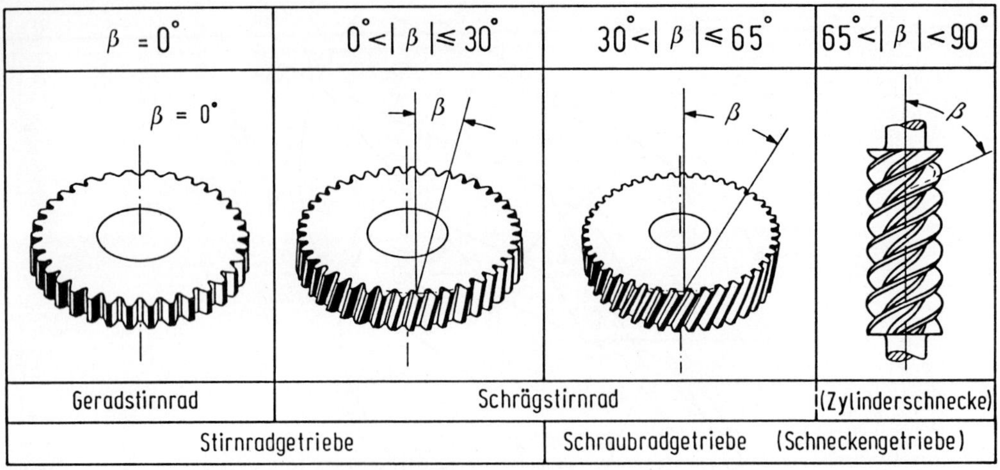

Bild 3.8. Erzeugen verschiedener Verzahnungen durch Verändern des Schrägungswinkels β. Bilden die Zähne am Zahnkörper bei Außenverzahnungen eine "Rechtsschraube", hat der Schrägungswinkel β ein positives, bilden sie eine "Linksschraube", ein negatives Vorzeichen. Bei Innenverzahnungen werden die Vorzeichen für den Schrägungswinkel umgekehrt gesetzt. Zahnräder mit Schrägungswinkeln bis $\beta = |30°|$ werden hauptsächlich in Stirnrad-, solche mit größeren Schrägungswinkeln in Schraubradgetrieben eingesetzt.

werden in Schraubradgetrieben verwendet. Zahnräder mit noch größeren Schrägungswinkeln $|\beta|$, nehmen die Form von Schnecken an (Zylinderschnecken). Sie treten in Getrieben mit gekreuzten Achsen und hohen Stufenübersetzungen auf. Der Wert

$$|\beta| = 90° \tag{3.28}$$

läßt eine Rolle mit umlaufenden, in sich geschlossenen Profilen entstehen, die keine Steigung hat, in der Rotationsebene liegt, keinen Vortrieb am Gegenrad ergibt und daher als Verzahnung nicht betrachtet zu werden braucht.

In Bild 3.9 ist die Gl.(3.16), also die Beziehung zwischen der Zähnezahl im Stirnschnitt $z_{(t)} = z$ und der im Normalschnitt z_n dargestellt, wobei der Profilwinkel des Bezugsprofils immer $\alpha_P = 20°$ ist. Man erkennt deutlich, daß für $z_{(t)}$ = konst. die Zähnezahl im Normalschnitt mit wachsendem Schrägungswinkel β größer wird. Sehr deutlich tritt diese Gesetzmäßigkeit bei der Zähnezahl $z_t = 14$ auf, die bei der Geradverzahnung nach DIN 867 für $x = 0$ Unterschnitt an der Evolventenflanke ergäbe. Für Verzahnungen mit dem Schrägungswinkel $\beta = 20°$ ergibt sich bei $x = 0$ die Zähnezahl $z_{nu} = 17$ und damit Unterschnittfreiheit. Für die Zähnezahl $z_{(t)} = 5$ wird die Unterschnittgrenze unter den gegebenen Voraussetzungen beim Schrägungswinkel $\beta = 50°$ erreicht. Gleiches gilt für $z_{(t)} = 1$ und $\beta = 75°$. Man erkennt, daß bei extrem großen Schrägungswinkeln

$$75° < |\beta| < 90° \tag{3.29}$$

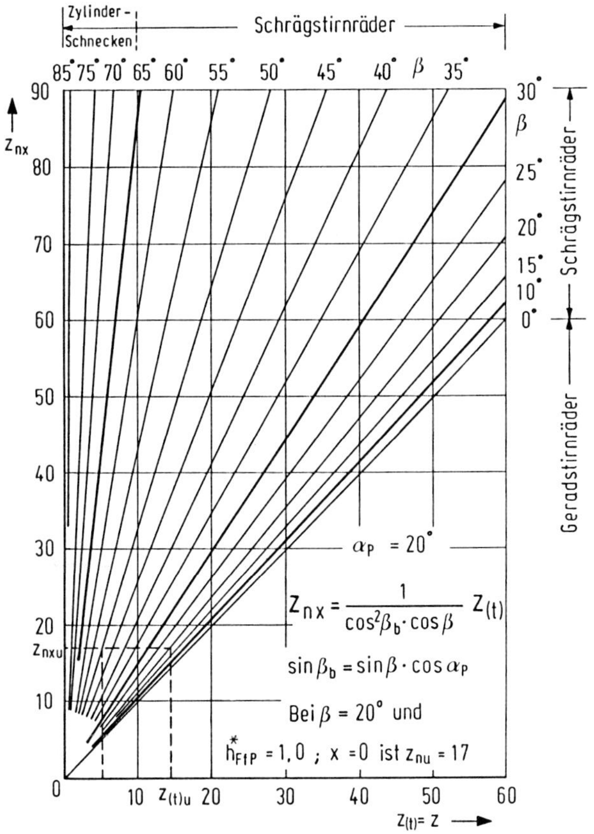

Bild 3.9. Normalschnittzähnezahl z_{nx} abhängig von der Stirnschnittzähnezahl $z_{(t)}$ und dem Schrägungswinkel β am Teilzylinder nach Gl.(3.16). Bei Zahnrädern mit geschlossenem Zahnkranz ist $z_{(t)}$ immer ganzzahlig. Unterschnittene Zähne im Normalschnitt erhält man bei $z_{nx} < z_{nxu}$ und dem Profilverschiebungsfaktor x = 0. Ist das Normalschnittrad z_{nxu} unterschnitten, so ist es auch das Schrägstirnrad $z_{(t)u}$, obwohl seine Zähnezahl eine andere ist. Da $z_{(t)u} < z_{nxu}$ ist, tritt der Unterschnitt bei Schrägstirnrädern bei kleineren Zähnezahlen auf. Für Zähnezahlen $z_{nxu} < 17$ nach Profil DIN 867 und Profilverschiebung x·m = 0, β = 0° beginnt gerade der Unterschnitt. Bei entsprechenden Schrägverzahnungen mit β = 20° tritt dieser Effekt erst bei Zähnezahlen von $z_{(t)u} = 14$ auf (gestrichelte Linie). Bei gleichen Verhältnissen und einem Schrägungswinkel β = 50° wird ein Rad mit $z_{(t)} = 5$ unterschnittfrei.

ohne Profilverschiebung auch Zähnezahlen von $z_{(t)} = 1$ erzeugt werden können. Es handelt sich in diesem Fall in der Tat um eingängige Zylinderschnecken, deren Achsen aber - anders als bei den Schrägstirnrädern - mit den Achsen des dazugehörenden Schneckenrades meistens einen Achswinkel von $\Sigma = 90°$ haben. Statt des Schrägungswinkels kann man im Bereich von

$$\beta > |65°| \tag{3.30}$$

den Steigungswinkel γ angeben. Es ist der Steigungswinkel z.B. auf dem Teilzylinder

$$|\gamma| = 90° - |\beta| , \tag{3.31}$$

wobei für die beiden Winkel immer der gleiche Index zu verwenden ist und die Absolutzeichen dazu dienen, daß auch bei negativem Schrägungswinkel eine Differenzbildung entsteht. Schrägungs- und Steigungswinkel haben das gleiche Vorzeichen, und zwar ein positives, wenn die schraubenförmige Flankenlinie einer Außenverzahnung einer Rechts- und einer Hohlradverzahnung einer Linksschraube entspricht

$$\beta > 0 \ , \ \gamma > 0 . \tag{3.32}$$

Die Berechnung der kleinsten Zähnezahl $z_{(t)u}$, bei der noch kein Unterschnitt auftritt, kann wie bei den meisten anderen Größen entweder im Stirnschnitt erfolgen, indem die entsprechende Gleichung (hier 2.28) für Geradverzahnung mit den Stirnschnittgrößen versehen wird

$$z_{(t)u} = \frac{2(h^*_{Fft} - x_t)}{\sin^2\alpha_t} . \tag{3.33}$$

Man kann auch zuerst mit Gl.(2.28) die Unterschnittszähnezahl für den Normalschnitt (Geradverzahnung) z_{nxu} berechnen und aufgrund von Gl.(3.16) alle Normalschnittzähnezahlen auf die Stirnschnittzähnezahlen umrechnen,

$$z_{(t)u} = \frac{z_{nxu}}{z^*_{nx}} = \cos\beta \cdot \cos^2\beta_b \cdot z_{nxu} . \tag{3.16-1}$$

Der zweite Weg, bei dem etwa das gleiche Ergebnis herauskommt (abhängig von dem Ansatz für die Ersatzzähnezahlberechnung), hat - wie schon erwähnt - den Vorteil, daß die Werte aus den Diagrammen für Geradverzahnung (z.B. für die Unterschnittgrenze, Bild 2.14) sofort auch die Werte für die Unterschnittgrenze beliebiger Schrägverzahnungen abgelesen werden können, die sich nur durch den Winkel β von der Geradverzahnung unterscheiden.

Die Spitzengrenze für Schrägverzahnungen oder auch die Grenze, bei der der Zahnkopf eine gewisse Mindestdicke hat (z.B. $s_a = 0{,}2 \cdot m$), kann direkt mit den Gl.(2.40) und (2.41) berechnet werden, wobei die Stirnschnittgrößen einzusetzen sind, oder indirekt, indem man mit Gl.(3.16) das dem Schrägstirnrad $z_{(t)}$ entsprechende Ersatzstirnrad z_{nx} berechnet und mit Gl.(3.40) und (3.41) prüft, welche Zahndicke es hat. Mit der Zähnezahl z_{nx}, dem Profilverschiebungsfaktor x_n kann man auch mit dem Diagramm Bild 2.19 Zahndicke und Unterschnittgrenze prüfen. Was für z_{nx} gilt, gilt dann auch für die entsprechende Zähnezahl $z_{(t)}$.

Geht man von Stirnschnittgrößen aus, dann können diese nach denselben Gleichungen wie die Größen der Geradverzahnung berechnet werden. Es ist dann sinnvoll, die Bezugsprofilgrößen auf den Stirnschnitt umzurechnen, was exakt möglich ist, da es sich hier um Körper mit ebenen Flächen handelt.

3.3.1 Durchmesser und Radien

Ähnlich wie in Gl.(2.15) für Geradverzahnungen kann der Teilkreisradius bei Schrägverzahnungen für den Stirnschnitt berechnet werden. Man legt immer den Normalmodul m_n zugrunde, da bis auf Ausnahmen nur für seine genormten Größen (siehe Bild 8.1) Werkzeuge zur Verfügung stehen. Mit Gl.(3.1) erhält man

$$r_t = \frac{z_{(t)}}{2} \cdot m_t = \frac{z_{(t)} \cdot m_n}{2 \cos \beta} \; . \qquad (3.34)$$

Für die Radien am Y-Kreis r_{yt}, am V-Kreis r_{vt} und am Grundkreis r_{bt} sind die Gleichungen entsprechend, und zwar

$$r_{yt} = r_t \pm h_y \; . \qquad (3.35)$$

Die Größe $\pm h_y$ gibt an, um wieviel der Y-Kreis größer oder kleiner als der Teilkreis, Gl.(3.34), wird.

Danach erhält man analog zur Gl.(2.35) für den Kopfkreisradius im Stirnschnitt

$$r_{at} = r_t + (x_n + h^*_{aP} + k^*) \cdot m_n \qquad (3.35\text{-}1)$$

und für den Fußkreisradius im Stirnschnitt

$$r_{ft} = r_t + (x_n - h^*_{FfP} - c^*_P) \cdot m_n \; . \qquad (3.35\text{-}2)$$

Den V-Kreis erhält man aus dem Teilkreis (r_t) (im Stirnschnitt) und der Profilverschiebung, welche im Stirn- und Normalschnitt gleich groß ist. Es ist

$$x_t \cdot m_t = x_n \cdot m_n \qquad (3.36)$$

und

$$r_{vt} = r_t + x_n \cdot m_n \; . \qquad (3.37)$$

Mit Gl.(3.34) wird der Verschiebungskreis

$$r_{vt} = r_t \left(1 + \frac{2 x_n}{z_{(t)}} \cdot \cos \beta\right) . \qquad (3.38)$$

Ähnlich wie Gl.(2.3-1) erhält man für den Grundkreisradius r_{bt}

$$r_{bt} = r_t \cdot \cos \alpha_t \; . \qquad (3.39)$$

3.3.2 Zahndicken und Lückenweiten im Stirnschnitt

Die Stirnzahndicken kann man aus den Zahndicken für ein geradverzahntes Rad ableiten, indem durch den Cosinus des entsprechenden Schrägungswinkels geteilt wird.

Mit Gl.(3.2;3.21;2.33-1) erhält man dann für die Stirnzahndicke am Teilkreisbogen [1)]

$$s_t = \frac{s_n}{\cos\beta} = \frac{m_n}{\cos\beta}\left(\frac{\pi}{2} + 2x_{(n)}\tan\alpha_n\right) \tag{3.40}$$

und für die Stirnzahndicken am Y-Kreisbogen mit Gl.(3.2;3.23;2.15;2.34) schließlich

$$s_{yt} = \frac{s_{yn}}{\cos\beta_y} = 2r_{yt}\left[\frac{\pi + 4x_{(n)}\tan\alpha_n}{2z_{(t)}} + \operatorname{inv}\alpha_t - \operatorname{inv}\alpha_{yt}\right]. \tag{3.41}$$

Auf ähnliche Weise werden die Zahndicken für den V- und Grundkreisbogen berechnet. Es ist

$$s_{vt} = \frac{s_{vn}}{\cos\beta_v} = 2r_{vt}\left[\frac{\pi + 4x_{(n)}\tan\alpha_n}{2z_{(t)}} + \operatorname{inv}\alpha_t - \operatorname{inv}\alpha_{vt}\right] \tag{3.42}$$

und

$$s_{bt} = \frac{s_{bn}}{\cos\beta_b} = 2r_{bt}\left[\frac{\pi + 4x_{(n)}\tan\alpha_n}{2z_{(t)}} + \operatorname{inv}\alpha_t\right]. \tag{3.43}$$

Die Lückenweiten e können aufgrund der Teilung p und der Zahndicke s leicht ermittelt werden. Es ist am Teilkreisbogen

$$p_t = \pi \cdot m_t = s_t + e_t\,, \tag{3.44}$$

am Kopfkreisbogen

$$p_{at} = s_{at} + e_{at}\,, \tag{3.45}$$

am Grundkreisbogen

$$p_{bt} = s_{bt} + e_{bt} \tag{3.46}$$

usw. Man erhält dann für die Lückenweite am Teilkreisbogen

$$e_t = \frac{e_n}{\cos\beta} = \frac{m_n}{\cos\beta}\left[\frac{\pi}{2} - 2x\cdot\tan\alpha_n\right]. \tag{3.47}$$

---

1) Da der Profilverschiebungsfaktor x stets im Normalschnitt angegeben wird, läßt man bei ihm den Index n weg, und da die Zähnezahl im Stirnschnitt z_t die reelle, tatsächliche Zähnezahl ist, läßt man auch bei ihr den Index t weg. Es ist daher:

$$x_n = x$$
$$z_t = z$$

Wenn im folgenden diese Indizes zur besseren Unterscheidung doch verwendet werden, stehen sie in Klammern.

Die Ausdrücke für e_{yt}, e_{vt} und e_{bt} entsprechen denen der Gl. (3.41; 3.42; 3.43), wenn man dort die ausgeschriebenen Vorzeichen im Klammerausdruck umkehrt. So ist z.B. die Lückenweite am Radius r_{yt}

$$e_{yt} = \frac{e_{yn}}{\cos\beta_y} = 2r_{yt}\left[\frac{\pi - 4x\ \tan\alpha_n}{2z} - \mathrm{inv}\alpha_t + \mathrm{inv}\alpha_{yt}\right] . \qquad (3.48)$$

3.4 Zahnradpaarungen mit Schrägverzahnung

Eine Zahnradpaarung mit Schrägverzahnung und parallelen Achsen unterscheidet sich von einer solchen mit Geradverzahnung in folgenden Punkten:

1. Rad und Gegenrad haben gleiche, aber entgegengesetzt gerichtete Schrägungswinkel

   $$\beta_1 + \beta_2 = 0°$$

2. Unter der Voraussetzung des gleichen Normalschnittprofils, des gleichen Normalmoduls und gleicher Zähnezahlen ist die Profilüberdeckung $\varepsilon_{\alpha t}$ im Stirnschnitt bei Schrägverzahnung kleiner als bei Geradverzahnung. Sie wird ergänzt durch die Sprungüberdeckung ε_β. Die Summe beider Überdeckungen ist in der Regel größer als die Profilüberdeckung bei Geradverzahnungen.

3. Die Berührung der kämmenden Zahnflanken findet auf einer Geraden (der Erzeugenden) statt, die auf der Flanke liegt, aber schräg zur Radachse geneigt ist. Gleichzeitig geht sie über verschiedene Zahnhöhenbereiche. Die Berührlinie wandert daher beim Eingriff schräg über die ganze Zahnflanke (siehe Bild 3.7, Teilbild 1).

4. Die Gesamtüberdeckung ε_γ bei Schrägverzahnung ändert sich nicht so sprunghaft wie die Profilüberdeckung bei Geradverzahnungen. Sie wird auch konstant, wenn die Profilüberdeckung ganzzahlig ist. Das führt zu kleinerer Geräuscherzeugung.

5. Schrägverzahnungen erzeugen Axialkräfte und ändern ihre Relativlage bei axialer Verschiebung eines Zahnrades.

6. Die Zahnfußtragfähigkeit von Schrägverzahnungen ist unter den Voraussetzungen von Punkt 2 und gleicher Zahnbreite wegen der kräftigeren Zähne im Stirnschnitt größer als bei Geradverzahnungen, ebenso die Flankentragfähigkeit wegen der günstigeren Überdeckung.

3.5 Achsabstand, Zahnspiele und Gleitgeschwindigkeiten

Im folgenden werden noch einige wichtige Größen, die für Geradverzahnung hergeleitet wurden, auch für Zahnradpaarungen mit Schrägverzahnung angegeben.

Der Achsabstand ist analog zu Gl.(2.43)

$$a_d = r_{t1} + r_{t2} = \frac{z_1+z_2}{2} \cdot m_t = \frac{z_1+z_2}{2} \cdot \frac{m_n}{\cos\beta} \ . \tag{3.50}$$

Einen beliebigen Achsabstand a erhält man entsprechend Gl.(2.48) mit

$$a_d \cdot \cos\alpha_t = a \cdot \cos\alpha_{wt} = a_v \cdot \cos\alpha_{vt} \ ^{1)} \tag{3.51}$$

und mit Gl.(3.50)

$$a = \frac{(z_1+z_2) \cdot m_n}{2\cos\beta} \cdot \frac{\cos\alpha_t}{\cos\alpha_{wt}} = r_{wt1} + r_{wt2} \ . \tag{3.52}$$

Statt α_{wt}, den Betriebseingriffswinkel bei Flankenspielfreiheit, kann man α_{vt}, den Verschiebungseingriffswinkel, einsetzen und erhält dann immer den entsprechenden Achsabstand, z.B. den Verschiebungsachsabstand a_v usw. Der Betriebseingriffswinkel α_{wt} bei Spielfreiheit errechnet sich analog zu Gl.(2.49)

$$\mathrm{inv}\,\alpha_{wt} = \frac{x_{t1}+x_{t2}}{z_1+z_2} \cdot 2\tan\alpha_t + \mathrm{inv}\,\alpha_{Pt} \ . \tag{3.53}$$

Mit den Gl.(3.12;3.20) erhält man

$$\mathrm{inv}\,\alpha_{wt} = \frac{x_1+x_2}{z_1+z_2} \cdot 2\tan\alpha_n + \mathrm{inv}\,\alpha_t \ . \tag{3.54}$$

Den Achsabstand a_v für die Berührung der Verschiebungskreise kann man analog zu Gl.(2.45) auch direkt berechnen und erhält

$$a_v = r_{vt1} + r_{vt2} = r_{t1} + r_{t2} + (x_1 + x_2) \cdot m_n \tag{3.55}$$

---

1) Wenn die Indizierung in der Norm 3960 [2/1] konsequent durchgeführt worden wäre, dann müßten hier bei den Achsabständen und den dazugehörenden Eingriffswinkeln stets die gleichen Indizes erscheinen. Hätte man die allgemeinen Größen und nicht bloß die für die "Zahnstangen-Geometrie" wichtigen aber speziellen Teilkreisgrößen ohne Index und zueinander gehörende Größen mit gleichem Index versehen, ließen sich Gesetzmäßigkeiten durch eine Gleichung darstellen etwa wie $a \cdot \cos\alpha = \text{konst.}$ und die formale Richtigkeit der Gleichungen aus der gleichen Indizierung erkennen, etwa wie $a_t \cdot \cos\alpha_t = a_{wt} \cdot \cos\alpha_{wt} = a_{dt} \cdot \cos\alpha_{dt} = a_{vt} \cdot \cos\alpha_{vt}$. Nach DIN 3960 aber heißt es: $a \cdot \cos\alpha_{wt} = a_d \cdot \cos\alpha = a_v \cdot \cos\alpha_{vt}$.

sowie mit Gl.(3.34)

$$a_v = \left(\frac{z_1+z_2}{2\cos\beta} + x_1 + x_2\right)\cdot m_n \quad . \tag{3.55-1}$$

Die Zahnspiele werden genau so berechnet wie bei der Geradverzahnung. Da das Kopfspiel aufgrund von Größen entsteht, die radial gerichtet sind, kann man die Gl.(2.68) für Geradverzahnung verwenden. Das Drehflankenspiel j_t in tangentialer Richtung wird zwischen den Flanken als Länge des Wälzkreisbogens, um den sich ein Zahnrad bei festgehaltenem Gegenrad im Stirnschnitt dreht, bestimmt, genau wie bei der Geradverzahnung. Beim Normalflankenspiel j_n muß nicht nur die Normalrichtung n auf die geneigte Stirnflanke, sondern auch die Schrägstellung (β) berücksichtigt werden. Es ist daher

$$j_n = j_t\cdot\cos\alpha_n\cdot\cos\beta \quad . \tag{3.56}$$

Mit den Gl.(3.23 und 3.24) erhält man j_n in Abhängigkeit des Stirneingriffswinkels α_t. Es ist

$$j_n = j_t \cos\alpha_t \cos\beta_b \quad . \tag{3.57}$$

Das Radialspiel j_r ist

$$j_r = \frac{j_t}{2\tan\alpha_{wt}} \quad . \tag{3.58}$$

Auch für die relative Gleitgeschwindigkeit v_g gelten für Schrägverzahnungen im Stirnschnitt und für Geradverzahnungen, siehe Gl.(2.87;2.88), dieselben Gleichungen, nur müssen die Eingriffsstrecken g im ersten Fall stets Stirnschnitteingriffsstrecken sein.

Die relative Gleitgeschwindigkeit im Punkt Y ist entsprechend der Gl.(2.87)

$$v_{g1} = \pm\omega_1\, g_{\alpha yt}\left(1 + \frac{1}{u}\right) \tag{3.59}$$

mit $g_{\alpha yt}$ als der Strecke im Stirnschnitt von Wälzpunkt C zum betrachteten Eingriffspunkt Y.

Die Extremwerte erreicht sie am Fuß- bzw. Kopfeingriffspunkt mit den Gl.(2.89; 2.90)

$$v_{gft} = \pm\,\omega_1\cdot g_{ft}\cdot\left(1 + \frac{1}{u}\right) \quad , \tag{3.60}$$

$$v_{gat} = \pm\,\omega_1\cdot g_{at}\cdot\left(1 + \frac{1}{u}\right) \quad . \tag{3.61}$$

Es ist $g_{\alpha y}$ stets positiv und u bei Außen-Radpaaren positiv, bei Innen-Radpaaren negativ. Die Gleichungen für die Eingriffsstrecken wurden nach Bild 2.36 abgeleitet und sind für den Stirnschnitt in den Tafeln 8.3.1 und 8.4 enthalten.

Die Berechnung des spezifischen Gleitens ζ erfolgt auch bei Schrägverzahnungen mit den Gl.(2.91) bis (2.94), wobei die Krümmungsradien im Stirnschnitt eingesetzt werden.

Für den Eingriffsbeginn, Punkt A, erhält man

$$\zeta_{ft1} = 1 - \frac{\rho_{At2}}{u \cdot \rho_{At1}} \tag{3.62}$$

und für das Eingriffsende, Punkt E,

$$\zeta_{ft2} = 1 - \frac{u \cdot \rho_{Et1}}{\rho_{Et2}} . \tag{3.63}$$

3.6 Profil- und Sprungüberdeckung

Im Stirnschnitt sind die Eingriffsverhältnisse bei Schräg- und Geradverzahnung ähnlich. Während bei der Geradverzahnung über die ganze Zahnbreite die gleichen Punkte der Zahnprofile zur gleichen Zeit im Eingriff sind, sind bei der Schrägverzahnung längs der Zahnbreite verschiedene Profilpunkte miteinander in Berührung. Die abgewickelte Grundzylinder-Mantelfläche (NMM'N') in Bild 3.7, Teilbild 1, ist auch gleichzeitig die Eingriffsebene, wenn sie den Grundzylinder des Gegenrades tangiert, wie in Bild 3.10 zu erkennen ist. Wickelt man diese Ebene von einem Grundzylinder ab, dann erzeugt die Strichpunktlinie die jeweiligen Zahnflanken. Läßt man die abgewickelte Grundzylinderebene jedoch als tangierende Ebene an den Grundzylindern wie einen Treibriemen abwälzen, dann gibt die Strichpunktlinie den geometrischen Ort aller gleichzeitigen Berührungspunkte der paarenden Zahnflanken an.

Diese Schrägstellung der Berührlinie B_1B_2 in den Bildern 3.7 und 3.10 ist auch der Grund, weswegen bei Schrägverzahnungen zusätzlich die Sprungüberdeckung auftritt. Ist z.B. ein Zahn im vorderen Stirnschnitt T_IT_I (Bild 3.11) schon außer Eingriff, dann ist er im rückwärtigen Stirnschnitt $T_{II}T_{II}$ noch voll im Eingriff, da die vordere und die rückwärtige Profileingriffsstrecke $g_{\alpha t}$ um den Sprung g_β verschoben sind. Die Folge ist, daß sich die Eingriffsstrecke im Stirnschnitt $g_{\alpha t}$ um den Betrag g_β verlängert, der aus der Größe des Schrägungswinkels β_b und der Zahnbreite b resultiert. Bei Schrägverzahnungen ist zu berücksichtigen, daß nicht immer die ganze Zahnbreite im Eingriff steht, und bei extremen Verhältnissen die tatsächliche Berührlänge sehr kurz sein kann, wenn auch die Gesamtüberdeckung ε_γ, die sich aus Profilüberdeckung ε_α und Sprungüberdeckung ε_β zusammensetzt, scheinbar groß genug ist. Die Überdeckung ergibt sich wie bei der Geradverzahnung - Gl.(2.72) - aus dem Verhältnis der Eingriffsstrecke und der Eingriffsteilung zu

$$\varepsilon_t = \frac{g_t}{p_{et}} . \tag{3.64}$$

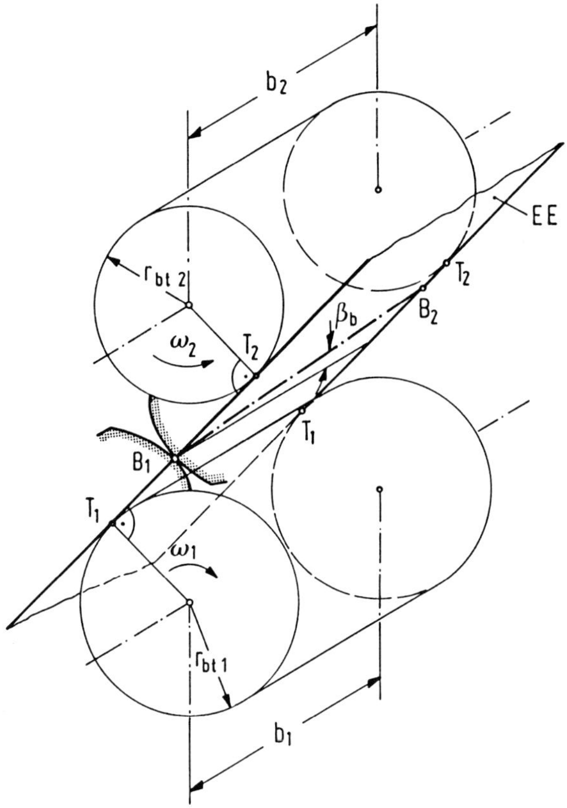

Bild 3.10. Eingriffsebene E zweier Zahnräder mit den Grundkreiszylindern (r_{bt1}) und (r_{bt2}). Die Linie $\overline{B_1B_2}$ ist beim Abwickeln vom Grundzylinder die Flankenerzeugende und beim Abrollen an den Grundzylindern der geometrische Ort der Flankenberührungspunkte.

Man erhält für die einzelnen Überdeckungen

$$\varepsilon_{\alpha t} = \frac{g_{\alpha t}}{p_{et}} \tag{3.65}$$

$$\varepsilon_{\beta} = \frac{g_{\beta}}{p_{et}} \tag{3.66}$$

$$\varepsilon_{\gamma} = \varepsilon_{\alpha t} + \varepsilon_{\beta} \; . \tag{3.67}$$

Die Überdeckungen kann man statt mit den Eingriffsstrecken g mit den Profil- und Sprung-Überdeckungswinkeln φ_{α} und φ_{β} und dem Teilungswinkel τ berechnen.

Es gilt dann

$$\varphi_{\alpha t} = \frac{g_{\alpha t}}{r_{bt}} \tag{3.68}$$

$$\varphi_\beta = \frac{g_\beta}{r_{bt}} \tag{3.69}$$

$$\tau = \frac{p_b}{r_{bt}} = \frac{p_e}{r_{bt}} \tag{3.70}$$

womit man die Gesamtüberdeckung

$$\varepsilon_\gamma = \frac{\varphi_{\alpha t}}{\tau} + \frac{\varphi_\beta}{\tau} = \varepsilon_{\alpha t} + \varepsilon_\beta \tag{3.71}$$

erhält. Die Profilüberdeckung im Normalschnitt $\varepsilon_{\alpha n}$ mit der Eingriffsstrecke $\overline{E_{1n}E_{2n}}$ des Bildes 3.11, bezogen auf die Eingriffsteilung p_{en} ist

$$\varepsilon_{\alpha n} = \frac{\overline{A_n E_n}}{p_{en}} = \frac{g_{\alpha n}}{p_{en}} . \tag{3.72}$$

Im Stirnschnitt lautet sie

$$\varepsilon_{\alpha t} = \frac{\overline{A_t E_t}}{p_{et}} = \frac{g_{\alpha t}}{p_{et}} , \tag{3.73}$$

wobei

$$g_{\alpha t} = g_{\alpha n} \cos\beta_b \tag{3.74}$$

und

$$p_{et} = \frac{p_{en}}{\cos\beta_b} \tag{3.75}$$

ist.

Aus Gl.(3.73;3.74;3.75) ergibt sich

$$\varepsilon_{\alpha t} = \varepsilon_{\alpha n} \cdot \cos^2\beta_b . \tag{3.76}$$

Nach Gl.(2.82) erhält man im Stirnschnitt für die Profilüberdeckung die Gleichung

$$\varepsilon_{\alpha t} = \frac{1}{\pi \cdot m_t \cdot \cos\alpha_t} \cdot \left[\sqrt{r_{at1}^2 - r_{bt1}^2} + \sqrt{r_{at2}^2 - r_{bt2}^2} - (r_{bt1} + r_{bt2}) \cdot \tan\alpha_{wt} \right] . \tag{3.76-1}$$

Die Sprungüberdeckung ist auch leicht herzuleiten. Aus Bild 3.11 erhält man

$$g_\beta = b \cdot \tan\beta_b \tag{3.77}$$

und mit der auf den Stirnschnitt bezogenen Gl.(2.80)

$$p_{et} = \pi \cdot m_t \cdot \cos\alpha_t \tag{3.78}$$

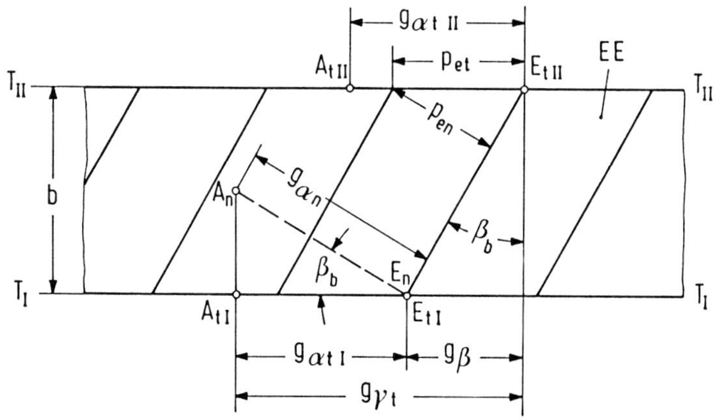

Bild 3.11. Eingriffsstrecke bei Schrägverzahnungen, dargestellt in der Eingriffsebene EE (dem abgewickelten Grundzylindermantel).

Die gesamte Eingriffsstrecke im Stirnschnitt $g_{\gamma t}$ setzt sich aus der Profileingriffsstrecke im Stirnschnitt $g_{\alpha t}$ und dem Sprung g_β zusammen. Die Profileingriffsstrecke im Normalschnitt $g_{\alpha n}$ wird von Punkt A_n bis E_n angenommen und ist länger als die Profileingriffsstrecke von A_t bis E_t im Stirnschnitt $g_{\alpha t}$. Normal- und Stirnschnittgrößen, wie z.B. die Eingriffsteilungen p_{en} und p_{et} (gleich den Grundzylinderteilungen p_{bn} und p_{bt}) im Normal- und Stirnschnitt unterscheiden sich um den Faktor cos β_b.

Die vordere und die rückwärtige Profileingriffsstrecke $g_{\alpha tI}$ und $g_{\alpha tII}$ sind um den Sprung g_β verschoben.

ergibt sich aus Gl.(3.66;3.77;3.1;3.24) die Sprungüberdeckung

$$\varepsilon_\beta = \frac{b \cdot \sin|\beta|}{\pi \cdot m_n} . \tag{3.79}$$

3.7 Überdeckung und Länge der Berührlinien

3.7.1 Geradverzahnung

Der Begriff der Überdeckung ε_α als das Verhältnis der Eingriffsstrecke g_α zur Eingriffsteilung p_e ist eigentlich nur für Geradverzahnungen im doppelten Sinne aussagefähig, nämlich im Hinblick auf die Anzahl der mindestens gleichzeitig in Eingriff kommenden Zahnpaare - bekanntlich muß es stets mehr als eines sein, $\varepsilon_\alpha > 1$ - und in Bezug auf ihre maximale und minimale Berührlänge. So besagt z.B. bei Geradverzahnungen die Profilüberdeckung $\varepsilon_\alpha = 1{,}8$, daß stets mindestens ein Zahnpaar im Eingriff ist, aber über 80% der Eingriffslänge (am Anfang und am Ende) zwei Zahnpaare, bei $\varepsilon_\alpha = 2{,}3$, z.B. von Sonderverzahnungen, stets mindestens zwei Zahnpaare, aber während 30% der Eingriffslänge drei Zahnpaare. Die dazugehörenden Berührlängen sind das Produkt der gerade im Eingriff befindlichen Zahnpaare und der Breite b des schmaleren Rades. Die Änderung der Gesamtberührlänge und damit auch die Flankenbelastung erfolgt plötzlich, gleichzeitig auf der ganzen Zahnbreite, nämlich im inneren Einzeleingriffspunkt B (Verkürzung der Berührlänge) und im äußeren Einzeleingriffspunkt D (Vergrößerung der Berührlänge). Die Berührlinien wandern parallel zur Achse über die Zahnflanke (Bild 3.13, Teilbild 1).

3.7.2 Schrägverzahnung

Bei der Schrägverzahnung sind die Verhältnisse komplizierter, und man kann aus der Profilüberdeckung $\varepsilon_{\alpha t}$ dasselbe wie für die Geradverzahnung nur für den Stirnschnitt entnehmen, so daß man weiß, wieviele Zahnpaare dort z.B. $\varepsilon_{\alpha t} = 1{,}8$ über welche Strecke im Eingriff sind, aber man weiß nicht, wie lang die dazugehörenden Berührlinien sind, zumal sie schräg über die Flanke laufen, also nicht parallel zur Achse (Bild 3.7, Teilbild 1, Strecke B_1B') und auch in der Eingriffsebene schräg im Eingriffsfeld liegen. Das ist in Bild 3.12, Teilbild 1, auf der abgewickelten Eingriffsebene EE gut zu erkennen. In Teilbild 2 ist das Eingriffsfeld EF getrennt gezeichnet, und man kann die Stirnschnittgrößen, Länge der Eingriffsstrecke $g_{\alpha t}$, Eingriffsteilung p_{et} und Sprung g_β gut erkennen,ebenso die senkrecht dazu liegende Axialteilung p_x sowie den Grundschrägungswinkel β_b und senkrecht zu den Flanken die Normalteilung p_{en}. Die Axialteilung als axialer Abstand der gleichseitigen Flanken ist

$$p_x = p_{et} \cdot \cot \beta_b \,, \tag{3.80}$$

im Gegensatz zur Stirnteilung in jedem Zylindermantel gleich groß. Definiert man einen Axialmodul m_x, dann erhält man die Axialteilung - wie auch Normal- und Stirnteilung, Gl.(2.13 und 3.44) - zu

$$p_x = \pi \cdot m_x = \frac{\pi \cdot m_n}{\sin|\beta|} = \frac{\pi \cdot m_t}{\tan|\beta|} \;. \tag{3.81}$$

Noch schwieriger wird die Beurteilung der Länge der Berührlinien, wenn man die Gesamtüberdeckung ε_γ mit

$$\varepsilon_\gamma = \varepsilon_{\alpha t} + \varepsilon_\beta \tag{3.67}$$

zugrunde legt, weil dann noch die durch den Sprung g_β, Gl.(3.77), entstehende Überdeckung enthalten ist.

In Bild 3.13 sind dafür in einer Anlehnung an die Darstellung nach Niemann/Winter [1/7] einige Beispiele angegeben. Teilbild 1 zeigt über einer abgewickelten Eingriffsebene EE das Eingriffsfeld bei verschiedenen Lagen der Zahnflanken als Fenster Q. Die Zahnflanken sind symbolisch als Linien dargestellt. Darüber ist die Gesamtlänge

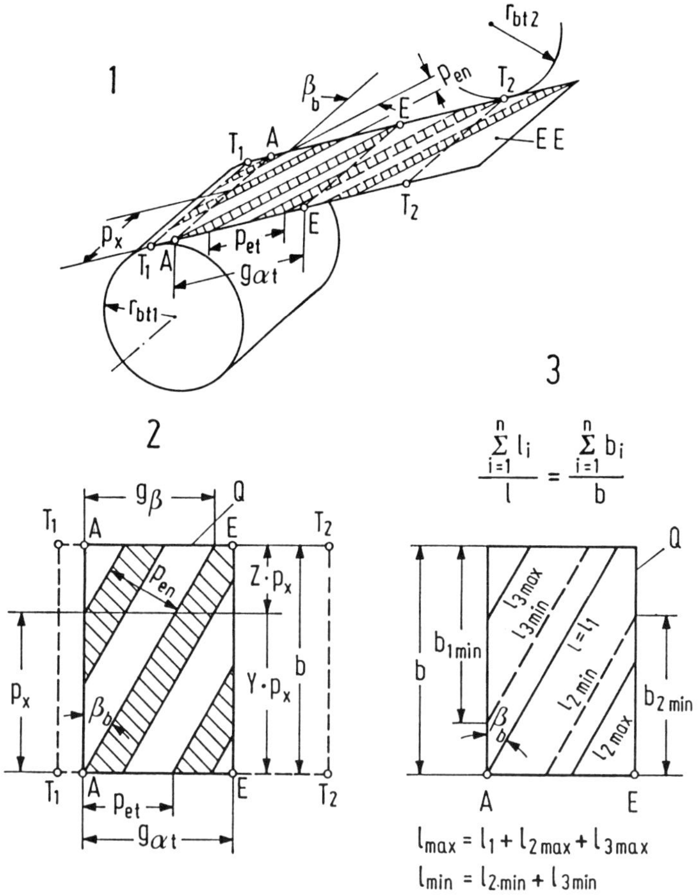

Bild 3.12. Abgewickeltes Eingriffsfeld Q der Schrägverzahnung.

Teilbild 1: Vom Grundzylinder abgewickelte Eingriffsebene EE mit Tangentenberührungsstrecken $\overline{T_1T_1}$ und $\overline{T_2T_2}$ am Grundkreis, Eingriffsbegrenzungsstrecken $\overline{AA}$ und $\overline{EE}$, Normal-, Stirn- und Axialteilungen p_{en}, p_{et}, p_x am Grundzylinder und Grundschrägungswinkel β_b.

Teilbild 2: Darstellung der Eingriffsteilungen im Normalschnitt (p_{en}), im Stirnschnitt (p_{et}) und der Axialteilung p_x sowie der Eingriffsstrecke im Stirnschnitt $g_{\alpha t}$ und des Sprungs g_β am Eingriffsfeld Q. Zahnbreiten in Abhängigkeit des Sprunges mit Y als ganzer und Z als Dezimalzahl der Sprungüberdeckung ε_β.

Teilbild 3: Länge der B-Linien (Berührlinien) $l_{max} = \sum_{i=1}^{n} l_i$ im gesamten Eingriffsfeld und Länge $b_{max} = \sum_{i=1}^{n} b_i$ der dazugehörenden Zahnbreiten, ausgezogen für die maximale, gestrichelt für die minimale Länge. Es ist n die Anzahl der im Eingriffsfeld Q auftretenden Rechts- oder Linksflanken.

der Berührlinien l_i, bezogen auf die Berührlinienlänge l für eine Zahnbreite (von Stirn- zu Stirnfläche) aufgetragen mit n als Anzahl der im Fenster erscheinenden Zahnflanken. Es ist das Verhältnis

$$\sum_{i=1}^{n} l_i / l = \sum_{i=1}^{n} b_i / b \qquad (3.82)$$

mit

$$b = l \cdot \cos\beta_b \,, \qquad (3.83)$$

das gleich den Zahnbreitenverhältnissen ist, wie aus Bild 3.12, Teilbild 3, hervorgeht.

In Teilbild 1 erhält man für das maximale und minimale Berührlängen-Verhältnis der Geradverzahnung die Werte $l_{max}/l = 2$ und $l_{min}/l = 1$, während die Profilüberdeckung $\varepsilon_\alpha = 1{,}8$ ist. In Teilbild 2 für eine Schrägverzahnung mit $\varepsilon_\beta = 0{,}5$ sind die Maximal- und Minimalwerte 2 und 1,6. Wichtig ist, daß der Übergang zwischen den Extremwerten kontinuierlich erfolgt. In Teilbild 3 mit einer Sprungüberdeckung von $\varepsilon_\beta = 1{,}0$ ist die Länge der Berührlinien konstant, die Profilüberdeckung aber immer noch (wie in Teilbild 2) $\varepsilon_{\alpha t} = 1{,}8$. In Teilbild 4.2 erzeugt die ganzzahlige Profilüberdeckung $\varepsilon_{\alpha t} = 2$ auch konstante Berührlinienlängen, wobei $\varepsilon_\beta = 0{,}5$ ist. Verkürzt man die Eingriffsstrecke, so daß $\varepsilon_{\alpha t} = 1{,}2$ wird - wie in Teilbild 4.1 - dann wird die Länge der Berührlinien kleiner und stark schwankend.

3.7.3 Ermitteln der extremen Berührlängen

In Bild 3.14 sind die vier grundsätzlich verschiedenen Möglichkeiten der Abgrenzung des Eingriffsfeldes EF nach Keck [3/2] dargestellt. Ist die Zahnbreite b ein ganzzahliges Vielfaches der Axialteilung wie in Teilbild 1

$$b = n \cdot p_x, \qquad (3.84)$$

Bild 3.13. Bezogene Länge der gleichzeitig im Eingriff stehenden Berührlinien $\left(\sum_{i=1}^{n} l_i\right)/l$ bzw. Zahnbreiten $\left(\sum_{i=1}^{n} b_i\right)/b$. Zusammenhang zwischen Berührlinien-Längen und Überdeckungen, gezeigt an den durch das "Fenster Q" dargestellten Eingriffsfeldern in der Eingriffsebene EE. Die Eingriffsstrecke A bis E wird durch eine gedachte Bewegung der Eingriffsebene und des Fensters gedehnt, da v_Q etwas größer als v_{EE} ist (Überholvorgang).

Teilbild 1: Geradverzahnung, plötzliche Änderung der bezogenen Berührlinienlänge $\left(\sum_{i=1}^{n} l_i\right)/l$ von 2 auf 1. Die Profilüberdeckung $\varepsilon_\alpha = 1{,}80$ besagt nur, daß für 80% der Eingriffslänge die bezogene Berührlinien-Länge 2 und für 20% diese Länge 1 ist.

Teilbild 2: Schrägverzahnung mit $\varepsilon_\beta = 0{,}5$. Die Profilüberdeckung $\varepsilon_{\alpha t}$ ist abhängig von der Länge g_α des Eingriffsfeldes Q und der Eingriffs-Stirnteilung p_{et}. Zwar ist $\varepsilon_{\alpha t} = 1{,}80$, die bezogene Berührlinien-Länge $\left(\sum_{i=1}^{n} l_i\right)/l = \left(\sum_{i=1}^{n} b_i\right)/b$, aber schwankt zwischen 2 und 1,6. Daher ist $\varepsilon_{\alpha t}$ keine aussagekräftige Größe für die Beurteilung der Tragfähigkeit bei Schrägverzahnungen.

Teilbild 3: Die Sprungüberdeckung ε_β ist eine ganze Zahl. Die bezogenen Berührlängen $\left(\sum_{i=1}^{n} l_i\right)/l$ über dem Eingriff sind alle gleich, was Vorteile für ruhigen Lauf und Zahnbeanspruchung bringt.

Teilbild 4.1: Die Länge $g_{\alpha I}$ des Eingriffsfeldes wurde kürzer gemacht. Die Längenänderung der Berührlinien bleibt ähnlich der in Teilbild 2, aber die Maximal- und Minimalwerte sind niedriger.

Teilbild 4.2: Auch wenn die Profilüberdeckung $\varepsilon_{\alpha t}$ eine ganze Zahl hat (hier $\varepsilon_{\alpha t} = 2$), bleibt wie im Fall 3 die bezogene Länge der Berührlinien $\left(\sum_{i=1}^{n} l_i\right)/l$ konstant mit allen geschilderten Vorteilen.

1

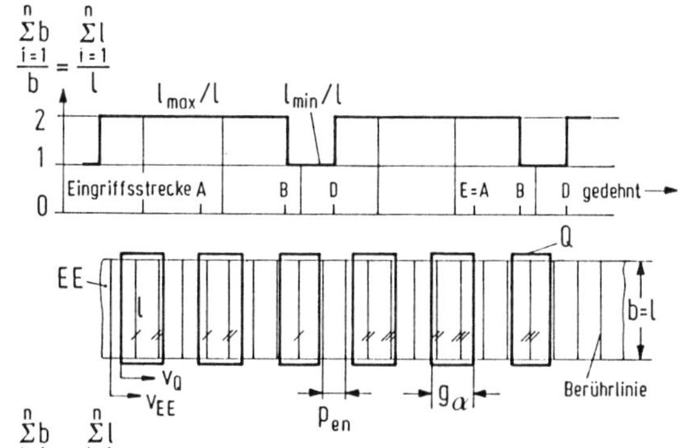

$$\frac{b_{max}}{b} = \frac{l_{max}}{l} = 2{,}0$$

$$\frac{b_{min}}{b} = \frac{l_{min}}{l} = 1{,}0$$

$$\varepsilon_\beta = \frac{g_\beta}{p_{et}} = 0$$

$$\varepsilon_\alpha = \frac{g_\alpha}{p_{en}} = 1{,}8$$

2

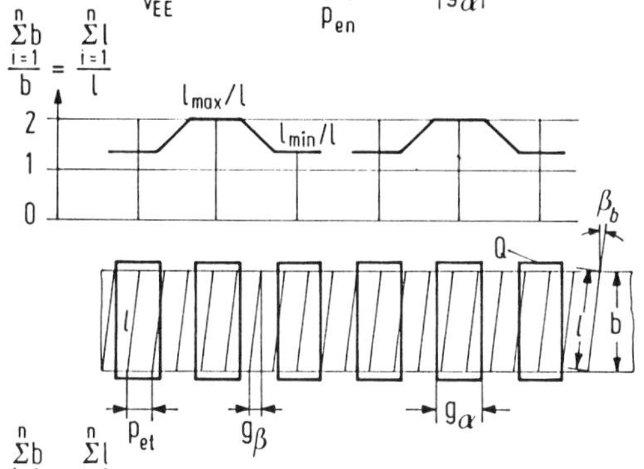

$$\frac{b_{max}}{b} = \frac{l_{max}}{l} = 2$$

$$\frac{b_{min}}{b} = \frac{l_{min}}{l} = 1{,}6$$

$$\varepsilon_\beta = \frac{g_\beta}{p_{et}} = 0{,}5$$

$$\varepsilon_{\alpha t} = \frac{g_\alpha}{p_{et}} = 1{,}8$$

3

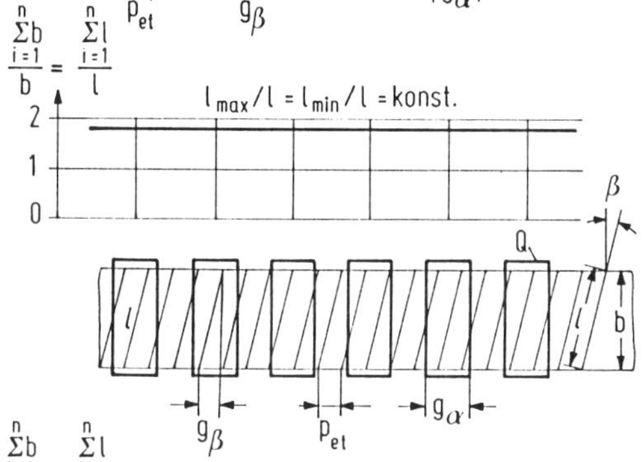

$$\frac{b_{max}}{b} = \frac{l_{max}}{l} = 1{,}8$$

$$\frac{b_{min}}{b} = \frac{l_{min}}{l}$$

$$\varepsilon_\beta = \frac{g_\beta}{p_{et}} = 1{,}0$$

$$\varepsilon_{\alpha t} = \frac{g_\alpha}{p_{et}} = 1{,}8$$

4

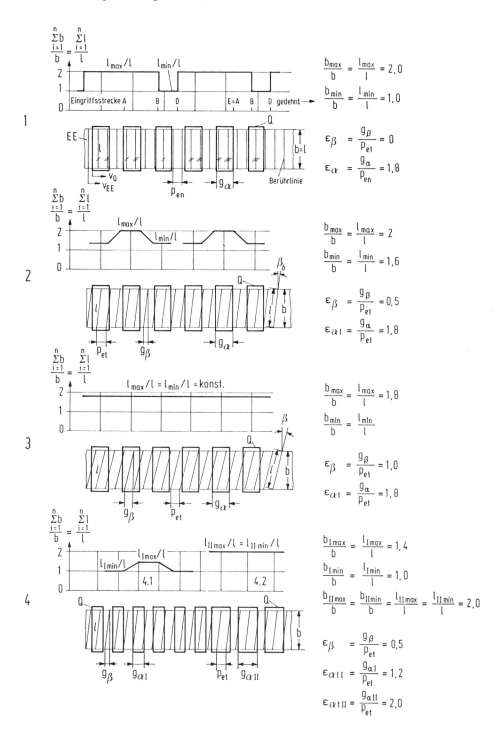

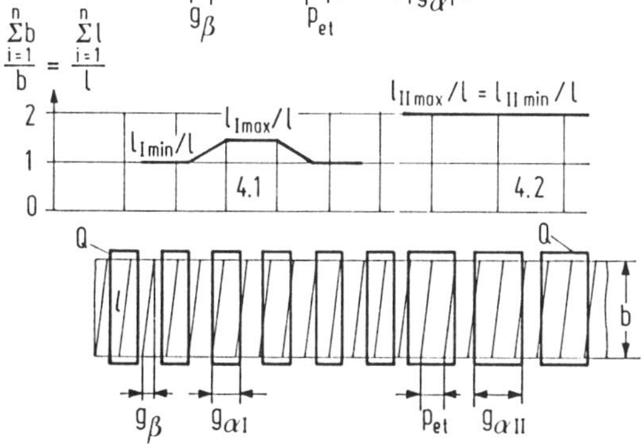

$$\frac{b_{I\,max}}{b} = \frac{l_{I\,max}}{l} = 1{,}4$$

$$\frac{b_{I\,min}}{b} = \frac{l_{I\,min}}{l} = 1{,}0$$

$$\frac{b_{II\,max}}{b} = \frac{b_{II\,min}}{b} = \frac{l_{II\,max}}{l} = \frac{l_{II\,min}}{l} = 2{,}0$$

$$\varepsilon_\beta = \frac{g_\beta}{p_{et}} = 0{,}5$$

$$\varepsilon_{\alpha t I} = \frac{g_{\alpha I}}{p_{et}} = 1{,}2$$

$$\varepsilon_{\alpha t II} = \frac{g_{\alpha II}}{p_{et}} = 2{,}0$$

dann ist es gleichgültig, wie groß die Länge der Eingriffsstrecke $g_{\alpha t}$ ist, die Summe der Berührlängen bzw. das Berührlängenverhältnis und das dazugehörende Zahnbreitenverhältnis bleiben konstant.

$$\sum_{i=1}^{n} l_i/l = \sum_{i=1}^{n} b_i/b = \text{konst.} \tag{3.82-1}$$

Genau denselben Effekt erzielt man, wenn die Länge der Eingriffslinie $g_{\alpha t}$ gleich der Eingriffsteilung p_{et} ist oder einem ganzzahligen Vielfachen von ihr

$$g_{\alpha t} = n \cdot p_{et} \; . \tag{3.85}$$

Man kann sich vom Eintreten dieses Effekts leicht überzeugen, wenn in den Teilbildern 1 und 2 die Flankenlinien horizontal verschoben werden. Die Strecke, um die eine Linie kürzer wird, ist gleich der, um die die andere länger wird.

Ist nun keine der beiden Bedingungen der Gl.(3.84) und (3.85) erfüllt, dann tritt der Fall der Teilbilder 3 und 4 auf. In diesen gibt es ein Feld IV, auf dessen Einfluß allein die Schwankung der gesamten Berührlinienlänge zurückzuführen ist. Das Eingriffsfeld in Teilbild 3 erfüllt zwei Bedingungen bezüglich der Berührlängen, nämlich

$$l_{2\,max} + l_{3\,max} \leqq l \tag{3.86}$$

und

$$l_{2\,max} \leqq l_{3\,max} \tag{3.87}$$

die auch für die Breiten gelten

$$b_{2\,max} + b_{3\,max} \leqq b \tag{3.86-1}$$

$$b_{2\,max} \leqq b_{3\,max} \; . \tag{3.87-1}$$

Das Eingriffsfeld in Teilbild 4 ist dagegen so aufgebaut, daß die Bedingungen erfüllt werden

$$l_{2\,max} + l_{3\,max} > l \tag{3.88}$$

$$l_{2\,max} > l_{3\,max} \tag{3.89}$$

bzw. für die Breiten

$$b_{2\,max} + b_{3\,max} > b \tag{3.88-1}$$

$$b_{2\,max} > b_{3\,max} \; . \tag{3.89-1}$$

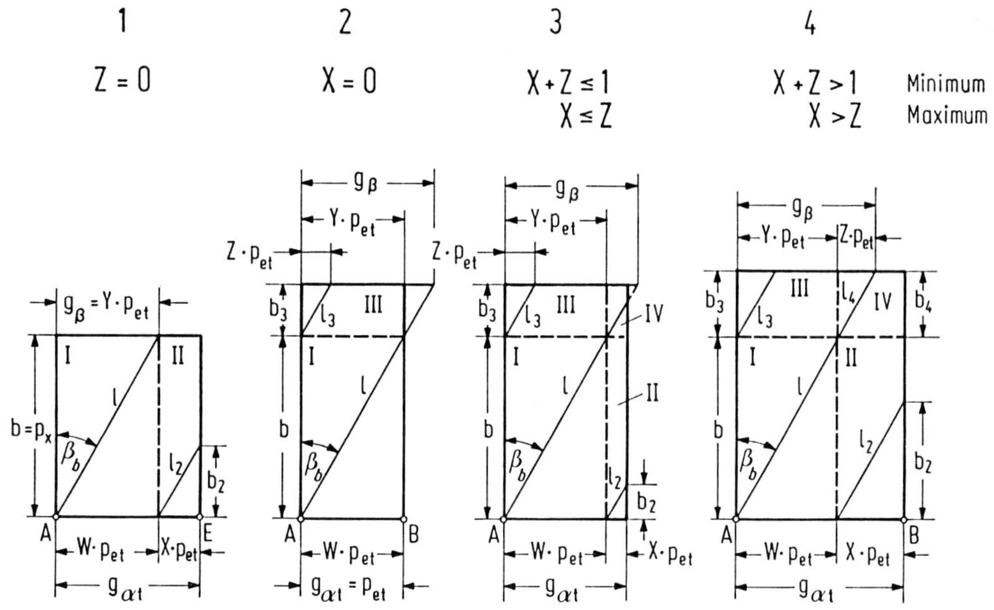

$$\varepsilon_{\alpha t} = W + X \; ; \quad \varepsilon_\beta = Y + Z \; ; \quad g_{\alpha t} = \varepsilon_{\alpha t} \cdot p_{et} \; ; \quad g_\beta = \varepsilon_\beta \cdot p_{et}$$

Bild 3.14. Grundsätzliche Lage der Berührlinien im stark umrandeten Eingriffsfeld Q. Zusammenhang zwischen der Berührlänge $\sum_{i=1}^{n} l_i$ bzw. der entsprechenden Zahnbreite $\sum_{i=1}^{n} b_i$ von schrägverzahnten Stirnradpaarungen und der Profil- und Sprungüberdeckung nach Keck [3/1], dargestellt am Eingriffsfeld A bis B. Es bedeutet: W und Y die ganzzahligen Zahlen der Profil- und Sprungüberdeckung, X und Z die Dezimalzahlen von Profil- und Sprungüberdeckung.

Teilbild 1: Die Zahnbreite ist gerade so groß wie die Axialteilung p_x oder ein ganzes Vielfaches davon. Ganz gleich, wie groß die Eingriffsstrecke $g_{\alpha t}$ bzw. die Profilüberdeckung $\varepsilon_{\alpha t}$ ist, die Berührlänge bleibt über den gesamten Eingriff konstant, da $l + l_2$ = konst. ist, wie aus den Feldern I und II ersichtlich ist.

Teilbild 2: Die Eingriffsstrecke $g_{\alpha t}$ ist gerade so lang wie die Eingriffsteilung p_{et} (oder ein ganzes Vielfaches davon). Ganz gleich, wie groß der Sprung g_β bzw. die Sprungüberdeckung ε_β ist, die Berührlänge bleibt über den gesamten Eingriff konstant, da $l + l_3$ = konst. ist, wie aus den Feldern I und III ersichtlich ist.

Teilbild 3: Sowohl die Länge der Stirneingriffsstrecke $g_{\alpha t}$ als auch der Sprung g_β sind kein ganzes Vielfaches der Stirneingriffsteilung p_{et}. Die drei Felder I + II + III haben zusammen eine konstante Berührlänge, das restliche Feld IV ist für die Änderung der gesamten Berührlänge verantwortlich. Die Eingriffslängen $(X + Z) \cdot p_{et}$ sind hier kleiner als die Eingriffsteilung p_{et}. Das hat zur Folge, daß nach einer längeren konstanten minimalen Überdeckung diese kurzzeitig größer wird.

Teilbild 4: Wie Teilbild 3, nur ist $(X + Z) \cdot p_{et}$ größer als die Eingriffsteilung p_{et}, d.h. die Summe der Dezimalgrößen von $\varepsilon_{\alpha t}$ und ε_β ist größer als 1 bzw. die Zahnbreiten b_2 und b_3 sind größer als b. Es ist $b_2 + b_4 > b$. Das hat zur Folge, daß die minimale und maximale Überdeckung unter sonst gleichen Verhältnissen größer als in Fall 3 sind und die maximale sich über einen längeren Teil des Eingriffs erstreckt.

Die Bedingungen Gl.(3.86;3.87) bzw. Gl.(3.88;3.89) müssen nicht zusammenfallen, wurden aber aus zeichentechnischen Gründen jeweils in einem Bild zusammengefaßt. Da es für die Ermittlung der Belastbarkeit der Zahnflanken wichtig ist, das kleinste Berührlängen-Verhältnis

$$\sum_{i=1}^{n} l_{i\,min}/l$$

bzw. das entsprechende Breitenverhältnis

$$\sum_{i=1}^{n} b_{i\,min}/b$$

zu kennen, schlägt Keck [3/2] die Unterteilung der Profil- und Sprungüberdeckung in ihre ganzen Zahlen und ihre Dezimalwerte vor. Niemann/Winter [1/7] wählen dafür in Anlehnung an Karas [3/3] die Bezeichnung W und Y für die ganzen und X und Z für die Dezimalzahlen der Überdeckungen. Es ist dann

$$\varepsilon_{\alpha t} = W + X \tag{3.90}$$

und

$$\varepsilon_{\beta} = Y + Z \; . \tag{3.91}$$

Für eine Profilüberdeckung von $\varepsilon_{\alpha t} = 2{,}3$ ist danach $W = 2$, $X = 0{,}3$ und für eine Sprungüberdeckung von $\varepsilon_{\beta} = 0{,}5$ ist $Y = 0$ und $Z = 0{,}5$. Um die minimalen und maximalen Berührlängenverhältnisse zu berechnen, muß man die vier Fälle der Teilbilder 3 und 4 in Bild 3.14 unterscheiden. Die Bedingung der Gl.(3.86) kann nun mit den Größen X und Z ausgedrückt werden und ist

$$X + Z \leqq 1. \tag{3.92}$$

Wenn sie erfüllt ist, wird das kleinste Berührlängen-Verhältnis mit Gl.(3.93) berechnet:

$$l_{min}/l = b_{min}/b = [(W + X)\cdot Y + W\cdot Z]/\varepsilon_{\beta} \; . \tag{3.93}$$

Gl.(3.88) kann durch Gl.(3.94) ersetzt werden

$$X + Z > 1 \tag{3.94}$$

und wenn sie zutrifft, wird l_{min}/l mit Gl.(3.95) berechnet:

$$l_{min}/l = b_{min}/b = [(W + X)\cdot Y + W\cdot Z + (X + Z - 1)]/\varepsilon_{\beta} \; . \tag{3.95}$$

Für die größte Summe des Berührlängen-Verhältnisses l_{max}/l und den Fall, daß Gl. (3.87) bzw. Gl.(3.96) zutrifft

$$X \leqq Z \; , \tag{3.96}$$

gilt

$$l_{max}/l = b_{max}/b = [(W+X)\cdot Y + (X+Z)]/\varepsilon_\beta \ , \qquad (3.97)$$

wenn dagegen Gl.(3.89) bzw. Gl.(3.98)

$$X > Z \qquad (3.98)$$

zutrifft, gilt Gl.(3.99)

$$l_{max}/l = b_{max}/b = [(W+X)\cdot Y + 2Z]/\varepsilon_\beta \ . \qquad (3.99)$$

Gibt man daher die Überdeckungen von Schrägverzahnungen nicht als Gesamtüberdeckung ε_γ, sondern mit ihren Komponenten $\varepsilon_{\alpha t}$ und ε_β an, dann läßt sich auf einfache Weise das maximale und minimale Berührlängen-Verhältnis l_{max}/l und l_{min}/l nach Gl.(3.82) berechnen und mit Gl.(3.83) auch die absolute Länge der Berührlinie.

Das Beispiel aus Bild 3.13, Teilbild 2, nachgerechnet ergibt:

$\varepsilon_{\alpha t} = 1{,}8$, $\varepsilon_\beta = 0{,}5$, somit $W = 1$, $X = 0{,}8$, $Y = 0$, $Z = 0{,}5$.

$X + Z = 1{,}3 > 1$, daher gilt für l_{min}/l Gl.(3.95)

$X = 0{,}8 > Z = 0{,}5$, daher gilt für l_{max}/l Gl.(3.99).

Damit wird $l_{min}/l = 1{,}6$ mit Gl.(3.83) $l_{min} = 1{,}6\cdot b/\cos\beta_b$ und $l_{max}/l = 2$ mit Gl.(3.83) $l_{max} = 2\cdot b/\cos\beta_b$.

Danach ist zwischen dem inneren Einzeleingriffspunkt B auf der Stirnseite, auf welcher er zuletzt erreicht wurde, und dem äußeren Einzeleingriffspunkt D der anderen Stirnseite nur eine Berührlänge l_{min} im Eingriff.

3.8 Schreibweise für Geradverzahnungen, Normalschnitt- und Stirnschnittgrößen

Die Gleichungen für Geradverzahnungen ergeben sich als Sonderfall der Gleichungen für Schrägverzahnungen, indem man den Schrägungswinkel $\beta = 0°$ setzt. Man könnte daher, um die Anzahl der Indizes zu verringern, für Schrägverzahnungen im Stirnschnitt auf den Index t verzichten, der bei Geradverzahnungen ohnehin nicht vorkommt. Für Verzahnungen im Normalschnitt müßte dann aber stets der Index n auftreten. Gegen so eine Übereinkunft spricht aber die Tatsache, daß z.B. die Zahndicken am Teilkreis und der Modul bei den nicht indizierten Geradverzahnungen und den Schrägverzahnungen im Stirnschnitt ungleich, jedoch bei den indizierten Schrägverzahnungen im Normalschnitt und den nicht indizierten Geradverzahnungen gleich wären. Um Zweifeln aus dem Weg zu gehen, wäre es eindeutig, bei Schrägverzahnungen die Größen mit t oder n zu indizieren, da sie in vielen Gleichungen gemischt auftreten. Bei Geradverzahnungen kann dieser Index entfallen.

In den Normenwerken (DIN 3960 u.a.) wird häufig auf Indizierungen bezüglich des Normal- und Stirnschnitts verzichtet, so z.B. bei den verschiedenen Radien und Durchmessern, beim Profilverschiebungsfaktor, bei der Zähnezahl usw. Das ist dann besonders verwirrend, wenn e i n m a l der Index für die Stirnschnittgröße fehlt wie z.B. bei den Radien, Durchmessern, der Zähnezahl, ein a n d e r m a l für Normalschnittgrößen wie beim Profilverschiebungsfaktor, bei den Zahnhöhen (weil man annimmt, sie kämen alle vom Bezugsprofil im Normalschnitt).

Eine Zusammenstellung der wichtigsten Bezeichnungen für Verzahnungen, geordnet nach den verschiedenen Größen, versehen mit den gebräuchlichsten Indizes, enthält Abschnitt 8.1. Deutung nicht indizierter Größen siehe S. 392.

3.9 Berechnung der geometrischen Größen von Schrägverzahnungen und Zahnradpaarungen

3.9.1 Aufgabenstellung 3-1 (Geometrische Größen der Schrägstirnräder)

Für zwei Schrägstirnräder, deren angeführte Größen vorgegeben sind, sollen die restlichen geometrischen Verzahnungsgrößen als Zahlenwerte berechnet werden.

		Rad 1	Rad 2
Bezugsprofil		DIN 867	DIN 867
Modul	m_n	2 mm	2 mm
Schrägungswinkel	β	20°	- 20°
Zähnezahl	z	12	21
Profilverschiebungsfaktor	x	+ 0,5	0,0
Mindestzahnkopfdicke	$s_{an\,min}$	0,2·m	0,2·m

3.9.2 Aufgabenstellung 3-2 (Prüfen der Unterschnitt-Grenzzähnezahl)

Berechnung der Unterschnitt-Grenzzähnezahl z_u, bei der noch kein Unterschnitt auftritt, über den Normalschnitt und über den Stirnschnitt.

1. Nachweis, daß die Gl.(3.16-1)

$$z_{nxu} = \frac{z_u}{\cos^2\beta_b \cdot \cos\beta} \qquad (3.16\text{-}1)$$

für die Berechnung der Unterschnitt-Grenzzähnezahl exakte Ergebnisse liefert.

Gegeben sei eine Verzahnung nach DIN 867 mit einem Profilverschiebungsfaktor $x = +0,1$ und dem Schrägungswinkel $\beta = 15°$.

2. Herleiten der Gl.(3.16-1) aus schon bekannten Gleichungen.

3.9.3 Aufgabenstellung 3-3 (Geometrische Größen einer Zahnradpaarung aus Schrägstirnrädern)

Die beiden Zahnräder aus Aufgabenstellung 3-1 sollen für eine Paarung zur Übersetzung ins Langsame verwendet werden. Es sind die notwendigen geometrischen Größen zu bestimmen, und die Verzahnung ist auf korrekten Eingriff zu überprüfen. Die Zahnbreite betrage $b = 10$ mm.

3.9.4 Aufgabenstellung 3-4 (Schrägverzahnte Stirnradpaarungen mit kleiner Ritzelzähnezahl

Für den Achsabstand $a = 40$ mm soll eine Schrägverzahnung ausgelegt werden mit der Übersetzung $i = -5,375$. Das Bezugsprofil sei nach DIN 867 gewählt, der Modul betrage $m_n = 1,5$ mm, der Schrägungswinkel $\beta = 18,5°$, die Mindestzahnkopfdicke $s_{an\,min} = 0,2 \cdot m_n$ und die Zahnbreite $b = 10$ mm. Um ein möglichst kleines Getriebe zu erhalten, soll die Zähnezahl des Ritzels so klein als möglich gewählt werden.

3.9.5 Lösung der Aufgabenstellung 3-1

Geometrische Größen der Schrägstirnräder, Aufgabenstellung siehe Abschnitt 3.9.1, S. 174

(Die nicht aus dem Bild entnommenen Zahlenwerte sind auf 3 Stellen genau.)

Zahndicke am Teilkreis	$s_t = \frac{m_n}{\cos\beta} \cdot \left(\frac{\pi}{2} + 2x \cdot \tan\alpha_n\right)$	(3.40)
	$s_{t1} = \frac{2{,}000}{\cos 20°} \cdot \left(\frac{\pi}{2} + 2 \cdot 0{,}500 \cdot \tan 20°\right) = 4{,}118$ mm	$s_{t2} = \frac{2{,}000}{\cos(-20°)} \cdot \left(\frac{\pi}{2} + 2 \cdot 0 \cdot \tan 20°\right) = 3{,}343$ mm
Zahnlücke am Teilkreis	$e_t = \frac{m_n}{\cos\beta} \cdot \left(\frac{\pi}{2} - 2x \cdot \tan\alpha_n\right)$	(3.47)
	$e_{t1} = \frac{2{,}000}{\cos 20°} \cdot \left(\frac{\pi}{2} - 2 \cdot 0{,}500 \cdot \tan 20°\right) = 2{,}569$ mm	$e_{t2} = \frac{2{,}000}{\cos(-20°)} \cdot \left(\frac{\pi}{2} - 2 \cdot 0 \cdot \tan 20°\right) = 3{,}343$ mm
Ersatz-zähnezahl	$z_{nx} = \frac{z}{\cos^2\beta_b \cdot \cos\beta}$	(3.16)
	$z_{nx1} = \frac{12}{\cos^2 18{,}747° \cdot \cos 20°} = 14{,}241$	$z_{nx2} = \frac{21}{\cos^2(-18{,}747°) \cdot \cos(-20°)} = 24{,}922$
Unterschnitt-grenze	$x_{un} = h^*_{FfP} - \frac{1}{2} \cdot z_n \cdot \sin^2\alpha_n < x$	(2.28)
	$x_{un1} = 1{,}0 - \frac{1}{2} \cdot 14{,}241 \cdot \sin^2 20° = 0{,}167 < 0{,}500$ erfüllt	$x_{un2} = 1{,}0 - \frac{1}{2} \cdot 24{,}922 \cdot \sin^2 20° = -0{,}458 < 0$ erfüllt
Grenze für Mindestzahn-kopfdicke	$x_{0,2} > x$ aus Diagramm in den Bildern 2.19;4.9;8.5	
	$x_{min1} = 0{,}71 > 0{,}500$ erfüllt	$x_{min2} = 1{,}12 > 0$ erfüllt

Berechnung geometrischer Größen von Schrägstirnrädern (Fortsetzung)

Grundschrägungswinkel	$\beta_b = \arcsin(\sin\beta \cdot \cos\alpha_n)$	(3.24)
	$\beta_{b1} = \arcsin(\sin 20° \cdot \cos 20°) = 18{,}747°$	$\beta_{b2} = \arcsin(\sin(-20°) \cdot \cos 20°) = -18{,}747°$
Teilkreisradius	$r_t = \frac{z_t}{2} \cdot \frac{m_n}{\cos\beta}$	(3.34)
	$r_{t1} = \frac{12}{2} \cdot \frac{2{,}000}{\cos 20°} = 12{,}770$ mm	$r_{t2} = \frac{21}{2} \cdot \frac{2{,}000}{\cos(-20°)} = 22{,}348$ mm
Grundkreisradius	$r_{bt} = r_t \cdot \cos\alpha_t$	(3.39)
	$r_{bt1} = 12{,}770 \cdot \cos 21{,}173° = 11{,}908$ mm	$r_{bt2} = 22{,}348 \cdot \cos 21{,}173° = 20{,}839$ mm
Kopfkreisradius	$r_{at} = r_t + (x + h^*_{aP} + k^*) \cdot m_n$	(3.35-1)
	$r_{at1} = 12{,}770 + (0{,}500 + 1{,}000 + 0) \cdot 2{,}000 = 15{,}770$ mm	$r_{at2} = 22{,}348 + (0 + 1{,}000 + 0) \cdot 2{,}000 = 24{,}348$ mm
Fußkreisradius	$r_{ft} = r_t - (h^*_{FfP} - x + c^*_P) \cdot m_n$	(3.35-2)
	$r_{ft1} = 12{,}770 - (1{,}0 - 0{,}5 + 0{,}25) \cdot 2{,}000 = 11{,}270$ mm	$r_{ft2} = 12{,}348 - (1{,}0 - 0 + 0{,}250) \cdot 2{,}000 = 19{,}848$ mm
Teilkreisteilung	$p_n = \pi \cdot m_n$	(2.13)
	$p_{n1} = \pi \cdot 2{,}000 = 6{,}283$ mm	$p_{n2} = \pi \cdot 2{,}000 = 6{,}283$ mm
Eingriffsteilung	$p_{en} = \pi \cdot m_n \cdot \cos\alpha_n$	(2.80)
	$p_{en1} = \pi \cdot 2{,}000 \cdot \cos 20° = 5{,}904$ mm	$p_{en2} = \pi \cdot 2{,}000 \cdot \cos 20° = 5{,}904$ mm

Berechnung geometrischer Größen von Schrägstirnrädern (Fortsetzung)

Verzahnungsgröße	Rad 1	Rad 2
Zähnezahl	gegeben	
	$z_1 = 12$	$z_2 = 21$
Profilwinkel	nach DIN 867	
	$\alpha_{P1} = 20°$	$\alpha_{P2} = 20°$
Zahnkopfhöhenfaktor	nach DIN 867	
	$h^*_{aP1} = 1{,}000$	$h^*_{aP2} = 1{,}000$
Zahnfuß-Formfaktor	nach DIN 867	
	$h^*_{FfP1} = 1{,}000$	$h^*_{FfP2} = 1{,}000$
Kopfspielfaktor	nach DIN 867	
	$c^*_{P1} = 0{,}250$	$c^*_{P2} = 0{,}250$
Schrägungswinkel	gegeben	
	$\beta_1 = +20°$ (rechtssteigend)	$\beta_2 = -20°$ (linkssteigend)
Normaleingriffswinkel	$\alpha_n = \alpha_P$	
	$\alpha_{n1} = 20°$	$\alpha_{n2} = 20°$
Stirneingriffswinkel	$\alpha_t = \arctan\left(\frac{\tan\alpha_n}{\cos\beta}\right)$	(3.20)
	$\alpha_{t1} = \arctan\left(\frac{\tan 20°}{\cos 20°}\right) = 21{,}173°$	$\alpha_{t2} = \arctan \frac{\tan 20°}{\cos(-20°)} = 21{,}173°$

3.9.6 Lösung der Aufgabenstellung 3-2

Prüfen der Unterschnitt-Grenzzähnezahl, Aufgabenstellung siehe Seite 174

1. Prüfung durch numerische Rechnung

Mit den Werten $h^*_{FfPn} = 1{,}0$ und $\alpha_P = \alpha_n = 20^\circ$ für eine Verzahnung nach DIN 867 beträgt die Grenzzähnezahl, bei der gerade Unterschnitt auftritt, im Normalschnitt nach Gl.(2.28)

$$z_{nu} = \frac{2(h^*_{FfP} - x)}{\sin^2\alpha_P} = \frac{2\cdot(1{,}000 - 0{,}100)}{\sin^2 20^\circ} = 15{,}387 .$$

Mit dem Grundschrägungswinkel β_b nach Gl.(3.24) ist

$$\beta_b = \arcsin(\sin\beta\cdot\cos\alpha_n) = \arcsin(\sin 15^\circ\cdot\cos 20^\circ) = 14{,}076^\circ$$

folgt aus Gl.(3.16-1) die Grenzzähnezahl im Stirnschnitt

$$z_u = \cos 15^\circ\cdot\cos^2 14{,}076^\circ\cdot 15{,}387 = 13{,}984.$$

Der gleiche Zahlenwert ergibt sich, wenn unter Berücksichtigung der Gl.(3.11;3.12; 3.20) die Größen h^*_{Fft}, x_t und α_t berechnet werden zu

$$h^*_{Fft} = h^*_{FfPn}\cdot\cos\beta = 1{,}000\cdot\cos 15^\circ = 0{,}966 ,$$

$$x_t = x_{(n)}\cdot\cos\beta = 0{,}100\cdot\cos 15^\circ = 0{,}097 ,$$

$$\alpha_t = \arctan\left(\frac{\tan\alpha_n}{\cos\beta}\right) = \arctan\left(\frac{\tan 20^\circ}{\cos 15^\circ}\right) = 20{,}647^\circ \tag{3.22}$$

und mit Gl.(3.33) die Grenzzähnezahl im Stirnschnitt

$$z_{(t)u} = \frac{2(h^*_{Fft} - x_t)}{\sin^2\alpha_t} = \frac{2(0{,}966 - 0{,}097)}{\sin^2 20{,}647^\circ} = 13{,}984. \tag{3.33}$$

2. Prüfung durch Herleitung

Analog zur Gl.(2.28) im Normalschnitt ist die Unterschnitt-Grenzzähnezahl im Stirnschnitt

$$z_{(t)u} = \frac{2\cdot(h^*_{Fft} - x_t)}{\sin^2\alpha_t} .$$

Mit den Gl.(3.11) und (3.12)

$$h^*_{Fft} = h^*_{FfPn}\cdot\cos\beta \quad ; \quad x_t = x\cdot\cos\beta$$

gilt

$$z_{(t)u} = \frac{2\cdot(h^*_{FfPn} - x)\cdot\cos\beta}{\sin^2\alpha_t} .$$

Die Beziehung zwischen dem Sinus des Profilwinkels α_P im Stirnschnitt und Normalschnitt ergibt sich aus der Gl.(3.22)

$$\sin\alpha_t = \frac{\sin\alpha_n}{\cos\beta_b} .$$

Aus den letzten beiden Gleichungen folgt

$$z_{(t)u} = \frac{2\cdot(h^*_{FfPn} - x)}{\sin^2\alpha_n}\cdot\cos\beta\cdot\cos^2\beta_b . \tag{3.33-1}$$

Da nach Gl.(2.28)

$$z_{nxu} = \frac{2\cdot(h^*_{FfP} - x)}{\sin^2\alpha_n} \tag{2.28-1}$$

ist, ergibt sich die Gl.(3.16-1) zu

$$z_{(t)u} = \cos\beta\cdot\cos^2\beta_b\cdot z_{nxu} . \tag{3.16-1}$$

Diese Gleichung kann man auch aus Gl.(3.16) direkt entnehmen, wenn man zugrunde legt, daß der Unterschnitt im Normalschnitt (auf den Grundschrägungswinkel!) und im Stirnschnitt gleichzeitig beginnt!

3.9.7 Lösung der Aufgabenstellung 3-3

Geometrische Größen einer Zahnradpaarung aus Schrägstirnrädern
Aufgabenstellung siehe Abschnitt 3.9.3, S. 175

Verzahnungsgröße	Gleichungen
Übersetzung ins Langsame	$i = -\frac{z_b}{z_a} = -\frac{z_2}{z_1}$ (1.9) (1.10)
	$i = -\frac{21}{12} = -1{,}750$
Nullachsabstand	$a_d = \frac{z_1+z_2}{2}\cdot\frac{m_n}{\cos\beta}$ (3.50)
	$a_d = \frac{12+21}{2}\cdot\frac{2{,}000}{\cos 20°} = 35{,}118$ mm
Betriebseingriffswinkel im Stirnschnitt	$\mathrm{inv}\alpha_{wt} = \frac{x_1+x_2}{z_1+z_2}\cdot 2\cdot\tan\alpha_n + \mathrm{inv}\alpha_t$ (3.54) (Abschnitt 8.9.1) α_{wt} durch Iteration aus $\mathrm{inv}\alpha_{wt}$ zu bestimmen
	$\mathrm{inv}\alpha_{wt} = \frac{0{,}500+0}{12+21}\cdot 2\cdot\tan 20° + \mathrm{inv}21{,}173° = 0{,}028823$; $\alpha_{wt} = 24{,}692°$
Betriebsachsabstand	$a = a_d\cdot\frac{\cos\alpha_t}{\cos\alpha_{wt}}$ (3.51)
	$a = 35{,}118\cdot\frac{\cos 21{,}173°}{\cos 24{,}692°} = 36{,}043$ mm
Verschiebungsachsabstand	$a_v = a_d + (x_1 + x_2)\cdot m_n$ (3.55)
	$a_v = 35{,}118 + (0{,}500+0)\cdot 2{,}000 = 36{,}118$ mm
Kopfhöhenänderungsfaktor	$k^* = \frac{a - a_v}{m_n}$ (2.59)
	$k^* = \frac{36{,}043 - 36{,}118}{2{,}000} = -0{,}038$
Kopfkreisradius im Stirnschnitt	$r_{at} = r_t + (x + h^*_{aP} + k^*)\cdot m_n$ (3.35-1)
	$r_{at1} = 12{,}770 + (0{,}500 + 1{,}000 - 0{,}038)\cdot 2{,}000 = 15{,}694$ mm $r_{at2} = 22{,}348 + (0 + 1{,}000 - 0{,}038)\cdot 2{,}000 = 24{,}272$ mm
Wälzkreisradius im Stirnschnitt	$r_{wt} = \frac{r_{bt}}{\cos\alpha_{wt}}$ (2.3-2) (3.39)
	$r_{wt1} = \frac{11{,}908}{\cos 24{,}692°} = 13{,}106$ mm $r_{wt2} = \frac{20{,}839}{\cos 24{,}692°} = 22{,}936$ mm
Kopfeingriffsstrecke im Stirnschnitt	$g_{at} = \overline{CE} = \sqrt{r^2_{Nat1} - r^2_{bt1}} - r_{bt1}\tan\alpha_{wt}$ entspr. (2.78)
	$g_{at} = \sqrt{15{,}694^2 - 11{,}908^2} - 11{,}908\cdot\tan 24{,}692° = 4{,}748$ mm

Geometrische Größen, Zahnradpaarung mit Schrägstirnrädern (Fortsetzung)

Fußeingriffsstrecke im Stirnschnitt	$g_{ft} = \overline{AC} = \sqrt{r_{Nat2}^2 - r_{bt2}^2} - r_{bt2} \cdot \tan\alpha_{wt}$ entspr. (2.77)
	$g_{ft} = \sqrt{24{,}272^2 - 20{,}839^2} - 20{,}839 \cdot \tan 24{,}692° = 2{,}863$ mm
Profilüberdeckung im Stirnschnitt	$\varepsilon_{\alpha t} = \dfrac{g_{at} + g_{ft}}{p_{en}/\cos\beta_b}$ entspr. (2.81)
	$\varepsilon_{\alpha t} = \dfrac{4{,}748 + 2{,}863}{5{,}904/\cos 18{,}747°} = 1{,}221$
Sprungüberdeckung	$\varepsilon_\beta = \dfrac{b \cdot \sin\lvert\beta\rvert}{\pi \cdot m_n}$ (3.79)
	$\varepsilon_\beta = \dfrac{10{,}000 \cdot \sin 20°}{\pi \cdot 2{,}000} = 0{,}544$
Gesamtüberdeckung	$\varepsilon_\gamma = \varepsilon_{\alpha t} + \varepsilon_\beta > 1$ (3.71)
	$\varepsilon_\gamma = 1{,}221 + 0{,}544 = 1{,}765 > 1$ ausreichend
Geometriebedingung	$\overline{T_1C} = r_{bt1} \cdot \tan\alpha_{wt} > g_f$ $\overline{T_2C} = r_{bt2} \cdot \tan\alpha_{wt} > g_a$
	$\overline{T_1C} = 11{,}908 \cdot \tan 24{,}692° = 5{,}475$ mm erfüllt $\overline{T_2C} = 20{,}839 \cdot \tan 24{,}692° = 9{,}581$ mm erfüllt
Kleinste Summe der Berührlängen l_{min}	$X + Z \leq 1$ (3.92) $l_{min} = \dfrac{[(W + X) \cdot Y + WZ] \cdot l}{\varepsilon_\beta}$ (3.93) $l = \dfrac{b}{\cos\beta_b}$ 1) (3.83)
	$W = 1$; $X = 0{,}221$; $Y = 0$; $Z = 0{,}544$ $X + Z = 0{,}221 + 0{,}544 = 0{,}765 < 1{,}000$ $l = 10/\cos 18{,}747° = 10{,}560$ mm $l_{min} = [(1 + 0{,}221) \cdot 0 + 1 \cdot 0{,}544] \cdot \dfrac{10{,}560}{0{,}544} = 10{,}560$ mm
Größte Summe der Berührlängen l_{max}	$X < Z$ (3.96) $l_{max} = \dfrac{[(W + X) \cdot Y + (X + Z)] \cdot l}{\varepsilon_\beta}$ (3.97)
	$X = 0{,}221 < Z = 0{,}544$ $l_{max} = [(1 + 0{,}221) \cdot 0 + (0{,}221 + 0{,}544)] \cdot \dfrac{10{,}560}{0{,}544} = 14{,}850$ mm

1) Werte aus Beispiel 3-1

Aus dem Spitzen-Unterschnitt-Diagramm (Bilder 8.4;8.5) entnimmt man, daß die kleinste Ersatzzähnezahl des Ritzels, bei der gerade kein Unterschnitt auftritt und die Mindestzahnkopfstärke erreicht wird, $z_{nx} = 9{,}3$ ist mit dem dazugehörnden Profilverschiebungsfaktor $x = 0{,}46$. Mit den vorgegebenen Werten und Gl.(3.16-1) ergibt sich eine "Stirn-Zähnezahl" von

$$z_{(t)1} = z_{nx1} \cdot \cos^2\beta_b \cdot \cos\beta = 9{,}300 \cdot \cos^2 17{,}348° \cdot \cos 18{,}5° = 8{,}035 \approx 8$$

wobei mit Gl.(3.24) der Grundschrägungswinkel β_b

$$\beta_b = \arcsin(\sin\beta \cdot \cos\alpha_n) = \arcsin(\sin 18{,}500° \cdot \cos 20°) = 17{,}348°$$

beträgt. Die Übersetzung ist negativ, also handelt es sich um eine Außen-Radpaarung, weil $|i| > 1$ ist, um eine Übersetzung ins Langsame (treibendes Ritzel). Da $z_a = z_1$ und $z_b = z_2$ ist, folgt aus Gl.(1.10)

$$z_2 = u \cdot z_1 = 5{,}375 \cdot 8 = 43 .$$

Die Ersatzzähnezahl im Normalschnitt z_{nx2} ist für das Rad nach Gl.(3.16)

$$z_{nx2} = \frac{z_{(t)2}}{\cos^2\beta_b \cdot \cos\beta} = \frac{43}{\cos^2 17{,}348° \cdot \cos 18{,}500°} = 49{,}770 .$$

Für dieses Rad findet man im Spitzen-Unterschnitt-Diagramm (Bilder 4.9;8.4) die Grenzen für den zulässigen Profilverschiebungsfaktor mit

$$-1{,}92 \leqq x_2 \leqq 1{,}84 .$$

3.9.8 Lösung der Aufgabenstellung 3-4

Schrägverzahnte Stirnradpaarung mit kleiner Ritzelzähnezahl, Aufgabenstellung S. 175

Verzahnungs-größe	Gleichungen
Profilwinkel	nach DIN 867
	$\alpha_{P1} = 20°$ $\alpha_{P2} = 20°$
Zahnkopf-höhen-faktor	nach DIN 867
	$h^*_{aP1} = 1{,}000$ $h^*_{aP2} = 1{,}000$
Zahnfuß-Formfaktor	nach DIN 867
	$h^*_{FfP1} = 1{,}000$ $h^*_{FfP2} = 1{,}000$
Kopfspiel-faktor	nach DIN 867
	$c^*_{P1} = 0{,}250$ $c^*_{P2} = 0{,}250$
Schrägungs-winkel	gegeben
	$\beta_1 = 18{,}500°$ $\beta_2 = -18{,}500°$
Normal-eingriffs-winkel	$\alpha_n = \alpha_P$
	$\alpha_n = 20°$
Stirn-eingriffs-winkel	$\alpha_t = \arctan\left(\frac{\tan\alpha_n}{\cos\beta}\right)$ (3.20)
	$\alpha_{t1} = \arctan\left(\frac{\tan 20°}{\cos 18{,}500°}\right) = 20{,}997°$
Teilkreis-radius	$r_t = \frac{z}{2} \cdot \frac{m_n}{\cos\beta}$ (3.34)
	$r_{t1} = \frac{8}{2} \cdot \frac{1{,}500}{\cos 18{,}500°} = 6{,}327$ mm $r_{t2} = \frac{43}{2} \cdot \frac{1{,}500}{\cos(-18{,}500°)} = 34{,}007$ mm

Schrägverzahnte Stirnräder mit kleiner Ritzelzähnezahl (Fortsetzung)

Grundkreisradius	$r_{bt} = r_t \cdot \cos\alpha_t$ (3.39)
	$r_{bt1} = 6{,}327 \cdot \cos 20{,}997° = 5{,}907$ mm $r_{bt2} = 34{,}007 \cdot \cos 20{,}997° = 31{,}749$ mm
Nullachsabstand	$a_d = \frac{z_1+z_2}{2} \cdot \frac{m_n}{\cos\beta}$ (3.50)
	$a_d = \frac{8+43}{2} \cdot \frac{1{,}500}{\cos 18{,}500°} = 40{,}334$ mm
Betriebsachsabstand	gegeben
	$a = 40{,}000$ mm
Betriebseingriffswinkel	$\alpha_{wt} = \arccos\left(\frac{a_d}{a} \cdot \cos\alpha_t\right)$ (3.51)
	$\alpha_{wt} = \arccos\left(\frac{40{,}334}{40{,}000} \cdot \cos 20{,}997°\right) = 19{,}713°$
Profilverschiebungsfaktor	$x_2 = \frac{z_1+z_2}{2 \cdot \tan\alpha_n} (\mathrm{inv}\alpha_{wt} - \mathrm{inv}\alpha_t) - x_1$ (3.54)
	$x_1 = 0{,}460$ $x_2 = \frac{8+43}{2 \cdot \tan 20°} (\mathrm{inv} 19{,}713° - \mathrm{inv} 20{,}997°) - 0{,}460 = -0{,}676$ zulässig
Verschiebungsachsabstand	$a_v = a_d + (x_1 + x_2) \cdot m_n$ (3.50) (3.55)
	$a_v = 40{,}334 + (0{,}460 - 0{,}676) \cdot 1{,}500 = 40{,}010$ mm
Kopfhöhenänderungsfaktor	$k^*_{(n)} = \frac{a - a_v}{m_n}$ (2.59)
	$k^* = \frac{40{,}000 - 40{,}010}{1{,}500} = -0{,}007$
Kopfkreisradius	$r_{at} = r_t + (x + h^*_{aP} + k^*) \cdot m_n$ (3.35-1)
	$r_{at1} = 6{,}327 + (0{,}460 + 1{,}000 - 0{,}007) \cdot 1{,}500 = 8{,}507$ mm $r_{at2} = 34{,}007 + (-0{,}676 + 1{,}000 - 0{,}007) \cdot 1{,}500 = 34{,}483$ mm
Fußkreisradius	$r_{ft} = r_t + (x - h^*_{FfP} - c^*_P) \cdot m_n$ (3.35-2)
	$r_{ft1} = 6{,}327 + (0{,}460 - 1{,}000 - 0{,}250) \cdot 1{,}500 = 5{,}142$ mm $r_{ft2} = 34{,}007 + (-0{,}676 - 1{,}000 - 0{,}250) \cdot 1{,}500 = 31{,}118$ mm

Schrägverzahnte Stirnräder mit kleiner Ritzelzähnezahl (Fortsetzung)

Wälzkreisradius	$r_{wt} = \frac{r_{bt}}{\cos\alpha_{wt}}$	(2.3-2)
	$r_{wt1} = \frac{5{,}907}{\cos 19{,}713°} = 6{,}275$ mm $r_{wt2} = \frac{31{,}749}{\cos 19{,}713°} = 33{,}726$ mm	
Teilkreisteilung	$p_n = \pi \cdot m_n$	(2.13)
	$p_n = \pi \cdot 1{,}500 = 4{,}712$ mm	
Eingriffsteilung	$p_{en} = \pi \cdot m_n \cdot \cos\alpha_n$	(2.71)
	$p_{en} = \pi \cdot 1{,}500 \cdot \cos 20° = 4{,}428$ mm	
Kopfeingriffsstrecke	$g_a = \overline{EC} = \sqrt{r_{at1}^2 - r_{bt1}^2} - r_{bt1} \cdot \tan\alpha_{wt}$	(2.68)
	$g_a = \sqrt{8{,}507^2 - 5{,}907^2} - 5{,}907 \cdot \tan 19{,}713° = 4{,}005$ mm	
Fußeingriffsstrecke	$g_f = \overline{AC} = \sqrt{r_{at2}^2 - r_{bt2}^2} - r_{bt2} \cdot \tan\alpha_{wt}$	(2.67)
	$g_f = \sqrt{34{,}483^2 - 31{,}749^2} - 31{,}749 \cdot \tan 19{,}713° = 2{,}081$ mm	
Profilüberdeckung	$\varepsilon_{\alpha t} = \frac{g_a + g_f}{p_{en}/\cos\beta_b}$	
	$\varepsilon_{\alpha t} = \frac{4{,}005+2{,}081}{4{,}428/\cos 17{,}348°} = 1{,}312$	
Sprungüberdeckung	$\varepsilon_\beta = \frac{b \cdot \sin\|\beta\|}{m_n \cdot \pi}$	(3.58)
	$\varepsilon_\beta = \frac{10{,}000 \cdot \sin 18{,}500°}{1{,}500 \cdot \pi}$	
Gesamtüberdeckung	$\varepsilon_\gamma = \varepsilon_{\alpha t} + \varepsilon_\beta > 1$	(3.56)
	$\varepsilon_\gamma = 1{,}312 + 0{,}673 = 1{,}985$ ausreichend	
Geometriebedingung	$\overline{T_1C} = r_{bt1} \cdot \tan\alpha_{wt} > g_f$	
	$\overline{T_1C} = 5{,}907 \cdot \tan 19{,}713° = 2{,}117$ mm erfüllt	
	$\overline{T_2C} = r_{bt2} \cdot \tan\alpha_{wt} > g_a$	
	$\overline{T_2C} = 31{,}749 \cdot \tan 19{,}713° = 11{,}376$ mm erfüllt	

3.10 Schrifttum zu Kapitel 3

[3/1] Colbourne, J.R.: The Geometry of Involute Gears. New York, Berlin, Heidelberg, London, Paris, Tokyo: Springer 1987.

[3/2] Keck, K.E.: Zahnradpraxis, Schrägstirnräder. Band II. München: Oldenbourg 1959.

[3/3] Karas, F.: Berechnung der Walzenpressung von Schrägzähnen an Stirnrädern. Halle (Saale): Knapp 1949.

Weiteres Schrifttum in Abschnitt 2.14 und in [1/7].

4 Innenverzahnungen und deren Paarungsmöglichkeiten

4.1 Allgemeines

Hohlräder sind Zahnräder, bei denen die Verzahnung an der Innenwand eines beispielsweise zylindrischen ringförmigen Zahnradkörpers sitzt. Sie können nur mit außenverzahnten Zahnrädern gepaart werden, deren Zähnezahl betragsmäßig kleiner als ihre Zähnezahl ist, also nie mit Zahnstangen.

Mit Hohlrädern, auch als innenverzahnte Zahnräder bezeichnet, kann man drei grundsätzlich verschieden wirkende Getriebearten erzeugen. Es sind dies (Bild 4.1)

- Standgetriebe
- Differenzgetriebe
- Umlauf- bzw. Planetengetriebe.

Vergleich von Innen- und Außen-Radpaarungen

Von Vorteil ist bei Paarungen mit Innenverzahnungen:

- die kompakte Bauweise, weil der Achsabstand kleiner ist als der Hohlradteilkreisradius, weil das Ritzel in der Regel vom Hohlrad umschlossen wird,
- die hohe Tragfähigkeit des Hohlrades wegen der "trapezähnlichen" Zahnform (dicker Zahnfuß), wegen der Anschmiegung an den Gegenzahn durch konkave Flankenform (dadurch verminderte Hertzsche Pressung).

Von Nachteil ist bei Innenverzahnungen:

- daß beidseitige Lagerung von Ritzel und Hohlrad nicht möglich ist (Ausnahme, wenn es möglich ist, alle Lagerungen in der Drehachse des Hohlrades abzustützen),
- daß bei kleinen Differenzzähnezahlen die axiale Montage des Ritzels notwendig ist,
- daß zahlreiche Verzahnungsauslegungen begrenzt sind infolge von Eingriffsstörungen im Hinblick auf das Gegenrad und das Werkzeug,
- daß die Herstellung und Bearbeitung von Innenverzahnungen wegen schlechter Zugänglichkeit immer schwierig ist,

Nr.	Getriebearten mit Hohlrädern	Besonderheiten
1 Normales Einstufen-Getriebe (Standgetriebe)	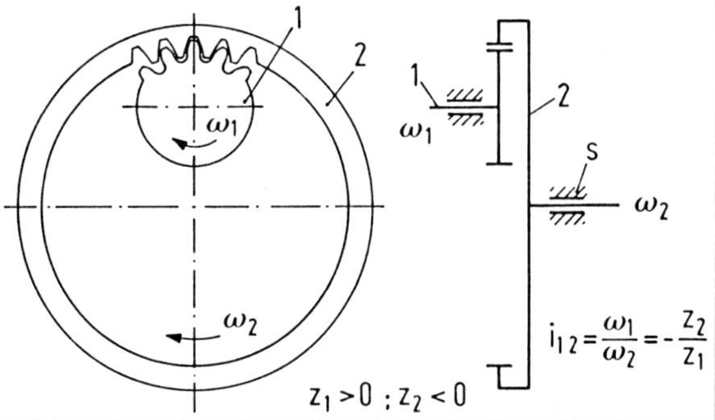 $z_1 > 0 ; z_2 < 0$ $i_{12} = \frac{\omega_1}{\omega_2} = -\frac{z_2}{z_1}$	Gleicher Drehsinn am Ein- und Ausgang Gute Flankentragfähigkeit (gleiche Flankenkrümmung)
2 Differenz-Getriebe	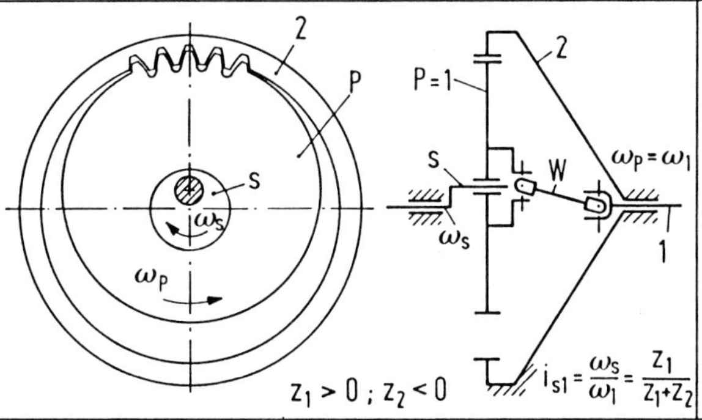 $z_1 > 0 ; z_2 < 0$ $i_{s1} = \frac{\omega_s}{\omega_1} = \frac{z_1}{z_1+z_2}$	Große Übersetzung in einer Stufe Hohe Reibungsverluste Eingriffsstörungen bei zu kleiner Zähnezahldifferenz Rad P wird durch Steg s angetrieben
3 Planeten-Getriebe	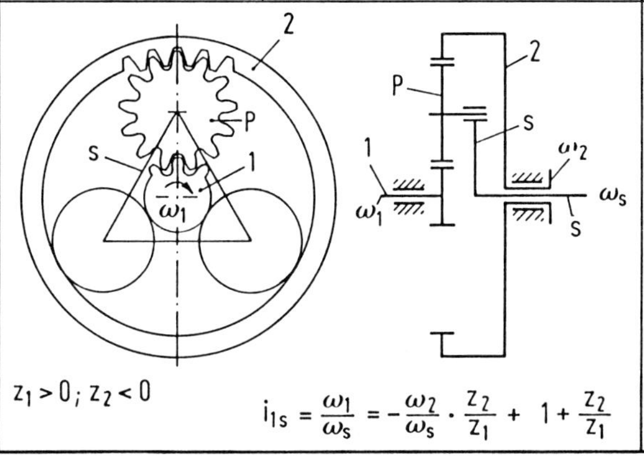 $z_1 > 0 ; z_2 < 0$ $i_{1s} = \frac{\omega_1}{\omega_s} = -\frac{\omega_2}{\omega_s} \cdot \frac{z_2}{z_1} + 1 + \frac{z_2}{z_1}$	Getriebe nicht zwangläufig, weil zwei Eingänge, ein Ausgang oder umgekehrt Leistungsverzweigung Hohe Tragfähigkeit wegen Mehrfacheingriffs und gleicher Flankenkrümmung am Hohl- und Außenrad. Eingriff überbestimmt, wenn mehr als ein Planetenrad durch Steg verbunden ist

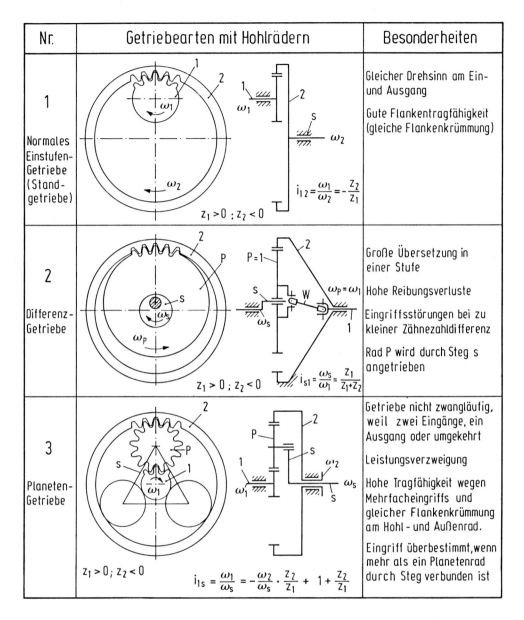

Bild 4.1. Verschiedene Getriebearten bei Verwendung von Hohlrädern. Bei Planetengetrieben erhält man Winkelgeschwindigkeit und Drehrichtungssinn aus Gl.(4.18).

- daß keine Verwendung von Zahnstangenwerkzeugen möglich ist. Daher gibt es nur für ausgewählte Zähnezahlen Satzradeigenschaften. Die Kontrolle bezüglich Eingriffsstörungen ist stets erforderlich.

4.1.1 Innen-Radpaare als Standgetriebe

Nach Bild 4.1, Zeile 1, unterscheiden sie sich von den außenverzahnten zwar nicht grundsätzlich, aber doch in einigen wichtigen Punkten:

Der Achsabstand ist dem Betrag nach stets kleiner als der Teilkreisradius des Hohlrades, der Drehsinn von Ritzel und Hohlrad ist gleich (im Gegensatz zu außenverzahnten Radpaaren) und die Flankentragfähigkeit von Innenradverzahnungen ist grundsätzlich besser, weil sich der konkave Hohlradzahn an den konvexen Außenradzahn besser anschmiegen kann. Auch die Fußtragfähigkeit ist besser, weil die Zahndicke der Hohlradzähne von ihrem Kopf bis zum Fuß mehr als proportional zunimmt (Bild 4.4, Zeilen 1;2).

Schließlich ist - wie schon erwähnt - die Zähnezahl des Ritzels eingegrenzt, im wesentlichen nur nach oben (Bild 4.4, Zeile 3).

Die Übersetzung ist, wenn man nach einem Vorschlag von Müller [4/2;4/3] den Index für die Antriebsgrößen als ersten, den Index für die Abtriebsgrößen als zweiten schreibt,

$$i_{12} = \frac{\omega_1}{\omega_2} = \frac{n_1}{n_2} = -\frac{z_2}{z_1} \tag{4.1}$$

wobei hier der Index 2 für das Hohlrad verwendet wird. Da die Hohlradzähnezahl z_2 ein negatives Vorzeichen hat, ist die Übersetzung bei Hohlradstandgetrieben stets positiv (gleichsinnige Drehrichtung),

$$i_{12} > 1. \tag{4.1-1}$$

Die Übersetzung ist selbstverständlich auch dann positiv, wenn nicht wie im Fall der Gl.(4.1) das außenverzahnte Rad, sondern das Hohlrad treibt. Es wird

$$i_{21} = \frac{\omega_2}{\omega_1} = \frac{n_2}{n_1} = -\frac{z_1}{z_2}, \tag{4.2}$$

wobei die Übersetzung stets

$$1 > i_{21} > 0 \tag{4.2-1}$$

ist, beide Räder sich also im gleichen Sinne drehen.

4.1.2 Differenzgetriebe

Sie können als Sonderfall der Planetengetriebe betrachtet und berechnet werden. Differenzgetriebe sind für große Übersetzungen vorgesehen und in einstufiger Bauweise nur mit Hohlrädern realisierbar, Bild 4.1, Zeile 2. Paart man ein relativ großes außenverzahntes Rad mit einem (etwas größeren) innenverzahnten Rad (Hohlrad), dann wird die Übersetzung immer größer, je kleiner die Zähnezahldifferenz Δz ist

$$\Delta z = |z_2| - z_1 \; . \tag{4.3}$$

Aus Gl.(4.11) erhält man bei feststehendem Rad 2 für den Fall, daß der Antrieb vom Steg s erfolgt und der Abtrieb am Planetenrad P ist, die Übersetzung

$$i_{s1} = \frac{z_1}{z_1 + z_2} \; . \tag{4.4}$$

Da die Zähnezahlen von Hohlrädern ein negatives Vorzeichen erhalten, entsteht in Gl.(4.4) im Nenner eine Differenz, die eine kleine negative Zahl ergibt, welche um so näher an Null liegt, je näher die Zähnezahl z_1 an $|z_2|$ ist. Die Übersetzung i_{s1} erhält immer ein negatives Vorzeichen $i_{s1} < 0$, weil aus geometrischen Gründen stets gilt

$$|z_2| > z_1 \; . \tag{4.5}$$

Das Planetenrad P muß daher möglichst groß sein, und der Steg s dreht sich in anderem Richtungssinn als dieses. Aus Bild 4.2, Teilbild 2, kann man das anschaulich nachvollziehen.

Bei Außenverzahnung (Teilbild 1) sind die Verhältnisse anders; der Drehrichtungssinn von Steg s und Rad P ist gleich, da die Übersetzung positiv bleibt ($i_{s1} > 0$). Sie ist ins Schnelle gerichtet, da $i_{s1} > 1$ wird und das Drehzahlverhältnis von ω_1 zu ω_s ist groß, da der Zahlenwert i_{s1} klein wird

$$i_{s1} = \frac{\omega_s}{\omega_1} \; . \tag{4.7}$$

Der Abtrieb von Differenzgetrieben wird in der Regel nicht über Kardangelenke gehen, sondern man leitet in vielen Fällen diese Bewegung auf ein spiegelbildlich angeordnetes zweites Differenzgetriebe ab, dessen außenverzahntes Rad auf der gleichen Stegachse und dessen zweites Hohlrad zentrisch zur Antriebsachse liegt (Wolfromgetriebe), oder man arbeitet mit einem elastischen, nicht runden aber zentrisch liegenden inneren Rad wie bei den Harmonic-Drive-Getrieben. Differenzgetriebe bereiten bezüglich der Vermeidung von Eingriffsstörungen bei annähernd gleichen Zähnezahlen große Auslegungsschwierigkeiten, da meistens starke Kopfhöhenänderungen notwendig sind, diese aber die Überdeckung sehr verringern, wie in Beispiel 3 in Bild 4.4 sehr gut zu erkennen ist. Der Wirkungsgrad von Differenzgetrieben der beschriebenen Art ist nicht gut, weil wegen der beinahe gleichen Krümmungen von Hohl- und Außenrad Eingriffsbeginn und -ende sehr nahe an die Tangierungspunkte T_1 und T_2 rücken, wo der Wälzanteil an den Zahnflanken sehr klein wird, der Gleitanteil jedoch sehr groß.

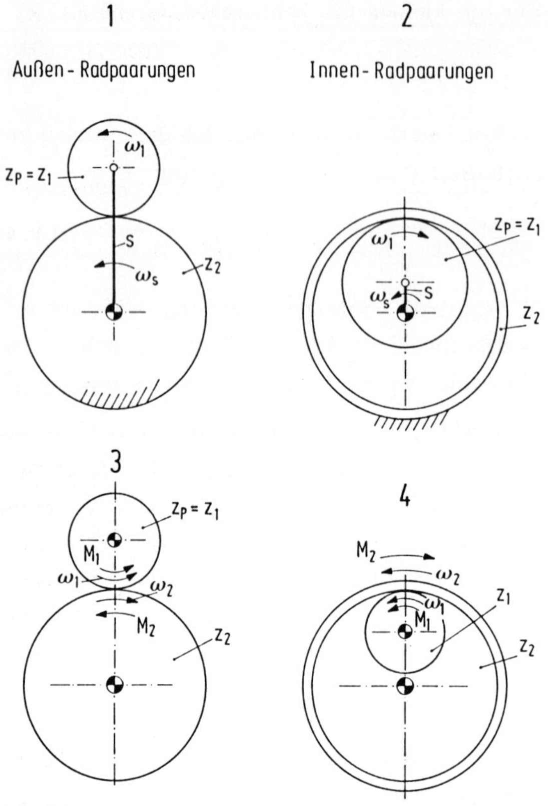

Bild 4.2. Übersetzung bei Paarungen mit Außen- und mit Innenverzahnungen.

Teilbilder 1;2: Die Übersetzung i_{s1} zwischen Steg und Planetenrad z_p strebt bei Paarungen mit Innenverzahnungen gegen unendlich ($i_{s1} \rightarrow -\infty$), wenn das Planetenrad sich der Größe des Hohlrades nähert, bei Außenverzahnungen jedoch nur gegen einen endlichen Wert ($i_{s1} \rightarrow 0{,}5$). Das macht die Getriebepaarung in Teilbild 2 sehr interessant für große Übersetzungen in einer Stufe, speziell für Differenzgetriebe. Da die Zähnezahl von Hohlrädern negativ ist, erreicht i_{s1} den größten Absolutwert, wenn $\Delta z = z_1 + z_2 = 1$ und z_1 möglichst groß ist, d.h. bei gleicher Abmessung der Radkörper möglichst kleine Zähne verwendet werden.

Teilbilder 3;4: Leistungsflüsse $M \cdot \omega$, Drehmomente M und Winkelgeschwindigkeiten ω können bei Außen- und Innen-Radpaarungen mit denselben Gleichungen beschrieben werden, wenn die verschiedenen Richtungssinne verschiedene Vorzeichen erhalten sowie Außenrad-Zähnezahlen positive und Innenrad-Zähnezahlen negative Vorzeichen erhalten.

4.1.3 Planetengetriebe

Das Beispiel Zeile 3 in Bild 4.1 zeigt ein typisches Planetengetriebe [4/4] in der Mitte mit dem Sonnenrad 1, mit drei Planetenrädern P (auch Planeten genannt) an einem Steg s und dem Hohlrad 2. Nach Müller [4/2;4/3] kann man sich die Entstehung eines Planetengetriebes aus einem koaxialen Standgetriebe so vorstellen, als würde das Gehäuse um die zentrale Achse drehbar gelagert und von ihm eine Welle s herausgeführt. In Bild 4.3, Teilbilder 1 und 2, ist das für ein Getriebe mit Außen-

und eines mit Innenverzahnung dargestellt. Das ursprüngliche Gehäuse, der Steg s, schrumpft in der Regel auf den notwendigen Teil zusammen, wie aus dem Vergleich von Bild 4.3, Teilbild 1, und Bild 4.1, Zeile 3, zu entnehmen ist.

Die Berechnungen der Drehzahlen und Wirkungsgrade der Planetengetriebe beruhen auf dem Vergleich mit den entsprechenden Eigenschaften seines Standgetriebes, nämlich der Standübersetzung i_0 und dem Standwirkungsgrad η_0. Die Standübersetzung i_0 erhält man, wenn der Steg s stillgesetzt wird und die beiden Zentralwellen 1 und 2 als An- und Abtrieb gelten. Für die üblichen Planetengetriebe, die in Bild 4.3, Teilbilder 3.1 bis 3.6, dargestellt sind, werden in den gleichen Feldern die Standübersetzungen angeführt.

Die Planetengetriebe haben gegenüber den Standgetrieben drei nach außen führende Wellen und den Freiheitsgrad (Laufgrad) f = 2. Sie sind nur zwangläufig, d.h. An- und Abtrieb sind einander mit einem bestimmten Drehzahlverhältnis zugeordnet, wenn die Drehzahlen zweier Wellen vorgegeben sind, und die Drehzahl der dritten Welle sich als Überlagerungsdrehzahl ergibt. Ein Planetengetriebe ermöglicht sechs Drehzahlverhältnisse, von denen jeweils stets zwei untereinander reziprok sind. Bezeichnet man die Wellen mit 1, 2 und s und setzt immer eine Welle still, dann sind es folgende Übersetzungen:

$$i_{12} = \omega_1/\omega_2 = n_1/n_2 = - z_2/z_1 \qquad (4.1)$$

$$i_{21} = \omega_2/\omega_1 = n_2/n_1 = - z_1/z_2 \qquad (4.2)$$

$$i_{1s} = \omega_1/\omega_s = n_1/n_s \qquad (4.6)$$

$$i_{s1} = \omega_s/\omega_1 = n_s/n_1 \qquad (4.7)$$

$$i_{2s} = \omega_2/\omega_s = n_2/n_s \qquad (4.8)$$

$$i_{s2} = \omega_s/\omega_2 = n_s/n_2 \qquad (4.9)$$

Nach Müller [4/2] kann man die Drehzahlverhältnisse eines Planetengetriebes leicht ableiten, wenn man sich als Beobachter auf den rotierenden Steg begibt. Dann beobachtet man nur Relativdrehzahlen, nämlich (n_1-n_s) des Rades 1 und (n_2-n_s) des Rades 2. Da der Steg für den Beobachter steht, ist das Verhältnis der Relativdrehzahlen mit dem Drehzahlverhältnis des Standgetriebes identisch. Es ergibt sich die Ausgangsgleichung (Willis-Gleichung)

$$\frac{n_1 - n_s}{n_2 - n_s} = i_0 \qquad (4.10\text{-}1)$$

und nach Umformung

$$n_1 - n_2 \cdot i_0 - n_s(1 - i_0) = 0 \ . \qquad (4.10)$$

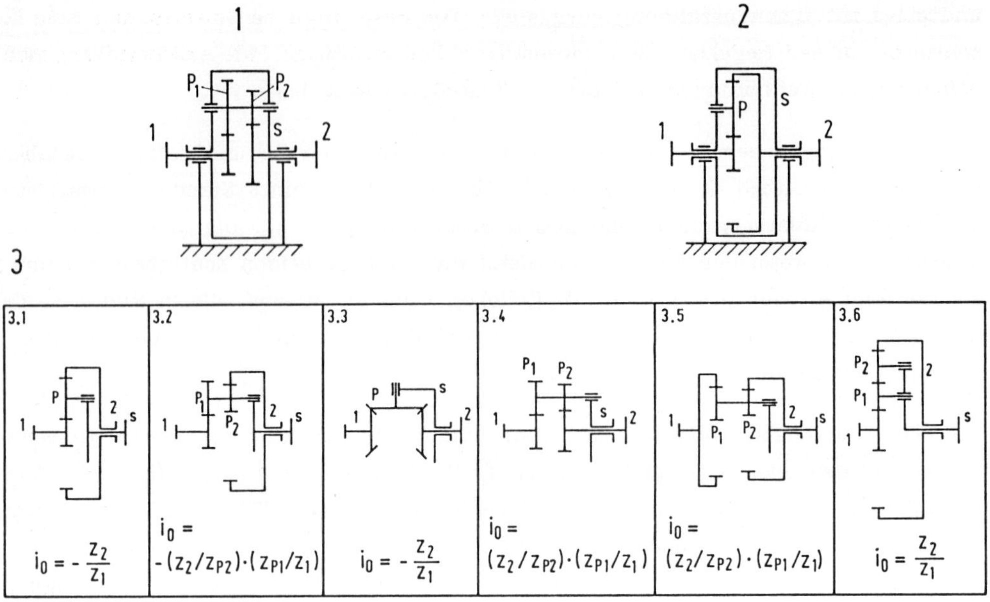

Bild 4.3. Entstehung und Übersicht wichtiger Planetengetriebe nach Müller [4/2;4/3;4/5]. Teilbilder 1;2: Entstehung eines Planetengetriebes durch Lagern eines koaxialen Standgetriebes ($\omega_s = 0$) und Herausführen der koaxialen Welle des Gehäuses (s). Das gilt für Standgetriebe als Außen-Radpaarungen (Teilbild 1) und für solche als Innen-Radpaarungen (Teilbild 2), wobei letztere weniger Zahnradstufen benötigen. Die Übersetzung ist aus der Willis-Gleichung (4.11) zu entnehmen. Der Laufgrad von Planetengetrieben ist f = 2, also nicht zwangläufig. Von den Drehzahlen der beiden Räder und des Steges müssen zwei festgelegt werden, damit die dritte zwangläufig einen bestimmten Wert einnimmt.

Teilbilder 3.1 bis 3.6: Darstellung der wichtigsten Bauformen für Planetengetriebe mit ihren Standübersetzungen i_0 (Übersetzung bei stillstehendem Steg). Jedes Planetengetriebe ermöglicht sechs Übersetzungen (wobei jeweils zwei zueinander reziprok sind), von denen stets vier positiv (gleichläufig) und zwei negativ (gegenläufig) sind. Das Getriebe aus Teilbild 1 erscheint in der Tabelle in Feld 3.4, das von Teilbild 2 in Feld 3.1 wieder. Das übliche Kraftfahrzeug-Differential ist in Feld 3.3.

Aufgrund von Gl.(1.3) kann man Gl.(4.10) auch mit den Winkelgeschwindigkeiten angeben

$$\omega_1 - \omega_2 \cdot i_0 - \omega_s(1 - i_0) = 0 \tag{4.11}$$

wobei auch gilt

$$\frac{\omega_1 - \omega_s}{\omega_2 - \omega_s} = i_0 \ . \tag{4.11-1}$$

Diese Gleichung gestattet es nun, alle Übersetzungen auszurechnen. Das soll beispielhaft für die Getriebe in den Bildern 4.1 und 4.2 geschehen. Ein Standgetriebe ist nach Definition ein Planetengetriebe, dessen Steg s das Gehäuse ist und stillsteht. Getriebe 1 in Bild 4.1 erfüllt diese Bedingung (wenn hier auch Antrieb und Abtrieb nicht koaxial sind). Da bei diesem Getriebe gilt

$$\omega_s = 0 \;, \tag{4.12}$$

erhält man mit Gl.(4.11)

$$\omega_1 - \omega_2 \cdot i_0 = 0 \tag{4.13}$$

und Gl.(4.1)

$$i_{12} = \omega_1/\omega_2 = -\, z_2/z_1 \tag{4.1}$$

die Gl.(4.14)

$$i_0 = i_{12} \;. \tag{4.14}$$

Beim Getriebe 2 in Bild 4.1 und den Getrieben 1 und 2 in Bild 4.2 ist der Planet P gleichzeitig auch Rad 1. Es wird Rad 2 festgehalten, also ist

$$\omega_2 = 0 \tag{4.15}$$

und mit Gl.(4.11) ergibt sich

$$\omega_1 - \omega_s \cdot (1 - i_0) = 0 \tag{4.16}$$

und mit Gl.(4.1;4.14)

$$\omega_1 - \omega_s \cdot \left(1 + \frac{z_2}{z_1}\right) = 0 \;. \tag{4.17}$$

Das gesuchte Drehzahlverhältnis mit dem Steg s als Antrieb und dem Planeten P bzw. dem mit ihm identischen Rad 1 als Abtrieb ist

$$i_{s1} = \frac{\omega_s}{\omega_1} \;. \tag{4.7}$$

Mit den Gl.(4.7;4.17) erhalten wir schließlich die zu Beginn angegebene Gl.(4.4)

$$i_{s1} = \frac{z_1}{z_1 + z_2} \;. \tag{4.4}$$

Beim Planetengetriebe, Bild 4.1, Zeile 3, bleibt nichts anderes übrig, als die Gl.(4.11) nach dem gewünschten Drehzahlverhältnis, z.B. i_{1s} zu entwickeln. Es ist

$$i_{1s} = \omega_1/\omega_s = (\omega_2/\omega_s) \cdot i_0 + 1 - i_0 \;. \tag{4.11-2}$$

Mit den Gl.(4.1;4.14) wird aus Gl.(4.11)

$$\omega_1 + \omega_2 \cdot \frac{z_2}{z_1} - \omega_s \cdot \left(1 + \frac{z_2}{z_1}\right) = 0 \tag{4.18}$$

eine für die Getriebe 3.1, 3.3 und 3.6 aus Bild 4.3 gültige Form der Gl.(4.11) und mit ihr das obige Drehzahlverhältnis

$$i_{1s} = \omega_1/\omega_s = -\frac{\omega_2}{\omega_s}\cdot\frac{z_2}{z_1}+1+\frac{z_2}{z_1} \qquad (4.18\text{-}1)$$

das heißt, dies Drehzahlverhältnis ist nur bestimmt, wenn auch das Verhältnis

$$i_{2s} = \frac{\omega_2}{\omega_s}$$

festliegt.

Für die Wellenmomente gilt, daß sie in einem durch i_0 vorgegebenen unveränderlichen Verhältnis zueinander stehen, unabhängig von ihrer Drehzahl und unabhängig davon, ob eine Welle stillgesetzt ist oder nicht. Es gilt

$$M_1 : M_2 : M_s = \text{konst.} \qquad (4.19)$$

und

$$M_1 + M_2 + M_s = 0. \qquad (4.20)$$

Mit Hilfe der Darstellungen in Bild 4.2, Teilbilder 3 und 4, und Gl.(4.1;4.2) erhält man für Antrieb von Welle 1

$$M_2\cdot\omega_2 = -M_1\cdot\omega_1\cdot\eta_{12} \qquad (4.21)$$

und für Antrieb von Welle 2

$$M_1\cdot\omega_1 = -M_2\cdot\omega_2\cdot\eta_{21} \qquad (4.22)$$

wobei für Drehzahl und Winkelgeschwindigkeit für verschiedene Drehrichtungen und für Voll- und Hohlrad die entsprechenden Vorzeichen einzusetzen sind. Der Wirkungsgrad kann überschlägig mit

$$\eta_{12} \approx 0{,}99\ldots0{,}96 \qquad (4.23)$$

angenommen werden und ist für die Übersetzung vom großen zum kleinen Rad schlechter

$$\eta_{21} < \eta_{12}\,. \qquad (4.24)$$

Planetengetriebe mit stillstehendem Steg (Standgetriebe) und mehreren Planeten wendet man vornehmlich für große Momente an (Schiffsgetriebe). Bei ihnen wird die Leistung vom Sonnenrad zu den Planeten auf mehreren Wegen übertragen, sofern die Planeten durch Ausgleichsverfahren verschiedener Art alle zur gleichmäßigen Kraftübertragung herangezogen werden, damit keine Überbestimmtheit vorliegt. Man verwendet dabei Räder mit Doppelschrägverzahnung, um die Axialkräfte aufzufangen.

Planetengetriebe mit drei laufenden Wellen verwendet man als Überlagerungsgetriebe. Da die Summe der Momente nach Gl.(4.20) Null ist, muß eines der drei Momente das entgegengesetzte Vorzeichen der beiden anderen haben. Die Welle mit diesem Moment heißt "Summenwelle", die beiden anderen "Differenzwellen". Man kann nun mit dem Getriebe entweder ein Antriebsmoment an der Summenwelle in zwei kleinere zerlegen oder zwei Antriebsmomente an den Differenzwellen zu einem größeren in der Summenwelle addieren.

Die Winkelgeschwindigkeit ω und ihr Drehsinn ist aus Gl.(4.11) zu bestimmen. Stimmt sie mit dem Richtungssinn des Moments überein (siehe Bild 4.2, Teilbilder 3 und 4), dann handelt es sich um eine Antriebsleistung

$$P = M \cdot \omega > 0, \tag{4.25}$$

stimmt sie mit dem Moment nicht überein

$$P = M \cdot \omega < 0, \tag{4.26}$$

dann ist es eine Abtriebsleistung. Bei einem Planetengetriebe muß entweder die Gesamtleistungswelle (Summenwelle) eine Antriebs- und die beiden anderen müssen Abtriebswellen sein, oder die beiden anderen Wellen sind Antriebs- und die Gesamtleistungswelle ist Abtriebswelle. Hat man jedoch ein Drehzahlverhältnis zwischen den drei Wellen festgelegt, ist die Gesamtleistungswelle und daher der Leistungsfluß nicht mehr frei wählbar [4/3], da nach Gl.(4.11-2) durch ein Drehzahlverhältnis die anderen bestimmt sind und nach Gl.(4.19) die Wellenmomente in einem festen Verhältnis stehen.

4.2 Der Zähnezahlbereich von Hohlrädern

Der Zähnezahlbereich der Hohlräder ist theoretisch unbegrenzt. Vom Hohlrad als Einzahn (Bild 2.10) bis zum Hohlrad mit vielen hundert Zähnen sind exakte Evolventenräder möglich. Extrem kleine Zähnezahlen werden nicht gestoßen, sondern geräumt oder gespritzt. Für Getriebe ist es sinnvoll, Hohlräder mit mehr als 10 Zähnen vorzusehen. Anders verhält es sich mit den außenverzahnten Zahnrädern bei Paarungen mit Hohlrädern. In den DIN-Normen [4/1] geht man von kleinsten Zähnezahlen $z_1 = 12$ aus. Es gibt in der Feinwerktechnik Anwendungen mit Ritzelzähnezahlen von $z_1 = 3$ [4/6], wie das auch in Bild 4.4, Zeile 1, dargestellt ist. Selbst Zahnräder mit einem Zahn lassen sich bei Schrägverzahnungen realisieren [4/10;4/11]. Übliche Paarungen sind solche von $z_1 \geq 14$, $z_2 \leq -40(-22)$ möglichst mit mehr als 6 bis 10 Zähnen Differenz [4/1], ähnlich wie in Bild 4.4, Zeile 2.

Bei Differenzgetrieben benötigt man aber gerade sehr kleine Zähnezahldifferenzen, wie in Bild 4.4, Zeile 3, gezeigt wird. Weiter ist zu erkennen, daß bei der hier realisierten kleinstmöglichen Zähnezahldifferenz

$$\Delta z = |z_2| - z_1 = 1 \tag{4.3-1}$$

große negative Kopfhöhenänderungen nötig sind zur Vermeidung von Eingriffsstörungen. Die dadurch entstehenden kleinen Zahnhöhen kann man sich bei einem Verstellgetriebe (hier z.B. für Autositze) auch leisten. Solche Getriebe müssen in der Regel Selbsthemmung [4/7] aufweisen. Es liegt, von Rad 2 ausgehend, ein Antrieb ins Schnelle vor, der am Eingriffsende als progressives Reibsystem wirkt (siehe Abschnitt 2.11).

Zähne-zahlen	Zahnradpaarungen mit Hohlrädern	Besonderheit
1 $z_1 = 3$ $z_2 = -28$	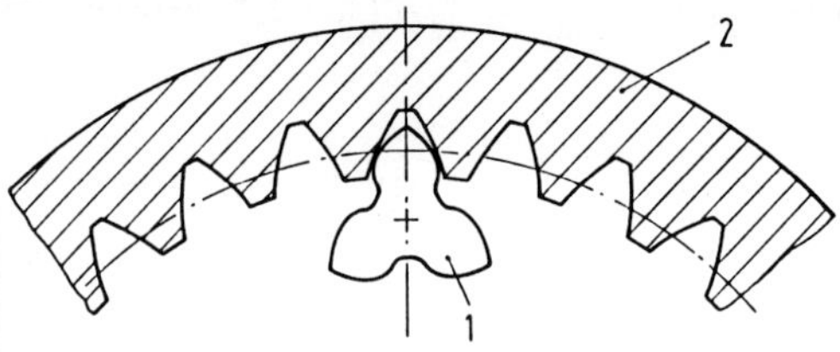	Komplementprofile Große Übersetzung mit extrem kleinen Ritzelzähnezahlen
2 $z_1 = 20$ $z_2 = -28$	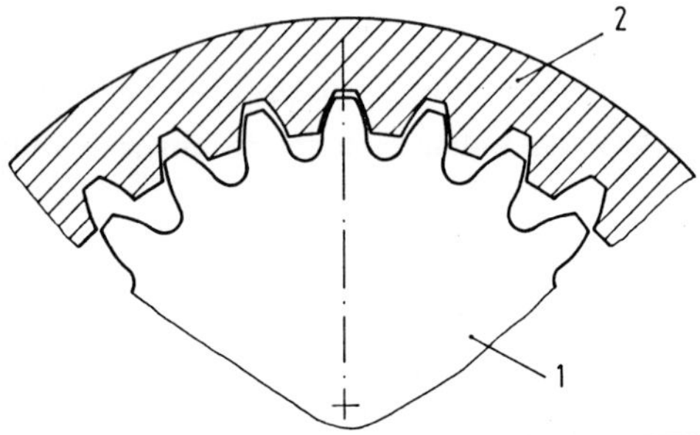	Normale Zahnprofile (DIN 867) Auslegung für hohe Tragfähigkeit Noch keine Eingriffsstörungen
3 $z_1 = 29$ $z_2 = -30$	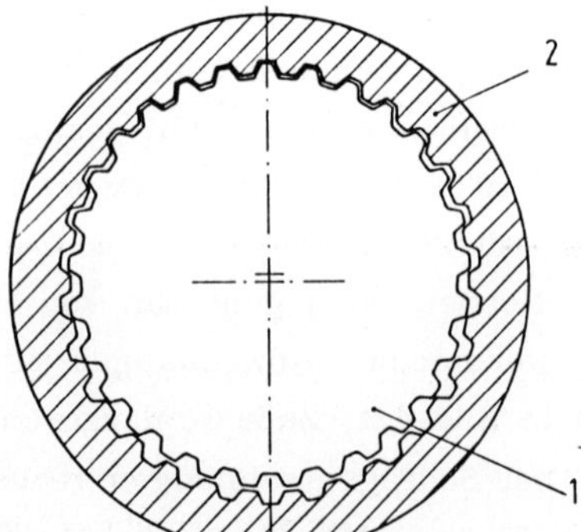	Sonderprofile Große Übersetzung (Differenzgetriebe) bei extrem kleiner Zähnezahldifferenz (Selbsthemmung) Eingriffsstörungen vermieden durch große Kopfhöhenänderungen

Bild 4.4. Spektrum möglicher Innen-Radpaarungen von extrem kleinen Ritzelzähnezahlen bis zu extrem kleinen Zähnezahldifferenzen. Berücksichtigung von hinreichender Überdeckung, ausreichender Tragfähigkeit und Vermeiden von Eingriffsstörungen.

4.3 Die Entstehung des Hohlrades

Man betrachte die Flanken eines Zahnkranzes nur als evolventische Flächen, ohne festzulegen, auf welcher Seite der Fläche der Körper liegt. Legt man nun den Zahnkörper nach innen, die Zahnflanken nach außen, entstehen die bekannten außenverzahnten Räder mit konvexen Zahnflanken, legt man den Zahnkörper nach außen, entstehen die Hohlräder mit Innenverzahnungen. Für den Eingriff dieser Evolventeninnen- oder -außenflächen bei Paarung mit evolventischen Gegenflächen gelten in beiden Fällen ähnliche Gesetzmäßigkeiten. Sie sind im Grunde sogar gleich bis auf die Tatsache, daß eine konkave Fläche nur mit konvexen Flächen, deren Krümmungsradien kleiner sind, Berührung haben kann.

In Bild 4.5 ist sehr gut zu erkennen, wie aus den gleichen Evolventenflächen für die Zahnflanken unter A eine Außenverzahnung, unter I eine Innenverzahnung entwickelt wurde. Die Lücken der Außenverzahnung werden zu Zähnen der Innenverzahnung und umgekehrt. Eine Ausnahme bildet der Fußgrund der Außenverzahnung, der bei der Innenverzahnung nicht zum Zahn wird, und der Kopfkreisradius des Außenrades r_{a1}, der wegen des späteren Kopfspiels betragsmäßig etwas kleiner ist als der entsprechende Radius r_{f2} des Hohlrades.

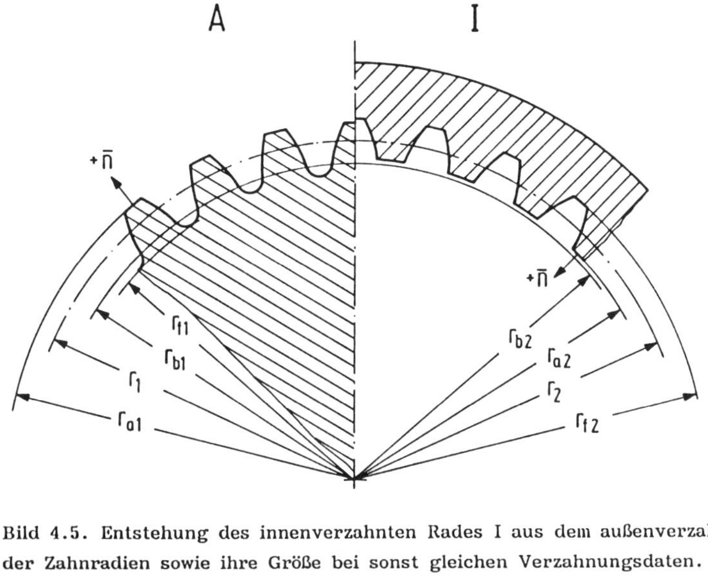

Bild 4.5. Entstehung des innenverzahnten Rades I aus dem außenverzahnten Rad A. Benennung der Zahnradien sowie ihre Größe bei sonst gleichen Verzahnungsdaten. Es ist in diesem Fall $r_{b1} = |r_{b2}|$ und $r_1 = |r_2|$. Für die Radien gilt $|r_{f2}| > |r_{a2}|$, absolut jedoch wie bei Außenverzahnungen $r_{f2} < r_{a2}$. Der Grund ist, daß die Zahlenwerte der radialen Größen des innenverzahnten Rades ein negatives Vorzeichen erhalten, da die "positive" Richtung der Normalenvektoren $\bar{n}_2$ zum, und nicht wie bei Außenverzahnungen, vom Mittelpunkt weg zeigt. Es ist daher im obigen Fall $r_{b1} = -r_{b2}$. Der Betrag des Kopfkreisradius r_a muß größer oder gleich dem des Grundkreisradius sein, $|r_{a2}| \geq |r_{b2}|$, der Betrag des Fußkreisradius vom Hohlrad größer als der Kopfkreisradius vom Gegenrad $|r_{f2}| > r_{a1}$.

4.3.1 Zahnradien und Durchmesser

Sie sind im beschriebenen Fall dem Betrag nach für Teil- und Grundkreis bei Außen- und Innenverzahnung gleich,

$$r_1 = |r_2| \tag{4.27}$$

$$r_{b1} = |r_{b2}| , \tag{4.28}$$

für Kopf- und Fußkreis jedoch verschieden. Als "Kopf" wird bei beiden Verzahnungsarten der freistehende und als "Fuß" der radkörperseitige Teil des Zahnes bezeichnet. Demgemäß ist der Kopfkreisradius r_{a2} des Hohlrades dem Betrag nach kleiner als sein Fußkreisradius r_{f2} (umgekehrt wie bei Außenverzahnungen),

$$|r_{a2}| < |r_{f2}| , \tag{4.29}$$

absolut jedoch größer, genau wie bei Außenverzahnungen

$$r_{a2} > r_{f2} . \tag{4.29-1}$$

Die Zahnfußhöhe am Hohlrad wird bestimmt durch das erwähnte Kopfspiel, weshalb bei sonst gleichen Verzahnungsdaten für den Fußkreisradius gilt

$$|r_{f2}| > r_{a1} . \tag{4.30}$$

Der Kopfkreisradius ist stets begrenzt durch den Grundkreis, da es innerhalb des Grundkreises keine Evolvente gibt und sonst falscher Eingriff entstehen würde. Daher gilt für die Beträge

$$|r_{a2}| \geqq |r_{b2}| \tag{4.31}$$

und absolut

$$r_{a2} \leqq r_{b2} . \tag{4.31-1}$$

4.3.2 Vorzeichenregeln

In den Gl.(4.27) bis (4.31) wurden die Größen des Hohlrades mit Vorbedacht in Absolutzeichen gesetzt, da die Zahlenwerte ein negatives Vorzeichen haben. Praktischer Grund für diese Vorzeichenregel: Setzt man die Zahlenwerte für die Zahnradien und von ihnen abhängige Größen bei Innenverzahnungen mit negativem Vorzeichen ein, dann gelten auch für Innenverzahnungen und deren Paarungen alle Gleichungen der Außenverzahnungen, ohne Vorzeichenänderung, wie es in den neueren[1)] Normblättern auch praktiziert wird.

---

1) In älteren Normvorschriften ging man den umgekehrten Weg und veränderte die Gleichungen für Innenverzahnungen durch Änderung der entsprechenden Vorzeichen, wobei der Vorteil entstand, radiale Größen und Zähnezahlen positiv eintragen zu können, jedoch in den meisten Fällen der Nachteil, zwei Gleichungen zu haben. Die neue Regelung ist auch im Hinblick auf den Rechnereinsatz viel vorteilhafter, da der Algorithmus stets gleich ist, auch bei Profilverschiebungen.

Nr.	Vorzeichen, Bezeichnung	Zahnradform	Zähnezahl $z = 2\frac{r}{m}$
	1	2	3
1	Negativ $r < 0$ Innenverzahnt	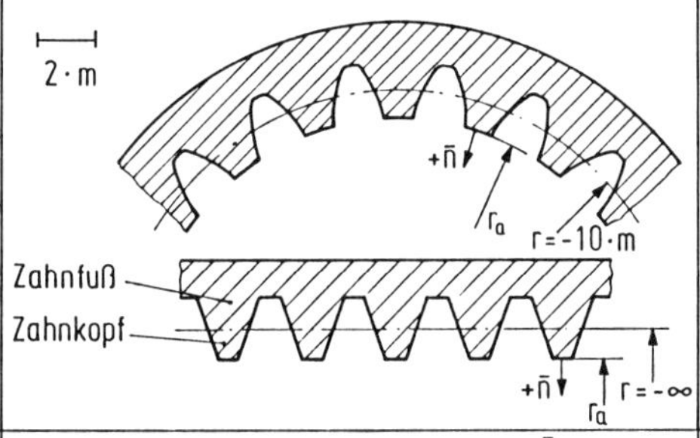	z = -20 z = -∞
2	Positiv $r > 0$ Außenverzahnt	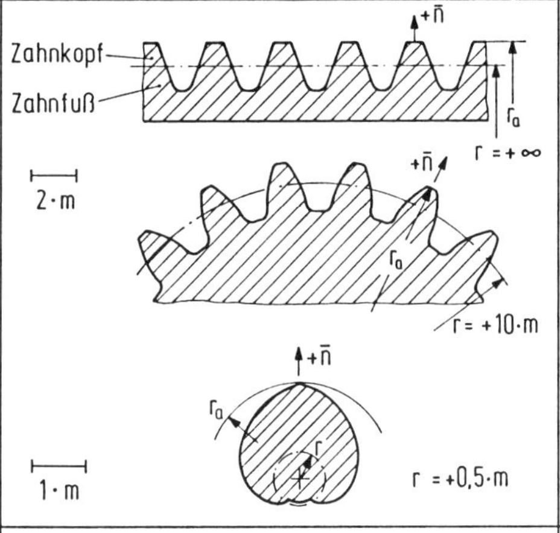	z = +∞ z = +20 z = +1
3	Negativ $r < 0$ Innenverzahnt	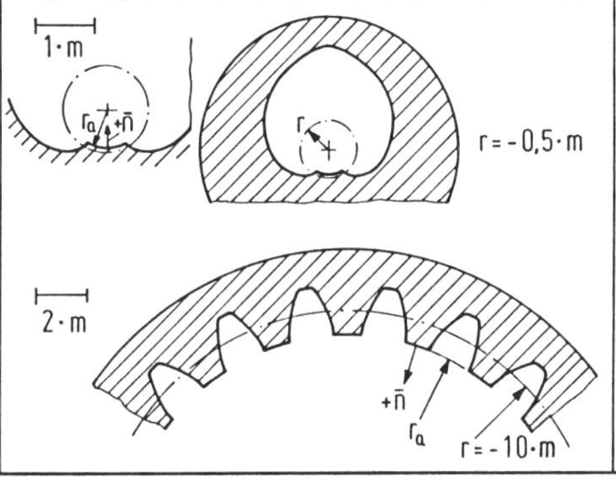	z = -1 z = -20

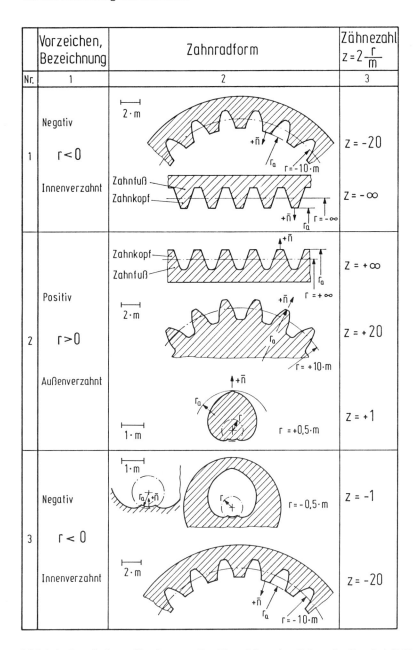

Bild 4.6. Begründung für das negative Vorzeichen der Zahnradradien bei Hohlrädern, dargestellt an einem großen Verzahnungsspektrum: Die Lücke des außenverzahnten Rades (Patrize) ist bei sonst gleichen Verhältnissen der Zahn des innenverzahnten Rades (Matrize). Bei Patrize und Matrize sind für jeden Oberflächenpunkt die positiven Normalenvektoren entgegengesetzt gerichtet. Da der Radmittelpunkt erhalten bleibt, müssen die den Normalenvektoren nun entgegengesetzt gerichteten Radien das Vorzeichen wechseln, ebenso wie der Richtungssinn der Profilverschiebung. Die Umkehr der Richtungssinne verlangt dann, daß dort, wo der absolut größere Radius ist, der Zahnkopf liegt (also innen) und wo der absolut kleinere Radius ist, der Fußkreis liegt also außen. Kopf und Fuß sind gegenüber der Außenverzahnung vertauscht.

Der geometrische Grund für das negative Vorzeichen ist: Jedem Flächenelement eines Körpers kann man einen Normalenvektor $\overline{n}$ zuordnen, der senkrecht auf der Fläche steht und positiv gesetzt wird, wenn er vom Körper, auf dem die Fläche liegt, wegzeigt. Bei konvex gekrümmten Flächen zeigt der Normalenvektor vom Krümmungsmittelpunkt weg, bei konkav gekrümmten zum Krümmungsmittelpunkt hin (Bilder 4.5; 4.6; 4.7, Teilbilder 1,2). Gibt man nun dem Krümmungsradius für einen Kurvenpunkt (immer vom Krümmungsmittelpunkt ausgehend) ein positives Vorzeichen, wenn er mit dem positiven Normalenvektor gleichgerichtet und ein negatives, wenn er ihm entgegengesetzt gerichtet ist, kann er auch "konvexe" und "konkave" Flächen definieren. Streng genommen, z.B. im Hinblick auf Sattelflächen, muß man diese Regel auf eine Schnittebene des Körpers beziehen. Für die betrachteten Verzahnungen und ihre Radien ist sie immer eindeutig.

In Bild 4.6 ist das für die Kopfkreise von allen möglichen Zähnezahlbereichen geschehen. Man erkennt, daß bei innenverzahnten Rädern der Normalenvektor $\overline{n}$ zum Krümmungsmittelpunkt und bei außenverzahnten von ihm weg zeigt. Nach gleichem oder verschiedenem Richtungssinn mit dem Normalenvektor ändern sich die Vorzeichen der Zahlenwerte der vom Mittelpunkt ausgehenden Radien. So erhalten bei Hohlrädern die Zahlenwerte der Radien ein negatives Vorzeichen, z.B. r_b, r_a, r_{Fa}, r_{Na}, r, r_w, r_{Nf} usw. Ebenso werden das Zähnezahlverhältnis u, Gl.(1.10) und der Achsabstand a bei Paarungen mit Hohlrädern negativ, die Übersetzung i, Gl.(1.9) jedoch positiv, da beide Räder den gleichen Drehrichtungssinn haben. Die Zähnezahl berechnet man aus dem Teilkreisradius, Gl.(2.15), siehe auch Bild 4.6, Spalte 3. Da der Modul als Verhältniszahl immer positiv ist, hat die Zähnezahl das gleiche Vorzeichen wie der Teilkreisradius, also bei Hohlrädern ein negatives, bei außenverzahnten Rädern ein positives. Diese Betrachtung erlaubt es, mit jeder beliebigen Zähnezahl den Vorzeichenwechsel zu erklären. Selbst bei Zahnstangen kann man "innen- und außenverzahnt" unterscheiden, je nachdem, wohin man den fiktiven Drehpunkt legt, zahnkopfseitig oder zahnfußseitig (Bild 2.10). In Bild 4.6 sind zur Veranschaulichung für willkürlich gewählte Modulgrößen die Zahlenwerte der Teilkreisradien r für Außen- und Hohlräder eingetragen.

4.4 Erweiterte Gleichungen für Innenverzahnungen

4.4.1 Achsabstand

Die Zweckmäßigkeit und Bestätigung der Vorzeichenregel aus Abschnitt 4.3.2 kann leicht an Bild 4.7 vorgenommen werden. Es gilt nach Gl.(2.47), daß der Achsabstand die Summe der beiden Wälzkreisradien (bei V-Nullverzahnungen sind dies die Teil-

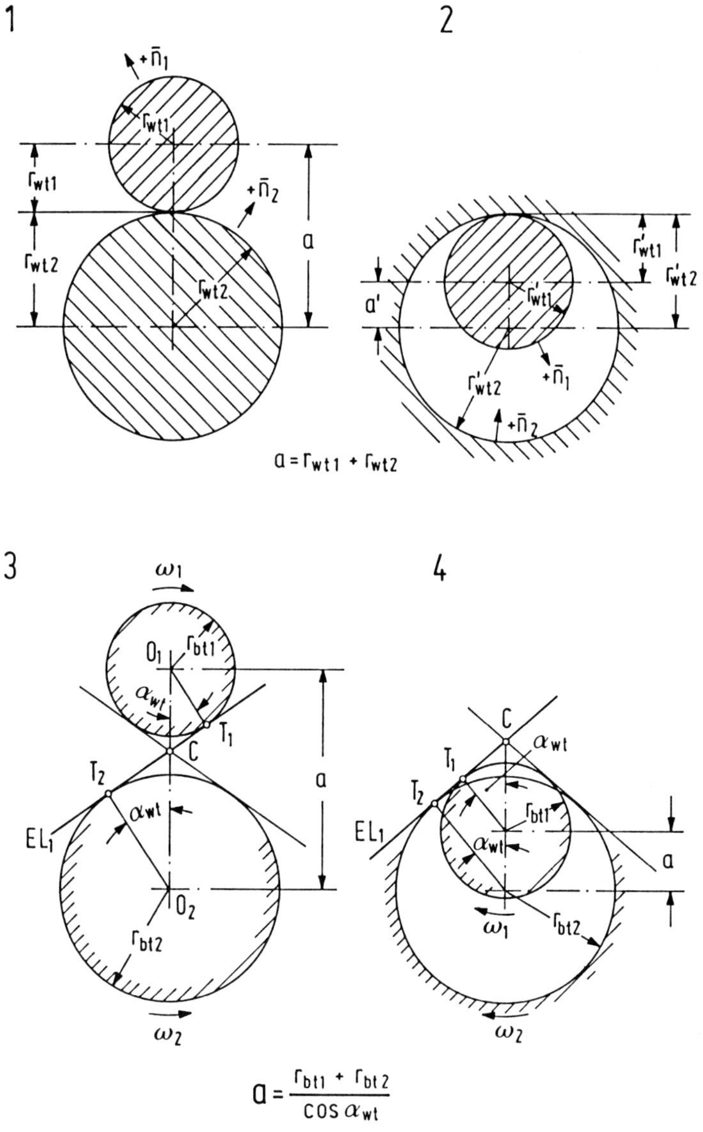

Bild 4.7. Achsabstand und Eingriffslinien bei außen- und innenverzahnten Radpaarungen. Der Achsabstand a als Summe der Wälzkreisradien r_{wt} bei:

Teilbild 1: Paarung zweier außenverzahnter Räder.

Teilbild 2: Paarung eines außen- und eines innenverzahnten Rades.

Teilbild 3: Innere Tangenten als Eingriffslinien bei Außenverzahnungen.

Teilbild 4: Äußere Tangenten als Eingriffslinien bei Innenverzahnungen.

Bei Antrieb im eingezeichneten Richtungssinn von ω_1 ist die mit EL_1 bezeichnete Eingriffslinie wirksam.

Radien, die vom Mittelpunkt zum Berührungspunkt einen dem Flächennormalenvektor $\bar{n}$ entgegengesetzten Richtungssinn haben, erhalten ein negatives Vorzeichen.

kreisradien) ist. Mit

$$a = r_{w1} + r_{w2} \tag{2.47}$$

und den Werten r_{w1} = 14 mm; r_{w2} = 23 mm; r'_{w2} = -23 mm erhält man für die Achsabstände a = 37 mm; a' = -9 mm.

Die Berechnung des Achsabstandes aus den Grundkreisradien erfolgt in üblicher Weise, nur wird r_{bt2} negativ eingesetzt. Es ist

$$a = \frac{r_{bt1} + r_{bt2}}{\cos \alpha_{wt}} \tag{4.32}$$

4.4.2 Eingriffslinien

Grundsätzlich unterschiedlich verlaufen die Eingriffslinien bei Außen-Radpaarungen (siehe Bild 4.7, Teilbild 3), nämlich als "Innentangenten", und bei Innen-Radpaarungen als "Außentangenten" (Teilbild 4). Die Eingriffsstrecke muß bei Außen-Radpaarungen (Teilbild 3) innerhalb der Tangierungspunkte T_1 und T_2 liegen, bei Innen-Radpaarungen (Teilbild 4) außerhalb von T_1 und T_2 auf der Seite des Wälzpunktes C.

4.4.3 Zahnhöhen

Betrachtet man in Bild 4.6 die "innenverzahnte" und die "außenverzahnte" Zahnstange in den Zeilen 1 und 2, dann ist es selbstverständlich, daß die "freistehenden" dünneren Zahnteile die Zahnköpfe und die dickeren, am Zahnkörper liegenden, die Zahnfüße sind. Am Hohlrad (bzw. der "Hohlradzahnstange") wird der Zahnkopf durch Näherrücken zur Zahnradmitte (Bild 4.8, Teilbild 2), der Zahnfuß durch Weiterrücken von der Zahnradmitte vergrößert, am außenverzahnten Rad genau umgekehrt, Bild 4.8, Teilbild 1.

Auch die Profilverschiebung zählt beim Hohlrad in Richtung zum Zahnkopf positiv, in Richtung zum Zahnfuß negativ, Teilbild 2.

Merkregel: Man nehme eine "außenverzahnte" Zahnstange (Bild 4.6, Zeile 2), kehre sie um, mit den Zahnköpfen zum fiktiven Drehpunkt (z.B. Bild 4.6, Zeile 1), und mache alle Operationen (Zahnkopfhöhenänderung, Profilverschiebung) wie bisher unter Beibehalten der alten Vorzeichen für diese Operationen. Die negativen Radien des Hohlrades bleiben natürlich.

Bild 4.8 zeigt Beispiele dafür, so daß im Zweifelsfall die Regel nachgeprüft werden kann.

Die Zahnkopfhöhe h_a bzw. die Zahnfußhöhe h_f wird bei Zahnrädern definiert als der radiale Abstand zwischen dem Teilkreisradius r und dem Kopfkreisradius r_a bzw.

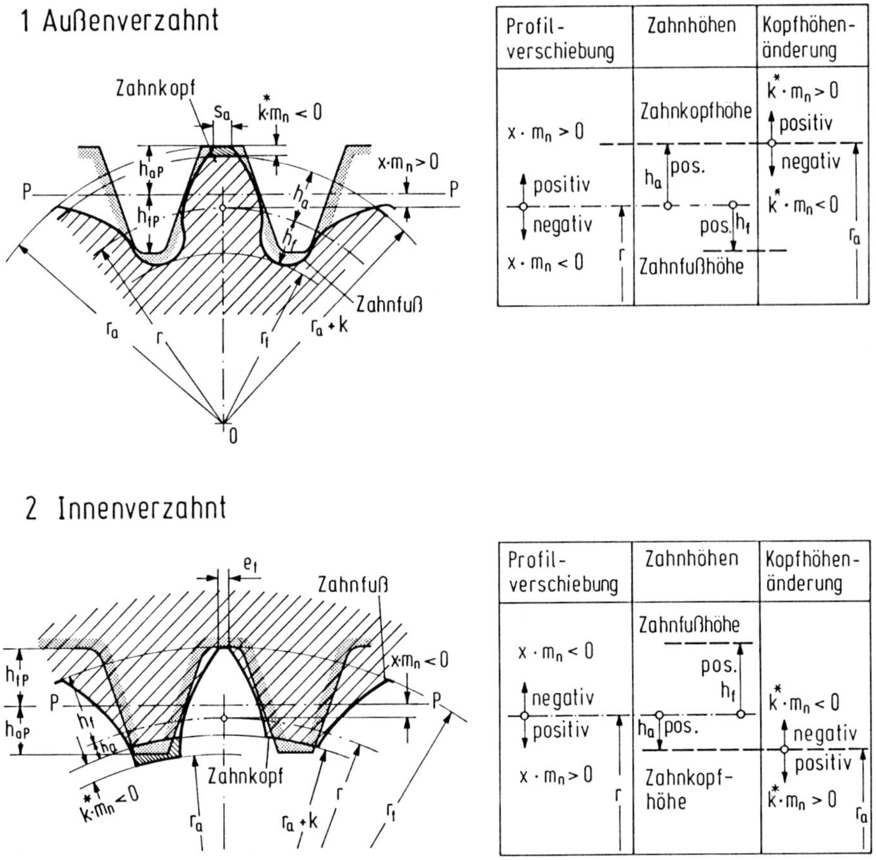

Bild 4.8. Positive und negative Profilverschiebung $x \cdot m_n$ und Kopfhöhenänderung $k = k^* \cdot m_n$ sowie Richtungssinn der Zahnkopf- und Zahnfußhöhen (h_a, h_f) bei Außen- und Innenverzahnung.

Die Zahnkopfhöhe h_a ist die vom Teilkreis (r) zum freistehenden Zahnende, d.h. zum Kopfkreis (r_a) radiale Entfernung, die Zahnfußhöhe h_f die vom Teilkreis zum Fußkreis (r_f), d.h. zum körperseitig gelegenen Zahnende bis zum Fußgrund vorliegende radiale Entfernung.

Sowohl für Außenverzahnung (Teilbild 1) als auch für Innenverzahnung (Teilbild 2) gilt ferner: Die Profilverschiebung ist positiv, $x \cdot m_n > 0$, wenn die Profilbezugslinie PP des Bezugsprofils vom Teilkreis (r) in Richtung des Zahnkopfes verschoben wird, und negativ, $x \cdot m_n < 0$, wenn sie vom Teilkreis her in Richtung des Fußes verschoben wird.

Die Kopfhöhenänderung ist positiv, $k^* \cdot m_n > 0$, wenn sie - vom Kopfkreis (r_a) ausgehend - zur Vergrößerung der Zahnkopfhöhe h_a und negativ, $k^* \cdot m_n < 0$, wenn sie zur Verkleinerung der Zahnkopfhöhe beiträgt. Die Zahnfußhöhe h_f als radiales Maß wird auch bei Innenverzahnungen als eine positive Größe betrachtet und daher zur Berechnung des Fußkreisradius immer vom Teilkreis abgezogen. Die Richtungssinne für Profilverschiebung und Kopfhöhenänderung sind gleich. Die radialen Größen r_a, r, r_f, r_b usw. erhalten bei Innenverzahnungen negative Zahlenwerte.

dem Teilkreisradius r und dem Fußkreisradius r_f

$$h_a = r_a - r \,, \tag{4.33}$$

$$h_f = r - r_f \,. \tag{4.34}$$

Da der Kopfkreisradius noch von der Profilverschiebung $x \cdot m_n$ und der Kopfhöhenänderung $k^* \cdot m_n$ abhängt, Gl.(2.35;3.35-1), der Fußkreisradius nur von der Profilverschiebung, gilt entsprechend

$$r_a = r + (h^*_{aP} + x + k^*) \cdot m_n \,, \tag{4.35}$$

$$r_f = r - (h^*_{fP} - x) \cdot m_n \,. \tag{4.36}$$

Man erkennt, daß Gl.(4.35) mit Gl.(2.35) identisch ist, daß aber Gl.(4.36) mit Gl. (2.36) wegen des dort auftretenden Kopfspiels c_P nicht übereinstimmt.

Aus obigen Gleichungen erhält man für Zahnkopf- und Zahnfußhöhe

$$h_a = (h^*_{aP} + x + k^*) \cdot m_n \,, \tag{4.37}$$

$$h_f = (h^*_{fP} - x) \cdot m_n \,. \tag{4.38}$$

Die für das Kopfspiel notwendige Zahnkopfhöhenänderung $k^* \cdot m_n$ kann aus der Summe der Profilverschiebungen Σx und dem (flankenspielfreien) Achsabstand berechnet werden. Sie gleicht Kopfspielveränderungen bei der durch Profilverschiebung häufig notwendigen Achsabstandskorrektur aus und ist ähnlich Gl.(2.59)

$$k = k^* \cdot m_n = a - a_d - m_n \Sigma x = (y - \Sigma x) \cdot m_n \,. \tag{4.39}$$

Mit der Zahnhöhe am Bezugsprofil h_P

$$h_P = h_{aP} + h_{fP} \tag{4.40}$$

und den Gl.(4.37;4.38) erhält man für die Zahnhöhe h des Zahnrades

$$h = h_P + k^* \cdot m_n \,. \tag{4.41}$$

Man erkennt den großen Unterschied zwischen den Zahnkopf- und Zahnfußhöhen des Bezugsprofils und denen des Zahnrades. Sie stimmen nur überein, wenn keine Profilverschiebung und keine Zahnkopfhöhenänderung vorliegt.

Die Gleichungen gelten für Außen- und Innenverzahnungen, Gl.(4.37) bis (4.41), auch für den Stirnschnitt, da die Zahnhöhen im Stirn- und Normalschnitt gleich groß sind.

Aufgrund der konsequenten Vorzeichenregelung für die Profilverschiebung bei Innen- und Außenverzahnung bleiben die Definitionen der Null-, der V-Null- und V-

Verzahnungen wie bisher bestehen, und zwar wie folgt:

$\Sigma x = 0$		(2.44-1)
Null- oder V-Nullradpaar	$a = a_d$; $\alpha_w = \alpha$	(4.42);(2.27)
$\Sigma x > 0$		(2.44-3)
V-Plus-Radpaar	$a > a_d$; $\alpha_w > \alpha$	(2.60-1);(2.60-2)
$\Sigma x < 0$		(2.44-4)
V-Minus-Radpaar	$a < a_d$; $\alpha_w < \alpha$	(2.61-1);(2.61-2)

Bei Innen-Radpaarungen muß man allerdings das negative Vorzeichen des Achsabstandes beachten. Danach ist z.B. bei der Paarung für ein V-Plus-Radpaar der Achsabstand absolut auch größer als bei einem Null-Radpaar, genau wie bei der Außenverzahnung, aber der Betrag des Achsabstands kleiner, für ein V-Minus-Radpaar ist der Betrag des Abstands größer als für ein Nullradpaar, weil bekanntlich gilt: $-30 > -40$, jedoch $|-30| < |-40|$. Bei üblichen Verzahnungen geht man hauptsächlich von V-Nullradpaarungen aus und bevorzugt beim Abweichen von dieser Regel V-Minus-Radpaare. Bei ihnen rücken die Eingriffspunkte auf der Flanke des Hohlrades weiter weg vom Grundkreis, und infolge des größeren Krümmungsradius der Flanke werden die Pressungsverhältnisse günstiger.

4.4.4 Profilverschiebung

Die Grenzen der Profilverschiebung bei Hohlrädern sind durch zwei geometrische Bedingungen gegeben:

1. Der Kopfkreisradius r_a muß kleiner (dem Betrag nach größer), mindestens aber so groß wie der Grundkreisradius r_b sein (Bild 4.5)

$$r_a \leqq r_b . \tag{4.43}$$

2. Die Lückenweite am Fußzylinder (im Normalschnitt) e_{fn} muß in der Regel größer als $0{,}2 \cdot m_n$ sein

$$e_{fn} \geqq 0{,}2 \cdot m_n \tag{4.44}$$

damit sie vom Werkzeug ausgearbeitet werden kann.

Aus Gl.(4.43) ergibt sich mit Gl.(2.3-1) und (2.36)

$$\left(\frac{z}{2} + x + h^*_{aP} + k^*\right) \cdot m_n \leqq \frac{z}{2} \cdot m_n \cdot \cos \alpha_P$$

damit

$$x + h^*_{aP} + k^* \leqq \frac{z}{2} \cdot (\cos \alpha_P - 1) .$$

Beim Teilen durch den negativen Wert ($\cos\alpha_P - 1$) muß das Größerzeichen umgedreht werden, und man erhält mit

$$z \leq 2\,\frac{x + h^*_{aP} + k^*}{\cos\alpha_P - 1} \tag{4.45}$$

die Angabe, welche größte Zähnezahl (welche kleinste Zähnezahl dem Betrag nach) aufgrund der Bedingung nach Gl.(4.43) für das Hohlrad noch zulässig ist. So stellt man fest, daß die dem Betrag nach kleinste Zähnezahl bei $x = 0$, $h^*_a = 1{,}0$, $k^* = 0$, $\alpha_P = 20°$, $z = -33$ ist und positive Profilverschiebung nur für Zähnezahlen zulässig ist, die dem Betrag nach größer, in unserer Schreibweise aber kleiner sind, also $z = -33$ bis $-\infty$.

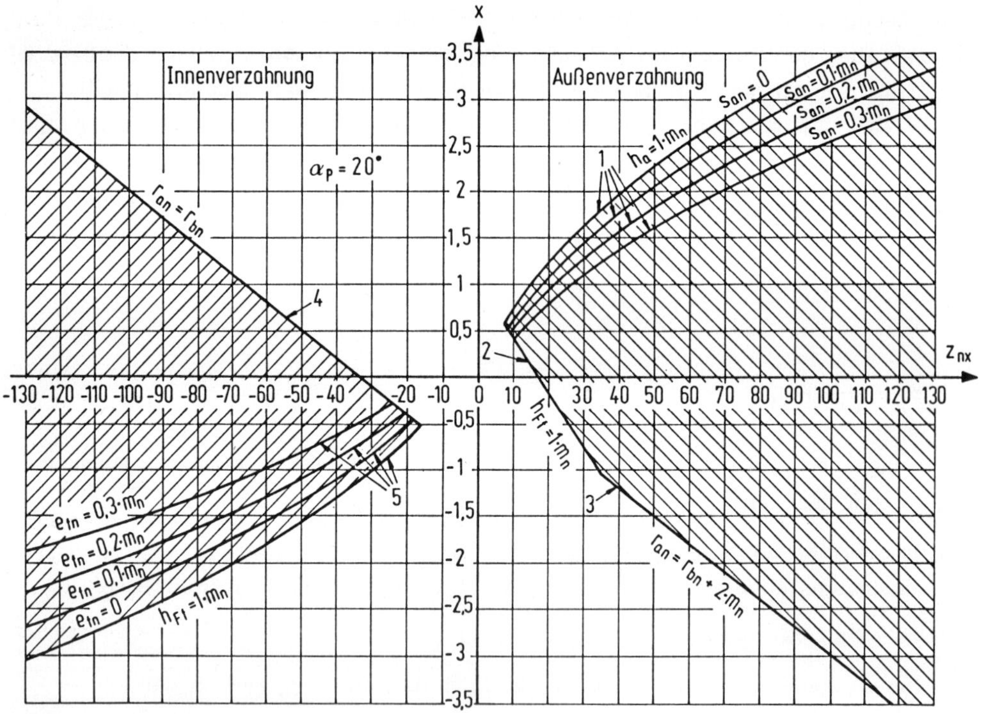

Bild 4.9. Geometrische Grenzen für Zylinderräder mit Außen- und Innenverzahnung in Abhängigkeit der Ersatzzähnezahl z_{nx} und des Profilverschiebungsfaktors x, ohne Kopfhöhenänderung für das Bezugsprofil nach DIN 867 mit $h^*_{FaP} = 1$, $h^*_{FfP} = 1$ und $\alpha_P = 20°$ (siehe Bild 2.11).

Es bedeutet:

1 Grenze für die Zahnkopfdicke am Außenrad

2 Unterschnittgrenze für Zahnfuß-Formhöhe $h^*_{FfP} = 1$

3 Grenze für eine Zahnhöhe $h_F \geq 2m_n$

4 Grenze für die größtmögliche Zahnkopfhöhe h_{Fa}

5 Grenze für die Zahnfuß-Lückenweite bei Innenverzahnung mit $h^*_{Ff} = 1$

Die Feststellung einer spitzen Fußlücke, $e_{fn} = 0$, erfolgt auf gleiche Weise wie die Berechnung des spitzen Zahnes bei Außenverzahnung, $s_{an} = 0$, und ist in Bild 4.9 für das genormte Profil nach DIN 867 in den Bildern 8.6 und 8.7 in Kapitel 8 für verschiedene andere Zahnhöhen angegeben. Das Diagramm in Bild 4.9 wird ähnlich angewendet wie das in Bild 2.19. Es gilt für Geradverzahnungen und kann für Schrägverzahnungen verwendet werden, wenn man stets deren Ersatzzähnezahl z_{nx}, Gl. (3.16), sowie die Zahnhöhen bzw. deren Faktoren im Normalschnitt zugrunde legt. Man kann daraus die im schraffierten Bereich liegenden Werte der Profilverschiebung für korrekte Außenräder, d.h. nicht spitze, nicht unterschnittene Zähne und nicht unterhalb des Grundkreises liegende Zahnflanken finden und die Werte der Profilverschiebung für korrekte Hohlräder, d.h. mit Zahnlücken, die nicht spitz sind, und Kopfkreisen, die nicht innerhalb des Grundkreises liegen. Ob Eingriffsstörungen, insbesondere bei Paarungen mit Hohlrädern, zu erwarten sind, kann aus Bild 4.9 allein nicht entnommen werden.

4.5 Hohlräder mit Schrägverzahnung

4.5.1 Schrägungs- und Steigungswinkel

Wie bei den Außenrädern kann man auch bei den Hohlrädern Schrägverzahnungen erzeugen und einsetzen. Es ergeben sich ähnliche Vor- und Nachteile wie bei den Zahnradpaarungen für Außenräder (siehe Kapitel 3). Vorteile gegenüber geradverzahnten Hohlrädern sind, daß die Paarungen leiser laufen wegen der allmählichen Veränderung der Berührlinien, daß höhere Zahnkräfte übertragen werden können und kleinere Zähnezahlen möglich sind als bei Geradverzahnungen. Nachteile sind auch hier die nicht vermeidbaren Axialkräfte und für reproduzierbare Winkelübertragungen die durch Axialspiele entstehenden Winkel-Umkehrspannen ebenso wie die noch schwierigere Herstellbarkeit als die von geradverzahnten Hohlrädern.

Der Schrägungswinkel β ist die einzige Größe, die neu berücksichtigt werden muß. Man definiert ihn als den spitzen Winkel zwischen einer Tangente an eine Teilzylinder-Flankenlinie und der Teilzylinder-Mantellinie durch den Tangentenberührpunkt (Bild 4.10). Er kann auch mit Hilfe des Steigungswinkels γ definiert werden, dem spitzen Winkel, unter dem sich die Profilbezugslinie mit der Radachse kreuzt, wie in Gl.(3.31) schon festgelegt

$$|\beta| = 90° - |\gamma| . \tag{3.31}$$

Während bei Außenrädern der Schrägungswinkel β positiv gezählt wird, wenn er rechtssteigend, und negativ, wenn er linkssteigend ist, zählt man ihn bei Hohlrä-

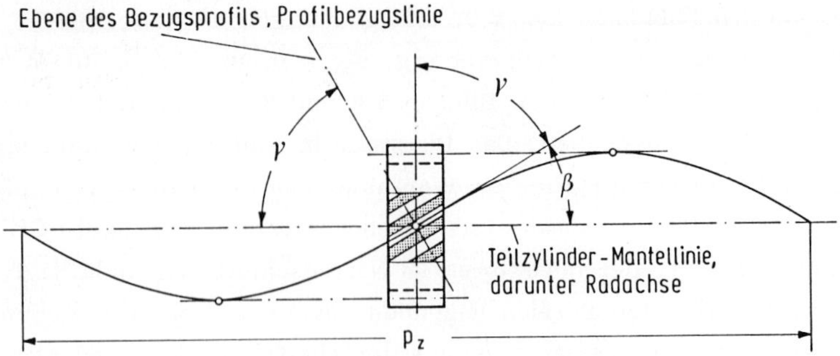

Bild 4.10. Die Steigung bestimmenden Größen am Schrägstirnrad. Schnitt durch den abgewickelten Teilzylinder. Es bedeutet: β Schrägungswinkel, γ Steigungswinkel, p_z Steigungshöhe

dern genau umgekehrt, also:

Außenräder rechtssteigend : $\beta > 0°$
Außenräder linkssteigend : $\beta < 0°$
Hohlräder rechtssteigend : $\beta < 0°$
Hohlräder linkssteigend : $\beta > 0°$.

Bei Paarungen mit Außenverzahnungen hat man für parallele Achsen von Rad und Gegenrad entgegengesetzt steigende Schrägungswinkel, bei Paarungen mit einem Außen- und einem Hohlrad dagegen im gleichen Sinne steigende. Für parallele Achsen ist der Achsenwinkel Σ gleich Null. Es gilt für parallele Achsen sowohl bei Außen-Radpaarungen als auch bei Hohlrad-Paarungen.

$$\Sigma = \beta_1 + \beta_2 = 0°. \quad (4.46)$$

Die Gl.(4.46) trifft in beiden Fällen zu, weil die Schrägungswinkel dem Betrag nach gleich sind und verschiedene Vorzeichen haben, bei Hohlradpaarungen, weil in gleichem Sinn steigende Schrägungswinkel von Rad und Gegenrad verschiedene Vorzeichen haben, bei Außenradpaarungen, weil in verschiedenem Sinn steigende Schrägungswinkel verschiedene Vorzeichen haben.

Man kann mit zylindrischen Hohl- und Außenrädern keine Zahnradpaarungen mit gekreuzten Achsen bauen mit

$$\Sigma = \beta_1 + \beta_2 \neq 0°. \quad (4.47)$$

Allenfalls ist das möglich, wenn ein Zahnrad über die Zahnbreite eine hyperbolische, gegebenenfalls eine konische Kopfmantelfläche aufweist.

Zu beachten ist ferner, daß für Stirnradpaarungen bei parallelen Achsen stets Linien-, bei gekreuzten Achsen stets Punktberührung vorliegt.

4.5.2 Gleichungen für schrägverzahnte Hohlräder

An dem Beispiel der Profilüberdeckung soll gezeigt werden, wie die Verzahnungsgleichungen für Innen-Radpaarungen im Stirnschnitt umgeformt werden.

Es gilt für geradverzahnte Außen-Radpaarungen, wobei $m = m_n$ ist und vereinfachend gesetzt wird

$$r_{Na} = r_a \tag{4.48}$$

$$\varepsilon_{\alpha t} = \frac{1}{\pi \cdot m_t \cdot \cos\alpha_t} \left[+ \sqrt{r_{at1}^2 - r_{bt1}^2} + \sqrt{r_{at2}^2 - r_{bt2}^2} - (r_{bt1} + r_{bt2}) \cdot \tan\alpha_{wt} \right] . \tag{3.76-1}$$

Für schrägverzahnte Außen-Radpaarungen können zur exakten Berechnung die Stirnschnittgrößen zugrunde gelegt werden. Ebenso müssen für schrägverzahnte Paarungen mit Hohlrädern die Zahlenwerte für die entsprechenden Hohlradgrößen mit negativem Vorzeichen eingesetzt werden. Das gilt auch für die Vorzeichen der Wurzeln. Einfacher ist es, das Wurzelvorzeichen des Hohlrades immer durch den Faktor $z/|z|$ zu bestimmen. Aus Gl.(3.76-1) erhält man, wobei vereinfachend gesetzt wird

$$r_{Nat} = r_{at} \tag{4.49}$$

$$\varepsilon_{\alpha t} = \frac{1}{\pi \cdot m_t \cdot \cos\alpha_t} \left[+ \sqrt{r_{at1}^2 - r_{bt1}^2} + \frac{z_2}{|z_2|} \sqrt{r_{at2}^2 - r_{bt2}^2} - (r_{bt1} + r_{bt2}) \tan\alpha_{wt} \right] . \tag{4.50}$$

Es können nun, wenn nicht bekannt, die Stirnschnittgrößen aus den vorgegebenen Normalschnittgrößen berechnet werden, m_t aus Gl.(3.1), α_t aus der Gl.(3.20), die Radien r_{at}, r_{bt} jedoch direkt aus Stirnschnittgrößen, entsprechend Gl.(3.35-1;3.39; 2.3-1) und der Winkel α_{wt} aus Gl.(3.51). Da Rad 2 ein Hohlrad ist, wird das zweite Wurzelzeichen negativ, ebenso r_{bt2}.

4.6 Paarungen mit Hohlrädern (Innen-Radpaare)

4.6.1 Grundsätzliche Gesichtspunkte

Der Eingriff bei Paarungen mit Hohlrädern ist problematischer als der mit Außenrädern, weil neben den üblichen Eingriffsbedingungen für Außenräder zusätzlich folgende Erscheinungen Eingriffsstörungen verursachen können:

- Die Kopfkreise können sich außerhalb der Eingriffsstrecke schneiden, so daß sich gegebenenfalls Zahnecken von Rad und Gegenrad durchdringen, was beim Betrieb zum Bruch, beim Erzeugen zum Wegschneiden der Hohlradkopfkanten führt.

- Die Herstellung des Hohlrades erfolgt mit einem Schneidrad oder schneidradähnlichen Werkzeug, dessen Zähnezahl betragsmäßig kleiner als die des Hohlrades sein muß. Die erzeugten nutzbaren Evolventenlängen sind daher nur so lang, wie sie für die Paarung mit einem dem Schneidrad gleichenden oder kleineren Zahnrad und den für die Erzeugung zugrunde gelegten Profilverschiebungen sein müßten, also nicht so lang, wie sie für Ritzelzähnezahlen, die größer als die Schneidradzähnezahlen sind, sein müßten.
- Der Hohlradkopfkreis ist häufig kleiner als der Außenradkopfkreis. Das kann bei radialer Montage des Außenrades das Zusammenführen der Zahnräder wegen Durchdringung unmöglich machen.

Neben der Berechnung von Tragfähigkeit und Laufeigenschaften steht daher im Vordergrund der Verzahnungsauslegung die Kontrolle und Vermeidung von möglichen Eingriffsstörungen im Betrieb und während des Erzeugungsvorganges. Bei vorgegebenem Bezugsprofil bleiben als variable Verzahnungsgrößen die Zähnezahlen bzw. die Zähnezahldifferenz

$$\Delta z = |z_2| - z_1 , \tag{4.3}$$

die Größe der Profilverschiebungsfaktoren x_1 und x_2 bzw. deren Summe $x_1 + x_2$. Für das genormte Bezugsprofil gibt es in [4/1] eine Reihe von Diagrammen, ähnlich dem in Bild 4.9, welche die Grenzen für korrekte Zahnräder, für korrekte Zahnradpaarungen und für korrekte Erzeugungspaarungen mit Schneidrädern angeben. Weicht man vom üblichen Bezugsprofil ab, muß die Vermeidung von Eingriffsstörungen in jedem Einzelfall nachgeprüft werden.

4.6.2 Maßnahmen zur Verhinderung von Eingriffsstörungen

4.6.2.1 Korrekte Zahnräder

Ritzel und Hohlrad sollen zur Vermeidung spitzer Zahnköpfe bzw. spitzer Lückenweiten am Fußzylinder mindestens die Werte $s_{an1} \approx 0{,}2 \cdot m_n$ bzw. $e_{fn2} \approx 0{,}2 \cdot m_n$ aufweisen, keinen Unterschnitt haben und zur Vermeidung von Eingriffen innerhalb der Grundkreise für das Bezugsprofil nach DIN 867 Ersatzzähnezahlen und Profilverschiebungen haben, die in den schraffierten Feldern des Bildes 4.9 liegen. Für andere Profile gelten die in Kapitel 8 aufgeführten Diagramme Bilder 8.6 und 8.7. Die Ersatzzähnezahl ist mit Gl.(3.16) zu berechnen.

4.6.2.2 Genügende Überdeckung

Die Profilüberdeckung muß für Geradverzahnungen $\varepsilon_\alpha \geqq 1$ sein, Nachrechnung mit Gl.(4.50). Für Schrägverzahnungen muß die Summe von Profil- und Sprungüberdeckung mindestens größer als 1 sein,

$$\varepsilon_\gamma = \varepsilon_\alpha + \varepsilon_\beta > 1. \tag{4.51}$$

4.6.2.3 Hinreichendes Kopfspiel

Für Hohlradzähnezahlen $z_2 \geqq -80$ bzw. $|z_2| \leqq 80$ sollte durch Nachrechnung geprüft werden, ob das Mindestkopfspiel c_P, entsprechend dem vorgeschriebenen Werkzeugprofil, eingehalten wird. Wenn nicht, kann entweder der Zahnkopf des Ritzels durch Verkleinern von r_{a1} verkürzt oder der Fuß-Formkreishalbmesser r_{Ff2} des Hohlrades durch ein Werkzeug mit größerer Zahnkopfhöhe vergrößert werden. Es ist entsprechend Gl.(3.52) der Achsabstand a_0 zwischen Schneidrad z_0 und Hohlrad z_2 bei der Erzeugung

$$a_0 = (z_2 + z_0)\cdot\frac{m_t}{2}\cdot\frac{\cos\alpha_t}{\cos\alpha_{wt0}}, \tag{4.52}$$

der Fußkreisradius am Hohlrad aus Erzeugungsachsabstand a_0 und Schneidradkopfkreisradius r_{a0} nach Bild 4.11, Teilbild 1

$$r_{f2(0)} = a_0 - r_{a0} \;^{1)} \tag{4.53}$$

und wie in den Teilbildern 2 und 3 abgeleitet, der notwendige Ritzelkopfkreisradius r_{a1} bei einem Soll-Kopfspiel von c_P

$$r_{a1\,soll} = a - r_{f2(0)} - c_P \,. \tag{4.54}$$

In den Gl.(4.52) bis (4.54) sind die Zahlenwerte für z_2, a_0, a und $r_{f2(0)}$ mit negativem Vorzeichen einzusetzen.

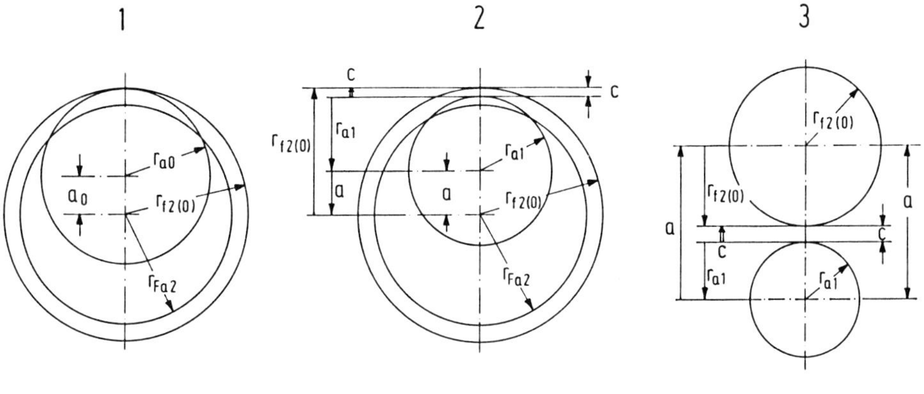

Bild 4.11. Berechnung des Kopfspiels c bei Innen-Radpaarungen aufgrund des Erzeugungsfußkreisradius $r_{f2(0)}$ bei der Herstellung des Hohlrades mit einem Schneidrad (Kopfkreisradius r_{a0}). Berechnung durch Vektoraddition siehe auch Kapitel 6.

Teilbild 1: Erzeugung des Fußkreises $r_{f2(0)}$ vom Hohlrad mit dem Schneidrad und seinem Kopfkreisradius r_{a0} beim Erzeugungsachsabstand a_0.

Teilbild 2: Paarung mit außenverzahntem Ritzel-Kopfkreisradius r_{a1} und innenverzahntem Rad (Fußkreisradius $r_{f2(0)}$) mit Berücksichtigung des Kopfspiels c. Berechnung von c ergibt $c = -r_{a1} - a + r_{f2(0)}$. Mit Berücksichtigung der negativen Größen bei Innenverzahnungen erhält man

$$c = -r_{a1} + a - r_{f2(0)}\,. \tag{4.54-1}$$

Teilbild 3: Paarung mit außenverzahnten Zahnrädern. Berechnung von c ergibt dieselbe Gleichung $c = -r_{a1} + a - r_{f2(0)}$.

4.6.2.4 Hinreichende Evolventenlänge am Ritzel

Der nutzbare Fußkreis des Ritzels, d.h. der Fuß-Formkreisradius $r_{Fft1(0)}$, erzeugt durch das Werkzeugprofil, muß kleiner sein als der genutzte, d.h. der Fuß-Nutzkreisradius des Ritzels $r_{Nft1(2)}$, der sich durch den Anfang der Eingriffsstrecke (Punkt A) ergibt, also durch den Schnittpunkt des nutzbaren Kopfkreises, also des Kopf-Formkreisradius $r_{Fat2(0)}$ des Hohlrades mit der Eingriffslinie (Bilder 4.12 und 4.13).

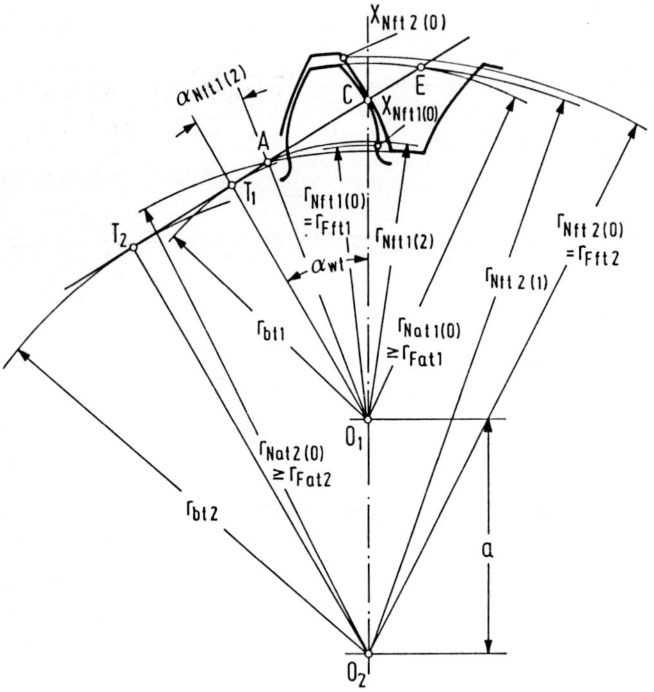

Bild 4.12. Berechnung des Fuß-Nutzkreisradius $r_{Nft1(2)}$ des Ritzels aufgrund des Kopf-Formkreisradius r_{Fat2} und des Fuß-Nutzkreisradius $r_{Nft2(1)}$ des Rades aufgrund des Ritzelkopf-Formkreisradius r_{Fat1}.

Die durch das Werkzeug erzeugten Fuß-Nutzkreise $r_{Nft1(0)} = r_{Fft1}$ und $r_{Nft2(0)} = r_{Fft2}$, die dem Zahnrad die endgültige Form geben und dann die Formkreise sind, müssen stets eine gleiche oder größere nutzbare Zahnflanke ergeben als die durch die Kopfkreise des Gegenrades bestimmten Nutzkreise, siehe Gl.(4.55) und (4.60-1).(Konstruktion der Nutzkreise siehe auch Bild 4.13, negative Werte von r_2 bei den Ungleichungen beachten!)

---

[1] Der zusätzliche Index in der Klammer gibt hier an, durch welches Rad der Radius erzeugt oder bestimmt wird. Dieser Index wird später weggelassen, da die Formkreise (Index F) grundsätzlich vom Werkzeug erzeugt und die Nutzkreise (Index N) grundsätzlich vom Gegenrad bestimmt werden.

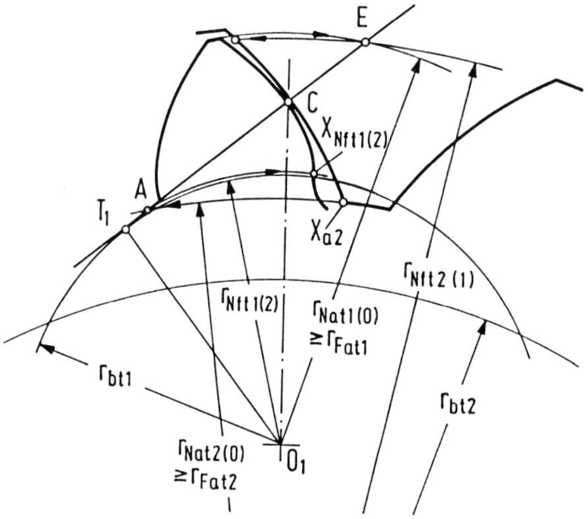

Bild 4.13. Lage sich berührender Eingriffspunkte von Rad und Gegenrad auf der Flanke. Hier: Bestimmung der Fuß-Nutzkreisradien aufgrund der Kopfkreisradien der Gegenflanke. Durch die Kopfkreise der Räder sind jeweils die äußersten Punkte der Eingriffsstrecke A und E bestimmt. Konstruktion: Der gewünschte Flankenpunkt (hier z.B. der Kopfeckpunkt X_{a2}) wird mit einem Kreisbogen, dessen Radius seinem Abstand zum Radmittelpunkt entspricht, auf die Eingriffslinie übertragen (Punkt A) und von dort mit dem Radius seines Abstands zum Mittelpunkt des Gegenrades auf die Gegenflanke ($X_{Nft1(2)}$). Alle Größen im Stirnschnitt.

Die Konstruktion zur Ermittlung der Zahnfuß-Nutzkreispunkte, d.h. der untersten Punkte der genutzten Flanke, ist in Bild 4.13 näher erläutert. Die Bedingung ist meistens automatisch erfüllt, wenn die Verzahnung mit einem Zahnstangenwerkzeug erzeugt wurde. Grundsätzlich muß dieser Schnittpunkt zwischen dem Tangierungspunkt T_1 und dem Ende der Eingriffsstrecke E liegen.

Auch bei ungünstiger Auswirkung der Verzahnungstoleranzen muß daher sein

$$r_{Fft1} = r_{Nft1(0)} \leq r_{Nft1(2)} \quad . \tag{4.55}$$

Es ist (im Stirnschnitt) [4/1]

$$r_{Fft1} = r_{Nft1(0)} = + \sqrt{(a_0 \sin\alpha_{wt0} - \sqrt{r_{Fat0}^2 - r_{bt0}^2})^2 + r_{bt1}^2} \tag{4.56}$$

$$r_{Nft1(2)} = + \sqrt{(a \sin\alpha_{wt} - \frac{z_2}{|z_2|} \cdot \sqrt{r_{Fat2}^2 - r_{bt2}^2})^2 + r_{bt1}^2} \quad . \tag{4.57}$$

Im allgemeinen entspricht der Zahnkopf-Formkreisradius des Hohlrades r_{Fat2} dem Hohlrad-Kopfkreisradius r_{at2}. Er läßt sich aus den Erzeugungsdaten des Hohlrades korrekt berechnen mit

$$r_{Fat2(0)} = \frac{z_2}{|z_2|} \cdot \sqrt{(a_0 \sin\alpha_{wt0} - \sqrt{r_{Fft0}^2 - r_{bt0}^2})^2 + r_{bt2}^2} \quad . \tag{4.58}$$

Ist das Ritzel mit einem Zahnstangenwerkzeug gefertigt worden, gilt mit Bild 4.14 mit Berücksichtigung der Gl.(3.6)

$$r_{Fft1} = r_{Nft1(0)} = m_n \cdot \left[+ \sqrt{\left(\frac{z_1}{2\cos\beta} - h^*_{Fan0} + x_n\right)^2 + \left(\frac{h^*_{Fan0} - x_n}{\tan\alpha_t}\right)^2} \right] . \tag{4.59}$$

Den Erzeugungs-Fuß-Nutzkreisradius $r_{Nft1(0)}$, der gleichzeitig der Fuß-Formkreisradius r_{Fft1} ist, als Folge der Herstellung mit einem Zahnstangenwerkzeug, zeigt Bild 4.14.

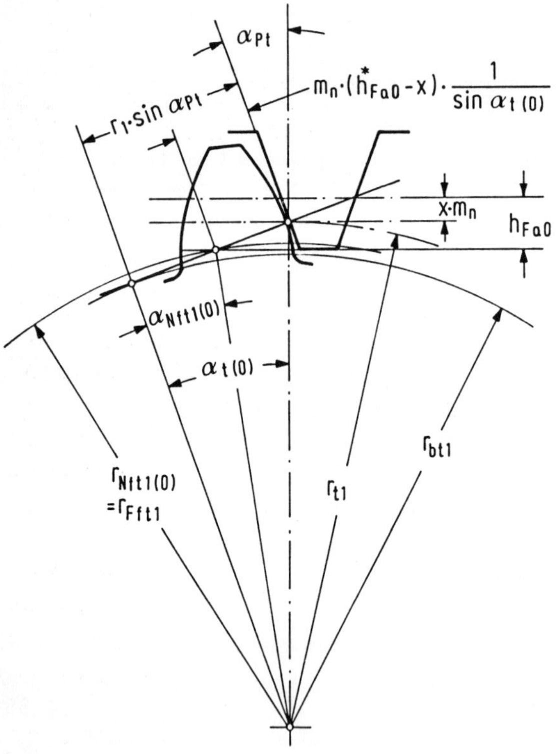

Bild 4.14. Darstellung des Erzeugungs-Fuß-Nutzkreisradius $r_{Nft1(0)}$ der gleichzeitig der Fuß-Formkreisradius r_{Fft1} des Ritzels im Stirnschnitt ist, erzeugt durch ein Zahnstangenwerkzeug.

4.6.2.5 Hinreichende Evolventenlänge am Hohlrad

Der Erzeugungs-Fuß-Nutzkreisradius des Rades $r_{Nft2(0)}$, (erzeugt durch das Werkzeugprofil), der gleichzeitig sein Fuß-Formkreisradius r_{Fft2} ist, muß vom Betrag her größer sein als der Betrag des Fuß-Nutzkreisradius des Rades $r_{Nft2(1)}$, der sich durch den Kopf-Formkreisradius r_{Fat1}, also durch das Ende der Eingriffslinie E in den Bildern 4.12 und 4.13 ergibt. Bei Außen-Radpaarungen, die mit Zahnstangenwerkzeugen hergestellt wurden, ist diese Bedingung meistens erfüllt, bei solchen, die mit Schneidrädern erzeugt wurden, häufig nicht.

Es muß daher gelten (sowohl im Stirn- als auch im Normalschnitt):

Allgemein

$$r_{Fft2} = r_{Nft2(0)} \leqq r_{Nft2(1)} \,, \tag{4.60}$$

für Innen-Radpaarungen

$$|r_{Nft2(0)}| \geqq |r_{Nft2(1)}| \,. \tag{4.60-1}$$

Es ist (im Stirnschnitt)

$$r_{Fft2} = r_{Nft2(0)} = \frac{z_2}{|z_2|} \cdot \sqrt{\left(a_0 \sin\alpha_{wt0} - \sqrt{r_{Fat0}^2 - r_{bt0}^2}\right)^2 + r_{bt2}^2} \tag{4.61}$$

$$r_{Nft2(1)} = \frac{z_2}{|z_2|} \cdot \sqrt{\left(a \sin\alpha_{wt} - \sqrt{r_{fat1}^2 - r_{bt1}^2}\right)^2 + r_{bt2}^2} \,. \tag{4.62}$$

4.6.2.6 Vermeiden der Zahnkopfkanten-Berührung

Es muß gewährleistet sein, daß sich die Zahnkopfkanten von Außenrad und Hohlrad im eingebauten Zustand während der Drehbewegung nicht außerhalb des Eingriffsgebietes berühren, sonst würden sich die entsprechenden Zahnpartien zerstören oder das Getriebe bliebe in der montierten Lage gesperrt. Diese Überprüfung muß man selbstverständlich auch bei der Wahl des Schneidrades vornehmen, sonst könnten schon erzeugte Hohlradzahnköpfe wieder weggeschnitten werden.

Die rechnerische Überprüfung, ob das der Fall ist, erfolgt mit dem Störfaktor K [4/1]. Er muß größer 1 sein. Man erhält ihn nach Bild 4.15 wie folgt [4/9]:

Bei der Bewegung des Ritzel-Kopfeckpunktes von L nach P dreht sich das Ritzel um den Winkel $\varphi + \nu$ und das Rad um $(\varphi + \nu)/|u|$. Sollen sich die Kopfeckpunkte in Punkt P nicht berühren, muß der durch Drehung des Hohlrades entstehende Winkel größer sein als der vom Kopfeckpunkt des Ritzels in P bestimmte minimale Drehwinkel. Es ist

$$\frac{\varphi + \nu}{|u|} > \delta - \varepsilon \tag{4.63}$$

und damit

$$K = \frac{\varphi + \nu}{|u| \cdot (\delta - \varepsilon)} > 1 \,. \tag{4.64}$$

Weiter gelten nach Bild 4.15 noch die folgenden geometrischen Beziehungen:

$$\cos\varphi = \frac{r_{at2}^2 - r_{at1}^2 - a^2}{2 \cdot r_{at1} \cdot |a|} \tag{4.65}$$

$$\nu = \operatorname{inv}\alpha_{at1} - \operatorname{inv}\alpha_{wt} \tag{4.66}$$

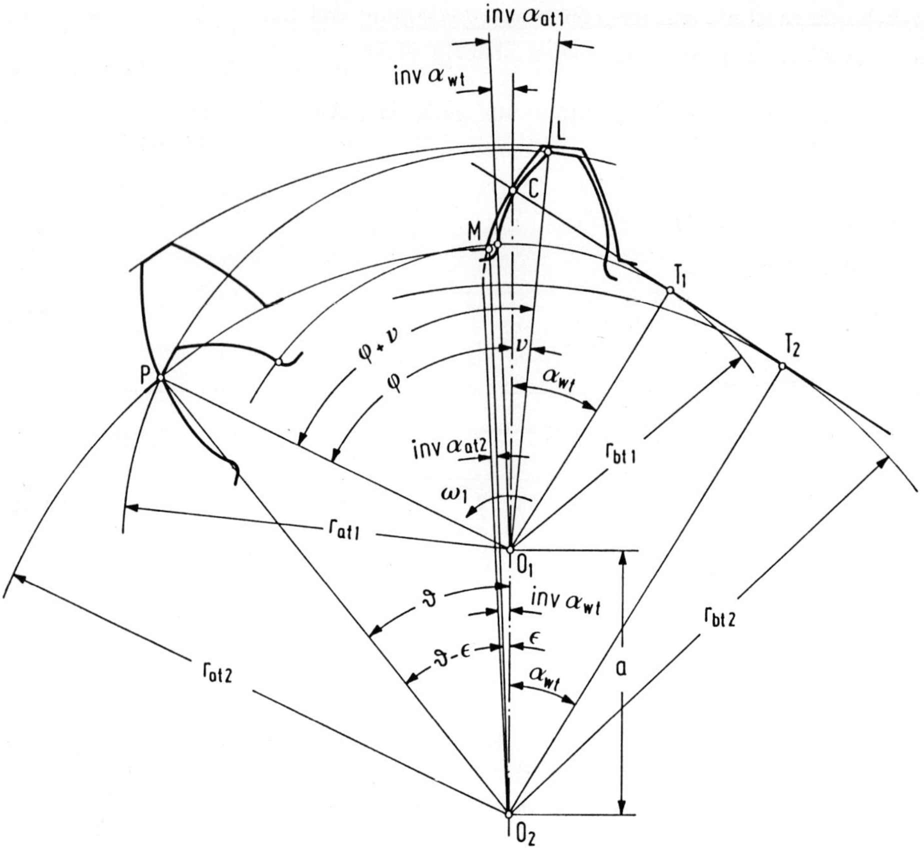

Bild 4.15. Berechnung des Beginns des unzulässigen Anstoßens der Zahnkopfkanten außerhalb des Eingriffs [4/9]. Berührungsbeginn am Schnittpunkt P der beiden Kopfkreise nach [4/1].

und entsprechend Gl.(2.3)

$$\cos\alpha_{at1} = \frac{r_{bt1}}{r_{at1}} \qquad (4.67\text{-}1)$$

$$\cos\vartheta = \frac{r_{at2}^2 - r_{at1}^2 + a^2}{2\cdot r_{at2}\cdot a} \qquad (4.68)$$

$$\varepsilon = \mathrm{inv}\,\alpha_{wt} - \mathrm{inv}\,\alpha_{at2} \qquad (4.69)$$

$$\cos\alpha_{at2} = \frac{r_{bt2}}{r_{at2}} \qquad (4.67\text{-}2)$$

sowie u nach Gl.(1.10).

4.6.3 Radialer Ritzeleinbau, radiale Schneidradzustellung

Bei radialem Einbau des Ritzels oder bei radialer Zustellung des Schneidwerkzeugs muß gewährleistet sein, daß sich die Zahnkopfkanten von Außenrad und Hohlrad während der Montage bzw. Zustellbewegung nicht berühren oder durchdringen. Es wäre sonst die radiale Montage nicht möglich bzw. würden bei der Herstellung mit einem dem Zahnrad nachgebildeten Schneidwerkzeug die entsprechenden Teile der Hohlradzähne weggeschnitten.

Graphische Überprüfung

Anhand von Bild 4.16 wird geprüft, ob sich die Zahnkopfkanten außerhalb des zulässigen Eingriffs berühren. Danach müssen die Schnittpunkte der Kopfkreise im

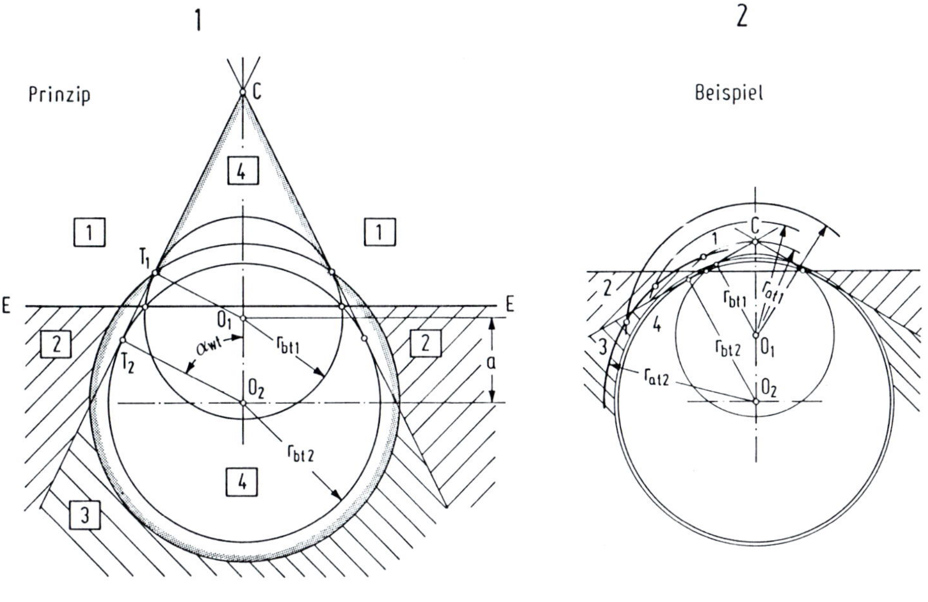

Bild 4.16. Zonen ohne und mit Eingriffsstörungen.

Teilbild 1: Prinzip

Lage der Schnittpunkte der Kopfkreisradien in den Zonen 1 bis 4 als Kontrolle, ob Anstoßen der Kopfkanten zu erwarten ist. Es folgt für die Zonen:

1. Kein Anstoßen der Zahnkopfkanten außerhalb des Eingriffsgebietes. Radiales Ausrücken möglich.
2. Wie Feld 1, aber radiales Ausrücken nur bedingt möglich (Nachrechnung erforderlich).
3. Anstoßen der Zahnkopfkanten und radiales Ausrücken nur rechnerisch feststellbar.
4. Bereich unzulässig, mit Sicherheit Eingriffsstörungen, z.B. $r_{at2} > r_{bt2}$ (Grenze 4 in Bild 4.9) bzw. Eingriffsstörung am Fuß des Ritzels oder $\varepsilon_\alpha < 1$.

Teilbild 2: Beispiel

Schnittpunkt des Kopfkreisradius r_{at1} des außenverzahnten Rades mit dem Kopfkreisradius r_{at2} des innenverzahnten Rades. Kopfkreisradius schneidet in Zone 1, wenn er klein ist (radiales Ausrücken immer möglich), in Zone 2, wenn er größer ist (radiales Ausrücken nur bedingt möglich) und in Zone 3 (radiales Ausrücken meistens nicht möglich), wenn er sehr groß ist.

weißen Feld 1 oder im schraffierten Feld 2 liegen, wenn ein Anstoßen der Zahnkopfkanten vermieden werden soll. Liegen sie im schraffierten Feld 3, muß stets eine Nachrechnung erfolgen [4/1;4/8;1/7].

Rechnerische Überprüfung
Die Zahnkopfkanten berühren sich beim Ausrücken nicht (Bild 4.17), wenn ihr Abstand A immer größer Null ist.

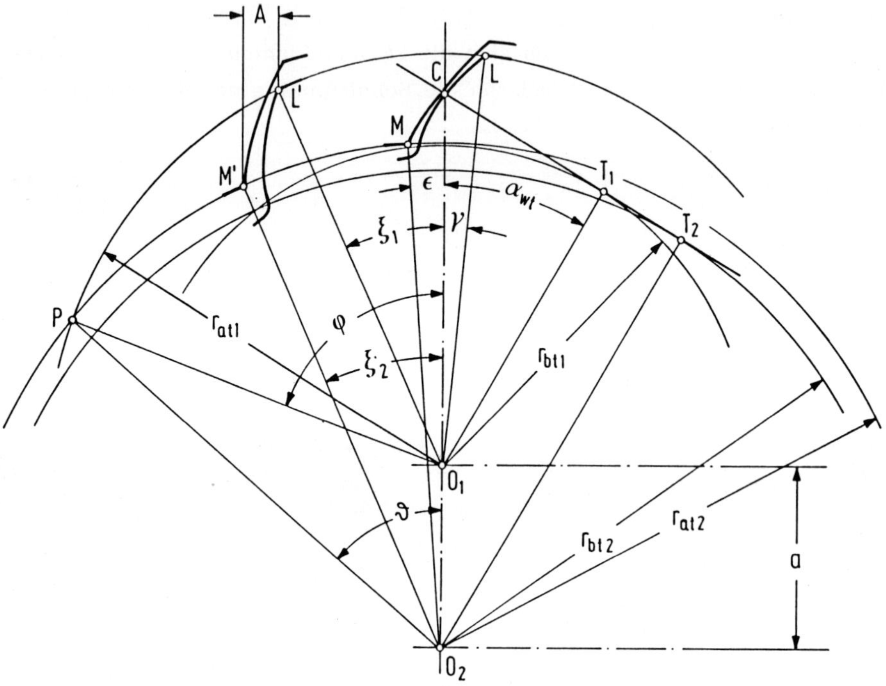

Bild 4.17. Berechnung des Abstands A, der größer Null sein muß, wenn das Anstoßen der Zahnkopfkanten bei radialem Einbau des Ritzels (Index 1) vermieden werden soll bzw. beim radialen Vorschub des Schneidrades kein unzulässiger Wegschnitt erfolgen soll (dann Ritzelindex durch Schneidradindex 0 ersetzen) nach [4/1].

Der Kopfeckpunkt des Außenrades dreht sich um $\xi_1 + \nu$, der des Hohlrades nach [4/1] um

$$\xi_2 - \varepsilon = \frac{\xi_1 + \nu}{|u|}$$

somit ist

$$\xi_2 = \frac{\xi_1 + \nu}{|u|} + \varepsilon \; . \qquad (4.70)$$

Nach der Verdrehung haben die Verbindungen der Kopfeckpunkte L' und M' zu den Mittelpunkten 0_1 und 0_2 mit der Mittenlinie die Winkel ξ_1 und ξ_2 und ihr zur Ausrückbewegung senkrechter Abstand ist A, der größer Null sein muß

$$A = |r_{at2}| \cdot \sin\xi_2 - r_{at1} \cdot \sin\xi_1 > 0 \quad . \tag{4.71}$$

Da sich A mit ξ_1 laufend ändert, muß sein Minimum gesucht werden. Die Berechnung von A kann unterbleiben, wenn radiales Ausrücken grundsätzlich nicht möglich ist, bei

$$r_{at1} \geqq |r_{at2}| \; , \tag{4.72}$$

wenn radiales Ausrücken sicher möglich ist, bei

$$r_{a1} \cdot \sin\alpha_{at1} \leqq |r_{at2}| \cdot \sin\alpha_{at2} \; . \tag{4.73}$$

Möglich ist es immer, wenn

$$\xi_2 = \frac{\xi_1 + \nu}{|u|} + \varepsilon > \operatorname{arc\,tan} \frac{\tan\xi_1}{|u|} \quad . \tag{4.74}$$

ξ_1 ist mit Gl.(4.75) zu berechnen und ergibt

$$\tan\xi_1 = \frac{1}{r_{bt1}} \cdot \sqrt{\frac{r_{at1}^2 \cdot r_{bt2}^2 - r_{at2}^2 \cdot r_{bt1}^2}{r_{at2}^2 - r_{at1}^2}} \quad . \tag{4.75}$$

Will man das Anstoßen des Schneidrades an den Zahnkopfecken des Hohlrades beim Zustellen prüfen, dann muß in den Gleichungen der Index 1 durch den Index 0 ersetzt und es müssen die Schneidradabmessungen zugrunde gelegt werden.

4.6.4 Grenzen für die Paarung eines Hohlrades mit einem Ritzel

Schon die korrekte Paarung zweier außenverzahnter Räder ist an gewisse Begrenzungen gebunden, die das Zahnrad betreffen (Unterschnitt- und Spitzengrenze, Bilder 2.19;4.9) und solche, die die Paarung betreffen (Überdeckung, Kopf- oder Flankenspiel). Bei der Paarung mit Hohlrädern treten zu diesen Begrenzungen noch solche auf, die eine unzulässige Berührung der Partnerzähne außerhalb des Eingriffsbereichs verhindern sollen.

In Bild 4.18, Teilbild 1, ist der Grenzbereich für Verzahnungen nach dem Maschinenbauprofil DIN 867 [2/3] - siehe Bild 2.11 - anschaulich dargestellt. Dieser Grenzbereich ist in ein Koordinatensystem eingetragen, dessen Abszisse die Profilverschiebungssumme und dessen Ordinate die Ritzelprofilverschiebung angibt. Ändert man das Bezugsprofil, müssen die einzelnen Grenzen mit Hilfe der angegebenen Diagramme und Gleichungen neu bestimmt werden. Die Begrenzungslinien beziehen sich auf folgende Erscheinungen:

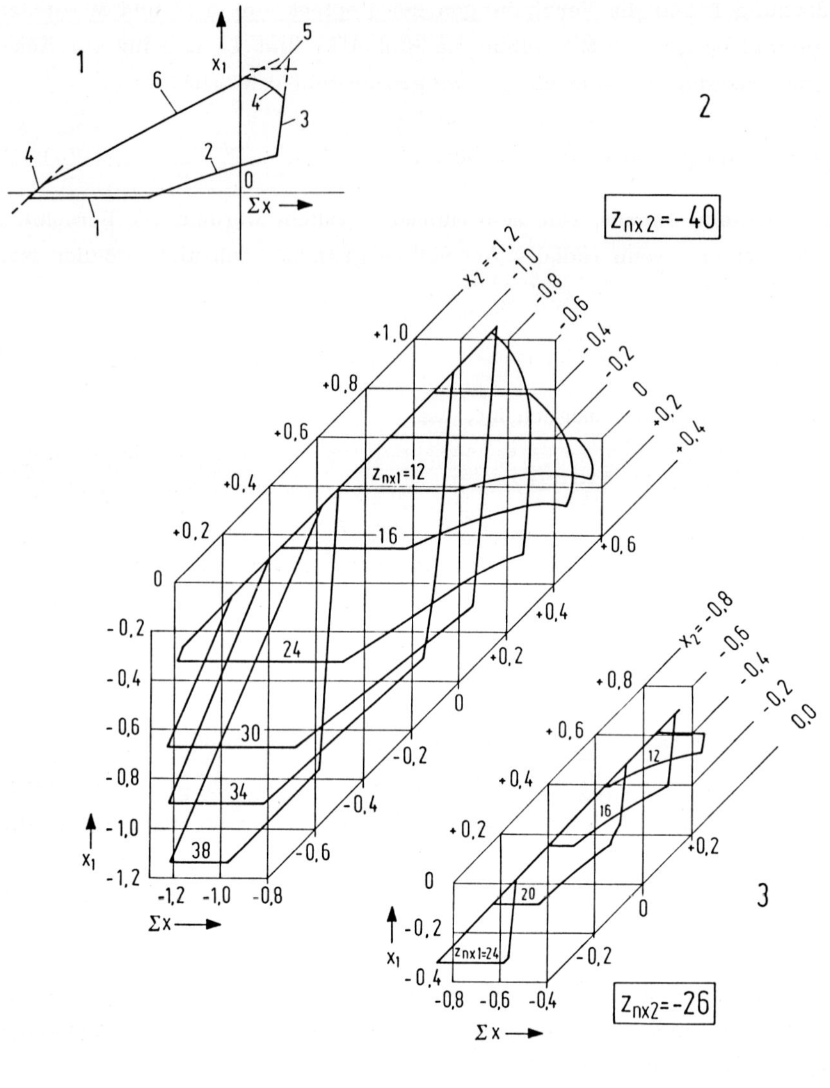

Bild 4.18. Geometrische Begrenzung der Profilverschiebung nach [4/1] für Innen-Radpaarungen. Bezugsprofil nach DIN 867 [2/3].

Teilbild 1: Bedeutung der Begrenzungslinien:

1 Unterschnittgrenze Ritzel (Bild 4.9)

2 Kopfkreis der Innenverzahnung geht durch äußersten Eingriffsstreckenbeginn am Ritzelgrundkreis (z.B. durch Punkt T_1 in Bild 4.12)

3 Berühren der Zahnkopfkanten (ähnlich wie in Bild 4.15)

4 Profilüberdeckung $\varepsilon_\alpha = 1,1$

5 Zahnkopfdicke am Ritzel $0,2 \cdot m_n$ (Bild 4.9)

6 Zahnlückenweite am Hohlrad $0,2 \cdot m_n$ (Bild 4.9)

Teilbild 2: Praktisches Beispiel für $z_{nx1} = 12...38$ und $z_{nx2} = -40$.

Teilbild 3: Praktisches Beispiel für $z_{nx1} = 12...24$ und $z_{nx2} = -26$.

Untere Grenze von x_1:

1 Unterschnittgrenze am Ritzel (siehe auch Bilder 2.19;4.9).

2 Kleinstmöglicher Betrag des Hohlradkopfkreises (er geht durch den möglichen Beginn der Eingriffsstrecke T_1 am Ritzelgrundkreis).

3 Berührung der Zahnkopfkanten von Rad und Ritzel (Bild 4.15) wird vermieden, der Störfaktor ist K = 1.

Obere Grenze von x_1:

4 Profilüberdeckung der Verzahnung ist $\varepsilon_\alpha = 1{,}1$.

5 Die Zahnkopfdicke am Ritzel ist $s_{an} = 0{,}2 \cdot m_n$ (Bilder 4.9;8.5).

6 Die Zahnfußlückenweite am Hohlrad ist $e_{fn} = 0{,}2 \cdot m_n$ (Bilder 4.9;8.7).

Aus den zahlreichen Diagrammen von [4/1] sind in Bild 4.18 zwei herausgegriffen, die es gestatten, direkt numerische Werte abzulesen. Teilbild 2 zeigt die Paarung eines Hohlrades der Zähnezahl $z_{nx2} = -40$ mit Ritzeln der Zähnezahlen $z_{nx1} = 12$ bis 38 und Teilbild 3 solche mit $z_{nx2} = -26$ und $z_{nx1} = 12$ bis 24. Man erkennt, je kleiner die Hohlradzähnezahl bzw. je kleiner die Zähnezahldifferenz ist, um so mehr wird die Profilverschiebung der Ritzel- und Radzähnezahl eingeengt. Weitere Diagramme sind in den Bildern 8.8 und 8.9 enthalten.

4.6.5 Profilverschiebungsfaktoren für ausgeglichenes spezifisches Gleiten, kleinste Ritzelzähnezahlen

Ausgeglichenes spezifisches Gleiten, d.h. Gleiten mit gleichen Werten, aber verschiedenen Vorzeichen an den Enden der Eingriffsstrecke, ist in bezug auf Tragfähigkeiten, geräusch- und schwingungsarmen Lauf sehr günstig. Daher ist man bestrebt, die Profilverschiebungen an Rad und Ritzel so zu wählen, daß dieser Zustand eintritt.

Für einige auch in Bild 4.18 enthaltene Ritzelzähnezahlen z.B. $z_{nx1} = 14;24;38$ sind die entsprechenden Profilverschiebungsfaktoren aus den Diagrammen des Bildes 4.19 zu entnehmen.

Berechnung der Stirnschnitte

Wählt man ein anderes Bezugsprofil als das in Bild 2.11 oder nimmt man Kopfhöhenänderungen vor, dann kann das spezifische Gleiten mit den Gl.(2.91) bis (2.96) nachgeprüft werden. Wegen des kleineren spezifischen Gleitens bei Hohlradpaarungen sinkt der Wirkungsgrad bei Übersetzungen ins Schnelle (treibendes Hohlrad) nicht so stark wie bei Außenverzahnungen, so daß man in der Regel ähnliche Auslegungen für beide Betriebsarten verwenden kann. Um den Reibanteil bei Zahnradpaarungen klein zu machen, ist es immer günstig, den Teil der Überdeckung, welcher ein progressives Reibsystem darstellt (siehe Kapitel 2, Bild 2.39), zu verkleinern, eventuell auf Kosten des anderen, also durch Vergrößerung des "degressiven" Eingriffsabschnitts. Das erreicht man durch folgende Maßnahmen:

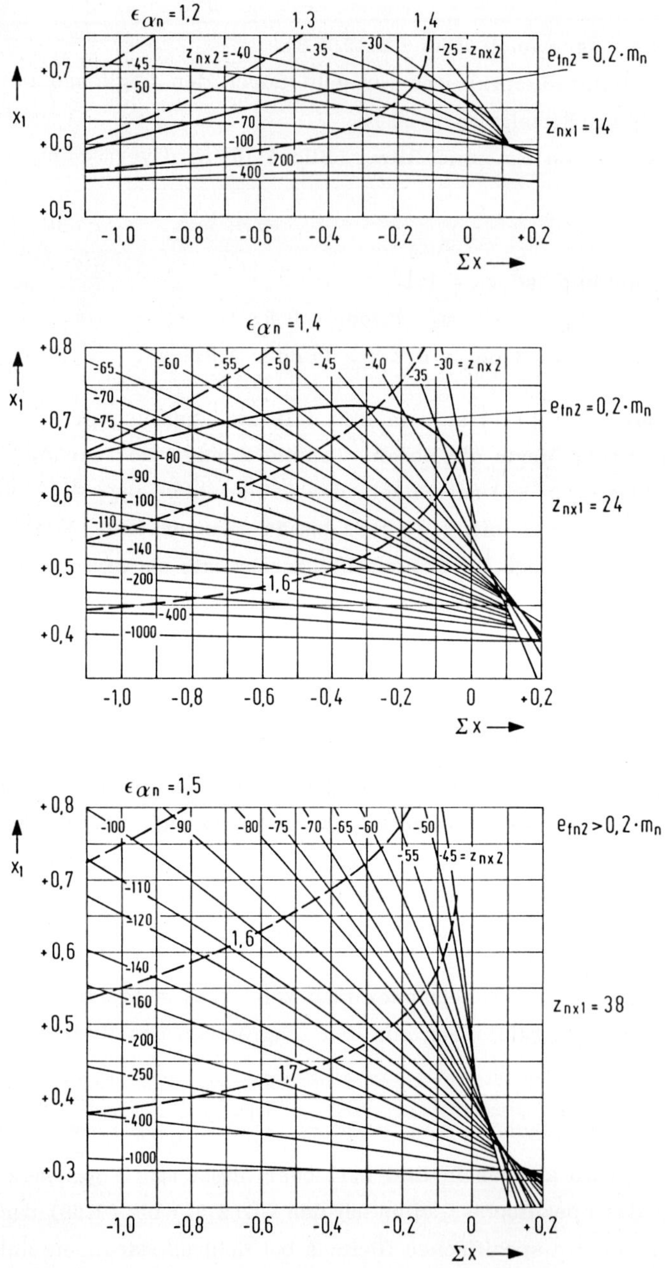

Bild 4.19. Ermittlung der Profilverschiebungsfaktoren für V-Innen-Radpaarungen mit ausgeglichenem spezifischen Gleiten für Ritzelzähnezahlen z_{nx1} = 14;24;38 nach [4/1]. Werte für Normalschnitt.

Außen-Radpaarung

Übersetzung ins Langsame $i_{12} < -1$: $r_{a2} \to$ klein, $x_2 \to$ klein (mögl. negativ)

Übersetzung ins Schnelle $-1 < i_{21} < 0$: $r_{a1} \to$ klein, $x_1 \to$ klein (mögl. negativ)

Innen-Radpaarung

Übersetzung ins Langsame $i_{12} > 1$: $r_{a1} \to$ klein, $x_1 \to$ klein (mögl. negativ)

Übersetzung ins Schnelle $0 < i_{21} < 1$: $r_{a2} \to$ klein, d.h. $|r_{a2}| \to$ groß

$x_2 \to$ klein (mögl. negativ)

Ausgehend von der Möglichkeit, die Zahnhöhen am außen- und innenverzahnten Rad durch negative Profilverschiebung zu verkleinern, kann man für störungsfreien Eingriff bezüglich der Zahnkopfeckpunkte aus dem Diagramm nach [4/9] in Bild 4.20 die kleinste Profilverschiebungssumme $x_1 + x_2$, die kleinste Ritzelzähnezahl $z_{1\,min}$ und die kleinstmögliche Zähnezahldifferenz $|z_2| - z_1$ für geradverzahnte Hohlradpaarungen nach Bezugsprofil DIN 867 [2/3] entnehmen.

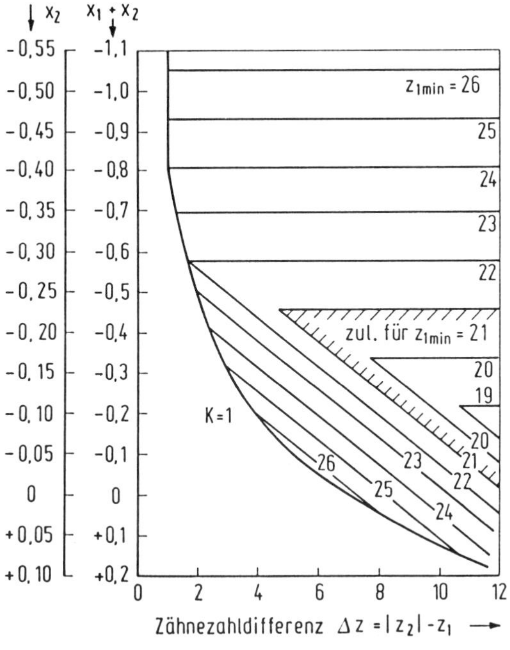

Bild 4.20. Profilverschiebungsaufteilung bei kleiner Zähnezahldifferenz nach Müller [4/9]. Vermeiden von Profildurchdringungen an Innen-Radpaarungen bei kleiner Zähnezahldifferenz, $\Delta z = |z_2| - z_1$, durch Verkleinerung der Zahnkopfhöhen an Rad und Ritzel mittels negativer Profilverschiebung. Diese wird gleichmäßig auf beide Verzahnungspartner aufgeteilt. Die zu entnehmenden Werte müssen oberhalb der Grenzkurve und innerhalb der von den Zähnezahlen eingeschlossenen Feldern liegen.

4.6.6 Eingrenzung der Profilverschiebungen für Schneidrad und Hohlrad zur Vermeidung von Eingriffsstörungen

Legt man eine Schneidrad-Zahnkopfhöhe $h_{a0} = 1{,}25 \cdot m_n$ zugrunde, um das entsprechende Kopfspiel im Hohlrad zu erzeugen, müssen sich die Profilverschiebungsfaktoren in bestimmten Grenzen halten, um Eingriffsstörungen beim Abwälzen und bei der radialen Zustellung zu vermeiden. In Bild 4.21, Teilbild 1, ist ein Grenzfeld beispielhaft dargestellt, das die Profilverschiebung x_0 am Schneidrad begrenzt nach Unterschnitt am Schneidrad (1), falschem Eingriff des Hohlrad-Kopfkreises (2), Eingriffsstörungen zwischen Schneidradflanke und Hohlrad-Zahnkopfkanten (3), minimale Schneidradkopfdicke (4) und minimale Hohlrad-Zahnfußlückenweite (5).

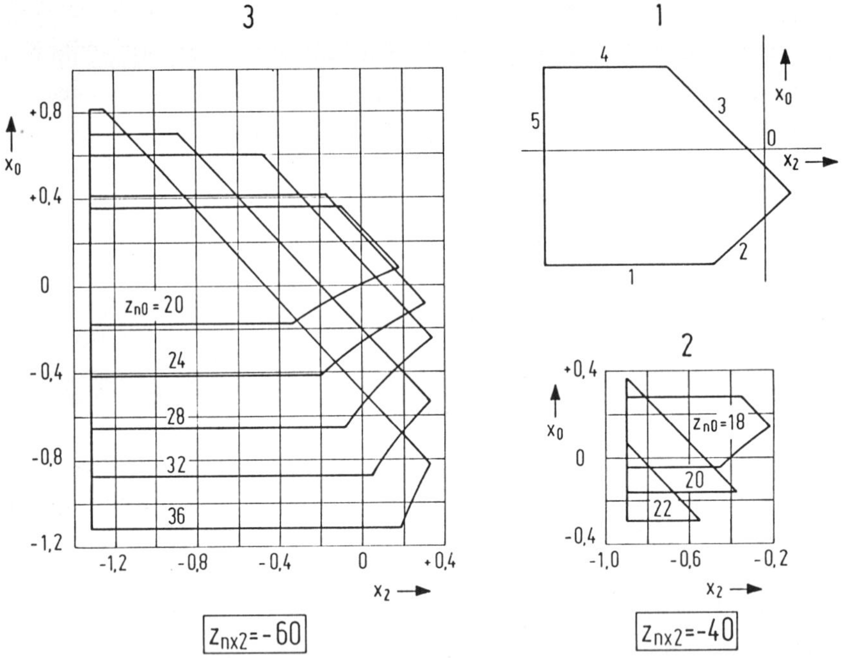

Bild 4.21. Zulässige Grenzwerte der Profilverschiebungen bei der Paarung eines Hohlrades (nach DIN 867) mit einem Schneidrad, bezogen auf eine Schneidrad-Zahnkopfhöhe von $h_{a0} = 1{,}25 \cdot m_n$, nach [4/1].

Teilbild 1: Untere Grenzen von x_0 durch

1 Unterschnitt am Schneidrad

2 Hohlrad-Kopfkreislage (geht durch den Beginn der Erzeugungs-Eingriffsstrecke am Grundkreis des Schneidrades).

Obere Grenze für x_0 durch

3 Erzeugungs-Eingriffsstörung durch Schneidradflanke und Hohlrad-Zahnkopfkanten während des Schneidradrückhubes bei gleichzeitiger Wälzbewegung

4 Zahnkopfdicke am Schneidrad von $s_{a0} = 0{,}2 \cdot m_n$

5 Zahnfußlückenweite am Hohlrad von $e_{f2} = 0{,}2 \cdot m_n$.

Teilbilder 2 und 3: Diagramme zur Entnahme der Zahlenwerte für die Zähnezahlen $z_{nx2} = -40;\ -60$.

Die Teilbilder 2 und 3 des Bildes 4.21 zeigen quantitative Werte für die beiden Hohlradzähnezahlen von $z_2 = -40$ und $z_2 = -60$.

Bei Paarungen mit dem Schneidrad ist die Eingriffsstörung meistens gleichbedeutend mit dem Wegschneiden einer Zone im Zahnkopfbereich des Hohlrades. Das geschieht z.B. beim Radialvorschub, wenn die Grenzlinie 3 überschritten wird, insbesondere wenn die Hohlrad-Zähnezahl $z_2 < |40|$ ist. Sie können aber auch den Rückhub beim Wälzvorgang behindern. Mit Rückhubstörungen muß man aber schon beim reinen Wälzvorgang rechnen, wenn der Grundkreis kleiner Schneidräder den Hohlrad-Kopfkreis schneidet.

Auch beim Wälzschälen treten ähnliche Störmöglichkeiten auf, die mit Hilfe der Berechnungen nach Bild 4.16 erfaßt werden können. Allerdings benötigt man hier keinen Rückhub, so daß die Schwierigkeiten mit der radialen Zustellung größtenteils entfallen.

4.7 Beispiele für die Berechnung von Innenverzahnungen und deren korrekte Paarungsmöglichkeiten

4.7.1 Aufgabenstellung 4-1 (Berechnung einer Innenverzahnung)

Es sollen die geometrischen Verzahnungsgrößen eines geradverzahnten Hohlrades so ausgelegt werden, daß der Kopfkreisradius r_a seinen größten Wert (betragsmäßig seinen kleinsten) erhält und gleich dem Grundkreisradius r_b wird.

Gegeben ist:	Bezugsprofil	DIN 867 (Bild 2.11)
	Modul	$m_n = 1{,}25$ mm
	Zähnezahl	$z_2 = -60$
	kleinste Lückenweite	$e_{f\,min} = 0{,}2 \cdot m_n$

4.7.2 Aufgabenstellung 4-2 (Achsabstand einer Innen-Radpaarung)

Das Hohlrad (innenverzahntes Rad) aus Aufgabenstellung 4-1 soll mit einem Ritzel z_1 gepaart werden, von dem folgende zwei Werte festgelegt sind:

Zähnezahl	$z_1 = 25$
Profilverschiebungsfaktor	$x_1 = -0{,}3$

Welcher Achsabstand a ist erforderlich?

4.7.3 Aufgabenstellung 4-3 (Überprüfung einer Innen-Radpaarung auf korrekten Eingriff und Eingriffsstörungen)

Gegebene Verzahnungsgrößen:

Bezugsprofil nach	DIN 867 (Bild 2.11)
Modul	$m_n = 1{,}5$ mm
Zähnezahlen	$z_1 = 12$
	$z_2 = -40$
Profilverschiebungsfaktoren	$x_1 = +0{,}3$
	$x_2 = -0{,}3$
Kopfspielfaktor	$c_P^* = 0{,}25$
Mindest-Zahnkopfdicke	$s_{a\,min} = 0{,}2 \cdot m_n$
Mindest-Zahnfußlückenweite	$e_{f\,min} = 0{,}2 \cdot m_n$.

Das Ritzel (z_1) ist wälzgefräst, das innenverzahnte Rad (z_2) wird mit einem Schneidrad durch Wälzstoßen hergestellt. Die entscheidenden Schneidradgrößen sind:

Zähnezahl	$z_0 = 20$
Profilverschiebungsfaktor	$x_0 = 0$

4.7.4 Lösung der Aufgabenstellung 4-1

Aufgabenstellung 4-1 s. Abschn. 4.7.1, S. 227 (Berechnung einer Innenverzahnung)

(Die Gleichungen für Schrägverzahnung im Stirnschnitt gelten für Geradverzahnungen, wenn $\beta = 0°$ gesetzt wird. Alle Zahlenwerte sind auf 3 Stellen genau.)

Verzahnungsgröße	Gleichungen
Grundkreisradius	$r_{bt} = \frac{z}{2} \cdot \frac{m_n}{\cos\beta} \cdot \cos\alpha_t$ (3.39) (3.34)
	$r_b = \frac{-60}{2} \cdot 1{,}250 \cdot \cos 20° = -35{,}238$ mm
Gleichsetzung	$r_{bt} = r_{at}$
Profilverschiebungsfaktor	$x_2 = \frac{z_{nx}}{2} \cdot (\cos\alpha_P - 1) - h^*_{aP}$ (4.45) mit $k^*_2 = 0$
	$x_2 = \frac{-60}{2}(\cos 20°-1)-1{,}000 = +0{,}809$
Zulässige Profilverschiebung	$x_{min} = -1{,}300$ (Bild 4.9) für $e_{f\,min} = 0{,}200 \cdot m_n$
	$x_2 > x_{s\,min} = -1{,}300$
Teilkreisradius	$r_t = \frac{z}{2} \cdot \frac{m_n}{\cos\beta}$ (3.34)
	$r_t = \frac{-60}{2} \cdot 1{,}250 = -37{,}500$ mm
Fußkreisradius	$r_{ft} = r_t - (h^*_{FfP} - x + c^*_P) \cdot m_n$ (3.35-2)
	$r_{ft} = -37{,}500-(1{,}000-0{,}809+0{,}250) \cdot 1{,}250$ $= -38{,}051$ mm
Teilkreisteilung	$p_n = \pi \cdot m_n$ (2.13)
	$p_n = \pi \cdot 1{,}250 = 3{,}927$ mm
Eingriffsteilung	$p_{en} = \pi \cdot m_n \cdot \cos\alpha_n$ (2.71)
	$p_{en} = \pi \cdot 1{,}250 \cdot \cos 20° = 3{,}690$ mm
Zahndicke am Teilkreis	$s_t = \frac{m_n}{\cos\beta} \cdot \left(\frac{\pi}{2} - 2x \cdot \tan\alpha_n\right)$ (4.76)
	$s_t = 1{,}250 \cdot \left(\frac{\pi}{2} - 2 \cdot 0{,}809 \cdot \tan 20°\right) = 1{,}227$ mm
Lückenweite am Teilkreis	$e_t = \frac{m_n}{\cos\beta} \cdot \left(\frac{\pi}{2} + 2x \cdot \tan\alpha_n\right)$ (4.77)
	$e_t = 1{,}250 \cdot \left(\frac{\pi}{2} + 2 \cdot 0{,}809 \cdot \tan 20°\right) = 2{,}700$ mm

4.7.5 Lösung der Aufgabenstellung 4-2

Aufgabenstellung 4-2 s. Abschn. 4.7.2, S. 227 (Achsabstand einer Innen-Radpaarung)

(Gleichungen für Schrägverzahnung im Stirnschnitt gelten für Geradverzahnungen, wenn $\beta = 0°$ gesetzt wird.)

Verzahnungsgröße	Gleichungen
Null-Achsabstand	$a_d = \frac{z_1+z_2}{2} \cdot \frac{m_n}{\cos\beta}$ (3.50)
	$a_d = \frac{25-60}{2} \cdot 1{,}250 = -21{,}875$ mm
Betriebseingriffswinkel	$\mathrm{inv}\alpha_{wt} = \frac{x_1+x_2}{z_1+z_2} \cdot 2 \cdot \tan\alpha_n + \mathrm{inv}\alpha_t$ (3.54)
	$\mathrm{inv}\alpha_{wt} = \frac{-0{,}300+0{,}809}{25-60} \cdot 2 \cdot \tan 20° + \mathrm{inv}20° = 0{,}004318$ $\alpha_{wt} = 13{,}358°$
Betriebs-Achsabstand	$a = a_d \cdot \frac{\cos\alpha_t}{\cos\alpha_{wt}}$ (3.51)
	$a = -21{,}875 \cdot \frac{\cos 20°}{\cos 13{,}358°} = -21{,}127$ mm
Verschiebungs-Achsabstand	$a_v = a_d + (x_1+x_2) \cdot m_n$ (3.55) (3.52)
	$a_v = -21{,}875 + (-0{,}300+0{,}809) \cdot 1{,}250 = -21{,}239$ mm
Kopfhöhenänderungsfaktor	$k^* = \frac{a - a_v}{m_n}$ (2.59)
	$k^* = \frac{-21{,}127 - (-21{,}239)}{1{,}250} = 0{,}090$

4.7.6 Lösung der Aufgabenstellung 4-3

Aufgabenstellung 4-3 siehe Abschnitt 4.7.3, S. 228 (Überprüfen einer Innen-Radpaarung auf korrekten Eingriff)

Verzahnungsgröße	Gleichungen	
Teilkreisradius	$r_t = \frac{z}{2} \cdot \frac{m_n}{\cos\beta}$	(3.34)
	$r_{t1} = \frac{12}{2} \cdot 1{,}500 = 9{,}000$ mm $r_{t2} = \frac{-40}{2} \cdot 1{,}500 = -30{,}000$ mm	
Grundkreisradius	$r_{bt} = \frac{z_t}{2} \cdot \frac{m_n}{\cos\beta} \cdot \cos\alpha_t$	(3.39) (3.34)
	$r_{bt1} = \frac{12}{2} \cdot 1{,}500 \cdot \cos 20° = 8{,}457$ mm $r_{bt2} = \frac{-40}{2} \cdot 1{,}500 \cdot \cos 20° = -28{,}191$ mm	
Null-Achsabstand	$a_d = \frac{z_1+z_2}{2} \cdot \frac{m_n}{\cos\beta}$	(3.50)
	$a_d = \frac{12-40}{2} \cdot 1{,}500 = -21{,}000$ mm	
Profilverschiebungsfaktoren	gegeben	
	$x_1 = +0{,}300$ $x_2 = -0{,}300$	
Betriebseingriffswinkel	$\alpha_{wt} = \alpha_t$ (V-Null-Verzahnung)	
	$\alpha_{wt} = 20°$	

Überprüfen einer Innen-Radpaarung auf korrekten Eingriff (Fortsetzung)

Betriebs-Achsabstand	$a = a_d \cdot \left(\frac{\cos\alpha_t}{\cos\alpha_{wt}}\right)$	(3.51)
	$a = -21{,}000 \cdot \left(\frac{\cos 20°}{\cos 20°}\right) = -21{,}000$ mm	
Verschiebungsachsabstand	$a_v = a_d + (x_1 + x_2) \cdot m_n$	(3.55) (3.50)
	$a_v = -21{,}000 + (0{,}300 - 0{,}300) \cdot 1{,}500 = -21{,}000$ mm	
Kopfhöhenänderungsfaktor	$k^* = \frac{a - a_v}{m_n}$	(2.55)
	$k^* = \frac{-21{,}000 + 21{,}000}{1{,}500} = 0$	
Schneidrad-Grundkreisradius	$r_{bt0} = \frac{z}{2} \cdot \frac{m_n}{\cos\beta} \cdot \cos\alpha_t$	(3.39) (3.34)
	$r_{bt0} = \frac{20}{2} \cdot 1{,}500 \cdot \cos 20° = 14{,}095$ mm	
Schneidrad-Kopfkreisradius	$r_{at0} = \left(\frac{z_0}{2} + x_0 + h^*_{a0} + k^*_0\right) \cdot m_n$	(3.35-1)
	$r_{at0} = \left(\frac{20}{2} + 0 + 1{,}25 + 0\right) \cdot 1{,}500 = 16{,}875$ mm	
Schneidrad-Kopf-Formkreisradius	$r_{Fat0} \approx r_{at0} - c^*_P \cdot m_n$	
	$r_{Fat0} \approx 16{,}875 - 0{,}250 \cdot 1{,}500 = 16{,}500$ mm	

Überprüfen einer Innen-Radpaarung auf korrekten Eingriff (Fortsetzung)

Überprüfung auf korrekten Eingriff:		
Unter-schnitt-grenze	$x_{un} = h^*_{FfP} - \frac{1}{2} \cdot z_n \cdot \sin^2 \alpha_P < x$	(2.28)
	$x_{un1} = 1{,}000 - \frac{1}{2} \cdot 12 \cdot \sin^2 20° = 0{,}298 < x_1 = +0{,}300$	
	$x_{un2} = 1{,}000 - \frac{1}{2} \cdot (-40) \sin^2 20° = -1{,}340 < x_2 = -0{,}300$	
Grenze für Kopfkreis-radius ≤ Grundkreis-radius	$x_{2\,max} = \frac{z}{2}(\cos\alpha_P - 1) - h^*_{aP} > x_2$	(4.45)
	$x_{2\,max} = \frac{-40}{2}(\cos 20° - 1) - 1{,}000 = 0{,}206 > x_2 = -0{,}300$	
Grenze für Mindest-zahnkopf-dicke am Ritzel	$x_{s\,min\,1} > x_1$	
	$x_{s\,min\,1} = 0{,}60$ aus Diagramm in den Bildern 4.9 und 5.8	
Grenze für Mindest-lückenweite am Hohlrad	$x_{s\,min\,2} < x_2$	
	$x_{s\,min\,2} = -0{,}80$ aus Diagramm in den Bildern 4.9 und 8.7	
Hinreichendes Kopfspiel:		
Kopf-kreis-radius	$r_{at} = r_t + m_n(x + h^*_{aP} + k^*)$	(3.35-1)
	$r_{at} = 9{,}000 + 1{,}500(0{,}300 + 1{,}000 + 0) = 10{,}950$ mm	
	$r_{at2} = -30{,}000 + 1{,}500(-0{,}300 + 1{,}000 + 0) = -28{,}950$ mm	

Überprüfen einer Innen-Radpaarung auf korrekten Eingriff (Fortsetzung)

Eingriffswinkel bei Erzeugung	$inv\alpha_{wt0} = \frac{x_2+x_0}{z_2+z_0} \cdot 2 \cdot \tan\alpha_n + inv\alpha_t$	(3.54)
	$inv\alpha_{wt0} = \frac{-0{,}300+0}{-40+20} \cdot 2 \cdot \tan 20° + inv 20° = 0{,}025823$ $\alpha_{wt0} = 23{,}847°$	
Erzeugungs-Achsabstand	$a_0 = (z_2 + z_0) \cdot \frac{m_t}{2} \cdot \frac{\cos\alpha_t}{\cos\alpha_{wt0}}$	(4.52)
	$a_0 = (-40 + 20) \cdot \frac{1{,}500}{2} \cdot \frac{\cos 20°}{\cos 23{,}847°} = -15{,}411$ mm	
Fußkreisradius am Hohlrad aus Erzeugung	$r_{f2(0)} = a_0 - r_{at0}$	(4.53)
	$r_{f2(0)} = -15{,}411 - 16{,}875 = -32{,}286$ mm	
Notwendiger Ritzelkopfkreisradius	$r_{at1\,max} = a - 0{,}200 \cdot m_n - r_{f2(0)} > r_{at1}$ $r_{at1\,max} = -21{,}000 - 0{,}200 \cdot 1{,}500 + 32{,}286 = 10{,}986 \text{ mm} > r_{at1} = 10{,}950$ mm Bedingung erfüllt. Keine Kopfhöhenänderung zur Einhaltung des Mindestkopfspiels erforderlich.	
Profilüberdeckung	$\varepsilon_{\alpha t} = \frac{1}{\pi \cdot m_t \cdot \cos\alpha_{pt}} \cdot \left(\sqrt{r_{at1}^2 - r_{bt1}^2} + \frac{z_2}{\lvert z_2 \rvert} \cdot \sqrt{r_{at2}^2 - r_{bt2}^2} - (r_{bt1} + r_{bt2}) \cdot \tan\alpha_{wt} \right)$	(4.50)
	$\varepsilon_{\alpha t} = \frac{1}{\pi \cdot 1{,}500 \cdot \cos 20°} \cdot \left(\sqrt{10{,}950^2 - 8{,}457^2} + \frac{-40}{40} \cdot \sqrt{(-28{,}950)^2 - (-28{,}191)^2} - (8{,}457 - 28{,}191) \cdot \tan 20° \right)$ $= 1{,}706$ ausreichend	
Hinreichende Evolventenlänge am Ritzel	$r_{Nft1(0)} = r_{Fft1} = m_n \cdot \sqrt{\left(\frac{z_1}{2 \cdot \cos\beta} - h_{Fan0}^* + x_n\right)^2 + \left(\frac{h_{Fan0}^* - x_n}{\tan\alpha_t}\right)^2}$	(4.59)
	$r_{Nft1(0)} = 1{,}500 \cdot \sqrt{\left(\frac{12}{2} - 1{,}000 + 0{,}300\right)^2 + \left(\frac{1{,}000 - 0{,}300}{\tan 20°}\right)^2} = 8{,}457$ mm	

Überprüfen einer Innen-Radpaarung auf korrekten Eingriff (Fortsetzung)

	$r_{Nft1(2)} = \sqrt{\left(a \cdot \sin\alpha_{wt} - \frac{z_2}{\lvert z_2 \rvert} \sqrt{r_{Fat2}^2 - r_{bt2}^2}\right)^2 + r_{bt1}^2}$	(4.57)
	$r_{Nft1(2)} = \sqrt{\left(-21{,}000 \cdot \sin 20° - \frac{-40}{40} \sqrt{(-28{,}950)^2 - (-28{,}191)^2}\right)^2 + 8{,}457^2} = 8{,}478$ mm	
	$r_{Fft1} \leq r_{Nft1(2)}$ erfüllt	(4.55)
Hinreichende Evolventenlänge am Hohlrad	$r_{Nft2(0)} = r_{Fft2} = \frac{z_2}{\lvert z_2 \rvert} \sqrt{(a_0 \cdot \sin\alpha_{wt0} - \sqrt{r_{Fat0}^2 - r_{bt0}^2})^2 + r_{bt2}^2}$	(4.61)
	$r_{Nft2(0)} = \frac{-40}{40} \cdot \sqrt{(-15{,}411 \cdot \sin 23{,}847° - \sqrt{16{,}500^2 - 14{,}095^2})^2 + (-28{,}191)^2} = -31{,}843$ mm $r_{Nft2(1)} = \frac{z_2}{\lvert z_2 \rvert} \cdot \sqrt{(a \cdot \sin\alpha_{wt} - \sqrt{r_{Fat1}^2 - r_{bt1}^2})^2 + r_{bt2}^2}$	(4.62)
	$r_{Nft2(1)} = \frac{-40}{40} \cdot \sqrt{(-21{,}000 \cdot \sin 20° - \sqrt{10{,}950^2 - 8{,}457^2})^2 + (-28{,}191)^2} = -31{,}537$ mm	
	$r_{Fft2} \leq r_{Nft2(1)}$ erfüllt	(4.60-1)
Vermeiden von Zahnkopfkantenberührung	$\widehat{\varphi}_0 = \arccos\left(\frac{r_{at2}^2 - r_{at0}^2 - a_0^2}{2 \cdot r_{at0} \cdot \lvert a_0 \rvert}\right)$	(4.65)
	$\widehat{\varphi}_0 = \arccos\left(\frac{(-28{,}950)^2 - 16{,}875^2 - (-15{,}411)^2}{2 \cdot 16{,}875 \cdot 15{,}411}\right) = 0{,}9182$	
	$\widehat{\varphi}_1 = \arccos \frac{r_{at2}^2 - r_{at1}^2 - a_1^2}{2 \cdot r_{at1} \cdot \lvert a_1 \rvert}$	
	$\widehat{\varphi}_1 = \arccos\left(\frac{(-28{,}950)^2 - 10{,}950^2 - (-21{,}000)^2}{2 \cdot 10{,}950 \cdot 21{,}000}\right) = 0{,}9239$	
	$\alpha_{at} = \arccos\left(\frac{r_{bt}}{r_{at}}\right)$	(4.67-1)

Überprüfen einer Innen-Radpaarung auf korrekten Eingriff (Fortsetzung)

$$\alpha_{at0} = \arccos\left(\frac{14{,}095}{16{,}875}\right) = 33{,}357°$$

$$\alpha_{at1} = \arccos\left(\frac{8{,}457}{10{,}950}\right) = 39{,}436°$$

$$\alpha_{at2} = \arccos\left(\frac{-28{,}191}{-28{,}950}\right) = 13{,}149°$$

$$\widehat{\nu}_0 = \mathrm{inv}\alpha_{at0} - \mathrm{inv}\alpha_{wt0} \qquad (4.66)$$

$$\widehat{\nu}_0 = \mathrm{inv}33{,}357° - \mathrm{inv}23{,}847° = 0{,}0503$$

$$\widehat{\nu}_1 = \mathrm{inv}\alpha_{at1} - \mathrm{inv}\alpha_{wt1}$$

$$\widehat{\nu}_1 = \mathrm{inv}39{,}436° - \mathrm{inv}20° = 0{,}1193$$

$$\widehat{\vartheta}_0 = \arccos\left(\frac{r_{at2}^2 - r_{at0}^2 + a_0^2}{2 \cdot r_{at2} \cdot a_0}\right) \qquad (4.68)$$

$$\widehat{\vartheta}_0 = \arccos\left(\frac{(-28{,}950)^2 - 16{,}875^2 + (-15{,}411)^2}{2 \cdot (-28{,}950) \cdot (-15{,}411)}\right) = 0{,}4815$$

$$\widehat{\vartheta}_1 = \arccos\left(\frac{r_{at2}^2 - r_{at1}^2 + a_1^2}{2 \cdot r_{at2} \cdot a_1}\right)$$

$$\widehat{\vartheta}_1 = \arccos\left(\frac{(-28{,}950)^2 - 10{,}950^2 + (-21{,}000)^2}{2 \cdot (-28{,}950) \cdot (-21{,}000)}\right) = 0{,}3066$$

$$\widehat{\varepsilon}_0 = \mathrm{inv}\alpha_{wt0} - \mathrm{inv}\alpha_{at2} \qquad (4.69)$$

$$\widehat{\varepsilon}_0 = \mathrm{inv}23{,}847° - \mathrm{inv}13{,}149° = 0{,}0217$$

$$\widehat{\varepsilon}_1 = \mathrm{inv}\alpha_{wt1} - \mathrm{inv}\alpha_{at2}$$

$$\widehat{\varepsilon}_1 = \mathrm{inv}20{,}000° - \mathrm{inv}13{,}149° = 0{,}0108$$

Überprüfen einer Innen-Radpaarung auf korrekten Eingriff (Fortsetzung)

	$K_0 = \dfrac{\widehat{\varphi_0}+\widehat{\nu_0}}{\left\|\dfrac{z_2}{z_0}\right\|(\widehat{\vartheta_0}-\widehat{\varepsilon_0})} > 1$	(4.64)
	$K_0 = \dfrac{0{,}9182+0{,}0503}{\left\|\dfrac{-40}{20}\right\|(0{,}4815-0{,}0217)} = 1{,}053$ erfüllt	
	$K_1 = \dfrac{\widehat{\varphi_1}+\widehat{\nu_1}}{\left\|\dfrac{z_2}{z_1}\right\|(\widehat{\vartheta_1}-\widehat{\varepsilon_1})} > 1$	
	$K_1 = \dfrac{0{,}9239+0{,}1193}{\left\|\dfrac{-40}{12}\right\|(0{,}3066-0{,}0108)} = 1{,}058$ erfüllt	
Radialer Einbau, radialer Vorschub	$\widehat{\xi_0} = \arctan\left(\dfrac{1}{r_{bt0}}\cdot\sqrt{\dfrac{r_{at0}^2\cdot r_{bt2}^2-r_{at2}^2\cdot r_{bt0}^2}{r_{at2}^2-r_{at0}^2}}\right)$	(4.75)
	$\widehat{\xi_0} = \arctan\left(\dfrac{1}{14{,}095}\cdot\sqrt{\dfrac{16{,}875^2\cdot(-28{,}191)^2-(-28{,}950)^2\cdot 14{,}095^2}{(-28{,}950)^2-16{,}875^2}}\right) = 0{,}6355 \mathrel{\hat{=}} 36{,}412°$	
	$\widehat{\xi_1} = \arctan\left(\dfrac{1}{r_{bt1}}\cdot\sqrt{\dfrac{r_{at1}^2\cdot r_{bt2}^2-r_{at2}^2\cdot r_{bt1}^2}{r_{at2}^2-r_{at1}^2}}\right)$	
	$\widehat{\xi_1} = \arctan\left(\dfrac{1}{8{,}457}\cdot\sqrt{\dfrac{10{,}950^2\cdot(-28{,}191)^2-(-28{,}950)^2\cdot 8{,}457^2}{(-28{,}950)^2-10{,}950^2}}\right) = 06925 \mathrel{\hat{=}} 39{,}677°$	
	$\widehat{\xi_{2(0)}} = \dfrac{\widehat{\xi_0}+\widehat{\nu_0}}{\left\|\dfrac{z_2}{z_0}\right\|} + \widehat{\varepsilon_0}$	(4.74)
	$\widehat{\xi_{2(0)}} = \dfrac{0{,}6355+0{,}0503}{\left\|\dfrac{-40}{20}\right\|} + 0{,}0217 = 0{,}3646$	

Überprüfen einer Innen-Radpaarung auf korrekten Eingriff (Fortsetzung)

	$\widehat{\xi}_{2(1)} = \dfrac{\widehat{\xi}_1 + \widehat{\nu}_1}{\left\lvert \dfrac{z_2}{z_1} \right\rvert} + \widehat{\varepsilon}_1$
	$\widehat{\xi}_{2(1)} = \dfrac{0{,}6925 + 0{,}1193}{\left\lvert \dfrac{-40}{12} \right\rvert} + 0{,}0108 = 0{,}2543$
	$\arctan\left(\dfrac{\tan\xi_0}{\left\lvert \dfrac{z_2}{z_0} \right\rvert}\right) < \widehat{\xi}_{2(0)}$ (4.74)
	$\arctan\left(\dfrac{\tan 36{,}412°}{\left\lvert \dfrac{-40}{20} \right\rvert}\right) = 0{,}3533 < \widehat{\xi}_{2(0)} = 0{,}3646$ Bedingung erfüllt
	$\arctan\left(\dfrac{\tan\xi_0}{\left\lvert \dfrac{z_2}{z_1} \right\rvert}\right) < \widehat{\xi}_{2(1)}$
	$\arctan\left(\dfrac{\tan 39{,}677°}{\left\lvert \dfrac{-40}{12} \right\rvert}\right) = 0{,}2439 < \widehat{\xi}_{2(1)} = 0{,}2543$ Bedingung erfüllt

Nachdem alle Bedingungen erfüllt sind, ist die Paarung bezüglich des Betriebs (Geometrie), der Montage und der Fertigung korrekt ausgelegt.

4.8 Schrifttum zu Kapitel 4

Normen, Richtlinien

[4/1] DIN 3993: Geometrische Auslegung von zylindrischen Innenradpaaren mit Evolventenverzahnungen, Grundregeln. Berlin, Köln: Beuth-Verlag, August 1981.

Bücher

[4/2] Müller, H.W.: Die Umlaufgetriebe, Berechnung, Anwendung, Auslegung. Konstruktionsbücher Bd. 28, Berlin, Heidelberg, New York: Springer 1971.

[4/3] Müller, H.W.: Umlaufgetriebe. Dubbel, Taschenbuch für den Maschinenbau, 14. Auflage, S. 475. Berlin, Heidelberg, New York: Springer 1981.

[4/4] Looman, J.: Zahnradgetriebe, Grundlagen, Konstruktionen, Anwendungen in Fahrzeugen. 2. Auflage Konstruktionsbücher, Band 26. Berlin, Heidelberg, New York, Tokyo: Springer 1988.

Zeitschriftenaufsätze

[4/5] Müller, H.W.: Einheitliche Berechnung von Planetengetrieben, eine Anleitung zum praktischen Gebrauch. Z. antriebstechnik 15 (1976) Nr. 1.

[4/6] Berlinger jr., B.E.: Das Evoloid-Verzahnungssystem für Stirnradgetriebe mit großem Stufenübersetzungsverhältnis. Konstruktion 29 (1977) H. 4, S. 156-158.

[4/7] Müller, H.W.: Zum Mechanismus der Selbsthemmung. Konstruktion 39 (1987) H. 3, S. 93-100.

[4/8] Rambousek, H.: Vereinfachte Methode zur Prüfung von Eingriffsstörungen bei Innenverzahnung. Voith Forschung und Konstruktion, Sonderdruck 9/1975.

[4/9] Müller, H.W., Schäfer, F.: Geometrische Voraussetzungen bei innenverzahnten Getriebestufen mit sehr kleinen Zähnezahldifferenzen. Forschung Ing.-Wes. 36 (1970) Nr. 5, S. 160-163.

[4/10] Roth, K.: Evolventenverzahnungen mit parallelen Achsen mit Ritzelzähnezahlen von 1 bis 7. VDI-Z 107 (1965) Nr. 6, S. 275-284.

[4/11] Roth, K.: Stirnradpaarungen mit 1- bis 5-zähnigen Ritzeln im Maschinenbau. Konstruktion 26 (1974) S. 425-429.

5 Grundsätzliche Auswirkungen der Profilverschiebung auf Stirnräder und Stirn-Radpaarungen

Da in den vorhergehenden Diagrammen (Kapitel 2 und 4) neben der Zähnezahl stets die Profilverschiebung herangezogen wurde, um bestimmte Eigriffsstörungen bei Paarungen mit außen- und innenverzahnten Rädern zu vermeiden, sollen im folgenden zusammenfassend und übersichtlich auch alle weiteren Auswirkungen der Profilverschiebung auf Stirnräder und Stirn-Radpaarungen dargestellt werden, um zusätzliche Kriterien für die Wahl dieser Größe zu erhalten.

5.1 Auswirkungen der Profilverschiebung auf die einzelnen Verzahnungsgrößen von Stirnrädern

5.1.1 Außenverzahnte Räder

Positive Profilverschiebung ($x > 0$) und ihre Vergrößerung hat folgenden Einfluß auf die angeführten Größen, (siehe auch DIN 3992 [8/4]):

Der Unterschnitt wird kleiner → kleinere Grenzzähnezahlen sind möglich.

Der Flankenkrümmungsradius wird größer → die Flankentragfähigkeit erhöht sich.

Der Zahnfuß s_f wird dicker → die Zahnfußtragfähigkeit wird größer.

Die Fußausrundung wird kleiner → der Kerbwirkungseinfluß erhöht sich.

Die Zahnkopfdicke s_a wird kleiner → im Extremfall kann der Zahnkopf spitz oder weggeschnitten werden.

Kopf- und Fußkreise werden größer → das Rad wird größer (solange die Spitzengrenze nicht überschritten wird).

Negative Profilverschiebung ($x < 0$) und ihr Verkleinern (Vergrößern des Betrages) hat folgenden Einfluß:

Mit kleineren Zähnezahlen (etwa ab $z_n = 20$) besteht steigende Unterschnittgefahr. → Die Grenzzähnezahlen, d.h. die, bei denen kein Unterschnitt auftritt, vergrößern sich.

Die Flankenkrümmung wird kleiner → Verminderung der Flankentragfähigkeit.

Der Zahnfuß s_f wird dünner → Verminderung der Zahnfußtragfähigkeit.

Die Fußausrundung wird größer → der Kerbwirkungseinfluß vermindert sich (lokale Kerbwirkungseinflüsse aufgrund der Werkzeugform bleiben).

Die Zahnkopfdicke s_a wird größer, die nutzbare Zahnhöhe kleiner → höhere Gleitgeschwindigkeit am Zahnfuß, größeres spezifisches Gleiten an der Zahnfußflanke.

Kopf- und Fußkreis werden kleiner → Das Zahnrad wird kleiner.

5.1.2 Innenverzahnte Räder (Hohlräder)

Positive Profilverschiebung ($x > 0$) und ihr Vergrößern hat folgenden Einfluß (Bild 5.1):

Es besteht die Gefahr, daß der Kopfkreis groß, dem Betrag nach jedoch kleiner als der Grundkreis wird (Bild 5.1, Teilbild 1). → Die Folge könnte ein unkorrekter Eingriff außerhalb der zulässigen größtmöglichen Eingriffsstrecke sein.

Der Krümmungsradius der Zahnflanke wird größer, dem Betrag nach jedoch kleiner, ist aber konkav. → Es besteht gegenüber negativer Profilverschiebung abnehmende Flankentragfähigkeit; durch die konkave Krümmung der Flanke und ihre Anschmiegung an die konvexe Flanke des Ritzels ist die Hertzsche Pressung unter gleichen Voraussetzungen immer kleiner als bei Außenradpaarungen.

Der Zahnfuß wird dünner, die Zahnfußhöhe h_f kleiner, die Zahnkopfhöhe h_a größer. → Da der Zahnfuß infolge der konkaven Flanken ohnehin relativ dick ist, besteht in der Regel keine Gefahr von Zahnfußbruch.

Die Zahnkopfdicke s_a wird größer → kein Grund für die Begrenzung der Profilverschiebung.

Kopf- und Fußkreise werden größer, dem Betrag nach jedoch kleiner. → Die Folge ist ein kleineres Hohlrad.

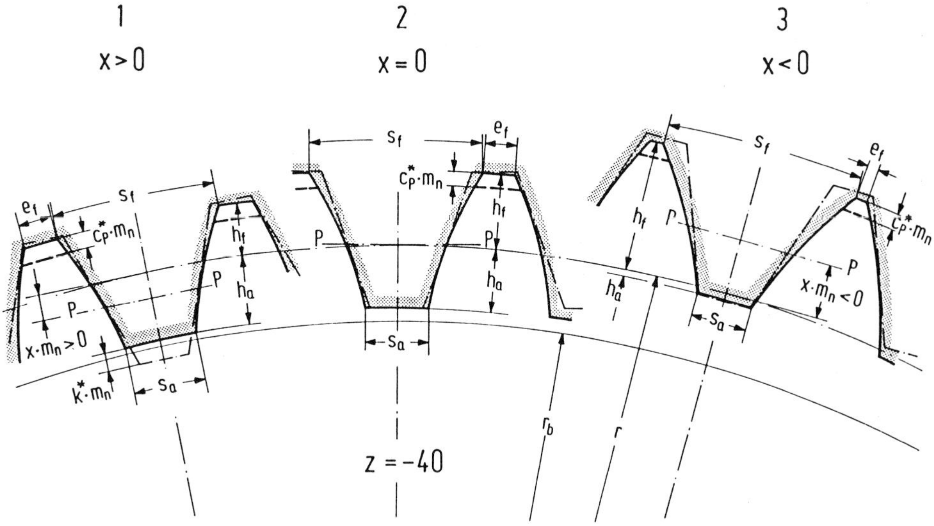

Bild 5.1. Auswirkungen der Profilverschiebung auf die Form des innenverzahnten Radzahnes. Zur Erzeugung des Kopfspiels wird die Zahnfußhöhe am Hohlrad stets um einen bestimmten Betrag, beispielsweise um $c_P = 0{,}25 \cdot m_n$ vergrößert. Das Bezugsprofil ist strichpunktiert eingetragen.
Teilbild 1: Positive Profilverschiebung. Der Maximalwert für $z = -40$ beträgt nach dem Diagramm in den Bildern 4.9 und 8.7, $x_{max} = +0{,}2$. Die ausgeführte Profilverschiebung ist jedoch $x = +0{,}85$. Da der Grundkreisradius r_b nicht unterschritten werden darf, muß eine Kopfhöhenänderung von $k^* = x_{max} - x = -0{,}65$ vorgenommen werden.
Teilbild 2: Keine Profilverschiebung.
Teilbild 3: Negative Profilverschiebung. Der Maximalwert für $z = -40$ beträgt nach Diagramm aus Bild 4.9, $x_{min} = -0{,}9$ (nach Diagramm in Bild 8.7, wobei dort für die Fußhöhe $h_f = h_{Ff} + c_P$ noch das Kopfspiel hinzuzurechnen ist bei $h_f = 1{,}25 \cdot m_n$, $x_{min} = -0{,}9$). Die dann gewährleistete Lückenweite am Fußzylinder ist $e_f = 0{,}2 \cdot m_n$. Zahnkopfdicke s_a und Zahnfußlückenweite e_f werden kleiner.

Die Zahnform wird ungünstiger wegen des Eingriffs stark gekrümmter Flanken in der Nähe des Grundkreises, wegen der kurzen nutzbaren Flanken und wegen der Begrenzung des Kopfkreises durch den Grundkreis. Diese Einschränkung ist oft eine Erschwernis, um Maßnahmen zur Vermeidung der Kopfkantenberührung durchzuführen. Bei innenverzahnten Rädern wirkt sich die p o s i t i v e Profilverschiebung ähnlich - oft ungünstig - aus wie bei außenverzahnten Rädern die n e g a t i v e Profilverschiebung.

Negative Profilverschiebung ($x < 0$) und ihr Verkleinern (Vergrößern des Betrages) hat folgenden Einfluß (Bild 5.1):

Die Lückenweite im Zahnfuß e_f wird kleiner. → Bei kleinen Zähnezahlen besteht die Gefahr des Spitzwerdens, und es steigt die Kerbgefahr (Bild 5.1, Teilbild 3).

Der Krümmungsradius der Zahnflanke wird dem Betrag nach größer	→	Es erhöht sich die Flankentragfähigkeit durch geringere Krümmung und durch günstige Anschmiegung an die konvexen Flanken des Ritzels zu bestmöglichen Werten für Stirn-Radpaarungen.
Der Zahnfuß s_f wird dicker.	→	Man kann sich Komplementprofile leisten mit kleineren Zahndicken am innen- und größeren am außenverzahnten Rad.
Die Zahnkopfdicke s_a wird kleiner.	→	Bei gebräuchlichen Verzahnungsdaten ist das noch keine Gefahr.
Kopf- und Fußkreise werden kleiner, dem Betrag nach jedoch größer.	→	Das Hohlrad wird größer.

Die Zahnform ist sehr günstig wegen des Eingriffs wenig gekrümmter Flanken, wegen geringer Reibanteile im Eingriffspunkt, wegen großer Zahndicken und variabler Kopfkreise. Es besteht die Gefahr der spitzen Lückenweite e_f am Fußgrund. Bei innenverzahnten Rädern wirkt sich die negative Profilverschiebung ähnlich - meist günstig - aus, wie bei außenverzahnten Rädern die positive Profilverschiebung.

Allgemeine Regeln

Je kleiner der Betrag der Zähnezahl ist, um so größer ist der Einfluß der Profilverschiebung. Bei Zahnstangen ($z \rightarrow \pm\infty$) ist sie wirkungslos.

Bei Außen- und Innenverzahnungen sind die Auswirkungen von positiver und negativer Profilverschiebung wechselweise ähnlich.

5.2 Auswirkungen der Profilverschiebungssumme und ihrer Aufteilung auf die Paarungseigenschaften

5.2.1 Allgemeine Auswirkungen

Die Profilverschiebungssumme

$$\Sigma z = x_1 + x_2 \qquad (5.1)$$

und ihre Aufteilung auf die beiden Räder beeinflussen die Größe der Eingriffsstrecke und ihre Lage bezüglich des Wälzpunktes C. Insbesondere kann der Anfangspunkt A des Eingriffs durch positive Profilverschiebung des getriebenen Rades weiter vom

Wälzpunkt C, d.h. näher an den Tangierungspunkt T_a des treibenden Rades gerückt und damit die Eintritt-Eingriffsstrecke g_f vergrößert oder auch durch negative Profilverschiebung des getriebenen Rades näher an den Wälzpunkt C verschoben und damit die Eintritt-Eingriffsstrecke verkleinert werden. In gewissen Grenzen unabhängig davon kann der Endpunkt E des Eingriffs durch positive Profilverschiebung des treibenden Rades vom Wälzpunkt C weg, durch negative zum Wälzpunkt C verschoben und dadurch die Austritt-Eingriffsstrecke g_a entsprechend verändert werden (siehe Bilder 5.7;5.8). Die genaue Lage der Eingriffsbegrenzungspunkte A und E hängt im wesentlichen von den Zahnkopfhöhen h_a ab, die bei dieser Betrachtung konstant angenommen werden.

Die Lage des Anfangs- und Endpunktes der Eingriffsstrecke ist deshalb von so ausschlaggebender Bedeutung für die Eigenschaften einer Stirn-Radpaarung, weil sich mit ihnen die Größe der Reibkraft, die Größe der Flankenkrümmung, die relative Gleitgeschwindigkeit der Flanken und der Angriffspunkt der Normalkraft ändert. Diese Größen aber bestimmen im Zusammenhang mit dem Moment und der Winkelgeschwindigkeit den Flankenverschleiß, die Hertzsche Pressung, das Freßverhalten und den Zahnbruch.

5.2.2 Durch Profilverschiebung beeinflußte Größen

Reibkraft:

Wie Messungen ergeben haben [2/16], verringert sich der Reibwert μ mit kleiner werdender Entfernung zum Wälzpunkt C. Dort erreicht er den Minimalwert (Bild 2.44), die relative Gleitgeschwindigkeit v_g ändert das Vorzeichen, die Reibkraft und auch der Reibwert steigen wieder zum Eingriffsende, bei außenverzahnten Rädern mit symmetrisch gelegener Eingriffsstrecke aber nicht so hoch wie am Eingriffsbeginn. Dies gilt für trockene Reibung. Geringste Reibung erzielt man in der Nähe des Wälzpunktes C. Man sollte daher immer den Teil der Eingriffsstrecke (Bild 2.39, Teilbild 4) verkürzen, bei dem ein progressives Reibsystem vorliegt, bei Außen-Radpaarungen die Eintritt-Eingriffsstrecke, bei Innen-Radpaarungen die Austritt-Eingriffsstrecke.

Flankenkrümmung:

Der Krümmungsradius ist um so kleiner, also ungünstiger, je näher der Eingriffspunkt an den Tangierungspunkten T liegt. Daher ist es bezüglich der Hertzschen Pressung immer günstig, den Beginn des Eingriffs A möglichst weit entfernt vom Tangierungspunkt T_a des treibenden Rades und das Ende auch möglichst weit entfernt vom Tangierungspunkt T_b des getriebenen Rades festzulegen (wenn das kleinere Rad das treibende ist, wird $T_1 = T_a$, $T_2 = T_b$). Wenn nicht beide Maßnahmen möglich sind, ist es bedeutend günstiger, den Teil der Eingriffsstrecke (Bild 2.39, Teilbild 4) zu verkürzen, bei dem ein progressives Reibsystem vorliegt.

Gleitgeschwindigkeit:

Es wächst der Gleitanteil gegenüber dem Wälzanteil linear mit der Entfernung vom Wälzpunkt. Daher ist die energieverzehrende relative Gleitgeschwindigkeit in den Eingriffspunkten A bzw. E am größten.

Zahnnormalkraft:

Es tritt bei $\varepsilon_\alpha = 1$ das größte Moment am Zahnfuß auf, wenn der Kopfeckpunkt im Eingriff ist. Durch die Profilverschiebungssumme läßt sich der Betriebseingriffswinkel α_{wt} vergrößern und damit das Moment am Zahnfuß verringern.

Wie nun die Profilverschiebung für Außen- und Innen-Radpaarungen zu wählen ist, um die Lage der Eingriffsstrecke im gewollten Sinne zu verändern, soll im folgenden erläutert werden.

5.2.3 Änderungen der Eingriffsstrecke und ihrer Lage durch Profilverschiebung

Verändert werden im folgenden die Profilverschiebungsfaktoren x_1 und x_2, gleich bleiben die Bezugsprofile und die Zähnezahlen. Die Summe der Profilverschiebungen ändert den Eingriffswinkel α_{wt}, Gl.(2.49), die Profilverschiebung am Einzelrad dessen Kopfkreisradius r_a, Gl.(2.35).

Je nachdem, ob die Profilverschiebungssumme gleich Null, größer oder kleiner als Null ist, haben die Zahnradpaarungen typische gemeinsame Eigenschaften. Man kann sie daher in folgende drei Gruppen unterteilen:

V-Null-Radpaarungen mit	$\Sigma x = 0$	(2.44-1)
Sonderfall: Null-Radpaarungen mit	$x_1 = x_2 = 0$	(5.2)
V-Plus-Radpaarungen mit	$\Sigma x > 0$	(2.44-3)
V-Minus-Radpaarungen mit	$\Sigma x < 0.$	(2.44-4)

Der Einfluß der Profilverschiebungen soll vergleichend dargestellt werden zwischen Innen- und Außen-Radpaarungen.

In Bild 5.2 wird eine Innen-Radpaarung (Teilbild 1) mit einer Außen-Radpaarung (Teilbild 2) verglichen. Die Beträge der Grundkreisradien r_{b1}, r_{b2}, der Zähnezahlen z_1, z_2, die Zahnkopfhöhen h_a, die Profilwinkel α_P, die Betriebseingriffswinkel α_{wt} und die Profilverschiebungen $x_1 \cdot m$, $x_2 \cdot m$ sind gleich groß; etwa gleich groß bleiben auch die Profil-Eingriffsstrecken g_α und deren Aufteilung in Eintritt-Eingriffsstrecke g_f und Austritt-Eingriffsstrecke g_a. Man erkennt, daß bis auf den größeren Achsabstand der Außen-Radpaarung, den Drehsinn des Gegenrades und die Flankenradien sich nichts wesentlich geändert hat.

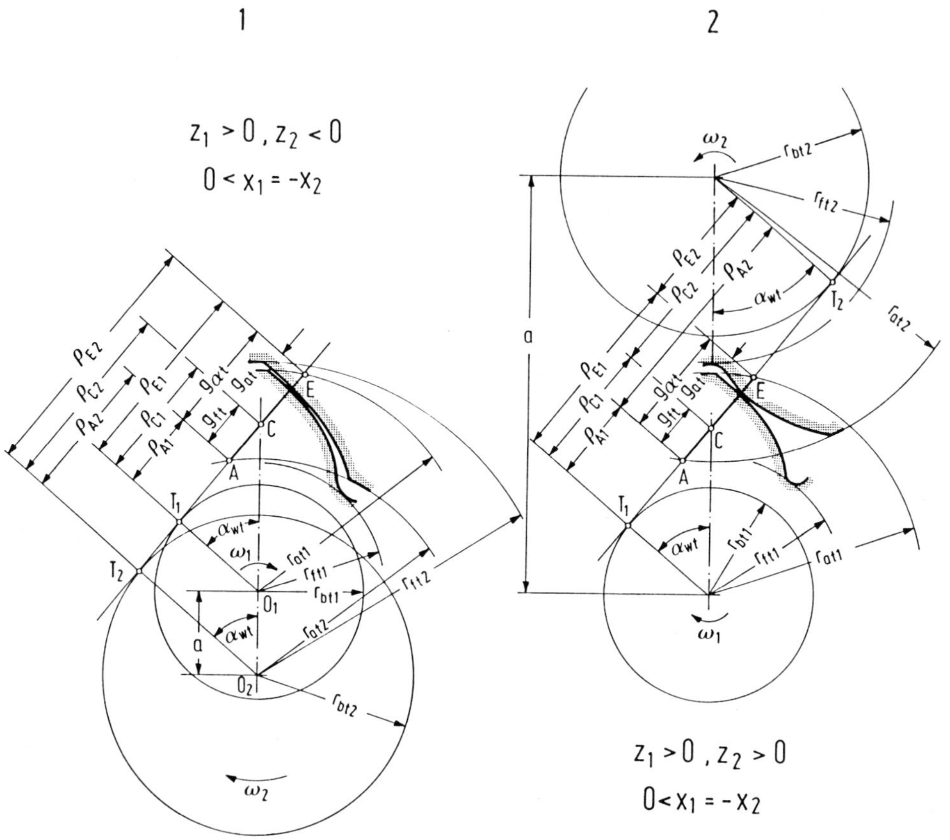

Bild 5.2. Vergleich von Innen- und Außen-Radpaarungen von Stirnradgetrieben bezüglich wichtiger Bestimmungsgrößen.

Teilbild 1: Innen-Radpaarung als V-Null-Radpaarung.

Teilbild 2: Außen-Radpaarung als V-Null-Radpaarung. Die Betragsgrößen der Grundkreisradien r_{b1}, $|r_{b2}|$, der Zähnezahlen z_1, $|z_2|$, die Zahnhöhen h_a, die Betriebseingriffswinkel α_{wt} und die Profilverschiebungen $x_1 \cdot m_n$, $x_2 \cdot m_n$ sind gleich, auch die Eingriffsstrecken sind etwa gleich.

Verschieden sind allein die Krümmungsradien ρ_{A2}, ρ_{C2}, ρ_{E2} der Innen- und Außenradflanken nach Betrag und Vorzeichen, ebenso die Achsabstände a und die Drehsinne der getriebenen Räder ω_2.

Es ist mit Gl.(1.9) die Übersetzung der Innen-Radpaarung i_H und der Außen-Radpaarung i_A

$$i_H = -i_A \ . \tag{5.3}$$

Die Anschmiegung der konkaven Hohlradflanke an die konvexe Außenradflanke ergibt besonders günstige Voraussetzungen für geringe Hertzsche Pressungen.

Ein weiterer feiner Unterschied zwischen Außen- und Innen-Radpaarung bezieht sich auf die Länge der Teileingriffsstrecke, welche auf der Seite des kleineren Rades liegt, d.h. vom Kopfkreisradius r_{at2} des größeren Rades bestimmt wird. Wie in Bild 5.3 zu sehen ist, wird diese Strecke von A bis C bei sonst gleichen Verhältnissen für Innen-Radpaarungen langer ausfallen als die Strecke $\overline{A'C}$ für Außen-Radpaarungen. Durch Verkleinern des Betriebseingriffswinkels α_{wt} (gestrichelte Linie) bei sonst gleich gelegenen Kopfkreisen verstärkt sich dieser Effekt. Treibt das kleinere Rad bei einer Innen-Radpaarung

$$z_1 = z_a \tag{5.4}$$

dann treten alle Erscheinungen auf, welche mit einer größeren Eintritt-Eingriffsstrecke verbunden sind, insbesondere die Annäherung des Eingriffbeginns (Punkt A) an den Tangierungspunkt T_1. Das ist zwar ungünstig bezüglich der Reibung, wird aber gemildert, weil in diesem Bereich ein degressives Reibsystem wirkt.

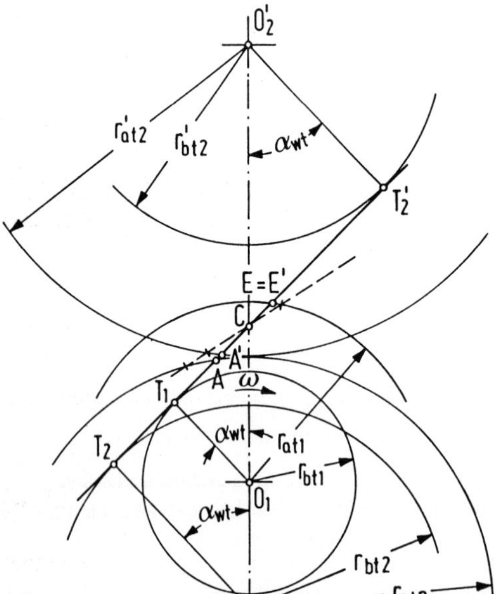

Bild 5.3. Vergleich der Eingriffsstrecken bei Innen- und Außen-Radpaarungen. Die Teileingriffsstrecken $\overline{CE}$ und $\overline{CE'}$ sind für diese Innen- und Außen-Radpaarung gleich.

Die Teileingriffsstrecke $\overline{A'C}$ bei Außen-Radpaarungen ist kleiner als die Teileingriffsstrecke $\overline{AC}$ bei Innen-Radpaarungen. Die Teileingriffsstrecke $\overline{AC}$ wächst bei kleinerem Betriebseingriffswinkel α_{wt} mehr als die Strecke $\overline{A'C}$ (gestrichelte Linie).

Es werden gleiche Zahnkopfhöhen, gleiche Grundkreise und gleiche Profilverschiebungen vorausgesetzt.

Treibt das große Rad

$$z_2 = z_a \tag{5.5}$$

ergibt eine längere Austritt-Eingriffsstrecke, die nun im progressiven Bereich der Eingriffsstrecke liegt, ungünstige Folgen bezüglich des Reibungseinflusses.

5.2.4 Eingriffswinkel α_{vt}, α_{wt} beim Verschiebungs-Achsabstand a_v und beim Betriebsachsabstand a bei V-Radpaarungen

Der Betriebseingriffswinkel α_{wt} ändert sich unter dem Einfluß der Profilverschiebungssumme sehr wesentlich, und zwar um so mehr, je kleiner die Zähnezahlsumme ist. Mit diesem Winkel verschieben sich auch die Punkte A, C, E der Eingriffsstrecke, so daß die Länge der Eingriffs- und Teileingriffsstrecken durch ihn beeinflußbar ist, wie noch im einzelnen gezeigt wird.

In Kapitel 3 wurde dargelegt, daß bei Außen-Radpaarungen der Verschiebungs-Achsabstand

$$a_v = \left(\frac{z_1 + z_2}{2 \cdot \cos\beta} + x_1 + x_2\right) \cdot m_n \quad , \tag{3.55-1}$$

welcher den Null-Achsabstand a_d um die Summe der Profilverschiebungen vergrößert oder verkleinert, zu groß ist, um spielfreie Paarungen zu ergeben. Er muß korrigiert werden und durch den Betriebsachsabstand a

$$a = a_d \cdot \frac{\cos\alpha}{\cos\alpha_{wt}} = a_v \cdot \frac{\cos\alpha_{vt}}{\cos\alpha_{wt}} \tag{3.51}$$

ersetzt werden, der spielfreie Stirn-Radpaarungen ergibt. Der Unterschied der beiden Achsabstände

$$\Delta c = a_v - a = -k \tag{5.6}$$

gibt an, um welchen Betrag die Zahnkopfhöhen verkleinert bzw. vergrößert werden müssen, um bei korrigiertem Achsabstand a noch das ursprüngliche Kopfspiel c_P zu behalten.

Die Frage lautet nun: Muß man bei positiven oder negativen Profilverschiebungssummen von Außen- bzw. Innen-Radpaarungen den Achsabstand gegenüber a_v verkleinern oder vergrößern, damit Flankenspiel vermieden wird?

Eine Antwort darauf ergibt der Verlauf des Eingriffswinkels α_{vt} beim Verschiebungs-Achsabstand a_v und der Verlauf des Betriebseingriffswinkels α_{wt}, aufgetragen über der Profilverschiebungssumme Σx mit dem Parameter der Zähnezahlsumme Σz.

Mit den Gl.(3.50;3.51;3.55-1) - Abschnitte 8.3.1;8.4, Stichwort "Achsabstand" - ist

$$\cos\alpha_{vt} = \frac{\cos\alpha_t}{1 + 2\cdot\dfrac{x_1 + x_2}{z_1 + z_2}\cdot\cos\beta} \tag{5.7}$$

und wie schon in den Kapiteln 2 und 3 gezeigt, folgt der (flankenspielfreie) Betriebseingriffswinkel aus

$$\mathrm{inv}\,\alpha_{wt} = 2\cdot\frac{x_1 + x_2}{z_1 + z_2}\cdot\tan\alpha_n + \mathrm{inv}\,\alpha_t . \tag{3.54}$$

In Bild 5.4 sind die Zusammenhänge durch Diagramme dargestellt. Die negativen Zähnezahlsummen gelten für Innen-, die positiven für Außen-Radpaarungen. Die Werte für α_{vt} und α_{wt} sind für beide Paarungsarten gleich, wenn man die V-Radpaarungen im Diagramm so anordnet, daß derselbe Wert für

$$\frac{x_1 + x_2}{z_1 + z_2}$$

herauskommt. Das ist der Fall, wenn einerseits die Zahlenbeträge gleich sind und andererseits das gleiche Vorzeichen vor dem Bruch steht, d.h. wenn entweder die Profilverschiebungsfaktoren-Summe und die Zähnezahl-Summe beide positiv sind (V-Plus-Außen-Radpaare) oder beide negativ (V-Minus-Innen-Radpaare) beziehungsweise wenn die Profilverschiebungssumme negativ ist, die Zähnezahlsumme positiv (V-Minus-Außen-Radpaare) oder die Profilverschiebungssumme positiv, die Zähnezahlsumme dagegen negativ (V-Plus-Innen-Radpaare). Im Diagramm des Bildes 5.4 erhält man einen deutlichen Hinweis dafür, daß die Verhältnisse bei V-Plus-Außen-Radpaaren und V-Minus-Innen-Radpaaren ähnlich und vergleichbar sind. Im folgenden werden daher stets V-Plus-Außen-Radpaarungen mit V-Minus-Innen- und V-Minus-Außen- mit V-Plus-Innen-Radpaarungen verglichen.

Zu beachten ist, daß bei kleinen Zähnezahlsummen der Unterschied zwischen dem Winkel α_{vt} und α_{wt} viel größer wird, daher auch der Unterschied zwischen dem Verschiebungsachsabstand a_v und dem Betriebsachsabstand a. Damit wird auch die durch Kopfhöhenänderung k notwendige Zahnkorrektur viel größer.

Bei großen Zähnezahlsummen, etwa ab $|z_1 + z_2| > 50$ kann man die Winkeländerung $\alpha_{vt} - \alpha_{wt}$ und die Achsabstandsänderung $a_v - a$, d.h. auch die Zahnkopfhöhenkorrektur beinahe vernachlässigen, bei $z_1 + z_2 \rightarrow \pm\infty$ und/oder $x_1 + x_2 = 0$ tritt sie nicht auf.

Kleine Zähnezahlsummen, z.B. $|z_1 + z_2| \leq 10$ sind bei Außen-Radpaarungen sehr empfindlich für negative Profilverschiebungssummen, weil neben allen anderen Schwierigkeiten, die schon bei den einzelnen Zahnrädern so kleiner Zähnezahlen auftreten, die Eingriffswinkel sehr klein werden und eventuell falscher Eingriff durch Überschreiten der Tangierungspunkte T_1 und T_2 durch die Kopfkreise der Gegenräder entstehen kann. Bei Innen-Radpaarungen weist die kleine Zähnezahlsumme in erster Linie nicht auf kleine Zähnezahlen der einzelnen Räder hin, sondern, da $z_2 < 0$ ist, auf kleine Zähnezahldifferenzen. Solche Paarungen sind auch sehr empfindlich gegen positive Profilverschiebungssummen, denn die Gefahr von unkorrektem Eingriff außerhalb der Eingriffsstrecke steigt (siehe auch Kapitel 4).

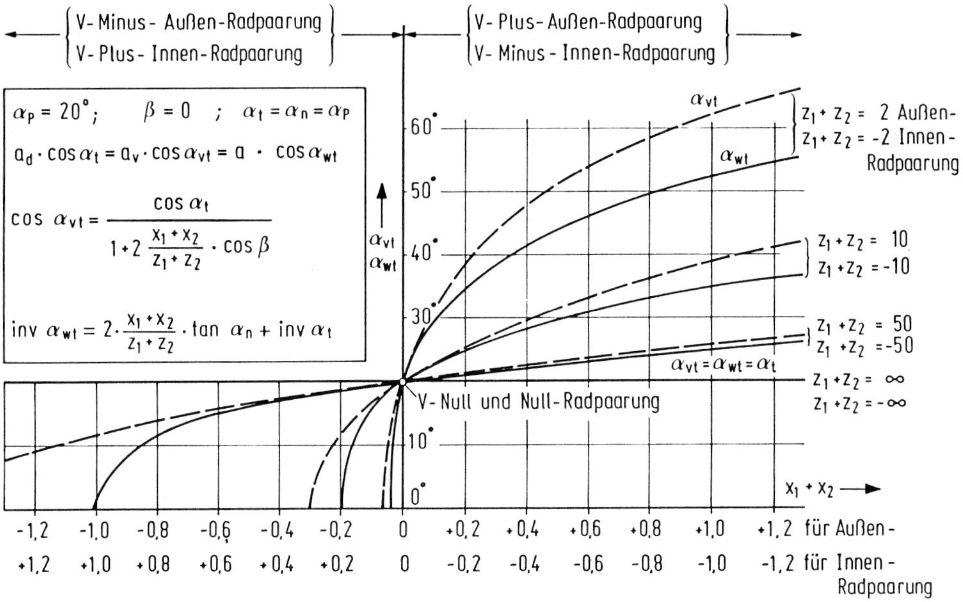

Bild 5.4. Eingriffswinkel α_{vt} bei Verschiebungs-Achsabstand a_v und Betriebseingriffswinkel α_{wt} (flankenspielfrei) bei Außen- und Innen-Radpaarungen.

Aus dem Diagramm geht hervor, daß

1. der dem Verschiebungs-Achsabstand zugeordnete Eingriffswinkel α_{vt} immer größer ist als der Betriebseingriffswinkel α_{wt},
2. für Profilverschiebungssummen, die den Radpaarungen im linken Teil des Diagramms zugeordnet sind, die Winkelwerte sehr schnell abfallen,
3. die Winkel vom Eingriffswinkel α_t der Null-Radpaarung um so mehr abweichen, je kleiner der Betrag der Zähnezahlsumme ist.

Daraus folgt:

1. Bei Außen-Radpaarungen ist a_v immer größer als der Betriebsachsabstand a. Das ursprüngliche Kopfspiel wird erzeugt durch Zahnhöhenverkleinerung. Bei Innen-Radpaarungen ist a_v absolut kleiner (betragsmäßig größer) als a. Das ursprüngliche Kopfspiel kann wieder hergestellt werden durch Zahnhöhen-Vergrößerung (siehe auch Bild 5.6, Teilbild 3).

2. Profilverschiebungssummen des linken Diagrammteils sollen wegen möglichen falschen Eingriffs vermieden werden.

3. Kleine absolute Zähnezahlsummen ergeben bei großen Profilverschiebungssummen große Eingriffswinkel.

Aus Gl.(3.55-1) für den Verschiebungs-Achsabstand a_v kann man entnehmen, daß er bei positiver Profilverschiebungssumme stets größer, bei negativer kleiner als der Null-Achsabstand ist. Es gilt:

Wenn

$$x_1 + x_2 > 0 \tag{2.44-3}$$

ist

$$a_v > a_d \quad \text{(allgemein)} \tag{5.8}$$

$$|a_v| < |a_d| \quad \text{(für Innen-Radpaare)}\ , \tag{5.9}$$

wenn

$$x_1 + x_2 < 0, \tag{2.44-4}$$

ist

$$a_v < a_d \quad \text{(allgemein)} \tag{5.10}$$

$$|a_v| > |a_d| \quad \text{(für Innen-Radpaare)}. \tag{5.11}$$

Für Außen-Radpaare ist das unmittelbar aus Gl.(3.55-1) abzulesen oder aus der Tatsache zu erkennen, daß in Bild 5.4 der Eingriffswinkel α_{vt} bei Verschiebungs-Achsabstand a_v und der Betriebseingriffswinkel α_{wt} bei positiver Profilverschiebungssumme größer, bei negativer kleiner als der Eingriffswinkel für Null-Radpaare ist. Aus Bild 5.5 erkennt man, daß bei Außen-Radpaaren ein großer, also steiler Eingriffswinkel einen großen (Teilbild 2), daß ein kleiner, also flacher Winkel einen kleinen Achsabstand ergibt (Teilbild 3).

Bei Innen-Radpaaren ergeben sich nach Bild 5.4 für negative Profilverschiebungssummen große, für positive Profilverschiebungssummen kleine Winkel α_{vt} und α_{wt}. Aus Bild 5.5, Teilbild 6, entnimmt man weiter, daß ein großer, also steiler Eingriffswinkel einen absolut kleinen (betragsmäßig großen), aus Teilbild 5, daß ein kleiner, also flacher Eingriffswinkel einen absolut großen (betragsmäßig kleinen) Achsabstand ergibt. Das heißt, auch hier ergeben positive Profilverschiebungssummen absolut große (betragsmäßig kleine) und negative Profilverschiebungssummen absolut kleine (betragsmäßig große) Achsabstände, mathematisch genau wie bei Außen-Radpaaren.

Die wichtigste Erkenntnis aufgrund des Diagramms in Bild 5.4 ist aber die, daß der Eingriffswinkel α_{vt} bei Verschiebungs-Achsabstand immer größer ist als der Betriebseingriffswinkel α_{wt},

$$\alpha_{vt} > \alpha_{wt}\ . \tag{5.12}$$

Mit Gl.(3.51)

$$\frac{a_v}{a} = \frac{\cos\alpha_{wt}}{\cos\alpha_{vt}} \tag{3.51}$$

folgt daraus sofort, daß für alle in Frage kommenden Werte ($0° < \alpha < 90°$) bei Profilverschiebungssummen von

$$x_1 + x_2 \neq 0 \qquad (2.44\text{-}2)$$

$$\cos\alpha_{vt} < \cos\alpha_{wt} \qquad (5.13)$$

ist und mit Gl.(3.51), daß stets die Ungleichung gilt

$$\frac{a_v}{a} = \frac{\cos\alpha_{wt}}{\cos\alpha_{vt}} > 1. \qquad (5.14)$$

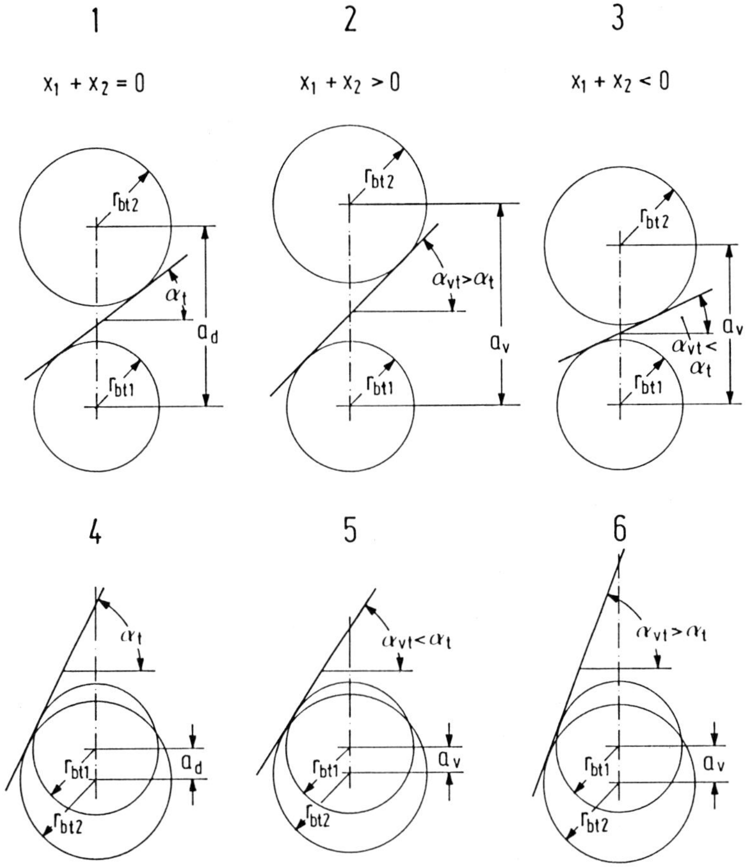

Bild 5.5. Auswirkungen der Profilverschiebungssumme auf den Eingriffswinkel und den Achsabstand bei Außen- und Innen-Radpaarung, hier dargestellt am Verschiebungs-Eingriffswinkel α_{vt} und am Verschiebungs-Achsabstand a_v. Die gleiche Gesetzmäßigkeit gilt auch für den Betriebseingriffswinkel α_{wt} und den dazugehörenden (flankenspielfreien) Betriebsachsabstand a.

Der Verschiebungs-Achsabstand a_v weicht um die Summe der Profilverschiebungen vom Null-Achsabstand a_d ab. Ist diese Summe positiv, $(x_1+x_2)\cdot m_n > 0$, Teilbilder 2 und 5, dann wird $a_v > a_d$ (bei Innen-Radpaarungen $|a_v| < |a_d|$), ist die Summe negativ, Teilbilder 3 und 6, dann wird $a_v < a_d$ (bei Innen-Radpaarungen $|a_v| > |a_d|$).

Aus den Gl.(5.12 bis 5.14) wiederum kann man sehen, daß allgemein gilt:

$$a_v > a .\qquad(5.15)$$

Bei negativen Zahlenwerten (Innen-Radpaare) mit $a_v < 0$, $a < 0$ kehrt sich das Ungleichheitszeichen um, und es gilt dann

$$a_v < a \qquad(5.16)$$

bzw.

$$|a_v| > |a| .\qquad(5.16\text{-}1)$$

Man kann sich allgemein merken, daß der Eingriffswinkel α_{vt} am V-Zylinder immer größer ist als der Betriebseingriffswinkel α_{wt}, Gl.(5.12), und daß zur Beseitigung des Flankenspiels bzw. der Durchdringung bei Achsabständen, die aufgrund von Profilverschiebungen von a_d abweichen, die Radachsen i m m e r um den Korrekturbetrag $k = a - a_v$ zusammengeschoben werden müssen.

5.2.5 Änderungen der Achsabstände und Zahnspiele

Die Folgen des kleineren Eingriffswinkels α_{wt} bei korrigiertem Achsabstand a sind in Bild 5.6 zu erkennen.

Bild 5.6. Profilverschiebung, Eingriffswinkel und Zahnspiele.
Teilbilder 1 und 2: Ist die Profilverschiebungssumme $(x_1+x_2) \cdot m_n \neq 0$, wird bei Außen-Radpaarungen der (spielfreie) Betriebseingriffswinkel kleiner als der Verschiebungs-Eingriffswinkel, $\alpha_{wt} < \alpha_{vt}$, ebenso wird der Betriebsachsabstand kleiner als der Verschiebungs-Achsabstand, $a < a_v$. Zur Flankenspielbeseitigung bei a_v müssen die Zahnkränze bei der Außen-Radpaarung um die Differenz $a - a_v$ verschoben werden (Zusammenrücken) und die Zahnkopfhöhen um den gleichen Betrag (also um k) verkleinert werden, um das ursprüngliche Kopfspiel c_p zu erhalten. Die Kopfhöhenänderung k ist negativ.

Teilbilder 3 und 4: Ist die Profilverschiebungssumme bei Innen-Radpaarungen $(x_1+x_2) \cdot m_n \neq 0$, dann ist der Betriebseingriffswinkel auch kleiner als der Verschiebungs-Eingriffswinkel, $\alpha_{wt} < \alpha_{vt}$, aber der Betriebsachsabstand ist absolut größer als der Verschiebungs-Achsabstand $a > a_v$ (dem Betrag nach kleiner $|a| < |a_v|$).

Zur Beseitigung der Flankendurchdringungen bei a_v müssen die Zahnkränze bei Innen-Radpaaren um den Betrag $|a_v| - |a|$ auseinandergerückt werden. Die Zahnkopfhöhen können zur Bewahrung der gemeinsamen Zahnhöhe und des alten Kopfspiels c_p gegebenenfalls um den gleichen Betrag (also um $k = a - a_v$) vergrößert werden. Die Kopfhöhenänderung wird positiv.

Bei Vergrößerung der Zahnkopfhöhen gegenüber dem Bezugsprofil um k muß gewährleistet sein, daß der Hohlrad-Kopfkreisradius den Grundkreisradius nicht unterschreitet $|r_{a2}| > |r_{b2}|$ und daß keine Eingriffsstörungen durch Kopfkantenberührung entstehen (Kap. 4). Die Linienarten der Zahnkonturen haben folgende Bedeutung:
Strichpunktiert = Kontur bei Verschiebungs-Achsabstand a_v
Gestrichelt = Kontur bei Betriebs-Achsabstand a vor der Kopfhöhenänderung
Durchgezogen = Endgültige Kontur bei Betriebs-Achsabstand a nach der Kopfhöhenänderung
Merkregel: Für spielfreien Achsabstand a müssen die Zahnradachsen gegenüber a_v zusammengeschoben werden.

Bei Außen-Radpaarungen ist der spielfreie Achsabstand a stets kleiner als der Verschiebungs-Achsabstand a_V (Bild 5.6, Teilbild 2), Gl.(5.14;5.7;3.54). Die Zahnkränze müssen daher stets "zusammengeschoben" werden, um das entstandene Flankenspiel zu beseitigen. Die Zahnkopfhöhen müssen verkleinert werden, um das ursprüngliche Kopfspiel cp zu erhalten (Bild 5.6, Teilbild 1). Die Kopfhöhenänderung k ist negativ, was sich auch aus der Gl.(2.59) stets vorzeichenrichtig ergibt.

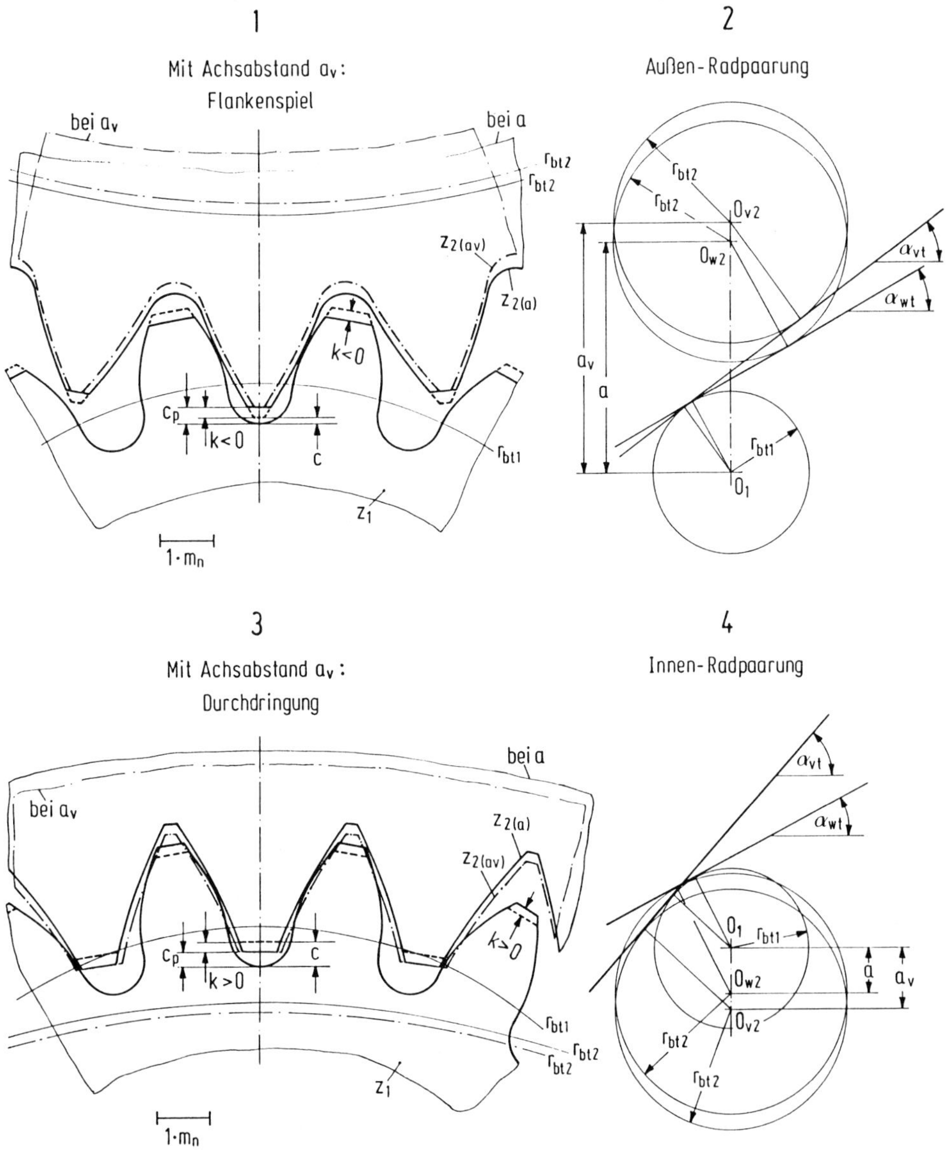

Bild 5.6

Innen-Radpaarungen reagieren anders (Bild 5.6, Teilbild 4). Bei ihnen ist der Eingriffswinkel α_{vt} auch größer als der Betriebseingriffswinkel α_{wt}, der Achsabstand a_v dagegen absolut kleiner als a (betragsmäßig größer). Beim Achsabstand a_v würden sich die Zahnkränze an den Flanken durchdringen (Bild 5.6, Teilbild 3), sofern keine Korrektur zum Achsabstand a stattfände. Das durch die Achsabstandskorrektur von a_v zu a bedingte Auseinanderrücken der Zahnkränze, gleichzeitig aber Zusammenrücken der Radachsen (Bild 5.6, Teilbild 3) vergrößert die Kopfspiele über die ursprünglichen Maße (c_p) hinaus und legt eine Zahnkopfvergrößerung nahe, sofern das nicht zu Eingriffsstörungen führt. Die Kopfhöhenänderung k ist positiv, was sich aus Gl.(2.59) auch vorzeichenrichtig ergibt.

5.2.6 Änderungen der Eingriffsstreckenlänge bei symmetrischer Lage zum Wälzpunkt

Ist die Summe der Profilverschiebungsfaktoren positiv

$$x_1 + x_2 > 0, \tag{2.44-3}$$

wird nach Bild 5.5, Teilbild 2, für Außen-Radpaare der Eingriffswinkel α_{vt} und der Betriebseingriffswinkel größer als der für Null-Radpaare,

$$\alpha_{wt} > \alpha_t, \tag{2.60-2}$$

ist die Summe

$$x_1 + x_2 = 0 \tag{2.44-1}$$

wird

$$\alpha_{wt} = \alpha_t ,$$

und ist schließlich

$$x_1 + x_2 < 0 \tag{2.44-4}$$

erhält man

$$\alpha_{wt} < \alpha_t . \tag{2.61-2}$$

In Bild 5.7 sind die Profilverschiebungsfaktoren für Rad und Ritzel bzw. die Zähnezahlen im selben Verhältnis gewählt wie die Grundkreisradien, d.h. im selben Verhältnis wie die Übersetzung i. Es ist dann

$$\frac{x_2}{x_1} = \frac{z_2}{z_1} = -i. \tag{5.17}$$

Damit erzielt man symmetrische Eingriffe mit etwa gleich langen Eintritt- und Austritt-Eingriffsstrecken

$$g_{\alpha f} \approx g_{\alpha a} \cdot \tag{5.18}$$

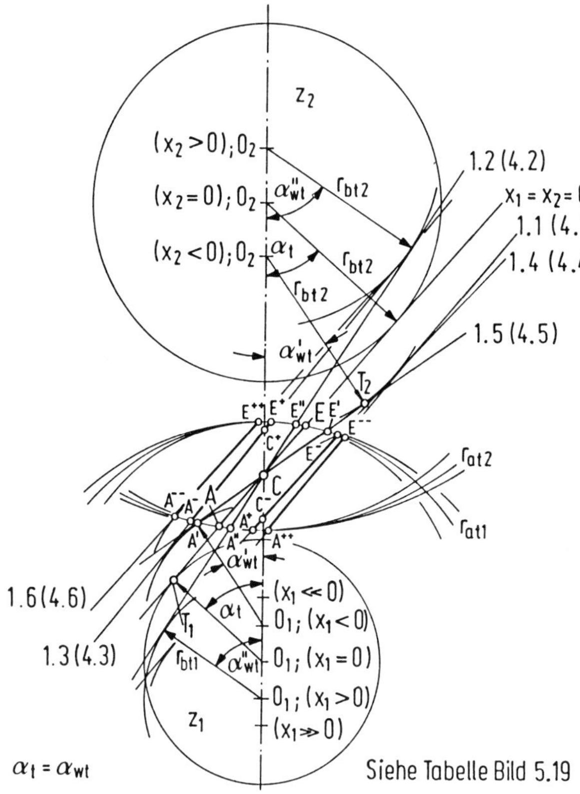

Bild 5.7. Außen-Radpaarung mit abgestimmter Profilverschiebung. Es wird der Einfluß der Profilverschiebung auf die Profilüberdeckung ε_α und die Aufteilung der Eingriffsstrecken $g_{\alpha f}$, $g_{\alpha a}$ gezeigt. Entspricht das Verhältnis der Profilverschiebungen dem Zähnezahlverhältnis $x_1/x_2 = z_1/z_2$ (Vorzeichen mit beachten), dann bleibt die Lage der Eingriffsstrecke etwa symmetrisch zum Wälzpunkt C, und die Längen von Fuß- und Kopf-Eingriffsstrecken sind ungefähr gleich groß, $g_{\alpha f} \approx g_{\alpha a}$, Fälle 1.2(4.2), 0, 1.5(4.5).

Ist die Summe der Profilverschiebungsfaktoren $x_1 + x_2 > 0$, wird die Eingriffsstrecke $\overline{A''E''}$ kürzer (Fall 1.2(4.2)), ist die Summe $x_1 + x_2 < 0$, wird die Eingriffsstrecke $\overline{A'E'}$ länger (Fall 1.5(4.5)) als die Eingriffsstrecke $\overline{AE}$ für Null-Radpaarungen.

Die Kopfkreisradien für die verschiedenen Fälle schneiden die Mittenlinie $0_1 0_2$ an derselben Stelle, wenn die Flankenspielkorrektur vernachlässigt wird. Ihre voneinander abweichende Länge wirkt sich an den Schnittpunkten A und E nur innerhalb der Strichstärke aus. Die übrigen Fälle zeigen die Lage der Eingriffsstrecke bei "nicht abgestimmten" Profilverschiebungen für Rad 1 und Rad 2. Fälle 1.1(4.1) und 1.4(4.4) haben eine positive Profilverschiebung für Rad 1 und eine betragsmäßig etwas kleinere bzw. etwas größere negative Profilverschiebung für Rad 2. Die Eingriffsstrecke liegt bei Übersetzung ins Schnelle im wesentlichen hinter dem Wälzpunkt. Umgekehrt sind die Verhältnisse im Fall 1.3(4.3) und 1.6(4.6), die Eingriffsstrecke liegt im wesentlichen vor dem Wälzpunkt. Die Zahlen an den Eingriffslinien geben die entsprechenden Felder in Bild 5.19 an, die nicht eingeklammerten für Übersetzungen ins Langsame, die eingeklammerten für Übersetzungen ins Schnelle.

Es lassen sich für V-Plus- und V-Minus-Radpaarungen die Zahnradmittelpunkte so eintragen, daß der Wälzpunkt C für alle Paarungen der gleiche ist und die Kopfkreise die Mittenlinie an denselben Stellen schneiden. Der Vergleich der auf diese Weise ermittelten Eingriffsstrecken bestätigt, daß bei den vorliegenden Profilverschiebungsverhältnissen der Wälzpunkt etwa in der Mitte liegt, der kleinere Winkel α'_{wt} (Bild 5.7, Fall 1.5(4.5), V-Minus-Radpaarung) eine längere, der größere Winkel α''_{wt} (Fall 1.2(4.2), V-Plus-Radpaarung) eine kürzere Eingriffsstrecke ergibt.

Fall $x_1 = x_2 = 0$ in Bild 5.7 mit dem Winkel $\alpha_{wt} = \alpha_t$ (Null-Radpaarung) dient zum Vergleich. Wenn der Kopfkreis von Rad 2 größer als der von Rad 1 ist, besteht die Tendenz, daß die Eintritt-Eingriffsstrecke, $g_{\alpha f} = \overline{AC}$, größer als die Austritt-Eingriffsstrecke, $g_{\alpha a} = \overline{CE}$, wird. Ist die Profilverschiebung des treibenden Rades positiv, die des getriebenen negativ, rückt die Eingriffsstrecke größtenteils hinter den Wälzpunkt C, Fälle 1.1(4.1) und 1.4(4.4), ist es umgekehrt, Fälle 1.3(4.3) und 1.6(4.6), rückt sie vor den Wälzpunkt, siehe auch Bild 5.19.

Bei Innen-Radpaarungen muß man, um Gl.(5.17) zu erfüllen und symmetrische Eingriffslagen zu erhalten, den positiven Profilverschiebungsfaktor des Außenrades mit dem negativen des Hohlrades kombinieren. Da das Hohlrad immer größer als das Außenrad ist, $|z_2|>|z_1|$, wird für das Vorzeichen der Profilverschiebungssumme immer x_2 maßgebend sein, da nach Gl.(5.17) $|x_2|>|x_1|$ ist. Eine positive Profilverschiebungssumme in Gl.(2.49) führt zur Eingriffsstrecke $\overline{A''E''}$ mit dem Ergebnis

$$\alpha_{wt} < \alpha_t \tag{2.61-2}$$

und eine negative Profilverschiebungssumme in Gl.(2.49) zum Ergebnis

$$\alpha_{wt} > \alpha_t \; . \tag{2.60-2}$$

Bei positiver Profilverschiebungssumme ist die Eingriffsstrecke g_α länger, bei negativer jedoch kürzer als bei Null-Radpaarungen. Gleich blieben in Bild 5.8 - wie auch in Bild 5.7 - die Grundkreisradien, die Zahnkopfhöhen h_a und der Stirneingriffswinkel α_t sowie der eventuell vorhandene Schrägungswinkel β. Auch bei Innen-Radpaarungen liegt der Wälzpunkt C etwa in der Mitte der Eingriffsstrecke $\overline{AE}$. Es besteht hier in erhöhtem Maße die Tendenz, daß die Eintritt-Eingriffsstrecke $g_{\alpha f} = \overline{AC}$ größer als die Austritt-Eingriffsstrecke $g_{\alpha a} = \overline{CE}$ ist, weil der Kopfkreis des Gegenrades konkav ist und die gleiche Krümmungsrichtung hat wie das Ritzel.

5.2.7 Versetzen des Eingriffsbeginns und -endes

Während sich durch die Summe der Profilverschiebungen die Anfangs- und Endpunkte der Eingriffsstrecke nur indirekt über den Eingriffswinkel in eine beabsichtigte Lage verschieben lassen, kann die Verschiebung bei sonst gleichen Größen durch die verschiedene Aufteilung der Profilverschiebungssumme auf Rad und Ritzel direkt beeinflußt werden.

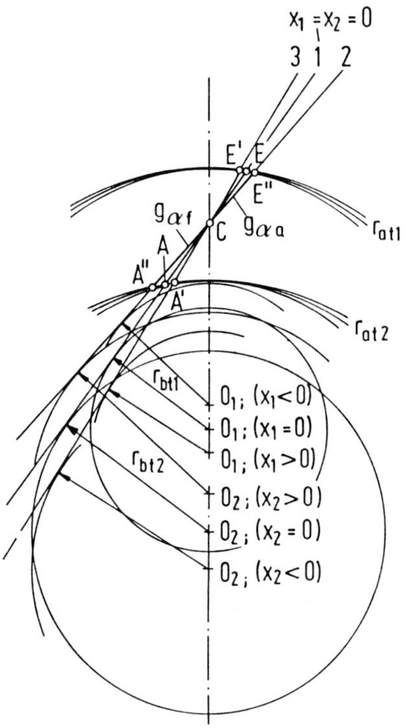

Bild 5.8. Innen-Radpaarung mit abgestimmter Profilverschiebung. Es wird der Einfluß der Profilverschiebung $x \cdot m$ auf die Profilüberdeckung ε_α und die Lage der Eingriffsstrecken $g_{\alpha f}$, $g_{\alpha a}$ gezeigt. Wenn das Profilverschiebungsverhältnis dem Zähnezahlverhältnis entspricht (einschließlich des Vorzeichens), dann liegt auch bei Innen-Radpaarungen die Eingriffsstrecke symmetrisch zum Wälzpunkt C, wobei die Flankenspielkorrektur vernachlässigt wird. Die Längen der Fuß- und Kopfeingriffsstrecken sind etwa gleich, $g_{\alpha f} \approx g_{\alpha a}$.

Ist die Summe der Profilverschiebungsfaktoren $x_1 + x_2 > 0$, wird die Eingriffsstrecke $\overline{A''E''}$ länger (Fall 2), ist die Summe $x_1 + x_2 < 0$, wird die Eingriffsstrecke $\overline{A'E'}$ kürzer (Fall 3) als die Eingriffsstrecke $\overline{AE}$ für eine Null-Radpaarung, Fall 1. Die Kopfkreisradien für die verschiedenen Fälle schneiden die Mittenlinie O_1O_2 an derselben Stelle. Ihre voneinander abweichende Länge wirkt sich an den Schnittpunkten A und E innerhalb der Strichstärke aus.

In Bild 5.9 sind V-Null-Außen-Radpaarungen einschließlich einer Null-Radpaarung als Vergleichspaarung dargestellt, in Bild 5.10 sind die Übersetzungen ins Langsame und in Bild 5.11 die Übersetzungen ins Schnelle gesondert wiedergegeben. Legt man, wie im Bild 5.9 zunächst angenommen, das kleinere Rad z_1 als treibendes Rad z_a fest, wobei die Winkelgeschwindigkeiten ω_{1a} und ω_{2b} gelten, wird

$$z_1 = z_a \tag{5.19}$$

und

$$z_2 = z_b \,. \tag{5.20}$$

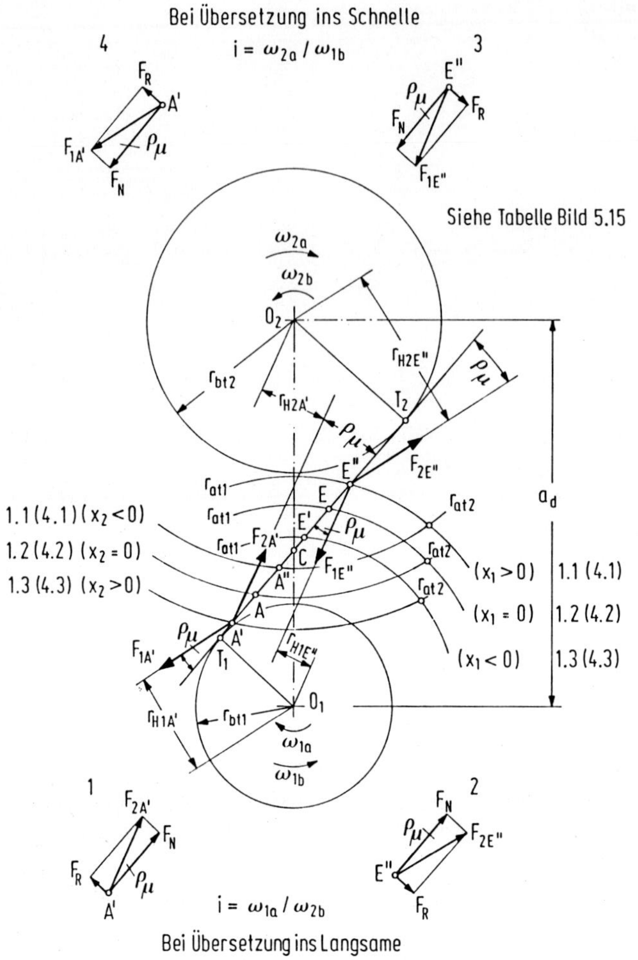

Bild 5.9. Außen-Radpaarung, Profilüberdeckung bei V-Null-Radpaarungen. Die Eingriffslinie verändert ihre Lage gegenüber der Null-Radpaarung nicht. Der Beginn des Eingriffs bei Übersetzungen ins Langsame, Punkt A, verschiebt sich in Richtung Punkt T_2, wenn die Profilverschiebung des Rades $x_2 < 0$ ist und in Richtung T_1, wenn $x_2 > 0$ ist. Das Ende des Eingriffs, Punkt E, verschiebt sich in Richtung T_2, wenn $x_1 > 0$ ist und in Richtung T_1, wenn $x_1 < 0$ ist. Somit kann durch Profilverschiebung die Eingriffsstrecke in extreme Lagen verschoben werden. Die Zahlen neben den Profilverschiebungsfaktoren geben die dazugehörenden Felder des Bildes 5.15 an, die nicht eingeklammerten für Übersetzungen ins Langsame, die eingeklammerten für Übersetzungen ins Schnelle. Bei Übersetzungen ins Langsame treibt Rad 1. Es ist $i = \omega_{1a}/\omega_{2b}$. Liegt der Eingriffsbeginn bei A' $(x_1 < 0\ ;\ x_2 > 0)$, treten sehr ungünstige Übertragungsverhältnisse ein, weil die resultierende Kraft $F_{2A'}$ einen kleinen Hebelarm $r_{H2A'}$ hat, siehe Bild 5.10. Die Richtung der resultierenden Kräfte ist in den Teilbildern 1 und 2 dargestellt.

Bei Übersetzung ins Schnelle treibt Rad 2. Es ist $i = \omega_{2a}/\omega_{1b}$. Liegt der Eingriffsbeginn bei E'' $(x_1 > 0\ ;\ x_2 < 0)$, treten noch ungünstigere Verhältnisse auf als bei Übersetzung ins Langsame. Die Kraft $F_{1E''}$ hat nur den kleinen Hebelarm $r_{H1E''}$, siehe Bild 5.11. Die Richtung der resultierenden Kräfte ist in den Teilbildern 3 und 4 dargestellt.

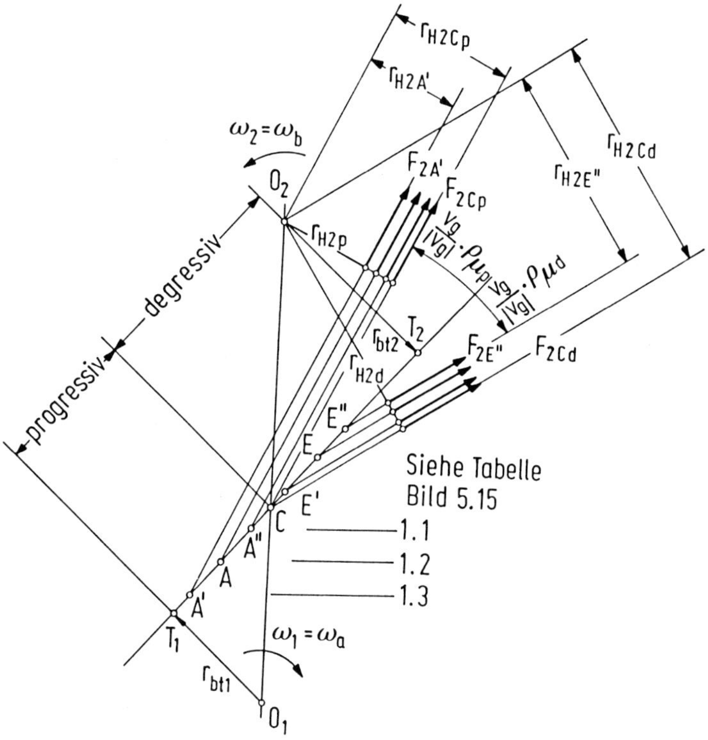

Bild 5.10. V-Null-Außen-Radpaarung für Übersetzungen ins Langsame nach Bild 5.9. Einfluß der Lage der Eingriffsstrecke auf den Abtriebshebelarm r_{H2} aufgrund des Reibungswinkels ρ_{μ}, und aufgrund des Einflußbereichs progressiver und degressiver Reibsysteme. Paarung wie in Bild 5.9. Die Verkleinerung von r_{H2p} gegenüber r_{bt2} in der Eintritt-Eingriffsstrecke von A' bis C als Folge der Reibung ist für den Übertragungswirkungsgrad sehr ungünstig und kann in Extremfällen ($r_{H2p} \rightarrow 0$) zu Selbsthemmung führen. Die Gefahr ist im progressiven Bereich des Eingriffs bei großem Reibwert durchaus gegeben, wenn der Eingriffsbeginn in die Nähe des Punktes T_1 rückt, zumal der in diesem Bereich wirksame Reibungswinkel $\rho_{\mu p}$ größer als der eingezeichnete lineare Reibungswinkel $\rho_{\mu l}$ ist, und die Hebelarme r_{H2p} kleiner als die eingezeichneten werden. Im degressiven Bereich ist $\rho_{\mu d} < \rho_{\mu l}$, so daß auch dort die Hebelarme kleiner werden, aber immer noch größer als der Grundkreisradius sind; es ist $r_{H2d} > r_{bt2}$.

Da bei V-Null-Radpaarungen

$$x_1 + x_2 = 0 \tag{2.44-1}$$

ist, ergibt eine Verkleinerung des Profilverschiebungsfaktors x_2

$$x_2 < 0 \ , \tag{5.21}$$

ein Weiterrücken des Eingriffsbeginns in Richtung zum Tangierungspunkt T_2, d.h. in den Beispielen der Bilder 5.9 bis 5.11 von Punkt A zu Punkt A". Wird der Profilverschiebungsfaktor des treibenden Rades - hier wieder Rad 1 - vergrößert,

$$x_1 > 0 \ , \tag{5.22}$$

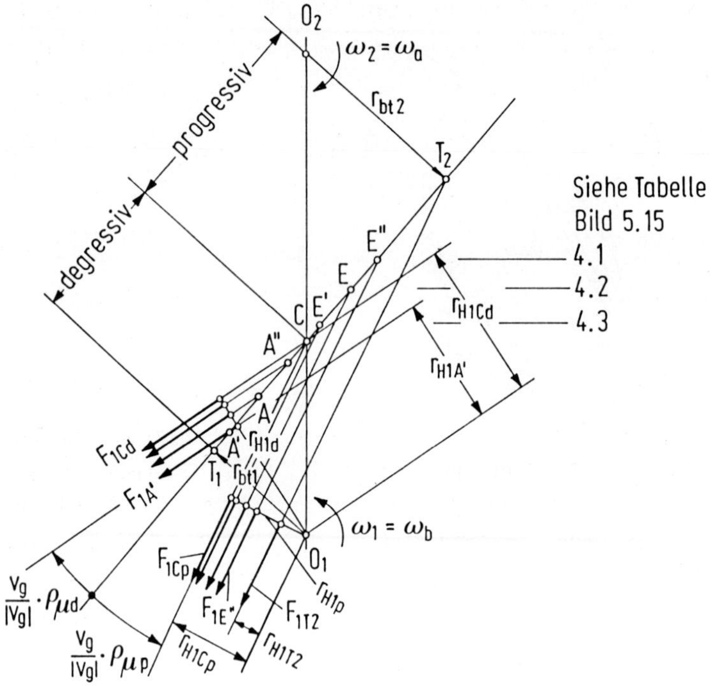

Bild 5.11. V-Null-Außen-Radpaarung für Übersetzungen ins Schnelle. Einfluß der Lage der Eingriffsstrecke auf den Abtriebshebelarm r_{H1} aufgrund des Reibungswinkels ρ_μ und aufgrund des Einflußbereichs progressiver und degressiver Reibsysteme. Paarung wie in Bild 5.9.

Die Verkleinerung von r_{H1p} gegenüber r_{bt1} in der Eintritt-Eingriffsstrecke von E" bis C (hier mit E" als Eingriffsanfang) als Folge der Reibung, wirkt sich bei Übersetzungen ins Schnelle besonders ungünstig aus und kann in Extremfällen ($r_{H1p} \to 0$), die hier viel häufiger auftreten als bei Übersetzungen ins Langsame (auch bei mittleren Reibwerten), zu Selbsthemmung führen. Da der Abtriebshebelarm r_{H1p} bei Übersetzungen ins Schnelle ohnehin klein ist und der Eingriffsbeginn im progressiven Reibungsbereich liegt, der gegenüber dem nicht eingezeichneten linearen Reibungswinkel $\rho_{\mu l}$ eine Vergrößerung auf $\rho_{\mu p}$ zur Folge hat, $\rho_{\mu p} > \rho_{\mu l}$, ist der tatsächliche Abtriebshebelarm r_{H1p} noch kleiner als eingezeichnet. Im degressiven Eingriffsbereich wird $\rho_{\mu 1d} < \rho_{\mu 1l}$, so daß auch dort die Hebelarme kleiner werden, aber immer noch größer als der Grundkreisradius sind; es ist $r_{H1d} > r_{bt1}$.

dann rückt auch das Ende der Eingriffsstrecke in Richtung des Tangierungspunktes T_2, im Beispiel von Punkt E zu Punkt E". Man verschiebt mit diesen beiden Maßnahmen die gesamte Eingriffsstrecke zum Eingriffsende. Dieser Fall ist in den Bildern 5.9 und 5.10 mit 1.1 bezeichnet (Feldnummer in Bild 5.15) und tritt bei kleinen Ritzelzähnezahlen wegen der großen erforderlichen positiven Profilverschiebung sehr häufig auf. Das Rad erhält zum Erzielen eines kleinen Eingriffswinkels häufig eine negative Profilverschiebung. Diese Lage der Eingriffslinie (Bilder 5.9 und 5.10, A"E") hat noch den großen Vorteil, daß im größten oder gar im ganzen Teil des Eingriffs ein degressives Reibsystem wirksam ist (Abschnitt 2.11.3, Bild 2.39, Teilbild 4.1).

Der ungünstigste Fall für die Erzeugung des Abtriebsmoments in der Austritt-Eingriffsstrecke tritt für die aus Reib- und Normalkraft resultierende Kraft F_2 in Punkt E'' ein ($F_{2E''}$), wo der wirksame Hebelarm $r_{H2E''}$ noch relativ günstig ist.

Der umgekehrte Fall, nämlich die Verschiebung der Eingriffslinie zum Tangierungspunkt T_1, durch ein kleineres x_1,

$$x_1 < 0 , \tag{5.23}$$

und ein großes x_2,

$$x_2 > 0 , \tag{5.24}$$

ergibt ungünstigere Eingriffsverhältnisse für Übersetzungen ins Langsame. Die Wirkung der Reibkräfte steigt, weil über den größten Teil der Eingriffsstrecke ein progressives Reibsystem vorliegt (Abschnitt 2.11), die aus Reib- und Normalkraft resultierende, für das Abtriebsmoment maßgebende Kraft $F_{2A'}$ wirkt an einem immer kleineren Hebelarm $r_{H2A'}$, je näher der Eingriffspunkt A' zum Tangierungspunkt T_1 rückt. Es liegt der Fall 1.3 in den Bildern 5.9 und 5.10 vor. Die weiteren Nachteile sind: Sehr stark gekrümmte Eingriffsflanken am treibenden Rad, insbesondere, wenn es das kleinere ist. Diese Eingriffsverhältnisse für Übersetzungen ins Langsame sind in Bild 5.10 noch einmal für die wichtigen Eingriffspunkte herausgezeichnet worden. Es ist sehr gut zu erkennen, daß durch den Reibungswinkel ρ_μ der Hebelarm im Eingriff vor dem Wälzpunkt C verkleinert, nach dem Wälzpunkt vergrößert wird. Hier und in den folgenden Bildern wird zunächst immer der gleiche Reibungswinkel $\rho_{\mu l} = 15^\circ$ ($\hat{=}\ \mu = 0{,}268$) eingezeichnet, der nur für den linearen Fall zutreffen würde.

Bei Übersetzungen ins Schnelle, wenn das größere Rad z_2 das treibende Rad ist und die Winkelgeschwindigkeiten ω_{2a} und ω_{1b} gelten, d.h.

$$z_2 = z_a , \tag{5.25}$$

ist der geschilderte Fall 1.3 aus den Bildern 5.9 und 5.10 erwünscht, nun als Fall 4.3 in Bild 5.11 bezeichnet, da dann der Eingriffsbeginn[1)] in Punkt E' liegt. Ein größtmögliches Moment am Ritzel z_1, wobei

$$z_1 = z_b \tag{5.26}$$

ist, wird erzeugt mit Kraft $F_{1A'}$ und Hebelarm $r_{H1A'}$. Es liegt in diesem Bereich, also zwischen C und A', ein degressives Reibsystem (Bilder 5.9 und 5.11). Bei de-

---

1) Um die Eingriffsendpunkte nicht doppelt zu benennen, wurde hier und in den folgenden Ausführungen ausnahmsweise bei Übersetzungen ins Schnelle der Eingriffsbeginn mit E und das Eingriffsende mit A bezeichnet.

gressiven Reibsystemen werden die Zahnflanken als Folge der Reibung in der Regel geglättet und nicht aufgerauht, was den alten Uhrmachern bekannt war, so daß bei der von ihnen praktizierten Ausführung die Zahnflanken ihrer Getriebe im Laufe der Zeit immer glatter wurden und lange hielten. Das Gegenteil und der ungünstigste Fall tritt ein, wenn für Übersetzungen ins Schnelle das große Rad nach Minus und das kleine nach Plus verschoben wird. Der Eingriff beginnt im Punkt E", es sind die Kraft $F_{1E''}$ und der Hebelarm $r_{H1E''}$ wirksam (Bilder 5.9;5.11, Fall 4.1). Während des größten Teils des Eingriffs herrscht ein progressives Reibsystem, und Klemmen ist sehr leicht möglich. Dieser Fall ist in Bild 5.11 herausgezeichnet und gut zu erkennen. Je näher der Eingriffsbeginn an den Tangierungspunkt T_2 rückt, um so kleiner werden die wirksamen Hebelarme r_{H1}.

Man sollte daher für Übersetzungen ins Langsame die Eingriffsstrecke von Punkt A" bis Punkt E" bevorzugen (Bilder 5.9;5.10, Fall 1.1) und für Übersetzungen ins Schnelle die Eingriffsstrecke E' bis A' (Bilder 5.9 und 5.11, Fall 4.3), siehe auch Tabelle in Bild 5.15.

Die gleichen Überlegungen auf Innen-Radpaarungen angewendet, führen zu folgenden Ergebnissen (Bilder 5.12 bis 5.14):

Um die Eingriffsstrecke in einem bestimmten Richtungssinn zu versetzen, ohne den Eingriffswinkel zu verändern, muß man auch hier einen positiven Profilverschiebungsfaktor mit einem gleich großen negativen kombinieren (V-Null-Radpaarung). Für welches Rad der kleinere und für welches der größere genommen wird, hängt von der beabsichtigten Versetzungsrichtung ab.

Bild 5.12. Innen-Radpaarung und Profilüberdeckung bei V-Null-Radpaarungen. Die Eingriffslinie verändert ihre Lage gegenüber der Null-Radpaarung nicht. Der Beginn des Eingriffs bei Übersetzungen ins Langsame, Punkt A, verschiebt sich in Richtung Punkt T_1, wenn die Profilverschiebung des Rades $x_2 > 0$, und entgegengesetzt, wenn $x_2 < 0$ ist. Das Ende der Eingriffsstrecke, Punkt E, verschiebt sich in Richtung Punkt T_1, wenn die Profilverschiebung des Ritzels $x_1 < 0$, und entgegengesetzt, wenn $x_1 > 0$ ist. Die Zahlen neben den Profilverschiebungsfaktoren geben die dazugehörenden Felder des Bildes 5.15 an, für Übersetzungen ins Langsame nicht eingeklammert, für Übersetzungen ins Schnelle eingeklammert.

Bei Übersetzungen ins Langsame treibt Rad 1. Es ist $i = \omega_{1a}/\omega_{2b}$. Liegt der Eingriffsbeginn bei A' ($x_1 < 0$; $x_2 > 0$) treten günstige Übertragungsverhältnisse auf, weil $F_{2A'}$ mit günstigem Hebelarm $r_{H2A'}$, hauptsächlich im degressiven Eingriffsabschnitt A'-C wirken kann. Die Teilbilder 1 und 2 geben die Richtung der resultierenden Kräfte in den äußeren Eingriffspunkten an.

Bei Übersetzungen ins Schnelle treibt Rad 2. Es ist $i = \omega_{2a}/\omega_{1b}$. Die günstigsten Eingriffsverhältnisse gibt es, wenn der Eingriffsbeginn in Punkt E" und das Eingriffsende in Punkt A" liegt ($x_1 > 0$; $x_2 < 0$), da dann die Kraft $F_{1E''}$ den Hebelarm $r_{H1E''}$ hat, und die Eingriffsstrecke bis Punkt C im degressiven Teil liegt. Teilbilder 3 und 4 zeigen die resultierenden Kräfte in den Endpunkten.

In Bild 5.12 sind zwei V-Null- und eine Null-Innen-Radpaarung dargestellt. Fall 1.5 zeigt die Null-Innen-Radpaarung. Legt man auch hier das kleinere Rad als treibendes Rad fest, also Übersetzungen ins Langsame mit $i = \omega_{1a}/\omega_{2b}$ und

$$z_1 = z_a \,, \tag{5.19}$$

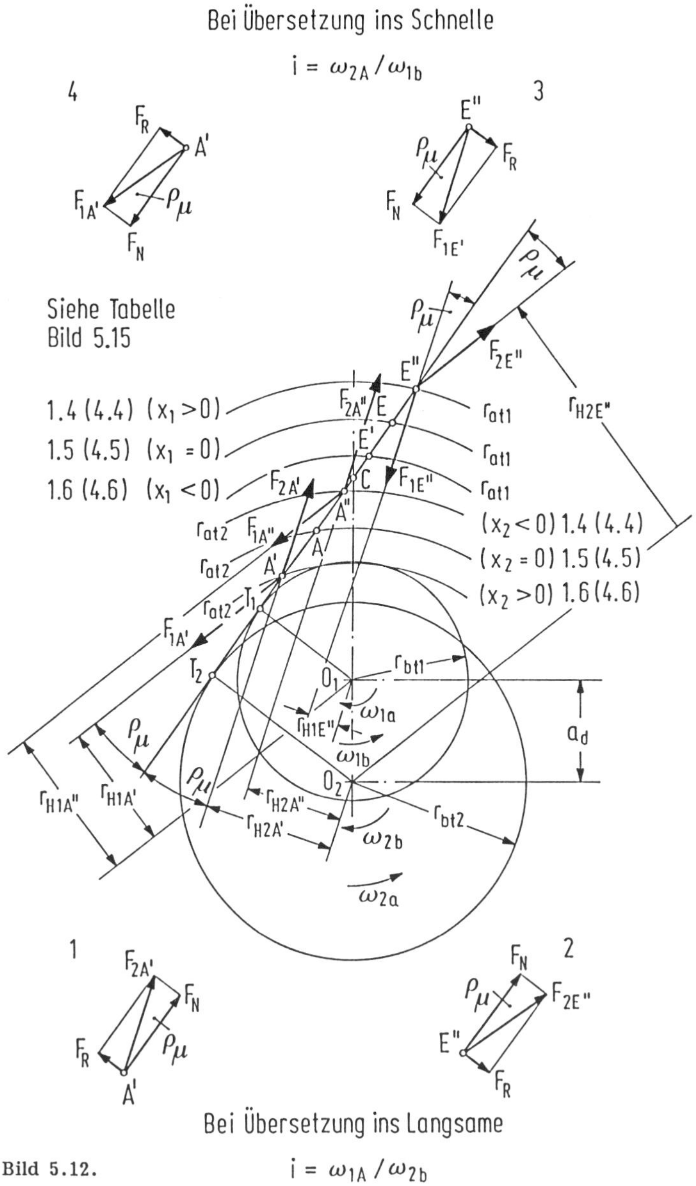

Bild 5.12.

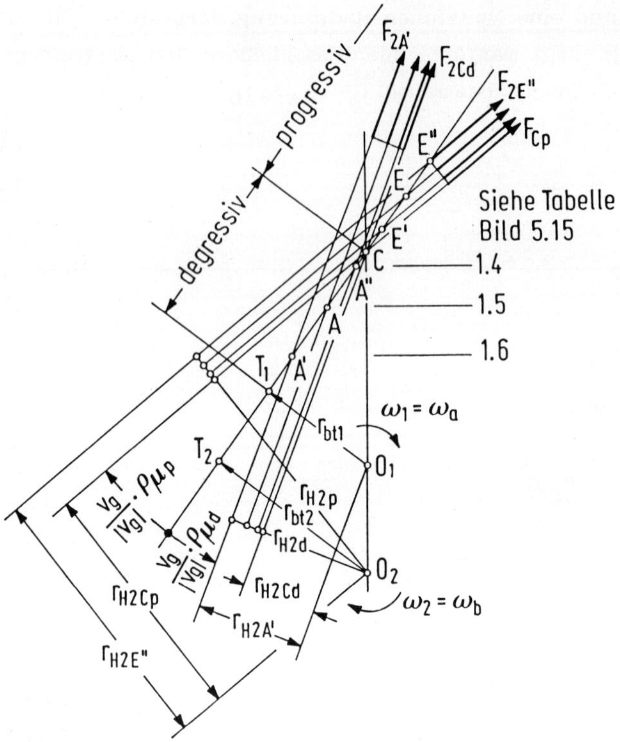

Bild 5.13. V-Null-Innen-Radpaarung für Übersetzungen ins Langsame. Einfluß der Lage der Eingriffsstrecke auf den Abtriebshebelarm r_{H2} aufgrund des Reibungswinkels ρ_μ und aufgrund des Einflußbereichs progressiver und degressiver Reibsysteme. Paarung wie in Bild 5.12.

Die Verkleinerung von r_{H2} gegenüber r_{bt2} in der Eintritt-Eingriffsstrecke, d.h. zwischen A' und C , als Folge der Reibkraft, wirkt sich bei Übersetzungen ins Langsame ungünstig auf den Übertragungswirkungsgrad aus, wird aber gemildert aufgrund der Tatsache, daß bei degressiven Reibsystemen der Reibungswinkel ρ_μ kleiner als bei linearen ist, $\rho_{\mu d} < \rho_{\mu 1}$, und die Hebelarme r_{H2} in diesem Bereich stets größer sind als die mit $\rho_{\mu 1}$ in der Zeichnung dargestellten. Im progressiven Bereich wird $\rho_{\mu p} > \rho_{\mu 1}$ und damit werden die dort eingezeichneten Hebelarme r_{H2} auch größer. Eingezeichnet ist immer der Reibungswinkel $\rho_{\mu 1}$. Im progressiven Bereich sind daher die Reibungswinkel größer, im degressiven kleiner als eingezeichnet.

dann kann der Eingriffsbeginn von A nach A" verschoben werden (Fall 1.4), indem, wie bei Außen-Radpaarungen, das getriebene Rad 2 eine negative Profilverschiebung,

$$x_2 < 0 \; , \tag{5.21}$$

erhält. Bei V-Null-Paarungen muß dann das Rad 1 positiv verschoben werden

$$x_1 > 0 \; , \tag{5.22}$$

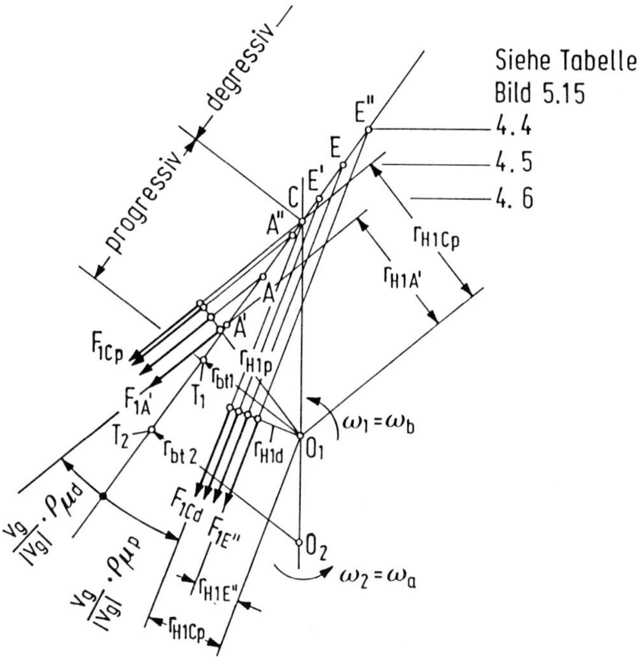

Bild 5.14. V-Null-Innen-Radpaarung für Übersetzungen ins Schnelle. Einfluß der Lage der Eingriffsstrecke auf den Abtriebshebelarm r_{H1} aufgrund des Reibungswinkels ρ_μ und aufgrund des Einflußbereichs progressiver und degressiver Reibsysteme. Paarung wie in Bild 5.12.

Die Verkleinerung von r_{H1} gegenüber r_{bt1} in der Eintritt-Eingriffsstrecke, d.h. zwischen E" und C (hier mit E" als Eingriffsanfang) als Folge der Reibkraft, wirkt sich bei Übersetzungen ins Schnelle sehr ungünstig auf den Übertragungswirkungsgrad aus, wird aber auch hier - wie bei Übersetzungen ins Langsame - gemildert aufgrund des Umstandes, daß bei degressiven Reibsystemen der Reibungwinkel ρ_μ kleiner als bei linearen ist, $\rho_{\mu d} < \rho_{\mu 1}$, und somit die Hebelarme r_{H1} in diesem Bereich stets größer als die eingezeichneten sind, daher kein Klemmen eintritt. Im progressiven Bereich werden die Reibkräfte und Reibungswinkel größer als im linearen $\rho_{\mu p} > \rho_{\mu 1}$ und daher auch die hier wirksamen Hebelarme r_{H1}. Der Zeichnung ist der Reibungswinkel $\rho_{\mu 1}$ zugrunde gelegt.

Aus Vergleichsgründen wird hier ausnahmsweise der Eingriffsbeginn mit E und das Eingriffsende mit A bezeichnet.

wodurch das Eingriffsende z.B. vom Punkt E zum Punkt E" versetzt wird. Punkt A" liegt zwar noch im Bereich degressiver Reibsysteme, aber die Kraft $F_{2A''}$ hat einen sehr kurzen Hebelarm, nämlich $r_{H2A''}$. Die Kraft $F_{2E''}$ am Ende der Eingriffsstrecke hat zwar einen großen Hebelarm $r_{H2E''}$, aber das Reibsystem ist degressiv. In Bild 5.13 sind die Hebelarme für die einzelnen Eingriffspunkte bei Übersetzungen ins Langsame gut zu erkennen.

Die gegenteiligen Maßnahmen ($x_1 < 0$; $x_2 > 0$) versetzen die Eingriffspunkte A und E an die Stellen A' und E' (Fall 1.6 in den Bildern 5.12 und 5.14). Im Gegensatz zur Außen-Radpaarung ist der Eingriffsbeginn bei A', also in der Nähe des Tangierungspunktes T_1, nicht ungünstig, im Gegenteil, der Radius $r_{H2A'}$ zur Erzeugung des Abtriebsmoments mit der resultierenden Kraft $F_{2A'}$ wird zum Punkt T_1 hin immer größer und der Radius $r_{H2E'}$ (nicht gezeichnet) ist noch tragbar. Außerdem liegt bei Übersetzungen ins Langsame der Eingriffsabschnitt A' bis C im Bereich degressiver Reibsysteme. Beginnt der Eingriff dagegen bei A", dann liegt der größte Teil, nämlich der Abschnitt von C bis E" im Bereich progressiver Reibsysteme. Die Verhältnisse sind in Bild 5.13 deutlich zu erkennen, und es fällt auf, daß im degressiven Eingriffsabschnitt kleine, im progressiven große Hebelarme vorliegen.

Bei V-Null-Innen-Radpaarungen zur Übersetzung ins Schnelle mit $i = \omega_{2a}/\omega_{1b}$ und

$$z_2 = z_a \,, \tag{5.25}$$

ist es weniger günstig, den Eingriffsbeginn in den Punkt E' zu legen (Bilder 5.12 und 5.14), Fall 4.6, mit $x_1 < 0$; $x_2 > 0$), weil dann der größte Teil der Eingriffsstrecke, nämlich der von Punkt C bis A' im Bereich progressiver Reibsysteme liegt, jedoch der Vorteil besteht, daß am Eingriffsende in Punkt A' die Kraft $F_{1A'}$ noch einen günstigen Hebelarm $r_{H1A'}$ hat. Der ungünstigste Punkt liegt wegen des kleinen Hebelarms und des progressiven Reibsystems links vom Wälzpunkt, etwa bei Punkt A" mit der Kraft $F_{1A''}$ und dem Hebelarm $r_{H1A''}$. Setzt man den Eingriffsbeginn in Punkt E" und das Eingriffsende in Punkt A" (Fall 4.4), dann hat man am Eingriffsbeginn kleine, am Ende größere, nach C große Hebelarme und bewegt sich hauptsächlich im Bereich degressiver Reibsysteme (Bild 5.14).

5.2.8 Auslegungsgesichtspunkte für V-Null-Radpaare bei trockener und bei Mischreibung

Spielt die Reibung am Beginn des Eingriffs eine große Rolle, z.B. bei wenig geschmierten und relativ langsam laufenden Zahnrädern, dann sollte man bei Außen-Radpaarungen den Eingriffsbeginn in Richtung zum Wälzpunkt C und darüber hinaus versetzen. Man erzielt ein größeres Abtriebsmoment durch größeren Hebelarm $r_{H2A''}$ bei Übersetzungen ins Langsame bzw. durch Hebelarm $r_{H1A'}$ bei Übersetzungen ins Schnelle (Bilder 5.9 und 5.11, Fall 1.1; Fall 4.3) geringere Reibkraft und hauptsächlich "ziehende", d.h. glättende Reibung (degressives Reibsystem). Zum Wälzpunkt und darüber hinaus heißt hier bei Übersetzungen ins Langsame zum Tangierungspunkt T_2, bei Übersetzungen ins Schnelle zum Tangierungspunkt T_1. Die Verkleinerung oder Vergrößerung des wirksamen Hebelarms am getriebenen Rad ist durch die resultierenden Kräfte F_1 und F_2 in den jeweiligen Extremlagen verdeutlicht, siehe Bild 5.9, Teilbilder 1 bis 4.

Bei Innen-Radpaarungen kann diese Empfehlung nicht so eindeutig gegeben werden, denn die beiden Effekte der Reibkraftverringerung durch degressives Reibsystem und der Hebelarmvergrößerung treten nicht gleichzeitig, sondern wechselweise auf (Bilder 5.12 bis 5.14).

Legt man Wert auf degressive Reibsysteme, was dann sinnvoll ist, wenn der Reibwert groß ist und stark schwanken kann, dann sollte man für Übersetzungen ins Langsame die Eingriffsstrecke von A' bis E' wählen (Bilder 5.12 und 5.13, Fall 1.6) und für Übersetzungen ins Schnelle (Bilder 5.12 und 5.14) die Eingriffsstrecken E bis A (Fall 4.5). Nimmt man progressive Reibsysteme in Kauf (nur bei sehr guten Schmierverhältnissen), kann für Übersetzungen ins Langsame auch die Eingriffsstrecke von A" bis E", Fall 1.4, gewählt werden. Die Eingriffsstrecke von E' bis A', Feld 4.6, bei Übersetzungen ins Schnelle, sollte man meiden. Bei Berücksichtigung der nicht ganz eindeutigen Optimierung durch Verschieben der Eingriffsstrecke in die Extremlagen ist in Zweifelsfällen ein guter Kompromiß der, die Eingriffsstrecke in der Mitte zu belassen und gegebenenfalls die Fälle 1.5 bzw. 4.5 zu wählen. Das hat für die Vermeidung von Eingriffsstörungen dann große Vorteile, wenn der Eingriffspunkt A nicht zu nahe an den Tangierungspunkt T_1 rückt.

In der Tabelle von Bild 5.15 sind die Übertragungseigenschaften von Null-Radpaarungen bezüglich der Coulomb'schen und der Mischreibung für Außen- und Innen-Radpaare und alle grundsätzlichen Möglichkeiten übersichtlich zusammengefaßt. Die beschriebenen günstigsten Fälle (ohne Berücksichtigung der "ausgeglichenen Gleitgeschwindigkeiten") sind stark umrahmt.

5.2.9 Reibsystem und Reibungswinkel ρ_μ

Eine Hilfestellung bei der Entscheidung, ob und wieweit man den Bereich progressiver Reibsysteme für den Eingriff von Zahnradpaarungen ausnutzen soll, gibt die Berechnung des wirksamen Reibungswinkels ρ_μ. Definiert man den Reibungswinkel als den Winkel, dessen Tangens das Verhältnis der Reibkraft F_R zur Reibung verursachenden Kraft F ergibt (Bild 5.16)

$$\tan \rho_\mu = \frac{F_R}{F} \qquad (5.27)$$

bzw.

$$\rho_\mu = \operatorname{arc\,tan} \frac{F_R}{F} , \qquad (5.27\text{-}1)$$

dann erhält man mit Gl.(2.105) - Abschnitt 8.3.1, Stichwort "Übertragungsfaktor" -

$$\tan \rho_\mu = \lambda_R = \frac{\mu}{1 + \frac{v_g}{|v_g|} \cdot \mu \cdot \cot\kappa} \qquad (5.28)$$

bzw.

$$\rho_\mu = \operatorname{arc\,tan} \frac{\mu}{1 + \frac{v_g}{|v_g|} \cdot \mu \cdot \cot\kappa} . \qquad (5.28\text{-}1)$$

Radpaare			Außen-Radpaar $\sum x = 0$			Innen-Radpaar $\sum x = 0$		
			$x_1 > 0$ $x_2 < 0$	$x_1 = 0$ $x_2 = 0$	$x_1 < 0$ $x_2 > 0$	$x_1 > 0$ $x_2 < 0$	$x_1 = 0$ $x_2 = 0$	$x_1 < 0$ $x_2 > 0$
Übersetzung		Nr.	1	2	3	4	5	6
Ins Langsame	Eingriff	1	1.1 A"... E"	1.2 A... E	1.3 A'... E'	1.4 A"... E"	1.5 A... E	1.6 A'... E'
$\lvert i\rvert > 1$	Hebelarme	2	2.1 Klein A" Mittel E"	2.2 Klein A Groß E	2.3 Sehr klein A' Sehr groß E'	2.4 Sehr klein A" Sehr groß E"	2.5 Klein A Groß E	2.6 Mittel A' Mittel E'
Antrieb Rad 1	Reibsystem	3	3.1 Hauptsächlich degressiv; von C...E"	3.2 progress. A...C degress. C...E	3.3 Hauptsächlich progressiv; von A'...C	3.4 Hauptsächlich progressiv; von C...E"	3.5 degress. A...C progress. C...E	3.6 Hauptsächlich degressiv; von A'...C
Ins Schnelle	Eingriff	4	4.1 E"... A"	4.2 E... A	4.3 E'... A'	4.4 E"... A"	4.5 E... A	4.6 E'... A'
$\lvert i\rvert < 1$	Hebelarme	5	5.1 Sehr klein E" Groß A"	5.2 Sehr klein E Mittel A	5.3 Klein E' Mittel A'	5.4 Sehr klein E" Groß A"	5.5 Klein E Mittel A	5.6 Klein E' Mittel A'
Antrieb Rad 2	Reibsystem	6	6.1 Hauptsächlich progressiv von E"...C	6.2 progress. E...C degress. C...A	6.3 Hauptsächlich degressiv von C...A'	6.4 Hauptsächlich degressiv von E"...C	6.5 degress. E...C progress. C...A	6.6 Hauptsächlich progressiv von C... A'

Bild 5.15. Übertragungeigenschaften bezüglich der statischen Reibkräfte von Null- und V-Null-Radpaarungen mit symmetrischen Zahnkopf- und Zahnfußhöhen (Auswertung der Bilder 5.9 bis 5.14). Die günstigsten Kombinationen sind stark umrandet.

Man kann bezüglich der Reibkräfte und der wirksamen Hebelarme am getriebenen Rad folgende Reihenfolge angeben, die allerdings nur bei Außen-Radpaarungen eindeutige Bevorzugungen ergeben:

Außen-Radpaare	Innen-Radpaare
Ins Langsame	Ins Langsame
Feld 1.1 (sehr günstig)	Feld 1.6 (Reibsystem: günstig - Hebelarm: mittel)
Feld 1.2 (mittel)	Feld 1.5 (Reibsystem: mittel - Hebelarm: mittel)
Feld 1.3 (sehr ungünstig)	Feld 1.4 (Reibsystem: ungünstig - Hebelarm: günstig)
Ins Schnelle	Ins Schnelle
Feld 4.3 (sehr günstig)	Feld 4.4 (Reibsystem: günstig - Hebelarm: sehr ungünstig)
Feld 4.2 (mittel)	Feld 4.5 (Reibsystem: mittel - Hebelarm: günstig
Feld 4.1 (sehr ungünstig)	Feld 4.6 (Reibsystem: ungünstig - Hebelarm: günstig)

Vorbehalte für zusätzliche Eigenschaften wie in Bild 5.23. Die Beurteilung der wirksamen Hebellänge für die resultierende Kraft in den Bildern 5.9 bis 5.14 setzt relativ große Reibwerte voraus. Bei Reibung Null wirkt immer der Hebelarm des jeweiligen Grundkreisradius r_b. Die Größenbezeichnungen für Hebelarme in den Endpunkten der Eingriffsstrecke bedeuten:

groß $r_H > r_b$; mittel $r_H \approx r_b$; klein $r_H < r_b$

Lineare Systeme treten auf, wenn

$$\kappa = \pi \cdot (1 + 2n) \tag{5.29}$$

ist, mit n als ganzer Zahl, d.h. wenn

$$\cot\kappa = 0 \tag{5.30}$$

ist. Dann gilt mit Gl.(5.28 und 5.30)

$$\tan\rho_{\mu l} = \mu \tag{5.31}$$

bzw.

$$\rho_{\mu l} = \arctan\mu \ . \tag{5.31-1}$$

Aus Gl.(5.28) kann man entnehmen, daß die Beträge der Reibungswinkel für die degressiven, linearen und progressiven Reibsysteme für das gleiche μ und κ immer die folgende Wertefolge haben:

$$|\rho_{\mu d}| < |\rho_{\mu l}| < |\rho_{\mu p}| \ . \tag{5.32}$$

In den Bildern 5.9 bis 5.14 wurde für ρ_μ ein willkürlich gewählter Wert von 15° eingetragen. Er würde beim linearen System einem Reibwert von μ = 0,268 entsprechen. Nach Gl.(5.32) müßten danach alle ρ_μ-Werte im degressiven Eingriffsbereich etwas verkleinert und im progressiven vergrößert werden. Um welchen Betrag das erfolgen müßte, kann man aus dem Diagramm in Bild 5.17 entnehmen. Die maximal auftretenden Auslenkwinkel schwanken bei den gebräuchlichen Zahnradpaarungen zwischen

$$\kappa = 30°...90° \ , \tag{5.33}$$

die üblichen Reibwerte zwischen

$$\mu = 0{,}02...0{,}4 \ . \tag{5.34}$$

Um ein Gefühl für die Größenordnungen zu erhalten, ist in Bild 5.18 der Verlauf des Reibungswinkels ρ_μ über der Eingriffsstrecke der Außen-Radpaarung nach Bild 2.40 aufgetragen worden, einmal für die Übersetzung ins Langsame, einmal für die Übersetzung ins Schnelle. Man sieht, daß der Betrag des Reibungswinkels im Wälzpunkt C am kleinsten ist, in den Tangierungspunkten T_1, T_2 am größten, daß er im degressiven Bereich immer kleiner als im linearen, im progressiven Bereich jedoch immer größer als im linearen ist und bei kleinen Auslenkwinkeln sehr große Werte annehmen kann. Die Größe des Reibungswinkels ρ_μ in den extremen Eingriffslagen ist mit Hilfe der angegebenen Gleichungen und Diagramme leicht zu ermitteln und kann, an den Eingriffspunkten eingetragen, die Entscheidung für die Wahl der Lage der Eingriffsstrecke herbeiführen. (Zahlenwerte der Radpaarung in Bildunterschrift 5.18).

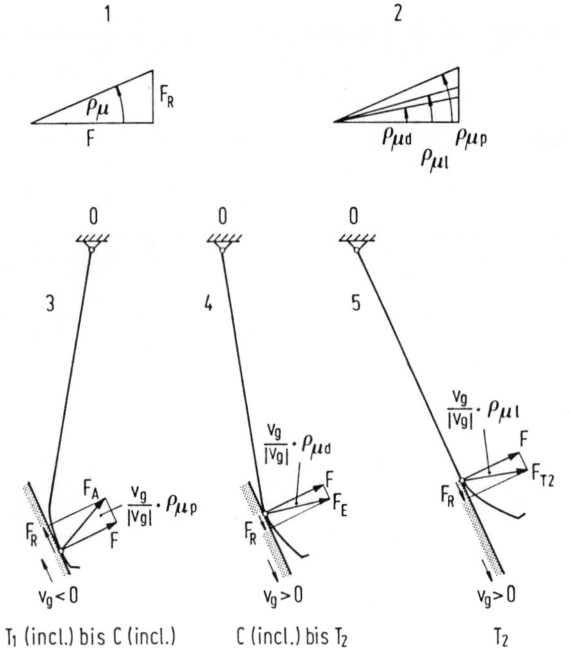

Bild 5.16. Reibungswinkel ρ_μ für lineare und nichtlineare Reibsysteme bei Außen-Radpaarungen für Übersetzung ins Langsame.

Teilbild 1: Der Tangens des Reibungswinkels ist als Verhältnis von Reibkraft F_R und der auf sie senkrecht stehenden Komponente der die Reibkraft verursachenden (eingeprägten) Kraft F definiert

$$\tan\rho_\mu = F_R/F = \lambda_R \; .$$

Teilbild 2: Da sich die Reibkraft bei konstantem Reibwert μ mit dem Reibsystem ändert, ändert sich auch der Reibungswinkel ρ_μ, und zwar so, daß gilt:

$$\rho_{\mu d} < \rho_{\mu l} < \rho_{\mu p} \; .$$

Teilbilder 3 bis 5: Der Reibungswinkel ρ_μ ist hier nur für seine positiven Werte definiert. Aufgrund der Richtung der Gleitgeschwindigkeit v_g verändert er die Lage der resultierenden Kraft einmal durch Verkleinern des Winkels der Kraft F z.B. in Richtung der Kraft F_A oder durch Vergrößern dieses Winkels z.B. in den Richtungen der Kräfte F_E und F_{T2}.

5.2.10 Auslegungsgesichtspunkte für V-Radpaare bei trockener und bei Mischreibung

Im allgemeinen Fall der V-Verzahnungen muß man zur Voraussage der Eingriffsstreckenlage sowohl die Profilverschiebungssumme als auch die Profilverschiebungsaufteilung heranziehen, wie das in den Bildern 5.7 und 5.20 im einzelnen gezeigt wurde.

Weicht die Aufteilung der Profilverschiebungsfaktoren sehr stark von dem Verhältnis nach Gl.(5.17) ab, dann gibt es starke Versetzungen der Eingriffsstrecke gegenüber

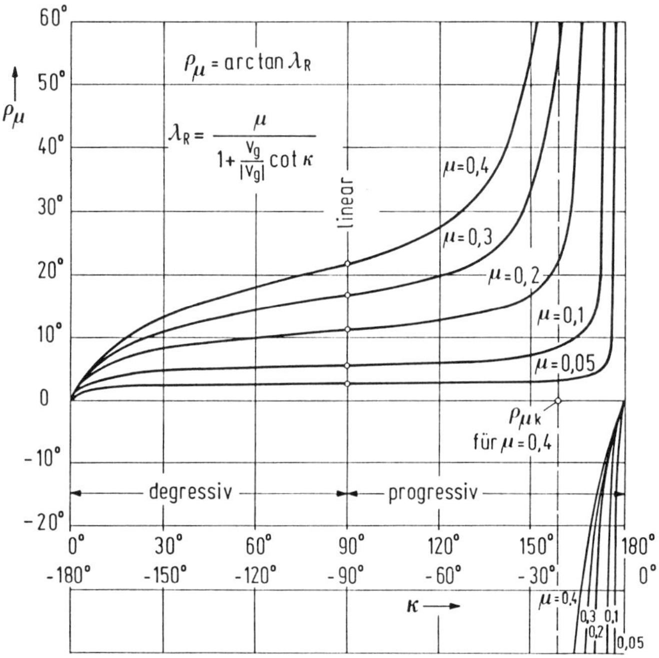

Bild 5.17. Das Diagramm zeigt den Verlauf des Reibungswinkels ρ_μ in Abhängigkeit des Auslenkwinkels κ bei verschiedenen Reibsystemen und Reibwerten μ. Es ist zu erkennen, daß der Reibungswinkel ρ_μ bei degressivem System kleiner, bei progressivem größer als bei linearem ist. Die Tendenz seiner Vergrößerung ist bei progressiven Reibsystemen stärker, ebenso bei großen Reibwerten μ. Im progressiven Bereich beginnt ab $\rho_{\mu k}$ Klemmen (Selbsthemmung), d.h. eine vollständige Bewegungsblockierung der Reibungspartner, die im Bereich $\rho_{\mu k} < \rho_\mu < 0$ nicht nur erhalten bleibt, sondern sogar verstärkt wird. Im Bereich der gleitenden Reibung ist ρ_μ nur für positive Werte definiert.

der zentralen Lage (Bilder 5.7 und 5.20, Fälle 1.6;1.3;1.4;1.1). In Gl.(5.17) muß auch das Vorzeichen beachtet werden. Da nun bei Innen-Radpaarungen die Zähnezahl z_2 stets ein negatives, die Zähnezahl z_1 dagegen ein positives Vorzeichen hat, müssen zur Wahrung der Proportionalität auch die Profilverschiebungsfaktoren verschiedene Vorzeichen haben. Ist das nicht der Fall, wie in den Beispielen der angeführten Bilder, haben die Eingriffsstrecken extreme Lagen. Solche Paarungen sind in der Regel aus Gründen der Kopfkantenberührung außerhalb der Eingriffsstrecke gar nicht realisierbar (Kap. 4 und Bilder 8.8 und 8.9).

Für Außen-Radpaarungen erhält man die günstigsten Übertragungsverhältnisse bei Übersetzungen ins Langsame, wenn die Profilverschiebung des Ritzels $x_1 > 0$ und die des Rades $x_2 < 0$ ist, Bilder 5.7 und 5.19, Fälle 1.1 und 1.4, weil die Eingriffsstrecke hauptsächlich ausschließlich im Bereich degressiver Reibsysteme liegt, und der Hebel-

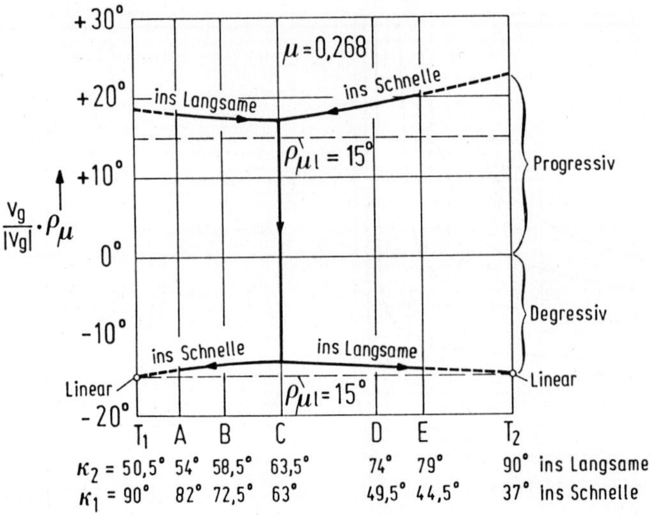

Bild 5.18. Änderung des Reibungswinkels ρ_μ entlang der Eingriffsstrecke einer Außen-Radpaarung aufgrund der nichtlinearen Reibsysteme. Die Eingriffsverhältnisse sind auf die Außen-Radpaarung in Bild 2.40 bezogen. Im progressiven Bereich sind die Reibungswinkel größer als im linearen und steigen in Richtung der Tangierungspunkte auf der Eintritt-Eingriffsstrecken-Seite, im degressiven Bereich sind sie kleiner als im linearen und streben auf der Seite der Austritt-Eingriffsstrecke auf den linearen Wert $\rho_{\mu l}$ = arc tanμ zu. Der lineare Wert $\rho_{\mu l}$ tritt im praktischen Eingriff nie auf. Der Vorzeichenwechsel von ρ_μ erfolgt hier nur aufgrund der Umkehr der Gleitbewegung und geht vom Faktor $v_g/|v_g|$ aus. Der Reibungswinkel ρ_μ ist hier stets positiv.

Zahlenwerte der betrachteten Radpaarung: $z_1 = 9$; $z_2 = 14$; $x_1 = +0{,}474$; $x_2 = +0{,}181$; $s_{a\,min} = 0{,}2 \cdot m$.

arm am Abtriebsrad größtmögliche Werte erreicht. Danach ist Fall 1.1, bei dem $\Sigma x > 0$ ist, noch der günstigere.

Für Übersetzungen ins Schnelle liegen die Verhältnisse wegen des Wechsels der Reibsysteme umgekehrt. Am günstigsten sind nach den Bildern 5.7 und 5.19 die Fälle 4.6 und 4.3, in denen die Profilverschiebung des Ritzels $x_1 < 0$ und des Rades $x_2 > 0$ ist. Bei diesen Fällen liegt die Eingriffslinie hauptsächlich (oder ausschließlich) im Bereich degressiver Reibsysteme, und der Hebelarm für das getriebene Rad ist größtmöglich. Als Nachteil gilt, daß beim Ritzel negative Profilverschiebungen schnell zu Unterschnitt führen können.

In der Tabelle des Bildes 5.19 sind die verschiedenen Fälle übersichtlich aufgeführt und im einzelnen bewertet.

Bei Innen-Radpaarungen liegen die Verhältnisse etwas anders und mit nicht so deutlicher Bevorzugung für extreme Fälle. Hier sind die günstigsten Möglichkeiten für die Übersetzung ins Langsame, Bilder 5.20 und 5.21, die Fälle 1.6 und 1.3, bei denen $x_1 < 0$ und $x_2 > 0$ ist, wobei der Fall bei $\Sigma x < 0$ bevorzugt wird. In diesen Fällen trifft das degressive Reibsystem mit dem größtmöglichen Hebelarm am getriebenen

Radpaare / Übersetzung			Außen-Radpaare					
			$\sum x > 0$			$\sum x < 0$		
			$x_1 \gg 0$ $x_2 < 0$	$x_1 > 0$ $x_2 > 0$	$x_1 < 0$ $x_2 > 0$	$x_1 > 0$ $x_2 < 0$	$x_1 < 0$ $x_2 < 0$	$x_1 \ll 0$ $x_2 > 0$
Übersetzung		Nr.	1	2	3	4	5	6
Ins Langsame $\lvert i \rvert > 1$ Antrieb Rad 1	Eingriff	1	1.1 $A^{++} \ldots E^{--}$	1.2 $A'' \ldots E''$	1.3 $A^{-} \ldots E^{+}$	1.4 $A^{+} \ldots E^{-}$	1.5 $A' \ldots E'$	1.6 $A^{--} \ldots E^{++}$
	Hebelarme	2	2.1 Groß A^{++} Mittel E^{--}	2.2 Sehr klein A'' Groß E''	2.3 Sehr klein A^{-} Groß E^{+}	2.4 Klein A^{+} Mittel E^{-}	2.5 Klein A' Mittel E'	2.6 Sehr klein A^{--} Klein E^{++}
	Reibsystem	3	3.1 Hauptsächlich (nur) degressiv von $A^{++} \ldots E^{--}$	3.2 progress. $A'' \ldots C$ degress. $C \ldots E''$	3.3 Hauptsächlich progressiv von $A^{-} \ldots C^{+}$	3.4 Hauptsächlich degressiv von $C^{-} \ldots E^{-}$	3.5 progress. $A' \ldots C$ degress. $C \ldots E'$	3.6 Hauptsächlich (nur) progress. von $A^{--} \ldots E^{++}$
Ins Schnelle $\lvert i \rvert < 1$ Antrieb Rad 2	Eingriff	4	4.1 $E^{--} \ldots A^{++}$	4.2 $E'' \ldots A''$	4.3 $E^{+} \ldots A^{-}$	4.4 $E^{-} \ldots A^{+}$	4.5 $E' \ldots A'$	4.6 $E^{++} \ldots A^{--}$
	Hebelarme	5	5.1 Sehr klein E^{--} Klein A^{++}	5.2 Sehr klein E'' Groß A''	5.3 Klein E^{+} Mittel A^{-}	5.4 Sehr klein E^{-} Mittel A^{+}	5.5 Klein E' Mittel A'	5.6 Groß E^{++} Mittel A^{--}
	Reibsystem	6	6.1 Hauptsächlich (nur) progress. von $E^{--} \ldots A^{++}$	6.2 progress. $E'' \ldots C$ degress. $C \ldots A''$	6.3 Hauptsächlich degressiv von $C^{+} \ldots A^{-}$	6.4 Hauptsächlich progressiv von $E^{-} \ldots C^{-}$	6.5 progress. $E' \ldots C$ degress. $C \ldots A'$	6.6 Hauptsächlich (nur) degressiv von $E^{++} \ldots A^{--}$

Bild 5.19. Übertragungseigenschaften von V-Außen-Radpaarungen mit symmetrischen Zahnkopf- und Zahnfußhöhen bezüglich der statischen Reibkräfte (siehe auch Bild 5.7).

Die günstigsten Kombinationen sind stark umrandet. Man kann bezüglich der statischen Reibkräfte und der wirksamen Hebelarme am getriebenen Rad folgende Reihenfolge angeben, wobei große Reibwerte angenommen werden und Selbsthemmung nicht eintreten soll.

Übersetzung ins Langsame

Feld 1.1 (sehr günstig)
Feld 1.4 (günstig)
Feld 1.5 (mittel - weniger)
Feld 1.2 (weniger - mittel)
Feld 1.3 (ungünstig)
Feld 1.6 (sehr ungünstig)

Übersetzung ins Schnelle

Feld 4.6 (sehr günstig)
Feld 4.3 (günstig)
Feld 4.5 (mittel - weniger)
Feld 4.2 (weniger - mittel)
Feld 4.4 (ungünstig)
Feld 4.1 (sehr ungünstig)

Werden zusätzliche Eigenschaften gefordert wie etwa gleichgroße Gleitgeschwindigkeit am Eingriffsanfang und Eingriffsende, verschiebt sich die Reihenfolge etwas. Auch kann es sein, daß bei extremen Lagen der Eingriffsstrecke der große Hebelarm infolge steigenden Reibwertes am Eingriffsende nicht immer günstige Abtriebsmomente ergibt. Im wesentlichen werden zwei Einflußgrößen berücksichtigt: Die Lage der Eingriffsstrecken (Anteile des progressiven und degressiven Reibsystems) und die wirksamen Abtriebshebelarme. Die Tendenz zur Verkleinerung dieser Hebelarme besteht bei progressiven Reibsystemen. Sie wird außerdem verstärkt durch den größeren Reibwert an den Eingriffsenden. Bei kleinem Reibwert werden unter anderem wegen der ausgeglichenen Gleitgeschwindigkeit die Lagen 1.2, 1.5 bzw. 4.2, 4.5 bevorzugt. Die Größenbezeichnungen für Hebelarme in den Endpunkten der Eingriffsstrecke bedeuten:

groß: $r_H > r_b$; mittel: $r_H \approx r_b$; klein: $r_H < r_b$.

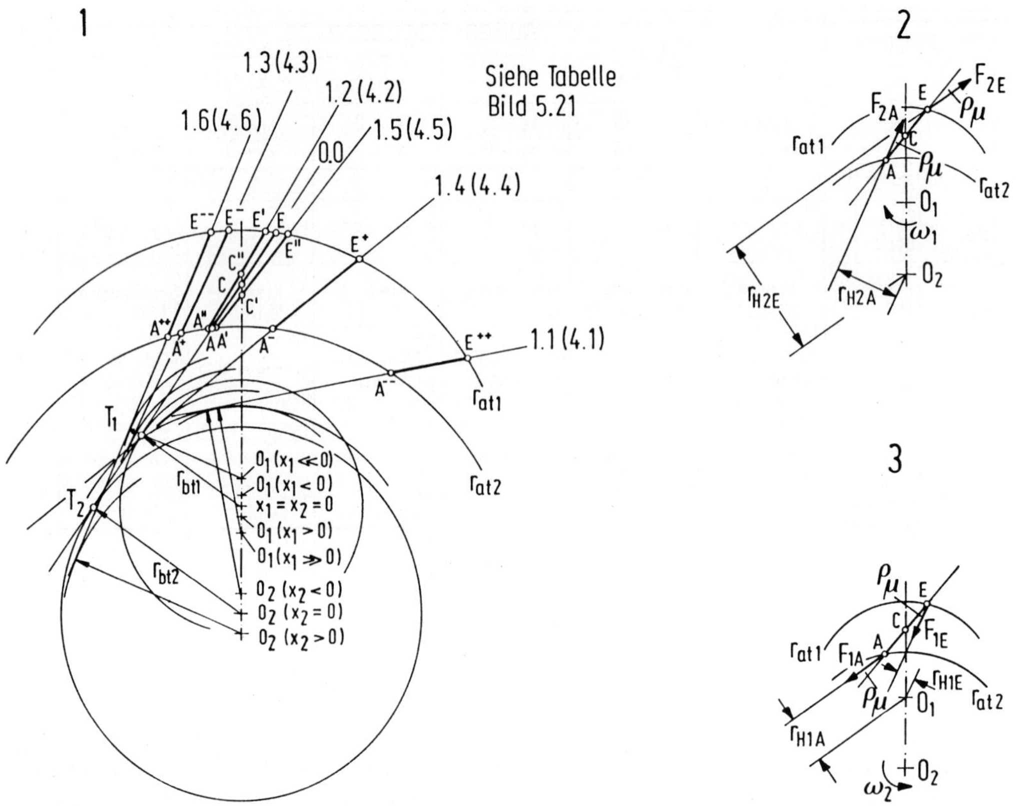

Bild 5.20. Innen-Radpaarung und Profilüberdeckung bei V-Radpaarungen. Die Eingriffslinie verändert ihre Lage gegenüber einer Null-Radpaarung nur wenig, wenn beide Räder im selben Sinn profilverschoben werden (Lagen 1.2, 1.5) und sehr stark, wenn die Profilverschiebung gegensinnig erfolgt (Lagen 1.6, 1.1). Ist $x_1 < 0$, $x_2 > 0$ (Lagen 1.3, 1.6), verlagert sich die Eingriffslinie in Richtung zu den Tangierungspunkten T_1 und T_2 und liegt für Übersetzungen ins Langsame im degressiven Reibsystembereich (siehe Bild 2.39, Teilbild 4.3), ist dagegen $x_1 > 0$, $x_2 < 0$, rückt sie weg von den Tangierungspunkten, manchmal jenseits vom Wälzpunkt (Lagen 4.4, 4.1) und damit bei Übersetzungen ins Schnelle hauptsächlich in den degressiven Bereich. "Degressive" Lagen sind anzustreben.

Teilbild 1: Lage der Eingriffslinie bei verschiedenen Kombinationen der Profilverschiebung.

Teilbild 2: Resultierende Wirkungsrichtung der treibenden Kraft F_{2A} und F_{2E} bei Übersetzung ins Langsame. Aus der Richtung dieser Kräfte ist die Größe der wirksamen Hebelarme r_{H2A} und r_{H2E} zu entnehmen.

Teilbild 3: Resultierende Wirkungsrichtung von F_{1E} und F_{1A} bei Übersetzungen ins Schnelle mit den dazugehörenden Hebelarmen r_{H1E} und r_{H1A}. Aus Vergleichsgründen wurde hier der Eingriffsbeginn mit E und das Eingriffsende mit A bezeichnet.

Radpaare			Innen-Radpaare					
			$\sum x > 0$			$\sum x < 0$		
			$x_1 \gg 0$ $x_2 < 0$	$x_1 > 0$ $x_2 > 0$	$x_1 < 0$ $x_2 > 0$	$x_1 > 0$ $x_2 < 0$	$x_1 < 0$ $x_2 < 0$	$x_1 \ll 0$ $x_2 > 0$
Übersetzung		Nr.	1	2	3	4	5	6
Ins Langsame $\lvert i \rvert > 1$ Antrieb Rad 1	Eingriff	1	1.1 $A^{--} \dots E^{++}$	1.2 $A'' \dots E'$	1.3 $A^{+} \dots E^{-}$	1.4 $A^{-} \dots E^{+}$	1.5 $A' \dots E''$	1.6 $A^{++} \dots E^{--}$
	Hebelarme	2	2.1 Groß A^{--} Groß E^{++}	2.2 Klein A'' Sehr groß E'	2.3 Klein A^{+} Sehr klein E^{-}	2.4 Groß A^{-} Groß E^{+}	2.5 Klein A' Groß E''	2.6 Klein A^{++} Sehr klein E^{--}
	Reibsystem	3	3.1 progressiv von $A^{--} \dots E^{++}$	3.2 degress. $A'' \dots C''$ progress. $C'' \dots E'$	3.3 Hauptsächlich (nur) degress. von $A^{+} \dots E'$	3.4 Hauptsächlich (nur) progress. von $A^{-} \dots E^{+}$	3.5 degress. $A' \dots C'$ progress. $C' \dots E''$	3.6 degressiv von $A^{++} \dots E^{--}$
Ins Schnelle $\lvert i \rvert < 1$ Antrieb Rad 2	Eingriff	4	4.1 $E^{++} \dots A^{--}$	4.2 $E' \dots A''$	4.3 $E^{-} \dots A^{+}$	4.4 $E^{+} \dots A^{-}$	4.5 $E'' \dots A'$	4.6 $E^{--} \dots A^{++}$
	Hebelarme	5	5.1 Sehr klein E^{++} Klein A^{--}	5.2 Sehr klein E' Mittel A''	5.3 Groß E^{-} Mittel A^{+}	5.4 Sehr klein E^{+} Klein A^{-}	5.5 Sehr klein E'' Mittel A'	5.6 Groß E^{--} Mittel A^{++}
	Reibsystem	6	6.1 degressiv von $E^{++} \dots A^{--}$	6.2 degress. $E' \dots C''$ progress. $C'' \dots A''$	6.3 Hauptsächlich (nur) progress. von $E^{-} \dots A^{+}$	6.4 Hauptsächlich (nur) degress. von $E^{+} \dots A^{-}$	6.5 degress. $E'' \dots C'$ progress. $C' \dots A'$	6.6 progressiv von $E^{--} \dots A^{++}$

Bild 5.21. Übertragungseigenschaften von V-Innen-Radpaarungen mit symmetrischen Zahnkopf- und Zahnfußhöhen bezüglich der statischen Reibkräfte (siehe auch Bild 5.20).

Die theoretisch günstigsten Kombinationen (stark umrandet wie Feld 1.6) sind meistens wegen der extremen Eingriffslage nicht brauchbar. Dann muß man auf die gestrichelt umrandeten zurückgreifen. Bei Innen-Radpaarungen sind das günstigere Reibsysteme und der größere Hebelarm gegenläufig. Daher ist die günstigste Kombination ein Kompromiß. Man kann eine Reihenfolge angeben, die sich aber aufgrund zusätzlicher Parameter weitgehend verändert. Ein zuverlässiger Kompromiß ist stets die symmetrische Lage der Eingriffslinie, also Feld 1.2 (4.2) und Feld 1.5 (4.5).

Übersetzung ins Langsame

Feld 1.2 (Reibsystem: mittel, Hebelarm: mittel, zentrale Lage)
Feld 1.5 (Reibsystem: mittel, Hebelarm: mittel, zentrale Lage)
Feld 1.3 (Reibsystem: sehr günstig, Hebelarm: ungünstig, extreme Lage)
Feld 1.6 (Reibsystem: sehr günstig, Hebelarm: ungünstig, extreme Lage)
Feld 1.4 (Reibsystem: ungünstig, Hebelarm: günstig, extreme Lage)
Feld 1.1 (Reibsystem: sehr ungünstig, Hebelarm: günstig, extreme Lage)

Übersetzung ins Schnelle

Feld 4.5 (Reibsystem: mittel, Hebelarm: ungünstig)
Feld 4.2 (Reibsystem: mittel, Hebelarm: ungünstig)
Feld 4.4 (Reibsystem: günstig Hebelarm: ungünstig, extreme Lage)
Feld 4.3 (Reibsystem: ungünstig, Hebelarm: günstig)
Feld 4.6 (Reibsystem: sehr ungünstig, Hebelarm: günstig)
Feld 4.1 (Reibsystem: sehr günstig, Hebelarm: sehr ungünstig, extreme Lage)

Bei guter Schmierung fällt der Hebelarm stärker ins Gewicht, bei schlechter das Reibsystem. Zusätzliche Eigenschaften siehe Bild 5.22. Die Größenbezeichnungen für Hebelarme in den Endpunkten der Eingriffsstrecke bedeuten:

groß: $r_H > r_b$; mittel: $r_H \approx r_b$; klein: $r_H < r_b$

Rad zusammen. Allerdings könnte Fall 1.6 wegen extremer Lage zu Eingriffsstörungen führen.

Bei Übersetzungen ins Schnelle liegen auch hier nicht so eindeutige Verhältnisse vor. Degressive Reibsysteme sind mit kleinen Hebelarmen am Abtriebsrad verbunden und große Hebelarme mit progressiven Reibsystemen. Es werden daher nicht die extremen, sondern die mittleren Lagen der Eingriffslinie, wie in den Fällen 4.4 und 4.5 empfohlen.

In der Tabelle des Bildes 5.21 sind alle Fälle aufgeführt und bewertet. Es wird noch einmal darauf hingewiesen, daß die Bewertung nur bezüglich großer Reibwerte μ vorgenommen wurde, welche die wirksamen Hebelarme verringern und bezüglich starker Reibwertschwankungen $\Delta\mu$, welche aufgrund degressiver Reibsysteme die Reibkräfte weniger als proportional verändern. Zudem kann beim Eingriff im Bereich degressiver Reibsysteme kein Klemmen auftreten.

5.2.11 Genaue Bestimmung der Eingriffsstreckenlage

Die genaue Länge der Eingriffsstrecke und ihre exakte Lage läßt sich aus den aus Gl.(2.75) und (2.76) abgeleiteten Gleichungen für die Eintritt- und Austritt-Eingriffsstrecke bestimmen (Abschn. 8.4 "Eingriffsstrecken"). Im Stirnschnitt ist die Eintritt-Eingriffsstrecke g_{ft}

$$g_{ft} = m_n \cdot \left[\frac{z_2}{|z_2|} \sqrt{\left(\frac{z_2}{2\cos\beta} + h^*_{NaP2} + x_2\right)^2 - \left(\frac{z_2 \cdot \cos\alpha_t}{2\cos\beta}\right)^2} - \frac{z_2 \cdot \cos\alpha_t}{2\cos\beta} \tan\alpha_{wt} \right] \quad (5.35)$$

und die Austritt-Eingriffsstrecke g_{at}

$$g_{at} = m_n \cdot \left[\sqrt{\left(\frac{z_1}{2\cos\beta} + h^*_{NaP1} + x_1\right)^2 - \left(\frac{z_1 \cos\alpha_t}{2\cos\beta}\right)^2} - \frac{z_1 \cos\alpha_t}{2\cos\beta} \tan\alpha_{wt} \right] . \quad (5.36)$$

Die Eingriffsstrecke im Stirnschnitt ist

$$g_{\alpha t} = g_{ft} + g_{at} \quad (5.37)$$

und die Profilüberdeckung mit den Gl.(5.35;5.36;2.72)

$$\varepsilon_{\alpha t} = \frac{g_{\alpha t}}{p_{et}} = \frac{\cos\beta}{\pi \cos\alpha_t} \left[\sqrt{\left(\frac{z_1}{2\cos\beta} + h^*_{NaP1} + x_1\right)^2 - \left(\frac{z_1 \cos\alpha_t}{2\cos\beta}\right)^2} + \right.$$

$$+ \frac{z_2}{|z_2|} \sqrt{\left(\frac{z_2}{2\cos\beta} + h^*_{NaP2} + x_2\right)^2 - \left(\frac{z_2 \cos\alpha_t}{2\cos\beta}\right)^2} +$$

$$\left. - \frac{z_1 + z_2}{2} \cdot \frac{\cos\alpha_t}{\cos\beta} \cdot \tan\alpha_{wt} \right] . \quad (5.38)$$

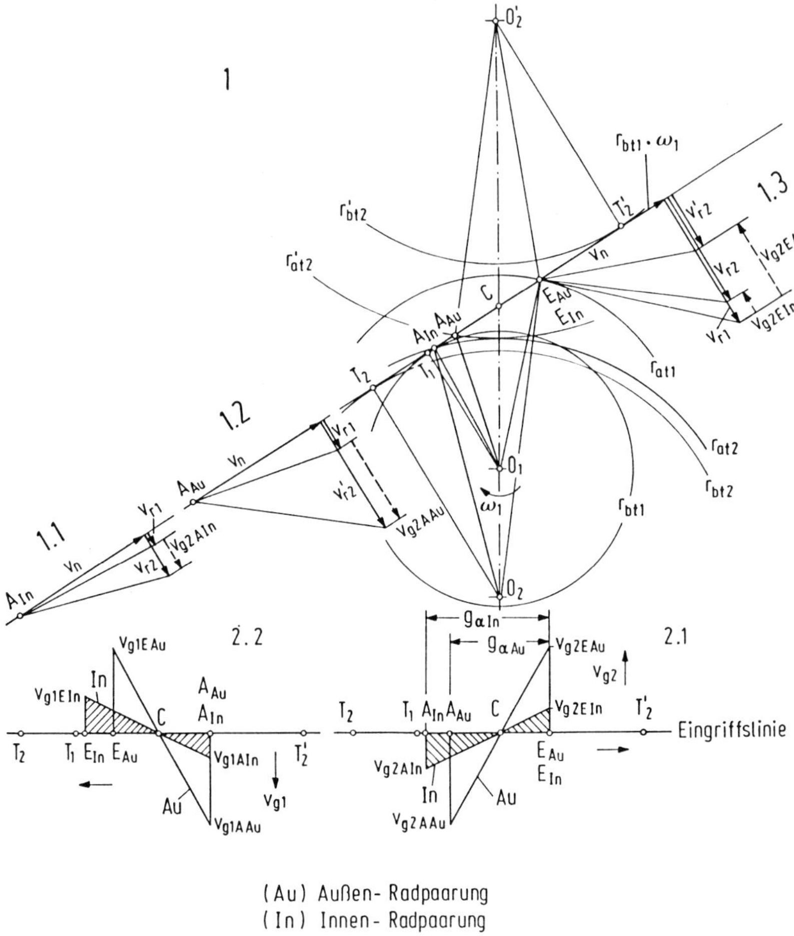

Bild 5.22. Vergleich der Gleitgeschwindigkeit v_g für Außen- und Innen-Radpaarungen am Beispiel einer V-Null-Verzahnung mit gleichem Ritzel und gleichen Radgrundkreisen $r'_{bt2} = |r_{bt2}|$.

Teilbild 1: Innen-Radpaarung (Radachsen 0_1 und 0_2) mit Eingriffsstrecke $\overline{A_{In}E_{In}}$ und Außen-Radpaarung (Radachsen 0_1 und $0_2'$) mit Eingriffsstrecke $\overline{A_{Au}E_{Au}}$.

Teilbild 1.1: Gleitgeschwindigkeit v_{g2AIn} im Eingriffsbeginn A_{In} der Innen-Radpaarung unter Zugrundelegung der Normalgeschwindigkeit v_n.

Teilbild 1.2: Gleitgeschwindigkeit v_{g2AAu} im Eingriffsbeginn A_{Au} an der Außen-Radpaarung und Normalgeschwindigkeit v_n.

Teilbild 1.3: Gleitgeschwindigkeiten v_{g2EIn} und v_{g2EAu} im Eingriffsende E der Innen- und Außen-Radpaarung bei Normalgeschwindigkeit v_n.

Teilbild 2.1: Gleitgeschwindigkeiten für Innen- und Außen-Radpaarungen bei Antrieb durch Rad 1, aufgetragen über der Eingriffsstrecke. Die Gleitgeschwindigkeiten für Innen-Radpaarungen sind wesentlich kleiner als die für Außen-Radpaarungen.

Teilbild 2.2: Gleitgeschwindigkeiten für Innen- und Außen-Radpaarungen bei Antrieb durch Rad 2, aufgetragen über der Eingriffsstrecke. Die Beträge sind denen aus Teilbild 2.1 gleich, die Richtungssinne haben sich umgekehrt. Für die Übersetzung ins Schnelle wurden Eingriffsbeginn und Eingriffsende gegenüber Teilbild 1 vertauscht.

5.3 Relative Gleitgeschwindigkeit

Auf die Bedeutung der Gleitgeschwindigkeit für den Wirkungsgrad wurde in Kapitel 2 schon hingewiesen. Es wurde auch gezeigt, daß sie linear mit dem Abstand vom Wälzpunkt C wächst. Daher wird die Eingriffsstrecke für Paarungen, bei denen kleine Reibungsverluste wichtig sind, möglichst symmetrisch zum Wälzpunkt gelegt. Zur Erzeugung hydrodynamischer Gleitverhältnisse muß allerdings eine Mindestgröße der Gleitgeschwindigkeit vorhanden sein, so daß es dann gilt, zwischen entgegengesetzt wirkenden Tendenzen zu optimieren.

In Bild 5.22 ist über der Eingriffsstrecke die relative Gleitgeschwindigkeit für eine Außen- und eine vergleichbare Innen-Radpaarung dargestellt. Es überrascht zunächst, daß der Unterschied so groß ist und die Innen-Radpaarung trotz scheinbar ungünstigerer Lage des Eingriffsbeginns Punkt A_{In} gegenüber A_{Au} eine viel kleinere relative Gleitgeschwindigkeit aufweist. Der Grund: die Zahnflanken der Außen-Radpaarungs-Partner bewegen sich auf viel unterschiedlicheren Bahnen als die der Innen-Radpaarungs-Partner.

5.4 Zusammenfassung

Die wichtigsten Ergebnisse dieses Kapitels sind in der Tafel des Bildes 5.23 noch einmal übersichtlich zusammengefaßt. Man kann daraus sehr schnell die Verhältnisse der Eingriffswinkel, der Achsabstände und der erforderlichen Kopfhöhenänderung entnehmen.

Drei Regeln kann man sich im Zusammenhang mit den Profilverschiebungen leicht merken:

1. Die Veränderung der Betriebsachsabstände a gegenüber dem Null-Achsabstand geht in dieselbe Richtung wie die Summe der Profilverschiebungen, d.h. ist $\Sigma x > 0$, wird $a > a_d$, ist $\Sigma x < 0$, wird $a < a_d$.

2. Der Betrag des Verschiebungsachsabstandes $|a_v|$ ist stets größer als der Betrag des Betriebsachsabstands $|a|$, daher gilt immer $|a_v| > |a|$.

3. Die notwendige Zahnkopfhöhenänderung k, um das Kopfspiel zu erhalten, ist bei Außen-Radpaaren stets negativ, $k < 0$ (Zahnkopfkürzung), bei Innen-Radpaaren stets positiv $k > 0$ (Zahnkopfverlängerung).

Bezeichnung	Paarung / Profilverschiebung / Folge für die Größe	Nr.	Außen-Radpaare			Innen-Radpaare			Hinweise
			V-Null $\sum x = 0$	V-Plus $\sum x > 0$	V-Minus $\sum x < 0$	V-Null $\sum x = 0$	V-Plus $\sum x > 0$	V-Minus $\sum x < 0$	
	Größe	Nr.	1	2	3	4	5	6	7
Betriebs- und Verschiebungs-Eingriffswinkel	α_{wt} α_{vt}	1	1.1 $\alpha_{wt} = \alpha_t$ $\alpha_{vt} = \alpha_t$	1.2 $\alpha_{wt} > \alpha_t$ $\alpha_{vt} > \alpha_t$	1.3 $\alpha_{wt} < \alpha_t$ $\alpha_{vt} < \alpha_t$	1.4 $\alpha_{wt} = \alpha_t$ $\alpha_{vt} = \alpha_t$	1.5 $\alpha_{wt} < \alpha_t$ $\alpha_{vt} < \alpha_t$	1.6 $\alpha_{wt} > \alpha_t$ $\alpha_{vt} > \alpha_t$	1.7 Siehe Bilder 5.4, 5.5
Betriebs-achsabstand	a	2	2.1 $a = a_d$	2.2 $a > a_d$	2.3 $a < a_d$	2.4 $a = a_d$	2.5 $a > a_d$ $\lvert a\rvert < \lvert a_d\rvert$	2.6 $a < a_d$ $\lvert a\rvert > \lvert a_d\rvert$	2.7 Ähnlich Bild 5.5
Verschiebungs- und Null-Achsabstand	a_v	3	3.1 $a_v = a_d$	3.2 $a_v > a_d$	3.3 $a_v < a_d$	3.4 $a_v = a_d$	3.5 $a_v > a_d$ $\lvert a_v\rvert < \lvert a_d\rvert$	3.6 $a_v < a_d$ $\lvert a_v\rvert > \lvert a_d\rvert$	3.7 Siehe Bild 5.5 Gl.(5.10)
Verschiebungs-winkel	α_{vt}	4	4.1 $\alpha_{vt} = \alpha_{wt}$	4.2 $\alpha_{vt} > \alpha_{wt}$	4.3	4.4 $\alpha_{vt} = \alpha_{wt}$	4.5 $\alpha_{vt} > \alpha_{wt}$	4.6	4.7 Siehe Bild 5.4 Gl.(5.12)
Verschiebungs- und Betriebs-achsabstand	a_v	5	5.1 $a_v = a_d$	5.2 $a_v > a$	5.3	5.4 $a_v = a$	5.5 $a_v < a$ $\lvert a_v\rvert > \lvert a\rvert$	5.6	5.7 Gl.(5.15) Gl.(5.16)
Kopfhöhen-änderung bei c = const.	$k = a - a_v$	6	6.1 $k = 0$	6.2 $k < 0$	6.3	6.4 $k = 0$	6.5 $k > 0$	6.6	6.7 Gl. (4.39)

Bild 5.23. Übersicht der Größenverhältnisse von Eingriffswinkeln, Achsabständen und Kopfhöhenänderungen von Außen- und Innen-Radpaaren bei verschiedenen Profilverschiebungs-Summen. Einfache Merkregeln: a und a_v sind bei positiver Profilverschiebungssumme immer größer als a_d, bei negativer Profilverschiebungssumme immer kleiner. Der Betrag von $|a_v|$ ist immer größer als der Betrag von $|a|$, ebenso ist der Winkel α_{vt} immer größer als der Winkel α_{wt}.

5.5 Beispiele für die Wahl der Profilverschiebung nach geometrischen Gesichtspunkten

5.5.1 Aufgabenstellung 5-1 (Zahnprofile bei Profilverschiebung, dazu Band I)

1. Mit Hilfe der Zeichenschablone aus Bild 2.9 sollen die Zahnformen einer geraden Außenverzahnung nach Bezugsprofil DIN 867 (Bild 2.11) und einer geraden Innenverzahnung gezeichnet werden. Gegeben ist:

   Außenverzahnung

   $z_1 = 14$; $c_P^* = 0{,}25$; $m_n = 20$ mm

   $x_1 = -0{,}5$; $0{,}0$; $+0{,}5$; $+1{,}0$

   Innenverzahnung

   $z_2 = -26$; $c_P^* = 0{,}25$; $m_n = 20$ mm

   $x_2 = -0{,}8$; $-0{,}6$; $0{,}0$; $+0{,}6$

2. Wie groß sind für Außen- und Innenverzahnung die Zahndicken am Kopf- und Teilkreis, s_a, s und die Krümmungsradien am Kopfkreis ρ_a?

3. Wie ändern sich bei Außenverzahnung die Zahndicken an der dünnsten Stelle des Zahnfußes ($s_{f\,min}$)?

   Wie ändern sich bei Innenverzahnung die Form-Lückenweiten e_{Ff}?

4. Tritt bei der Außenverzahnung Unterschnitt auf?

5. Wie groß ist der Fußrundungsradius ρ_f bei Außenverzahnung?

   Wie groß ist die Lückenweite e_f bei Innenverzahnung, wenn die Zahnfußhöhe $h_f = 1{,}25 \cdot m_n$ ist? (Bemerkung: Das Bezugsprofil für Innenverzahnungen kann man als reines Trapezprofil auslegen mit $h_a = 1 \cdot m_n$ und $h_f = 1{,}25 \cdot m_n$.)

5.5.2 Aufgabenstellung 5-2 (Außen-Radpaare bei Profilverschiebung)

1. Für eine V-Null-Außen-Radpaarung ist die Lage der Eingriffsstrecke mit Eingriffsbeginn und Eingriffsende bei verschiedenen Profilverschiebungen zeichnerisch zu bestimmen. Zugrunde gelegt sind die gleichen Werte wie in Aufgabenstellung 2-6.1, $z_1 = 24$, $x_1 = x_{1u} = -0{,}4$ (Unterschnittbeginn), $x_1 = 0$, $x_1 = x_{sa1} = +1{,}09$ ($s_{a1} = 0{,}2 \cdot m_n$), $z_2 = 53$.

2. Die zu kombinierenden Profilverschiebungsfaktoren sollen für eine V-Radpaarung so bestimmt werden, daß die Eingriffsstrecke möglichst symmetrisch zum Wälzpunkt C liegt (siehe Bild 5.7, Fälle 1.2,1.5). Die Profilverschiebungsfaktoren von Rad 2 sind aufgrund des Zähnezahlverhältnisses zu wählen.

3. Wie kann man auch bei V-Radpaaren die Eingriffsstrecke in extreme Lagen verschieben (siehe Bild 5.7, Fälle 1.1,1.6)? Beurteilung der Lagen nach Bild 5.19.

5.5.3 Aufgabenstellung 5-3 (Innen-Radpaare bei Profilverschiebung)

1. Es sollen die Eingriffslinien und die Eingriffsstrecken einer Innen-Radpaarung mit V-Null-Verzahnung gezeichnet werden. Das Bezugsprofil ist nach DIN 867 (Bild 2.11) zu wählen ($h^*_{aP} = 1{,}0$; $h^*_{FfP} = 1{,}0$; $\alpha_P = 20°$; $c^*_P = 0{,}25$)
   Weitere Werte:

   $z_1 = 24$, $x_1 = -0{,}4$; 0 ; +1,09

   $z_2 = -53$, $x_2 = +0{,}4$; 0 ; -1,09

2. Wie ändern sich die Lage und Größe der Eingriffsstrecke beim Vergrößern der Profilverschiebung des Rades 1?

3. Welche Profilverschiebungs-Aufteilung ist bei Übersetzungen ins Langsame und ausschließlicher Betrachtung der Trocken- und Mischreibungen am günstigsten?

5.5.4 Lösung der Aufgabenstellung 5-1

Ermitteln von Zahnprofilformen und Verzahnungsgrößen bei profilverschobenen Außen- und Innenverzahnungen und Innenverzahnungen, Aufgabenstellung S. 41.

1. Die mittels Hüllschnittverfahren gezeichneten Zahnprofile sind in den Bildern 5.24 und 5.25 dargestellt.

2. Für die Zahndicken und den Krümmungsradius am Kopfkreis erhält man bei Außenverzahnung $z = 14$, $m_n = 20$ mm:

x	s_a in mm		s in mm		ρ_a in mm	
	Grafisch	Analytisch	Grafisch	Analytisch	Grafisch	Analytisch
-0,5	16	16,341	24	24,137	72	72,061
0,0	13	12,920	31,5	31,416	91	91,065
+0,5	7	6,988	38,5	38,695	107,5	107,67
+1,0	0	0	46	45,975	121	122,853

Bei Innenverzahnung $z = -26$, $m_n = 20$ mm:

x	s_a in mm		s in mm		ρ_a in mm	
	Grafisch	Analytisch	Grafisch	Analytisch	Grafisch	Analytisch
-0,8	17,0	16,774	20	19,769	76,5	76,444
-0,6	17,5	17,082	23	22,681	60	61,739
0,0	-	-	31,5	31,416	-	-
+0,6	-	-	39	40,151	-	-

Die gezeichneten Zahnköpfe für die Werte von $x = 0,0$ und $x = +0,6$ sind unzulässig, da sie innerhalb des Grundkreisradius r_b liegen, $|r_a| < |r_b|$. Daher gibt es dafür auch keine Werte.

3. Außenverzahnung $z = 14$, $m_n = 20$ mm.
Die Werte für $s_{f\,min}$ wurden der Zeichnung entnommen, da sie nur mit großem Aufwand zu berechnen sind.

x	-0,5		0		+0,5		+1,0	
	Grafisch	Analytisch	Grafisch	Analytisch	Grafisch	Analytisch	Grafisch	Analytisch
s in mm	$s_{f\,min}$ 23	-	$s_{f\,min}$ 32,5	-	$s_{f\,min}$ 40	zum Vergleich s_b=40,28	$s_{f\,min}$ 46	zum Vergleich s=45,975

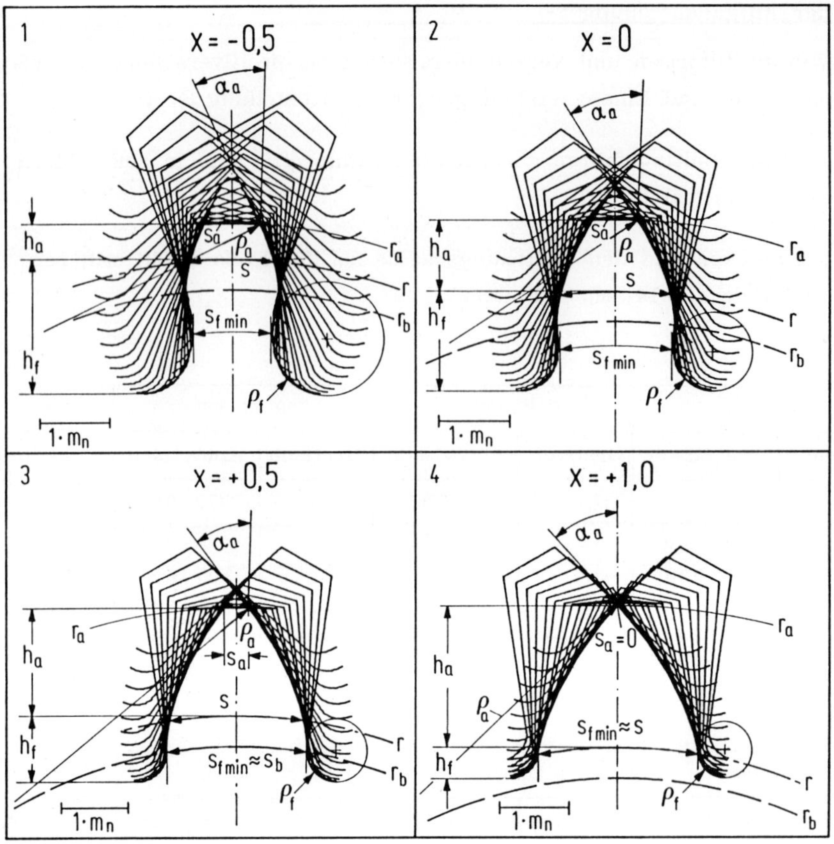

Bild 5.24. Zahnprofile einer Außen-Geradverzahnung für ein Zahnrad mit z = 14 Zähnen in Abhängigkeit der Profilverschiebung x·m. Mit größer werdender Profilverschiebung werden größer: Die Zahndicken s, s_b, s_f am Teil-, Grund- und Fußkreis, die Zahnkopfhöhen h_a, die Eingriffswinkel α_a am Kopfkreis, der Krümmungsradius ρ_a der Flanke am Kopf-Formkreis sowie die Kopf- und Fußkreisradien r_a und r_f. Es werden kleiner: Die Zahnkopfdicken s_a, die Zahnfußhöhen h_f und die Fußrundungsradien ρ_f. Das Zahnprofil in Feld 1 ist unterschnitten, hat einen sehr dünnen Zahnfuß und ist daher nicht vollwertig einsetzbar. Das Zahnprofil in Feld 2 ist auch unterschnitten, wegen Geringfügigkeit des Unterschnitts aber praktisch einsetzbar. Das Zahnprofil in Feld 4 ist spitz, daher nicht brauchbar.

Innenverzahnung z = -26, m_n = 20 mm

x	-0,8		-0,6		0,0		+0,6	
	Grafisch	Analytisch	Grafisch	Analytisch	Grafisch	Analytisch	Grafisch	Analytisch
e_{Nf} in mm	8	8,074	10,0	10,013	14,5	14,476	16,5	16,743

4. Unterschnitt tritt bei den Profilverschiebungen x = -0,5 und x = 0 auf. Er wird mit steigender Profilverschiebung geringer und ist für Verzahnungen

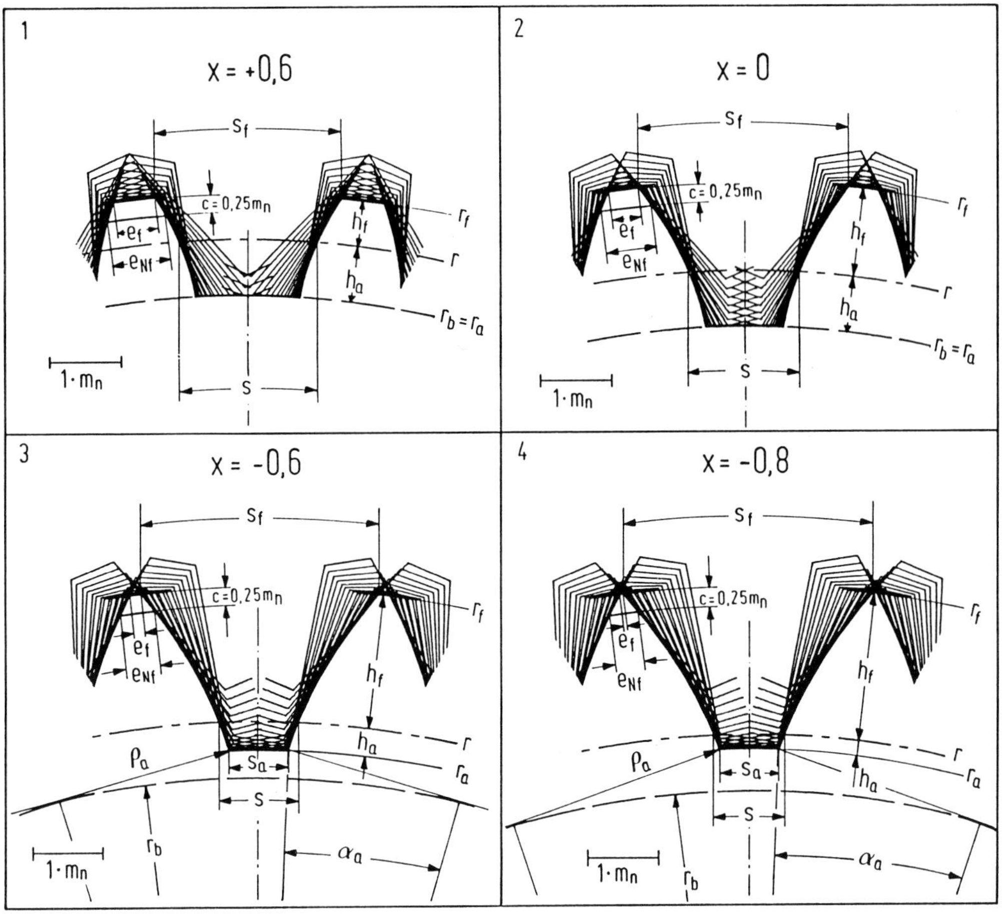

Bild 5.25. Zahnprofile einer Innen-Geradverzahnung für ein Zahnrad mit z = -26 Zähnen in Abhängigkeit der Profilverschiebung $x \cdot m_n$. Mit kleiner werdender Profilverschiebung werden größer: Die Zahndicken s_f am Fußkreis, die Zahnfußhöhen h_f, die Eingriffswinkel α_a am Kopfkreis, die Krümmungsradien ρ_a der Evolventenflanken an den Kopfkreisen, die Beträge der Fußkreisradien $|r_f|$ sowie der Kopfkreisradien $|r_a|$.

Es werden kleiner: Die Zahndicken s_a am Kopfkreis und s am Teilkreis, die Zahnkopfhöhen h_a, die Lückenweiten e_f auf dem Fußkreis und e_{Nf} auf dem Fuß-Nutzkreis.

Bei der spanenden Herstellung von Innen-Verzahnungen liegen die Hüllschnitte innerhalb der Zahnlücke und nicht wie bei dieser Behelfskonstruktion mit dem Zahnstangenprofil in den Zähnen.

nach DIN 867 (Bild 2.11) ab z ≧ 17 (siehe Bild 2.19) und für Verzahnungen nach DIN 58400 (Bild 2.12) ab z ≧ 19 nicht mehr vorhanden (siehe Bild 8.6;8.7).

5. Außenverzahnung, Fußrundungsradius ρ_f, z = 24, m_n = 20 mm

   Die Werte für ρ_f wurden der Zeichnung entnommen, da sie nur mit großem Aufwand zu berechnen sind.

x	-0,5	0,0	+0,5	+1,0
ρ_f in mm	Grafisch			
	17	11	9	7,5

Innenverzahnung, Lückenweite auf dem Fußzylinder e_f, z = -26, m_n = 20 mm

x	-0,8		-0,6		0,0		+0,6	
e_f in mm	Grafisch	Analytisch	Grafisch	Analytisch	Grafisch	Analytisch	Grafisch	Analytisch
	1,0	1,134	3,5	3,398	9,0	8,880	12	12,262

Man erkennt, daß mit Hilfe der Zeichenschablone Skizzen zu erstellen sind, aus denen wichtige Verzahnungsgrößen mit sehr brauchbaren Näherungswerten entnommen werden können.

5.5.5 Lösung der Aufgabenstellung 5-2

Verschieben der Eingriffsstrecke bei Außen-Radpaarungen. Aufgabenstellung S. 42

1. Siehe Bild 5.26, Teilbild 1

2. Die Eingriffsstrecke bleibt in annähernd symmetrischer Lage, wenn für die Aufteilung der Profilverschiebung Gl.(5.17) gilt, wonach $z_1/z_2 = x_1/x_2$ ist. Mit den angegebenen Profilverschiebungsfaktoren von Rad 1 erhält man

x_1	-0,40	0	+0,86	+1,09
x_2	-0,88	0	-1,90	+2,40

Der Wert x_1 = +1,09 ist nicht praktikabel, da dann x_2 = +2,4 würde und nach Diagramm der Bilder 2.19; 4.9 und 8.4 der Zahnkopf $s_{a2} < 0{,}2 \cdot m_n$ würde.

3. Die Verschiebung der Eingriffsstrecke in extreme Lagen ist möglich, indem man, wie bei V-Null-Radpaaren, positive Profilverschiebungen des Rades 1 mit negativen des Rades 2 und negative des Rades 1 mit positiven des Rades 2 kombiniert. Im vorliegenden Fall also

x_1	-0,40	+0,86
x_2	+1,90	-0,88

Die Werte von x_1 und x_2 müssen nicht nach Gl.(5.17) abgestimmt sein. Im Gegensatz zu V-Null-Radpaaren ändert sich jedoch der Eingriffswinkel α_{wt} gegenüber einer Null-Radpaarung $(\alpha_{wt} \neq \alpha_t)$.

5.5.6 Lösung der Aufgabenstellung 5-3

Verschieben der Eingriffsstrecke bei Innen-Radpaaren. Aufgabenstellung S. 42

1. Siehe Bild 5.26, Teilbild 2. Bemerkenswert ist, daß die Profilverschiebung mit $x_1 = -0,4$ unkorrekten Eingriff in Punkt A' ergibt, weil er außerhalb des Tangentenberührpunktes T_1 liegt. Siehe auch Bild 4.18, Teilbild 2, wo zu entnehmen ist, daß für Zähnezahl $z_{n1} = 24$, $z_{nx2} = -40$ und $\Sigma x = 0$, $x_1 \geqq 0$ sein muß. Bei $z_2 = -53$ wird $x_1 \geqq -0,1$ (Bild 8.8).

2. Die Eingriffsstrecke wandert von den Tangentenberührpunkten weg und wird kürzer (siehe auch Bilder 5.12 und 5.20).

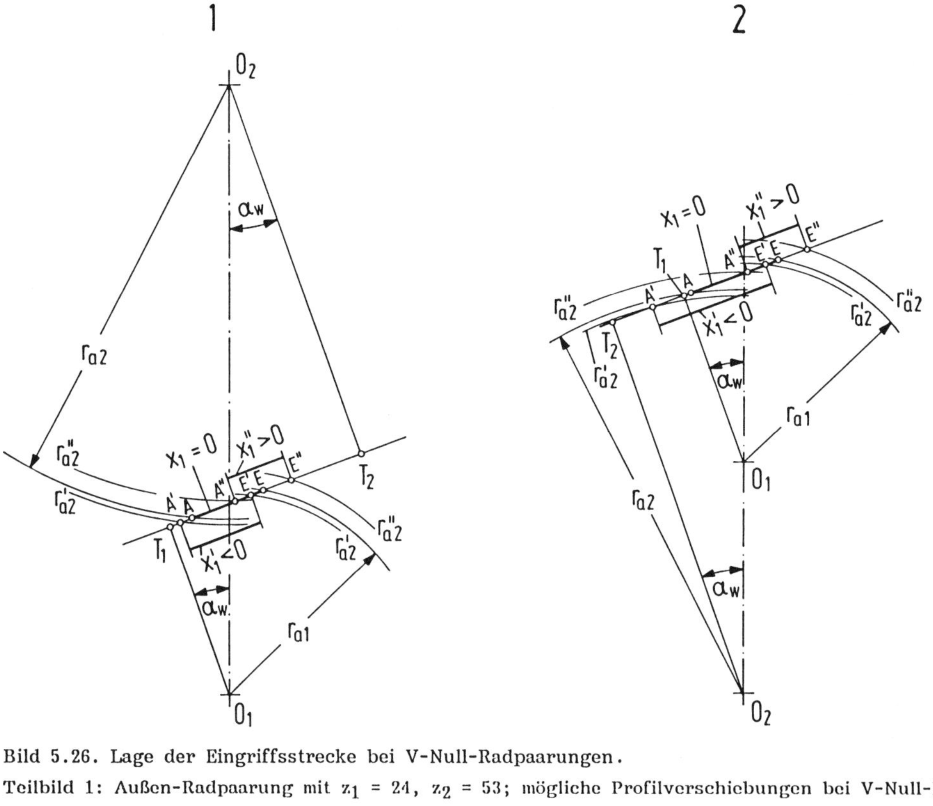

Bild 5.26. Lage der Eingriffsstrecke bei V-Null-Radpaarungen.
Teilbild 1: Außen-Radpaarung mit $z_1 = 24$, $z_2 = 53$; mögliche Profilverschiebungen bei V-Null-Radpaarung: Rad 1 $x_{1\,min} = -0,4$; $x_1 = 0$; $x_{1\,max} = +1,09$ für $s_a = 0,2 \cdot m_n$

Rad 2 $x_2 = +0,4$; $x_2 = 0$; $x_2 = -1,09$.

Die Eingriffsstrecke verschiebt sich mit größer werdender Profilverschiebung für Rad 1 und kleiner werdender für Rad 2 von den Tangentenberührpunkten weg. Gleichzeitig wird sie kürzer. Eingriffspunkt A' liegt außerhalb des Tangentenberührpunktes T_1, was nicht sein darf. Nach dem entsprechenden Diagramm in DIN 3993, Teil 2 [4/1] darf für $\Sigma x = 0$ der Wert nur $x_1 \geqq -0,08$ und nicht $x = -0,4$ sein. Dann wird $x_2 = +0,08$ (siehe auch Diagramm in Bild 8.8, Teilbild 1). Man kann bei Innen-Radpaaren wegen möglichen unkorrekten Eingriffs die Profilverschiebungsgrenzen in der Regel nicht ausschöpfen.

3. Nachdem die Eingriffsstrecke $\overline{A'E'}$ wegen unkorrekter Lage und Einbeziehung von Tangentenberührpunkt T_1 ausscheidet, ist die Eingriffsstrecke $\overline{AE}$ am günstigsten. Sie verläuft hauptsächlich im Abschnitt eines degressiven Reibsystems und hat noch relativ günstige Hebelarme zur Übertragung des Drehmoments (siehe auch Bilder 5.12; 5.15 und 5.20).

6 Tolerierung von Verzahnungen, Verzahnungs-Paßsysteme

6.1 Einleitung, Grundsätzliches

Um trotz herstellungsbedingter Ungenauigkeiten die Funktion der Teile und ihr Zusammenspiel zu gewährleisten, grenzt man die Schwankungsbreite durch Maßtoleranzen ein.

Die guten Erfahrungen, welche man mit dem ISO-Toleranz- und Paßsystem für Längenmaße [6/16] gemacht hatte, veranlaßte schon frühzeitig die zuständigen Fachgremien, ein entsprechendes Toleranz- und Paßsystem auch für Verzahnungen, insbesondere für Stirnradverzahnungen auszuarbeiten. Um das Verständnis der recht komplizierten und oft unübersichtlich dargestellten Verzahnungstoleranz- und Paßsysteme zu erleichtern, wird im folgenden der Aufbau des ISO-Toleranz- und Paßsystems für Längenmaße kurz skizziert und ihm der Aufbau der entsprechenden Verzahnungssysteme gegenübergestellt.

6.2 Toleranzsystem, Paßsystem[1)]

Man unterscheidet Toleranz- und Paßsysteme für reine Längenmaße [6/1] und solche für Verzahnungsgrößen, die sich auch im wesentlichen auf Längenmaße beziehen.

Ein T o l e r a n z s y s t e m ist ein System zur Bildung von Toleranzen und Grenzabweichungen. Für vorgegebene Längenmaße wird mit Hilfe der Nenn- und Grenzabmaße das Mindest- und Höchstmaß festgelegt, innerhalb derer das Istmaß infolge von Ungenauigkeiten der Herstellung schwanken darf. Jedem Nennmaß wird ein Toleranzbereich (Bereich zugelassener Werte zwischen Mindestwert und Höchstwert) zugeordnet, der je nach gewähltem Toleranzgrad (früher: Qualität)[1)] größer oder kleiner ist und je nach gewählter Toleranzfeldlage oberhalb, unterhalb oder auf der durch das Ende des Nennmaßes bestimmten Nullinie liegt. Die Maßtoleranz T ist der Unter-

1) Die Begriffe sind in den zur Zeit gültigen Normen nicht einheitlich. Während in den Verzahnungsnormen noch der veraltete Begriff "Qualität" verwendet wird, heißt es in der DIN ISO 286 "Toleranzgrad".

schied zwischen Höchst- und Mindestmaß bzw. zwischen oberem und unterem Grenzabmaß.

Ein Paßsystem ist ein System zur Bildung von Paßtoleranzen. Der Zweck eines Paßsystems ist die Festlegung einer sinnvollen Auswahl möglicher Paßtoleranzen sowie einer geeigneten Zusammensetzung dieser Paßtoleranzen aus den Maßtoleranzen des Innenpaßmaßes und des Außenpaßmaßes. Die Paßtoleranz P_T ist der Unterschied zwischen Höchstpassung und Mindestpassung (früher: Größt- und Kleinstspiel) und zugleich die Summe der Maßtoleranzen für die Maße von Innen- und Außenpaßflächen.

Nach diesen Definitionen müssen daher die beiden Systemarten über folgende Gebiete Aussagen machen:

Toleranzsysteme

1. Gültigkeitsbereiche, Art der Größen
   (z.B. Längen, Toleranzen, Grenzabmaße, Verzahnungsabweichungen usw.)
2. Nennmaßbereiche und ihre Abgrenzung
3. Zahlenwerte für Toleranzen z.B. aufgrund von Toleranz- und Klassenfaktoren (früher: Toleranzeinheit und Qualitätsfaktoren)
4. Lage der Toleranzfelder, z.B. durch Festlegen der Grundabmaße und Toleranzfelder oder durch Festlegen der Grenzabmaße.

Paßsysteme

1. Gültigkeit für bestimmte Paarungspartner
   (z.B. für Rundpassungen, Verzahnungspassungen),
   Festlegen des Einheitspartners (seine Toleranzen sind auf eine vorgegebene Feldlage beschränkt) und des variablen Partners (seine Toleranzen können jeder Feldlage zugeordnet werden).
2. Zugrunde gelegtes Toleranzsystem
3. Mindest- und Höchstpassung, Spiel-, Übergangs-, Übermaßtoleranzfeld, Einfluß auf die Funktion

6.3 Toleranzsysteme

Während ein Toleranzsystem nur Aussagen machen kann über die Größe einer Toleranz und die Zuordnung ihrer Lage zum Nennmaß, kann in einem Paßsystem aus der vorgegebenen Paßtoleranz P_T, das von den Toleranzen der Partner abhängt, schon ein Schluß auf die Funktion der gepaarten Teile gezogen werden. Ein Paßsystem setzt daher ein Toleranzsystem voraus.

Um einen Überblick über den Unterschied vom üblichen Längen- und dem Verzahnungs-Toleranzsystem zu geben, werden beide kurz behandelt und in Bild 6.1 gegenübergestellt.

6.3.1 Längen-Toleranzsystem

1. Bestimmungsgrößen

   Das ISO-Toleranzsystem [6/1;6/14] bezieht sich auf Maße von Teilen für Rund- und Flachpassungen.

2. Nennmaßbereiche

   Die Nennmaße werden in 31 Bereiche (1 bis 31) unterteilt, vom Bereich 1 mit den Grenzen 0 bis 3 mm bis zum Bereich 21 mit den Grenzen 2500 bis 3150 mm [6/2] und weiteren 10 Bereichen (22 bis 31) vom Bereich 22 mit den Grenzen 3150 bis 3550 mm bis zum Bereich 31 mit den Grenzen 9000 bis 10000 mm [6/12;6/15].

3. Zahlenwerte

   Die Zahlenwerte der Toleranzen berechnet man aus den Gleichungen für die Toleranzfaktoren [1] i und I. Es ist

$$i = (0{,}45 \cdot \sqrt[3]{D} + 0{,}001 \cdot D) \cdot 10^{-3} \tag{6.1}$$

für die Nennmaßbereiche 1 bis 13 [6/2;6/15] und

$$I = (0{,}004 \cdot D + 2{,}1) \cdot 10^{-3} \tag{6.2}$$

für die Bereiche 14 bis 31 [6/1;6/14;6/15]. Der geometrische Mittelwert aus den Werten für die untere und obere Bereichsgrenze, D_i, D_e [2] ist das mittlere Nennmaß D

$$D = \sqrt{D_i \cdot D_e}\,.^{2)} \tag{6.3}$$

---

[1] In den Normen werden die Nennmaße und Nennmaßbereiche stets in mm und die Toleranzen und Abmaße überwiegend in µm angegeben. Bei den folgenden Gleichungen wird davon ausgegangen, daß Nennmaße und Toleranzen stets in der gleichen Einheit angegeben werden. Daher kommt zu den entsprechenden Gleichungen der Normen immer noch der Faktor 10^{-3} hinzu.

[2] Im Toleranz- und Paßsystem für Längen- und Winkelmaße [6/1] werden die unteren und oberen Grenzen mit den Indizes i und s bezeichnet, in den Verzahnungsnormen dagegen nach den ISO-Normen mit i und e. Im folgenden Text werden diese Grenzen ausschließlich mit den Indizes i und e bezeichnet.

Von den Toleranzfaktoren i bzw. I ausgehend, kann man durch Multiplikation mit dem Klassenfaktor K, der die geometrische Reihe R5 erzeugt, die Grundtoleranzen der Reihen IT5 bis IT18 für die Toleranzgrade n = 5 bis 18 erhalten, wobei die Zahlenergebnisse gerundet werden. Es ist

$$K = 10 \cdot 10^{\frac{n-6}{5}} \tag{6.4}$$

Die Grundtoleranz T_g für den Toleranzgrad n und für die Nennmaßbereiche 1 bis 13 erhält man dann mit

$$T_g = i \cdot K \;, \tag{6.5}$$

für die Nennmaßbereiche 14 bis 31 mit

$$T_g = I \cdot K \;. \tag{6.6}$$

Dabei muß man in Gl.(6.1) bzw. (6.2) das mittlere Nennmaß D für den gewünschten Bereich einsetzen und in Gl.(6.4) für n den erwünschten Toreranzgrad (Bild 6.2).

Für die Grundtoleranzen der Reihen IT1 bis IT4 gilt Gl.(6.5) nicht. Der Toleranzgrad 1 wird mit Gl.(6.5-1) berechnet, wobei die Grundtoleranz

$$T_g = 0{,}8 + 0{,}020 \cdot D \tag{6.5-1}$$

ist und die Werte der Toleranzgrade 2 bis 4 etwa geometrisch gestuft zwischen den Werten der Reihen IT1 und IT5 liegen.

4. Feldlagen
Es werden jeweils 27 Feldlagen mit den Bezeichnungen a bis zc für Außenmaße und A bis ZC für Innenmaße festgelegt (Bild 6.3). Das Toleranzfeld a liegt weit unter, das Toleranzfeld A weit über der Nullinie, die Felder js, JS auf, zc weit über und ZC weit unter der Nullinie. Feldlage h berührt die Nullinie mit der oberen, Feldlage H mit der unteren Grenze des Toleranzfeldes. Die genaue Lage jedes Feldes wird durch das Grundabmaß bestimmt [6/1], das den Abstand der der Nullinie zugewandten Feldgrenze angibt und nur vom mittleren Nennmaß abhängt (und nicht vom Toleranzgrad). Es gibt z.B. im Fall des Feldes d für das obere Grenzabmaß A_e dessen Zahlenwert an,

$$A_e = -16 \cdot D^{0,44} \cdot 10^{-3} \;. \tag{6.7}$$

Für die andere Grenze dieses Feldes, also das untere Grenzabmaß A_i, wird noch die ISO-Grundtoleranz T_g hinzugezählt nach der allgemeinen Gl.(6.8)

$$T_g = A_e - A_i \tag{6.8}$$

wobei sich dann der Zahlenwert für das andere Abmaß in den Nennmaßbereichen 1 bis 13 nach Gl.(6.9) ergibt mit

$$A_i = -(16 \cdot D^{0,44} \cdot 10^{-3} + i \cdot K) \tag{6.9}$$

und in den Nennmaßbereichen 14 bis 31 mit Gl.(6.10) mit

$$A_i = -(16 \cdot D^{0,44} \cdot 10^{-3} + I \cdot K) \; . \tag{6.10}$$

6.3.2 Verzahnungs-Toleranzsystem

1. Bestimmungsgrößen
Das System (siehe Bild 6.1) legt zur Zeit etwa 44 Abweichungsgrößen zugrunde. (In älteren Ausgaben von [6/6], z.B. 1955, waren es lediglich 8 "Verzahnungsfehler" einschließlich des "Achsabstands-" und "Zahndickenfehlers".) Im einzelnen handelt es sich um Abweichungen folgender Gruppen: Der Teilung, der Flankenform, der Flankenlinie, des Rundlaufs, der Zahndickenänderung über bestimmte Bereiche, der Achslage sowie der Ein- und Zweiflankenwälzabweichung und -wälzsprünge. Für die wichtigsten dieser Abweichungen sind in Abhängigkeit des Normalmoduls m_n die Toleranzgrade (Qualitäten) n = 1 bis 12, gegebenenfalls in Abhängigkeit von 10 Teilkreis-Durchmesserbereichen die Toleranzen in den DIN-Blättern [6/7;6/8] tabelliert, Bild 6.2.
Dazu kommen die Toleranzen der "Haupt-Bestimmungsgrößen" für das Verzahnungs-Passungssystem, nämlich der Achsabstand a und die Zahndicken s_n (im Normalschnitt). Sie werden nicht als Verzahnungsabweichungen definiert [2], jedoch, genau wie die Abweichungen, mit Toleranzen versehen. Beim Achsabstand [6/9] werden in Abhängigkeit von 18 Nennmaßbereichen (Bild 6.2, Teilbild 5) und den Toleranzgraden n = 5 bis 11 die Abmaße des JS-Feldes angegeben, die genau den ISO-Grundtoleranzen entsprechen. Für die Zahndickentoleranz sind in Abhängigkeit von 11 Nennmaßbereichen und den 10 Toleranzreihen 21 bis 30 Werte für die Zahndickentoleranzen T_{sn} tabelliert [6/10].
Die Nummern der Toleranzreihe (Bild 6.2, Teilbild 6) entsprechen für den Durchmesserbereich 10 bis 50 mm mit 24, 25, 26, 27 etwa den ISO-Grundtoleranzen der Toleranzgrade (Qualitäten) 6, 7, 8, 9.

---

[1] Die DIN-Festlegungen treffen eine Unterscheidung zwischen den für das Paßsystem wichtigen Bestimmungsgrößen Achsabstand und Zahndicke und allen übrigen tolerierten Bestimmungsgrößen der Verzahnung. Letztere werden unter dem Oberbegriff "Abweichungen" aufgeführt.

Art des Toleranzsystems / Notwendige Festlegungen	Nr.	Toleranzsysteme: für Teile mit Längenmaßen	Toleranzsysteme: für Stirnradverzahnungen	Anhang (Normblätter): Längenmaße	Anhang (Normblätter): Verzahnungen
		1	2	3	4
Bestimmungsgrößen	1	1.1 Gerade Strecken (zylindrische und parallelflächige Werkstücke)	1.2 Zahndicke, Zahnweite Teilung Profilform Profilwinkel Achsabstand Drehwinkel	DIN ISO 286	DIN 3960
Nennmaßbereiche	2	2.1 21 Nennmaßbereiche N = 0...3 bis 2500...3150 mm 10 Nennmaßbereiche N = 3150...3550 bis 9000...10000 mm	2.2 11 (FWT: 7) Nennmaßbereiche für den Teilkreisdurchmesser d d < 10 bis 6300...10000 mm (MB) d = 3...6 bis 200...400 mm (FWT) Stufung: Reihe R5 ($\sqrt[5]{10}$) 19 (FWT: 15) genormte Modulgrößen m_n m_n = 1 bis 70 mm (MB) m_n = 0,2 bis 3 mm (FWT) Stufung: etwa nach Reihe R10 ($\sqrt[10]{10}$) 18 (FWT: 6) Nennmaßbereiche für Achsabstand a a = 10...18 bis 2500...3150 mm (MB) a < 6,3 bis 250...630 mm (FWT) Stufung: Reihe R5 ($\sqrt[5]{10}$), ab a = 250 mm Reihe R10 ($\sqrt[10]{10}$)	DIN ISO 286 DIN 7172	DIN 3960 DIN 58405 DIN 780 DIN 58405 DIN 3964 DIN 58405
Zahlenwerte für Toleranzen	3	3.1 Grundtoleranzen (für die Toleranzgrade 5 ≤ n ≤ 18 $T_g = i \cdot K$ (für D ≤ 500 mm) $T_g = I \cdot K$ (für D > 500 mm) Toleranzfaktor $i = (0{,}45 \cdot \sqrt[3]{D} + 0{,}001 \cdot D) \cdot 10^{-3}$ $I = (0{,}04 \cdot D + 2{,}1) \cdot 10^{-3}$ Klassenfaktor $K = 10 \cdot 10^{(n-6)/5}$ mittleres Nennmaß $D = \sqrt{D_i \cdot D_e}$	3.2 Zahndickentoleranz aus Tabelle, etwa nach Gleichung $T_s \approx c \cdot \sqrt[4]{d}$ Teilungsgesamtabweichung $F_p = 7{,}25 \cdot \frac{\sqrt[3]{d}}{\sqrt[7]{z}}$ Teilungssprung $f_u = 5 + 0{,}4 \cdot (m_n + 0{,}25 \cdot \sqrt{d})$ usw. Toleranzen z.B. $T_{Fp} = F_p \cdot \varphi^{n-5}$ mit $\varphi = 1{,}4$ für $n \leq 9$, $\varphi = 1{,}6$ für $n > 9$ usw. Es ist $d = \sqrt{d_i \cdot d_e}$ und $m_n = \sqrt{m_{ni} \cdot m_{ne}}$ einzusetzen. Achsabstandstoleranz T_a wie Längenmaße	DIN ISO 286 DIN 7172	DIN 3967 DIN 3962 DIN 3961 DIN 3962 DIN 3964
Feldlage der Toleranzen	4	4.1 27 Feldlagen mit Bezeichnung a bis zc für Außenmaße A bis ZC für Innenmaße Lagen: a, ZC unter der Nullinie js, JS symmetrisch zur Nullinie h mit A_e auf der Nullinie H mit A_i auf der Nullinie A, zc über der Nullinie Zur Nullinie gekehrte Abmaßgrenzen sind durch Grundabmaße (A_e, A_i) festgelegt, die durch Gleichungen zu berechnen sind. Grenzmaße des Toleranzfeldes: $A_e = A_i + T_g$ $A_i = A_e - T_g$	4.2 Achsabstands-Abmaße: 7 Feldlagen JS5 bis JS11 (symmetrisch zur Nullinie) Zahndicken-Abmaße: 11 Feldlagen a bis h mit 11 Teilkreisdurchmesserbereichen von <10 bis 6300...10000 mm Das obere Zahndickenabmaß A_{sne} (immer kleiner als null) für Feldlagen a bis h aus DIN 3967, Tabelle 1, das untere Zahndickenabmaß A_{sni} durch Hinzufügen der Toleranz T_{sn} aus DIN 3967, Tabelle 2 mit 10 Toleranzreihen: 21 bis 30. Abweichungen: 37 Einzel-, Summen- und Gesamtabweichungen, davon für 10 Abweichungen tabellarisch erfaßte Tolranzangaben; 7 Wälzabweichungen und Wälzsprünge, davon für 4 Wälzabweichungen tabellarisch erfaßte Toleranzangaben	DIN ISO 286	DIN 3964 DIN 3967 DIN 3960 DIN 3962 DIN 3963

Bild 6.1

Längen-Toleranzsystem

1

Nennmaßbereich / Toleranzgrad	über 0 bis 3	über 3 bis 6	...	über 30 bis 50	...	über 315 bis 400	über 400 bis 500	mm
1	0,8	1,0		1,5		7	8	µm
2	1,2	1,5		2,5		9	10	
⋮								
6	6	8		16		36	40	
⋮								
16	600	750		1600		3600	4000	

Grundtoleranzen: degressiv steigend

2

Nennmaßbereich / Toleranzgrad	über 500 bis 630	über 630 bis 800	...	über 8000 bis 10000	mm
1	9	10		-	µm
2	11	13		-	
⋮					
6	44	50		380	
⋮					
16	4400	5000		38000	

Grundtoleranzen: linear steigend

Verzahnungs-Toleranzsystem

3

Toleranzgrad / Abweichung	1	...	5	...	12	
f_f	1		4,5		71	µm
$f_{H\alpha}$	1		4		56	
F_f	1,5		6		90	

Toleranzen der Abweichungsgrößen nur abhängig vom Normalmodul m_n, unabhängig vom Teilkreisdurchmesser d

4

	Teilkreisdurchmesser / Toleranzgrad	1	...	5	6	...	11	12	
mm	bis 10	1		4,5	6		45	71	µm
	über 10 bis 50	1		5	7		50	80	
	über 50 bis 125	1,5		5	7		50	80	
	⋮								
	über 6300 bis 10000	2,8		11	16		110	180	

Toleranzen der Abweichungsgrößen, z.B. f_p, f_{pe} abhängig vom Normalmodul m_n und vom Teilkreisdurchmesser d

5

Achslagengenauigkeitsklassen		5	6	7	8	9	10	11	
		1 bis 3	1 bis 3	1 bis 3	1 bis 3				
			4 bis 6	4 bis 6	4 bis 6	4 bis 6			
				7 bis 9	7 bis 9	7 bis 9	7 bis 9		
					10 bis 12	10 bis 12	10 bis 12	10 bis 12	
Achsabstand / Toleranzgrad		5	6	7	8	9	10	11	
mm	über 10 bis 18	±4	±5,5	±9				±55	µm
	⋮								
	über 30 bis 50	±5,5	±8	±12,5				±95	
	⋮								
	über 2500 bis 3150	±43	±67	±105				±675	

Abmaße der „Nicht-Abweichungsgröße“ Achsabstand (JS-Feld)

6

	Teilkreisdurchmesser / Toleranzreihe	21	22	23	24	25	26	27	28	29	30	
mm	bis 10	3			12	20	30	50			200	µm
	über 10 bis 50	5			20	30	50	80				
	über 50 bis 125	6			25	40	60	100				
	⋮											
	über 3600 bis 10000	40			160	250	100	600			2400	

Abmaße der „Nicht-Abweichungsgröße“ Zahndicke

Bild 6.2. Stufungen der Nennmaßbereiche und Toleranzgrade (Qualitäten) für Längen- und Verzahnungstoleranzen (Auszug). Teilbilder 1 und 2 für das Längen-Toleranzsystem, Teilbilder 3 bis 6 für das Verzahnungs-Toleranzsystem.

Bild 6.1. Gegenüberstellung der Längen- und Verzahnungs-Toleranzsysteme. MB bedeutet Maschinenbau, FWT bedeutet Feinwerktechnik

2. Nennmaßbereiche

Als Nennmaße werden für die Toleranzen der Grenzabmaße (Abmaße) der Zahndicken, soweit es möglich und nötig ist, die Teilkreisdurchmesser zugrunde gelegt. Man teilt sie in 11 Bereiche ein von $d < 10$ mm bis $d = 10000$ mm, die anfangs willkürlich sind, dann aber der Reihe R5 (Faktor $\sqrt[5]{10}$) folgen [6/5]. Die Toleranztabellen gelten jeweils für einen von 8 Modulbereichen, beginnend mit Modul $m_n = 1$ mm bis Modul $m_n = 70$ mm. Die Stufungen der Modulbereiche werden auch nach der Reihe R5 vorgenommen.

Die 18 Nennmaßbereiche des Achsabstandes, von $a = 10...18$ mm bis $a = 2500...3150$ mm [6/9] sind genau so gestuft wie bei den ISO-Grundtoleranzen, also anfangs nach Reihe R5, dann nach Reihe R10.

Die 11 Nennmaßbereiche für die Toleranzen der Zahndicke T_{sn} sind die gleichen wie die der Abweichungen.

3. Zahlenwerte für Toleranzen

Für die meisten den Abweichungen zugeordneten Toleranzwerte gibt es Formeln [6/6], in denen das Grundabmaß abhängig vom mittleren Bereichs-Teilkreisdurchmesser d, dem Normalmodul m_n bzw. der Zähnezahl berechnet werden kann. Der mit der Gleichung berechnete Wert gilt als Toleranz für den Toleranzgrad (Qualität) $n = 5$ und wird für die gröberen Toleranzgrade (Qualitäten) jeweils mit dem Faktor $\varphi = 1{,}4$ bzw. $\varphi = 1{,}6$ multipliziert (Bild 6.1, Feld 3.2).

Die Grenzabmaße (Abmaße) für den Achsabstand sind in den ISO-Toleranzen für das Feld JS entnommen.

Die Grenzabmaße (Abmaße) für die Zahndicke sind den ISO-Toleranzen entnommen, werden aber dem nächstgrößeren Nennmaßbereich zugeordnet.

4. Feldlage

Bei "Abweichungen" liegen die Grenzabmaße (Abmaße) immer so, daß die Nulllinie durch das Toleranzfeld geht oder dieses begrenzt. Beim Achsabstand liegt die Feldlage symmetrisch zur Nullinie und entspricht dem JS-Feld der Längenmaß-Toleranzen (Bild 6.3, Teilbild 1).

Bei der Zahndicke ist das obere Grenzabmaß (Abmaß) A_{sne} stets negativ, um bei der Paarung ein Spiel zu erzeugen. Im Maschinenbau gibt es für jedes Feld, abhängig vom Nennmaßbereich, ein tabelliertes oberes Grenzabmaß (Abmaß), in der Feinwerktechnik ist dies Grenzabmaß ein ganzes oder halbes Vielfaches der zum Toleranzgrad (Qualität) gehörenden Toleranz (Bild 6.3, Teilbilder 2;3). Eine Gegenüberstellung der Toleranzfeldlagen für Längenmaße, Zahndicken der Maschinenbau- und Feinwerk-Toleranzsysteme ist in Bild 6.4 enthalten.

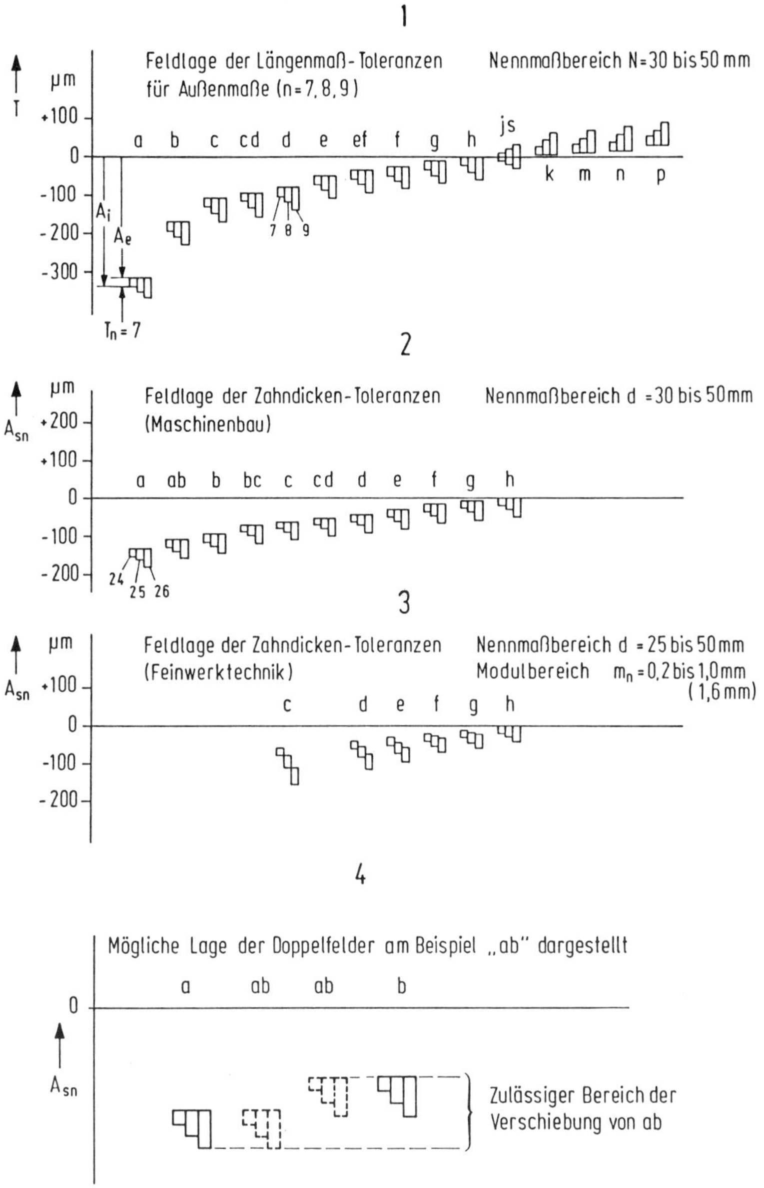

Bild 6.3. Vergleich der Feldlagen bei Toleranzen für Längenmaße (Teilbild 1), für Zahndicken im Maschinenbau (m ≧ 1 mm, Teilbild 2) und für Zahndicken in der Feinwerktechnik (m ≦ 1 mm, Teilbild 3). Die Lage der Doppelfelder (Teilbild 4) kann innerhalb des zulässigen Bereichs verändert werden, die Feldgrößen bleiben gleich.

6.3.3 Funktionsgerechte Tolerierung, Toleranzfamilien

Um bei den zahlreichen Verzahnungsabweichungen nur diejenigen festlegen zu müssen, welche für die vorgesehenen Funktionen von entscheidender Bedeutung sind, werden im genormten Verzahnungs-Toleranzsystem [6/6] vier Gruppen mit grundsätzlich verschiedenen Funktionseigenschaften zu Toleranzfamilien zusammengestellt. Je höher die funktionellen Anforderungen sind, um so besser muß der gefertigte Verzahnungs-Toleranzgrad (Verzahnungsqualität) sein, desto differenzierter muß auch toleriert werden. Daher können für die einzelnen Bestimmungsgrößen durchaus verschiedene Toleranzgrade festgelegt werden.

Die für das Verzahnungs-Toleranzsystem des Maschinenbaus festgelegten vier Toleranzfamilien mit den für sie entscheidenden Verzahnungsabweichungen sind in Bild 6.5 angegeben. Sie decken die Funktionsgruppen G: Gleichförmigkeit der Bewegungsüber-

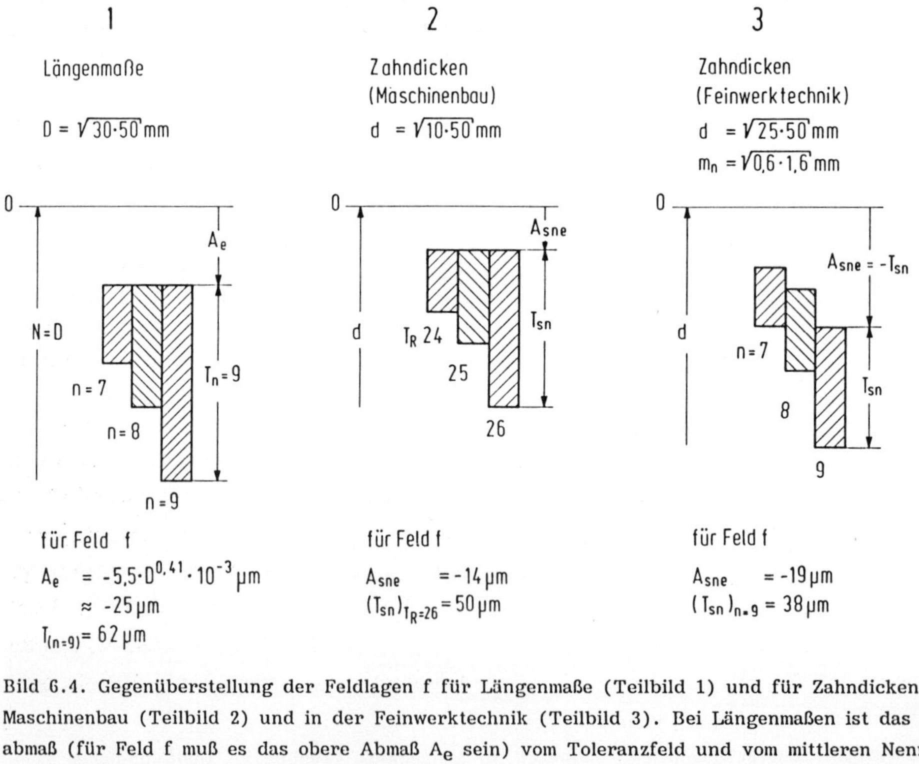

Bild 6.4. Gegenüberstellung der Feldlagen f für Längenmaße (Teilbild 1) und für Zahndicken im Maschinenbau (Teilbild 2) und in der Feinwerktechnik (Teilbild 3). Bei Längenmaßen ist das Grenzabmaß (für Feld f muß es das obere Abmaß A_e sein) vom Toleranzfeld und vom mittleren Nennmaß D abhängig und für alle Toleranzgrade (Qualitäten) gleich, bei den Zahndicken im Maschinenbau ebenso (wobei als mittleres Nennmaß der mittlere Teilkreisdurchmesser d gilt), während in der Feinwerktechnik das Grenzabmaß A_{sne} sowohl vom mittleren Teilkreisdurchmesser d als auch vom mittleren Normalmodul m_n und vom Toleranzgrad n (Qualität) abhängt. Die Toleranz T hängt bei Längenmaßen vom mittleren Nennmaß D und dem Toleranzgrad (Qualität) ab, bei Zahndicken im Maschinenbau vom mittleren Teilkreisdurchmesser und der Toleranzreihe, bei Zahndicken in der Feinwerktechnik vom Teilkreisdurchmesser, Modul und Toleranzgrad (Qualität) ab.

tragung, L: Laufruhe und dynamische Tragfähigkeit, T: Statische Tragfähigkeit und N: Keine Funktionsangabe, ab.

Funktionsgruppe		Wichtige Abweichungen
G	Gleichförmigkeit der Bewegungsübertragung	F_i' f_i' F_p F_i'' F_r f_i''
L	Laufruhe und dynamische Tragfähigkeit	f_i' f_p (f_{pe}) f_i'' F_f $f_{H\beta}$ F_p (F_r)
T	Statische Tragfähigkeit	f_{pe} $f_{H\beta}$ TRA
N	Keine Angaben der Funktion	F_i'' $f_{H\beta}$ F_f f_i''

Bild 6.5. Funktionsgruppen der Verzahnungs-Abweichungen (System: Maschinenbau). Sie werden für die Fertigung vorgegeben und enthalten jeweils die maßgebenden Abweichungen, welche die entsprechende Funktion beeinflussen. Da einzelne Abweichungen voneinander abhängig sein können (z.B. F_i'', F_r), müssen nicht immer alle geprüft werden. Dafür gibt es die Prüfgruppen A,B,C [6/6].

Zusätzliche Angaben wie Oberflächengüte, Werkstoff, Härtewerte usw. können für die Funktion noch wesentlich sein.

Anwendung

Wenn man nur allgemeine Betriebseigenschaften verlangt ohne spezielle Funktionsanforderung, wählt man Funktionsgruppe N mit einem einzigen Verzahnungs-Toleranzgrad (Verzahnungs-Qualität), z.B. n = 8, der auch zu prüfen ist. Angabe: N8.

Im anderen Fall wählt man eine der übrigen Funktionsgruppen und setzt zum Buchstaben der Funktionsgruppe die Zahl des gewünschten Toleranzgrades (Qualität) hinzu. Grundsätzlich sollen zu prüfende Toleranzen nur für solche Funktionsgruppen vereinbart werden, auf deren Abweichungen es bei dem betreffenden Verwendungszweck tatsächlich ankommt. Man kann auch zwei Funktionsgruppen koppeln und mit verschiedenen Toleranzklassen-Angaben versehen, z.B. G8, L7. Das besagt, daß die Bestimmungsgrößen für die Laufruhe feiner toleriert werden ($n = 7$) als die für die Gleichförmigkeit der Bewegungsübertragung ($n = 8$).

Prüfung

Man braucht nicht unbedingt alle zur Funktionsgruppe gehörenden Bestimmungsgrößen zu prüfen, sondern kann sich zunutze machen, daß diese teilweise eng zusammenhängen, z.B. Profilform- (F_f) und Flankenlinienprüfung (F_β); man kann sie durch die Tragbildprüfung (TRA) ersetzen. Ebenso kann die Rundlaufprüfung (F_r) durch die Zweiflanken-Wälzprüfung (F_i'') ersetzt werden. Eine bestimmte Funktionsgruppe kann daher wahlweise durch verschiedene Meßkombinationen geprüft werden. Eine solche Kombinationsgruppe heißt Prüfgruppe. Die Prüfgruppen haben die Bezeichnungen A, B, C und können durch Anfügen an die Funktionsgruppen verlangt werden, z.B. durch die Angabe G8B, wenn zur Funktionsgruppe G8 die Prüfgruppe B [6/6] gefordert wird.

6.4 Paßsysteme

Nach den anfangs gebrachten Definitionen kann man mit Hilfe eines Paßsystems aufgrund der dort tolerierten Innen- und Außenpaßflächen ein vorgegebenes Spiel P_S von vornherein garantieren. Die Passung (Spiel oder Übermaß) schwankt zwar innerhalb des Paßtoleranzfeldes, aber es steht von vornherein fest, ob ein Spiel-, ein Übergangs- oder ein Übermaßtoleranzfeld vorliegen wird.

6.4.1 Bestimmungsmaße

Je nachdem, ob man zwei oder mehrere Teile bzw. die entsprechenden, die Passung erzeugenden Bestimmungsmaße zugrunde legt, und ob man parallele oder nicht parallele Bestimmungsmaße vorsieht, erhält man die in Bild 6.6 dargestellten Paßsysteme.

Das in Feld 1.1 dargestellte und genormte [6/1] Paßsystem für Längenmaße ist sehr einfach, weil es nur zwei tolerierte Maße berücksichtigt, deren Differenz die Paßtoleranz P_T [1)] ergibt (Spiel P_S oder Übermaß $P_Ü$). Berücksichtigt man mehr als zwei Teile, also mehr als zwei tolerierte parallele Bestimmungsmaße - Felder 1.2 und 1.3 - dann ändert sich grundsätzlich nichts, man muß nur das aus mehreren tolerierten Maßen zusammengesetzte resultierende Maß mit den resultierenden Grenzabmaßen [1/5] berechnen und dann wie in Feld 1.1 mit zwei Maßen die Paßtoleranz P_T bestimmen.

---

1) Die Paßtoleranz P_T ist definiert als Höchstpassung minus Mindestpassung. Die Höchstpassung P_e ist die Passung bei Höchstmaß der Innenpaßflächen (bei Rundpassungen die konkaven Paßflächen) und Mindestmaß der Außenpaßflächen (bei Rundpassungen die konvexen Paßflächen), die Mindestpassung P_i ist die Passung bei Mindestmaß der Innenpaßflächen und Höchstmaß der Außenpaßflächen. "Passung" ist nicht nur Oberbegriff für alle Arten von Passungen, sondern auch ein resultierendes Maß, nämlich das Maß der Innenpaßflächen minus dem Maß der Außenpaßflächen vor der Paarung. Für Zahnradpaarungen dürfen nur Spieltoleranzfelder verwendet werden.

Komplizierter wird die Passungsbestimmung (Spielbestimmung) mit tolerierten Maßen, wenn diese nicht parallel verlaufen wie in Feld 2.1. Es tritt dann noch eine Winkelgröße hinzu, mit deren Hilfe die tolerierten Maße (Nenn- und Grenzabmaße) auf eine bevorzugte Richtung reduziert werden können, so z.B. auf die in Feld 2.1 angegebene Richtung des Maßes a oder auf die des Maßes s_t in den Feldern 2.2 und 2.3. Man kann, wenn einen dieses Spiel interessiert, sogar auf eine andere Richtung, hier durch das Spiel j_r (in radialer Richtung) angegeben, reduzieren.

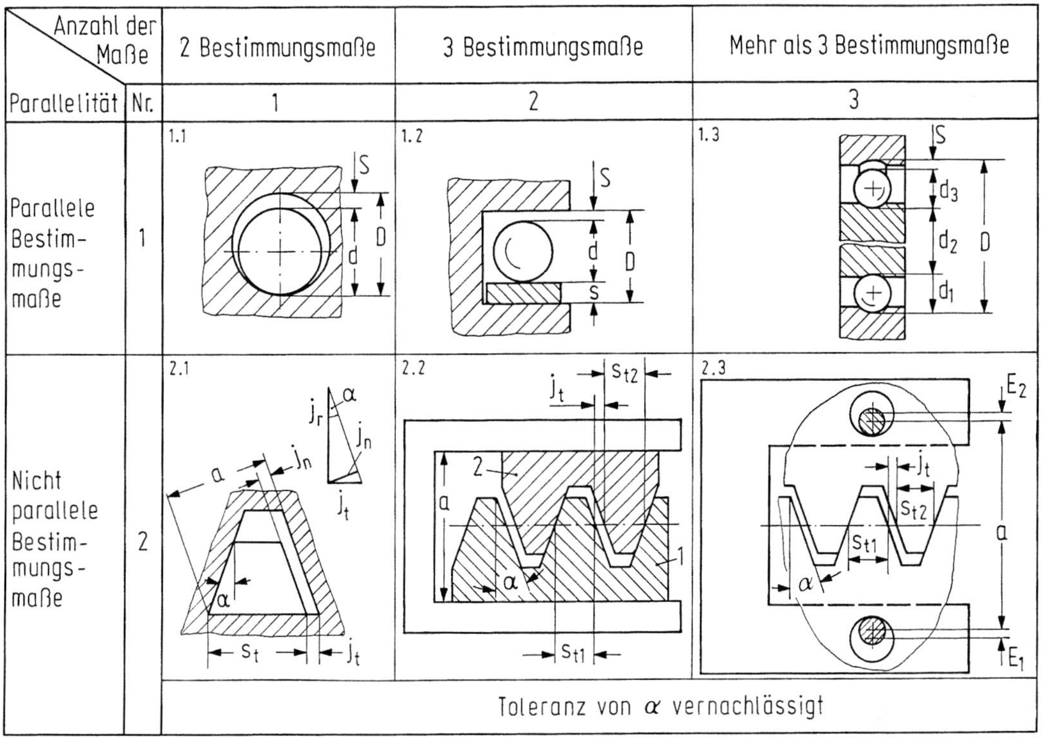

Bild 6.6. Mögliche Paßsysteme mit zwei und mehr Teilen, mit parallelen und nicht parallelen, das Spiel S bzw. j_t bestimmende Berührungsflächen.

Feld 1.1: Für zwei (parallele) Längenmaße.

Feld 1.2, 1.3: Für mehrere (parallele) Längenmaße.

Feld 2.1: Für zwei nicht parallele Längenmaße.

Feld 2.2: Für drei nicht parallele Längenmaße [6/11], z.B. Zahnradpaarungen ohne Zwischenteile. Die Bezeichnungen der Zeile 2 lehnen sich an die Zahnradnormen an.

Feld 2.3: Für mehr als drei nicht parallele Längenmaße [6/11] (Zahnradpaarungen mit Berücksichtigung der Zwischenteile).

Es bedeutet: j Zahnspiel (Index n normal, t im Stirnschnitt, r radial), α Profilwinkel, a Achsabstand, s Zahndicke, E Exzentrizität der von den Hilfslinien berührten Körperkonturen.

ln Feld 2.2 des Bildes 6.6 ist eine Passung mit drei Teilen und entsprechend mit drei tolerierten Bestimmungsmaßen für das Spiel angegeben, von denen zwei, nämlich die Zahndicken s_{t1}, s_{t2}, eine andere Richtung haben als die dritte, der Achsabstand a. Das Spiel j_t, welches unter anderem durch die Toleranzen des Achsabstandes entsteht, ist hier auf die Richtung der Zahndicken reduziert. Es zeigt das Grundprinzip eines Verzahnungs-Paßsystems.

Da in die Kette der Teile, welche das resultierende Zahnspiel bestimmen, nicht nur Zahndicken- und Achsabstandstoleranzen eingehen, werden in Feld 2.3 auch weitere Bestimmungsgrößen angegeben, deren Toleranzen das Spiel beeinflussen, z.B. die entsprechenden Toleranzen der übrigen Teile sowie Lagerspiele und Exzentrizitäten konzentrischer Zylinderflächen von Buchsen und abgesetzten Wellen, die außerhalb des Zahnkörpers liegen.

Das Bild 6.6, Feld 2.3, enthält die grundsätzlich vorkommenden Bestimmungsgrößen, welche das Zahnspiel beeinflussen und ist daher Ausgangskonzept jedes Verzahnungs-Paßsystems. Vergleicht man die Bilder in den Feldern 1.1 und 2.3, dann ist offenkundig, weswegen es so schwierig ist, leicht handhabbare Verzahnungs-Paßsysteme aufzustellen, geschweige denn zu normen.

Hinzu kommt noch der indirekte Einfluß der zahlreichen Verzahnungsabweichungen auf das Spiel.

Zu beachten ist, daß die Größe des Flankenspiels im Prinzip nichts über den Toleranzgrad (Qualität) einer Zahnradpaarung aussagt, wie z.B. ruhiger Lauf, winkeltreue Übertragung, Schmiermöglichkeit, Belastbarkeit usw., sondern dafür hauptsächlich entsprechende Verzahnungsabweichungen verantwortlich sind sowie die oben erwähnten zusätzlichen Exzentrizitäten und Lagerspiele, die sich während des Umlaufs verändern. Allerdings verlangen verschiedene Verzahnungs-Toleranzgrade auch bestimmte Abmaße der Zahndicken und Zahndickenschwankung R_s (es ist $R_s \approx 0{,}52 \cdot F_i''$ und F_i'' durch die Verzahnungs-Toleranzgrade festgelegt).

6.4.2 Passungsprinzipien

Wie bei den Passungen für Längenmaße [6/1] kann man auch bei den Verzahnungspassungen verschiedene Prinzipien unterscheiden. Dem System Einheitswelle bei Passungen für Längenmaße entspricht bei Verzahnungs-Passungen das System Einheitszahndicke und dem System Einheitsbohrung das System Einheitsachsabstand.

Beim Paßsystem Einheitszahndicke (Bild 6.7, Teilbild 1) legt man der für alle Spiele stets gleichbleibenden Zahndickentoleranz das h-Feld zugrunde und der Achsabstandstoleranz die Felder JS, K, M, N, P usw.), während beim System Einheitsachsabstand (Bild 6.7, Teilbild 2) die Achsabstandstoleranz stets die gleiche Feldlage JS hat und die Zahndickentoleranzen die Feldlagen h, g, f, e, d, c usw. Die Wahl der Feldlagen

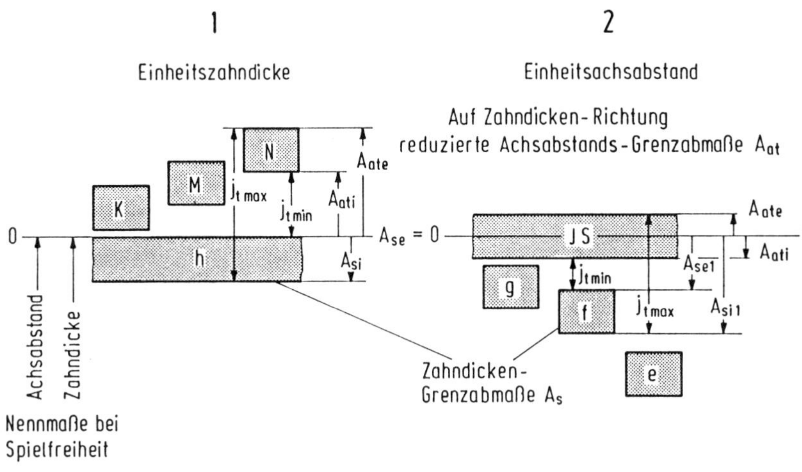

Bild 6.7. Verschiedene Verzahnungs-Paßsysteme

Teilbild 1: Paßsystem-Einheitszahndicke; die Feldlage der Zahndicken-Toleranz bleibt gleich.

Teilbild 2: Paßsystem Einheitsachsabstand (hauptsächliche Verwendung); die Feldlage der Achsabstands-Toleranz gleibt gleich.

Zur Drehflankenspielberechnung werden die Auswirkungen der Achsabstands-Grenzabmaße auf die Zahndickenrichtung im Stirnschnitt reduziert und zu den Auswirkungen der Zahndicken-Grenzabmaße beider Zahnräder im Stirnschnitt addiert.

ist so getroffen, daß stets eine positive Passung, also Spiel, entstehen muß (Ausnahme JS/h).

Der Vorteil des Systems Einheitszahndicke ist es, bei Verzahnungen mit den gleichen Zahndicken-Grenzabmaßen durch Wahl verschiedener Feldlagen der Achsabstandstoleranz die verschiedenen Zahnspiele zu gewährleisten oder auch bei Verzahnungen mit verschiedenen Feldlagen der Toleranz das gleiche Zahnspiel zu erzeugen. Das wäre z.B. vorteilhaft für gespritzte oder durch ein anderes Umformverfahren hergestellte Zahnräder, bei denen man bei großen Loszahlen mit einer gleichen, gegebenenfalls mit einer von Werkstoff zu Werkstoff verschiedenen Schrumpfung rechnen muß.

Diese Vorteile entfallen, sobald mehrere Zahnräder auf der gleichen Welle angeordnet sind, denn die Feldlage der Achsabstandstoleranz muß für alle Paarungen der gemeinsamen Welle richtig gewählt sein. Da bei mehrstufigen Getrieben auf einer Welle in der Regel mindestens zwei Zahnräder angebracht sind, hat man sich entschlossen, bei Verzahnungen nur das Paßsystem Einheitsachsabstand zu verwenden und nur für dieses System Normen aufzustellen. Die Feldlage des Achsabstandes bleibt einheitlich (symmetrisch) und durch die Feldlagen der Zahndicken jedes einzelnen Zahnrades kann das Zahnspiel jeder Paarung individuell ausgelegt werden. Diese Feldlagen sind durch die erzielte Erzeugungsprofilverschiebung relativ leicht zu realisieren.

6.4.3 Grundsätzliches eines Getriebe-Paßsystems des Maschinenbaus

Das Paßsystem dient zur Sicherung der Mindestpassung (Kleinstspiel) und zur Begrenzung der Höchstpassung (Größtspiel) der Zahnflanken bei zugrunde gelegten Spieltoleranzfeldern. Es entspricht im Aufbau dem aus dem System für Rundpassungen abgeleiteten System nach Bild 6.6, Feld 2.3, mit den Bestimmungsgrößen: Achsabstand, Zahndicken und den Toleranzen weiterer Bauelemente. Bei jedem der beiden Zahnräder einer Radpaarung liegen alle Formabweichungen, Teilungsabweichungen usw. innerhalb der Abmessungen zweier gedachter abweichungsfreier konzentrischer Zahnräder, deren Zahnmitten mit denen der Werkräder nicht zusammenzufallen brauchen und von deren Zahndicken die eine um das obere, die andere um das untere Grenzabmaß vom Nennmaß abweichen.

Das beschriebene Paßsystem von Radpaarungen ermöglicht es, die Abmaße der Zahndicken unter Beachtung aller Erscheinungen beim Betrieb eines Getriebes und aller Abweichungen des gesamten Getriebes festzulegen.

Das zugrunde gelegte Toleranzsystem ist das beschriebene Verzahnungs-Toleranz-System nach [6/6 bis 6/9]. Das Zahnspiel j, hier das maßgebende Zahnflankenspiel, ergibt sich aus vier Komponenten:

1. Den gewählten Grenzabmaßen der Zahndicken beider Räder,
2. den Grenzabmaßen des Achsabstandes,
3. den Grenzabmaßen der das Flankenspiel beeinflussenden Verzahnungsabweichungen bezogen auf deren jeweilige Montageaufnahmen,
4. den Grenzabmaßen bzw. Toleranzen aller übrigen Getriebeglieder, von Zahnradaufnahme zu Zahnradaufnahme, soweit sie den zentrischen Lauf der eingebauten Zahnradkörper und den Achsabstand beeinflussen.

Die Passung ist auf die Zahndicken im Normalschnitt auf dem Teilzylinder ausgelegt. Alle Grenzabmaße, Toleranzen und betriebsbedingten Änderungen werden als Zahndickenänderungen aufgefaßt und sind in den Normalschnitt umzurechnen.

Die Bezugsbasis des Paßsystems ist der spielfreie Zustand bei Nenn-Achsabstand, Nenn-Profilverschiebung und bei abweichungsfreien Bauteilen.

Der Einfluß des Spiels auf die Funktion wird durch die Wahl der passenden Funktionsgruppe innerhalb der Toleranzfamilien indirekt bestimmt. Durch die dort festgelegten Verzahnungsabweichungen und deren toleranzgradbedingte Eingrenzung erhält man die Voraussetzungen für gegebenenfalls notwendige kleinere Spielschwankungen.

6.4.4 Vorgehen zur Sicherung des Zahnflankenspiels

Bei den Rund- bzw. Längen-Paßsystemen (Bild 6.6, Feld 1.1) wird durch Vorgabe bestimmter Feldlage- und Toleranzgrad-Kombinationen (Qualitäts-Kombinationen) der Toleranzen beider Partner eine bestimmte Passung erzeugt, die z.B. zu einer Spiel-, einer Übergangs- oder einer Übermaßpassung führt, daher die Funktion entscheidend beeinflußt. Zum Beispiel ist mit den Werten $D = 20^{H9}$ und $d = 20_{f7}$ der Bereich der Passung festgelegt [1]:

$$P \Rightarrow 20^{+0,052}_{0} - (20^{-0,020}_{-0,033}) \Rightarrow (20-20)^{+0,052+0,033}_{+0,020} \Rightarrow 0^{+0,085}_{+0,020} \quad (6.11)$$

Die Höchstpassung P_e ist im Beispiel $P_e = 0{+}0,085 = 0,085$ mm,

die Mindestpassung P_i ist $P_i = 0{+}0,020 = 0,020$ mm.

Kennt man die Feldlagenkombination der Toleranzen, ist die Passung P festgelegt. Ist sie positiv,

$$0 < P = P_S \quad (6.12)$$

ist die Passung ein Spiel P_S, ist sie negativ

$$0 > P = P_Ü \quad (6.13)$$

ist die Passung ein Übermaß $P_Ü$.

Vereinfachtes Verzahnungs-Paßsystem

Leider ist der Versuch, ein vereinfachtes Paßsystem für Verzahnungen aufzustellen, recht schwierig. Man kann sich dafür eine ähnliche Vorgehensweise vorstellen, wie sie beispielsweise dem Bild 6.6, Feld 2.2, zugrunde gelegt wurde. Dort gibt es nur drei Getriebeglieder, deren Toleranzen und Toleranz-Feldlagen so abzustimmen sind, daß das Zahnflankenspiel j_t die gewünschten Extremlagen nicht überschreitet. Das Zahnflankenspiel j_t ergibt sich aus den auf den Stirnschnitt umgerechneten Normal-

---

[1] Zur Berechnungsmethode siehe auch Abschnitt 8.10. Bei Maßgrößen mit oberem und unterem Abmaß wird stets ein gepfeiltes Gleichheitszeichen verwendet, da sie in der Gleichung nicht ohne weiteres die Seite wechseln dürfen (Abschnitt 8.10.5). Um in den folgenden Gleichungen die in den Zahnradnormen üblichen Bezeichnungen beibehalten zu können, wird das Feldlagen-Abmaß A im Sinne des "Allgemeinen Maßes" M und dessen rechnerischer Behandlung wie folgt definiert:

$$A \Rightarrow 0^{A_e}_{A_i} \quad (6.23)$$

Zahndicken-Abmaßen A_{sn1} und A_{sn2} und aus der für das Drehflankenspiel j_t wirksamen Komponente A_{at} der Achsabstands-Abmaße A_a. Mit Bild 6.8 erhält man, wobei durch den Index t immer die auf Zahndickenrichtung im Stirnschnitt reduzierten Abmaße hingewiesen ist,

$$A_{st} \Rightarrow \frac{A_{sn}}{\cos\beta} \qquad (6.14)$$

bzw.

$$A_{ste} = \frac{A_{sne}}{\cos\beta} \qquad (6.14\text{-}1)$$

$$A_{sti} = \frac{A_{sni}}{\cos\beta} \qquad (6.14\text{-}2)$$

$$A_{at} \Rightarrow A_a \cdot \frac{2 \cdot \tan\alpha_n}{\cos\beta} \Rightarrow A_a \cdot 2 \cdot \tan\alpha_t \,. \qquad (6.15)$$

Die Gleichung wird exakt, wenn man den jeweiligen Betriebseingriffswinkel zugrunde legt

$$A_{at} \Rightarrow A_a \cdot 2 \cdot \tan\alpha_{wt} \,. \qquad (6.15\text{-}1)$$

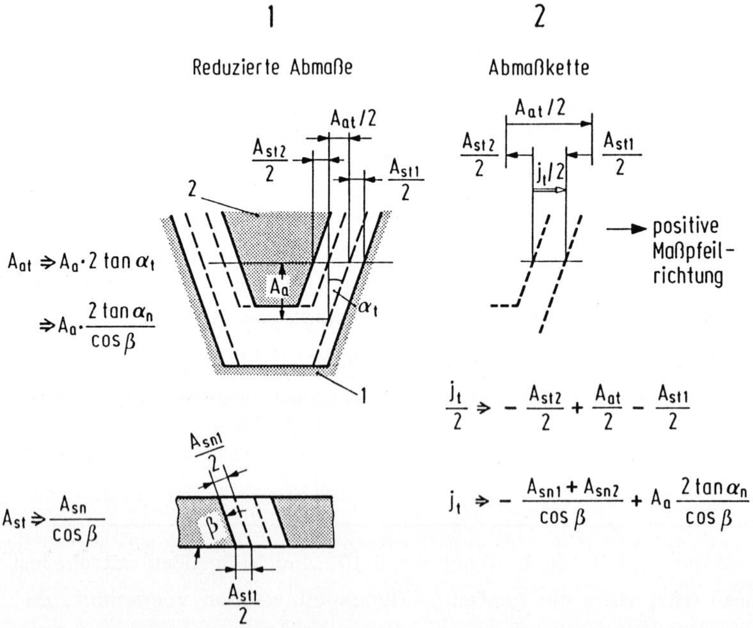

Bild 6.8. Berechnung des Drehflankenspiels j_t aus den vorliegenden Grenzabmaßen, und zwar dem Achsabstandsabmaß A_a sowie den Zahndickenabmaßen im Normalschnitt A_{sn1} und A_{sn2}.
Teilbild 1: Zunächst muß die Abmaßreduzierung auf die Zahndickenrichtung im Stirnschnitt erfolgen, dargestellt durch Index t, dann die Abmaßkette aufgestellt werden.
Teilbild 2: Aufstellen der Abmaßkette für das Drehflankenspiel mit den reduzierten Abmaßen. Die Pfeillängen in der Abmaßkette haben nichts mit der wirklichen Größe der Abmaße zu tun.

Da die Vergrößerung der Abmaße unter Berücksichtigung des Vorzeichens (wobei dann z.B. -0,2 > -0,4 ist) beim Achsabstand das Drehflankenspiel vergrößert, bei den Zahndicken verkleinert wird, müssen die Zahndickenabmaße von den Achsabstandsabmaßen abgezogen werden (siehe auch Bild 6.9)

$$j_t \Rightarrow A_{at} - \Sigma A_{st} \;. \tag{6.16}$$

Durch die Vorzeichenregel und die Regel über die Aufstellung von Maßketten (Abschnitt 8.10) wird die Auswirkung auf die Verkleinerung oder Vergrößerung des Drehflankenspiels stets richtig berücksichtigt.

Man kann nun eine ähnliche Rechnung wie beim Paßsystem für Längenmaße anstellen. Wie bei diesem Paßsystem bleiben die Nennmaße unberücksichtigt, da sie ja null ergeben und die Betrachtung der Abmaße genügt. Für die Verzahnungsgrößen mit den Teilkreisradien r_1 = 60 mm, r_2 = 220 mm, der Toleranzreihe 24 (Qualität 7), dem oberen Zahndicken-Grenzabmaß A_{sne} für das Feld e, der Zahndickentoleranz 24, des Achsabstands im Toleranzgrad (Qualität) 7 erhält man aus den Tabellen in [6/9; 6/10] z.B. die Werte

$$A_{sn1} \Rightarrow 0^{-0,040}_{-0,065} \;;\; A_{sn2} \Rightarrow 0^{-0,056}_{-0,086} \;;\; A_a \Rightarrow 0^{+0,026}_{-0,026} \;;$$

$$\alpha_n = 20° \;;\; \beta = 22°$$

und mit Gl.(6.14) und (6.15)

$$A_{st1} \Rightarrow 0^{-0,043}_{-0,070} \;;\; A_{st2} \Rightarrow 0^{-0,060}_{-0,093} ;\; A_{at} \Rightarrow 0^{+0,020}_{-0,020} \;.$$

Somit ist nach Gl.(6.16) das Drehflankenspiel j_t mit den Grenzabmaßen nach den Toleranz-Rechenregeln ermittelt. Das Zahnspiel im Stirnschnitt ist

$$j_t \Rightarrow 0^{A_{ate}}_{A_{ati}} - \left(0^{A_{ste1}}_{A_{sti1}} + 0^{A_{ste2}}_{A_{sti2}}\right) \Rightarrow 0^{A_{ate} - A_{sti1} - A_{sti2}}_{A_{ati} - A_{ste1} - A_{ste2}} \tag{6.18}$$

$$\Rightarrow 0^{+0,020+0,070+0,093}_{-0,020+0,043+0,060} \Rightarrow 0^{+0,183}_{+0,083} \;.$$

Die Höchst- und Mindestpassung im Stirnschnitt, gleichbedeutend mit maximalem und minimalem Flankenspiel im Stirnschnitt, ist demnach

$$P_{et} = j_{t\,max} = 183\ \mu m \quad ; \quad P_{it} = j_{t\,min} = 83\ \mu m \;.$$

Wie beim Paßsystem für Längen garantiert auch beim vereinfachten Paßsystem für Verzahnungen (Bild 6.6, Feld 2.2) die Vorwahl der Toleranzfelder und des Toleranzgrades (Qualität) ein vorbestimmtes, dem Klassenfaktor (Qualitätsfaktor) entsprechendes Drehflankenspiel j_t. Die Empfehlung in [6/10] "... das obere Zahndickenabmaß für jedes Rad mindestens so groß zu machen wie das untere Abmaß des Gehäuseabstands ...",

$$|A_{sne1}| \geqq |A_{ai}| \quad (6.19)$$

$$|A_{sne2}| \geqq |A_{ai}| \quad (6.20)$$

ist hier eingehalten, denn es ist

$|A_{sne1}| = |-0{,}040| > |A_{ai}| = |-0{,}026|$ und $|A_{sne2}| = |-0{,}056| > |A_{ai}| = |-0{,}026|$

Bei Wahl des Toleranzfeldes f für die Zahndickentoleranz und Beibehaltung aller anderen Werte hätte diese Empfehlung nicht eingehalten werden können.

6.4.5 Getriebe-Paßsystem für Verzahnungen des Maschinenbaus

Die folgenden Ausführungen über den Aufbau genormter Getriebe-Paßsysteme [6/10] haben nicht in erster Linie das Ziel, dem Leser gleich die Möglichkeit zu geben, ohne Zuhilfenahme der Normblätter und Tabellen die erforderlichen Toleranzen berechnen zu können, sondern ihm einen Überblick über Sinn und Aufbau der Getriebe-Paßsysteme und deren leichteres Verständnis zu übermitteln.

Die Anwendung erstreckt sich im wesentlichen auf Bezugsprofile nach DIN 867 mit Moduln $1\ \text{mm} < m_n \leqq 40\ \text{mm}$ und Teilkreisdurchmessern von $d < 3150$ mm. Das tatsächlich vorliegende Drehflankenspiel, welches bei einem eingebauten Zahnradgetriebe auftritt, ist noch von einer ganzen Reihe anderer Größen als den Zahndickentoleranzen und der Achsabstandstoleranz abhängig. Da treten z.B. Abmaße auf durch elastische Vergrößerung der Räder A_{ER}, des Gehäuses A_{EG} oder Abmaße von zusätzlichen Getriebebauteilen am Gehäuse A_{BG} oder an den Rädern A_{BR}, Abmaße durch Temperaturdifferenzen des Gehäuses gegenüber 20°C bzw. der Räder $A_{\vartheta G}$ und $A_{\vartheta R}$ oder durch Quellung der Räder A_{QR}. Es können dazu bestimmte Verzahnungseinzelabweichungen wie die Flankenlinien-, die Profil- oder die Teilungsabweichung zur Spieländerung beitragen; alle sind durch A_F erfaßt. Weiterhin können noch die Abmaße durch die Achsschränkung $A_{\Sigma\beta}$ das Flankenspiel beeinflussen. Bei so vielen Einflußgrößen, die häufig nur in Sonderfällen wirksam sind, ist es nicht möglich und auch nicht zweckmäßig, die Tabellenwerte für alle möglichen Fälle vorzusehen. Die Norm empfiehlt daher, bei mangelnder Erfahrung stets eine Nachrechnung des Drehflankenspiels durchzuführen. Im folgenden wird eine übersichtliche Methode beschrieben, mit der dies möglich ist.

Berücksichtigt man die beiden folgenden Grundsätze, dann kann die Berechnung des Drehflankenspiels auch in diesem Fall genau so einfach erfolgen wie im Fall der Gl. (6.16).

1. Es müssen alle Abmaße der das Drehflankenspiel beeinflussenden Maße, welche in Achsabstandsrichtung wirksam sind, nach Gl.(6.15) und solche, welche in Normalzahndicken-Richtung wirksam sind, nach Gl.(6.14) reduziert werden. Abmaße in Zahndicken-Richtung im Stirnschnitt werden übernommen.

2. Es wird mit diesen Abmaßen eine Maßkette aufgestellt (Bild 6.9), am linken Spielrand beginnend, bei der alle Abmaße, durch deren Vergrößerung [1)] in Richtung des positiven Abmaßes (also durch absolute Vergrößerung) das Drehflankenspiel größer wird, nach rechts und alle Abmaße, durch deren Vergrößerung das Drehflankenspiel kleiner wird, nach links aufgetragen. Das Zahnflankenspiel j_t wird immer in positiver Richtung, also von links nach rechts eingetragen.

Nun kann man vorzeichengerecht die Abmaßgleichung aufstellen, wobei die nach rechts gerichteten Bestimmungsgrößen ein positives, die nach links gerichteten ein negatives Vorzeichen erhalten. Es ist nach Bild 6.9, wobei man das Flankenspiel j_t und das Abmaß A als variable Größen betrachtet, die irgend einen Wert erhalten können,

$$j_t \Rightarrow A_{\vartheta Gt}+A_{EGt}+A_{BGt}+A_{at}-(A_{\vartheta Rt}+A_{QRt}+A_{BRt}+A_{\Sigma\beta t}+A_{ERt}+\Sigma A_{Ft}+\Sigma A_{st}) . \qquad (6.21)$$

Bei der Aufstellung der Maßkette ist von Fall zu Fall zu berücksichtigen, ob sich der entsprechende Effekt, wie z.B. die Dehnung durch Erwärmen des Gehäuses ($A_{\vartheta Gt}$) bzw. der Zahnräder ($A_{\vartheta Rt}$) in einer Flankenspielvergrößerung oder -verkleinerung auswirkt, daher positiv oder negativ eingetragen wird. Bei Lagerspielen mit symmetrischen Abmaßen zur Nennmaßlage ist es gleich, in welcher Richtung das Maß eingetragen wird. Anders als bei üblichen Toleranzrechnungen werden bei diesem Verfahren keine Nennmaße eingetragen, da sie bei Passungen für die Spielberechnung keinen Beitrag liefern. Man setzt für sie null ein; dann kann man das Abmaß als selbständige Größe behandeln.

Hier bewährt sich nun die Unterscheidung zwischen Istabmaß und Grenzabmaß. Mit Istabmaßen, die nur einen (z.B. gemessenen) Wert haben, kann man wie üblich rechnen. Verwendet man jedoch Grenzabmaße, setzt also Toleranz- oder Passungsfelder voraus, dann gelten die Rechenregeln für Toleranzrechnungen [1/5] mit den gepfeilten Gleichheitszeichen, z.B. wie in den Gleichungen (6.17) und (6.18). Es hat dann jede Größe zwei Grenzwerte, auch das Abmaß A, und es gelten erweiterte Rechenregeln, wie z.B.

$$A_i \leqq \text{Istabmaß} \leqq A_e . \qquad (6.22)$$

---

1) wobei wie üblich z.B. -0,2 > -0,3 ist.

In der üblichen Schreibweise von tolerierten Maßen wird das Abmaß wie folgt symbolisiert:

$$A \Rightarrow 0^{A_e}_{A_i} \tag{6.23}$$

und das Flankenspiel j_t

$$j_t \Rightarrow 0^{j_{t\,max}}_{j_{t\,min}} \tag{6.24}$$

mit der Paßtoleranz P_{Tjt} (die ja nur einen Wert hat!)

$$P_{Tjt} = j_{t\,max} - j_{t\,min} \,. \tag{6.25}$$

Mit den Gl.(6.21) in der Darstellung des Flankenspiels j_t durch Grenzabmaße nach dem Beispiel der Gl.(6.23) und (6.24) erhält man

$$j_t \Rightarrow 0^{j_{t\,max}}_{j_{t\,min}} \Rightarrow 0^{A_{\vartheta Gte}}_{A_{\vartheta Gti}} + 0^{A_{EGte}}_{A_{EGti}} + 0^{A_{BGte}}_{A_{BGti}} + 0^{A_{ate}}_{A_{ati}}$$

$$- \left(0^{A_{\vartheta Rte}}_{A_{\vartheta Rti}} + 0^{A_{QRte}}_{A_{QRti}} + 0^{A_{BRte}}_{A_{BRti}} + 0^{A_{\Sigma\beta te}}_{A_{\Sigma\beta ti}} + 0^{A_{ERte}}_{A_{ERti}} + 0^{\Sigma A_{Fte}}_{\Sigma A_{Fti}} + 0^{\Sigma A_{ste}}_{\Sigma A_{sti}} \right) . \tag{6.26}$$

Nach der Vorzeichenregel (siehe Abschnitt 8.10) erhält man aus Gl.(6.26)

$$j_t \Rightarrow 0^{j_{t\,max}}_{j_{t\,min}} \Rightarrow 0^{A_{\vartheta Gte}}_{A_{\vartheta Gti}} + 0^{A_{EGte}}_{A_{EGti}} + 0^{A_{BGte}}_{A_{BGti}} + 0^{A_{ate}}_{A_{ati}} - 0^{-A_{\vartheta Rti}}_{-A_{\vartheta Rte}} - 0^{-A_{QRti}}_{-A_{QRte}}$$

$$- 0^{-A_{BRti}}_{-A_{BRte}} - 0^{-A_{\Sigma\beta ti}}_{-A_{\Sigma\beta te}} - 0^{-A_{ERti}}_{-A_{ERte}} - 0^{-\Sigma A_{Fti}}_{-\Sigma A_{Fte}} - 0^{-\Sigma A_{sti}}_{-\Sigma A_{ste}} \,. \tag{6.26-1}$$

Mit Gl.(6.26-1) und (6.25) erhält man nun die Flankenspiele durch Addition der oben und unten stehenden Grenzabmaße. Es ist

$$j_{t\,max} = A_{\vartheta Gte} + A_{EGte} + A_{BGte} + A_{ate} - A_{\vartheta Rti} - A_{QRti} - A_{BRti} +$$

$$- A_{\Sigma\beta ti} - A_{ERti} - \Sigma A_{Fti} - \Sigma A_{sti} \tag{6.27}$$

$$j_{t\,min} = A_{\vartheta Gti} + A_{EGti} + A_{BGti} + A_{ati} - A_{\vartheta Rte} - A_{QRte} - A_{BRte} +$$

$$- A_{\Sigma\beta te} - A_{ERte} - \Sigma A_{Fte} - \Sigma A_{ste} \,. \tag{6.28}$$

Nun kann durchaus der Fall eintreten, daß die Passung kein Spiel, sondern ein Übermaß ist. Das darf nicht sein. Man kann dann Gl.(6.21) nach den Zahndickenabmaßen entwickeln unter Beachtung der entsprechenden Rechenregeln für tolerierte Maße

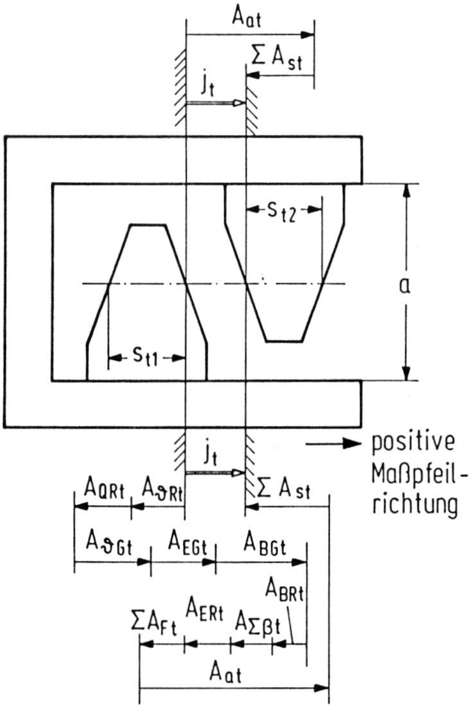

Bild 6.9. Berechnung des minimalen und maximalen Drehflankenspiels j_t bei Summierung aller auf die Zahndickenrichtung reduzierten Abmaße; oben mit den Abmaßen der Hauptbestimmungsgrößen, unten mit den Abmaßen aller übrigen Bestimmungsgrößen.

Die Berechnung erfolgt mit Hilfe einer Abmaßkette zwischen den Zahnflanken des Rades 1 und des Rades 2. Alle Abmaße, bei deren Vergrößerung in Richtung des positiven Abmaßes das Drehflankenspiel j_t größer wird, werden nach rechts, alle anderen nach links aufgetragen, wobei von der linken Seite des Spielspaltes auszugehen ist. Die Summe der nach links verlaufenden Abmaße (Index "links"), welche inclusive ihrer Vorzeichen zu bilden ist, wird von der Summe der nach rechts verlaufenden Abmaße (Index "rechts") abgezogen, wobei die Vorzeichen beider Summen zu beachten sind. Rechnet man mit variablen, bis zu den Grenzabmaßen veränderlichen Abmaßen nach den Regeln der Toleranzsummierung [1/5], (Abschnitt 8.10), ergibt sich:

$$j_t \Rightarrow \Sigma A_{t\,rechts} - \Sigma A_{t\,links} \Rightarrow {}_0^{\Sigma A_{et\,rechts} - \Sigma A_{it\,links}}_{\Sigma A_{it\,rechts} - \Sigma A_{et\,links}} \tag{6.17}$$

Danach ist die Höchstpassung P_{et} (Größtspiel $j_{t\,max}$) im Stirnschnitt

$$P_{et} = j_{t\,max} = \Sigma A_{et\,rechts} - \Sigma A_{it\,links} \tag{6.17-1}$$

die Mindestpassung P_{it} (Kleinstspiel $j_{t\,min}$) im Stirnschnitt

$$P_{it} = j_{t\,min} = \Sigma A_{it\,rechts} - \Sigma A_{et\,links} \; . \tag{6.17-2}$$

Aus der oberen Maßkette ergibt sich danach Gl.(6.16)

$$j_t \Rightarrow A_{at} - \Sigma A_{st} \; . \tag{6.16}$$

Aus der unteren Maßkette die Gl.(6.21), wobei alle Abmaße auf die Richtung der Zahndicken reduziert sind

$$j_t \Rightarrow A_{\vartheta Gt} + A_{EGt} + A_{BGt} + A_{at} - (A_{\vartheta Rt} + A_{QRt} + A_{BRt} + A_{\Sigma\beta t} + A_{ERt} + \Sigma A_{Ft} + \Sigma A_{st}) \; . \tag{6.21}$$

(siehe Abschnitt 8.10) [1/5]. Danach erhält die Gl.(6.21), ähnlich wie Gl.(8.10-3), die Form

$$\overline{\Sigma A}_{st} \Rightarrow -\bar{j}_t + A_{\vartheta Gt} + A_{EGt} + A_{BGt} + A_{at} - A_{\vartheta Rt} - A_{QRt} - A_{BRt} - A_{\Sigma\beta t} - A_{ERt} - \Sigma A_{Ft} \quad (6.21\text{-}1)$$

$$\Sigma A_{st} \Rightarrow -j_t + \bar{A}_{\vartheta Gt} + \bar{A}_{EGt} + \bar{A}_{BGt} + \bar{A}_{at} - \bar{A}_{\vartheta Rt} - \bar{A}_{QRt} - \bar{A}_{BRt} - \bar{A}_{\Sigma\beta t} - \bar{A}_{ERt} - \overline{\Sigma A}_{Ft} \quad (6.21\text{-}2)$$

$$0^{\Sigma A_{ste}}_{\Sigma A_{sti}} \Rightarrow -0^{-j_{t\,max}}_{-j_{t\,min}} + 0^{A_{\vartheta Gti}}_{A_{\vartheta Gte}} + 0^{A_{EGti}}_{A_{EGte}} + 0^{A_{BGti}}_{A_{BGte}} + 0^{A_{ati}}_{A_{ate}} +$$

$$-0^{-A_{\vartheta Rte}}_{-A_{\vartheta Rti}} - 0^{-A_{QRte}}_{-A_{QRti}} - 0^{-A_{BRte}}_{-A_{BRti}} - 0^{-A_{\Sigma\beta te}}_{-A_{\Sigma\beta ti}} - 0^{-A_{ERte}}_{-A_{ERti}} - 0^{-\Sigma A_{Fte}}_{-\Sigma A_{Fti}} \,. \quad (6.29)$$

Damit läßt sich bei vorgegebenem Drehflankenspiel die notwendige Größe der Zahndickenabmaße bestimmen, denn es ist

$$\Sigma A_{ste} = -j_{t\,max} + A_{\vartheta Gti} + A_{EGti} + A_{BGti} + A_{ati} - A_{\vartheta Rte} - A_{QRte} - A_{BRte} + -A_{\Sigma\beta te} - A_{ERte} - \Sigma A_{Fte} \quad (6.30)$$

$$\Sigma A_{sti} = -j_{t\,min} + A_{\vartheta Gte} + A_{EGte} + A_{BGte} + A_{ate} - A_{\vartheta Rti} - A_{QRti} - A_{BRti} + - A_{\Sigma\beta ti} - A_{ERti} - \Sigma A_{Fti} \,. \quad (6.31)$$

Die Zahlenwerte der Abmaße sind mit ihren Vorzeichen einzusetzen. In den meisten Fällen können die Spieländerungen durch die Abmaße A_Q, A_E und A_B vernachlässigt werden. Sie treten dann in den Gleichungen nicht mehr auf.

Selbstverständlich läßt sich Gl.(6.21) mit den gleichen Regeln nach jedem anderen darin enthaltenen Term entwickeln, so daß man feststellen kann, wie groß die eventuell noch nicht bekannten Abmaße dieses Terms sein dürfen, damit das vorgegebene Drehflankenspiel j_t gewahrt bleibt.

Streng genommen, wird die Anforderung an ein Paßsystem, bei vorgegebenen Toleranzen und Feldlagen der entscheidenden Maßabweichungen stets ein vorgegebenenes Spiel zu erhalten, durch die Notwendigkeit der nachträglichen Berechnung des erforderlichen Spiels nicht erfüllt. Gelingt es jedoch nicht, die Anzahl der die Passung bestimmenden Maße auf wenige zu beschränken, dann kann diese Anforderung nur mit unvertretbar hohem Aufwand erreicht werden.

6.4.6 Ermittlung der einzelnen Grenzabmaße

Nach DIN 3967 [6/10] kann in diesem Paßsystem für die meisten Größen das entsprechende, auf den Stirnschnitt in Zahndickenrichtung reduzierte Spiel berechnet werden. Die das Spiel verursachenden Toleranzen werden in Abmaße umgerechnet. Bei Achsabstand und Zahndicken ist das nicht mehr notwendig.

1. Achsabstands-Grenzabmaße A_{ae}, A_{ai}

Danach sind mit Gl.(6.15) die reduzierten Achsabstands-Grenzabmaße

$$A_{ate} \approx A_{ae} \cdot \frac{2\tan\alpha_n}{\cos\beta} \qquad (6.15\text{-}2)$$

$$A_{ati} \approx A_{ai} \cdot \frac{2\tan\alpha_n}{\cos\beta} \;. \qquad (6.15\text{-}3)$$

2. Abmaße aufgrund von Erwärmung A_ϑ

Die reduzierten Abmaße durch Erwärmung des Gehäuses G bzw. durch die Erwärmung der Zahnräder R sind

$$A_\vartheta \Rightarrow a \cdot \Delta\vartheta \cdot \alpha_\vartheta \cdot \frac{2\tan\alpha_n}{\cos\beta} \Rightarrow 0^{A_{\vartheta e}}_{A_{\vartheta i}} \;. \qquad (6.32)$$

In der Abmaßkette wird das Abmaß für Gehäuse in positiver, für Räder in negativer Richtung aufgetragen. Für Temperaturen oberhalb der Abnahmetemperatur wird der Wert der entsprechenden Ausdehnung als oberes Grenzabmaß mit positivem, für Temperaturen unterhalb der Abnahmetemperatur der Wert mit negativem Vorzeichen als unteres Grenzabmaß eingetragen.

Es ist $\Delta\vartheta$ die Temperaturdifferenz zu 20°C und α_ϑ der Ausdehnungskoeffizient des Gehäuses ($\alpha_{\vartheta G}$) oder der Räder ($\alpha_{\vartheta R}$).

3. Abmaße aufgrund von Quellung A_Q

Für Quellung gilt das gleiche. Aus der relativen Wasseraufnahme w in Vol % (0,02 ≙ 2 Vol %) läßt sich das Flankenspiel verändernde Abmaß berechnen. Es ist

$$A_{Qt} \Rightarrow \frac{1}{3}\, w \cdot a \cdot \frac{2\tan\alpha_n}{\cos\beta} \Rightarrow 0^{A_{Qte}}_{A_{Qti}} \qquad (6.33)$$

Auch hier ist der Wert als oberes Grenzabmaß mit positivem Vorzeichen einzusetzen, wenn eine Vergrößerung und als unteres Abmaß mit negativem Vorzeichen, wenn eine Verkleinerung durch die Quellung stattfindet. Der Eintrag in der Abmaßkette (Bild 6.9) erfolgt in positivem Richtungssinn, wenn durch das obere Abmaß eine Vergrößerung des Flankenspiels erfolgt, in negativem Richtungssinn, wenn durch das obere Abmaß eine Verkleinerung erfolgt.

4. Abmaße infolge elastischer Verformung A_E

Für den Flankenspieleinfluß bei elastischer Verformung A_E in Richtung der Achsmitten gilt

$$A_{Et} \Rightarrow A_{Ete} \Rightarrow A_E \cdot \frac{2\tan\alpha_n}{\cos\beta} \Rightarrow 0^{A_{Ete}}_{0} \;. \qquad (6.34)$$

Das untere Abmaß kann null gesetzt werden. Vergrößert die elastische Verformung des Gehäuses bzw. der einzelnen Räder das Flankenspiel, wird sie in der Abmaßkette mit einem positiv gerichteten Pfeil eingetragen und erhält in Gl.(6.21) ein positives Vorzeichen, verkleinert sie das Spiel, wird sie mit einem negativ gerichteten Pfeil eingetragen und erhält in Gl.(6.21) ein negatives Vorzeichen. In Gl.(6.21) wurde angenommen, daß das Gehäuse hängt und das größere Rad oben ist, somit der Richtungssinn der elastischen Verformung festliegt.

5. Abmaße der übrigen Bauteile

Für die übrigen Bauteile, deren Toleranzen sich in Achsabstandsrichtung auswirken, gilt, wenn A_B das Abmaß in Richtung der Achsmitten ist

$$A_{Bt} \Rightarrow A_B \cdot \frac{2\tan\alpha_n}{\cos\beta} \Rightarrow 0_{A_{Bi}}^{A_{Be}} . \qquad (6.35)$$

Da bei ihnen die oberen und unteren Grenzabmaße mit Vorzeichen schon vorliegen, bleiben sie nach der Reduzierung erhalten. Man muß bei der Abmaßkette dann entscheiden, ob eine positive Abmaßvergößerung dieser Bauteile das Flankenspiel vergrößert, sie dann mit positiver Pfeilrichtung eintragen oder, wenn diese Maßnahme das Spiel verkleinert, sie mit negativer Pfeilrichtung eintragen.

6. Abmaße aufgrund der einzelnen Verzahnungsabweichungen A_{Ft}

Viele Verzahnungsabweichungen treten nicht gleichzeitig alle mit ihren Extremwerten auf. Nach dem Fehlerfortpflanzungsgesetz für zufällige Meßgrößen kann man drei bei diesem Paßsystem berücksichtigen (nämlich F_β Flankenlinien; F_f Profilabweichung und f_p Teilungseinzelabweichung) und im Abmaß A_{F1} und A_{F2} für jedes Rad mit dem Ausdruck erfassen,

$$A_{Ft} \Rightarrow A_{Fte} \Rightarrow \sqrt{\left(\frac{F_\beta}{\cos\alpha_t}\right)^2 + \left(\frac{F_f}{\cos\alpha_t}\right)^2 + f_p^{\,2}} \Rightarrow 0_0^{A_{Fte}} , \qquad (6.36)$$

sie dann gemeinsam in die Gleichungen einbringen mit

$$\Sigma A_{Fte} \Rightarrow A_{Fte1} + A_{Fte2} \Rightarrow 0_0^{\Sigma A_{Fte}} . \qquad (6.36\text{-}1)$$

Da diese Abweichungen sich spielvermindernd auswirken, werden sie in der Abmaßkette mit einem nach links zeigenden Pfeil eingetragen und in der Gleichung der gesamte Term mit negativem Vorzeichen versehen. Das untere Abmaß ist dann $A_{Fti} = 0$.

7. Abmaße für Achsschränkung

Auch die Achsschränkung liefert einen Beitrag zur Verringerung des Flankenspiels. Sie wird mit einer in negativer Richtung zeigenden Pfeilspitze in die Abmaßkette eingetragen, und der Term in der Gleichung wird mit negativem Vorzeichen versehen. Es ist

$$A_{\Sigma\beta} \Rightarrow A_{\Sigma\beta e} \Rightarrow f_{\Sigma\beta} \cdot \frac{b}{L_G} \Rightarrow 0_0^{\Sigma\beta e} \qquad (6.37)$$

mit der Flankenlinien-Winkelabweichung $f_{\Sigma\beta}$, der Zahnbreite b und dem Abstand L_G der Lagermitten.

Für die Darstellung des Spiels mit Abmaßgrößen siehe auch Gl.(2.21 ff).

6.4.7 Getriebe-Paßsystem für Verzahnungen der Feinwerktechnik

Die Anwendung in der Feinwerktechnik [6/11] erstreckt sich im wesentlichen auf das Bezugsprofil nach DIN 58400 mit Modul $m_n \leqq 1$ mm und das Bezugsprofil nach DIN 867 mit Modul 1 mm < $m_n \leqq 3$ mm, auf Zähnezahlen mit z = 12 bis 140, Teilkreisdurchmesser mit d ≦ 400 mm, Profilverschiebungsfaktoren von x = -0,5 bis +0,5 und Schrägungswinkel von β = 10° bis 20°.

Das Ziel ist es, nach Angabe der Getriebepassung und Einhaltung bestimmter Zusatzforderungen, wie sie z.B. in Bild 6.11 enthalten sind, ohne zusätzliche Nachrechnung das erforderliche Flankenspiel sicherzustellen, ähnlich wie bei Passungen für Längenmaße. Die vorgesehenen Passungen werden auch wie Passungen für Längen durch Angabe der Kombinationen des Toleranzgrades (Qualität) und Feldlage von Achsabstands-Grenzabmaßen sowie von Zahndicken-Grenzabmaßen bezeichnet, z.B. 7J/7f. Die Kennzeichnung als Getriebepassung erfolgt durch die Toleranzgrad-(Qualitäts-)angabe vor der Feldlage, nicht wie bei Längenpassungen nach der Feldangabe.

Da die Zuordnung von bestimmten Passungen und Toleranzklassen von der erwünschten Getriebefunktion abhängt, werden die feinwerktechnischen Getriebe in vier Gruppen eingeteilt, von den Meß- bis zu den Laufwerksgetrieben (die Uhrwerksgetriebe mit ihren Sonderverzahnungen haben nur untergeordnete Bedeutung) und jeder Gruppe die sinnvollen Passungen zugeordnet, Bild 6.10.

Getriebearten	Eigenschaften	Anwendungsbeispiele	Bezugsprofil	Empfohlene Getriebepassung nach DIN 58405 Bl.2
Uhrwerksgetriebe	Momententreue Große Zahnspiele Übersetzung ins Schnelle	mechanische Uhrwerke	Zykloiden-, Kreisbogen-, Evolventen-Profile	———
Meßgetriebe	Winkeltreue Geringstes Flankenspiel Leichtgängig Gleichmäßiger Lauf	Meßuhr Regelgetriebe	DIN 58400 (DIN 867)	5J/5f ; 6J/6f 7J/7f ; (8J/8f)
Einstellgetriebe	Geringes Flankenspiel Gleichmäßiger Lauf	Mikroskopgetriebe Feineinstellungen Uhrzeigerstellwerk		(5J/5f) ; 6J/6f 7J/7f ; 8J/8f
Leistungs-getriebe	Flankenspiel für minimales Geräusch, minimalen Verschleiß	Elektrobohrmaschine Scheibenwischer Nähmaschine Regellastgetriebe		6J/6e ; 7J/7dc 8J/8dc ; 9J/9ed
Laufwerks-getriebe	Großes Flanken- und Zahnkopfspiel Schmutzunempfindlichkeit	Laufwerke für Zähl- und Registriergetriebe	DIN 58400	9J/9ed 10J/10e
			auch Sonder-verzahnungen	———

Bild 6.10. Einteilung feinwerktechnischer Getriebe und Empfehlungen für zweckmäßige Getriebepassungen nach [6/11].

Ist aufgrund der Getriebefunktion die Passung ausgewählt, entnimmt man der Tabelle in Bild 6.11 die entsprechenden Angaben für die zulässige Umfangsgeschwindigkeit, die erforderliche Oberflächenrauhigkeit der Verzahnung, der Radbohrung, ihrer Feldlagen und Toleranzgrade (Qualitäten), ebenso für entsprechende Größen von Welle, Lager und Gehäuse. Auch Zahnradwerkstoffe werden den einzelnen Passungen zugeordnet und die notwendige Fräserqualität zum Erzielen des gewünschten Verzahnungs-Toleranzgrades (Qualität). Die entsprechenden Achsabstands-Grenzabmaße und Zahndicken- bzw. Zahnweiten-Grenzabmaße sind in einer anschließenden Tabelle in Abhängigkeit von Teilkreisdurchmesser und Modul enthalten. Gleichzeitig ist angegeben, welche zulässigen Grenzabmaße bezüglich der Achsparallelität $A_{\Sigma\beta}$, der Flankenlinien-Gesamtabweichung F_β, der Zweiflanken-Wälzabweichung F_i'' und des Zweiflanken-Wälzsprunges f_i'' eingehalten werden müssen. Das ist möglich, weil alle das Flankenspiel beeinflussenden Größen in vier Gruppen zusammengefaßt werden:

1. Die Achsabstands-Grenzabmaße A_{ai} und A_{ae}, innerhalb derer auch die Exzentrizitäten aller feststehenden Teile bis zum Wälzlageraußenring liegen müssen.

Getriebeeigenschaften / Getriebepassung		Drehflankenspiel j_t im Winkelmaß (als Bogenlänge)	Umfangsgeschwindigkeit m/s	Zahnrad: Rauhtiefe µm	Zahnrad: Werkstoff Rad 1	Zahnrad: Werkstoff Rad 2	Bohrung: ISO-Tol.-Feld	Bohrung: Rauhtiefe µm
1	Nr.	2	3	6	7	7	8	9
5J/5f	1	2'...8' (1...5T_{sm})	20 S(schräg) 0,5 G(gerade)	1	St. gehärtet	St. ungehärtet	H5	1
6J/6f	2	3'...12' (1...5T_{sm})	5 S 0,5 G	2,5	St. vergütet	St. ungehärtet Leichtmetall	H6	4
7J/7f	3	4'...16' (1...5T_{sm})	0,5 G	4	St. ungehärtet	Leichtmetall	H6	4
8J/8f	4	6'...24' (1...5T_{sm})	0,05 G	4	St. ungehärtet	Leichtmetall	H7	4
6J/6e	5	6'...14' (2...6T_{sm})	10 S	2,5	St. gehärtet vergütet	Schichtpreßstoffe	H6	4 (2,5)
7J/7dc	6	8'...30' (3...9T_{sm})	1,5 S G	2,5	St. gehärtet vergütet	Schichtpreßstoffe	H6	4
8J/8dc	7	10'...42' (3...9T_{sm})	1,5 S G	4	St. ungehärtet	Leichtmetall Kunststoffe	H7	4
9J/9ed	8	6'...1°4' (1...5T_{sm})	1 G	16	Kunststoffe	Buntmetalle	H8	16
10J/10e	9	8'...1°18' (2...7T_{sm})	0,5 G	16	Kunststoffe	Buntmetalle	H9	16

Bild 6.11. Tabelle zur Auslegung feinwerktechnischer Getriebepassungen [6/11]. Vorschrift für die Ausführung der das Zahnspiel und die Getriebefunktion beeinflussenden Teile. Spiel und Funktionseigenschaften werden bei Einhaltung der Vorschriften gewährleistet. Gültig für: $m_n \leq 1$ mm, z = 12...140, d ≤ 400 mm, x = −0;5...+0,5. Bezugsprofil DIN 58400.

2. Die Zahndicken-Grenzabmaße A_{si}, A_{se}.
3. Die Exzentrizität f_{rw} aller rotierenden Teile (z.B. von Wellenabsätzen, Buchsen und Wälzlagerinnenringen), aber nicht der Zahnräder.
4. Die Summe der Lagerspiele ΣS_L.

6.4.8 Vergleich des Maschinenbau- und feinwerktechnischen Paßsystems

Die Vernachlässigung gewisser das Flankenspiel beeinflussender Größen und die Hervorhebung anderer Größen ist beim feinwerktechnischen Paßsystem aus folgenden Gründen möglich:

Spieländerung durch

1. Erwärmen A_ϑ
   Muß nicht berücksichtigt werden, weil die Maße der Teile relativ klein und die Flankenspiele relativ groß sind. Es wird jedoch auf entsprechende Gefahren bei geschlossenen Getriebekästen hingewiesen.

Rundlaufabweichung	Welle: Aufnahmesitze Rad und Lager: ISO-Tol.-Feld	Welle: Aufnahmesitze Rad und Lager: Rauht. µm	Lager (a < 40 ; a > 40): Radialspiel j_L(µm)	Lager: Formgenauigkeit	Gehäuse: Lagerbohrung: ISO-Tol.-Feld	Gehäuse: Lagerbohrung: Rauht. µm	Schmierung °E bei 50°C	Fräserqualität
10	11	12	13	14	15	16	19	20
Rundlaufabweichung f_{rw} zwischen Lagersitzen und Radaufnahmesitz kleiner als doppelter Wälzsprung f''_i des Rades	5	1	< 5 < 8	P42	6	2,5	3...4 Tauch.	- 5(AA)
	5	1	< 7 < 10	P52	6	4	3...4 Tauch.	- 5(AA)
	6	4	< 10 < 14	P62	6	4	-	- 7(A)
	6	4	< 13	P02	7	4	staub-geschützt	7(A)
	5	1	< 10	P52	6	4	3...4 Tauch.	5(AA)
	6	4	< 13	P62	6	4	staub-geschützt Fett	7(A)
	7	4	< 25	-	7	4	-	7(A)
	7	16	< 25	-	8	16	-	9(B)
	8	16	< 25	-	9	16	-	9(B)

Bild 6.11 (Fortsetzung)

2. Quellen A_Q
   Ist bei den zahlreichen Kunststoffzahnrädern in der Feinwerktechnik wichtig und wurde berücksichtigt, indem Kunststoffe nur den Passungen 9J/9ed und 10J/10e mit großem Spieltoleranzfeld zugeordnet werden.

3. Elastizität A_E
   Ist wegen des geringen Gewichts nicht relevant.

4. Form- und Maßabweichungen der übrigen Elemente A_B
   Sie werden für nicht drehende Elemente des Gehäuses in den Abmaßen des Achsabstands A_a erfaßt, für drehende Elemente in den aus Exzentrizitäten ableitbaren Abweichungen aller Wellenelemente f_{rw} und aus den - aus den Lagerspielen ΣS_L entstehenden - Abweichungen berücksichtigt.

5. Unparallelität der Bohrungsachsen $A_{\Sigma\beta}$
   Sie ist in dem Achsabstands-Abmaß A_a erfaßt.

6. Verzahnungs-Abmaße
   Sie werden durch Vorschrift der Zweiflanken-Wälzabweichung F_i'' und des Zweiflanken-Wälzsprunges f_i'' berücksichtigt.

Um die Vorschriften nach Punkt 6 anwenden zu können, ist folgendes zu berücksichtigen:

6.1 Die Bohrungstoleranz T_B verringert sich gegenüber der Achsabstandstoleranz $T_a = A_{ae} - A_{ai}$ um den Radialschlag der Wälzlageraußenringe f_{rLa}, das heißt, sie wird voll in die Achsabstandstoleranz einbezogen

$$T_B = T_a - f_{rLa1} - f_{rLa2} \tag{6.38}$$

6.2 Die durch Drehen entstehenden Rundlaufabweichungen der Wellen f_{rW} und der Buchsen f_{rB} und der Lagerinnenringe f_{rLi} dürfen ein durch den Zweiflanken-Wälzsprung gegebenes Maß nicht überschreiten. Danach ist

$$f_{rw} = f_{rW} + f_{rB} + f_{rLi} < 2\, f_i'' \quad . \tag{6.39}$$

Damit sind die Verzahnungsabweichungen in Beziehung zu den Abweichungen der "Welle" mit den drehenden Teilen gesetzt.

6.3 Tritt mehr als nur ein Lager oder ein Lagerspiel pro Zahnrad einer Stufe auf, muß die Summe der Lagerspiele kleiner sein als das auf Radialrichtung umgerechnete Drehflankenspiel

$$S_{L\,ges} < \frac{j_t}{2\tan\alpha_{wt}} \quad . \tag{6.40}$$

In Bild 6.12 sind einige Möglichkeiten des Auftretens von Rundlaufabweichungen an der Welle sowie des Auftretens von Lagerspielen S_L darge-

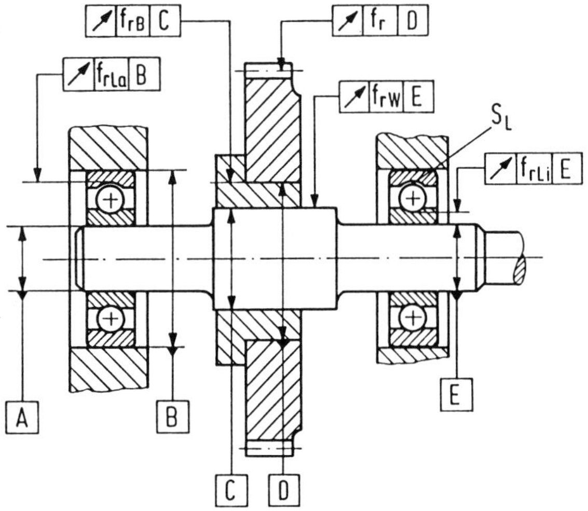

Bild 6.12. Getriebepaßsystem der Feinwerktechnik. Neben der Rundlaufabweichung der Verzahnung f_r treten noch die Rundlaufabweichungen von Buchse f_{rB}, Welle f_{rW}, Lagerinnenring f_{rLi}, Lageraußenring f_{rLa} und das radiale Lagerspiel S_L auf.

Um die Toleranzgrade (Qualitäten) der Lagerungen dem Toleranzgrad (Qualität) der Verzahnung anzupassen, gilt die Vorschrift, daß die Summe aller umlaufenden Rundlaufabweichungen f_{rw} zwischen den Lagersitzen und dem Aufnahmesitz des Rades kleiner sein muß als der zulässige doppelte Wälzsprung f_i'' des Zahnrades. Im dargestellten Fall ist das

$$f_{rw} = f_{rB} + f_{rW} + f_{rLi} < 2f_i'' \quad . \tag{6.39}$$

stellt. Diese sind von besonderer Bedeutung bei der Passung von feinwerktechnischen Verzahnungen. Sie sind auch relativ zum Modul und damit zur Zahnhöhe und zu allen Zahnspielen viel größer als bei üblichen Maschinenbau-Verzahnungen, da die zulässigen Toleranzen nach dem ersten Glied der Gl.(6.1) nur mit der dritten Wurzel des mittleren Nennmaßes D kleiner werden. Der lineare Summand in dieser Gleichung liefert bei den kleinen Abmessungen keinen beachtenswerten Beitrag. Die Berechnung des Drehflankenspiels j_t bei 100%iger Toleranzsummierung wird mit Hilfe der Abmaßkette aus Bild 6.13 durchgeführt. Symmetrische Grenzabmaße kann man in der Kette in beliebigem Richtungssinn einfügen. Die Lagerspiele S_L und Rundlaufabweichungen der Welle f_{rw} werden als symmetrische Abmaße ähnlich dem Achsabstands-Grenzabmaß dargestellt. Es ist

$$A_{SL} \Rightarrow 0_{A_{SLi}}^{A_{SLe}} \Rightarrow 0_{-S_L/2}^{+S_L/2} \tag{6.41}$$

$$A_{frw} \Rightarrow 0_{A_{frwi}}^{A_{frwe}} \Rightarrow 0_{-f_{rw}/2}^{+f_{rw}/2} \tag{6.42}$$

$$A_a \Rightarrow 0_{A_{ai}}^{A_{ae}} \quad . \tag{6.43}$$

Mit Gl.(6.15) wird das Achsabstandsabmaß auf die Richtung des Drehflankenspiels reduziert

$$A_{at} \Rightarrow 0^{A_{ae}\cdot(2\tan\alpha_n/\cos\beta)}_{A_{ai}\cdot(2\tan\alpha_n/\cos\beta)} \Rightarrow 0^{A_{ate}}_{A_{ati}} \qquad (6.44)$$

und mit Gl.(6.14) das Zahndickenabmaß vom Normal- in den Stirnschnitt

$$A_{st} \Rightarrow 0^{A_{ste}}_{A_{sti}} \Rightarrow 0^{A_{sne}\cdot(1/\cos\beta)}_{A_{sni}\cdot(1/\cos\beta)} \; . \qquad (6.45)$$

Mit den Faktoren $\tan\alpha_{wte}$ bzw. $\tan\alpha_{wti}$ (nach Gl.(6.54;6.55)) werden alle weiteren radialen Abmaße in tangentiale, d.h. in solche, die in Richtung der Zahndicke zur Geltung kommen, umgerechnet. Es wirken sich dann Lagerspiele und umlaufende Exzentrizitäten auf das Drehflankenspiel mit folgenden Beträgen aus

$$A_{SLt} \Rightarrow 0^{+S_L\cdot\tan\alpha_{wte}}_{-S_L\cdot\tan\alpha_{wti}} \Rightarrow 0^{+A_{SLte}}_{-A_{SLti}} \qquad (6.46)$$

und

$$A_{frwt} \Rightarrow 0^{+f_{rw}\cdot\tan\alpha_{wte}}_{-f_{rw}\cdot\tan\alpha_{wti}} \Rightarrow 0^{+A_{frwte}}_{-A_{frwti}} \; . \qquad (6.47)$$

6.4.9 Nachrechnung des Drehflankenspiels

Aus Bild 6.13 erhält man mit Hilfe der Abmaßkette das Drehflankenspiel j_t

$$j_t \Rightarrow -A_{st2} + A_{frwt1} + A_{frwt2} + A_{SLt1} + A_{SLt2} + A_{at} - A_{st1} \; . \qquad (6.48)$$

In der Darstellung mit Grenzabmaßen und mit Zusammenfassung der drei Exzentrizitäten nach Gl.(6.39) kann das Drehflankenspiel j_t (hier als Passungsspiel dargestellt) wie folgt berechnet werden:

$$j_t \Rightarrow -\left(0^{A_{ste2}}_{A_{sti2}}\right) +0^{+A_{frwte1}}_{-A_{frwti1}} +0^{+A_{frwte2}}_{-A_{frwti2}} +0^{+A_{SLte1}}_{-A_{SLti1}} +0^{+A_{SLte2}}_{-A_{SLti2}} +0^{+A_{ate}}_{+A_{ati}} -\left(0^{+A_{ste1}}_{+A_{sti1}}\right)$$

$$\Rightarrow -0^{-A_{sti1}}_{-A_{ste1}} -0^{-A_{sti2}}_{-A_{ste2}} +0^{+A_{frwte1}}_{-A_{frwti1}} +0^{+A_{frwte2}}_{-A_{frwti2}} +0^{+A_{SLte1}}_{-A_{SLti1}} +0^{+A_{SLte2}}_{-A_{SLti2}} +0^{+A_{ate}}_{+A_{ati}}$$

(6.49)

Die Höchstpassung (Größtspiel) $j_{t\,max}$ und die Mindestpassung (Kleinstspiel) $j_{t\,min}$ lassen sich nach den Regeln der Toleranzsummierung durch Zusammenzählen der oben und unten stehenden Grenzabmaße leicht bestimmen. Es ist

$$j_{t\,max} = -A_{sti1}-A_{sti2}+A_{frwte1}+A_{frwte2}+A_{SLte1}+A_{SLte2}+A_{ate} \qquad (6.50)$$

und

$$j_{t\,min} = -A_{ste1}-A_{ste2}-A_{frwti1}-A_{frwti2}-A_{SLti1}-A_{SLti2}+A_{ati} \; . \qquad (6.51)$$

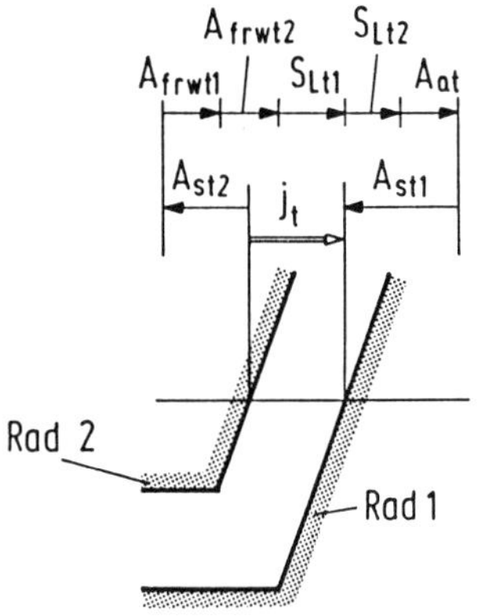

$$A_{frwt1} \Rightarrow A_{frBt1} + A_{frWt1} + A_{frLit1}$$

$$A_{frwt2} \Rightarrow A_{frBt2} + A_{frWt2} + A_{frLit2}$$

Bild 6.13. Abmaßkette zur Berechnung des Drehflankenspiels j_t nach dem Getriebe-Paßsystem für feinwerktechnische Verzahnungen [6/11;1/5]. Das Achsabstandsabmaß A_a, die der Rundlaufabweichung entsprechenden Abmaße A_{frw} und das Radialspiel des Lagers sind auf die Zahndickenrichtung im Stirnschnitt reduziert und erhalten dann alle den zusätzlichen Index t.

Will man die Umrechnung in den Stirnschnitt erst zum Schluß ausführen und die Originalgrenzabmaße einsetzen, gilt unter Zuhilfenahme der Gl.(3.20;6.14;6.15-1;6.41; 6.42)

$$j_{t\,max} = -\frac{A_{sni1}+A_{sni2}}{\cos\beta} + (2A_{ae}+A_{frwe1}+A_{frwe2}+A_{SLe1}+A_{SLe2})\tan\alpha_{wte} \tag{6.52}$$

und

$$j_{t\,min} = -\frac{A_{sne1}+A_{sne2}}{\cos\beta} + (2A_{ai}-A_{frwi1}-A_{frwi2}-A_{SLi1}-A_{SLi2})\tan\alpha_{wti}\,. \tag{6.53}$$

In der Feinwerktechnik wird großer Wert auf den sich tatsächlich einstellenden Betriebseingriffswinkel gelegt. Er ist ohne Berücksichtigung der Spiele (also für Nennmaße):

$$\mathrm{inv}\alpha_{wt} = \frac{x_1+x_2}{z_1+z_2}\cdot 2\tan\alpha_n + \mathrm{inv}\alpha_t\ , \tag{3.54}$$

mit Berücksichtigung der Lagerspiele und Exzentrizitäten für das Größtspiel

$$\cos\alpha_{wte} = \frac{a_d\cdot\cos\alpha_t}{a + A_{ae} + \frac{f_{rw1}}{2} + \frac{f_{rw2}}{2} + \frac{S_{L1}}{2} + \frac{S_{L2}}{2}} \tag{6.54}$$

und für das Kleinstspiel

$$\cos\alpha_{wti} = \frac{a_d\cdot\cos\alpha_t}{a + A_{ai} - \frac{f_{rw1}}{2} - \frac{f_{rw2}}{2} - \frac{S_{L1}}{2} - \frac{S_{L2}}{2}}\ . \tag{6.55}$$

Angaben in der Zeichnung

Für den Achsabstand wird der aufgrund der Passung festgelegte Achsabstand im Gehäuse mit seinen Abmaßen eingetragen. Dazu kommt die gewählte Getriebepassung nach Bild 6.10, die sich aus der Berechnung ergebende Zweiflanken-Wälzabweichung F_i'', der Zweiflanken-Wälzsprung f_i'', die zulässige Schrägungswinkelabweichung f_β und der Zweiflanken-Wälzabstand a". Diese Größen lassen sich aus den Vorgaben und den Tabellen des Normblattes DIN 3967 [6/10] relativ leicht ermitteln. Eine Nachprüfung der tatsächlichen Flankenspiele mit Hilfe der vorgegebenen Gleichungen kann dem Konstrukteur zusätzliche Sicherheit geben.

6.5 Beispiele für die Berechnung von Drehflankenspielen und Getriebepassungen

6.5.1 Aufgabenstellung 6-1 (Zahnradpassung, Maschinenbau-Getriebe)

Für die Verzahnung nach Aufgabenstellung 3-4 ist das Drehflankenspiel zu prüfen.

Gegeben:	Funktionsgruppe	N8A
	Achslage, Toleranzklasse	8
	Zahndickentoleranz-Feld	26 cd
	Achsabstandstoleranz-Feld	js 8
Gehäuse:	Werkstoff Grauguß	$\alpha_{\vartheta G} = 10 \cdot 10^{-6}\ K^{-1}$
	Temperatur im Betrieb	$\vartheta_{GB} = 55°C$
	Temperatur im Stillstand	$\vartheta_{GS} = 20°C$
	Lagerabstand	$L_G = 40$ mm
	Lagerspiel	$S_L = 6$ µm
Zahnräder:	Werkstoff Stahl	$\alpha_{\vartheta R} = 11{,}5 \cdot 10^{-6}\ K^{-1}$
	Temperatur im Betrieb	$\vartheta_{RB} = 80°C$
	Temperatur im Stillstand	$\vartheta_{RS} = 20°C$

6.5.2 Aufgabenstellung 6-2 (Zahnradpassung, feinwerktechnisches Getriebe)

Für ein feinwerktechnisches Einstellgetriebe gemäß Bild 6.14 ist zu bestimmen:

1. Die Getriebepassung
2. Die zulässigen Rundlaufabweichungen der Wellen
3. Die Toleranz des Abstands der Gehäusebohrungen
4. Das Drehflankenspiel

Gegeben:	Modul	m_n	= 0,8 mm
	Schrägungswinkel	β	= 0°
	Zähnezahlen	z_1	= 21 ; z_2 = 49
	Antriebsdrehzahl	n_{an}	= 40 min^{-1}
Kugellager:	Rundlaufabweichung (Innenring)	f_{rLi}	= 10 µm
	Rundlaufabweichung (Außenring)	f_{rLa}	= 15 µm
	Lagerspiel	s_{L1}	= 7 µm
Gleitlager:	Lagerspiel	s_{L2}	= 12 µm
Zwischenbuchse:	Spiel	s_B	= 15 µm
	Rundlaufabweichung	f_{rB}	= 6 µm

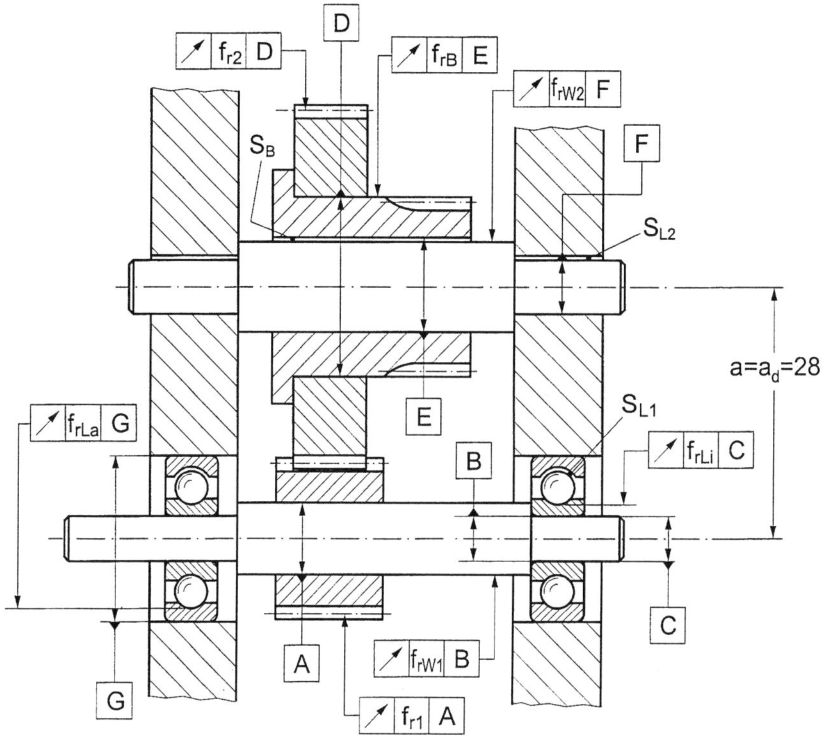

Bild 6.14. Feinwerktechnische Getriebestufe für die Feineinstellung in einem elektromechanischen Gerät. Überprüfung des Drehflankenspiels nach dem Paßsystem DIN 58405 [6/11] für Aufgabenstellung 6-2.

6.5.3 Aufgabenstellung 6-3 (Prüfen des berechneten und angegebenen Drehflankenspiels)

Für das feinwerktechnische Einstellgetriebe nach Aufgabenstellung 6-2 ist zu prüfen, ob die dort errechneten Drehflankenspiele j_{tmax} und j_{tmin} tatsächlich innerhalb der in DIN 58405 [6/11] pauschal angegebenen Drehflankenspielbereiche liegen (siehe auch Bild 6.11) oder gegebenenfalls sogar kleinere Werte haben.

6.5.4 Lösung der Aufgabenstellung 6-1

Zahnradpaarung Maschinenbau, Aufgabenstellung S. 82

Die Grundgleichung lautet

$$j_t \Rightarrow A_{\vartheta Gt}+A_{EGt}+A_{BGt}+A_{at}-(A_{\vartheta Rt}+A_{QRt}+A_{BRt}+A_{\Sigma\beta t}+A_{ERt}+\Sigma A_{Ft}+\Sigma A_{st}) \,. \qquad (6.21)$$

Die einzelnen Werte sind:

1. Spieländerung durch Erwärmung des Gehäuses

$$A_{\vartheta Gt} \Rightarrow 0_{A_{\vartheta Gti}}^{A_{\vartheta Gte}}$$

$$A_{\vartheta Gte} = a \cdot \Delta\vartheta_G \cdot \alpha_{\vartheta G} \cdot \frac{2\tan\alpha_n}{\cos\beta} \qquad (6.32)$$

$$A_{\vartheta Gte} = 40 \text{ mm} \cdot (55-20)\text{K} \cdot 10 \cdot 10^{-6} \frac{1}{\text{K}} \cdot \frac{2\tan 20°}{\cos 18{,}5°} = 0{,}011 \text{ mm}$$

$$A_{\vartheta Gti} = 0 \text{ (Bezugstemperatur 20°C)}$$

$$A_{\vartheta Gt} \Rightarrow 0_0^{0,011}$$

2. Spieländerung durch Elastizität des Gehäuses und der Räder

Vernachlässigbar

$$A_{EGt} \Rightarrow 0_0^0$$

$$A_{ERt} \Rightarrow 0_0^0$$

3. Spieländerung durch Bauteiletoleranzen am Gehäuse

Es wird nur das Lagerspiel berücksichtigt.

$$A_{BGt} \Rightarrow 0_{A_{BGti}}^{A_{BGte}}$$

$$A_{BGte} = -A_{BGti} = \left(\frac{S_{L1}}{2}+\frac{S_{L2}}{2}\right) \cdot \frac{2\cdot\tan\alpha_n}{\cos\beta} = (3+3)\,\mu\text{m} \cdot \frac{2\cdot\tan 20°}{\cos 18{,}5°}$$

$$= 5\,\mu\text{m} = 0{,}005 \text{ mm}$$

$$A_{BGt} \Rightarrow 0_{-0,005}^{+0,005}$$

4. Spieländerung durch Achsabstandstoleranz

$$A_{at} \Rightarrow 0^{A_{ate}}_{A_{ati}}$$

$$A_{at} \approx> A_a \cdot \frac{2 \cdot \tan\alpha_n}{\cos\beta} \qquad (6.15)$$

$$A_{ae} = 19{,}5\,\mu m \quad A_{ate} = 19{,}5\,\mu m \cdot \frac{2 \cdot \tan 20°}{\cos 18{,}5°} = 15\,\mu m = 0{,}015\,mm$$

$$A_{ai} = -19{,}5\,\mu m \quad A_{ati} = -19{,}5\,\mu m \cdot \frac{2 \cdot \tan 20°}{\cos 18{,}5°} = -15\,\mu m = -0{,}015\,mm$$

$$A_{at} \Rightarrow 0^{+0{,}015}_{-0{,}015}$$

5. Spieländerung durch Erwärmung der Räder

$$A_{\vartheta Rt} \Rightarrow 0^{A_{\vartheta Rte}}_{A_{\vartheta Rti}}$$

$$A_{\vartheta Rte} = a \cdot \Delta\vartheta_R \cdot \alpha_{\vartheta R} \cdot \frac{2 \cdot \tan\alpha_n}{\cos\beta} \qquad (6.32)$$

$$A_{\vartheta Rte} = 40\,mm \cdot (80-20)K \cdot 11{,}5 \cdot 10^{-6}\,\frac{1}{K} \cdot \frac{2 \cdot \tan 20°}{\cos 18{,}5°} = 0{,}021\,mm$$

$$A_{\vartheta Rti} = 0 \quad \text{(Bezugstemperatur = 20°C)}$$

$$A_{\vartheta R} \Rightarrow 0^{+0{,}021}_{0}$$

6. Spieländerung durch Quellen der Räder

$$A_{QRt} \Rightarrow 0^{0}_{0} \quad \text{(Stahlräder)}$$

7. Spieländerung durch Bauteiletoleranzen der Welle

Es wurde willkürlich eine mittlere Toleranz angenommen:

$$A_{BRt} \Rightarrow 0^{+0{,}010}_{-0{,}010}$$

8. Spieländerung durch Unparallelität der Bohrungsachsen

$$A_{\Sigma\beta t} \Rightarrow 0^{A_{\Sigma\beta te}}_{A_{\Sigma\beta ti}}$$

$$A_{\Sigma\beta te} = A_{\Sigma\beta e} \cdot \frac{2 \cdot \tan\alpha_n}{\cos\beta} = f_{\Sigma\beta} \cdot \frac{b}{L_G} \cdot \frac{2 \cdot \tan\alpha_n}{\cos\beta} \qquad (6.37\text{-}1)$$

DIN 3964: $f_{\Sigma\beta} = 25\,\mu m$

$$A_{\Sigma\beta te} = 0{,}025\,mm \cdot \frac{10}{40} \cdot \frac{2 \cdot \tan 20°}{\cos 18{,}5°} = 0{,}005\,mm$$

$$A_{\Sigma\beta ti} = 0$$

$$A_{\Sigma\beta t} \Rightarrow 0^{+0,005}_{0}$$

9. Spieländerung durch Verzahnungs-Einzelabweichungen

$$A_{Ft} \Rightarrow 0_{0}^{A_{Fte}}$$

$$A_{Fte} = \sqrt{\left(\frac{F_\beta}{\cos\alpha_t}\right)^2 + \left(\frac{F_f}{\cos\alpha_t}\right)^2 + f_p^{\,2}} \tag{6.36}$$

Nach DIN 3962 [6/7] ist

$F_{\beta 1} = 18\ \mu m$ $\qquad F_{\beta 2} = 18\ \mu m$

$F_{f1} = 16\ \mu m$ $\qquad F_{f2} = 16\ \mu m$

$f_{p1} = 14\ \mu m$ $\qquad f_{p2} = 14\ \mu m$.

Aus der Lösung von Aufgabenstellung 3-4 ist bekannt:

$$\alpha_t = 20{,}997°$$

Daher erhält man

$$A_{Ft1e} = A_{Ft2e} = \sqrt{\left(\frac{18\ \mu m}{\cos 20{,}997°}\right)^2 + \left(\frac{16\ \mu m}{\cos 20{,}997°}\right)^2 + (14\ \mu m)^2} = 29\ \mu m$$

$$A_{Ft1} \Rightarrow A_{Ft2} \Rightarrow 0^{+0,029}_{0}$$

$$\Sigma A_{Ft} \Rightarrow A_{Ft1} + A_{Ft2} \Rightarrow 0^{+0,058}_{0}$$

10. Spieländerung durch Zahndickentoleranz

$$\Sigma A_{st} \Rightarrow 0^{A_{st1e}}_{A_{st1i}} + 0^{A_{st2e}}_{A_{st2i}}$$

$$A_{ste} = \frac{A_{sne}}{\cos\beta} \tag{6.14-1}$$

Nach DIN 3967 [6/10] ist

$A_{sne1} = -54\ \mu m$ $\qquad A_{sne2} = -70\ \mu m$

$A_{ste1} = \frac{-54\ \mu m}{\cos 18{,}5°} = -57\ \mu m$ $\qquad A_{ste2} = \frac{-70\ \mu m}{\cos 18{,}5°} = -74\ \mu m$

$$A_{sti} = \frac{A_{sne} - T_{sn}}{\cos\beta} \; . \tag{6.56}$$

Nach DIN 3967 [6/10] ist

$$T_{sn1} = 50\,\mu m \qquad T_{sn2} = 60\,\mu m$$

$$A_{sti1} = \frac{-54\ -50}{\cos 18{,}5°}\,\mu m = 110\,\mu m \qquad A_{sti2} = \frac{-70\ -60}{\cos 18{,}5°}\,\mu m = -137\,\mu m$$

$$\Sigma A_{st} \Rightarrow 0^{-0{,}057-0{,}074}_{-0{,}110-0{,}137} \Rightarrow 0^{-0{,}131}_{-0{,}247}\ .$$

Mit Gl.(6.21) folgt für das Drehflankenspiel j_t:

$$j_t \Rightarrow 0^{+0{,}011}_{0} + 0^{0}_{0} + 0^{+0{,}005}_{-0{,}005} + 0^{+0{,}015}_{-0{,}015} - \left(0^{+0{,}021}_{0} + 0^{0}_{0} + 0^{+0{,}010}_{-0{,}010} + 0^{+0{,}005}_{0} + 0^{0}_{0} + 0^{+0{,}058}_{0} + 0^{-0{,}131}_{-0{,}247}\right)$$

Nach den Regeln der Toleranzsummierung (siehe Abschnitt 8.10) ist

$$j_t \Rightarrow 0^{+0{,}031}_{-0{,}020} - \left(0^{-0{,}037}_{-0{,}257}\right) \Rightarrow 0^{+0{,}031}_{-0{,}020} - 0^{+0{,}257}_{+0{,}037} \Rightarrow 0^{+0{,}031+0{,}257}_{-0{,}020+0{,}037} \Rightarrow 0^{+0{,}288}_{+0{,}017}$$

$$j_{t\,max} = +0{,}288\ mm \quad ; \quad j_{t\,min} = +0{,}017\ mm\ .$$

6.5.5 Lösung der Aufgabenstellung 6-2

Zahnradpaarung Feinwerktechnik, Aufgabenstellung S. 82

1. Für Einstellgetriebe sind die Getriebepassungen 6J/6f ; 7J/7f und 8J/8f empfohlen (Bild 6.10).

Die Auswahl erfolgt nach Bild 6.11 aufgrund der Umfangsgeschwindigkeit

$$v = r\cdot\omega = \frac{m\cdot z}{2}\cdot 2\cdot\pi\cdot n = \frac{0{,}8\cdot 10^{-3}m\cdot 21\cdot 2\cdot\pi\cdot 40}{2\cdot 60s} = 0{,}035\ m/s\ . \qquad (2.23\text{-}2)$$

Daher Wahl der Getriebepassung 8J/8f.

2. Rundlaufabweichungen (Exzentrizitäten) der drehenden Wellen und Lagerringe f_{rw}:

Welle 1 mit einer Wellenexzentrizität und mit Wälzlagern:

$$f_{rw1} = f_{rW1} + f_{rLi1} < 2\cdot f''_{i1} \qquad (6.39)$$

Mit $f''_{i1} = 12\,\mu m$ (DIN 58405, Bl.2) und $f_{rLi1} = 10\,\mu m$ folgt

$$f_{rW1} < 2\cdot f''_{i1} - f_{rLi1} = 2\cdot 12\,\mu m - 10\,\mu m = 14\,\mu m.$$

Gewählt $f_{rW1} = 13\,\mu m$

$$f_{rw1} = 13\,\mu m + 10\,\mu m = 23\,\mu m$$

Welle 2 mit zwei Wellenexzentrizitäten (Gleitlager) und ohne Wälzlager:

$$f_{rw2} = f_{rW2} + f_{rB} + S_B < 2 \cdot f''_{i2} \tag{6.39}$$

Mit $f''_{i2} = 14\,\mu m$ (DIN 58405, Bl.2) folgt

$$f_{rW2} < 2 \cdot f''_{i2} - f_{rB} - S_B = (2 \cdot 14 - 6 - 15)\,\mu m = 7\,\mu m$$

Gewählt $f_{rW2} = 6\,\mu m$

$$f_{rw2} = (6+6+15)\,\mu m = 27\,\mu m$$

3. Toleranz des Abstands der Gehäusebohrungen T_B

$$T_B = T_a - f_{rLa1} - f_{rLa2} \; . \tag{6.38}$$

Die Toleranz des Achsabstands $T_a = A_{ae} - A_{ai}$ beträgt nach DIN 58 405 für den Toleranzgrad 8 und den Nennachsabstand a = 28 mm $T_a = 32\,\mu m - (-32\,\mu m) = 64\,\mu m$.

Mit $f_{rLa2} = 0$ (Gleitlager) folgt

$$T_B = (64-15-0)\,\mu m = 49\,\mu m \; .$$

4. Zahndickenabmaße A_{sn}

Aus DIN 58405 [6/11] entnimmt man aus der Tafel von Blatt 2, Seite 12, die zum Teilkreis, Modul, Toleranzfeld und zum Toleranzgrad gehörenden Zahnweiten-Grenzabmaße (A_{Wne}, A_{Wni}). Die Zahndicken-Grenzabmaße im Normalschnitt ergeben sich aus

$$A_{sn} \Rightarrow A_{Wn}/\cos\alpha_P \approx 1{,}064 \cdot A_{Wn} \; . \tag{6.57}$$

Es ist

$$A_{Wn1} \Rightarrow 0^{-0{,}023}_{-0{,}047} \qquad A_{Wn2} \Rightarrow 0^{-0{,}026}_{-0{,}053}$$

und mit Gl.(6.57)

$$A_{sn1} \Rightarrow 0^{-0{,}024}_{-0{,}050} \qquad A_{sn2} \Rightarrow 0^{-0{,}028}_{-0{,}056}$$

$$j_{t\,max} = -\frac{A_{sni1} + A_{sni2}}{\cos\beta} + (2 \cdot A_{ae} + A_{frwe1} + A_{frwe2} + A_{SLe1} + A_{SLe2}) \cdot \tan\alpha_{wte} \tag{6.52}$$

mit

$$\cos\alpha_{wte} = \frac{a_d}{a + A_{ae} + \frac{f_{rw1}}{2} + \frac{f_{rw2}}{2} + \frac{S_{L1}}{2} + \frac{S_{L2}}{2}} \cdot \cos\alpha_t \tag{6.54}$$

$$= \frac{28\text{ mm}}{(28 + 0{,}032 + \frac{0{,}023}{2} + \frac{0{,}027}{2} + \frac{0{,}007}{2} + \frac{0{,}012}{2})\text{ mm}} \cdot \cos 20°$$

$$\alpha_{wte} = 20{,}370°$$

$$j_{t\,max} = -\frac{(-50-56)\,\mu m}{\cos 0°} + (2\cdot 32+23+27+7+12)\,\mu m\cdot \tan 20{,}370°$$

$$j_{t\,max} = 155\,\mu m$$

$$j_{t\,min} = -\frac{A_{sne1}+A_{sne2}}{\cos\beta} + (2\cdot A_{ai}-A_{frwi1}-A_{frwi2}-A_{SLi1}-A_{SLi2})\cdot \tan\alpha_{wti} \quad (6.53)$$

$$\cos\alpha_{wti} = \frac{a_d}{a + A_{ai} - \frac{f_{rw1}}{2} - \frac{f_{rw2}}{2} - \frac{S_{L1}}{2} - \frac{S_{L2}}{2}}\cdot \cos\alpha_t \quad (6.55)$$

$$= \frac{28\text{ mm}}{(28-0{,}032-\frac{0{,}023}{2}-\frac{0{,}027}{2}-\frac{0{,}007}{2}-\frac{0{,}012}{2})\text{ mm}}\cdot \cos 20°$$

$$\alpha_{wti} = 19{,}622°$$

$$j_{t\,min} = -\frac{(-24-28)\,\mu m}{\cos 0°} + (2\cdot(-32)-23-27-7-12)\,\mu m\cdot \tan 19{,}622°$$

$$j_{t\,min} = 5\,\mu m\;.$$

6.5.6 Lösung der Aufgabenstellung 6-3

Prüfen des berechneten und angegebenen Drehflankenspiels, Aufgabenstellung S. 84.

Die Getriebepassung für das Einstellgetriebe nach Aufgabenstellung 6-2 erhält von den in Bild 6.10 möglichen Passungen aufgrund der Umfangsgeschwindigkeit $v = 0{,}035$ m/s nach Bild 6.11 die Getriebepassung 8J/8f. Zu dieser Passung gehören nach Spalte 2 die Drehflankenspiele $j_t' = 6'$ bis $24'$, die immer auf das größere Rad bezogen sind.

Diese Drehflankenspiele auf den Teilkreisradius $r_2 = 19{,}6$ mm des Rades aus Aufgabenstellung 6-2 bezogen, erhält man aus

$$j_t \Rightarrow \frac{2\pi}{360\cdot 60'}\cdot r\cdot j_t' \quad (6.58)$$

$$j_{t\,min} = \frac{2\pi\cdot 19{,}6\cdot 10^3\,\mu m}{360\cdot 60'}\cdot 6' = 34{,}2\,\mu m \approx 34\,\mu m$$

bzw. mit 24': $j_{t\,max} = 136{,}8\,\mu m \approx 137\,\mu m.$

Das Drehflankenspiel aus Aufgabenstellung 6-2 ist $j_{t\,min}=5\,\mu m$ und $j_{t\,max}=155\,\mu m$. Die in DIN 58405 [6/11] angegebenen Grenzwerte ($j_{t\,min}=34\,\mu m$ bzw. $j_{t\,max}=137\,\mu m$) sind daher nach beiden Richtungen überschritten.

Ergebnis

Damit ist gezeigt, daß die Passung (also das Drehflankenspiel) auch bei einer Zahnradpassung - ähnlich wie bei einer Rundpassung - durch Vorgabe der Abmaßfelder und Toleranzgrade (Qualitäten) von den Bestimmungsgrößen (Achsabstand, Zahndicken, Wellenrundläufe und Lagerspiele) in der Größenordnung garantiert sein kann und nur bei besonderen Fällen nachgerechnet werden muß.

6.6 Schrifttum zu Kapitel 6

Normen, Richtlinien

[6/1] DIN ISO 286-1: ISO-System für Grenzmaße und Passungen. Grundlagen für Toleranzen und Passungen. Berlin: Beuth-Verlag, November 1990

[6/2] DIN ISO 286-2: ISO-System für Grenzmaße und Passungen. Tabellen der Grundtoleranzgrade und Grenzabmaße für Bohrungen und Wellen. Berlin: Beuth-Verlag, November 1990

[6/5] DIN 323: Normzahlen. Berlin, Köln: Beuth-Verlag, August 1974.

[6/6] DIN 3961: Toleranzen für Stirnradverzahnungen (Grundlagen): Berlin, Köln: Beuth-Verlag, August 1978.

[6/7] DIN 3962: Toleranzen für Stirnradverzahnungen (Abweichungen einzelner Bestimmungsgrößen). Berlin, Köln: Beuth-Verlag, August 1978.

[6/8] DIN 3963: Toleranzen für Stirnradverzahnungen (Toleranzen für Wälzabweichungen). Berlin, Köln: Beuth-Verlag, August 1978.

[6/9] DIN 3964: Achsabstandsabmaße und Achslagetoleranzen von Gehäusen für Stirnradgetriebe. Berlin, Köln: Beuth-Verlag, November 1980.

[6/10] DIN 3967: Flankenspiel, Zahndickenabmaße, Zahndickentoleranzen (Grundlagen). Berlin, Köln: Beuth-Verlag, August 1978.

[6/11] DIN 58405: Stirnradgetriebe der Feinwerktechnik. Berlin, Köln: Beuth-Verlag, Mai 1972.

[6/12] DIN 7172: Toleranzen und Grenzabmaße für Längenmaße über 3150 bis 10000 mm. Berlin, Köln: Beuth-Verlag, April 1991

Bücher, Dissertationen

[6/13] Apitz, G., Budnick, A., Keck, K.F., Krumme, W.: Die DIN-Verzahnungstoleranzen und ihre Anwendung. Braunschweig: Vieweg-Verlag 1954.

[6/14] Schlesinger, G.: Die Passungen im Maschinenbau. Berlin: Springer in Komm. 1917.

Zeitschriftenaufsätze, Patente

[6/15] Ickert, J.: Toleranzen für Maße über 500 mm Länge. Werkstattstechnik 54 (1964), Heft 1, S. 17-19.

[6/16] Spur, G., Bahrke, U.: Austauschbare Genauigkeit. ZwF 89 (1994), Heft 6, S. 328-331

7 Berechnung der Festigkeit von Stirnradverzahnungen

7.1 Einleitung

Die Lebensdauer von Verzahnungen wird durch Zahnbruch (Zahnfußtragfähigkeit), Grübchenbildung (Zahnflankentragfähigkeit) oder Verschleiß (Freßtragfähigkeit) begrenzt. Die jeweiligen Festigkeiten sind dabei bestimmt durch die Beanspruchung, die Geometrie der Verzahnung sowie durch die gewählten Werkstoffe. In DIN 3990 [7/1] werden zur Berechnung der Tragfähigkeit fünf Verfahren (A,B,C,D,E) dargestellt. Die folgenden Ausführungen beschränken sich ausschließlich auf Verfahren B, das für die numerische Berechnung besonders geeignet ist.

Grundlage der Tragfähigkeitsberechnung von Gerad- und Schrägstirnrädern bilden Berechnungsmethoden nach DIN 3990 [7/1]. Nach dieser Norm umfaßt die vollständige Tragfähigkeitsberechnung einer Zahnradpaarung die Überprüfung der Zahnfuß-, Zahnflanken- und Freßtragfähigkeit.

Als Belastung des Zahnradpaares wird dabei die statische Nenn-Umfangskraft F_t (am Teilkreis im Stirnschnitt) angesetzt, die direkt aus der vom Zahnpaar übertragenen Leistung berechnet werden kann.

$$F_{t(t)} = \frac{2P}{d_{t1} \cdot \omega_1} = \frac{2M_{an}}{d_{t1}} \quad ^{1)} \qquad (7.1)$$

Um die von innen und außen auf ein Getriebe wirkenden dynamischen Zusatzkräfte sowie die durch Toleranzen und Verformungen hervorgerufene ungleichmäßige Lastverteilung zu berücksichtigen, werden allgemeine Einflußfaktoren bestimmt. Die mit diesen Einflußfaktoren und der statischen Umfangskraft F_t ermittelte Belastung geht in der Berechnung der Tragfähigkeit als maßgebliche Belastung ein.

---

1) Bei dieser und den folgenden Gleichungen wird die Reibkraft zwischen den Zahnflanken vernachlässigt. F_t ist ursprünglich die Tangentialkraft am Teilkreis der Geradverzahnung. Wenn die Tangentialkraft am Teilkreis des Stirnschnitts gemeint ist, müßte man korrekterweise $F_{t(t)}$ schreiben.

Aufgrund der Vielzahl der Einsatzgebiete von Getrieben (z.B. Kfz-Getriebe, Turbinengetriebe) werden jeweils grundlegend andere Anforderungen an die Schadenswahrscheinlichkeit gestellt.

Diesen unterschiedlichen Anforderungen wird durch eine geeignete Wahl der einzelnen Sicherheitsfaktoren S_F bei Zahnbruch, S_H bei Grübchenbildung und S_B bei Freßverschleiß Rechnung getragen. Damit ist gewährleistet, daß trotz der unterschiedlichen Einsatzgebiete eine einheitliche Berechnungsmethode der Tragfähigkeiten erreicht wird.

7.2 Ermittlung der allgemeinen Einflußfaktoren

Die auf ein Getriebe wirkenden Anregungsmechanismen lassen sich nach Gerber [7/5] in zwei Gruppen einteilen (vgl. Bild 7.1). Er unterscheidet dabei innere Anregungen, die vom Getriebe selbst verursacht werden, und äußere Anregungen, die von den Bauteilen außerhalb des Getriebes herrühren.

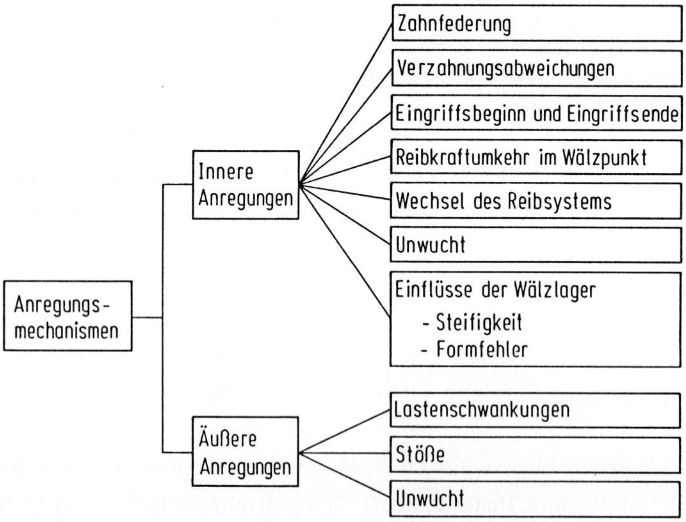

Bild 7.1. Anregungsmechanismen in Zahnradgetrieben und deren Ursache nach Gerber [7/5].

Nach DIN 3990 [7/1] werden noch zusätzliche Einflußfaktoren definiert; es wird zwischen den folgenden allgemeinen Einflußfaktoren unterschieden:

Anwendungsfaktor K_A	K_A berücksichtigt die äußeren dynamischen Zusatzkräfte.

Dynamikfaktor	K_V	K_V berücksichtigt die inneren dynamischen Zusatzkräfte.
Breitenfaktor	$K_{H\beta}$, $K_{F\beta}$, $K_{B\beta}$	Der Breitenfaktor berücksichtigt die Auswirkung der ungleichmäßigen Lastverteilung über die Zahnbreite.
Stirnfaktor	$K_{H\alpha}$, $H_{F\alpha}$, $K_{B\alpha}$	Der Stirnfaktor erfaßt die Kraftaufteilung auf mehrere gleichzeitig im Eingriff befindliche Zahnpaare.

Die Indizes H, F, B beim Breiten- bzw. Stirnfaktor unterscheiden dabei, ob es sich um einen allgemeinen Einflußfaktor für die Flanken- (Index H), die Fuß- (Index F) oder die Freßtragfähigkeit (Index B) handelt.

Die Faktoren K_V, $K_{H\beta}$, $K_{F\beta}$, $K_{B\beta}$, $K_{H\alpha}$, $K_{F\alpha}$ und $K_{B\alpha}$ hängen von der maßgeblichen Umfangskraft F_t ab und sind daher auch bis zu einem bestimmten Grad voneinander abhängig. Daher müssen sie in folgender Reihenfolge berechnet werden:

1. K_V mit der maßgebenden äußeren Umfangskraft $F_t \cdot K_A$
2. $K_{H\beta}$, $K_{F\beta}$ und $K_{B\beta}$ mit der Kraft $F_t \cdot K_A \cdot K_V$
3. $K_{H\alpha}$, $K_{F\alpha}$ und $K_{B\alpha}$ mit der Kraft $F_t \cdot K_A \cdot K_V \cdot K_{H\beta}$

7.2.1 Bestimmung des Anwendungsfaktors K_A

Von außen auf ein Getriebe einwirkende dynamische Zusatzkräfte werden durch den Anwendungsfaktor K_A erfaßt. Diese Zusatzkräfte sind abhängig von den Charakteristiken der An- und Abtriebsmaschinen, den Kupplungen, den Massen- sowie den Betriebsverhältnissen. Das Bild 7.2 gibt Anhaltswerte für den Anwendungsfaktor für Getriebe mit Übersetzungen ins Langsame.

Antriebsmaschine (Arbeitsweise)	Getriebene Maschine (Arbeitsweise) gleichmäßig	mäßige Stöße	starke Stöße
gleichmäßig	1,00	1,25	1,75
leichte Stöße	1,25	1,5	2,00 und höher
mittlere Stöße	1,50	1,75	2,25 und höher
Diese Werte, welche auch den Angaben für den overload-factor in AGMA 215.01, Sept. 1966, entsprechen, gelten nur für Getriebe, die nicht im Resonanzgeschwindigkeitsbereich arbeiten.			
Bei Getrieben für Übersetzungen ins Schnelle kann K_A um den Faktor 1,1 gegenüber Übersetzungen ins Langsame erhöht werden.			

Bild 7.2. Anhaltswerte für den Anwendungsfaktor K_A bei Übersetzungen ins Langsame.

Bei Übersetzungen ins Schnelle ist der ermittelte Anwendungsfaktor um 10% zu erhöhen.

7.2.2 Bestimmung des Dynamikfaktors K_v

Das Verhältnis der im Zahneingriff eines Radpaares auftretenden maximalen Kraft zur entsprechenden von außen aufgebrachten Kraft definiert den Dynamikfaktor K_v. Die maximale Kraft enthält dabei auch die inneren, durch Schwingungen der Radmassen (Feder-Masse-System) hervorgerufenen dynamischen Kräfte. Den Haupteinfluß auf den Dynamikfaktor haben dabei

- Übertragungsabweichungen,
- Massen (-trägheitsmomente) des Rades und des Ritzels,
- die Eingriffsfedersteifigkeit sowie die Federsteifigkeitsänderung während des Eingriffs und
- die übertragene Kraft $F_t \cdot K_A$.

Des weiteren sind der Einfluß der Schmierung, der Gehäuse-, Wellen- und Lagersteifigkeiten, das Tragbild sowie die angekoppelten Massen und die Dämpfungseigenschaften des Getriebesystems zu berücksichtigen.

Zur Berechnung des Dynamikfaktors geht man in DIN 3990 [7/1] von der vereinfachten Annahme aus, daß die Radpaarung ein einziges elementares Feder-Masse-System bildet, und die Federsteifigkeit des Systems gleich der Eingriffsfedersteifigkeit der im Eingriff befindlichen Zähne ist.

Das Schwingungsverhalten dieses Feder-Masse-Systems wird bestimmt durch die Lage der Erregerfrequenz (Zahnfrequenz) zur Eigenfrequenz. Das Verhältnis dieser beiden Frequenzen ist die Bezugsdrehzahl N, mit der der Gesamtdrehzahlbereich in Teilbereiche unterteilt wird. Den Verlauf der Schwingungsamplituden und des Dynamikfaktors in verschiedenen Drehzahlbereichen gibt Bild 7.3 wieder.

Nach [7/1] wird für jeden Teildrehzahlbereich eine Berechnungsgleichung angegeben. Es gelten danach für die einzelnen Drehzahlbereiche folgende Gleichungen mit den angeführten Einflußgrößen, die in den Dynamikfaktor eingehen:

C_{v1} ein konstanter Faktor, der die Teilungsabweichungen berücksichtigt,

C_{v2} ein Faktor, der die Profilformabweichungen berücksichtigt,

C_{v3} ein Faktor, der die periodischen Änderungen der Eingriffsfedersteifigkeit berücksichtigt.

Weiter berücksichtigt C_{v4} Resonanzschwingungen des Radpaares, C_{v7} die höchste von außen aufgebrachte Zahnbelastung usw. B_p, B_f, B_k sind dimensionslose Para-

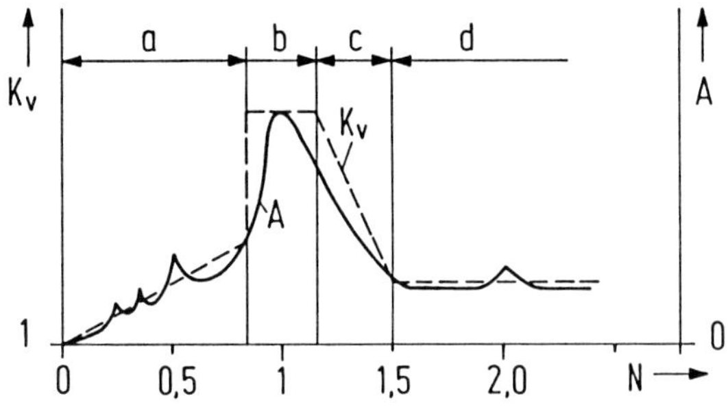

Bild 7.3. Schwingungsamplituden A und rechnerischer Verlauf des Dynamikfaktors K_V in unterschiedlichen Bezugsdrehzahl-Bereichen N nach Niemann-Winter [1/7]. Die Drehzahlbereiche sind folgende:

$N < 0{,}85$		unterkritischer Bereich a
$0{,}85 \leq N < 1{,}15$		Resonanzbereich b
$1{,}15 \leq N < 1{,}5$		Zwischenbereich c
$N > 1{,}5$		überkritischer Bereich d

N ist die Bezugsdrehzahl, die man aus dem Verhältnis der Zahnfrequenz f_Z und der Eigenfrequenz f_E erhält, Gl.(7.93).

meter zur Berücksichtigung der Auswirkung der periodischen Änderung von Verzahnungsabweichungen und Profilkorrektur auf die dynamische Kraft.

Es ist der Dynamikfaktor K_V im unterkritischen Bereich $N \leq 0{,}85$

$$K_V = N \cdot K + 1 \tag{7.2}$$

mit

$$K = C_{V1} \cdot B_p + C_{V2} \cdot B_f + C_{V3} \cdot B_k \ , \tag{7.3}$$

der Dynamikfaktor im Hauptresonanzbereich $0{,}85 < N \leq 1{,}15$

$$K_V = C_{V1} \cdot B_p + C_{V2} \cdot B_f + C_{V4} \cdot B_k + 1 \ , \tag{7.4}$$

der Dynamikfaktor im überkritischen Bereich $N > 1{,}5$

$$K_V = C_{V5} \cdot B_p + C_{V6} \cdot B_f + C_{V7} \tag{7.5}$$

und der Dynamikfaktor im Zwischenbereich $1{,}15 < N \leq 1{,}5$

$$K_V = K_{V(N=1,5)} + \frac{K_{V(N=1)} - K_{V(N=1,5)}}{0{,}35} \cdot (1{,}5 - N) \ . \tag{7.6}$$

Die Berechnungsgleichungen zur Ermittlung der notwendigen Parameter sind in Abschnitt 7.6 zusammengestellt. Die dort angegebenen Gleichungen für die Einzelfedersteifigkeit c' entsprechend der Reihenentwicklung nach Schäfer [7/6] unterliegen zum einen Grenzen in der Profilverschiebung und der bezogenen Umfangskraft F_t/b, zum anderen gelten sie nur für das Norm-Bezugsprofil. Bei Verwendung von abweichenden Bezugsprofilen sei auf die Veröffentlichungen von Winter und Podlesnik [7/10] hingewiesen, die unter anderem eine Umrechnung der Zahnfedersteifigkeit auf Bezugsprofile mit abweichenden Profilwinkeln, Zahnhöhenfaktoren und Fußausrundungsradien erlaubt.

7.2.3 Bestimmung der Breitenfaktoren $K_{H\beta}$, $K_{F\beta}$ und $K_{B\beta}$

Die ungleichmäßige Lastverteilung über der Zahnbreite aufgrund der Fertigungsabweichungen (Flankenlinien-Abweichungen) und der Verformungen der tragenden Teile eines Getriebes wird durch die Breitenfaktoren $K_{H\beta}$ bei Flankenpressung, $K_{F\beta}$ bei Fußbeanspruchung und $K_{B\beta}$ bei Fressen berücksichtigt. Die Zahnflanken einer Radpaarung tragen je nach Herstellungsabweichungen, Steifigkeit (Verformung) und Belastung über die volle Radbreite oder nur einen Teil (siehe Bild 7.4). Die vereinfachte Berechnung der Breitenfaktoren setzt die Kenntnis der ursprünglich wirksamen Flankenlinienabweichung $F_{\beta x}$ voraus. Die Ermittlung der Breitenfaktoren $K_{F\beta}$ und $K_{B\beta}$ verlangt zunächst die Berechnung von $K_{H\beta}$. Der Breitenfaktor $K_{H\beta}$ ist dabei definiert als der Quotient aus maximalem und durchschnittlichem Lastfaktor w bzw. aus maximaler Kraft pro Zahnbreiteneinheit F_{max} und durchschnittlicher Kraft pro Zahnbreiteneinheit F_m

$$K_{H\beta} = \frac{w_{max}}{w_m} = \frac{F_{max}/b}{F_m/b} = \frac{F_{max}}{F_m} \quad . \tag{7.7}$$

Dabei ist die durchschnittliche Kraft

$$F_m = F_t \cdot K_A \cdot K_v \tag{7.8}$$

mit der Umfangskraft F_t am Teilkreis im Stirnschnitt, dem Anwendungsfaktor K_A und dem Dynamikfaktor K_v.

Es ist dabei auch zu unterscheiden, ob die rechnerische Zahnbreite b_{cal} größer oder kleiner als die Zahnbreite b ist (vgl. Bild 7.4). Zur Vereinfachung wird eine lineare Kraftverteilung angenommen. Die im folgenden betrachteten Breitenfaktoren berücksichtigen die Kraftverteilung über der Zahnbreite.

Für den Breitenfaktor bezüglich der Flankenpressung $K_{H\beta}$ gilt für $b_{cal}/b \leq 1$

$$K_{H\beta} = \frac{2b}{b_{cal}} \tag{7.9}$$

mit

$$\frac{b_{cal}}{b} = \sqrt{\frac{2F_m}{b} \cdot \frac{1}{F_{\beta y} \cdot c_\gamma}} \quad , \tag{7.10}$$

wobei $F_{\beta y}$ die wirksame Flankenlinienabweichung nach dem Einlauf und c_γ die mittlere Gesamt-Zahnfedersteifigkeit pro Einheit Zahnbreite, kurz Eingriffsfedersteifigkeit ist.

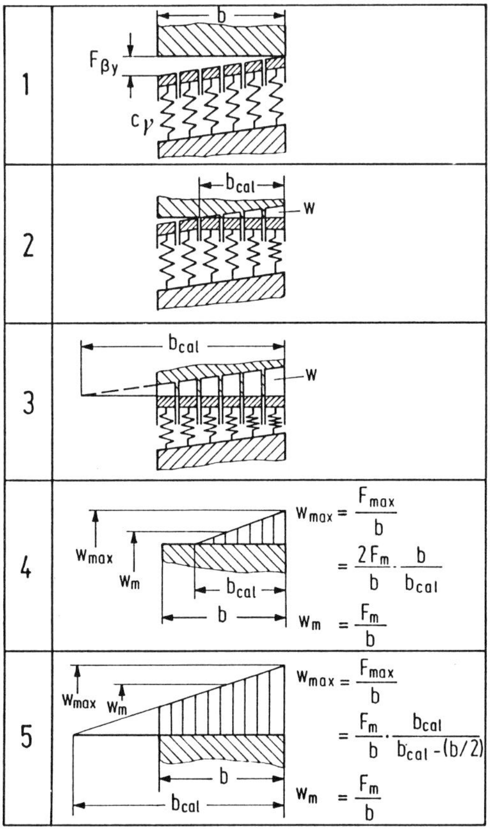

Bild 7.4. Ersatzmodell einer Zahnpaarung mit Flankenlinien-Abweichung $F_{\beta y}$ und konstanter Eingriffsfedersteifigkeit c_γ sowie der Kraftverteilung entlang der Zahnbreite.
Teilbild 1: Unbelastete Zahnpaarung.
Teilbild 2: Geringe Belastung und/oder große Flankenlinien-Abweichung.
Teilbild 3: Hohe Belastung und/oder kleine Flankenlinien-Abweichung.
Teilbild 4: Resultierende Kraftverteilung aufgrund geringer Belastung und/oder großer Flankenlinien-Abweichung.
Teilbild 5: Resultierende Kraftverteilung aufgrund hoher Belastung und/oder kleiner Flankenlinien-Abweichung.

Für $b_{cal}/b \geqq 1$ erhält man

$$K_{H\beta} = \frac{2b_{cal}/b}{2(b_{cal}/b)-1} \tag{7.11}$$

mit

$$\frac{b_{cal}}{b} = 0{,}5 + \frac{F_m}{b} \cdot \frac{1}{F_{\beta y} \cdot c_\gamma} \quad . \tag{7.12}$$

Die Gleichungen zur Bestimmung des Breitenfaktors bezüglich der Flanke $K_{H\beta}$ sind im Abschnitt 7.7 zusammengestellt. Die Berechnung des Breitenfaktors bezüglich des Zahnfußes $K_{F\beta}$ setzt die Kenntnis von $K_{H\beta}$ voraus. $K_{F\beta}$ ist zusätzlich abhängig vom Verhältnis der Zahnbreite zur Zahnhöhe b/h. Für $K_{F\beta}$ gilt

$$K_{F\beta} = (K_{H\beta})^N \tag{7.13}$$

dabei ist

$$N = \frac{(b/h)^2}{1+b/h+(b/h)^2} \tag{7.14}$$

mit b/h dem kleineren Wert von b_1/h_1 und b_2/h_2.

Für den Breitenfaktor $K_{B\beta}$ bezüglich des Fressens liegen keine gesicherten Berechnungsvorschläge vor. Es kann angenommen werden, daß

$$K_{B\beta} = K_{H\beta} \tag{7.15}$$

ist.

7.2.4 Bestimmung der Stirnfaktoren $K_{H\alpha}$, $K_{F\alpha}$ und $K_{B\alpha}$

Mit den Stirnfaktoren $K_{H\alpha}$, $K_{F\alpha}$ und $K_{B\alpha}$ wird die Auswirkung der Kraftaufteilung der Flankenpressung, der Fuß- und der Freßbeanspruchung auf mehrere Zähne berücksichtigt. Die Aufteilung der Gesamtumfangskraft auf die im Eingriff befindlichen Zahnpaare ($\varepsilon_\alpha > 1$) ist bei gegebenen Verzahnungsabmessungen von der Verzahnungsgenauigkeit und der Höhe der Umfangskraft abhängig. Des weiteren beeinflussen die Eingriffsfedersteifigkeit c_γ, die Kopfrücknahme c_a, die Zahnbreite b und der Einlaufbetrag y_α die Stirnfaktoren.

Zur Berechnung der Stirnfaktoren erweisen sich die folgenden Gleichungen als hinreichend genau. Bei einer Gesamtüberdeckung $\varepsilon_\gamma \leq 2$ gilt für die Stirnfaktoren bezüglich Flankenpressung, Fußbeanspruchung und Fressen

$$K_{H\alpha} = K_{F\alpha} = K_{B\alpha} = \frac{\varepsilon_\gamma}{2} \cdot \left(0{,}9 + 0{,}4 \cdot \frac{c_\gamma \cdot (f_{pe} - y_\alpha)}{F_{tH}/b}\right) \tag{7.16}$$

mit der Eingriffsteilungs-Abweichung f_{pe}, dem Einlaufbetrag y_α für ein Laufpaar mit Teilungsabweichung und der Gesamtüberdeckung ε_γ.

Bei einer Gesamtüberdeckung $\varepsilon_\gamma > 2$ gilt

$$K_{H\alpha} = K_{F\alpha} = K_{B\alpha} = 0{,}9 + 0{,}4 \cdot \sqrt{\frac{2(\varepsilon_\gamma - 1)}{\varepsilon_\gamma}} \cdot \frac{c_\gamma \cdot (f_{pe} - y_\alpha)}{F_{tH}/b} \tag{7.17}$$

jeweils mit der für Stirnfaktoren maßgeblichen Kraft

$$F_{tH} = F_t \cdot K_A \cdot K_v \cdot K_{H\beta} \; . \tag{7.18}$$

Die Berechnungsgleichungen der notwendigen Faktoren für die Gleichungen (7.16) und (7.17) sind in Abschnitt 7.8 zusammengestellt.

Die so ermittelten Stirnfaktoren unterliegen den folgenden Grenzkriterien:

$$K_{H\alpha} = K_{F\alpha} = K_{B\alpha} \geqq 1 \tag{7.19}$$

$$K_{H\alpha} = K_{B\alpha} \leqq \frac{\varepsilon_\gamma}{\varepsilon_\alpha \cdot Z_\varepsilon^2} \tag{7.20}$$

Wenn $K_{F\alpha} > \varepsilon_\gamma$, gilt:

$$K_{F\alpha} = \frac{\varepsilon_\gamma}{\varepsilon_\alpha \cdot Y_\varepsilon} \tag{7.21}$$

mit der Profilüberdeckung ε_α, dem Überdeckungsfaktor Z_ε bezüglich der Flanke und dem Überdeckungsfaktor Y_ε bezüglich des Fußes.

Bei einem Stirnfaktor von $K_\alpha = 1$ teilt sich die Gesamtumfangskraft gleichmäßig auf die im Eingriff befindlichen Zahnpaare auf. Die obere Grenze der Stirnfaktoren entspricht der Tatsache, daß ab einer bestimmten Teilungsabweichung nur noch ein Zahnpaar die gesamte Umfangskraft überträgt.

7.3 Die Flankentragfähigkeit (Grübchenbildung)

7.3.1 Ermittlung der Flankenpressung und der zulässigen Hertzschen Pressung

Bei der Grübchenbildung handelt es sich um einen Ermüdungsschaden der Zahnflanke. Grübchen entstehen dadurch, daß die Wälzfestigkeit des Werkstoffes örtlich oder über die ganze Radbreite überschritten wird. Aus der Zahnflanke brechen dabei Materialteilchen heraus, so daß Vertiefungen "Grübchen" entstehen (vgl. Bild 7.5 [7/2]). Grübchen treten hauptsächlich auf der Fußflanke auf, d.h. im Bereich des negativen Schlupfes (stoßende Reibung).

Man unterscheidet zwischen den Einlaufgrübchen, die nur so lange auftreten, bis die durch die Herstellungsabweichungen bedingten örtlichen Oberflächenerhöhungen und Rauhigkeiten abgetragen sind und den fortschreitenden Grübchen, die zu Schädigungen bis hin zum Totalausfall eines Getriebes führen können. Zudem werden schnellaufende Getriebe bei fortschreitender Grübchenbildung zu verstärkten Schwingungen angeregt, die zu überhöhten inneren dynamischen Zusatzkräften führen.

Die Berechnung der Flankentragfähigkeit (Grübchenbildung) basiert auf der Theorie von Hertz. Die im Eingriff befindlichen Zahnflanken werden als Wälzkörper betrachtet, die durch die Zahnnormalkraft F_{bt} senkrecht zur Berührebene belastet

1 2

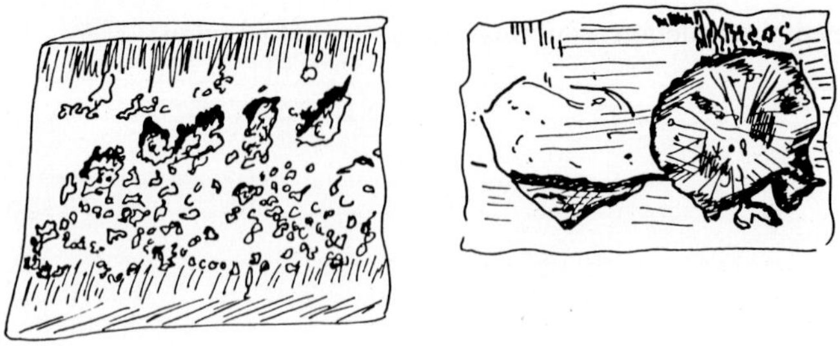

Bild 7.5. Typische Grübchenschäden eines Stirnrades aus Vergütungsstahl.
Teilbild 1: Gesamtansicht.
Teilbild 2: Stark vergrößerter Ausschnitt. Man sieht neben einem bereits bestehenden Grübchen (rechts) ein neu entstehendes, dessen Form schon an den Ausrissen erkennbar ist.

werden; dadurch kommt es im Kontaktbereich u.a. zu einer Verformung der Oberfläche, der sogenannten "Hertzschen Abplattung" (siehe Bild 7.6), die bei Punktberührung kreis- oder ellipsenförmig, bei Linienberührung rechteckig ausgebildet ist. Die Hertzsche Pressung ist nicht alleinige Ursache der Flankenschädigung, da die Zahnflanken nur im Wälzpunkt C eine reine Wälzbewegung ausführen, in allen anderen Eingriffspunkten jedoch ein Wälzgleiten vorliegt; auch die Tangentialbeanspruchung aufgrund der Reibung zwischen den Zahnflanken trägt zur Grübchenbildung bei.

Nach DIN 3990 [7/1] wird der Berechnung der Flankentragfähigkeit die Hertzsche Pressung am Wälzkreis zugrunde gelegt. Sie ergibt sich zu

$$\sigma_H = \sqrt{\frac{F_t}{d_{t1} b} \cdot \frac{u+1}{u}} \cdot Z_H \cdot Z_E \cdot Z_\varepsilon \cdot Z_\beta \cdot Z_B \cdot \sqrt{K_A \cdot K_v \cdot K_{H\beta} \cdot K_{H\alpha}} \tag{7.22}$$

(wobei die ersten 5 Faktoren als nominelle Flankenpressung σ_{H0} bezeichnet werden) mit dem Zonenfaktor Z_H, dem Ritzel-Einzeleingriffsfaktor Z_B, dem Elastizitätsfaktor Z_e, dem Überdeckungsfaktor Z_ε (Flanke) und dem Schrägungsfaktor Z_β (Flanke). Die Bedeutung dieser Faktoren wird in Abschnitt 7.3.2 näher beschrieben.

Die Faktoren K_A, K_v, $K_{H\beta}$ und $K_{H\alpha}$ wurden bereits in Abschnitt 7.2 ausführlich erläutert.

Der Berechnung der zulässigen Hertzschen Pressung σ_{HP} als der maximal erträglichen Flankenbeanspruchung liegt die Idee zugrunde, die Berechnung auf den allgemeinen Regeln der Festigkeitslehre aufzubauen. Die zulässige Flankenbelastung wird auf der Basis eines Werkstoffkennwertes, hier der Wälzfestigkeit $\sigma_{H\,lim}$ berechnet. Die Bilder 7.7 bis 7.9 geben Anhaltswerte für die Wälzfestigkeiten unterschiedlicher

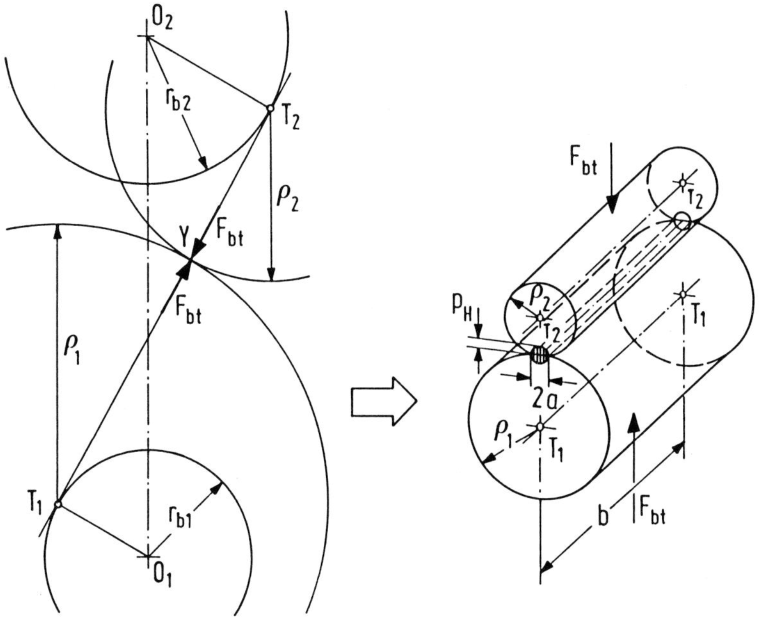

Bild 7.6. Übertragung der Zahnradeingriffsverhältnisse in Punkt Y auf ein Wälzkörperersatzmodell zur Bestimmung der Hertzschen Pressung und der Hertzschen Abplattung.

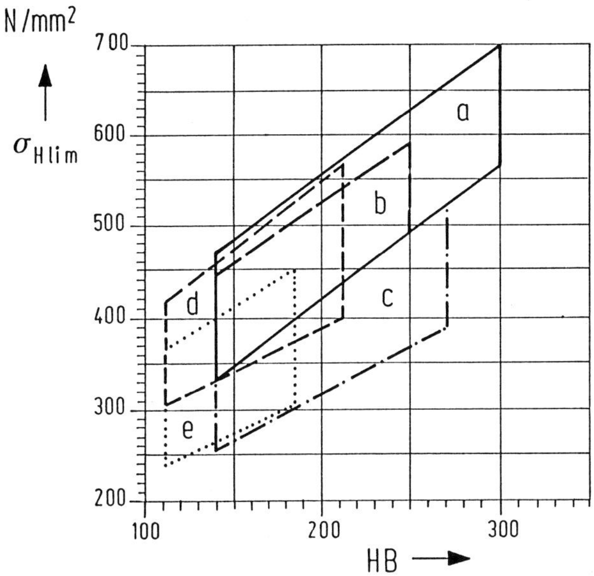

Bild 7.7. Dauerfestigkeits-Richtwerte für die Hertzsche Pressung σ_{Hlim} in Abhängigkeit der Oberflächenhärte HB. Die unteren Werte entsprechen einer Schadenswahrscheinlichkeit von maximal 1%. Werkstoffe: a Gußeisen mit Kugelgraphit, b schwarzer Temperguß, c Gußeisen mit Lamellengraphit (Grauguß), d Baustahl normalgeglüht, e Stahlguß. Nach DIN 3990, Teil 5 [7/1]. Die Wahl der Dauerfestigkeit an der Obergrenze erfordert besondere Sorgfalt der Werkstoffauswahl und qualifizierte Wärmebehandlung. Normalerweise Dauerfestigkeitswerte aus dem Mittelbereich wählen.

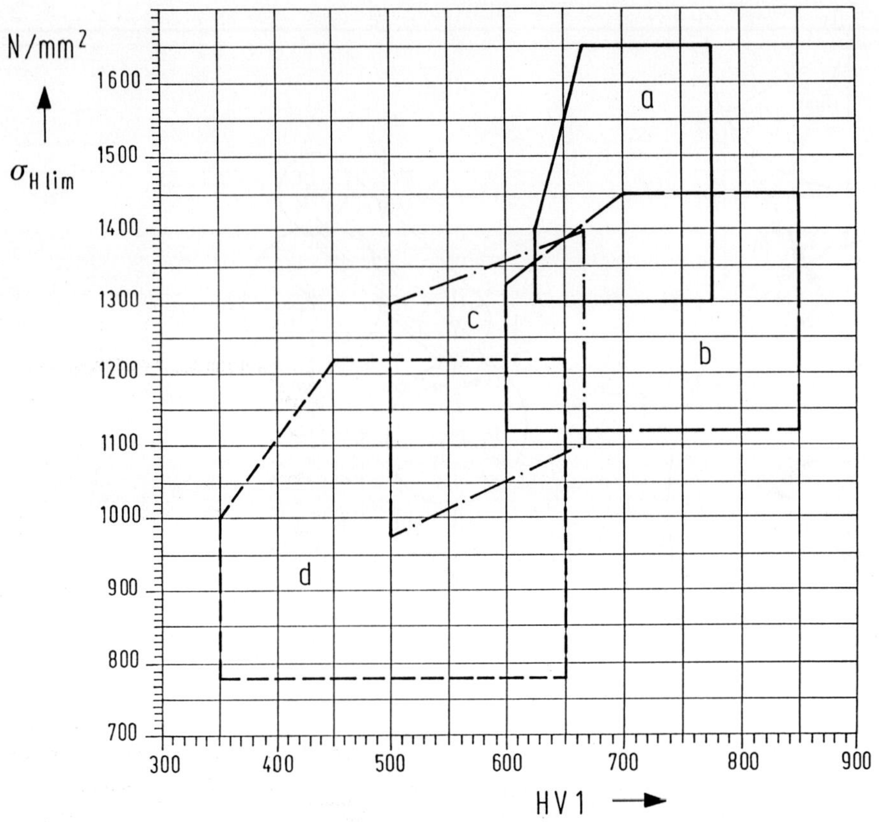

Bild 7.8. Dauerfestigkeits-Richtwerte für die Hertzsche Pressung $\sigma_{H\,lim}$ in Abhängigkeit der Oberflächenhärte HV1. Werkstoffe: a legierter Stahl, einsatzgehärtet, b Nitrierstähle, gasnitriert (ausgenommen AL-Stähle), c Vergütungsstähle, brenn- oder induktionsgehärtet, d Vergütungsstähle, bad- oder gasnitriert. Nach DIN 3990, Teil 5 [7/1]. Auswahl der Werte, siehe Anmerkung in Bildunterschrift 7.7.

Werkstoffe, die in Laufversuchen an Prüfzahnrädern ermittelt wurden. Die von den Prüfbedingungen bei der Ermittlung dieser Festigkeitswerte abweichenden Einflüsse des Schmiermittels (Viskosität), der Oberflächenrauhigkeit, der Geschwindigkeit, der Bauteilgröße sowie der gepaarten Werkstoffe werden durch eine Reihe von Faktoren erfaßt, so daß sich die zulässige Hertzsche Pressung aus

$$\sigma_{HP} = \frac{\sigma_{H\,lim} \cdot Z_{NT}}{S_{H\,min}} \cdot Z_L \cdot Z_R \cdot Z_v \cdot Z_W \cdot Z_X = \frac{\sigma_{HG}}{S_{H\,min}} \tag{7.23}$$

ergibt, mit dem Sicherheitsfaktor für Flankenpressung $S_{H\,min}$ (Grübchenbildung), dem Lebensdauerfaktor für Flankenpressung Z_{NT}, dem Schmierstoffaktor Z_L, dem Rauheitsfaktor für Flankenpressung Z_R, dem Geschwindigkeitsfaktor Z_v, dem Werkstoffpaarungsfaktor Z_W, dem Größenfaktor für Flankenpressung Z_X und der Grübchen-Grenzfestigkeit σ_{HG}. Diese Z-Faktoren werden in Abschnitt 7.3.3 näher beschrieben.

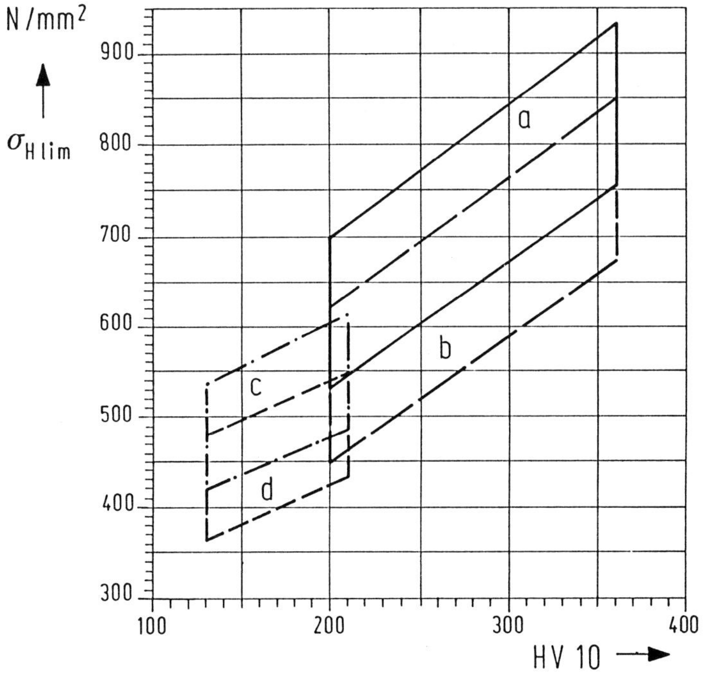

Bild 7.9. Dauerfestigkeits-Richtwerte für die Hertzsche Pressung σ_{Hlim} in Abhängigkeit der Oberflächenhärte HV10. Werkstoffe: a legierter Stahl vergütet, b Stahlguß, c Kohlenstoffstahl (unlegierter Stahl) vergütet oder normal geglüht, d Stahlguß. Nach DIN 3990, Teil 5 [7/1]. Auswahl der Werte, siehe Anmerkung in Bildunterschrift 7.7.

Der den unterschiedlichen Anforderungen angepaßte Sicherheitsfaktor S_H gegen Grübchenbildung wird eingehalten bzw. übertroffen, wenn gilt

$$\sigma_{HP} \geqq \sigma_H \quad . \qquad (7.24)$$

Die Wahl des Sicherheitsfaktors S_H hängt sehr stark von der Umfangsgeschwindigkeit am Wälzkreis ab. Bei langsam laufenden Industriegetrieben können Grübchen durchaus zulässig sein, d.h. der Sicherheitsfaktor ist klein, während bei schnellaufenden Getrieben keinerlei Grübchen zulässig sind, also ein hoher Sicherheitsfaktor zu wählen ist, damit die Schadenswahrscheinlichkeit gering ist.

7.3.2 Berechnung der Faktoren zur Ermittlung der Flankenpressung

7.3.2.1 Zonenfaktor Z_H und Ritzel-Einzeleingriffsfaktor Z_B

Mit dem Zonenfaktor Z_H wird der Einfluß der Flankenkrümmung auf die Hertzsche Pressung erfaßt. Des weiteren berücksichtigt der Zonenfaktor eine Umrechnung der Umfangskraft F_t am Teilkreis (im Stirnschnitt) auf die Zahnnormalkraft F_{bt} im Stirnschnitt, die als Normalkraft senkrecht zur Berührebene wirkt und somit die maßgebliche Kraft zur Ermittlung der Hertzschen Pressung ist. Der Zonenfaktor wird berechnet aus

$$Z_H = \sqrt{\frac{2 \cdot \cos\beta_b \cdot \cos\alpha_{wt}}{\cos^2\alpha_t \cdot \sin\alpha_{wt}}} \tag{7.25}$$

mit dem Grundschrägungswinkel β_b, dem Stirneingriffswinkel α_t und dem Betriebseingriffswinkel α_{wt}.

Mit dem Zonenfaktor Z_H berechnet man die Hertzsche Pressung im Wälzpunkt C. Da Grübchen aber vor allem im Bereich des negativen Schlupfes, d.h. auf der Eingriffsstrecke im Bereich zwischen den Eingriffspunkten A (Eingriffsbeginn) und C auftreten, und die Hertzsche Pressung im inneren Einzeleingriffspunkt B häufig das Maximum erreicht, berechnet man die Hertzsche Pressung im Punkt B (auch Bild 2.30). Die Umrechnung der Hertzschen Pressung vom Wälzpunkt C auf den inneren Einzeleingriffspunkt B erfolgt mit dem Ritzel-Eingriffsfaktor Z_B. Es ist

$$Z_B = \sqrt{\frac{\rho_{C1} \cdot \rho_{C2}}{\rho_{B1} \cdot \rho_{B2}}} \geq 1 \tag{7.26}$$

mit den Krümmungsradien von Rad 1 und Rad 2 der im Wälzpunkt berührenden Flanken ρ_{C1} und ρ_{C2} und den Krümmungsradien der im Einzeleingriffspunkt B berührenden Flanken. Der innere Einzeleingriffspunkt B ist nicht maßgebend, wenn er im Bereich des positiven Schlupfes liegt, d.h. auf der Teilstrecke $\overline{CE}$ der Eingriffsstrecke.

7.3.2.2 Elastizitätsfaktor Z_E

Der Einfluß der Werkstoffkonstanten E (Elastizitätsmodul) und ν (Querkontraktionszahl) auf die Hertzsche Pressung wird durch den Elastizitätsfaktor berücksichtigt.

$$Z_E = \sqrt{\frac{1}{\pi \cdot \left(\frac{1-\nu_1^2}{E_1} + \frac{1-\nu_2^2}{E_2}\right)}} \tag{7.27}$$

Bildet man das Produkt aus den Faktoren Z_H, Z_E und dem 1. Term der Gl.(7.22), so erhält man nach Umformen den Ausdruck für die Hertzsche Pressung

$$p_H = \sqrt{\frac{F_n}{l} \cdot \frac{1}{\rho} \cdot \frac{1}{\pi \cdot \left(\frac{1-\nu_1^2}{E_1} + \frac{1-\nu_2^2}{E_2}\right)}} \tag{7.28}$$

mit der Normalkraft F_n am Wälzpunkt senkrecht zur Berührlinie (entspricht F_{bn}), dem Ersatzkrümmungsradius ρ und der Länge l der Berührlinie.

7.3.2.3 Überdeckungsfaktor Z_ε (Flanke)

Die Schwankungen der Berührlinienlänge (z.B. bei abweichungsfreien Geradverzahnungen zwischen b im Einzeleingriffsgebiet und 2b im Doppeleingriffsgebiet und bei

Schrägverzahnungen (auch Bild 3.13) erfordern die Berechnung der Hertzschen Pressung mittels einer rechnerischen Zahnbreite. Der Zusammenhang zwischen der tatsächlichen Zahnbreite b zu der rechnerischen Zahnbreite b_{cal} ist durch das Quadrat des Übertragungsfaktors Z_ε gegeben. Z_ε berücksichtigt dabei sowohl den Einfluß der Profilüberdeckung als auch den Einfluß der Sprungüberdeckung bei Schrägverzahnungen. Es gilt mit den Erweiterungen von Mende [7/7], wenn die Profilüberdeckung $\varepsilon_\alpha \geqq 1$ und die Sprungüberdeckung $\varepsilon_\beta < 1$ ist,

$$Z_\varepsilon = \sqrt{\frac{4-\varepsilon_\alpha}{3}\cdot(1-\varepsilon_\beta) + \frac{\varepsilon_\beta}{\varepsilon_\alpha}} \tag{7.29-1}$$

und bei Sprungüberdeckung $\varepsilon_\beta \geqq 1$ gilt

$$Z_\varepsilon = \sqrt{\frac{1}{\varepsilon_\alpha}} \quad . \tag{7.29-2}$$

Für die Profilüberdeckung $\varepsilon_\alpha < 1$ und bei Sprung- und Gesamtüberdeckung $\varepsilon_\beta < 1$, $\varepsilon_\gamma > 1$ gilt

$$Z_\varepsilon = \sqrt{\frac{\varepsilon_\beta}{\varepsilon_\alpha+\varepsilon_\beta-1}} \quad , \tag{7.29-3}$$

bei $\varepsilon_\beta \geqq 1$ und $\varepsilon_\gamma < 2$ gilt

$$Z_\varepsilon = \sqrt{\frac{\varepsilon_\beta}{\varepsilon_\alpha}} \tag{7.29-4}$$

und bei $\varepsilon_\beta > 1$ sowie $\varepsilon_\gamma > 2$

$$Z_\varepsilon = \sqrt{\frac{\varepsilon_\beta}{2\varepsilon_\alpha+\varepsilon_\beta-2}} \quad . \tag{7.29-5}$$

7.3.2.4 Schrägenfaktor Z_β (Flanke)

Die Einflüsse des Schrägungswinkels β auf die Flankentragfähigkeit, die noch nicht durch den Überdeckungsfaktor und den Zonenfaktor erfaßt werden, wie z.B. die Kraftaufteilung entlang der Berührlinien, werden von dem empirischen Schrägenfaktor Z_β berücksichtigt. Es gilt

$$Z_\beta = \sqrt{\cos\beta} \quad . \tag{7.30}$$

7.3.3 Berechnung der Faktoren zur Bestimmung der zulässigen Hertzschen Pressung

7.3.3.1 Lebensdauerfaktor für Flankenpressung Z_{NT}

Von Verzahnungswerkstoffen ist häufig u.a. nur die Wälzdauerfestigkeit $\sigma_{H\,lim}$ bekannt. $\sigma_{H\,lim}$ ist dabei der mittlere Dauerfestigkeitswert für Flankenpressung, den ein Werkstoff ertragen kann, ohne daß Grübchen entstehen. Die Wälzdauerfestigkeit ist erreicht, wenn die Prüfräder, an denen dieser Werkstoffkennwert ermittelt wird, die Anzahl der Lastwechsel $N_L = 5 \cdot 10^7$ schadensfrei überstanden haben. Ist eine Verzahnung zeitfest auszulegen, so wird der Werkstoff höhere Hertzsche Pressungen ertragen, ohne daß es zur Grübchenbildung kommt. Die Wälzdauerfestigkeit $\sigma_{H\,lim}$ wird daher mit dem Lebensdauerfaktor Z_{NT} auf die maßgebliche Zeitfestigkeit der Wöhlerlinie des entsprechenden Werkstoffes umgerechnet. Der Lebensdauerfaktor Z_{NT} ergibt sich daher für die entsprechenden Werkstoffe, Wärmebehandlungen und Lastwechselzahlen nach folgenden Gleichungen.

Vergütungsstähle, Gußeisen mit Kugelgraphit, perlitischer Temperguß oder oberflächengehärtete Stähle [7/1]

$$N_L \leqq 10^5 \quad : \quad Z_{NT} = 1{,}6 \tag{7.31-1}$$

$$10^5 < N_L < 5 \cdot 10^7 \quad : \quad Z_{NT} = \left(\frac{5 \cdot 10^7}{N_L}\right)^{0{,}0756} \tag{7.31-2}$$

$$5 \cdot 10^7 \leqq N_L \quad : \quad Z_{NT} = 1 \tag{7.31-3}$$

Vergütungsstähle oder Nitrierstähle, gasnitriert, Grauguß

$$N_L \leqq 10^5 \quad : \quad Z_{NT} = 1{,}3 \tag{7.32-1}$$

$$10^5 < N_L < 2 \cdot 10^6 \quad : \quad Z_{NT} = \left(\frac{2 \cdot 10^6}{N_L}\right)^{0{,}0875} \tag{7.32-2}$$

$$2 \cdot 10^6 \leqq N_L \quad : \quad Z_{NT} = 1 \tag{7.32-3}$$

Vergütungsstähle, badnitriert

$$N_L \leqq 10^5 \quad : \quad Z_{NT} = 1{,}1 \tag{7.33-1}$$

$$10^5 < N_L < 2 \cdot 10^6 \quad : \quad Z_{NT} = \left(\frac{2 \cdot 10^6}{N_L}\right)^{0{,}0318} \tag{7.33-2}$$

$$2 \cdot 10^6 \leqq N_L \quad : \quad Z_{NT} = 1 \tag{7.33-3}$$

Die Flankentragfähigkeit wird des weiteren von den gleichen Größen beeinflußt, die auch maßgebend für die Mindestschmierfilmdicke nach der EHD-Theorie sind. Zu diesen Größen zählen die Viskosität des Schmiermittels, der Ersatzkrümmungsradius der Flanken, die Geschwindigkeit sowie die Oberflächenrauheit der Flanke.

7.3.3.2 Schmierstoffaktor Z_L

Die Auswirkungen des Öls auf die Flankentragfähigkeit werden mit dem Schmierstofffaktor Z_L erfaßt. Aus Versuchen ist bekannt, daß sich bei Mineralölen die Nennviskosität ν_{50} als Maß für den Einfluß des Schmiermittels auf die Grübchenentstehung eignet. Bei der Verwendung synthetischer Öle ist die Flankentragfähigkeit, obwohl die Nennviskositäten von Synthetiköl und Mineralöl übereinstimmen, z.T. jedoch erheblich höher als bei der Verwendung von Mineralölen. Der Schmierstoffaktor berechnet sich zu

$$Z_L = C_{ZL} + \frac{4 \cdot (1{,}0 - C_{ZL})}{\left(1{,}2 + \frac{80}{\nu_{50}}\right)^2} \tag{7.34}$$

wobei der Koeffizient

$$C_{ZL} = \frac{\sigma_{H\,lim} - 850}{350} \cdot 0{,}08 + 0{,}83 \tag{7.35}$$

ist.

Für $\sigma_{H\,lim} < 850\ \mathrm{N/mm^2}$ wird Z_L mit $\sigma_{H\,lim} = 850\ \mathrm{N/mm^2}$ berechnet, für $\sigma_{H\,lim} > 1200\ \mathrm{N/mm^2}$ wird Z_L mit $\sigma_{H\,lim} = 1200\ \mathrm{N/mm^2}$ berechnet.

Die Einflüsse der Herkunft des Öles, des Alterungszustandes sowie der Art (Synthetiköl oder Mineralöl) bleiben dabei unberücksichtigt.

7.3.3.3 Rauheitsfaktor für Flankenpressung Z_R

Die Oberflächenrauheit der Flanken aufgrund des Herstellungsprozesses (im allgemeinen Gestaltabweichungen 4. Ordnung nach [7/3]) hat einen starken Einfluß auf die Flankentragfähigkeit. In Prüfversuchen wurde ermittelt, daß die Oberflächenrauheiten durch Einlaufen (Betrieb im Teillastbereich) je nach Werkstoff und Wärmebehandlung mehr oder weniger geglättet werden. Da gleiche Flankenrauheiten bei kleineren Krümmungsradien ungünstig auf die Flankentragfähigkeit wirken, bezieht man eine gemittelte relative Rauhtiefe R_{z100} auf einen Achsabstand von a = 100 mm.

$$R_{z100} = \frac{R_{z1} + R_{z2}}{2} \cdot \sqrt[3]{\frac{100}{a}} \tag{7.36}$$

Mit dieser gemittelten relativen Rauhtiefe ergibt sich der Rauheitsfaktor Z_R zu

$$Z_R = \left(\frac{3}{R_{z100}}\right)^{C_{ZR}} \tag{7.37}$$

mit dem Koeffizienten

$$C_{ZR} = 0{,}12 + \frac{1000 - \sigma_{H\,lim}}{5000} \,. \tag{7.38}$$

Für $\sigma_{H\,lim} < 850$ N/mm² wird Z_R mit $\sigma_{H\,lim} = 850$ N/mm² berechnet, für $\sigma_{H\,lim} > 1200$ N/mm² wird Z_R mit $\sigma_{H\,lim} = 1200$ N/mm² berechnet.

7.3.3.4 Geschwindigkeitsfaktor Z_V

Der Geschwindigkeitsfaktor Z_V berücksichtigt den Einfluß der Umfangsgeschwindigkeit auf die Flankentragfähigkeit. Es gilt

$$Z_V = C_{ZV} + \frac{2(1-C_{ZV})}{\sqrt{0,8 + \frac{32}{v}}} \tag{7.39}$$

mit dem Koeffizienten

$$C_{ZV} = 0,85 + \frac{\sigma_{H\,lim} - 850}{350} \cdot 0,08. \tag{7.40}$$

Für $\sigma_{H\,lim} < 850$ N/mm² wird Z_V mit $\sigma_{H\,lim} = 850$ N/mm² berechnet, für $\sigma_{H\,lim} > 1200$ N/mm² wird Z_V mit $\sigma_{H\,lim} = 1200$ N/mm² berechnet.

Die sich auf Versuchsergebnisse stützenden Gleichungen zur Berechnung der Einflußgrößen für die Schmierfilmbildung Z_L, Z_R und Z_V geben einen Wert aus der Mitte des Streubandes der einzelnen Faktoren wieder. Die Ursache der relativ großen Streubereiche ist in noch nicht erfaßten Einflußfaktoren und der gegenseitigen Beeinflussung zu sehen.

Es ist jedoch allgemein festzustellen, daß die hochfesten Vergütungsstähle stärker auf diese Einflüsse reagieren als Kohlenstoffstähle niedrigerer Festigkeit. Als Ursache nennt Niemann [1/7] die erhöhte Kerbempfindlichkeit sowie die relativ spröde Oberflächenschicht.

7.3.3.5 Werkstoffpaarungsfaktor Z_W

Mit dem Werkstoffpaarungsfaktor Z_W wird die Zunahme der Flankenfestigkeit einer Zahnflanke berücksichtigt, die mit einer wesentlich härteren glatten ($R_t < 3$ µm) Zahnflanke kämmt. Neben einer eventuellen Kaltverfestigung des weicheren Rades sind auch Einflüsse wie z.B. Glättung, Legierungselemente und Eigenspannungen des Rades für die Zunahme der Wälzfestigkeit verantwortlich. Den Werkstoffpaarungsfaktor Z_W berechnet man nach der empirischen Gleichung (unter der Berücksichtigung eines Streubereiches von ca 10%) zu

$$Z_W = 1,2 - \frac{HB-130}{1700} \quad . \tag{7.41}$$

Für HB < 130 ist $Z_W = 1,2$ und für HB > 470 ist $Z_W = 1,0$.

7.3.3.6 Größenfaktor für Flankenpressung Z_X

Da der Größeneinfluß auf die Zahnflankentragfähigkeit bisher nur unzureichend bekannt ist (es fehlen Prüfstandsversuche mit großen Rädern), bleibt der Größeneinfluß in der Berechnung unberücksichtigt, d.h. der Größenfaktor Z_X wird zu eins gesetzt. Nach Niemann [1/7] eignet sich die Flankenkrümmung als primäres Maß des Größeneinflusses, es spielen aber auch andere Parameter (z.B. Härtetiefe, Wärmebehandlungsverfahren) eine Rolle, deren genauer Einfluß bisher aber unzureichend bekannt ist.

Abschließend bleibt zu bemerken, daß der Einfluß der Faktoren Z_L, Z_R, Z_V und Z_W auf die Flankentragfähigkeit in Prüfstandsversuchen wesentlich stärker ist als nach den z.T. empirischen Gleichungen in Kapitel 7.3.3. Die Ursache liegt darin, daß in den Prüfstandsversuchen die Einflußfaktoren als voneinander unabhängig betrachtet wurden, sich in Wirklichkeit jedoch gegenseitig beeinflussen. Dies erklärt auch die großen Streubereiche bei den graphischen Darstellungen der Gleichungen [7/1].

7.4 Die Fußtragfähigkeit

7.4.1 Ermittlung der maximalen Tangentialspannung und der zulässigen Zahnfußspannung

Die Berechnung der Zahnfußspannung folgt dem Grundgedanken, daß es sich bei einem Zahnrad um ein schwellend belastetes, gekerbtes Bauteil handelt. Die Fußausrundung verkörpert die Kerbe, deren Wirkung durch weitere Kerben, die vom Herstellvorgang herrühren (z.B. Schleifkerben) noch verstärkt werden kann [7/11].

Idealisiert man den Zahn durch einen durch die Zahnnormalkraft F_{bt} belasteten, fest eingespannten Biegebalken, so werden sich im Zahnfußquerschnitt die in Bild 7.10 dargestellten Nennspannungsverläufe einstellen. Aus Bild 7.10 ist deutlich erkennbar, daß die Beanspruchung des Zahnfußquerschnittes hauptsächlich aus der Biegespannung herrührt. Die Druck- und Schubbeanspruchung sind meistens vernachlässigbar gegenüber der Biegebeanspruchung.

Mit zahlreichen Versuchen ist belegt, daß der Zahnbruch in der Regel von der zugbeanspruchten Oberfläche des im Eingriff befindlichen Zahnes ausgeht. Nach [7/1] ist als Ort des Bruchbeginns der Berührpunkt der 30°-Tangente [2/11] an die Fußausrundung anzunehmen (vgl. Bild 7.11).

Im Zahnfuß stellt sich die maximale Nennspannung im allgemeinen dann ein, wenn der Kraftangriff im äußeren Einzeleingriffspunkt erfolgt, da dann das Lastmoment nur von einem Zahnpaar übertragen wird, während bei Kraftangriff am Zahnkopf (größtmöglicher Hebelarm) zwei Zahnpaare an der Momentenübertragung beteiligt sind.

Betrachtet man den Zahnfußquerschnitt als Rechteckquerschnitt, so wirkt unter Vernachlässigung der Schub- und Druckspannung im gefährdeten Querschnitt (siehe

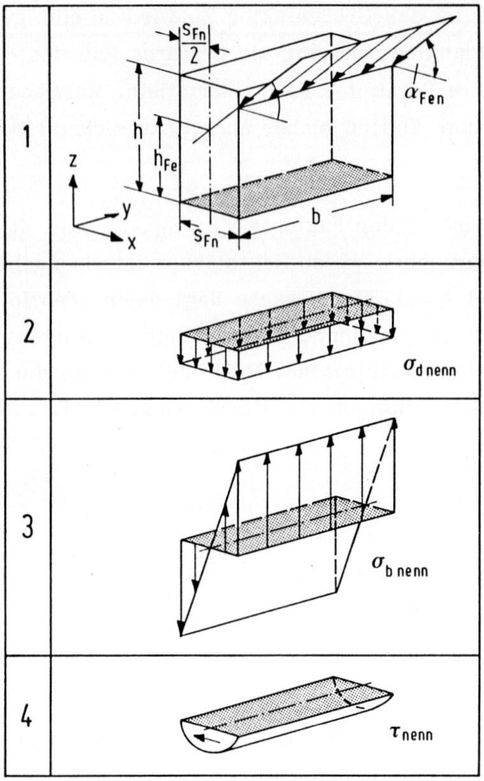

Bild 7.10. Zahn, idealisiert als eingespannter Biegebalken. Darstellung der aus der Belastung resultierenden Nennspannungsverläufe.

Teilbild 1: Idealisierung des Zahnradzahnes zum Biegebalken mit der unter dem Winkel α_{Fen} angreifenden Zahnnormalkraft im Stirnschnitt F_{bt}. Der gefährdete Zahnfußquerschnitt ist durch die Fläche $s_{Fn} \cdot b$ gegeben.

Teilbilder 2-4: Aus der Belastung resultierender Drucknennspannungsverlauf (2), Biegenennspannungsverlauf (3) und Schubnennspannungsverlauf (4) im gefährdeten Querschnitt.

Durch Überlagern der drei Spannungskomponenten entsteht im Zahnfuß ein komplexer, mehrachsiger Spannungszustand.

Bild 7.11) die Spannung

$$\sigma_{F0} = \frac{6F_{bt} \cdot h_{Fe} \cdot \cos\alpha_{Fen}}{s_{Fn}^2 \cdot b} \quad . \qquad (7.42)$$

Die Gleichungen für den maßgebenden Biegehebelarm h_{Fe}, die Zahnfußsehne s_{Fn} und den Kraftangriffswinkel α_{Fen} sind in Abschnitt 7.4.2 zusammengestellt.

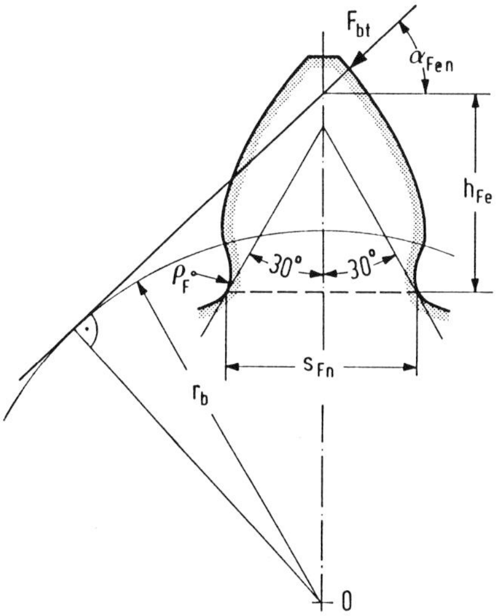

Bild 7.11. Bestimmungsgrößen zur Ermittlung der Biegenennspannung bei Kraftangriff im äußeren Einzeleingriffspunkt D [7/1] mit s_{Fn}, der Zahndicke im Berechnungsquerschnitt (Normalquerschnitt) mit 30°-Tangente nach Hofer [2/11].

Ersetzt man die Zahnnormalkraft F_b durch die Nennumfangskraft am Teilkreis F_t (hier für Geradverzahnung)

$$F_b = F_t \cdot \frac{r}{r_b} = \frac{F_t}{\cos\alpha_n} \tag{7.43}$$

und erweitert Gl.(7.42) mit dem Normalmodul m_n, so folgt für die Nennspannung im Zahnfußquerschnitt

$$\sigma_{F0} = \frac{F_t}{b \cdot m_n} \cdot \frac{6 h_{Fe} \cdot m_n \cdot \cos\alpha_{Fen}}{s_{Fn}^2 \cdot \cos\alpha_n} \; . \tag{7.44}$$

Die dimensionslose Größe

$$Y_F = \frac{6 \cdot \dfrac{h_{Fe}}{m_n} \cdot \cos\alpha_{Fen}}{\left(\dfrac{s_{Fn}}{m_n}\right)^2 \cdot \cos\alpha_n} \tag{7.45}$$

die nur noch von geometrischen Größen abhängig ist und die den Einfluß der Zahnform auf die Biegenennspannung berücksichtigt, wird als Formfaktor Y_F bezeichnet.

Wie eingangs erwähnt, ist ein Zahnrad ein dynamisch belastetes, gekerbtes Bauteil. Analog zur allgemeinen Festigkeitslehre stellt die Nennspannung nicht die Maximalspannung im gefährdeten Querschnitt dar, sondern es wird sich aufgrund der Kerbwirkung der Fußausrundung ein komplexer Spannungszustand mit höheren Spannungen im Zahnfuß ausbilden. Daher ist eine Formzahl, hier der Spannungskorrekturfaktor Y_S zu berücksichtigen, mit dem einerseits die Kerbwirkung der Fußausrundung erfaßt wird, andererseits der Tatsache Rechnung getragen wird, daß sich in Wirklichkeit ein komplexer Spannungszustand im Zahnfuß einstellt. Aus Versuchen [7/8] wurde die empirische Gleichung für den Spannungskorrekturfaktor ermittelt. Es ist mit den Größen aus Bild 7.11

$$Y_S = (1{,}2 + 0{,}13 \cdot L) \cdot q_S^{\frac{1}{1{,}21 + \frac{2{,}3}{L}}} \tag{7.46}$$

$$\text{mit } L = \frac{s_{Fn}}{h_{Fe}} \tag{7.47}$$

und dem Kerbparameter

$$q_S = \frac{s_{Fn}}{2 \cdot \rho_F} \tag{7.48}$$

und der Randbedingung

$$1 \leqq q_S < 8 .$$

Die Gleichung zeigt ferner, daß der Spannungskorrekturfaktor auch abhängig vom Kraftangriffspunkt (über den Hebelarm h_{Fe}) ist.

Zur Berechnung der Zahnfußtragfähigkeit bei Schrägstirnrädern wird des weiteren ein Schrägenfaktor Y_β eingeführt. Für die Berechnung wird eine Ersatz-Geradverzahnung im Normalschnitt zugrunde gelegt. Mit dem Schrägenfaktor Y_β wird berücksichtigt, daß die Verhältnisse für die Zahnfußbeanspruchung bei Schrägverzahnungen infolge der schräg über die Flanke verlaufenden Berührlinien günstiger sind als bei der zugrunde gelegten Ersatz-Geradverzahnung. Näherungsweise kann der Schrägenfaktor wie folgt bestimmt werden

$$Y_\beta = 1 - \varepsilon_\beta \frac{\beta}{120°} \geqq Y_{\beta\,min} \tag{7.49}$$

$$Y_{\beta\,min} = 1 - 0{,}25 \cdot \varepsilon_\beta \geqq 0{,}75 . \tag{7.50}$$

Untersuchungen von Brossmann [7/9] haben gezeigt, daß der Schrägenfaktor außer von der Sprungüberdeckung ε_β und dem Schrägungswinkel β auch vom Kerbparameter q_S abhängig ist. Mit steigendem Kerbparameter nimmt der Schrägenfaktor ab. Der nach Gl.(7.49) bestimmte Schrägenfaktor liegt aber auf der sicheren Seite, d.h. der Schrägenfaktor wird zu groß wiedergegeben.

Die örtliche Zahnfußspannung, d.h. die maximale Tangentialspannung einer fehlerfreien Verzahnung bei statischer Belastung, wird bestimmt durch

$$\sigma_{F0} = \frac{F_t}{b \cdot m_n} \cdot Y_F \cdot Y_S \cdot Y_\beta \quad . \tag{7.51}$$

Die maximale Tangentialspannung einer fehlerbelasteten Verzahnung erhält man in Analogie zur Hertzschen Pressung mit

$$\sigma_F = \sigma_{F0} \cdot K_A \cdot K_V \cdot K_{F\beta} \cdot K_{F\alpha} \quad . \tag{7.52}$$

Die Berechnung der zulässigen Zahnfußspannung erfolgt auf der Basis der Zahnfuß-Biegenenndauerfestigkeit σ_{Flim}, die an Prüfzahnrädern in Pulsator- oder Laufversuchen ermittelt wurde. Dieses Vorgehen hat den großen Vorteil, daß der Versuchskörper (anders als etwa die ungekerbte, polierte Rundprobe) direkt im Anwendungsbereich liegt und somit Geometrie, Bewegungsablauf und Herstellung ähnlich sind. Dauerfest ist ein Werkstoff, wenn eine Lastwechselzahl $N_L = 3 \cdot 10^6$ überschritten wird, und es nicht zu einem Anriß oder Zahnbruch kommt. In den Bildern 7.12 bis 7.14 sind Anhaltswerte für die Zahnfuß-Biegenenndauerfestigkeit wiedergegeben. Die starken Schwankungen der Festigkeitswerte haben ihren Grund in der Unregelmäßigkeit der chemischen Zusammensetzung des Werkstoffs, der Wärmebehandlung sowie in den Werkstoffausgangszuständen.

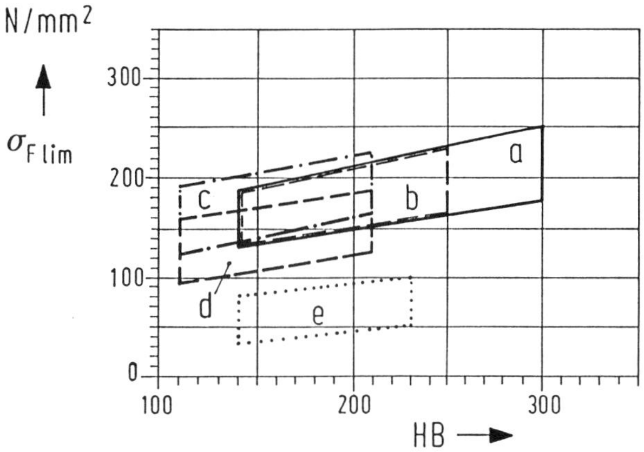

Bild 7.12. Dauerfestigkeits-Richtwerte für die Zahnfußbeanspruchung σ_{Flim}, aufgetragen über der Flankenhärte HB. Werkstoff: a Gußeisen mit Kugelgraphit, b schwarzer Temperguß, c allgemeine Baustähle, d Stahlguß, e Gußeisen mit Lamellengraphit. Nach DIN 3990, Teil 5 [7/1]. Auswahl der Werte, siehe Anmerkung in Bildunterschrift 7.7.

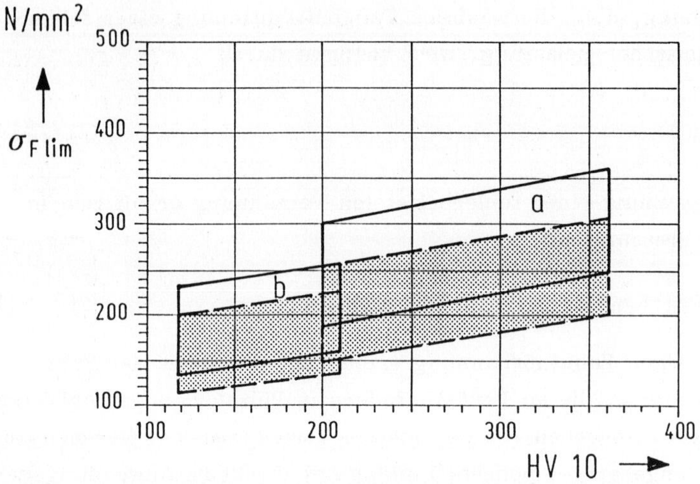

Bild 7.13. Dauerfestigkeits-Richtwerte für die Zahnfußbeanspruchung σ_{Flim}, aufgetragen über der Flankenhärte HV10. Nach DIN 3990, Teil 5 [7/1]. Werkstoff: a Vergütungsstähle, legiert, vergütet, b Vergütungsstähle, unlegiert, vergütet oder normalisiert. Unterlegung: Stähle mit geringem Kohlenstoffgehalt (<0,32%). Siehe auch Anmerkung in Bild 7.7.

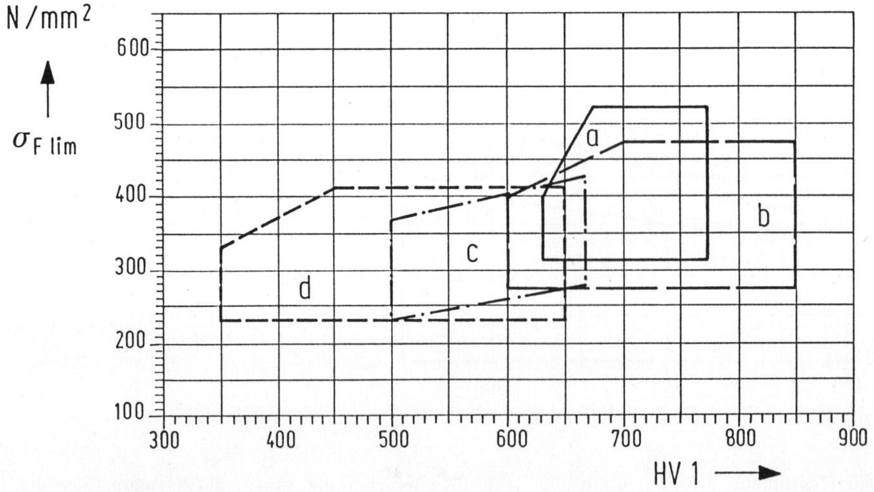

Bild 7.14. Dauerfestigkeits-Richtwerte σ_{Flim} für die Zahnfußbeanspruchung, aufgetragen über der Flankenhärte HV1. Werkstoff: a legierte Einsatzstähle, einsatzgehärtet, b Nitrierstähle, gasnitriert, c Vergütungsstähle, brenn- oder induktionsgehärtet, d Vergütungsstähle, bad- oder gasnitriert. Siehe auch Anmerkung in Bild 7.7.

Da es sich auch bei dem Prüfzahnrad um ein gekerbtes, schwellend belastetes Bauteil handelt, ist zur Berechnung der zulässigen Zahnfußspannung auf der Basis der Zahnfuß-Biegenenndauerfestigkeit $\sigma_{F\,lim}$ ein Spannungskorrekturfaktor Y_{ST} - der Index T deutet darauf hin, daß es sich um eine auf das Prüfrad bezogene Größe handelt - heranzuziehen. Die Geometrie der geradverzahnten Prüfzahnräder ist so gewählt, daß für alle Prüfräder gilt:

$$\left.\begin{aligned} Y_{ST} &= 2{,}0 \\ q_{sT} &= 2{,}5 \\ v &= 10\ \mathrm{m/s} \\ R_z &= 10\ \mu\mathrm{m} \end{aligned}\right\} \quad (7.53)$$

Das Produkt aus Zahnfuß-Biegenenndauerfestigkeit $\sigma_{F\,lim}$ und Spannungskorrekturfaktor Y_{ST} ist die Nenn-Biegeschwell-Dauerfestigkeit $\sigma_{0\,lim}$ der ungekerbten, polierten Probe unter Annahme der vollen Elastizität des Werkstoffs.

Um die zulässige Zahnfußspannung zu berechnen, bedarf es noch einiger weiterer Faktoren, die die Unterschiede zu den Prüfrädern, an denen die Festigkeitswerte ermittelt wurden, berücksichtigen. Im einzelnen sind dies:

- Der Lebensdauerfaktor für die Prüfradabmessung Y_{NT}, der die höhere Tragfähigkeit im Zeitfestigkeitsbereich der Wöhlerlinie erfaßt.
- Die relative Stützziffer, bezogen auf die Verhältnisse am Prüfrad, $Y_{\delta rel\,T}$, die die Kerbempfindlichkeit des Werkstoffes berücksichtigt (vergleiche Stützziffer η_K von Siebel als Quotient aus dem Wechselfestigkeitsverhältnis eines gekerbten Bauteils δ_{wk} und dem Wechselfestigkeitsverhältnis eines ungekerbten Bauteils δ_w.
- Der relative Oberflächenfaktor, bezogen auf die Verhältnisse am Prüfrad, $Y_{R\,rel\,T}$, der den Einfluß der Oberfläche in der Fußausrundung auf die Verhältnisse am Prüfzahnrad umrechnet.
- Der Größenfaktor für Fußbeanspruchung Y_X, der den Einfluß des Moduls (Maßstabsfaktor) - und somit der Größe - auf die Fußfestigkeit berücksichtigt.
- Der Spannungskorrekturfaktor für die Prüfradabmessungen Y_{ST}.

Die Faktoren sind in Abschnitt 7.4.3 näher erläutert.

Somit berechnet sich die zulässige Zahnfußspannung auf der Basis der an einem Zahnrad (Prüfrad) ermittelten Festigkeit aus

$$\sigma_{FP} = \frac{\sigma_{F\,lim} \cdot Y_{ST} \cdot Y_{NT}}{S_{F\,min}} \cdot Y_{\delta\,rel\,T} \cdot Y_{R\,rel\,T} \cdot Y_X \,. \quad (7.54)$$

Der gewählte Sicherheitsfaktor für Fußbeanspruchung S_F gegen Zahnbruch wird dann eingehalten bzw. überschritten, wenn das Festigkeitskriterium

$$\sigma_F \leqq \sigma_{FP} \tag{7.55}$$

erfüllt ist. In DIN 3990, Teil 3 [7/1] wird noch eine Berechnungsmethode auf der Basis der an einer gekerbten und einer ungekerbten Probe ermittelten Festigkeit beschrieben.

7.4.2 Berechnung der Größen für den Formfaktor

Zur Ermittlung des Formfaktors Y_F sind die Zahnfußsehne s_{Fn}, der Biegehebelarm h_{Fe}, der Kraftangriffswinkel im äußeren Einzeleingriffspunkt α_{Fen} sowie der Fußausrundungsradius ρ_F am Berührpunkt der 30°-Tangente zu berechnen. Die Berechnung kann exakt nur iterativ erfolgen. Das hier angegebene Verfahren konvergiert aber bereits nach wenigen Schritten.

Berechnung einiger Substitutionsgrößen:

Es ist

$$E = \frac{\pi}{4} \cdot m_n - h_{a0} \cdot \tan\alpha_n + h_k \cdot (\tan\alpha_n - \tan\alpha_{pro}) - (1 - \sin\alpha_{pro}) \frac{\rho_{a0}}{\cos\alpha_{pro}} \tag{7.56}$$

mit der Protuberanzhöhe h_k und dem Protuberanzwinkel α_{pro}. Für Werkzeuge ohne Protuberanz gilt $\alpha_{pro} = \alpha_n$.

Zur Berechnung der Zahnfußsehne müssen des weiteren folgende Größen bekannt sein:

$$G = \frac{\rho_{a0}}{m_n} - \frac{h_{a0}}{m_n} + x \tag{7.57}$$

$$H = \frac{2}{z_n}\left(\frac{\pi}{2} - \frac{E}{m_n}\right) - \frac{\pi}{3} \tag{7.58}$$

Die transzendente Gleichung

$$\vartheta = \frac{2G}{z_n} \cdot \tan\vartheta - H \tag{7.59}$$

konvergiert schnell für den Anfangswert $\vartheta = \pi/6$.

Zahnfußsehne

$$\frac{s_{Fn}}{m_n} = z_n \cdot \sin\left(\frac{\pi}{3} - \vartheta\right) + \sqrt{3} \cdot \left(\frac{G}{\cos\vartheta} - \frac{\rho_{a0}}{m_n}\right) \tag{7.60}$$

Fußausrundungsradius am Berührpunkt der 30°-Tangente

$$\frac{\rho_F}{m_n} = \frac{\rho_{a0}}{m_n} + \frac{2G^2}{\cos\vartheta\cdot(z_n\cdot\cos^2\vartheta - 2G)} \qquad (7.61)$$

Für die Berechnung des Biegehebelarmes benötigt man die angeführten Größen:

$$\beta_b = \arc\sin(\sin\beta\cdot\cos\alpha_n) = \arc\cos\sqrt{1-(\sin\beta\cdot\cos\alpha_n)^2} \qquad (3.24)$$

$$z_n = \frac{z}{\cos^2\beta_b\cdot\cos\beta} \qquad (3.16)$$

$$\varepsilon_{\alpha n} = \frac{\varepsilon_{\alpha t}}{\cos^2\beta_b} \qquad (3.76)$$

$$d_n = \frac{d_t}{\cos^2\beta_b} \qquad (3.13)$$

$$p_{bn} = \pi\cdot m_n\cdot\cos\alpha_n \qquad (2.18\text{-}1)$$

$$d_{bn} = d_n\cdot\cos\alpha_n \qquad (2.3)$$

Mit Gl.(3.4) erhält man

$$d_{an} = d_n + d_{at} - d_t \qquad (7.62)$$

$$d_{en} = 2\cdot\frac{z}{|z|}\cdot\sqrt{\left[\sqrt{\left(\frac{d_{an}}{2}\right)^2-\left(\frac{d_{bn}}{2}\right)^2}-\frac{\pi\cdot d_t\cos\beta\cdot\cos\alpha_n}{|z|}\cdot\left(\varepsilon_{\alpha n}-1\right)\right]^2+\left(\frac{d_{bn}}{2}\right)^2} \qquad (7.63)$$

$$\alpha_{en} = \arc\cos\frac{d_{bn}}{d_{en}} \qquad (7.64)$$

In Anlehnung an Gl.(2.40-1) erhält man den Rechenwert

$$\gamma_e = \frac{\frac{\pi}{2}+2\cdot x\cdot\tan\alpha_n}{z_n} + \mathrm{inv}\alpha_n - \mathrm{inv}\alpha_{en} \qquad (7.65)$$

sowie den Kraftangriffswinkel

$$\alpha_{Fen} = \alpha_{en} - \gamma_e\ . \qquad (7.66)$$

Der Biegehebelarm ist

$$\frac{h_{Fe}}{m_n} = \frac{1}{2}\left[\left(\cos\gamma_e - \sin\gamma_e \cdot \tan\alpha_{Fen}\right) \cdot \frac{d_{en}}{m_n} - z_n \cdot \cos\left(\frac{\pi}{3} - \vartheta\right) - \frac{G}{\cos\vartheta} + \frac{\rho_{a0}}{m_n}\right] . \quad (7.67)$$

7.4.3 Faktoren zur Berechnung der zulässigen Zahnfußspannung

7.4.3.1 Lebensdauerfaktor (Fuß) für die Prüfradabmessungen Y_{NT}

Maßgebend für die Zeitfestigkeit ist die Wöhlerlinie des betreffenden Werkstoffes. Ist von dem Werkstoff nur die aus Versuchen gewonnene Zahnfuß-Biegenenndauerfestigkeit σ_{Flim} bekannt, so kann aus diesem Werkstoffkennwert mit dem Lebensdauerfaktor Y_{NT}, der auf die Prüfradabmessungen bezogen ist, auf die Zeitfestigkeit des Werkstoffes in Abhängigkeit der Lastwechselzahl geschlossen werden. Für eine dauerfeste Auslegung einer Verzahnung ergibt sich der Lebensdauerfaktor Y_{NT} unabhängig vom Werkstoff zu eins, ansonsten gilt:

Bau- und Vergütungsstähle, Gußeisen mit Kugelgraphit, perlitischer Temperguß

$$\left.\begin{array}{lll} N_L \leqq 10^4 & : & Y_{NT} = 2{,}5 \\ 10^4 < N_L \leqq 3\cdot 10^6 & : & Y_{NT} = \left(\frac{3\cdot 10^6}{N_L}\right)^{0{,}16} \\ 3\cdot 10^6 < N_L & : & Y_{NT} = 1 \end{array}\right\} \quad (7.68\text{-}1)$$

Einsatzstähle, oberflächengehärtete Stähle

$$\left.\begin{array}{lll} N_L \leqq 10^3 & : & Y_{NT} = 2{,}5 \\ 10^3 < N_L \leqq 3\cdot 10^6 & : & Y_{NT} = \left(\frac{3\cdot 10^6}{N_L}\right)^{0{,}115} \\ 3\cdot 10^6 < N_L & : & Y_{NT} = 1 \end{array}\right\} \quad (7.68\text{-}2)$$

Vergütungsstähle oder Nitrierstähle, gasnitriert, Grauguß

$$\left.\begin{array}{lll} N_L \leqq 10^3 & : & Y_{NT} = 1{,}6 \ \text{(Anrißgrenze, Bruchgrenze)} \\ 10^3 < N_L \leqq 3\cdot 10^6 & : & Y_{NT} = \left(\frac{3\cdot 10^6}{N_L}\right)^{0{,}059} \\ 3\cdot 10^6 < N_L & : & Y_{NT} = 1 \end{array}\right\} \quad (7.68\text{-}3)$$

Vergütungsstähle, kurzzeitnitriert

$$\left.\begin{array}{lll} N_L \leq 10^3 & : & Y_{NT} = 1{,}2 \text{ (Anrißgrenze)} \\ 10^3 < N_L \leq 3\cdot 10^6 & : & Y_{NT} = \left(\frac{3\cdot 10^6}{N_L}\right)^{0{,}012} \\ 3\cdot 10^6 < N_L & : & Y_{NT} = 1 \end{array}\right\} \quad (7.68\text{-}4)$$

7.4.3.2 Relative Stützziffer $Y_{\delta\,rel\,T}$

Die relative Stützziffer, bezogen auf die Verhältnisse am Prüfrad, berücksichtigt, um welchen Betrag die theoretische Spannungsspitze beim Dauerbruch oberhalb der Dauerfestigkeit liegt. Werkstoff und bezogenes Spannungsgefälle χ^* sind wichtige Einflußgrößen. Als relative Stützziffer wird der Verhältniswert der Stützziffern des zu berechnenden Zahnrades Y_δ und des Prüfrades $Y_{\delta T}$ beschrieben

$$Y_{\delta\,rel\,T} = \frac{Y_\delta}{Y_{\delta T}} = \frac{1+\sqrt{\rho'\cdot\chi^*}}{1+\sqrt{\rho'\cdot\chi_T^*}} \quad . \qquad (7.69)$$

Die Stützziffern entsprechen den Wechselfestigkeitsverhältnissen δ_W, die aus der Festigkeitsberechnung bei dynamischer Beanspruchung bekannt sind. Bild 7.15 gibt die Werte der Gleitschichtbreite (Ersatzstrukturlänge) für die wichtigsten Werkstoffe an.

Werkstoff	σ	Gleitschichtbreite ρ'
Grauguß	σ_B = 150 N/mm²	0,3124 mm
	σ_B = 300 N/mm²	0,3095 mm
Nitrierstähle	unabhängig von σ	0,1005 mm
Stahl	σ_S = 300 N/mm²	0,0833 mm
	σ_S = 400 N/mm²	0,0445 mm
Vergütungsstahl	$\sigma_{0,2}$ = 500 N/mm²	0,0281 mm
	$\sigma_{0,2}$ = 600 N/mm²	0,0194 mm
	$\sigma_{0,2}$ = 800 N/mm²	0,0064 mm
	$\sigma_{0,2}$ = 1000 N/mm²	0,0014 mm
Einsatzstahl	unabhängig von σ	0,0030 mm

Bild 7.15. Gleitschichtbreite verschiedener Werkstoffe.

Das bezogene Spannungsgefälle eines Zahnrades berechnet sich nach DIN 3990 [7/1] zu

$$\chi^* = \frac{1}{5}\cdot(1+2q_s)\ ^{1)}. \tag{7.70}$$

Für das bezogene Spannungsgefälle des Prüfrades χ^*_T ist der Kerbparameter $q_{sT} = 2{,}5$ einzusetzen.

7.4.3.3 Relativer Oberflächenfaktor $Y_{R\,rel\,T}$ bezogen auf die Verhältnisse am Prüfrad

Um die Unterschiede der Oberflächenbeschaffenheit zwischen dem zu berechnenden Zahnrad und dem Prüfrad zu erfassen, wird der relative Oberflächenfaktor berechnet. Er berücksichtigt dabei die Abhängigkeit der Fußfestigkeit von der Oberflächenrauheit in der Fußausrundung. Die gemittelte Rauhtiefe des Prüfrades wird mit $R_{zT} = 10\ \mu m$ angenommen. Für den relativen Oberflächenfaktor als dem Verhältnis des Oberflächenfaktors Y_R einer glatten Probe und dem des Prüfrades

$$Y_{R\,rel\,T} = Y_R/Y_{RT}\ , \tag{7.71}$$

gilt in Abhängigkeit der Rauhtiefe:

Bereich $R_Z < 1\mu m$

(7.71-1)

Vergütungsstähle	$Y_{R\,rel\,T} = 1{,}120$
einsatzgehärtete und weiche Stähle	$Y_{R\,rel\,T} = 1{,}070$
Grauguß und nitrierte Stähle	$Y_{R\,rel\,T} = 1{,}025$

Bereich $1\mu m \leqq R_Z \leqq 40\mu m$

(7.71-2)

Vergütungsstähle

$$Y_{R\,rel\,T} = 1{,}674 - 0{,}529\cdot(R_Z + 1)^{0{,}1}$$

einsatzgehärtete und weiche Stähle

$$Y_{R\,rel\,T} = 5{,}306 - 4{,}203\cdot(R_Z + 1)^{0{,}01}$$

Grauguß und nitrierte Stähle

$$Y_{R\,rel\,T} = 4{,}299 - 3{,}259\cdot(R_Z + 1)^{0{,}005}$$

---

1) Nach Hirt [7/8] lautet Gl.(7.70) ursprünglich $\chi^* = 1/m_n\ (1+2q_s)$ für Prüfräder mit $m_n = 10$ mm. Der Berechnung nach DIN 3990 wird offensichtlich ein mittlerer Modul von $m_n = 5$ mm zugrunde gelegt.

Die Oberflächenfaktoren zeigen eine gewisse Ähnlichkeit mit den Oberflächeneinflußfaktoren b_S nach Niemann [1/7], die in der allgemeinen Festigkeitslehre Eingang gefunden haben.

7.4.3.4 Größenfaktor für Fußbeanspruchung Y_X

Da mit zunehmender Bauteilgröße (steigendem Modul) ein Abfall der Festigkeit zu verzeichnen ist, wird ein Größenfaktor eingeführt. Der Größenfaktor Y_X ist vergleichbar dem Größeneinflußfaktor b_0 nach Niemann [1/7], der in der technischen Festigkeitslehre Anwendung findet. Für den Größenfaktor gilt bei:

Bau- und Vergütungsstähle, Gußeisen mit Kugelgraphit, perlitischer Temperguß

$$\left.\begin{aligned} 5\ \text{mm} < m_n < 30\ \text{mm} &: Y_X = 1{,}03 - 0{,}006 \cdot m_n \;^{1)} \\ 30\ \text{mm} \leqq m_n &: Y_X = 0{,}85 \end{aligned}\right\} \quad (7.72\text{-}1)$$

Oberflächengehärtete Stähle

$$\left.\begin{aligned} 5\ \text{mm} < m_n < 30\ \text{mm} &: Y_X = 1{,}05 - 0{,}01 \cdot m_n \\ 30\ \text{mm} \leqq m_n &: Y_X = 0{,}75 \end{aligned}\right\} \quad (7.72\text{-}2)$$

Grauguß

$$\left.\begin{aligned} 5\ \text{mm} < m_n < 25\ \text{mm} &: Y_X = 1{,}075 - 0{,}015 \cdot m_n \\ 25\ \text{mm} \leqq m_n &: Y_X = 0{,}7 \end{aligned}\right\} \quad (7.72\text{-}3)$$

Bei statischer Belastung oder bei einem Normalmodul $m_n \leqq 5$ mm gilt

$$Y_X = 1{,}0 \; . \quad (7.72\text{-}4)$$

7.5 Berechnung der Freßtragfähigkeit

Als Fressen bezeichnet man einen Schaden, der auf ein Versagen der Schmierung zurückzuführen ist und vor allem bei schnellaufenden, hochbelasteten Zahnradgetrieben auftritt. Im Gegensatz zu Grübchen- oder Zahnfußschäden handelt es sich beim Fressen nicht um einen Ermüdungsschaden. Es wird zwischen Kalt- und Warm-

---

1) Es wird für den Faktor Y_X nur der Zahlenwert des jeweiligen Moduls berücksichtigt, nicht seine Einheit.

fressen unterschieden, wobei das Kaltfressen selten beobachtet wird. Die typischen Riefen in Evolventenrichtung beim Warmfressen (vergl. Bild 7.16) entstehen dadurch, daß aufgrund der hohen Belastung und der hohen Flankengeschwindigkeit der Schmierfilm zwischen den Flanken aufreißt und es zu Festkörperreibung kommt. Durch die somit entstehende hohe örtliche Flankentemperatur verschweißen die Zahnflanken von Rad und Ritzel miteinander, werden jedoch durch die Relativbewegung der beiden Flanken sofort wieder auseinandergerissen.

Bild 7.16. Typische Freßriefen beim Warmfressen. Man erkennt deutlich den fortgeschrittenen Verlauf des Fressens über die ganze tragende Breite.

Diese Vorgänge sind komplex und daher ist es schwierig, sie mit einem Berechnungsverfahren zu erfassen. DIN 3990 [7/1] bietet zwei gleichberechtigte Berechnungsverfahren an. Sie beruhen zum einen auf dem Blitztemperatur-Kriterium, zum anderen auf dem Integraltemperatur- Kriterium. Danach soll die Erfahrung zeigen, welches Verfahren der Wirklichkeit besser entspricht und den Bedürfnissen der Praxis besser gerecht wird. Da die Darstellung beider Berechnungskriterien hier den Rahmen sprengen würde, sind im folgenden nur die wichtigsten Ansätze wiedergegeben, um einen Einblick in die Theorien zu vermitteln. Ist bei der Auslegung eines Getriebes eine Abschätzung der Freßgefährdung unumgänglich, so sei hier auf DIN 3990, Teil 4 [7/1], verwiesen, die für beide Kriterien detaillierte Vorschläge zur Berechnung enthält.

7.5.1 Das Blitztemperatur-Kriterium

Warmfressen tritt nach dem Blitztemperatur-Kriterium dann auf, wenn die momentane Kontakttemperatur ϑ_B hoch genug ist, um ein örtliches Verschweißen der sich berührenden Zahnflanken hervorzurufen (siehe Bild 7.17). Die Kontakttemperatur ϑ_B in einem beliebigen Berührpunkt Y ergibt sich aus der Summe der Massentemperatur ϑ_M und der Blitztemperatur ϑ_{fla} zu

$$\vartheta_B = \vartheta_M + \vartheta_{fla} \; . \tag{7.73}$$

Die Massentemperatur ϑ_M für w_t < 600 N/mm bestimmt sich überschlägig mit

$$\vartheta_M = \vartheta_{oil} + 0{,}11\ w_t \tag{7.74}$$

mit der Öltemperatur ϑ_{oil} und der maßgebenden Umfangskraft w_t (einschließlich der Überlastfaktoren pro Einheit Zahnbreite)

$$w_t = K_A \cdot K_v \cdot K_{B\beta} \cdot K_{B\alpha} \cdot K_{B\gamma} \cdot \frac{F_t}{b}\ . \tag{7.75}$$

Es ist dabei $K_{B\beta}$ der Breitenfaktor für Fressen, der die Kraftverteilung über die Zahnbreite und $K_{B\alpha}$ der Stirnfaktor für Fressen, der die Kraftverteilung über mehrere Zähne berücksichtigt.

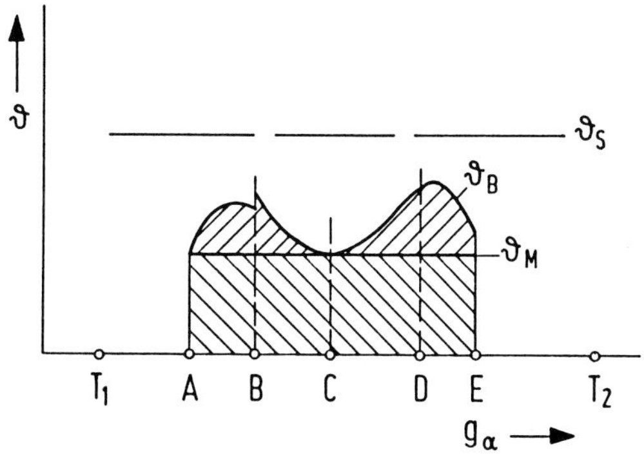

Bild 7.17. Verlauf der momentanen Kontakttemperatur ϑ_B über der Eingriffsstrecke. Nach dem Blitztemperatur-Kriterium tritt kein Fressen auf, so lange die Kontakttemperatur ϑ_B (als Summe der Massentemperatur ϑ_M und der Blitztemperatur ϑ_{fla}) in allen Eingriffspunkten eine Freßtemperatur ϑ_s nicht übersteigt. Die Buchstaben A bis E bezeichnen die wichtigen Punkte von Eingriffsbeginn bis Eingriffsende.

Der Schrägungsfaktor für Fressen $K_{B\gamma}$ berücksichtigt auch die Kraftaufteilung auf mehrere Zähne sowie daß die Zahnräder mit wachsender Gesamtüberdeckung eine verstärkte Neigung zum Fressen zeigen. Für $K_{B\gamma}$ gilt in Abhängigkeit der Gesamtüberdeckung

$$\left.\begin{array}{lll} \text{für } \varepsilon_\gamma = 2 & K_{B\gamma} = 1 \\ \text{für } 2 < \varepsilon_\gamma < 3{,}5 & K_{B\gamma} = 1 + 0{,}2 \cdot \sqrt{(\varepsilon_\gamma - 2)\cdot(5 - \varepsilon_\gamma)} \\ \text{für } \varepsilon_\gamma \geq 3{,}5 & K_{B\gamma} = 1{,}3\ . \end{array}\right\} \tag{7.76}$$

Die anderen Einflußfaktoren wurden bereits in Abschnitt 7.2 ausführlich dargestellt.

Die Blitztemperatur ϑ_{fla} berechnet man mit

$$\vartheta_{fla} = C_m \cdot \mu_{my} \cdot X_M \cdot X_B \cdot X_\Gamma \cdot \sqrt[4]{\frac{w_t^3 \cdot v^2}{a}} \quad . \tag{7.77}$$

In Gl.(7.77) bedeuten

C_m	Gewichtsfaktor für örtliche Reibungszahl
μ_{my}	Mittlere örtliche Reibungszahl
$C_m \cdot \mu_{my}$	Momentane örtliche Reibungszahl
X_M	Blitzfaktor, abhängig von Geometrie, E-Modul und thermischen Kennzahlen (für übliche Stähle X_M = 50 mit der Einheit $\frac{K \cdot \sqrt{s \cdot m}}{\sqrt[4]{N^3 \cdot 1000}}$
X_B	Geometriefaktor für Fressen
X_Γ	Aufteilungsfaktor für Fressen, der den Einfluß der Kraftaufteilung auf aufeinanderfolgende, im Eingriff stehende Zahnpaare ausdrückt.
v	Umfangsgeschwindigkeit am Teilkreis

Die zulässige Freßtemperatur ϑ_S bestimmt man aus

$$\vartheta_S = X_{W\,rel\,T} \cdot \vartheta_{crit} \quad . \tag{7.78}$$

Der Gefügefaktor für Fressen X_{WrelT}, bezogen auf die Verhältnisse am Prüfrad, berücksichtigt den vom Prüfgetriebe abweichenden Werkstoff und seine Wärmebehandlung. Die kritische Kontakttemperatur ϑ_{crit} ist in Abhängigkeit der Nennviskosität ν_{40} gegeben.

Die Sicherheit gegen Fressen bestimmt sich nach dem Blitztemperatur-Kriterium schließlich zu

$$S_B = \frac{\vartheta_S - \vartheta_{oil}}{\vartheta_B - \vartheta_{oil}} \quad . \tag{7.79}$$

7.5.2 Das Integraltemperatur-Kriterium

Die sich bei der Anwendung des Blitztemperatur-Kriteriums ergebenden Schwierigkeiten, die örtlichen Parameter über der Eingriffsstrecke zu bestimmen, lassen sich umgehen, wenn mit einer mittleren Flankentemperatur, der Integraltemperatur ϑ_{int} gearbeitet wird. Das Integraltemperatur-Kriterium besagt, daß diese kritische Integraltemperatur ϑ_{int} eine mit Prüfgetrieben ermittelte Grenztemperatur ϑ_{Sint} (Freßtemperatur) nicht überschreiten darf, um Fressen zu vermeiden.

Die Integraltemperatur bestimmt sich aus dem Ansatz

$$\vartheta_{int} = \vartheta_M + C_2 \cdot \vartheta_{fla\,int} \quad . \tag{7.80}$$

Die Wichtung durch den Gewichtsfaktor C_2 ist notwendig, da eine wirkliche Massentemperatur ϑ_M und die mittlere Blitztemperatur über dem Eingriff $\vartheta_{fla\,int}$ das Fressen unterschiedlich beeinflussen. Aus Versuchen von Winter und Michaelis [7/12] wurde der Faktor C_2 = 1,5 ermittelt. Die mittlere Blitztemperatur $\vartheta_{fla\,int}$ läßt sich aus der Blitztemperatur am Kopfeingriffspunkt E des Ritzels $\vartheta_{fla\,E}$ (für ε_α = 1,0) bestimmen. Es gilt:

$$\vartheta_{fla\,int} = \vartheta_{fla\,E} \cdot X_\varepsilon \tag{7.81}$$

Mit dem Überdeckungsfaktor X_ε wird die örtliche Blitztemperatur $\vartheta_{fla\,E}$ auf die mittlere Blitztemperatur umgerechnet. Die örtliche Blitztemperatur im Kopfeingriffspunkt E des Ritzels für Überdeckung ε_α = 1 bestimmt man mit

$$\vartheta_{fla\,E} = \mu_m \cdot X_M \cdot (X_B)_E \cdot \sqrt[4]{\frac{w_t^3 \cdot v^2}{a}} \cdot \frac{1}{X_Q \cdot X_{Ca}} \quad . \tag{7.82}$$

Hierin ist μ_m der über die Eingriffsstrecke gemittelte Reibwert, $(X_B)_E$ der auf den Kopfeingriffspunkt E des Ritzels bezogene Geometriefaktor für Fressen. Der Eingriffsfaktor für Fressen X_Q berücksichtigt den Eingriffsstoß am Kopf des getriebenen Rades und der Kopfrücknahmefaktor für Fressen X_{Ca} erfaßt die geringere Freßbeanspruchung bei zunehmender Kopfrücknahme.

Die aus Zahnradversuchen gewonnene zulässige Freßtemperatur nach dem Integral-Temperatur-Kriterium $\vartheta_{S\,int}$ ist von dem System Werkstoff-Öl abhängig. Sie muß korrigiert werden, wenn der Werkstoff bzw. die Wärmebehandlung des Prüfgetriebes und des ausgeführten Getriebes nicht identisch sind. Dies erfolgt mit dem relativen, auf die Verhältnisse des Prüfrades bezogenen Gefügefaktors $X_{W\,rel\,T}$. Analog zu Gl.(7.80) berechnet man die Freßtemperatur nach dem Integral-Temperatur-Kriterium

$$\vartheta_{S\,int} = \vartheta_{MT} + C_2 \cdot X_{W\,rel\,T} \cdot \vartheta_{fla\,int\,T} \quad . \tag{7.83}$$

Dabei ist ϑ_{MT} die Massentemperatur im Freßtest und $\vartheta_{fla\,int\,T}$ die mittlere Blitztemperatur über dem Eingriff. Die Freßsicherheit nach dem Integral-Temperatur-Kriterium $S_{S\,int}$ ergibt sich somit als Temperaturverhältnis der Freßtemperatur nach dem Integral-Temperatur-Kriterium $\vartheta_{S\,int}$ und der Integral-Temperatur ϑ_{int} zu

$$S_{S\,int} = \frac{\vartheta_{S\,int}}{\vartheta_{int}} \quad . \tag{7.84}$$

7.6 Faktoren zur Berechnung des Dynamikfaktors K_v

1. Schritt: Berechnung der Eingriffsfedersteifigkeit c_γ.
Es ist

$$q = C_1 + \frac{C_2}{z_{n1}} + \frac{C_3}{z_{n2}} + C_4 x_1 + C_5 \frac{x_1}{z_{n1}} + C_6 x_2 + C_7 \frac{x_2}{z_{n2}} + C_8 x_1^2 + C_9 x_2^2 \qquad (7.85)$$

mit folgenden Konstanten für die Paarung Stahl/Stahl:

C_1	C_2	C_3	C_4	C_5	C_6	C_7	C_8	C_9
0,04723	0,15551	0,25791	-0,00635	-0,11654	-0,00193	-0,24188	0,00529	0,00182

Aus Gl.(7.85) ergibt sich c', der Größtwert für die Einzelfedersteifigkeit

$$c'_{St/St} = \frac{1}{q} \; . \qquad (7.86)$$

Für andere Werkstoffpaarungen erhält man

$$c' = c'_{St/St} \cdot \frac{2 \cdot E_1 \cdot E_2}{(E_1 + E_2) \cdot E_{St}} \qquad (7.87)$$

mit E_1 für den E-Modul des Werkstoffs von Rad 1

E_2 für den E-Modul des Werkstoffs von Rad 2 und

E_{St} für den E-Modul von Stahl.

Damit ergibt sich die mittlere Gesamt-Zahnfedersteifigkeit pro Einheit Zahnbreite (kurz: Einzelfedersteifigkeit) zu

$$c_\gamma = c'(0{,}75\,\varepsilon_\alpha + 0{,}25) \qquad (7.88)$$

für Bezugsprofile nach DIN 867.

2. Schritt: Berechnung der reduzierten Massen m_{red} eines Radpaares.
Mit d_i als innerem Durchmesser des Zahnkranzes, der bei Vollscheiben $d_i = 0$ wird, erhält man (vgl. Bild 7.18)

$$d_m = \frac{d_a + d_f}{2} \qquad (7.89)$$

$$q = \frac{d_i}{d_m} \qquad (7.90)$$

$$m_{red} = \frac{\pi}{8} \cdot \left(\frac{d_{m1}}{d_{b1}}\right)^2 \cdot \frac{d_{m1}^2}{\dfrac{1}{(1-q_1^4)\cdot \rho_1} + \dfrac{1}{(1-q_2^4)\cdot \rho_2 \cdot u^2}} \qquad (7.91)$$

wobei ρ hier die Dichte ist.

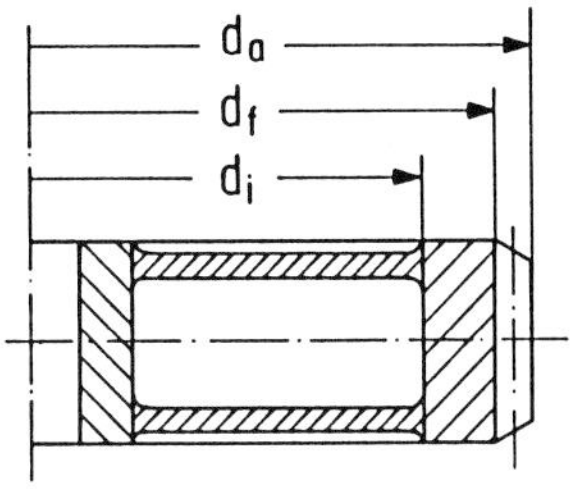

Bild 7.18. Darstellung einzelner Durchmesser am Zahnrad zur Berechnung der reduzierten Masse. Es ist d_a der Kopfkreis-, d_f der Fußkreisdurchmesser und d_i hier der innere Zahnkranzdurchmesser.

3. Schritt: Berechnung der Resonanzdrehzahl n_{E1}.

$$n_{E1} = \frac{10^3}{2\pi \cdot z_1} \cdot \sqrt{\frac{c_\gamma}{m_{red}}} \tag{7.92}$$

n_{E1} in s^{-1}

4. Schritt: Berechnung der Bezugsdrehzahl N.

$$N = \frac{n_1}{n_{E1}} \tag{7.93}$$

5. Schritt: Berechnung der Einlaufbeträge y_{pe} [1] der Eingriffsteilungs-Abweichung f_{pe} und der effektiven Grundkreisteilungs-Abweichung $f_{pe\,eff}$.

Einlaufbeträge y_α für Vergütungsstähle

Für Rad 1 bzw. Rad 2 erhält man

$$y_\alpha = \frac{160}{\sigma_{H\,lim}} \cdot f_{pe} \tag{7.94}$$

für $v \leq 5$ m/s gültig ohne Einschränkung

für $5\ \text{m/s} < v \leq 10\ \text{m/s}$: $y_\alpha \leq \frac{12800}{\sigma_{H\,lim}}$ µm (7.94-1)

für $v > 10$ m/s : $y_\alpha \leq \frac{6400}{\sigma_{H\,lim}}$ µm (7.94-2)

---

[1] Der Einlaufbetrag wird hier mit y_{pe} bezeichnet, um deutlich zu machen, daß er aus der Eingriffsteilungsabweichung f_{pe} ermittelt wird. In DIN 3990 wird dieser Betrag y_p genannt.

für Grauguß:

$$y_\alpha = 0{,}275 \cdot f_{pe} \tag{7.95}$$

für $v \leqq 5\,m/s$ gültig ohne Einschränkung

$$\text{für } 5\,m/s < v \leqq 10\,m/s : \quad y_\alpha \leqq 22\,\mu m \tag{7.95-1}$$

$$\text{für } v > 10\,m/s : \quad y_\alpha \leqq 11\,\mu m\,. \tag{7.95-2}$$

Für einsatzgehärtete und nitrierte Stähle ist

$$y_\alpha = 0{,}075 \cdot f_{pe} \tag{7.96}$$

mit der Einschränkung $y_\alpha \leqq 3\mu m$.

Der Einlaufbetrag einer Radpaarung beträgt

$$y_\alpha = \frac{y_{\alpha 1} + y_{\alpha 2}}{2}\,. \tag{7.97}$$

Schließlich ist die effektive Teilungsabweichung

$$f_{pe\,eff} = f_{pe} - y_{pe} \tag{7.98}$$

mit

$$y_{pe} = y_\alpha \tag{7.99}$$

und

$$f_{pe} = \frac{f_{pe1} + f_{pe2}}{2}\,. \tag{7.100}$$

6. Schritt: Berechnung des Einlaufbetrages y_f der Profilabweichung f_f und der effektiven Profilformabweichung $f_{f\,eff}$.

Für Vergütungsstähle ist

$$y_f = \frac{160}{\sigma_{H\,lim}} \cdot f_f \tag{7.101}$$

für $v \leqq 5\ m/s$ gültig ohne Einschränkung

$$\text{für } 5\ m/s < v \leqq 10\ m/s : \quad y_f \leqq \frac{12800}{\sigma_{H\,lim}}\ \mu m \tag{7.102}$$

$$\text{für } v > 10\ m/s : \quad y_f \leqq \frac{6400}{\sigma_{H\,lim}}\ \mu m\,. \tag{7.103}$$

Für Grauguß ist

$$y_f = 0{,}275 \cdot f_f \tag{7.104}$$

für $v \leqq 5$ m/s gültig ohne Einschränkung

für $5\ \mathrm{m/s} < v \leqq 10\ \mathrm{m/s}$: $y_f \leqq 22\ \mu m$ (7.105)

für $v > 10$ m/s : $y_f \leqq 11\ \mu m$. (7.106)

Für einsatzgehärtete und nitrierte Stähle

$$y_f = 0{,}075 \cdot f_f \tag{7.107}$$

mit der Einschränkung $y_f \leqq 3\mu m$.

Bei unterschiedlichen Werkstoffen von Rad und Ritzel ist der Mittelwert zu berechnen

$$y_f = \frac{y_{f1} + y_{f2}}{2} \tag{7.108}$$

$$f_{f\,eff} = f_f - y_f \ . \tag{7.109}$$

7. Schritt: Kopfrücknahme C_a in µm, resultierend aus dem Einlauf für Rad 1 bzw. Rad 2.

$$C_a = \frac{1}{18}\left(\frac{\sigma_{H\,lim}}{97} - 18{,}45\right)^2 + 1{,}5 \tag{7.110}$$

$$C_a = \frac{C_{a1} + C_{a2}}{2} \tag{7.111}$$

8. Schritt: Berechnung der dimensionslosen Parameter B_p, B_f und B_k.

$$B_p = \frac{c' \cdot f_{pb\,eff}}{F_t \cdot K_A / b} \tag{7.112}$$

mit

$$f_{pb} = f_{pe} \tag{7.113}$$

$$B_f = \frac{c' \cdot f_{f\,eff}}{F_t \cdot K_A / b} \tag{7.114}$$

$$B_k = \left| 1 - \frac{c' \cdot C_a}{F_t \cdot K_A / b} \right| \tag{7.115}$$

Für Toleranzklassen $n \geqq 6$ wird $B_k = 1$.

9. Schritt: Berechnung der Koeffizienten C_{v1} bis C_{v7} für die Bestimmung des Dynamikfaktors K_v.

	$1 < \varepsilon_\gamma \leqq 2$	$\varepsilon_\gamma > 2$
C_{v1}	0,32	0,32
C_{v2}	0,34	$\frac{0,57}{\varepsilon_\gamma - 0,3}$
C_{v3}	0,23	$\frac{0,096}{\varepsilon_\gamma - 1,56}$
C_{v4}	0,90	$\frac{0,57 - 0,05 \cdot \varepsilon_\gamma}{\varepsilon_\gamma - 1,44}$
C_{v5}	0,47	0,47
C_{v6}	0,47	$\frac{0,12}{\varepsilon_\gamma - 1,74}$

	$1 < \varepsilon_\gamma \leqq 1,5$	$1,5 < \varepsilon_\gamma \leqq 2,5$	$\varepsilon_\gamma > 2,5$
C_{v7}	0,75	$0,125 \sin\left(\frac{\pi}{1,12}(\varepsilon_\gamma - 1,96)\right) + 0,875$	1,0

10. Schritt: Berechnung des Dynamikfaktors K_v.

Für $N \leqq 0,85$ (unterkritischer Bereich)

$$K_v = N \cdot K + 1 \tag{7.2}$$

$$\text{mit } K = C_{v1} \cdot B_p + C_{v2} \cdot B_f + C_{v3} \cdot B_k \tag{7.3}$$

für $0,85 < N \leqq 1,15$ (Bereich der Hauptresonanz)

$$K_v = C_{v1} \cdot B_p + C_{v2} \cdot B_f + C_{v4} \cdot B_k + 1 \tag{7.4}$$

für $N > 1,5$ (überkritischer Bereich)

$$K_v = C_{v5} \cdot B_p + C_{v6} \cdot B_f + C_{v7} \tag{7.5}$$

für $1,15 < N \leqq 1,5$ (Zwischenbereich)

$$K_v = K_{v(N=1,5)} + \frac{K_{v(N=1)} - K_{v(N=1,5)}}{0,35} \cdot (1,5 - N) \tag{7.6}$$

7.7 Berechnung der Breitenfaktoren

1. Schritt: Berechnung des Ritzelverhältnisfaktors

$$\gamma = \left|1 + K \frac{l \cdot s}{d_{t1}^2}\right| \cdot \left(\frac{b}{d_{t1}}\right)^2 \tag{7.116}$$

mit der Konstanten K nach Bild 7.19. Die Werte l und s ergeben sich aus den Abmessungen des zu berechnenden Getriebes (vgl. Bild 7.19).

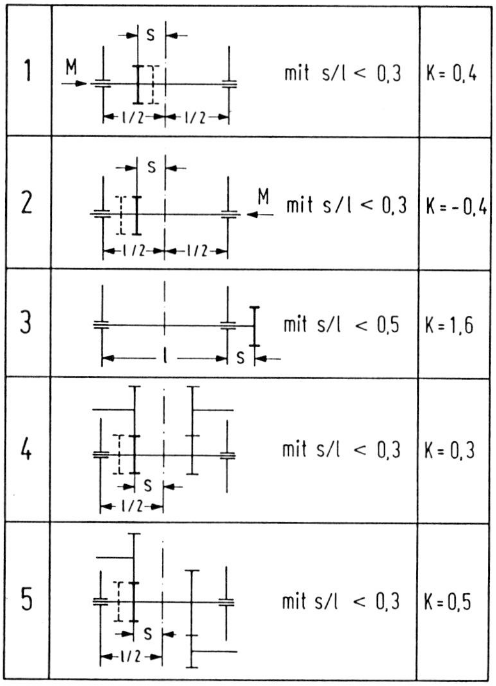
1
mit s/l < 0,3
K = 0,4
2
mit s/l < 0,3
K = -0,4
3
mit s/l < 0,5
K = 1,6
4
mit s/l < 0,3
K = 0,3
5
mit s/l < 0,3
K = 0,5

Bild 7.19. Konstante K in Abhängigkeit der Lage des Ritzels zu den Lagern.
Zeile 1: Gestützte Lagerung, Ritzel eingangsseitig
Zeile 2: Gestützte Lagerung, Ritzel ausgangsseitig
Zeile 3: Fliegende Lagerung
Zeile 4: Mehrstufiges koaxiales Getriebe
Zeile 5: Mehrstufiges Getriebe, Ritzel auf der Zwischenwelle

2. Schritt: Berechnung der Flankenlinien-Abweichung f_{sh0} infolge der Verformung, die durch die Einheitskraft erzeugt wird.

Fall a: Für Räder ohne Flankenlinienkorrektur

Geradstirnräder:

$$f_{sh0} = (31 \cdot \gamma + 5) \cdot 10^{-3} \mu m \cdot mm/N \tag{7.117}$$

Schrägstirnräder:

$$f_{sh0} = (36 \cdot \gamma + 13) \cdot 10^{-3} \mu m \cdot mm/N \tag{7.118}$$

Fall b: Für Räder mit Flankenlinienkorrektur

Geradstirnräder:

$$f_{sh0} = 5 \cdot 10^{-3} \mu m \cdot mm/N \tag{7.119}$$

Schrägstirnräder:

$$f_{sh0} = 13 \cdot 10^{-3} \mu m \cdot mm/N \tag{7.120}$$

Fall c: Für Räder mit Breitenballigkeit (siehe Bild 7.20, Teilbild 1)

Geradstirnräder:

$$f_{sh0} = (15{,}5 \cdot \gamma + 5) \cdot 10^{-3} \mu m \cdot mm/N \tag{7.121}$$

Schrägstirnräder:

$$f_{sh0} = (18 \cdot \gamma + 13) \cdot 10^{-3} \mu m \cdot mm/N \tag{7.122}$$

Fall d: Für Räder mit Endrücknahme (siehe Bild 7.20, Teilbild 2)

Geradstirnräder:

$$f_{sh0} = (23 \cdot \gamma + 5) \cdot 10^{-3} \mu m \cdot mm/N \tag{7.123}$$

Schrägstirnräder:

$$f_{sh0} = (27 \cdot \gamma + 13) \cdot 10^{-3} \mu m \cdot mm/N \tag{7.124}$$

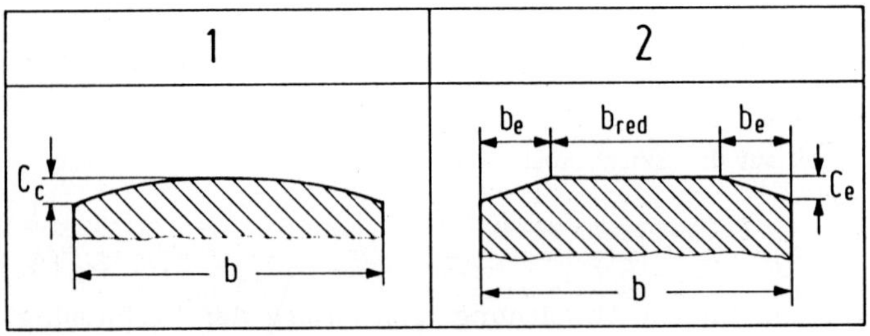

Bild 7.20. Korrekturen an der Zahnflanke.
Teilbild 1: Zahn mit Breitenballigkeit, um z.B. Herstellungenauigkeiten und Verformungen infolge von Belastungen auszugleichen. Für die Höhe der Breitenballigkeit C_c gilt: $C_c \approx 0{,}5 \cdot F_{\beta x}$ mit $F_{\beta x}$ als Flankenlinien-Abweichung vor dem Einlauf. Die Einschränkung $10 \mu m \leq C_c \leq 40 \mu m$ muß beachtet werden. Die Balligkeit wird im allgemeinen symmetrisch zur Radmitte ausgeführt.
Teilbild 2: Zahn mit Höhe der Endrücknahme C_e, um die Zahnenden vor Überlastung zu schützen. Für die Endrücknahme kann als verbindliche Erfahrung gelten

$C_e \approx F_{\beta x}$ bei vergüteten Rädern

$C_e \approx 0{,}5 \cdot F_{\beta x}$ bei nitrierten Rädern.

Die Länge der Endrücknahme sollte $b_e = 0{,}1 \cdot b$ oder $b_e = 1 \cdot m_n$ betragen.

3. Schritt: Berechnung der Flankenlinien-Abweichung f_{sh} infolge der Wellen- und Ritzelverformung

$$f_{sh} = \frac{F_m}{b} \cdot f_{sh0} \qquad (7.125)$$

4. Schritt: Berechnung der herstellbedingten Flankenlinien-Abweichung f_{ma}

ohne Korrektur

$$f_{ma} = 1{,}0 \cdot T_\beta \ , \qquad (7.126)$$

bei eingestellten, geläppten oder eingelaufenen Rädern

$$f_{ma} = 0{,}5 \cdot T_\beta \ , \qquad (7.127)$$

bei vorgegebener Tragbildbreite im unbelasteten Zustand

$$f_{ma} = \frac{b}{b_{c0}} \cdot s_c \ . \qquad (7.128)$$

(Bezeichnungen siehe Bild 7.21)

s_c = Dicke der Farbschicht, bei üblichen Tuschierfarben zwischen 2μm bis 20μm; Mittelwert ≈ 5μm.

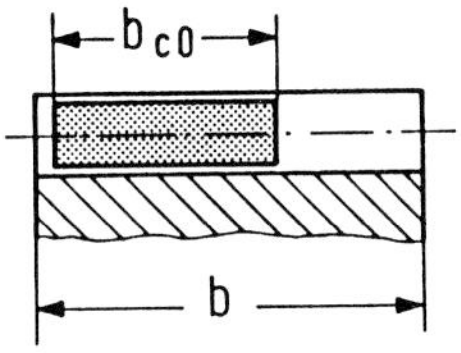

Bild 7.21. Tragbildbreite b_{c0} in unbelastetem Zustand, b gesamte Breite eines Zahnradzahnes. Die Dicke der Tuschierfarben sollte etwa 5μm betragen.

5. Schritt: Berechnung der ursprünglich wirksamen Flankenlinien-Abweichung $F_{\beta x}$ allgemein

$$F_{\beta x} = f_{sh} + f_{sh2} + f_{ma} + f_{ca} + f_{be} \qquad (7.129)$$

mit f_{sh} der Flankenlinienabweichung durch Ritzelverformung (s.o.), f_{sh2} der Verformungen von Rad und Radwelle, f_{ma} der herstellbedingten Flankenlinienabweichung (s.o.), f_{ca} der Gehäuseverformung und f_{be} der Lagerverformung.

In ausreichender Näherung gilt

$$f_{sh2} = f_{ca} = f_{be} = 0. \qquad (7.130)$$

Daher gilt:

Fall a: Für Räder ohne Flankenlinienkorrektur

$$F_{\beta x} = f_{sh} + f_{ma} \tag{7.131}$$

Fall b: Für Räder mit Flankenlinienkorrektur

$$F_{\beta x} = f_{sh} \tag{7.132}$$

Fall c: Für Räder mit Breitenballigkeit

$$F_{\beta x} = |0{,}5 \cdot f_{ma} + f_{sh}| \tag{7.133}$$

Fall d: Für Räder mit Endrücknahme

$$F_{\beta x} = |0{,}7 \cdot f_{ma} + f_{sh}| \tag{7.134}$$

6. Schritt: Berechnung des Einlaufbetrages y_β bezüglich der Flankenlinienabweichung.

Für Vergütungsstähle ergibt sich

$$y_\beta = \frac{320}{\sigma_{H\,lim}} \cdot F_{\beta x} \tag{7.135}$$

und gilt

für $v \leqq 5\,m/s$ uneingeschränkt

$$\text{für } 5\,m/s < v \leqq 10\,m/s: \quad y_\beta \leqq \frac{25600}{\sigma_{Hlim}}\,\mu m \tag{7.136}$$

$$\text{für } v > 10\,m/s: \quad y_\beta \leqq \frac{12800}{\sigma_{Hlim}}\,\mu m \tag{7.137}$$

Für Grauguß gilt

$$y_\beta = 0{,}55 \cdot F_{\beta x} \tag{7.138}$$

für $v \leqq 5\,m/s$ gültig ohne Einschränkung

$$\text{für } 5\,m/s < v \leqq 10\,m/s: \quad y_\beta \leqq 45\,\mu m \tag{7.139}$$

$$\text{für } v > 10\,m/s: \quad y_\beta \leqq 22\,\mu m \tag{7.140}$$

Für einsatzgehärtete und nitrierte Stähle:

$$y_\beta = 0{,}15 \cdot F_{\beta x} \tag{7.141}$$

mit der Einschränkung $y_\beta \leqq 6\,\mu m$.

Bei unterschiedlichen Werkstoffen ist der Einlaufbetrag für Ritzel und Rad getrennt zu berechnen, und es ist der Mittelwert zu bilden.

$$y_\beta = \frac{y_{\beta 1} + y_{\beta 2}}{2} \tag{7.142}$$

7. Schritt: Berechnung der wirksamen Flankenlinienabweichung $F_{\beta y}$ nach dem Einlauf erfolgt mit

$$F_{\beta y} = F_{\beta x} - y_\beta \quad . \tag{7.143}$$

8. Schritt: Berechnung des Breitenfaktors für Zahnflankenbeanspruchung $K_{H\beta}$

$$\frac{b_{cal}}{b} = \sqrt{\frac{2F_m/b}{F_{\beta y} \cdot c_\gamma}} \tag{7.10}$$

mit c_γ nach Abschnitt 7.6, Schritt 1, sowie

$$F_m = F_t \cdot K_A \cdot K_v \tag{7.8}$$

für $\frac{b_{cal}}{b} \leqq 1$ gilt

$$K_{H\beta} = 2\,\frac{b}{b_{cal}} \tag{7.9}$$

für $\frac{b_{cal}}{b} > 1$ ergibt sich

$$\frac{b_{cal}}{b} = 0{,}5 + \frac{F_m/b}{F_{\beta y} \cdot c_\gamma} \tag{7.12}$$

und $$K_{H\beta} = \frac{2b_{cal}/b}{(2b_{cal}/b) - 1} \quad . \tag{7.11}$$

9. Schritt: Berechnung des Breitenfaktors für Zahnfußbeanspruchung $K_{F\beta}$

$$K_{F\beta} = K_{H\beta}^N \tag{7.13}$$

mit

$$N = \frac{(b/h)^2}{1 + b/h + (b/h)^2} \tag{7.14}$$

wobei b/h der kleinere Wert von b_1/h_1 oder b_2/h_2 ist.

10. Schritt: Berechnung des Breitenfaktors für Fressen.

$$K_{B\beta} = K_{H\beta} \tag{7.15}$$

7.8 Berechnung der Stirnfaktoren

1. Schritt: Berechnung des Einlaufbetrages y_α für ein Radpaar, für Teilungs-Abweichung (siehe Abschnitt 7.6, Schritt 5).

2. Schritt: Berechnung des Überdeckungsfaktors (Flanke) Z_ε.

Für $\varepsilon_\alpha \geqq 1$ und $\varepsilon_\beta < 1$ (nach DIN 3990 [7/1]) ist

$$Z_\varepsilon = \sqrt{\frac{4 - \varepsilon_\alpha}{3}\left(1 - \varepsilon_\beta\right) + \frac{\varepsilon_\beta}{\varepsilon_\alpha}} \tag{7.29-1}$$

und für $\varepsilon_\beta \geqq 1$ gilt

$$Z_\varepsilon = \sqrt{\frac{1}{\varepsilon_\alpha}} \; . \tag{7.29-2}$$

Für $\varepsilon_\alpha < 1$ und $\varepsilon_\beta < 1$; $\varepsilon_\gamma > 1$ (nach Mende [7/7]) ist

$$Z_\varepsilon = \sqrt{\frac{\varepsilon_\beta}{\varepsilon_\alpha + \varepsilon_\beta - 1}} \; , \tag{7.29-3}$$

für $\varepsilon_\beta \geqq 1$; $\varepsilon_\gamma < 2$

$$Z_\varepsilon = \sqrt{\frac{\varepsilon_\beta}{\varepsilon_\alpha}} \tag{7.29-4}$$

und für $\varepsilon_\beta > 1$; $\varepsilon_\gamma > 2$

$$Z_\varepsilon = \sqrt{\frac{\varepsilon_\beta}{2\varepsilon_\alpha + \varepsilon_\beta - 2}} \; . \tag{7.29-5}$$

3. Schritt: Berechnung des Überdeckungsfaktors (Fuß) Y_ε .

$$Y_\varepsilon = 0{,}25 + \frac{0{,}75}{\varepsilon_{\alpha n}} \tag{7.144}$$

für $\varepsilon_{\alpha n} < 2$.

4. Schritt: Berechnung des Stirnfaktors $K_{H\alpha}$ bezüglich der Flanke.

Für $\varepsilon_\gamma \leqq 2$

$$K_{H\alpha} = K_{B\alpha} = K_{F\alpha} = \frac{\varepsilon_\gamma}{2} \cdot \left(0{,}9 + 0{,}4 \cdot \frac{c_\gamma (f_{pe} - y_\alpha)}{F_{tH}/b}\right) \tag{7.16}$$

mit $F_{tH} = F_t \cdot K_A \cdot K_V \cdot K_{H\beta}$ (7.18)

c_γ nach Abschnitt 7.6, Schritt 1

$f_{pe} = \max(f_{pe1}, f_{pe2})$

für $\varepsilon_\gamma > 2$

$$K_{H\alpha} = K_{B\alpha} = K_{F\alpha} = 0{,}9 + 0{,}4 \cdot \sqrt{\frac{2(\varepsilon_\gamma - 1)}{\varepsilon_\gamma}} \cdot \frac{c_\gamma(f_{pe} - y_\alpha)}{F_{tH}/b} \; . \qquad (7.17)$$

5. Schritt: Prüfung der Grenzbedingungen für $K_{H\alpha}$ und $K_{B\alpha}$, den Stirnfaktoren bezüglich Flanke und Fressen.

Grenzbedingung: Durch Zusammenfassung der Gl.(7.19;7.20) folgt

$$1 \leqq K_{H\alpha} = K_{B\alpha} \leqq \frac{\varepsilon_\gamma}{\varepsilon_\alpha \cdot Z_\varepsilon^2} \; . \qquad (7.19\text{-}1)$$

Wenn $K_{H\alpha}$ und $K_{B\alpha}$ außerhalb dieser Grenzen liegen, ist trotzdem der auf der entsprechenden Gleichungsseite liegende Grenzwert einzusetzen.

6. Schritt: Prüfung der Grenzbedingung für Stirnfaktor bezüglich des Fußes $K_{F\alpha}$.

Grenzbedingung:

$$1 \leqq K_{F\alpha} \leqq \frac{\varepsilon_\gamma}{\varepsilon_\alpha \cdot Y_\varepsilon} \qquad (7.20\text{-}1)$$

Wenn $K_{F\alpha}$ außerhalb dieser Grenzen liegt, ist trotzdem der auf der entsprechenden Gleichungsseite liegende Grenzwert einzusetzen.

Nach Kenntnis der Faktoren kann nun in den Abschnitten 7.3 und 7.4 die endgültige Berechnung der Flanken- und Fußtragfähigkeit erfolgen.

7.9 Beispiele zur Tragfähigkeitsberechnung

7.9.1 Aufgabenstellung 7-1 (Berechnung der Flanken- und Fußtragfähigkeit einer Außen-Radpaarung)

Gegeben sei die Zahnradpaarung aus den Aufgabenstellungen 3-1 und 3-3

		Rad 1	Rad 2
Bezugsprofil		DIN 867	DIN 867
Modul	m_n	2 mm	2 mm
Schrägungswinkel	β	20°	- 20°

Zähnezahl	z	12	21
Profilverschiebungsfaktor	x	+ 0,5	0
Radbreite	b	12 mm	10 mm
Kopfspielfaktor	c_P^*	0,25	0,25

Die für die Tragfähigkeitsberechnung notwendigen geometrischen Größen, die in den Aufgaben 3-1 bzw. 3-3 berechnet werden, sind hier noch einmal zusammengestellt, wobei statt der Radien die Durchmesser angegeben werden.

Verzahnungsgröße		Rad 1	Rad 2	(Gleich.-Nr.)
Teilkreisdurchmesser	d_t	25,54 mm	44,695 mm	(3.34)
Grundkreisdurchmesser	d_{bt}	23,816 mm	41,678 mm	(3.39)
Kopfkreisdurchmesser	d_{at}	31,388 mm	48,543 mm	(3.35-1)
Fußkreisdurchmesser	d_{ft}	22,54 mm	39,695 mm	(3.35-2)
Betriebsachsabstand	a	36,043 mm		(3.52)
Betriebseingriffswinkel	α_{wt}	24,692°		(3.53)
Profilüberdeckung	$\varepsilon_{\alpha t}$	1,221		(2.82;3.76)
Sprungüberdeckung	ε_β	0,554		(3.79)
Grundschrägungswinkel	β_b	18,747°		(3.23)
Ersatzzähnezahl	z_{nx}	14,241	24,922	(3.16)

Die beiden Scheibenräder werden aus einem Einsatzstahl (16MnCr5) hergestellt. Nach einer Einsatzhärtung (Flankenhärte 660 HV1) werden die Räder mit einer Flankenlinienkorrektur fertig geschliffen. Die Fertigungstoleranzklasse betrage IT7, die gemittelte Rauhtiefe sei $R_z = 4\mu m$.

Das Getriebe soll dauerfest ausgelegt werden, wobei folgende Lastannahmen zu berücksichtigen sind:

Antriebsleistung	$P_{an} = 2{,}5$ kW
Drehzahl	$n_1 = 1500\ min^{-1}$
Anwendungsfaktor	$K_A = 1{,}25$, da mäßige Stöße auf den Abtrieb wirken.

Das Ritzel ist beidseitig im Getriebegehäuse gelagert, der Lagerabstand sei $l = 30$ mm, die Außermittigkeit $s = 0$ mm. Als Schmierung ist eine Öltauchschmierung vorgesehen, die kinematische Viskosität des Schmierstoffes betrage $\nu_{50} = 100\ mm^2/s$.

Gesucht sind die Sicherheitsfaktoren S_{H1} und S_{H2} der Flankentragfähigkeit und die Sicherheitsfaktoren S_{F1} und S_{F2} der Fußtragfähigkeit für Ritzel und Gegenrad.

7.9.2 Lösung der Aufgabenstellung 7-1

Berechnung der Flanken- und Fußtragfähigkeit   Aufgabenstellung S. 137

1. Abweichung, allgemeine Faktoren

Für die Fertigungstoleranzklasse IT7 ermittelt man aus dem Normblatt DIN 3962 die zulässigen Abweichungen:

Eingriffsteilungsabweichung	$f_{pe1} = 9\mu m$	$f_{pe2} = 10\mu m$
Profilformabweichung	$f_{f\alpha} = 9\mu m$	
Flankenlinien-Winkelabweichung	$f_{H\beta} = T_\beta = 11\ \mu m$	

Für den Einsatzstahl 16MnCr5 erhält man aus Bild 7.8 den Dauerfestigkeitswert für die Flankenpressung $\sigma_{H\,lim}$ und aus Bild 7.14 die Zahnfuß-Biegenenndauerfestigkeit der Prüfräder $\sigma_{F\,lim}$. Für einen Stahl durchschnittlicher Qualität gilt:

Dauerfestigkeit für Flankenpressung	$\sigma_{H\,lim} = 1500\ N/mm^2$
Zahnfuß-Biegenenndauerfestigkeit	$\sigma_{F\,lim} = 430\ N/mm^2$

Aus Bild 7.19 folgt für den angenommenen Lagerungsfall die Konstante K zu

$K = 0{,}4$.

Die maßgebende Umfangskraft am Teilkreis $F_{t(t)}$ berechnet man bei Vernachlässigung der Reibkräfte mit

$$F_{t(t)} = \frac{2 \cdot P_{an}}{d_{t1} \cdot \omega_1} = 1246{,}3\ N\ . \tag{7.1}$$

Den Dynamikfaktor K_V berechnet man nach den Gleichungen in Abschnitt 7.6. Die dafür bestimmte Bezugsdrehzahl ist $N \leqq 0{,}85$, Gl.(7.93). K_V ist für den unterkritischen Bereich zu berechnen. Es gilt

$$K_V = N \cdot K + 1 = 1{,}016 \tag{7.2}$$

$$\text{mit}\quad K = C_{v1} \cdot B_p + C_{v2} \cdot B_f + C_{v3} \cdot B_k\ . \tag{7.3}$$

Die Breitenfaktoren für Flanke und Fuß bestimmt man nach Abschnitt 7.7. Aufgrund der Berechnung nach Gl.(7.10) ist $b_{cal}/b > 1$; somit folgt:

$$\frac{b_{cal}}{b} = 0{,}5 + \frac{F_m/b}{F_{\beta y} \cdot c_\gamma} = 5{,}35 \tag{7.12}$$

und

$$K_{H\beta} = \frac{2\cdot b_{cal}/b}{2(b_{cal}/b) - 1} = 1{,}103 \tag{7.11}$$

sowie

$$K_{F\beta} = (K_{H\beta})^N = 1{,}062 \tag{7.13}$$

mit

$$N = \frac{(b/h)^2}{1 + b/h + (b/h)^2} = 0{,}61 \,. \tag{7.14}$$

Die Stirnfaktoren ermittelt man nach Abschnitt 7.8. Da die Gesamtüberdeckung $\varepsilon_\gamma \leqq 2$ ist, folgt für

$$K_{H\alpha} = K_{F\alpha} = \frac{\varepsilon_\gamma}{2}\cdot\left(0{,}9 + 0{,}4\cdot\frac{c_\gamma\cdot(f_{pe} - y_\alpha)}{F_{tH}/b}\right) = 1{,}143 \,. \tag{7.16}$$

2. Flankenpressung

Die Flankenpressung σ_H am Wälzkreis ist:

$$\sigma_H = \sqrt{\frac{F_{t(t)}}{d_{t1}\cdot b}\cdot\frac{u+1}{u}}\cdot Z_H\cdot Z_E\cdot Z_\varepsilon\cdot Z_\beta\cdot Z_B\cdot \sqrt{K_A\cdot K_v\cdot K_{H\beta}\cdot K_{H\alpha}} \tag{7.22}$$

Unbekannt sind noch die Z-Faktoren, die wie folgt berechnet werden:

- Der Zonenfaktor Z_H

$$Z_H = \sqrt{\frac{2\cos\beta_b\cdot\cos\alpha_{wt}}{\cos^2\alpha_t\cdot\sin\alpha_{wt}}} = 2{,}176 \tag{7.25}$$

- Der Ritzeleingriffsfaktor Z_B

$$Z_B = \sqrt{\frac{\rho_{C1}\cdot\rho_{C2}}{\rho_{B1}\cdot\rho_{B2}}} \geqq 1. \tag{7.26}$$

Die Krümmungsradien erhält man aus DIN 3960, dort sind es die Gl.(4.4.14 bis 4.4.19). Anmerkung: Für Z_{B2} rechne man mit dem äußeren Einzeleingriffspunkt D und somit mit den Krümmungsradien ρ_{D1} und ρ_{D2}. Für die Einzeleingriffsfaktoren Z_B ergeben sich folgende Zahlenwerte:

$$Z_{B1} = 1{,}09$$

$$Z_{B2} = 1{,}0.$$

- Der Elastizitätsfaktor Z_E

Mit $E_{St} = 2{,}1\cdot10^5\,\mathrm{N/mm^2}$ und $\nu_{St} = 0{,}3$ gilt

$$Z_E = \sqrt{\frac{1}{\pi\cdot\left(\frac{1-\nu_1^2}{E_1} + \frac{1-\nu_2^2}{E_2}\right)}} = 192\,\sqrt{\mathrm{N/mm^2}} \,. \tag{7.27}$$

- Der Überdeckungsfaktor Z_ε

Für

$$\varepsilon_\alpha \geqq 1 \quad \text{und} \quad \varepsilon_\beta < 1 \quad \text{gilt}$$

$$Z_\varepsilon = \sqrt{\frac{4 - \varepsilon_\alpha}{3}(1 - \varepsilon_\beta) + \frac{\varepsilon_\beta}{\varepsilon_\alpha}} = 0{,}932 \ . \tag{7.29-1}$$

- Der Schrägenfaktor Z_β

Es gilt

$$Z_\beta = \sqrt{\cos\beta} = 0{,}969. \tag{7.30}$$

Damit kann die Hertzsche Pressung aus Gl.(7.22) berechnet werden. Sie ist

$$\sigma_{H1} = 1438 \text{ N/mm}^2$$

$$\sigma_{H2} = 1320 \text{ N/mm}^2 \ .$$

Die zulässige Hertzsche Pressung bestimmt man aus

$$\sigma_{HP} = \frac{\sigma_{H\,lim} \cdot Z_{NT}}{S_H} \cdot Z_L \cdot Z_R \cdot Z_V \cdot Z_W \cdot Z_X \ . \tag{7.23}$$

Dazu gehörende Faktoren:

- Lebensdauerfaktor Z_{NT}

Es ist $Z_{N1} = Z_{N2} = 1$,

da das Getriebe dauerfest ausgelegt werden soll.

- Schmierstoffaktor Z_L

Er ist

$$Z_{L1} = Z_{L2} = C_{ZL} + \frac{4 \cdot (1 - C_{ZL})}{\left(1{,}2 + \frac{80}{\nu_{50}}\right)^2} = 1{,}000 \tag{7.34}$$

mit $C_{ZL1} = C_{ZL2} = 0{,}91$ nach Gleichung (7.35)

$$C_{ZL} = \frac{\sigma_{H\,lim} - 850}{350} \cdot 0{,}08 + 0{,}83 \ . \tag{7.35}$$

- Rauheitsfaktor Z_R

Man erhält

$$Z_{R1} = Z_{R2} = \left(\frac{3}{R_{z100}}\right)^{C_{ZR}} = 0{,}951 \tag{7.37}$$

mit

$$R_{z100} = \frac{R_{z1} + R_{z2}}{2} \cdot \sqrt[3]{\frac{100}{a}} \qquad (7.36)$$

und $C_{ZR1} = C_{ZR2} = 0{,}08$ nach Gleichung (7.38)

$$C_{ZR} = 0{,}12 + \frac{1000 - \sigma_{H\,lim}}{5000} \; . \qquad (7.38)$$

- Der Geschwindigkeitsfaktor Z_V ist

$$Z_{V1} = Z_{V2} = C_{Zv} + \frac{2(1 - C_{Zv})}{\sqrt{0{,}8 + \frac{32}{v}}} = 0{,}964 \qquad (7.39)$$

mit $C_{Zv1} = C_{Zv2} = 0{,}93$ aus Gleichung (7.40)

$$C_{Zv} = 0{,}85 + \frac{\sigma_{H\,lim} - 850}{350} \cdot 0{,}08 \qquad (7.40)$$

- Der Werkstoffpaarungsfaktor Z_W ist $Z_{W1} = Z_{W2} = 1$, da die Flankenhärte 660 HV1 beträgt.
- Der Größenfaktor Z_X ist $Z_{X1} = Z_{X2} = 1$.

Mit Gl.(7.23) wird

$$\sigma_{HP1} = \frac{1375}{S_{H1}} \text{ N/mm}^2 \qquad \sigma_{HP2} = \frac{1375}{S_{H2}} \text{ N/mm}^2 \; .$$

Aus der Festigkeitsbedingung

$$\sigma_{HP} \geq \sigma_H \qquad (7.24)$$

folgen die Sicherheitsfaktoren

$$S_{H1} = \frac{1375}{1438} = 0{,}96$$

$$S_{H2} = \frac{1375}{1320} = 1{,}04 \; .$$

3. Zahnfußfestigkeit

Zur Bestimmung der Sicherheitsfaktoren der Zahnfußtragfähigkeit ist zunächst die maximale Tangentialspannung am Zahnfuß zu ermitteln. Es gilt

$$\sigma_F = \sigma_{F0} \cdot K_A \cdot K_V \cdot K_{F\beta} \cdot K_{F\alpha} \qquad (7.52)$$

mit

$$\sigma_{F0} = \frac{F_t}{b \cdot m_n} \cdot Y_F \cdot Y_S \cdot Y_\beta \; . \qquad (7.51)$$

Die Formfaktoren Y_F und die Spannungskorrekturfaktoren Y_S sind dabei getrennt für Ritzel und Rad zu bestimmen.

- Der Formfaktor Y_F

$$Y_F = \frac{6\cdot(h_F/M_n)\cdot\cos\alpha_{Fen}}{(s_{Fn}/M_n)^2\cdot\cos\alpha_n} \tag{7.45}$$

Für das Ritzel folgt daraus mit den Zwischenergebnissen

$h_{F1} = 1{,}17\,\text{mm}$, $s_{Fn1} = 2{,}14\,\text{mm}$ und $\alpha_{Fen1} = 28{,}24°$

$Y_{F1} = 1{,}433$

und für das Rad mit

$h_{F2} = 1{,}3\,\text{mm}$, $s_{Fn2} = 2{,}01\,\text{mm}$ und $\alpha_{Fen2} = 22{,}42°$

$Y_{F2} = 1{,}891$.

- Der Spannungskorrekturfaktor Y_S ist

$$Y_S = (1{,}2 + 0{,}13\cdot L)\cdot q_S^{\frac{1}{1{,}21+\frac{2{,}3}{L}}} \tag{7.46}$$

mit

$$q_S = \frac{s_{Fn}}{2\cdot\rho_F} \tag{7.48}$$

und

$$L = \frac{s_{Fn}}{h_F}\ . \tag{7.47}$$

Für das Ritzel ist

$L_1 = 1{,}830$, $q_{S1} = 2{,}499$

$Y_{S1} = 2{,}084$,

und für das Rad ist

$L_2 = 1{,}549$, $q_{S2} = 1{,}798$

$Y_{S2} = 1{,}742$.

- Den Schrägenfaktor Y_β erhält man für Rad und Gegenrad aus

$$Y_\beta = 1 - \varepsilon_\beta\,\frac{\beta}{120°} = 0{,}909. \tag{7.49}$$

Die maximalen Tangentialspannungen betragen somit nach Gl.(7.52)

$$\sigma_{F1} = 261\ \mathrm{N/mm^2}$$

$$\sigma_{F2} = 288\ \mathrm{N/mm^2}\ .$$

Die zulässigen Zahnfußspannungen für Ritzel und Rad werden auf der Basis der an einem Prüfrad ermittelten Festigkeit bestimmt. Es ist

$$\sigma_{FP} = \frac{\sigma_{F\,lim} \cdot Y_{ST} \cdot Y_{NT}}{S_{F\,min}} \cdot Y_{\delta\,rel\,T} \cdot Y_{R\,rel\,T} \cdot Y_X \cdot \qquad (7.54)$$

Dabei gilt für den Spannungskorrekturfaktor Y_{ST} für die Prüfradabmessungen

$$Y_{ST} = 2{,}0\ . \qquad (7.53)$$

Da das Getriebe dauerfest ausgelegt werden soll, berechnet man den Lebensdauerfaktor Y_{NT} nach Gl.(7.68-2) zu

$$Y_{NT1} = Y_{NT2} = 1{,}0\ .$$

Die relativen Stützziffern $Y_{\delta\,rel\,T}$ erhält man aus

$$Y_{\delta\,rel\,T} = \frac{1 + \sqrt{\rho' \cdot \chi^*}}{1 + \sqrt{\rho' \cdot \chi_T^*}} \qquad (7.69)$$

mit ρ' aus Bild 7.15 und

$$\chi^* = \frac{1}{5} \cdot (1 + 2 \cdot q_s)\ . \qquad (7.70)$$

Danach ist

$$Y_{\delta\,rel\,T1} = 1{,}00$$

$$Y_{\delta\,rel\,T2} = 0{,}935\ .$$

Für die relativen Oberflächenfaktoren $Y_{R\,rel\,T}$ folgt

$$Y_{R\,rel\,T1} = Y_{R\,rel\,T2} = 5{,}306 - 4{,}203 \cdot (R_z + 1)^{0{,}01} = 1{,}035\ . \qquad (7.71\text{-}2)$$

Der Größenfaktor Y_X ist, da $m_n \leqq 5$ mm,

$$Y_{X1} = Y_{X2} = 1{,}0\ . \qquad (7.72\text{-}4)$$

Für die zulässigen Zahnfußspannungen folgen die Rechenwerte

$$\sigma_{FP1} = \frac{890}{S_{F1}}\ \mathrm{N/mm^2}$$

$$\sigma_{FP2} = \frac{832}{S_{F2}}\ \mathrm{N/mm^2}\ ,$$

und es ergeben sich die Sicherheitsfaktoren

$$S_{F1} = 3{,}41$$

$$S_{F2} = 2{,}89 \ .$$

Interpretation der Ergebnisse:

Bei dem angenommenen Lastfall ist mit einer Grübchenbildung am Ritzel zu rechnen ($S_{H1} < 1$), es wird jedoch nicht zu Zahnfußbrüchen kommen, da die Sicherheiten deutlich größer als eins sind.

7.10 Schrifttum zu Kapitel 7

Normen, Richtlinien

[7/1] DIN 3990: Grundlagen für die Tragfähigkeitsberechnung von Gerad- und Schrägstirnrädern. Berlin, Köln: Beuth-Verlag, Dezember 1987

[7/2] DIN 3979: Zahnschäden an Zahnradgetrieben. Berlin, Köln: Beuth-Verlag, Juli 1979.

[7/3] DIN 4760: Gestaltabweichungen. Berlin, Köln: Beuth-Verlag, Juni 1982.

Bücher, Dissertationen

[7/5] Gerber, H.: Innere dynamische Zusatzkräfte bei Stirnradgetrieben, Modellbildung, innere Anregung und Dämpfung. Dissertation TU München 1984.

[7/6] Schäfer, W.: Ein Beitrag zur Ermittlung des wirksamen Flankenrichtungsfeldes bei Stirnradgetrieben und der Lastverteilung bei Geradverzahnungen. Dissertation TH Darmstadt 1971.

[7/7] Mende, H.: Auslegung und Flankenkorrektur von Evolventenverzahnungen mit kleinen Ritzelzähnezahlen. Dissertation TU Braunschweig 1982.

[7/8] Hirt, M.: Einfluß der Zahnfußausrundung auf Spannung und Festigkeit von Geradstirnrädern. Dissertation TU München 1974.

[7/9] Brossmann, U.: Über den Einfluß der Zahnfußausrundung und des Schrägungswinkels auf Beanspruchung und Festigkeit schräg verzahnter Stirnräder. Dissertation TU München 1979.

Zeitschriftenaufsätze, Patente

[7/10] Winter, H., Podlesnik, B.: Zahnfestigkeit von Stirnradpaaren. Antriebstechnik, Teil 1, 22 (1983) Nr. 3, S. 51-58, Teil 2, 22 (1983) Nr. 5, S. 39-42, Teil 3, 23 (1984) Nr. 11, S. 43-48.

[7/11] Puchner, O., Kamensky, A.: Spannungskonzentration und Kerbwirkung von Kerben im Kerbrand. Konstruktion 24 (1972) Nr. 4, S. 127-134.

[7/12] Winter, H., Michaelis, K.: Freßtragfähigkeit von Stirnradgetrieben. Antriebstechnik, Teil 1, 14 (1975) Nr. 7, S. 405-409, Teil 2, 14 (1975) Nr. 8, S. 461-465.

8 Berechnungsunterlagen, Verzahnungsgleichungen und Benennungen

8.1 Zeichen und Benennungen für geometrische Größen von Stirnrädern (Zylinderrädern)

a	Achsabstand eines Stirnradpaares stets als Betriebsachsabstand im Stirnschnitt
a_d	Null-Achsabstand (Summe der Teilkreishalbmesser)
a_v	Verschiebungs-Achsabstand (Stirnschnitt)
a_0	Achsabstand im Erzeugungsgetriebe
a''	Zweiflanken-Wälzabstand
b	Zahnbreite
b_M	Berührgeraden-Überdeckung (bei Zahnweitenmessungen)
c	Kopfspiel
c_F	Formübermaß
c_P	Kopfspiel zwischen Bezugsprofil und Gegenprofil
c^*	Kopfspielfaktor
d	Teilkreisdurchmesser
d_a	Kopfkreisdurchmesser
d_{aE}	Erzeugter Kopfkreisdurchmesser
d_{aM}	Kopfkreisdurchmesser bei überschnittenen Stirnrädern
d_b	Grundkreisdurchmesser
d_{b0}	Schneidrad-Grundkreisdurchmesser
d_f	Fußkreisdurchmesser (Nennmaß)
d_{fE}	Erzeugter Fußkreisdurchmesser
d_{f0}	Schneidrad-Fußkreisdurchmesser
$d_{Ff(0)}$	Fuß-Formkreisdurchmesser
d_n	Ersatz-Teilkreisdurchmesser
d_v	V-Kreis-Durchmesser
d_{vE}	V-Kreis-Durchmesser bei der Erzeugung
d_w	Wälzkreisdurchmesser
d_y	Y-Kreis-Durchmesser
d_{Fa}	Kopf-Formkreisdurchmesser
d_{Fa0}	Kopf-Formkreisdurchmesser des Schneidrades
d_{Ff}	Fuß-Formkreisdurchmesser
d_K	Durchmesser des Kugelmittelpunkt-Kreises
d_M	Meßkreisdurchmesser (an Berührstelle mit Meßgerät)
d_{Na}	Kopf-Nutzkreisdurchmesser
d_{Nf}	Fuß-Nutzkreisdurchmesser
$d_{Nf(0)}$	Fuß-Nutzkreisdurchmesser, erzeugt durch Werkzeug, z.B. Schneidrad
e	Lückenweite auf dem Teilzylinder
e_a	Lückenweite auf dem Kopfzylinder
e_b	Grundlückenweite (auf dem Grundzylinder)
e_f	Lückenweite auf dem Fußzylinder
e_v	Lückenweite auf dem V-Zylinder
e_y	Lückenweite auf dem Y-Zylinder
e_P	Lückenweite des Stirnrad-Bezugsprofils
f	Einzelabweichung
f_b	Grundkreisabweichung
f_e	Außermittigkeit
f_{fE}	Erzeugenden-Formabweichung
$f_{f\alpha}$	Profil-Formabweichung
$f_{f\beta}$	Flankenlinien-Formabweichung
f'_i	Einflanken-Wälzsprung
f''_i	Zweiflanken-Wälzsprung
f'_k	Kurzwellige Anteile der Einflanken-Wälzabweichungen
f'_l	Langwelliger Anteil der Einflanken-Wälzabweichung
f_p	Teilungs-Einzelabweichung
f_{pe}	Eingriffsteilungs-Abweichung
f_{px}	Axialteilungs-Abweichung
f_{pz}	Steigungshöhen-Abweichung
f_{pS}	Teilungsspannen-Einzelabweichung

f_r	Rundlaufabweichung einer Verzahnung, am überschnittenen Kopfzylinder gemessen
f_{rw}	Rundlaufabweichung aller rotierenden Teile
f_{rW}	Rundlaufabweichung der Welle
f_{rB}	Rundlaufabweichung der Buchse
f_{rLi}	Rundlaufabweichung Wälzlager-Innenring
f_{rLa}	Rundlaufabweichung Wälzlager-Außenring
f_u	Teilungssprung
$f_{w\alpha}$	Profil-Welligkeit
$f_{w\beta}$	Flankenlinien-Welligkeit
f_{HE}	Erzeugenden-Winkelabweichung
$f_{H\alpha}$	Profil-Winkelabweichung
$f_{H\beta}$	Flankenlinien-Winkelabweichung
f_α	Eingriffswinkelabweichung
f_β	Schrägungswinkelabweichung
f_σ	Kreuzungswinkel zwischen Verzahnungsachse und Radführungsachse
$f_{\Sigma\beta}$	Achsschränkung
$f_{\Sigma\delta}$	Achsneigung
g	Eingriffsstrecke
g_a	Länge der Austritt-Eingriffsstrecke
g_f	Länge der Eintritt-Eingriffsstrecke
g_α	Länge der Eingriffsstrecke (gesamte)
$g_{\alpha a}$	Länge der Kopfeingriffsstrecke
$g_{\alpha f}$	Länge der Fußeingriffsstrecke
$g_{\alpha Y}$	Abstand eines Punktes Y vom Wälzpunkt C
g_β	Sprung
h	Zahnhöhe (zwischen Kopf- und Fußlinie)
h_a	Zahnkopfhöhe
h_{aP}	Kopfhöhe des Stirnrad-Bezugsprofils
h_{aP0}	Kopfhöhe des Werkzeug-Bezugsprofils
h_c	Zahnhöhe des Fußgrundes
h_f	Zahnfußhöhe
h_{fP}	Fußhöhe des Stirnrad-Bezugsprofils
h_{fP0}	Fußhöhe des Werkzeug-Bezugsprofils
h_{pr}	Protuberanz-Zahnhöhe
h_w	Gemeinsame Zahnhöhe eines Stirnradpaares
h_{wP}	Gemeinsame Zahnhöhe von Bezugsprofil und Gegenprofil
h_F	durch Formkreise begrenzte nutzbare Zahnhöhe
h_{FaP0}	Kopf-Formhöhe des Werkzeug-Bezugsprofils
h_{Ff}	Zahnfuß-Formhöhe
h_{FfP}	Fuß-Formhöhe des Stirnrad-Bezugsprofils
h_{FfP0}	Fuß-Formhöhe des Werkzeug-Bezugsprofils
h_{FK}	Kantenbrechflanken-Formhöhe
h_K	Radialbetrag des Kopfkantenbruchs oder der Kopfkantenrundung
h_P	Zahnhöhe des Bezugsprofils
h_{Na}	Zahnkopf-Nutzhöhe
h_{Nf}	Zahnfuß-Nutzhöhe
h_P	Zahnhöhe des Stirnrad-Bezugsprofils
$\bar{h}_a$	Höhe über der Sehne $\bar{s}_n$
h_c	Zahnhöhe des Fußgrundes (Zahngrundhöhe)
$\bar{h}_c$	Höhe über der konstanten Sehne $\bar{s}_c$
i	Toleranzfaktor ($N < 500$ mm)
i	Übersetzung
i_ω	Momentane Übersetzung
$i_{\omega m}$	Mittlere Übersetzung
i_M	Drehmomentenverhältnis
i_{1s}	Übersetzung (Drehzahlverhältnis von Rad 1 zum Steg)
i_{s1}	Übersetzung (Drehzahlverhältnis vom Steg zu Rad 1)
int	Integerfunktion
inv	Evolventenfunktion
j	Flankenspiel
j_n	Normalflankenspiel
j_r	Radialspiel
j_t	Drehflankenspiel
k	Anzahl der Zähne oder Teilungen in einem Bereich
k	Kopfhöhenänderung
k	Meßzähnezahl (Meßlückenzahl) bei der Zahnweitenmessung
l	Länge der Berührlinie für kleinere Zahnbreite
l_i	Teilstücke der Gesamtberührungslinie
m	Modul (Durchmesserteilung)
m_b	Grundmodul
m_n	Normalmodul
m_t	Stirnmodul
m_x	Axialmodul
n	Drehzahl (Drehfrequenz)
n	Toleranzklasse (Qualität)
n_a	Drehzahl (Drehfrequenz) des treibenden Rades
n_b	Drehzahl (Drehfrequenz) des getriebenen Rades
n_s	Drehzahl des Steges
n_s	Hüllschnittzahl
p	Teilung auf dem Teilzylinder
p_a	Teilung am Kopfzylinder

p_b	Teilung auf dem Grundzylinder
p_e	Eingriffsteilung
p_k	Teilungsspanne (Teilungssumme)
p_n	Normalteilung
p_s	Teilung auf der Zeichenschablone
p_t	Stirnteilung, Teilkreisteilung
p_v	Teilung auf dem V-Zylinder
p_x	Axialteilung
p_y	Teilung auf dem Y-Zylinder
p_z	Steigungshöhe
pr	Protuberanzbetrag
q	Bearbeitungszugabe auf den Stirnrad-Zahnflanken
r	Teilkreishalbmesser
r_a	Kopfkreishalbmesser
r_b	Grundkreishalbmesser
r_e	Exzentrizität
r_f	Fußkreishalbmesser
$\bar{r}_n$	Ersatz-Teilkreishalbmesser Verfahren 3
r_{nx}	Ersatz-Teilkreishalbmesser Verfahren 2
$r_{n\beta}$	Ersatz-Teilkreishalbmesser Verfahren 1
r_v	V-Kreis-Halbmesser
r_w	Wälzkreishalbmesser
r_y	Y-Kreis-Halbmesser
r_{Fa}	Kopf-Formkreishalbmesser
r_{Ff}	Fuß-Formkreishalbmesser
r_H	Wirksamer Hebelarm am Abtriebsrad
r_N	Nutzkreishalbmesser
$r_{Nf(0)}$	Fuß-Nutz-Kreishalbmesser, erzeugt durch bestimmtes Werkzeug
s	Zahndicke auf dem Teilzylinder
s_a	Zahndicke auf dem Kopfzylinder
s_{aK}	Restzahndicke am Zahnkopf bei Kopfkantenbruch oder Kopfkantenrundung
s_b	Grundzahndicke (auf dem Grundzylinder)
s_v	Zahndicke auf dem V-Zylinder
s_w	Zahndicke auf dem Wälzzylinder
s_y	Zahndicke auf dem Y-Zylinder
s_P	Zahndicke des Stirnrad-Bezugsprofils
$\bar{s}$	Zahndickensehne
$\bar{s}_c$	Konstante Sehne
u	Zähnezahlverhältnis
v	Lineare Geschwindigkeit
v_g	Gleitgeschwindigkeit
v_{ga}	Gleitgeschwindigkeit am Zahnkopf
v_{gf}	Gleitgeschwindigkeit am Zahnfuß
v_n	Geschwindigkeit normal zur Berührungstangente
v_r	Geschwindigkeit in Richtung der Berührungstangente
v_t	Tangentialgeschwindigkeit, Umfangsgeschwindigkeit
w	Umrechnungsgröße (Zoll, mm)
x	Profilverschiebungsfaktor
x_n	Profilverschiebungsfaktor für Normalschnitt
x_s	Profilverschiebungsfaktor für Spitzengrenze
x_t	Profilverschiebungsfaktor für Stirnschnitt
x_{unx}	Profilverschiebungsfaktor bei Unterschnittgrenze für Normalschnitt nach Verfahren 2
x_E	Erzeugungs-Profilverschiebungsfaktor
x_{Em}	Mittlerer Erzeugungs-Profilverschiebungsfaktor
A	Anfangspunkt des Eingriffs
A_a	Achsabstandsabmaß
A_a''	Abmaß des Zweiflanken-Wälzabstandes
A_{da}	Kopfkreisdurchmesser-Abmaß bei überschnittenen Stirnrädern
A_e	Oberes Grenzabmaß
A_i	Unteres Grenzabmaß
A_s	Zahndickenabmaß (auf dem Teilzylinder)
A_{swn}	Ist-Abmaß der Zahndicke aus den Meßwerten der Kopfkreisdurchmesser bei überschnittenen Außenstirnrädern
A_{sy}	Zahndickenabmaß am Y-Zylinder
$A_{\bar{s}}$	Abmaß der Zahndickensehne
$A_{\bar{s}v}$	Abmaß der Zahndickensehne auf dem V-Kreis
$x_{E\,min}$	Erzeugungs-Profilverschiebungsfaktor bei Unterschnittgrenze
x_0	Profilverschiebungsfaktor des Schneidrades
x''	Profilverschiebungsfaktor bei Zweiflanken-Wälzeingriff
y	Teilkreisabstandsfaktor
z	Zähnezahl
z(t)	Zähnezahl (Stirnschnitt besonders betont)
z_a	Zähnezahl des treibenden Rades
z_b	Zähnezahl des getriebenen Rades
z_{nx}	Ersatzzähnezahl für Profilverschiebungs-Berechnungen
z_{nM}	Ersatzzähnezahl für Kugel- oder Rollenmaße
z_{nW}	Ersatzzähnezahl für Zahnweiten-Berechnungen

z_S	Zähnezahl für Spitzengrenze
z_U	Zähnezahl für Unterschnittsbeginn
z_0	Zähnezahl des Schneidrades
A	Feldlagen-Abmaß
A_B	Abmaß durch Form- und Maßabweichungen der Bauteile
A_E	Abmaß durch Abweichungen aufgrund der Elastizität
A_F	Abmaße durch Verzahnungseinzelabweichungen
A_{Frw}	Abmaß durch umlaufende Exzentrizitäten
A_{Md}	Abmaß des diametralen Zweikugel- oder Zweirollenmaßes
A_{Mr}	Abmaß des radialen Einkugel- oder Einrollenmaßes
A_{SL}	Abmaß durch Lagerspiel
A_W	Zahnweitenabmaß
$A_{\Sigma\beta}$	Abmaß durch Unparallelität der Bohrungen
A_δ	Abmaß durch Erwärmung
B	Innerer Einzeleingriffspunkt am treibenden Rad
C	Wälzpunkt
D	Geometrisches Mittel aus den Grenzen des Nennmaßbereichs
D	Äußerer Einzeleingriffspunkt am treibenden Rad
D_e	Obere Grenze des Nennmaßbereichs
D_i	Untere Grenze des Nennmaßbereichs
D_M	Meßkugel- oder Meßrollendurchmesser
E	Endpunkt des Eingriffs
F	Die Reibung verursachende Kraft
F	Summenabweichung, Gesamtabweichung
F_i'	Einflanken-Wälzabweichung
F_i''	Zweiflanken-Wälzabweichung
F_p	Teilungs-Gesamtabweichung
F_{pk}	Teilungs-Summenabweichung (Summe über k Teilungen)
F_{pkS}	Teilungsspannen-Summenabweichung (über k Spannen)
$F_{pz/8}$	Teilungs-Summenabweichung (Summe über k = z/8 Teilungen)
F_{pS}	Teilungsspannen-Gesamtabweichung
F_r	Rundlaufabweichung einer Verzahnung, in den Zahnlücken gemessen
F_{rR}	Rundlaufabweichung an der Rad-Rückseite
F_{rV}	Rundlaufabweichung an der Rad-Vorderseite
F_r''	Wälz-Rundlaufabweichung
F_E	Erzeugenden-Gesamtabweichung
F_N	Normalkraft

F_R	Reibkraft
F_α	Profil-Gesamtabweichung
F_β	Flankenlinien-Gesamtabweichung
F_1, F_2	Schnittpunkte der Eingriffslinie mit den Fuß-Formkreisen der Räder 1 und 2
FS	Fußfreischnitt
G	Evolventenpunkt am Radius r_{Ff}
I	Toleranzfaktor (N > 500 mm)
K	Klassenfaktor zur Berechnung einer Grundtoleranz
K	Störfaktor
K_g	Gleitfaktor
K_{ga}	Gleitfaktor am Zahnkopf
K_{gf}	Gleitfaktor am Zahnfuß
L	Meßpunkteabstand
L	Prüfbereich
L	Lenker
L_a	Wälzlänge vom Evolventenursprung zum Zahnkopf
L_f	Wälzlänge vom Evolventenursprung zum Zahnfuß
L_y	Wälzlänge zum Punkt Y
L_E	Erzeugenden-Prüfbereich
L_G	Lagermitten-Abstand an einer Radachse
L_α	Profil-Prüfbereich
L_β	Flankenlinien-Prüfbereich
M	Meßwert
M_{abtr}	Abtriebsmoment
M_{antr}	Antriebsmoment
M_{dK}	Diametrales Zweikugelmaß
M_{dR}	Diametrales Zweirollenmaß
M_p	Meßwert einer Teilungsmessung
M_{rK}	Radiales Einkugelmaß
M_{rR}	Radiales Einrollenmaß
N	Nummer eines Zahnes oder einer Teilung
Null-Rad	Stirnrad ohne Profilverschiebung
O	Kreismittelpunkt
P	Berührpunkte (z.B. zwischen Meßkugel und Zahnflanke)
P	Diametral Pitch
P	Passung
P_e	Höchstpassung
P_i	Mindestpassung
P_{jt}	Paßtoleranz des Flankenspiels
P_S	Spiel (beim Längen-Paßsystem)
P_T	Paßtoleranz
$P_Ü$	Übermaß
R	Schwankung
R_j	Flankenspielschwankung

R_p Teilungsschwankung
R_s Zahndickenschwankung
$R_{\bar{s}}$ Zahndickensehnen-Schwankung
R_{Md} Schwankung des diametralen Zweikugel- oder Zweirollenmaßes
R_{Mr} Schwankung des radialen Einkugel- oder Einrollenmaßes
R_W Zahnweitenschwankung
S_L Radiallagerspiel
S_R Spiel Zapfen/Bohrung
T Berührpunkt der Tangente am Grundkreis
T Maß-Toleranz
T_a Achsabstandstoleranz
$T_{a''}$ Toleranz des Zweiflanken-Wälzabstandes
T_{da} Kopfkreisdurchmesser-Toleranz bei überschnittenen Stirnrädern
T_g ISO-Grundtoleranz
T_s Zahndickentoleranz
$T_{\bar{s}}$ Toleranz der Zahndickensehne
T_{Md} Toleranz des diametralen Zweikugel- oder Zweirollenmaßes
T_{Mr} Toleranz des radialen Einkugel- oder Einrollenmaßes
T_W Zahnweitentoleranz
U Evolventenursprungspunkt
V-Rad Stirnrad mit Profilverschiebung
W_d Anteil der Zahnweite ohne Profilverschiebung
W_k Zahnweite über k Meßzähne oder Meßlücken
W_x Anteil der Zahnweite durch Profilverschiebung
Y Beliebiger Punkt auf einer Zahnflanke oder Evolvente
α Eingriffswinkel
α_a Profilwinkel am Kopfzylinder
α_{at} Profilwinkel am Kopfzylinder im Stirnschnitt
α_n Normaleingriffswinkel
α_{nK} Normaleingriffswinkel der Kantenbruch-Evolvente
α_{pr} Protuberanz-Profilwinkel
α_t Stirneingriffswinkel
α_{tK} Stirneingriffswinkel der Kantenbruch-Evolvente
α_{t0} Stirneingriffswinkel im Erzeugungsgetriebe
α_v Profilwinkel am V-Zylinder
α_{wn0} Profilwinkel am Wälzzylinder im Normalschnitt des Erzeugungsgetriebes
α_{wt} Betriebseingriffswinkel
α_{wt0} Betriebseingriffswinkel im Erzeugungsgetriebe
α_y Profilwinkel am Y-Zylinder
α_{Ff} Profilwinkel am Fuß-Formkreis
α_K Profilwinkel der Kantenbruchflanke
α_K Profilwinkel am Kugelmittelpunkt-Kreis
α_{Kt} Profilwinkel im Stirnschnitt am Kugelmittelpunkt-Kreis
α_M Profilwinkel am Meßkreis
α_{Mt} Profilwinkel im Stirnschnitt am Meßkreis
α_{Nf} Profilwinkel am Fuß-Nutzkreis
α_P Profilwinkel des Stirnrad-Bezugsprofils
α'' Betriebseingriffswinkel bei Zweiflanken-Wälzprüfung
β Schrägungswinkel
β_b Grundschrägungswinkel
β_v Schrägungswinkel auf dem V-Zylinder
β_w Schrägungswinkel auf dem Wälzzylinder
β_y Schrägungswinkel auf dem Y-Zylinder
β_M Schrägungswinkel am Meßkreis
γ Steigungswinkel
γ Steigungswinkel auf dem Teilzylinder
γ_b Grundsteigungswinkel
δ Polarwinkel, Winkel zur Berechnung der Eingriffsstörung
ε Winkel, Berechnung der Eingriffsstörung
ε Überdeckung
ε_α Profilüberdeckung
$\varepsilon_{\alpha t}$ Profilüberdeckung im Stirnschnitt
$\varepsilon_{\alpha f}$ Eintritt-Profilüberdeckung
$\varepsilon_{\alpha a}$ Austritt-Profilüberdeckung
ε_β Sprungüberdeckung
ε_γ Gesamtüberdeckung
ζ Spezifisches Gleiten
ζ_f Spezifisches Gleiten im Endpunkt der Eingriffsstrecke
η Zahnlücken-Halbwinkel am Teilkreis
η Verzahnungs-Wirkungsgrad
η_b Grundlücken-Halbwinkel
η_f Zahnlücken-Halbwinkel am Fußkreis
η_v Zahnlücken-Halbwinkel am V-Kreis
η_w Zahnlücken-Halbwinkel am Wälzkreis
η_y Zahnlücken-Halbwinkel am Y-Kreis
η_{12} Wirkungsgrad, Rad 1 treibend
η_{21} Wirkungsgrad, Rad 2 treibend
κ Auslenkwinkel, Kopfrücknahmewinkel
λ Übertragungsfaktor
λ_N Übertragungsfaktor für Normalkraft

λ_R	Übertragungsfaktor für Reibkraft
μ	Reibwert
μ_w	Betriebsreibwert
μ_k	Klemmreibwert
ν	Winkel, Berechnung der Eingriffsstörung
ξ	Wälzwinkel der Evolvente
ξ_a	Wälzwinkel der Evolvente am Zahnkopfende
ξ_f	Wälzwinkel der Evolvente am Zahnfußende
ξ_{wt0}	Wälzwinkel am Erzeugungswälzkreis
ξ_y	Wälzwinkel der Evolvente im Punkt Y
ξ_{Fa0}	Wälzwinkel am Kopf-Formkreis des Schneidrades
ξ_{Ff}	Wälzwinkel am Fuß-Formkreis
ξ_{Na}	Wälzwinkel am Kopf-Nutzkreis
ξ_{Nf}	Wälzwinkel am Fuß-Nutzkreis
ρ	Krümmungshalbmesser, Rundungshalbmesser
ρ_{an}	Kopfkanten-Rundungshalbmesser im Stirnrad-Normalschnitt
ρ_{aP0}	Kopfkanten-Rundungshalbmesser des Werkzeug-Bezugsprofils
ρ_{a0}	Kopfkanten-Rundungshalbmesser am Werkzeug
ρ_f	Zahnfußradius
ρ_{fP}	Fußrundungsradius des Stirnrad-Bezugsprofils
ρ_y	Krümmungsradius der Evolvente im Punkt Y
ρ_μ	Reibungswinkel
τ	Teilungswinkel
φ	Überdeckungswinkel
φ	Zentriwinkel
φ_e	Zentriwinkel zwischen den Höchstwerten der Rundlaufabweichung F_{rV} und F_{rR}
φ_α	Profil-Überdeckungswinkel
φ_β	Sprung-Überdeckungswinkel
φ_γ	Gesamt-Überdeckungswinkel
ψ	Zahndicken-Halbwinkel am Teilkreis
ψ_a	Zahndicken-Halbwinkel am Kopfkreis
ψ_b	Grunddicken-Halbwinkel
ψ_n	Ersatz-Zahndicken-Halbwinkel
ψ_v	Zahndicken-Halbwinkel am V-Kreis
ψ_w	Zahndicken-Halbwinkel am Wälzkreis
ψ_y	Zahndicken-Halbwinkel am Y-Kreis
ω	Winkelgeschwindigkeit
ω_a	Momentane Winkelgeschwindigkeit des treibenden Rades
ω_{am}	Mittlere Winkelgeschwindigkeit des treibenden Rades
ω_b	Momentane Winkelgeschwindigkeit des getriebenen Rades
ω_{bm}	Mittlere Winkelgeschwindigkeit des getriebenen Rades
ΔW	Längendifferenz bei der Zahnweitenmessung
$\Delta\varphi$	Drehwinkel-Unterschied
Σ	Achsenwinkel
Σx	Summe der Profilverschiebungsfaktoren
Σz	Summe der Zähnezahlen

Indizes

-	ohne Index: Größen am Teilzylinder
a	für Größen am Zahnkopf oder für das treibende Rad oder auf den Achsabstand bezogen
b	für Größen am Grundzylinder oder für das getriebene Rad
e	für Größen in der Eingriffsebene oder für eine obere Grenze oder bei Außermittigkeit
f	für Größen am Zahnfuß
g	für "Gleiten"
i	für eine untere Grenze oder auf "Übersetzung" bezogen
k	für eine Anzahl von Zähnen, Teilungen oder Spannen
k	für Klemmreibwert und Klemm-Reibungswinkel
l	für "linkssteigend" bzw. "im Sinne einer Linksschraube"
m	für einen Mittelwert
max	für einen Höchstwert
min	für einen Mindestwert
n	für Größen im Normalschnitt (auch für Ersatz-Geradverzahnung einer Schrägverzahnung)
n_β, n_x	für Ersatz-Geradverzahnungen nach Verfahren 1 und 2
p	für Teilungs-Abweichungen
p	bezogen auf Planetenrad
pr	für Größen an der Protuberanz
r	für "rechtssteigend" bzw. "im Sinne einer Rechtsschraube" oder für "Rundlaufabweichung"
s	bezogen auf "Zahndicke"; bezogen auf Steg, auf Zeichenschablone
t	für Größen im Stirnschnitt oder in Tangentialrichtung
u	für einen Teilungssprung; für Unterschnitt
v	für Größen am V-Zylinder
w	für Größen am Wälzzylinder bzw. gemeinsame Größen eines Radpaares oder für "Welligkeit"

x	für Größen im Axialschnitt (in Richtung der Radachse) oder bezogen auf Profilverschiebung
Y	für Größen an einem Punkt Y (am Y-Zylinder)
z	bezogen auf einen Zahn oder die Zähnezahl
zul	zulässiger Grenzwert
B	bezogen auf Bauteile
E	bezogen auf "Erzeugung" (z.B. am Stirnrad erzeugte Größen) bzw. "Erzeugende"; bezogen auf Elastizität
F	für Formkreise (den maximal nutzbaren Flankenbereich bestimmende Größen)
H	Winkelabweichung im Flankenprüfbild
K	für Größen an Kantenbruch- oder Kantenbrechflanken bzw. bei Kugelmaßen
L	zur Bezeichnung eines Lehrzahnrades oder von Linksflanken
M	zur Bezeichnung eines Meßwertes; in bezug auf das Moment
N	für Nutzkreise (den vom Gegenrad genutzten (aktiven) Flankenbereich bestimmende Größen); bezüglich Normalkraft
P	für Größen des Stirnrad-Bezugsprofils
P0	für Größen des Werkzeug-Bezugsprofils
R	für Rückseite, zur Bezeichnung von Rechtsflanken oder von Größen bei einer Rollenmessung; bezüglich Reibkraft
S	für eine Teilungsspanne
SL	für Lagerspiel
V	für Vorderseite, für Vor-Verzahnwerkzeug, für Stirnrad-Vorverzahnung
W	für Zahnweiten-Messung
α	für Größen oder Abweichungen in einer Stirnschnittebene oder den Eingriff betreffend
β	für Größen oder Abweichungen an einer Flankenlinie
γ	für Gesamtüberdeckung
δ	für Neigung; für Temperatur
σ	für Taumeln
Σ	für Achsenwinkel
$\Sigma\beta$	für Unparallelität
0	für Größen am erzeugenden Werkzeug oder im Erzeugungsgetriebe
1	für Größen an dem kleineren Rad einer Radpaarung
2	für Größen an dem größeren Rad einer Radpaarung
'	für Größen bei Einflankeneingriff
"	für Größen bei Zweiflankeneingriff
*	zur Bezeichnung eines Faktors, mit dem eine Größe in Teilen oder Vielfachen des Normalmoduls oder der Zähnezahl ausgedrückt wird oder zur Bezeichnung eines Abmaßfaktors

Wenn sich aus dem Zusammenhang eine gewisse Eindeutigkeit ergibt, werden häufig Indizes eingespart. Es ist dann:

Bezeichnung	Bedeutung	Bezeichnung	Bedeutung
a	a_w, a_{wt}	h_f^*	h_{fn}^*, h_{ft}^*
d	d_t	h_{aP}^*	h_{aPn}^*
d_b	d_{bt}	h_{fP}^*	h_{fPn}^*
d_a	d_{at}	h_{FfP}^*	h_{FfPn}^*
d_f	d_{ft}	⋮	⋮
⋮	⋮	m	m_n
h_a	h_{an}, h_{at}	x	x_n
h_f	h_{fn}, h_{ft}	z	z_t
h_a^*	h_{an}^*, h_{at}^*		

8.2 Zeichen und Benennungen für Größen zur Tragfähigkeitsberechnung von Stirnrädern (Zylinderrädern)

b_{cal}	Rechnerische Zahnbreite in mm
b_{co}	Länge der Tragbildbreite (Kontaktmarkierung) in mm
b_e	Länge der Endrücknahme in mm
b_{red}	Verminderte Zahnbreite in mm
c_γ	Eingriffsfedersteifigkeit in N/(mm·μm)
c'	Einzelfedersteifigkeit in N/(mm·μm)
d_m	Mittlerer Durchmesser in mm
f_{be}	Komponente der Flankenlinienabweichung infolge Lagerverformung in μm
f_{ca}	Komponente der Flankenlinienabweichung infolge Gehäuseverformung in μm
f_f	Profil-Formabweichung in μm
f_{feff}	Effektive Profil-Formabweichung (Einlauf berücksichtigt) in μm
f_{ma}	Flankenlinienabweichung (herstellbedingt) in μm
f_{pe}	Eingriffsteilungsabweichung in μm
f_{peeff}	Effektive Eingriffsteilungsabweichung in μm

f_{sh}	Flankenlinienabweichung infolge Wellen- und Ritzelverformung in μm
h_{Fe}	Biegehebelarm für Fußbeanspruchung bei Kraftangriff im äußeren Einzeleingriffspunkt in mm
h_K	Knickhöhe am Protuberanzprofil in mm
l	Lagerabstand in mm
m_{red}	Reduzierte Masse in kg/mm
n_{E1}	Resonanzdrehzahl des Ritzels in s^{-1}
q	Gesamtnachgiebigkeit, Hilfsfaktor
q_s	Kerbparameter
q_{sT}	Kerbparameter bezogen auf das Prüfrad
s	Außermittigkeit in mm
s_c	Dicke der Farbschicht in μm
s_{Fn}	Zahnfußsehne in mm
w_m	Mittlere Umfangskraft pro Einheit Zahnbreite in N/mm
w_{max}	Maximale Umfangskraft pro Einheit Zahnbreite in N/mm
w_t	Maßgebende Umfangskraft pro Einheit Zahnbreite in N/mm
y_f	Einlaufbetrag für Profilabweichung in μm
y_{pe}	Einlaufbetrag für Teilungsabweichung in μm
y_α	Einlaufbetrag, um den die Eingriffsteilungsabweichung durch Einlaufen vermindert wird, in μm
y_β	Einlaufbetrag, um den die Flankenlinienabweichung durch Einlaufen vermindert wird, in μm
B_f, B_k, B_p	Dimensionslose Parameter zur Berücksichtigung der Auswirkung von Verzahnungsabweichungen und Profilkorrektur auf die dynamische Kraft
C_a	Kopfrücknahme in μm
C_c	Höhe der Balligkeit in μm
C_e	Höhe der Endrücknahme in μm
C_m	Gewichtungsfaktor (Blitztemperatur-Kriterium)
C_{v1}	Koeffizient, berücksichtigt Auswirkung von Teilungsabweichungen
C_{v2}	Koeffizient, berücksichtigt Auswirkung der Profilformabweichung
C_{v3}	Koeffizient, berücksichtigt Auswirkung der periodischen Änderung der Eingriffsfedersteifigkeit
C_{v4}	Koeffizient, berücksichtigt Resonanzschwingungen des Radpaares in Umfangsrichtung
C_{v5}	Koeffizient, berücksichtigt Auswirkung von Teilungsabweichungen
C_{v6}	Koeffizient, berücksichtigt Auswirkung der Profilformabweichung
C_{v7}	Koeffizient, setzt die höchste von außen aufgebrachte Zahnbelastung in Beziehung zur höchsten Zahnbelastung von ideal genauen Zahnrädern
C_{Zv}	Koeffizient zur Bestimmung des Geschwindigkeitsfaktor Z_v
C_{ZL}	Koeffizient zur Bestimmung des Schmierstoffaktors Z_L
C_{ZR}	Koeffizient zur Bestimmung des Rauheitsfaktors Z_R
C_1-C_9	Konstanten zur Bestimmung der Gesamtnachgiebigkeit q
C_2	Gewichtungsfaktor (Integraltemperatur-Kriterium)
E	Hilfsgröße zur Ermittlung des Formfaktors Y_F in mm
F_{bt}	Zahnnormalkraft im Stirnschnitt in N
F_m	Mittlere Umfangskraft am Teilkreis in N
F_{max}	Maximale Umfangskraft an der Zahnflanke in N
F_t	Nenn-Umfangskraft am Teilkreis im Stirnschnitt in N
F_{tH}	Maßgebende Umfangskraft in N
$F_{\beta x}$	Ursprünglich wirksame Flankenlinienabweichung in μm
$F_{\beta y}$	Wirksame Flankenlinienabweichung in μm
G	Hilfsgröße zur Ermittlung des Formfaktors Y_F
H	Hilfsgröße zur Ermittlung des Formfaktors Y_F
HB	Brinellhärte
HV1	Vickershärte bei $F = 9{,}8$ N
HV10	Vickershärte bei $F = 98{,}1$ N
K	Konstante zur Berechnung des Ritzelverhältnisfaktors γ
K_v	Dynamikfaktor
K_A	Anwendungsfaktor
$K_{B\alpha}$	Stirnfaktor Fressen
$K_{B\beta}$	Breitenfaktor Fressen
$K_{B\gamma}$	Schrägungsfaktor Fressen
$K_{F\alpha}$	Stirnfaktor Fuß
$K_{F\beta}$	Breitenfaktor Fuß
$K_{H\alpha}$	Stirnfaktor Flanke
$K_{H\beta}$	Breitenfaktor Flanke
N	Bezugsdrehzahl
N	Verhältniszahl Zahnbreite zu Zahnhöhe
N_L	Anzahl der Lastwechsel
R_{z100}	Gemittelte relative Rauhtiefe
S_B	Sicherheitsfaktor für Fressen (Blitztemperatur-Kriterium)
S_F	Sicherheitsfaktor für Fußbeanspruchung

S_H	Sicherheitsfaktor für Flankenpressung
$S_{S\,int}$	Sicherheitsfaktor für Fressen (Integraltemperatur-Kriterium)
X_B	Geometriefaktor
$(X_B)_E$	Geometriefaktor (Zahnkopf)
X_{Ca}	Kopfrücknahmefaktor
X_M	Blitzfaktor in $K \cdot N^{-3/4} \cdot s^{-1/2} \cdot m^{-1/2}$
X_Q	Eingriffsfaktor
$X_{W\,rel\,T}$	Gefügefaktor bezogen auf das Prüfrad
X_ε	Überdeckungsfaktor (Fressen)
X_Γ	Aufteilungsfaktor
Y_X	Größenfaktor für Zahnfußfestigkeit
Y_F	Formfaktor
Y_{NT}	Lebensdauerfaktor (Fuß) bezogen auf Prüfradabmessungen
$Y_{R\,rel\,T}$	Relativer Oberflächenfaktor bezogen auf die Verhältnisse am Prüfrad
Y_S	Spannungskorrekturfaktor
Y_{ST}	Spannungskorrekturfaktor für die Prüfradabmessungen
Y_β	Schrägenfaktor (Fuß)
Y_δ	Stützziffer
$Y_{\delta\,rel\,T}$	Relative Stützziffer bezogen auf die Verhältnisse am Prüfrad
$Y_{\delta T}$	Stützziffer des Prüfrades
Y_ε	Überdeckungsfaktor (Fuß)
Z_v	Geschwindigkeitsfaktor
Z_B	Ritzel-Eingriffsfaktor
Z_E	Elastizitätsfaktor in $\sqrt{N/mm^2}$
Z_H	Zonenfaktor
Z_L	Schmierstoffaktor
Z_{NT}	Lebensdauerfaktor für Flankenpressung
Z_R	Rauheitsfaktor für Flankenpressung
Z_W	Werkstoffpaarungsfaktor
Z_X	Größenfaktor für Flankenpressung
Z_β	Schrägenfaktor (Flanke)
Z_ε	Überdeckungsfaktor (Flanke)
α_{pro}	Protuberanzwinkel in °
α_{Fen}	Kraftangriffswinkel im äußeren Einzel-Eingriffspunkt in °
γ	Ritzelverhältnisfaktor
γ_e	Hilfswinkel (Zahndickenhalbwinkel) in °
ϑ	Hilfswinkel in rad
ϑ_{crit}	Kritische Kontakttemperatur in °C
ϑ_{fla}	Blitztemperatur in °C
$\vartheta_{fla\,E}$	Blitztemperatur im Kopfeingriffspunkt E in °C
$\vartheta_{fla\,int}$	Mittlere Blitztemperatur über den Eingriff in °C
$\vartheta_{fla\,int\,T}$	Mittlere Blitztemperatur über den Eingriff am Prüfrad in °C
ϑ_{int}	Integraltemperatur in °C
ϑ_{oil}	Öltemperatur in °C
ϑ_B	Momentane Kontakttemperatur in °C
ϑ_M	Massentemperatur in °C
ϑ_{MT}	Massentemperatur bezogen auf das Prüfrad in °C
ϑ_S	Freßtemperatur nach Blitztemperatur-Kriterium in °C
$\vartheta_{S\,int}$	Freßtemperatur nach Integraltemperatur-Kriterium in °C
μ_m	Über Eingriffsstrecke gemittelte Reibungszahl
μ_{mY}	Mittlere örtliche Reibungszahl
ν_{40}	Kinematische Viskosität bei 40°C in mm^2/s
ν_{50}	Kinematische Viskosität bei 50°C in mm^2/s
ρ	Dichte in kg/mm^3
ρ_{a0}	Kopfrundungsradius am Werkzeug in mm
ρ_F	Fußausrundungsradius in mm
ρ'	Gleitschichtbreite in mm
σ_F	Zahnfußbeanspruchung in N/mm^2
$\sigma_{F\,lim}$	Biege-Nenn-Dauerfestigkeit des Prüfrades in N/mm^2
σ_{FP}	Zulässige Zahnfußbeanspruchung in N/mm^2
σ_{F0}	Örtliche Zahnfußspannung in N/mm^2
σ_H	Flankenpressung (Hertzsche Pressung) in N/mm^2
$\sigma_{H\,lim}$	Dauerfestigkeitswert für Flankenpressung in N/mm^2
σ_{HP}	Zulässige Flankenpressung (zul. Hertzsche Pressung) in N/mm^2
$\sigma_{0\,lim}$	Nenn-Biegeschwell-Dauerfestigkeit der ungekerbten, polierten Probe in N/mm^2
χ	bezogenes Spannungsgefälle im Kerbgrund in mm^{-1}
χ_T^*	bezogenes Spannungsgefälle im Kerbgrund am Prüfrad in mm^{-1}

8.3 Zusammenfassung wichtiger Gleichungen

8.3.1 Gleichungen für Stirnräder (Zylinderräder), soweit nicht in Abschnitt 8.4 enthalten

Abmaß

$$A_e = -16 \cdot D^{0,44} \cdot 10^{-3} \quad \text{(für Feld d)} \tag{6.7}$$

$$A_i = -(16 \cdot D^{0,44} \cdot 10^{-3} + i \cdot K) \quad \text{(bis 500 mm)} \tag{6.9}$$

$$A_i = -(16 \cdot D^{0,44} \cdot 10^{-3} + I \cdot K) \quad \text{(ab 500 mm)} \tag{6.10}$$

$$A_{st} \Rightarrow A_{sn}/\cos\beta \tag{6.14}$$

$$A_{ste} = A_{sne}/\cos\beta \tag{6.14-1}$$

$$A_{sti} = A_{sni}/\cos\beta \tag{6.14-2}$$

$$A_{at} \approx> A_a \cdot \frac{2 \cdot \tan\alpha_n}{\cos\beta} \Rightarrow A_a \cdot 2\tan\alpha_t \tag{6.15}$$

$$A_{at} \Rightarrow A_a \cdot 2\tan\alpha_{wt} \tag{6.15-1}$$

$$A_i \leqq \text{Istabmaß} \leqq A_e \tag{6.22}$$

$$A \Rightarrow 0^{A_e}_{A_i} \tag{6.23}$$

$$0^{\Sigma A_{ste}}_{\Sigma A_{sti}} \Rightarrow -0^{-j_{t\,max}}_{-j_{t\,min}} + 0^{A_{\vartheta Gti}}_{A_{\vartheta Gte}} + 0^{A_{EGti}}_{A_{EGte}} + 0^{A_{BGti}}_{A_{BGte}} +$$
$$+ 0^{A_{ati}}_{A_{ate}} - 0^{-A_{\vartheta Rte}}_{-A_{\vartheta Rti}} - 0^{-A_{QRte}}_{-A_{QRti}} - 0^{-A_{BRte}}_{-A_{BRti}} +$$
$$- 0^{-A_{\Sigma\beta te}}_{-A_{\Sigma\beta ti}} - 0^{-A_{ERte}}_{-A_{ERti}} - 0^{-\Sigma A_{Fte}}_{-\Sigma A_{Fti}} \tag{6.29}$$

$$\Sigma A_{ste} = -j_{tmax} + A_{\vartheta Gti} + A_{EGti} + A_{BGti} + A_{ati} - A_{\vartheta Rte} +$$
$$- A_{QRte} - A_{BRte} - A_{\Sigma\beta te} - A_{ERte} - \Sigma A_{Fte} \tag{6.30}$$

$$\Sigma A_{sti} = -j_{tmin} + A_{\vartheta Gte} + A_{EGte} + A_{BGte} + A_{ate} - A_{\vartheta Rti} +$$
$$- A_{QRti} - A_{BRti} - A_{\Sigma\beta ti} - A_{ERti} - \Sigma A_{Fti} \tag{6.31}$$

$$A_{ate} \approx A_{ae} \cdot \frac{2 \cdot \tan\alpha_n}{\cos\beta} \tag{6.15-2}$$

$$A_{ati} \approx A_{ai} \cdot \frac{2 \cdot \tan\alpha_n}{\cos\beta} \tag{6.15-3}$$

$$A_\vartheta \Rightarrow a \cdot \Delta\vartheta \cdot \alpha_\vartheta \cdot \frac{2 \cdot \tan\alpha_n}{\cos\beta} \Rightarrow 0^{A_{\vartheta e}}_{A_{\vartheta i}} \tag{6.32}$$

$$A_{Qt} \Rightarrow \frac{1}{3} w \cdot a \cdot \frac{2 \cdot \tan\alpha_n}{\cos\beta} \Rightarrow 0^{A_{Qte}}_{A_{Qti}} \qquad (6.33)$$

$$A_{Et} \Rightarrow A_{Ete} \Rightarrow A_E \cdot \frac{2 \cdot \tan\alpha_n}{\cos\beta} \Rightarrow 0^{A_{Ete}}_{0} \qquad (6.34)$$

$$A_{Bt} \Rightarrow A_B \cdot \frac{2 \cdot \tan\alpha_n}{\cos\beta} \Rightarrow 0^{A_{Be}}_{A_{Bi}} \qquad (6.35)$$

$$A_{Ft} \Rightarrow A_{Fte} \Rightarrow \sqrt{\left(\frac{F_\beta}{\cos\alpha_t}\right)^2 + \left(\frac{F_f}{\cos\alpha_t}\right)^2 + f_p^{\,2}} \Rightarrow 0^{A_{Fte}}_{0} \qquad (6.36)$$

$$A_{\Sigma\beta} \Rightarrow A_{\Sigma\beta e} \Rightarrow f_{\Sigma\beta} \cdot \frac{b}{L_G} \Rightarrow 0^{\Sigma\beta_e}_{0} \qquad (6.37)$$

$$A_{SL} \Rightarrow 0^{A_{SLe}}_{A_{SLi}} \Rightarrow 0^{+S_L/2}_{-S_L/2} \qquad (6.41)$$

$$A_{frw} \Rightarrow 0^{A_{frwe}}_{A_{frwi}} \Rightarrow 0^{+f_{rw}/2}_{-f_{rw}/2} \qquad (6.42)$$

$$A_a \Rightarrow 0^{A_{ae}}_{A_{ai}} \qquad (6.43)$$

$$A_{at} \Rightarrow 0^{A_{ae} \cdot (2\tan\alpha_n/\cos\beta)}_{A_{ai} \cdot (2\tan\alpha_n/\cos\beta)} \Rightarrow 0^{A_{ate}}_{A_{ati}} \qquad (6.44)$$

$$A_{st} \Rightarrow 0^{A_{ste}}_{A_{sti}} \Rightarrow 0^{A_{sne} \cdot (1/\cos\beta)}_{A_{sni} \cdot (1/\cos\beta)} \qquad (6.45)$$

$$A_{SLt} \Rightarrow 0^{+S_L \cdot \tan\alpha_{wte}}_{-S_L \cdot \tan\alpha_{wti}} \Rightarrow 0^{+A_{SLte}}_{-A_{SLti}} \qquad (6.46)$$

$$A_{frwt} \Rightarrow 0^{+f_{rw} \cdot \tan\alpha_{wte}}_{-f_{rw} \cdot \tan\alpha_{wti}} \Rightarrow 0^{+A_{frwte}}_{-A_{frwti}} \qquad (6.47)$$

$$A_{sti} = \frac{A_{sne} - T_{sn}}{\cos\beta} \qquad (6.56)$$

$$A_{sn} \Rightarrow A_{Wn}/\cos\alpha_P \approx\!> 1{,}064 \cdot A_{Wn} \ (\text{für } \alpha_P = 20°) \qquad (6.57)$$

Achsabstand

$$a_v = r_{v1} + r_{v2} = r_1 + r_2 + (x_1 + x_2) \cdot m \qquad (2.45)$$

$$= \left(\frac{z_1 + z_2}{2} + x_1 + x_2\right) \cdot m \quad \text{(Geradverzahnung)}$$

$$r_{v1} = r_1 + x_1 \cdot m \; ; \; r_{v2} + x_2 \cdot m \qquad (2.45\text{-}1)\ (2.45\text{-}2)$$

$$a_d \cdot \cos\alpha = a \cdot \cos\alpha_w = a_v \cdot \cos\alpha_v \qquad (2.48)$$

$$a = r_{wt1} + r_{wt2} = \frac{(z_1+z_2)\cdot m_n}{2\cdot\cos\beta} \cdot \frac{\cos\alpha_t}{\cos\alpha_{wt}} \qquad (3.52)$$

$$a = a_v \cdot \frac{\cos\alpha_v}{\cos\alpha_w} \qquad (2.48\text{-}2)$$

$$a - a_d = y \cdot m \neq 0 \qquad (2.51)$$

$$a_v = \left(\frac{z_1 + z_2}{2\cos\beta} + x_1 + x_2\right) \cdot m_n \text{ (Schrägverzahnung)} \qquad (3.55\text{-}1)$$

Diametral Pitch (siehe auch Modul)

$P = w/m$ in 1/Zoll (2.21)

$w = 25{,}4$ in mm/Zoll (2.21-1)

$P = 25{,}4/m$ in 1/Zoll (2.21-2)

$P \cdot m = 25{,}4$ in mm/Zoll (2.21-4)

Durchmesser (siehe Radien)

Drehmomente

$M_1 : M_2 : M_s = \text{konst.}$ (Umlaufgetriebe) (4.19)

$M_1 + M_2 + M_s = 0$ (4.20)

Drehzahlen

$$n_1 - n_2 \cdot i_0 - n_s(1 - i_0) = 0 \qquad (4.10)$$

Eingriffsstörung

$$A = |r_{at2}| \cdot \sin\xi_2 - r_{at1} \cdot \sin\xi_1 > 0 \qquad (4.71)$$

Eingriffsstrecken

$$\overline{T_1C} \geqq \overline{F_1C} \geqq \overline{AC} = g_f \qquad (2.78)$$

$$\overline{T_2C} \geqq \overline{F_2C} \geqq \overline{EC} = g_a \qquad (2.79)$$

$$\overline{AE} = \overline{AC} + \overline{CE} \qquad (2.74)$$

$$\overline{AE} = \sqrt{r_{Na1}^2 - r_{b1}^2} + \frac{z_2}{|z_2|}\sqrt{r_{Na2}^2 - r_{b2}^2} - (r_{b1}+r_{b2})\cdot\tan\alpha_w \qquad (2.77)$$

$$g_{\alpha t} = g_{\alpha n}\cdot\cos\beta_b \qquad (3.74)$$

$$g_\beta = b\cdot\tan\beta_b \qquad (3.77)$$

$$g_{ft} = m_n\cdot\left[\frac{z_2}{|z_2|}\sqrt{\left(\frac{z_2}{2\cos\beta} + h_{NaP2}^* + x_2\right)^2 - \left(\frac{z_2\cos\alpha_t}{2\cdot\cos\beta}\right)^2} + \right.$$
$$\left. - \frac{z_2\cdot\cos\alpha_t}{2\cdot\cos\beta}\cdot\tan\alpha_{wt}\right] \qquad (5.35)$$

$$g_{at} = m_n\cdot\left[\sqrt{\left(\frac{z_1}{2\cdot\cos\beta} + h_{NaP1}^* + x_1\right)^2 - \left(\frac{z_1\cos\alpha_t}{2\cdot\cos\beta}\right)^2} + \right.$$
$$\left. - \frac{z_1\cos\alpha_t}{2\cdot\cos\beta}\cdot\tan\alpha_{wt}\right] \qquad (5.36)$$

Eingriffswinkel

$$\alpha = \alpha_0 = \alpha_{w0} = \alpha_P = \alpha_{P0} \qquad (2.27)$$
(Bezugsprofil geradflankig)

$$\mathrm{inv}\alpha_{wt} = \frac{x_1 + x_2}{z_1 + z_2}\,2\tan\alpha_n + \mathrm{inv}\alpha_t \qquad (3.53)$$

$$\cos\alpha_{wte} = \frac{a_d\cdot\cos\alpha_t}{a + A_{ae} + \frac{f_{rw1}}{2} + \frac{f_{rw2}}{2} + \frac{S_{L1}}{2} + \frac{S_{L2}}{2}} \qquad (6.54)$$

$$\cos\alpha_{wti} = \frac{a_d\cdot\cos\alpha_t}{a + A_{ai} - \frac{f_{rw1}}{2} - \frac{f_{rw2}}{2} - \frac{S_{L1}}{2} - \frac{S_{L2}}{2}} \qquad (6.55)$$

Ersatzzähnezahlen

$$z_{nx} = \frac{z}{\cos^2\beta_b\cdot\cos\beta} = z_{nx}^*\cdot z \qquad (3.16)$$

$$z_{n\beta} = \frac{z}{\cos^3\beta} = z_{n\beta}^*\cdot z \qquad (8.45)$$

$$\bar{z}_n = \frac{z}{\cos^3\beta_b} = \bar{z}_n^*\cdot z \qquad (8.69)$$

Flankenspiel

$$j_t \Rightarrow A_{at} - \Sigma A_{st} \tag{6.16}$$

$$j_t \Rightarrow \Sigma A_{t\,\mathrm{rechts}} - \Sigma A_{t\,\mathrm{links}} \Rightarrow 0^{\Sigma A_{et\,\mathrm{rechts}} - \Sigma A_{it\,\mathrm{links}}}_{\Sigma A_{it\,\mathrm{rechts}} - \Sigma A_{et\,\mathrm{links}}} \tag{6.17}$$

$$j_t \Rightarrow 0^{A_{ate}}_{A_{ati}} - \left(0^{A_{ste1}}_{A_{sti1}} + 0^{A_{ste2}}_{A_{sti2}}\right) \Rightarrow 0^{A_{ate}-A_{sti1}-A_{sti2}}_{A_{ati}-A_{ste1}-A_{ste2}} \tag{6.18}$$

$$|A_{sne1}| \geqq |A_{ai}| \tag{6.19}$$

$$|A_{sne2}| \geqq |A_{ai}| \tag{6.20}$$

$$j_t = A_{\vartheta Gt}+A_{EGt}+A_{BGt}+A_{at}-(A_{\vartheta Rt}+A_{QRt}+A_{BRt}+A_{\Sigma\beta t}+A_{ERt}+$$
$$+ \Sigma A_{Ft}+\Sigma A_{st}) \tag{6.21}$$

$$j_t \Rightarrow 0^{j_{t\,max}}_{j_{t\,min}} \tag{6.24}$$

$$j_t \Rightarrow 0^{j_{t\,max}}_{j_{t\,min}} \Rightarrow 0^{A_{\vartheta Gte}}_{A_{\vartheta Gti}} + 0^{A_{EGte}}_{A_{EGti}} + 0^{A_{BGte}}_{A_{BGti}} + 0^{A_{ate}}_{A_{ati}} +$$
$$- \left[0^{A_{\vartheta Rte}}_{A_{\vartheta Rti}} + 0^{A_{QRte}}_{A_{QRti}} + 0^{A_{BRte}}_{A_{BRti}} + 0^{A_{\Sigma\beta te}}_{A_{\Sigma\beta ti}} + 0^{A_{ERte}}_{A_{ERti}} +\right.$$
$$\left. + 0^{\Sigma A_{Fte}}_{\Sigma A_{Fti}} + 0^{\Sigma A_{ste}}_{\Sigma A_{sti}}\right] \tag{6.26}$$

Entsprechend Gl. (6.26) (Vorzeichen)

$$j_t \Rightarrow 0^{j_{t\,max}}_{j_{t\,min}} \Rightarrow 0^{A_{\vartheta Gte}}_{A_{\vartheta Gti}} + 0^{A_{EGte}}_{A_{EGti}} + 0^{A_{BGte}}_{A_{BGti}} + 0^{A_{ate}}_{A_{ati}} +$$
$$- 0^{-A_{\vartheta Rti}}_{-A_{\vartheta Rte}} - 0^{-A_{QRti}}_{-A_{QRte}} - 0^{-A_{BRti}}_{-A_{BRte}} - 0^{-A_{\Sigma\beta ti}}_{-A_{\Sigma\beta te}} - 0^{-A_{ERti}}_{-A_{ERte}} +$$
$$- 0^{-\Sigma A_{Fti}}_{-\Sigma A_{Fte}} - 0^{-\Sigma A_{sti}}_{-\Sigma A_{ste}} \tag{6.26-1}$$

$$j_{t\,max} = A_{\vartheta Gte} + A_{EGte} + A_{BGte} + A_{ate} - A_{\vartheta Rti} - A_{QRti} +$$
$$- A_{BRti} - A_{\Sigma\beta ti} - A_{ERti} - \Sigma A_{Fti} - \Sigma A_{sti} \tag{6.27}$$

$$j_{t\,min} = A_{\vartheta Gti} + A_{EGti} + A_{BGti} + A_{ati} - A_{\vartheta Rte} - A_{QRte} +$$
$$- A_{BRte} - A_{\Sigma\beta te} - A_{ERte} - \Sigma A_{Fte} - \Sigma A_{ste} \tag{6.28}$$

$$j_t \Rightarrow -A_{st2} + A_{frwt1} + A_{frwt2} + A_{SLt1} + A_{SLt2} + A_{at} - A_{st1} \quad (6.48)$$

$$j_t \Rightarrow -0^{-A_{sti1}}_{-A_{ste1}} -0^{-A_{sti2}}_{-A_{ste2}} + 0^{+A_{frwte1}}_{-A_{frwti1}} + $$
$$+0^{+A_{frwte2}}_{-A_{frwti2}} + 0^{+A_{SLte1}}_{-A_{SLti1}} + 0^{+A_{SLte2}}_{-A_{SLti2}} + 0^{A_{ate}}_{A_{ati}} \quad (6.49)$$

$$j_{t\,max} = -A_{sti1} - A_{sti2} + A_{frwte1} +$$
$$+ A_{frwte2} + A_{SLte1} + A_{SLte2} + A_{ate} \quad (6.50)$$

$$j_{t\,min} = -A_{ste1} - A_{ste2} - A_{frwti1} +$$
$$- A_{frwti2} - A_{SLti1} - A_{SLti2} + A_{ati} \quad (6.51)$$

$$j_{t\,max} = -\frac{A_{sni1}+A_{sni2}}{\cos\beta} +$$
$$+(2A_{ae}+A_{frwe1}+A_{frwe2}+A_{SLe1}+A_{SLe2})\cdot\tan\alpha_{wte} \quad (6.52)$$

$$j_{t\,min} = -\frac{A_{sne1}+A_{sne2}}{\cos\beta} +$$
$$+(2A_{ai}-A_{frwi1}-A_{frwi2}-A_{SLi1}-A_{SLi2})\cdot\tan\alpha_{wti} \quad (6.53)$$

$$j_t = \frac{2\pi}{360\cdot 60}\cdot r\cdot j_t' \quad (6.58)$$

Geschwindigkeiten

$$v_{n1} = v_{n2} \quad (1.4)$$

$$v_t = r\cdot\omega \quad (2.23\text{-}2)$$

$$v_{r1} = \rho_{y1}\cdot\omega_1 = (\overline{T_1C}+g_{\alpha y})\cdot\omega_1 \quad (2.84)$$

$$v_{r2} = \rho_{y2}\cdot\omega_2 = (\overline{T_2C}-g_{\alpha y})\cdot\omega_2 \quad (2.85)$$

$$v_t = \frac{z}{2}\cdot m\cdot\omega \quad (2.23\text{-}3)$$

Gleitgeschwindigkeiten

$$v_{g1} = v_{r1}-v_{r2} \quad (2.83)$$

$$v_{g2} = v_{r2}-v_{r1} = -v_{g1} \quad (2.88)$$

$$v_g = \omega_1\cdot g_{\alpha y} \quad (2.87\text{-}1)$$

$$v_{gf} = \omega_1 \cdot g_f \qquad (2.87\text{-}2)$$

$$v_{ga} = \omega_1 \cdot g_a \qquad (2.87\text{-}3)$$

Kopfhöhenänderung

$$k = k^* \cdot m_n = a - a_v = (y - \Sigma x_{(n)}) \cdot m_n \qquad (2.59)$$

$$k^* = y - \Sigma x_{(n)} \qquad (2.59\text{-}1)$$

Kopfspiel

$$c = -r_{a1} + a - r_{f2(0)} \qquad (4.54\text{-}1)$$

Kreisevolvente (Kartesische Koordinaten)

$$\xi_y = \alpha_y + \vartheta_y \qquad (2.9)$$

$$x_y = r_b(\cos\xi_y + \operatorname{arc}\xi_y \cdot \sin\xi_y) \qquad (2.10)$$

$$y_y = r_b(\sin\xi_y - \operatorname{arc}\xi_y \cdot \cos\xi_y) \qquad (2.11)$$

Lückenweite

$$e_t = \frac{m_n}{\cos\beta}\left(\frac{\pi}{2} + 2 \cdot x \cdot \tan\alpha_n\right) \qquad (4.77)$$

Leistung

$$M_2 \cdot \omega_2 = -M_1 \cdot \omega_1 \cdot \eta_{12} \qquad \text{(Antrieb Rad 1)} \qquad (4.21)$$

$$M_1 \cdot \omega_1 = -M_2 \cdot \omega_2 \cdot \eta_{21} \qquad \text{(Antrieb Rad 2)} \qquad (4.22)$$

$$P = M \cdot \omega > 0 \qquad \text{(Antriebsleistung)} \qquad (4.25)$$

$$P = M \cdot \omega < 0 \qquad \text{(Abtriebsleistung)} \qquad (4.26)$$

Maße, tolerierte (siehe 8.3.2)

Modul (siehe auch Diametral Pitch)

$$m = \frac{25{,}4}{P} \text{ in mm} \qquad (2.21\text{-}3)$$

Nennmaßbereich

$$D = \sqrt{D_i \cdot D_e} \qquad (6.3)$$

Normalkraft (siehe Übertragungsfaktoren)

Passung (siehe auch 8.3.2)

$$0 < P = P_S \quad (6.12)$$

$$0 > P = P_Ü \quad (6.13)$$

$$P_{et} = j_{tmax} = \Sigma A_{etrechts} - \Sigma A_{itlinks} \quad (6.17\text{-}1)$$

$$P_{it} = j_{tmin} = \Sigma A_{itrechts} - \Sigma A_{etlinks} \quad (6.17\text{-}2)$$

$$P_{Tjt} = j_{tmax} - j_{tmin} \quad (6.25)$$

Polarwinkel

$$\text{arc}\,\vartheta_y = \tan\alpha_y - \text{arc}\,\alpha_y \quad (2.6)$$

$$\text{arc}\,\vartheta_y = \text{inv}\,\alpha_y \quad (2.8)$$

Profilverschiebung

$$x_t \cdot m_t = x_n \cdot m_n \quad (3.36)$$

Profilverschiebungsfaktor

$$x_t = x_{(n)} \cdot \cos\beta \quad (3.12)$$

Profilwinkel im Kopfzylinder

$$\cos\alpha_a = \frac{r_b}{r_a} = \frac{z \cdot \cos\alpha_P}{z+2x+2h^*_{aP}+2k^*} \quad (2.41)$$

Radien

$$r_{Fft} \geqq r_{bt} \quad (2.1)$$

$$r_{Fat} \leqq r_{at} \quad (2.2)$$

$$r_{yt} = \frac{r_{bt}}{\cos\alpha_{yt}} \quad (2.3)$$

$$r_{w0} = r = \frac{r_b}{\cos\alpha_P} \quad (2.3\text{-}1)$$

$$r_w = \frac{r_b}{\cos\alpha_w} \quad (2.3\text{-}2)$$

$\rho_y = r_b \cdot \mathrm{arc}(\alpha_y + \vartheta_y)$ (2.4)

$\rho_y = r_b \cdot \tan\alpha_y$ (2.5)

$r + x \cdot m - h^*_{FfP} \cdot m \geq r_b \cdot \cos\alpha_{w0}$ (2.25)

$r_a = (\frac{z}{2} + x + h^*_{aP} + k^*) \cdot m_n$ (2.35-1)

$r_f = (\frac{z}{2} + x - h^*_{FfP} - c^*_P) \cdot m_n$ (2.36-1)

$(r_1 + r_2) \cdot \cos\alpha = (r_{w1} + r_{w2}) \cdot \cos\alpha_w = r_{b1} + r_{b2}$ (2.46)

$r_a \geq r_{Fa} \geq r_{Na}$ (Außenverzahnung und (2.72)

$r_f < r_{Ff} \leq r_{Nf}$ Innenverzahnung) (2.73)

$|r_a| \leq |r_{Fa}| \leq |r_{Na}|$ (Nur für (2.72-1)

$|r_f| > |r_{Ff}| \geq |r_{Nf}|$ Innenverzahnung) (2.73-1)

$r_n = \frac{a^2}{b} = \frac{1}{\cos^2\beta_b} \cdot r_t$ (3.13)

$r_n = \frac{z_n}{2} \cdot m_n$ (3.14)

$r_t = \frac{z(t)}{2} \cdot m_t$ (3.15)

$r_t = \frac{z(t) \cdot m_n}{2 \cdot \cos\beta}$ (3.34)

$r_{yt} = r_t \pm h_{y(t)}$ (3.35)

$r_{vt} = r_t + x_n \cdot m_n$ (3.37)

$|r_{a2}| < |r_{f2}|$ (Innenverzahnung) (4.29)

$r_{a2} > r_{f2}$ (Innenverzahnung) (4.29-1)

$|r_{a2}| \geq |r_{b2}|$ (Innenverzahnung) (4.31)

$r_{a2} \leq r_{b2}$ (Innenverzahnung) (4.31-1)

$r_{f2(0)} = a_0 - r_{a0}$ (Innenverzahnung) (4.53)

$r_{a1soll} = a - r_{f2(0)} - c_P$ (4.54)

$r_{Fft1} = r_{Nft1(0)} \leq r_{Nft1(2)}$ (4.55)

$r_{Fft1} = r_{Nft1(0)} =$

$$+\sqrt{(a_0 \sin\alpha_{wt0} - \sqrt{r_{Fat0}^2 - r_{bt0}^2})^2 + r_{bt1}^2} \qquad (4.56)$$

$r_{Nft1(2)} =$

$$+\sqrt{(a \sin\alpha_{wt} - \frac{z_2}{|z_2|} \cdot \sqrt{r_{Fat2}^2 - r_{bt2}^2})^2 + r_{bt1}^2} \qquad (4.57)$$

$r_{Fat2(0)} =$

$$\frac{z_2}{|z_2|} \cdot \sqrt{(a_0 \sin\alpha_{wt0} - \sqrt{r_{Fft0}^2 - r_{bt0}^2})^2 + r_{bt2}^2} \qquad (4.58)$$

$r_{Fft1} = r_{Nft1(0)} =$

$$m_n \cdot \left[+ \sqrt{\left(\frac{z_1}{2 \cdot \cos\beta} - h_{Fan0}^* + x_n\right)^2 + \left(\frac{h_{Fan0}^* - x_n}{\tan\alpha_t}\right)^2} \right] \qquad (4.59)$$

$r_{Fft2} = r_{Nft2(0)} =$

$$\frac{z_2}{|z_2|} \cdot \sqrt{(a_0 \sin\alpha_{wt0} - \sqrt{r_{Fat0}^2 - r_{bt0}^2})^2 + r_{bt2}^2} \qquad (4.61)$$

$r_{Nft2(1)} =$

$$\frac{z_2}{|z_2|} \cdot \sqrt{(a \sin\alpha_{wt} - \sqrt{r_{Fat1}^2 - r_{bt1}^2})^2 + r_{bt2}^2} \qquad (4.62)$$

$$r_{Fft2} = r_{Nft2(0)} \leqq r_{Nft2(1)} \qquad (4.60)$$

$$|r_{Nft2(0)}| \geqq |r_{Nft2(1)}| \qquad (4.60\text{-}1)$$

Reibkraft (siehe Übertragungsfaktoren)

Reibwert

$$\mu = \frac{|F_R|}{|F_N|} \qquad (2.99)$$

$$\rho = \arctan\mu \qquad (2.117\text{-}1)$$

Spezifisches Gleiten

$$\zeta_1 = \frac{v_{g1}}{v_{r1}} = \frac{v_{r1}-v_{r2}}{v_{r1}} = 1 - \frac{v_{r2}}{v_{r1}} \qquad (2.91)$$

$$\zeta_2 = \frac{v_{g2}}{v_{r2}} = \frac{v_{r2}-v_{r1}}{v_{r2}} = 1 - \frac{v_{r1}}{v_{r2}} \qquad (2.92)$$

Störfaktor

$$K = \frac{\varphi+\nu}{|u|\cdot(\delta-\varepsilon)} > 1 \qquad (4.64)$$

Teilkreisabstandsfaktor

$$y = \frac{z_1+z_2}{2}\cdot\left(\frac{\cos\alpha_P}{\cos\alpha_w} - 1\right) \qquad (2.52)$$

Teilungen

$$p = \pi\cdot m \qquad (2.13)$$

$$p_s = \frac{p}{n_s} \quad \text{(Schablone)} \qquad (2.14)$$

$$p = 2\pi\cdot\frac{r}{z} \qquad (2.16)$$

$$p_w = 2\pi\cdot\frac{r_w}{z} = 2\pi\cdot\frac{r_{w1}}{z_1} = 2\pi\cdot\frac{r_{w2}}{z_2} \qquad (2.16\text{-}1)$$

$$p_b = p\cdot\cos\alpha = \frac{2\cdot\pi\cdot r}{z}\cdot\cos\alpha \qquad (2.18)$$

$$p = s + e \qquad (2.19)$$

$$p_b = s_b + e_b \qquad (2.19\text{-}1)$$

$$p_a = s_a + e_a \qquad (2.19\text{-}2)$$

$$p_w = s_{w1} + s_{w2} \qquad (2.64)$$

$$p_e = p_b \qquad (2.70)$$

$$p_{at} = s_{at} + e_{at} \qquad (3.45)$$

$$p_{et} = p_{en}/\cos\beta_b \qquad (3.75)$$

$$p_x = p_{et}\cdot\cot\beta_b \qquad (3.80)$$

Teilungswinkel

$$\tau = \frac{2\pi}{z} \quad \text{in Radiant} \tag{2.17}$$

$$\tau = \frac{360°}{z} \quad \text{in Grad} \tag{2.17-1}$$

Toleranzen (siehe auch Abschnitt 8.3.2)

$$i = (0,45 \cdot \sqrt[3]{D} + 0,001 \cdot D) \cdot 10^{-3} \quad \text{in mm} \tag{6.1}$$

$$I = (0,004 \cdot D + 2,1) \cdot 10^{-3} \quad \text{in mm} \tag{6.2}$$

$$K = 10 \cdot 10^{\frac{n-6}{5}} \tag{6.4}$$

$$T_g = i \cdot K \quad \text{(bis 500 mm)} \tag{6.5}$$

$$T_g = I \cdot K \quad \text{(über 500 mm)} \tag{6.6}$$

$$T_g = A_e - A_i \tag{6.8}$$

$$T_B = T_a - f_{rLa1} - f_{rLa2} \tag{6.38}$$

$$f_{rw} = f_{rW} + f_{rB} + f_{rLi} < 2 \cdot f_i'' \tag{6.39}$$

Überdeckungen

$$\varepsilon_\alpha = \frac{\overline{AE}}{p_e} \tag{2.80}$$

$$\varepsilon_\alpha = \frac{1}{\pi \cdot m \cdot \cos\alpha_P} \cdot \left[\sqrt{r_{Na1}^2 - r_{b1}^2} + \frac{z_2}{|z_2|} \sqrt{r_{Na2}^2 - r_{b2}^2} + - (r_{b1} + r_{b2}) \cdot \tan\alpha_w \right] \tag{2.82}$$

$$\varepsilon_t = \frac{g_t}{p_{et}} \tag{3.64}$$

$$\varepsilon_{\alpha n} = \frac{\overline{A_n E_n}}{p_{en}} = \frac{g_{\alpha n}}{p_{en}} \tag{3.72}$$

$$\varepsilon_{\alpha t} = \varepsilon_{\alpha n} \cdot \cos^2\beta_b \tag{3.76}$$

$$\varepsilon_{\alpha t} = \frac{g_{\alpha t}}{p_{et}} =$$

$$= \frac{\cos\beta}{\pi\cdot\cos\alpha_t}\left[\sqrt{\left(\frac{z_1}{2\cos\beta}+h^*_{NaP1}+x_1\right)^2-\left(\frac{z_1\cos\alpha_t}{2\cos\beta}\right)^2}\right. +$$

$$+ \frac{z_2}{|z_2|}\sqrt{\left(\frac{z_2}{2\cos\beta}+h^*_{NaP2}+x_2\right)^2-\left(\frac{z_2\cos\alpha_t}{2\cos\beta}\right)^2} +$$

$$\left. - \frac{z_1+z_2}{2}\cdot\frac{\cos\alpha_t}{\cos\beta}\cdot\tan\alpha_{wt}\right] \qquad (5.38)$$

Übersetzung

$$i_{\omega m} = \frac{\omega_{am}}{\omega_{bm}} = -\frac{r_{wb}}{r_{wa}} = -\frac{z_b}{z_a} \qquad \text{(mittlere)} \qquad (1.8)$$

$$i_{12} = \frac{\omega_1}{\omega_2} = \frac{n_1}{n_2} = -\frac{z_2}{z_1} \qquad \text{(mittlere, } z_1 \text{ treibt)} \qquad (4.1)$$

$$i_{21} = \frac{\omega_2}{\omega_1} = \frac{n_2}{n_1} = -\frac{z_1}{z_2} \qquad (z_2 \text{ treibt}) \qquad (4.2)$$

$$i_{s1} = \frac{z_1}{z_1+z_2} \qquad \text{(Steg treibt)} \qquad (4.4)$$

$$i_{1s} = \frac{\omega_1}{\omega_s} = \frac{n_1}{n_s} \qquad (4.6)$$

$$i_{s1} = \frac{\omega_s}{\omega_1} = \frac{n_s}{n_1} \qquad (4.7)$$

$$i_{2s} = \frac{\omega_2}{\omega_s} = \frac{n_2}{n_s} \qquad (4.8)$$

$$i_{s2} = \frac{\omega_s}{\omega_2} = \frac{n_s}{n_2} \qquad (4.9)$$

$$i_0 = \frac{n_1-n_s}{n_2-n_s} \qquad (4.10\text{-}1)$$

(Standübersetzung bei $n_s = 0$, Willis-Gleichung)

$$i_0 = \frac{\omega_1-\omega_s}{\omega_2-\omega_s} \qquad (4.11\text{-}1)$$

$$i_{1s} = \frac{\omega_1}{\omega_s} = \frac{\omega_2}{\omega_s} \cdot i_0 + 1 - i_0 \qquad (4.11\text{-}2)$$

$$i_0 = i_{12} \qquad (4.14)$$

$$i_{1s} = \frac{\omega_1}{\omega_s} = -\frac{\omega_2}{\omega_s} \cdot \frac{z_2}{z_1} + 1 + \frac{z_2}{z_1} \quad \text{(Bild 4.1, Nr. 3)} \qquad (4.18\text{-}1)$$

Übertragungsfaktoren

$$\lambda_R = \frac{|F_R|}{F} \qquad (2.101)$$

$$\lambda_N = \frac{|F_N|}{F} \qquad (2.102)$$

$$\lambda_R = \frac{\mu}{1 + \frac{v_g}{|v_g|} \cdot \mu \cdot \cot\kappa} \qquad (2.105)$$

$$\lambda_N = \frac{\lambda_R}{\mu} \qquad (2.104)$$

$$\lambda_N = \frac{1}{1 + \frac{v_g}{|v_g|} \cdot \mu \cdot \cot\kappa} \qquad (2.106)$$

$$F_R = \frac{v_g}{|v_g|} \cdot \lambda_R \cdot F = \frac{v_g}{|v_g|} \cdot \mu \cdot F \quad \text{(linear)} \qquad (2.98)$$

$$F \approx \frac{M_{abtr.}}{r_b} \quad \text{(Vernachlässigen der Reibkräfte)} \qquad (2.100)$$

$$F_R = \frac{v_g}{|v_g|} \cdot \lambda_R \cdot F = \frac{v_g}{|v_g|} \cdot \frac{\mu}{1 + \frac{v_g}{|v_g|} \cdot \mu \cdot \cot\kappa} \quad \text{(nichtlinear)} \qquad (2.103)$$

$$F_N = \lambda_N \cdot F = \frac{1}{1 + \frac{v_g}{|v_g|} \cdot \mu \cdot \cot\kappa} \cdot F \qquad (2.102 + 2.106)$$

$$\mu = \tan\rho = \frac{|F_R|}{F_N} \quad (\text{mit } F_N \geqq 0) \qquad (2.117\text{-}1)$$

$$dF_R = \frac{v_g}{|v_g|}(d\lambda_R \cdot F) \qquad (2.118)$$

$$dF_N = F \cdot d\lambda_N \qquad (2.119)$$

Wälzkreisradien

$$r_{w(v)1} = r_1 + \frac{z_1}{z_1+z_2} \cdot (x_1+x_2) \cdot m \quad \text{(Verschiebungsgetriebe)} \qquad (2.58\text{-}1)$$

$$r_{w1} = \frac{r_{b1}}{\cos\alpha_w}$$

Winkel bei Eingriffsstörung

$$\frac{\varphi+\nu}{|u|} > \delta - \varepsilon \qquad (4.63)$$

$$\cos\varphi = \frac{r_{at2}^2 - r_{at1}^2 - a^2}{2 \cdot r_{at1} \cdot |a_t|} \qquad (4.65)$$

$$\nu = \mathrm{inv}\alpha_{at1} - \mathrm{inv}\alpha_{wt} \qquad (4.66)$$

$$\varepsilon = \mathrm{inv}\alpha_{wt} - \mathrm{inv}\alpha_{at2} \qquad (4.69)$$

$$\xi_2 = \frac{\xi_1 + \nu}{|u|} + \varepsilon \qquad (4.70)$$

Winkelgeschwindigkeit

$$\omega = \frac{v}{r} = \frac{\pi}{30} \cdot n \quad \text{(n in 1/min)} \qquad (1.3)$$

$$-\omega_a = \frac{v_{n1}}{\overline{T_1 0_1}} \quad \text{(momentan)} \qquad (1.5\text{-}1)$$

$$\omega_b = \frac{v_{n2}}{\overline{T_2 0_2}} \quad \text{(momentan)} \qquad (1.5\text{-}2)$$

$$\omega_1 \cdot \overline{T_1 C} = \omega_2 \cdot \overline{T_2 C} \qquad (2.86)$$

$$\omega_1 - \omega_2 \cdot i_0 - \omega_s(1 - i_0) = 0 \quad \text{(Umlaufgetriebe)} \qquad (4.11)$$

$$\omega_s = 0 \qquad (4.12)$$

$$\omega_1 - \omega_2 \cdot i_0 = 0 \qquad (4.13)$$

(4.12), (4.13): Steg steht (Standgetriebe)

Rad 2 steht:

$$\omega_2 = 0 \quad (4.15)$$

$$\omega_1 - \omega_s(1 - i_0) = 0 \quad (4.16)$$

$$\omega_1 - \omega_s\left(1 + \frac{z_2}{z_1}\right) = 0 \quad (4.17)$$

$$\omega_1 + \omega_2 \cdot \frac{z_2}{z_1} - \omega_s \cdot \left(1 + \frac{z_2}{z_1}\right) = 0 \quad \text{(Bild 4.1, Nr. 3)} \quad (4.18)$$

Zahndicken

$$\frac{s_y/2}{r_y} + \mathrm{inv}\alpha_y = \frac{s/2}{r} + \mathrm{inv}\alpha \quad (2.31)$$

$$\frac{s_w/2}{r_w} + \mathrm{inv}\alpha_w = \frac{s/2}{r} + \mathrm{inv}\alpha \quad (2.31\text{-}2)$$

$$s = e_{wP0} \quad (2.33)$$

$$s_y = 2 \cdot r_y \cdot \left[\frac{m}{2 \cdot r} \cdot \left(\frac{\pi}{2} + 2 \cdot x \cdot \tan\alpha_P\right) + \mathrm{inv}\alpha_P - \mathrm{inv}\alpha_y\right] \quad (2.34)$$

$$\frac{s_a}{m} = (z + 2 \cdot x + 2h_{aP}^* + 2k^*) \cdot \left(\frac{\pi/2 + 2 \cdot x \cdot \tan\alpha_P}{z} + \mathrm{inv}\alpha_P - \mathrm{inv}\alpha_a\right) \quad (2.38)$$

$$s_{w1} = e_{w2} \quad (2.62)$$

$$s_{w2} = e_{w1} \quad (2.63)$$

$$s_{w1} + e_{w1} = s_{w2} + e_{w2} = p_w \quad (2.64)$$

$$s_t = \frac{m_n}{\cos\beta} \cdot \left(\frac{\pi}{2} + 2 \cdot x \cdot \tan\alpha_n\right) \quad (3.40)$$

Zahndicken-Halbwinkel

$$\psi = \frac{s/2}{r} \quad (2.30)$$

$$\psi_y = \frac{s_y/2}{r_y} \quad (2.30\text{-}1)$$

Zahnhöhen

$$h_n = h_t \qquad (3.3)$$

$$h_{an} = h_{at} \qquad (3.4)$$

$$h_{fn} = h_{ft} \qquad (3.5)$$

$$h_{Ffn} = h_{Fft} \qquad (3.6)$$

$$h_{Nfn} = h_{Nft} \qquad (3.6\text{-}1)$$

$$h_n^* \cdot m_n = h_t^* \cdot m_t \qquad (3.7)$$

$$h_{an}^* \cdot m_n = h_{at}^* \cdot m_t \quad \text{usw.} \qquad (3.8)$$

$$h_t^* = h_n^* \cdot \cos\beta \qquad (3.9)$$

$$h_{at}^* = h_{an}^* \cdot \cos\beta \qquad (3.10)$$

$$h_{FaP0} = h_{aP0} - \rho_{a0} \cdot (1 - \sin\alpha_P) \qquad (8.51)$$

$$h_{Fft}^* = h_{Ffn}^* \cdot \cos\beta \qquad (3.11)$$

$$h_{Nft}^* = h_{Nfn}^* \cdot \cos\beta \qquad (3.11\text{-}1)$$

$$h_{ft}^* = h_{fn}^* \cdot \cos\beta \qquad (3.11\text{-}2)$$

Zähnezahlen

$$z = \frac{2 \cdot v_0}{m \cdot \omega} \qquad \text{(Erzeugung)} \qquad (2.24)$$

$$\frac{z}{2} \cdot m + x \cdot m - h_{FfP}^* \cdot m \geqq \frac{z}{2} \cdot m \cdot \cos^2\alpha_{w0} \qquad \text{(Unterschnitt-beginn)} \qquad (2.26)$$

$$z \geqq \frac{2 \cdot (h_{FfP}^* - x)}{\sin^2\alpha_P} = z_u \qquad \text{(Unterschnitt-beginn)} \qquad (2.28)$$

$$z_s = \frac{\pi/2 + 2 \cdot x \cdot \tan\alpha_P}{\mathrm{inv}\alpha_a - \mathrm{inv}\alpha_P} \qquad \text{(Spitzengrenze)} \qquad (2.40)$$

$$|z_{nx}| > |z| \qquad (3.18)$$

$$z_{(t)u} = \frac{2 \cdot (h_{Fft}^* - x_t)}{\sin^2\alpha_t} \qquad (3.33)$$

$$z_{(t)u} = \frac{2\cdot(h^*_{FfPn} - x_{(n)})}{\sin^2\alpha_n}\cdot\cos\beta\cdot\cos^2\beta_b = $$

$$= \cos\beta\cdot\cos^2\beta_b\cdot z_{nxu} \qquad (3.16\text{-}1)$$

$$z_{nux} = \frac{z_u}{\cos^2\beta_b\cdot\cos\beta} \qquad (8.54)$$

8.3.2 Gleichungen für tolerierte Maße nach Abschnitt 8.10

Rechnen mit tolerierten Maßen

Allgemeines Maß

$$M \Rightarrow N^{A_e}_{A_i} \qquad (8.1)$$

Addieren

$$M_{res} \Rightarrow M_1 + M_2 + \ldots + M_n \qquad (8.2)$$

$$M_{res} \Rightarrow N1^{A_{e1}}_{A_{i1}} + N2^{A_{e2}}_{A_{i2}} + \ldots + Nn^{A_{en}}_{A_{in}} \qquad (8.3)$$

$$M_{res} \Rightarrow N_{res}{}^{A_{eres}}_{A_{ires}} \Rightarrow (N_1+N_2+\ldots+N_n)^{A_{e1}+A_{e2}+\ldots+A_{en}}_{A_{i1}+A_{i2}+\ldots+A_{in}} \qquad (8.3)$$

$$N_{res} = N_1+N_2+\ldots N_n \qquad (8.4)$$

$$A_{eres} = A_{e1}+A_{e2}+\ldots+A_{en} \qquad (8.5)$$

$$A_{ires} = A_{i1}+A_{i2}+\ldots A_{in} \qquad (8.6)$$

Klammer auflösen

$$- M \Rightarrow - (N^{A_e}_{A_i}) \Rightarrow - N^{-A_i}_{-A_e} \qquad (8.9)$$

Summieren

$$M_{res} \Rightarrow M_1 - M_2 + \ldots - M_n \qquad (8.10)$$

$$M_{res} \Rightarrow N_{res}{}^{A_{eres}}_{A_{ires}} \Rightarrow N1^{A_{e1}}_{A_{i1}} - (N2^{A_{e2}}_{A_{i2}}) + \ldots - (Nn^{A_{en}}_{A_{in}}) \qquad (8.10\text{-}1)$$

$$N_{res}{}^{A_{eres}}_{A_{ires}} \Rightarrow N_1{}^{A_{e1}}_{A_{i1}} - N_2{}^{-A_{i2}}_{-A_{e2}} + \ldots - N_n{}^{-A_{in}}_{-A_{en}}$$

$$\Rightarrow (N_1 - N_2 + \ldots - N_n){}^{A_{e1}-A_{i2}+\ldots-A_{in}}_{A_{i2}-A_{e2}+\ldots-A_{en}} \qquad (8.10\text{-}2)$$

Aus Gl.(8.10-2)

$$N_{res} = N_1 - N_2 + \ldots - N_n \qquad (8.11)$$

$$A_{eres} = A_{e1} - A_{i2} + \ldots - A_{in} \qquad (8.12)$$

$$A_{ires} = A_{i1} - A_{e2} + \ldots - A_{en} \qquad (8.13)$$

Konjugieren

$$\overline{M} \Rightarrow N^{A_i}_{A_e} \qquad (8.14)$$

$$\overline{\overline{M}} \Rightarrow \overline{N^{A_i}_{A_e}} \Rightarrow N^{A_e}_{A_i} \Rightarrow M \qquad (8.15)$$

Anwendung bei Gleichungen

$$M_{res} \Rightarrow M_1 - M_2 + \ldots - M_n \qquad (8.10)$$

$$\overline{M}_2 \Rightarrow M_1 - \overline{M}_{res} + \ldots - M_n \qquad (8.10\text{-}3)$$

$$\overline{\overline{M}}_2 \Rightarrow \overline{M}_1 - \overline{\overline{M}}_{res} + \ldots - \overline{M}_n \qquad (8.10\text{-}4)$$

$$M_2 \Rightarrow \overline{M}_1 - M_{res} + \ldots - \overline{M}_n \qquad (8.10\text{-}5)$$

$$-\overline{M}_1 \Rightarrow - M_2 - \overline{M}_{res} + \ldots - M_n \qquad (8.10\text{-}6)$$

$$M_1 \Rightarrow \overline{M}_2 + M_{res} - \ldots + \overline{M}_n \qquad (8.10\text{-}7)$$

$$M_2 \Rightarrow N_1{}^{A_{i1}}_{A_{e1}} - N_{res}{}^{-A_{ires}}_{-A_{eres}} + \ldots - N_n{}^{-A_{in}}_{-A_{en}}$$

$$\Rightarrow (N_1 - N_{res} + \ldots - N_n){}^{A_{i1}-A_{ires}+\ldots-A_{in}}_{A_{e1}-A_{eres}+\ldots-A_{en}} \qquad (8.10\text{-}8)$$

aus Gl.(8.10-8)

$$N_2 = N_1 - N_{res} + \ldots - N_n \qquad (8.11\text{-}1)$$

$$A_{i2} = A_{e1} - A_{eres} + \ldots - A_{en} \qquad (8.12\text{-}1)$$

$$A_{e2} = A_{i1} - A_{ires} + \ldots - A_{in} \qquad (8.13\text{-}1)$$

Spiele (allgemeine)

$$M_{SL} \Rightarrow 0^{+S_L/2}_{-S_L/2} \qquad (8.16)$$

$$M_{Ex} \Rightarrow 0^{+E_x}_{-E_x} \qquad (8.17)$$

Passungen

$$P \Rightarrow M_{resP} \Rightarrow M_1 - M_2 \Rightarrow 0^{A_{e1}-A_{i2}}_{A_{i1}-A_{e2}} \Rightarrow 0^{P_e}_{P_i} \qquad (8.18)$$

$$P_e = A_{e1} - A_{i2} \qquad (8.19)$$

$$P_i = A_{i1} - A_{e2} \qquad (8.20)$$

Spiel P_S : $0 \leqq P_i < P_e$ (8.21)

Übergang $P_{ÜG}$: $P_i < 0 \leqq P_e$ (8.22)

Übermaß $P_Ü$: $P_i < P_e < 0$ (8.23)

$$M_{PExmax} \Rightarrow 0^{+1/2\cdot(A_{e1}-A_{i2})}_{-1/2\cdot(A_{e1}-A_{i2})} \Rightarrow 0^{+P_e/2}_{-P_e/2} \qquad (8.24)$$

für

$$P_e > 0 \qquad (8.25)$$

Toleranzen

1. Summe verschieden null

$$M - M \neq 0 \qquad (8.26)$$

$$M\text{-}M \Rightarrow N^{A_e}_{A_i} - (N^{A_e}_{A_i}) \Rightarrow (N\text{-}N)^{A_e-A_i}_{A_i-A_e} \Rightarrow 0^{A_e-A_i}_{A_i-A_e} \Rightarrow 0^{A_{eres}}_{A_{ires}} \qquad (8.26\text{-}1)$$

$$T = A_e - A_i \tag{8.7}$$

Nach Gl.(8.26-1) ist

$$N_{res} = N - N = 0 \tag{8.28}$$

$$T_{res} = A_{eres} - A_{ires} = A_e - A_i - (A_i - A_e)$$
$$= 2 \cdot (A_e - A_i) = 2T \tag{8.31}$$

$$A_{eres} = -A_{ires} = A_e - A_i \tag{8.29}$$

2. Summe gleich null

$$M_{res} \Rightarrow M - \overline{M} \Rightarrow 0 \tag{8.33}$$

für Gl.(8.28) wird

$$M_{res} \Rightarrow M - \overline{M} \Rightarrow N_{A_i}^{A_e} - \overline{(N_{A_i}^{A_e})}$$
$$\Rightarrow N_{A_i}^{A_e} - N_{-A_i}^{-A_e} \Rightarrow (N-N)_{A_i - A_i}^{A_e - A_e} \Rightarrow 0_0^0 \tag{8.33-1}$$

Nach Gl.(8.33-1)

$$N_{res} = N - N = 0 \tag{8.33-2}$$

$$T_{res} = A_{eres} - A_{ires} = 0 \tag{8.34}$$

$$A_{eres} = A_e - A_e = 0 \tag{8.33-3}$$

$$A_{ires} = A_i - A_i = 0 \tag{8.33-4}$$

3. Toleranzen gleich null

$$M + \overline{M} \neq 0 \tag{8.35}$$

wobei $N \neq 0$ und $A_o \neq -A_u$

Aus Gl.(8.35)

$$M + \overline{M} \Rightarrow N_{A_i}^{A_e} + N_{A_e}^{A_i} \Rightarrow 2N_{A_e - A_i}^{A_e + A_i} \tag{8.35-1}$$

Aus Gl.(8.35-1)

$$N_{res} = N + N = 2N \tag{8.35-2}$$

$$A_{eres} = A_e + A_i \quad (8.35\text{-}3)$$

$$A_{ires} = A_e + A_i \quad (8.35\text{-}4)$$

$$T_{res} = A_{eres} - A_{ires} = 0 \quad (8.34\text{-}1)$$

8.4 Gleichungen zur geometrischen Auslegung von Stirnrädern (Zylinderrädern) nach DIN 3960 [8/1]

Abmaßfaktoren

1. $A_W^* = \frac{A_W}{A_S} = \cos\alpha_n$

2. $A_{\bar{s}V}^* = \frac{A_{\bar{s}V}}{A_S} \approx \frac{d_V \cdot \cos\beta_V}{d \cdot \cos\beta} (\cos\psi_V - \sin\psi_V \cdot \tan(\alpha_{Vt} - \psi_V))$

3. $A_{da}^* = \frac{A_{da}}{A_S} = \cot\alpha_n$ (überschnitten) für $(x_0 + x_E) = 0$

4. $A_{da}^* = \frac{A_{da}}{A_S} \approx \cot\alpha_{wn0}$ für $(x_0 + x_E) \neq 0$

Abweichungen

5. $f_b = d_b \cdot \frac{f_{H\alpha}}{L_\alpha}$

6. $f_b = \frac{d_b}{m \cdot \pi \cdot \cos\alpha} \cdot f_{pe} = \frac{z}{\pi} \cdot f_{pe}$

7. $f_e = \frac{1}{2} \cdot \sqrt{f_{eV}^2 + f_{eR}^2 + 2 \cdot f_{eV} \cdot f_{eR} \cdot \cos\varphi_e}$

8. $f_{px} = -f_\beta \cdot \frac{p_x}{\sin|\beta| \cdot \cos\beta}$

9. $f_{pz} = -f_\beta \cdot \frac{p_z}{\sin|\beta| \cdot \cos\beta}$

10. $f_\alpha = -\frac{f_{H\alpha}}{L_\alpha \cdot \tan\alpha_t}$

11. $f_\alpha \approx -\frac{f_{pe}}{m \cdot \pi \cdot \sin\alpha}$

12. $f_\sigma \approx \tan f_\sigma = \frac{1}{2} \cdot \sqrt{f_{eV}^2 + f_{eR}^2 - 2 \cdot f_{eV} \cdot f_{eR} \cdot \cos\varphi_e}$

Achsabstände

13. $a = \frac{1}{2} \cdot (d_{w1}+d_{w2})$ (2.47)

14. $a = a_d \cdot \frac{\cos\alpha_t}{\cos\alpha_{wt}} = \frac{m_n \cdot (z_1+z_2)}{2 \cdot \cos\beta} \cdot \frac{\cos\alpha_t}{\cos\alpha_{wt}}$ (3.51) (3.52)

15. $a_d = \frac{d_1+d_2}{2} = m_t \cdot \frac{z_1+z_2}{2} = m_n \cdot \frac{z_1+z_2}{2 \cdot \cos\beta}$ (2.43) (3.51)

16. $a_{vt} = \left(\frac{z_1 + z_2}{2 \cdot \cos\beta} + x_1 + x_2\right) \cdot m_n$

17. $a'' = \frac{(z_1+z_2) \cdot m_t}{2} \cdot \frac{\cos\alpha_t}{\cos\alpha''}$

18. $a_0 = \frac{z_0+z}{2} \cdot \frac{m_n}{\cos\beta} \cdot \frac{\cos\alpha_t}{\cos\alpha_{wt0}}$

Durchmesser

19. $d = z \cdot m_t = \frac{z \cdot m_n}{\cos\beta}$ (3.34)

20. $d_{a1} = d_1+2 \cdot x_1 \cdot m_n+2 \cdot h_{aP}+2 \cdot k$ (2.35)

21. $d_{a2} = d_2+2 \cdot x_2 \cdot m_n+2 \cdot h_{aP}+2 \cdot k$ (2.35)

22. $d_b = d \cdot \cos\alpha_t = z \cdot m_t \cdot \cos\alpha_t = \frac{z \cdot m_n \cdot \cos\alpha_t}{\cos\beta}$

$= \frac{z \cdot m_n}{\sqrt{\tan^2\alpha_n+\cos^2\beta}} = z \cdot m_b$ (2.3)

23. $d_f = d-2 \cdot h_f+A_{st} \cdot \cot\alpha_t$

24. $d_y = \frac{d_b}{\cos\alpha_y}$

25. $d_{f1} = d_1-2 \cdot h_f = d_1+2 \cdot x_1 \cdot m_n-2 \cdot h_{fP}$

26. $d_{f2} = d_2-2 \cdot h_f = d_2+2 \cdot x_2 \cdot m_n-2 \cdot h_{fP}$

27. $d_v = d+2 \cdot x \cdot m_n = d \cdot (1+2 \cdot \frac{x}{z} \cdot \cos\beta)$ (3.38)

28. $d_{vE} = d+2 \cdot x_E \cdot m_n$

29. $d_{w1} = \frac{2\cdot z_1}{z_1+z_2}\cdot a = \frac{2\cdot a}{u+1} = d_1\cdot\frac{\cos\alpha_t}{\cos\alpha_{wt}} = \frac{d_{b1}}{\cos\alpha_{wt}}$

30. $d_{w2} = \frac{2\cdot z_2}{z_1+z_2}\cdot a = \frac{2\cdot a\cdot u}{u+1} = d_2\cdot\frac{\cos\alpha_t}{\cos\alpha_{wt}} = \frac{d_{b2}}{\cos\alpha_{wt}}$

31. $d_{wE} = \frac{d_b}{\cos\alpha_{wt0}}$

32. $d_{Nf1} = \sqrt{\left(2\cdot a\cdot\sin\alpha_{wt} - \frac{z_2}{|z_2|}\cdot\sqrt{d_{Na2}^2-d_{b2}^2}\right)^2+d_{b1}^2}$ (4.57)

33. $d_{Nf2} = \frac{z_2}{|z_2|}\sqrt{\left(2\cdot a\cdot\sin\alpha_{wt} - \sqrt{d_{Na1}^2-d_{b1}^2}\right)^2+d_{b2}^2}$ (4.62)

34. $d_{Nf1} = \frac{d_{b1}}{\cos\alpha_{Nf1}}$

35. $d_{Nf2} = \frac{d_{b2}}{\cos\alpha_{Nf2}}$

36. $d_{Fa} = d_a - 2\cdot h_K = d_a - 2\cdot\rho_{an}(1-\sin\alpha_{an})$

37. $d_{Ff1} = \sqrt{\left[d_1\cdot\sin\alpha_t - \frac{2\cdot(h_{FaP0}-x_E\cdot m_n)}{\sin\alpha_t}\right]^2 + d_{b1}^2}$

$= \sqrt{[d_1-2(h_{FaP0}-x_E\cdot m_n)]^2+4(h_{FaP0}-x_E\cdot m_n)^2\cot^2\alpha_t}$

38. $d_{Ff1} = \frac{d_{b1}}{\cos\alpha_{Ff1}}$

39. $d_{Ff} = \frac{z}{|z|}\sqrt{(2a_0\sin\alpha_{wt0} - \sqrt{d_{Fa0}^2-d_{b0}^2})^2+d_b^2}$

40. $d_{Ff} = \frac{d_b}{\cos\alpha_{Ff}}$

41. $d_{fE} = d + 2\cdot x_E\cdot m_n - 2\cdot h_{aP0}$ (Zahnstange)

42. $d_{fE} = 2a_0 - d_{a0}$ (Schneidrad)

Eingriffsstrecken

43. $g_a = \overline{CE} = \rho_{E1} - \rho_{C1} = \frac{1}{2}\cdot\left(\sqrt{d_{Na1}^2-d_{b1}^2}-d_{b1}\cdot\tan\alpha_{wt}\right)$

44. $g_f = \overline{AC} = \rho_{A2} - \rho_{C2} = \frac{1}{2}\cdot\left(\frac{z_2}{|z_2|}\cdot\sqrt{d_{Na2}^2-d_{b2}^2}-d_{b2}\cdot\tan\alpha_{wt}\right)$

45. $g_\alpha = \frac{1}{2}\cdot\left(\sqrt{d_{Na1}^2-d_{b1}^2} + \frac{z_2}{|z_2|}\sqrt{d_{Na2}^2-d_{b2}^2}-2a\,\sin\alpha_{wt}\right)$

46. $g_\alpha = \frac{1}{2}\left(\sqrt{d_{Na1}^2-d_{b1}^2}-d_{b1}\tan\alpha_t\right) + \frac{h_{NaP}-x_1\cdot m_n}{\sin\alpha_t}$

47. $g_{\alpha y} = \pm(\rho_{C1}-\rho_{y1}) = \mp(\rho_{C2}-\rho_{y2})$

Eingriffswinkel: siehe Profilwinkel

Ersatzzähnezahlen

48. $z_{nx} = \frac{z}{\cos^2\beta_b\cdot\cos\beta} = z\cdot z_{nx}^*$ (3.16)

Evolventenfunktion

49. $\mathrm{inv}\alpha_{yt} = \xi_y - \alpha_{yt} = \tan\alpha_{yt} - \alpha_{yt}$ (2.7)

Flankenspiele

50. $j_n = j_t\cdot\cos\alpha_n\cdot\cos\beta = j_t\cdot\cos\alpha_t\cdot\cos\beta_b$ (3.56) (2.68)

51. $j_r = \frac{j_t}{2\cdot\tan\alpha_{wt}}$ (3.58) (2.69)

Formübermaß

52. $c_F = 0{,}5(d_{Nf} - d_{Ff}) \geqq 0$

Gleitfaktoren

53. $K_g = \frac{v_g}{v_t} = \frac{2\cdot g_{\alpha y}}{d_{w1}}\cdot(1+\frac{1}{u})$ für Hohlräder ist $u < 0$

54. $K_{gf} = \frac{2\cdot g_f}{d_{w1}}\cdot(1+\frac{1}{u})$ in A

55. $K_{ga} = \frac{2\cdot g_a}{d_{w1}}\cdot(1+\frac{1}{u})$ in E

Gleitgeschwindigkeiten

56. $v_g = \pm\omega_1 \cdot \left(\frac{\rho_{y2}}{u} - \rho_{y1}\right)$

57. $v_g = \pm\omega_1 \cdot g_{\alpha y} \cdot \left(1 + \frac{1}{u}\right)$ (2.87)

58. $v_{ga} = \pm\omega_1 \cdot g_a \cdot \left(1 + \frac{1}{u}\right)$ (3.61)

59. $v_{gf} = \pm\omega_1 \cdot g_f \cdot \left(1 + \frac{1}{u}\right)$ (3.60)

Höhen: siehe Zahnhöhen

Kopfhöhenänderung, Kopfhöhenänderungsfaktor

60. $k = a - a_d - m_n \cdot \Sigma x = a - a_v$ (2.59)

61. $k^* = y - \Sigma x$ (2.59-1)

Kopfspiel

62. $c = h - h_w = c^* \cdot m_n$ (2.65)

63. $c_1 = a - \frac{d_{a1} + d_{fE2}}{2} = c_1^* \cdot m_n$

64. $c_2 = a - \frac{d_{a2} + d_{fE1}}{2} = c_2^* \cdot m_n$

Krümmungshalbmesser der Evolventen

65. $\rho_y = r_b \cdot \xi_y = r_b \cdot \tan\alpha_{yt} = \frac{z}{|z|} \cdot \sqrt{r_y^2 - r_b^2}$

66. $\overline{T_2A} = \rho_{A2} = \frac{1}{2} \cdot \frac{z_2}{|z_2|} \cdot \sqrt{d_{Na2}^2 - d_{b2}^2}$

67. $\overline{T_1B} = \rho_{B1} = \rho_{E1} - p_{et}$

68. $\overline{T_1C} = \rho_{C1} = \frac{1}{2} \cdot \sqrt{d_{w1}^2 - d_{b1}^2} = \frac{1}{2} \cdot d_{b1} \cdot \tan\alpha_{wt}$

69. $\overline{T_1T_2} = \rho_{C1} + \rho_{C2} = a \cdot \sin\alpha_{wt} = \rho_{A1} + \rho_{A2} = \rho_{E1} + \rho_{E2}$

70. $\overline{T_2D} = \rho_{D2} = \rho_{A2} - p_{et}$

71. $\overline{T_1E} = \rho_{E1} = \frac{1}{2} \cdot \sqrt{d_{Na1}^2 - d_{b1}^2}$

Lückenweiten

72. $e_{bn} = e_{bt} \cdot \cos\beta_b$ (3.47)

73. $e_{bt} = d_b \cdot \left(\frac{\pi - 4 \cdot x \cdot \tan\alpha_n}{2 \cdot z} - \text{inv}\alpha_t \right) = \frac{e_{bn}}{\cos\beta_b}$

74. $e_n = e_t \cdot \cos\beta = \frac{p_n}{2} - 2 \cdot x \cdot m_n \cdot \tan\alpha_n$

$= m_n \cdot \left(\frac{\pi}{2} - 2 \cdot x \cdot \tan\alpha_n \right)$

75. $e_t = \frac{p_t}{2} - 2 \cdot x \cdot m_n \cdot \tan\alpha_t$

$= m_t \cdot \left(\frac{\pi}{2} - 2 \cdot x \cdot \tan\alpha_n \right) = \frac{e_n}{\cos\beta}$

76. $e_{yn} = e_{yt} \cdot \cos\beta_y$

77. $s_{yt} + e_{yt} = p_{yt}$

78. $e_{yt} = d_y \cdot \left(\frac{e_t}{d} - \text{inv}\alpha_t + \text{inv}\alpha_{yt} \right)$

$= d_y \cdot \left(\frac{\pi - 4 \cdot x \cdot \tan\alpha_n}{2 \cdot z} - \text{inv}\alpha_t + \text{inv}\alpha_{yt} \right) = \frac{e_{yn}}{\cos\beta_y}$ (3.48)

Moduln

79. $m_b = \frac{m_n}{\sqrt{\tan^2\alpha_n + \cos^2\beta}}$

80. $m_n = m_t \cdot \cos\beta = m_x \cdot \sin|\beta|$ (3.1)

81. $m_t = \frac{m_n}{\cos\beta} = m_x \cdot \tan|\beta|$

82. $m_x = \frac{m_n}{\sin|\beta|} = \frac{m_n}{\cos\gamma} = \frac{m_t}{\tan|\beta|}$

Profilverschiebungsfaktoren

83. $\Sigma x = \dfrac{(z_1+z_2)\cdot(\mathrm{inv}\alpha_{wt}-\mathrm{inv}\alpha_t)}{2\cdot\tan\alpha_n}$

84. $x_E\cdot m_n = x\cdot m_n + \dfrac{A_s}{2\cdot\tan\alpha_n} + \dfrac{q}{\sin\alpha_n}$

85. $x_{Emin} = \dfrac{h_{FaP0}}{m_n} - \dfrac{z\cdot\sin^2\alpha_t}{2\cdot\cos\beta}$ (3.19)

Profilwinkel, Eingriffswinkel

86. $\tan\alpha_n = \tan\alpha_t\cdot\cos\beta$

87. $\cos\alpha_t = \dfrac{r_b}{r} = \dfrac{d_b}{d}$

$= \dfrac{\cos\beta}{\sqrt{\tan^2\alpha_n+\cos^2\beta}} = \dfrac{\cos\alpha_n}{\sqrt{1+\sin^2\alpha_n\cdot\tan^2\beta}}$

88. $\cos\alpha_{vn} = \dfrac{\cos\alpha_n\cdot\cos\beta}{\cos\beta_v\cdot(1+2\cdot\frac{x}{z}\cdot\cos\beta)}$

$= \dfrac{d}{d_v}\cdot\dfrac{\cos\alpha_n\cdot\cos\beta}{\cos\beta_v}$

89. $\tan\alpha_{vn} = \tan\alpha_{vt}\cdot\cos\beta_v$

90. $\cos\alpha_{vt} = \dfrac{z}{z\cdot 2\cdot x\cdot\cos\beta}\cdot\cos\alpha_t = \dfrac{\cos\alpha_t}{1+2\cdot\frac{x}{z}\cdot\cos\beta}$ (5.7)

91. $\cos\alpha_{wt} = \dfrac{d_{b1}}{d_{w1}} = \dfrac{d_{b2}}{d_{w2}} = \dfrac{(z_1+z_2)\cdot m_t}{2\cdot a}\cdot\cos\alpha_t$

92. $\mathrm{inv}\alpha_{wt} = \mathrm{inv}\alpha_t+2\cdot\dfrac{x_1+x_2}{z_1+z_2}\cdot\tan\alpha_n$ (3.54) (2.49)

93. $\mathrm{inv}\alpha_{wt0} = 2\cdot\dfrac{x_0+x_E}{z_0+z}\cdot\tan\alpha_n + \mathrm{inv}\alpha_t$

94. $\cos\alpha_{yt} = \dfrac{r_b}{r_y} = \dfrac{d_b}{d_y} = \dfrac{d}{d_y}\cdot\cos\alpha_t$

95. $\tan\alpha_{yt} = \dfrac{\tan\alpha_{yn}}{\cos\beta_y}$

96. $\mathrm{inv}\alpha_{yt} = \xi_y - \alpha_{yt} = \tan\alpha_{yt} - \alpha_{yt}$

Radien: siehe Durchmesser

Schrägungswinkel

97. $|\beta| = 90° - |\gamma|$

98. $|\beta_b| = 90° - |\gamma_b|$

99. $\sin\beta_b = \sin\beta \cdot \cos\alpha_n$ (3.24)

100. $\tan\beta_b = \tan\beta \cdot \cos\alpha_t$ (3.23)

101. $\cos\beta = \dfrac{\tan\alpha_n}{\tan\alpha_t}$ (3.20)

102. $\tan\beta = \dfrac{\tan\beta_y \cdot \cos\alpha_{yt}}{\cos\alpha_t}$

103. $\cos\beta_b = \cos\beta \cdot \dfrac{\cos\alpha_n}{\cos\alpha_t} = \dfrac{\sin\alpha_n}{\sin\alpha_t} = \dfrac{\sin\alpha_{yn}}{\sin\alpha_{yt}}$

$= \cos\alpha_n \cdot \sqrt{\tan^2\alpha_n + \cos^2\beta}$ (3.22)

104. $\sin\beta_y = \sin\beta \cdot \dfrac{\cos\alpha_n}{\cos\alpha_{yn}} = \dfrac{\sin\beta_b}{\cos\alpha_{yn}}$

105. $\cos\beta_y = \dfrac{\tan\alpha_{yn}}{\tan\alpha_{yt}} = \dfrac{\cos\alpha_{yt} \cdot \cos\beta_b}{\cos\alpha_{yn}}$

106. $\tan\beta_y = \tan\beta \cdot \dfrac{d_y}{d} = \tan\beta \cdot \dfrac{\cos\alpha_t}{\cos\alpha_{yt}}$

$= \tan\beta_b \cdot \dfrac{d_y}{d_b} = \dfrac{\tan\beta_b}{\cos\alpha_{yt}}$

107. $\tan\beta_v = \dfrac{z + 2 \cdot x \cdot \cos\beta}{z} \cdot \tan\beta$

$= \tan\beta + 2 \cdot \dfrac{x}{z} \cdot \sin\beta = \tan\beta \cdot \dfrac{d_v}{d}$

Schwankungen

108. $R_s = s_{max} - s_{min}$

Spezifisches Gleiten

109. $\zeta_1 = 1 - \frac{\rho_{y2}}{u \cdot \rho_{y1}}$ (2.93)

110. $\zeta_2 = 1 - \frac{u \cdot \rho_{y1}}{\rho_{y2}}$ (2.94)

111. $\zeta_{f1} = 1 - \frac{\rho_{A2}}{u \cdot \rho_{A1}}$ (in A) (2.96)

112. $\zeta_{f2} = 1 - \frac{u \cdot \rho_{E1}}{\rho_{E2}}$ (in E) (2.97)

Sprung

113. $g_\beta = r \cdot \varphi_\beta = b \cdot \tan|\beta|$

Steigungshöhe

114. $p_z = \frac{|z| \cdot m_n \cdot \pi}{\sin|\beta|} = \frac{|z| \cdot m_t \cdot \pi}{\tan|\beta|} = |z| \cdot p_x$

Steigungswinkel

115. $|\gamma| = 90° - |\beta|$

116. $|\gamma_b| = 90° - |\beta_b|$

Teilkreisabstandsfaktor

117. $y = \frac{z_1 + z_2}{2 \cdot \cos\beta} \cdot \left(\frac{\cos\alpha_t}{\cos\alpha_{wt}} - 1\right)$ (2.52)

118. $y \cdot m_n = a - a_d$

119. $y \cdot (\text{inv}\alpha_{wt} - \text{inv}\alpha_t) = \Sigma x \cdot \left(\frac{\cos\alpha_t}{\cos\alpha_{wt}} - 1\right) \cdot \tan\alpha_t$

Teilungen

120. $p_{bn} = p_{bt} \cdot \cos\beta_b = p_n \cdot \cos\alpha_n$ (2.18-1)

121. $p_{bt} = r_b \cdot \tau = \frac{d_b \cdot \pi}{z} = \frac{d_b}{d} \cdot p_t = p_t \cdot \cos\alpha_t$ (2.18)

122. $p_{bt} = s_{bt} + e_{bt}$ (3.46) (2.19-1)

123. $p_{en} = p_n \cdot \cos\alpha_n = p_{bn}$ (2.70) (2.18-1)

124. $p_{et} = p_t \cdot \cos\alpha_t = p_{bt}$ (3.78)

125. $p_k = k \cdot p_t$

126. $p_n = p_t \cdot \cos\beta = m_n \cdot \pi$

127. $p_t = r \cdot \tau = \frac{d \cdot \pi}{z} = m_t \cdot \pi = \frac{m_n \cdot \pi}{\cos\beta}$

128. $p_t = s_t + e_t$ (3.44)

129. $p_{vn} = p_{vt} \cdot \cos\beta_v$

130. $p_{vt} = r_v \cdot \tau = \frac{d_v \cdot \pi}{z} = \frac{d_v}{d} \cdot p_t$

131. $p_{yt} = r_y \cdot \tau = \frac{d_y \cdot \pi}{z} = \frac{d_y}{d \cdot p_t}$

132. $p_{vt} = s_{vt} + e_{vt}$

133. $p_x = m_x \cdot \pi = \frac{m_n \cdot \pi}{\sin|\beta|} = \frac{m_t \cdot \pi}{\tan|\beta|} = \frac{p_z}{|z|}$ (3.81)

134. $p_{yn} = p_{yt} \cdot \cos\beta_y$

Teilungswinkel

135. $\tau = \frac{2 \cdot \pi}{z}$ in Radiant

136. $\tau = \frac{360}{z}$ in Grad

Toleranzen

137. $T_a = A_{ae} - A_{ai}$

138. $T_a'' = A_{ae} - A_{ai}$

139. $T_{da} = A_{dae} - A_{dai}$

140. $T_s = A_{se} - A_{si}$

141. $T_{\bar{s}} = A_{\bar{s}e} - A_{\bar{s}i}$

Überdeckungen

142.. $\varepsilon_\alpha = \frac{\varphi_{a1}}{\tau_1} = \frac{\varphi_{a2}}{\tau_2} = \frac{g_\alpha}{p_{et}} = \frac{g_f + g_a}{p_{et}}$ (3.65) (2.81) (3.73)

143. $\varepsilon_\beta = \frac{\varphi_{\beta 1}}{\tau_1} = \frac{\varphi_{\beta 2}}{\tau_2} = \frac{b}{p_x} = \frac{b \cdot \sin|\beta|}{m_n \cdot \pi} = \frac{b \cdot \tan|\beta|}{p_t}$

$= \frac{b \cdot \tan|\beta_b|}{p_{et}}$ (3.79)

144. $\varepsilon_\gamma = \frac{\varphi_{\gamma 1}}{\tau_1} = \frac{\varphi_{\gamma 2}}{\tau_2} = \varepsilon_\alpha + \varepsilon_\beta$ (3.67) (3.71)

Übersetzung

145. $i = \frac{\omega_a}{\omega_b} = \frac{n_a}{n_b} = \frac{z_b}{z_a}$ (1.9)

Überdeckungswinkel

146. $\varphi_{a1} = \frac{g_\alpha}{r_{b1}} = u \cdot \varphi_{a2}$ (3.68)

147. $\varphi_{a2} = \frac{g_\alpha}{r_{b2}} = \frac{\varphi_{a1}}{u}$ (3.68)

148. $\varphi_{\beta 1} = \frac{b \cdot \tan|\beta|}{r_1} = \frac{2 \cdot b \cdot \sin|\beta|}{m_n \cdot z_1} = u \cdot \varphi_{\beta 2}$

149. $\varphi_{\beta 2} = \frac{\beta \cdot \tan|\beta|}{r_2} = \frac{2 \cdot b \cdot \sin|\beta|}{m_n \cdot z_2} = \frac{\varphi_{\beta 1}}{u}$

150. $\varphi_{\gamma 1} = \varphi_{\alpha 1} + \varphi_{\beta 1} = u \cdot \varphi_{\gamma 2}$

151. $\varphi_{\gamma 2} = \varphi_{\alpha 2} + \varphi_{\beta 2} = \frac{\varphi_{\gamma 1}}{u}$

Wälzwinkel

152. $\xi_y = \tan\alpha_{yt}$

153. $\xi_{Ff1} = \xi_t - \frac{4(h^*_{FaP0}-x_1)\cdot\cos\beta}{z_1\cdot\sin2\alpha_t}$

154. $\xi_{Ff} = \frac{z_0}{z}\cdot(\xi_{wt0}-\xi_{Fa0}) + \xi_{wt0}$

155. $\xi_{Fa0} = \tan\arccos\frac{d_{b0}}{d_{Fa0}}$

156. $\xi_{Nf} = \tan\alpha_{Nf}$

157. $\xi_y = \tan\alpha_y$

158. $\xi_{Nf1} = \frac{z_2}{z_1}\cdot(\xi_{wt}-\xi_{Na2}) + \xi_{wt}$

159. $\xi_{Na2} = \tan\arccos\frac{d_{b2}}{d_{Na2}}$

160. $\xi_{Nf2} = \frac{z_1}{z_2}\cdot(\xi_{wt}-\xi_{Na1}) + \xi_{wt}$

161. $\xi_{Na1} = \tan\arccos\frac{d_{b1}}{d_{Na1}}$

Zahnbreite

162. $b = p_x\cdot\varepsilon_\beta = \frac{m_n\cdot\pi\cdot\varepsilon_\beta}{\sin|\beta|}$

163. $b = \frac{m_n\cdot z_1\cdot\varphi_{\beta1}}{2\cdot\sin|\beta|} = \frac{m_n\cdot z_2\cdot\varphi_{\beta2}}{2\cdot\sin|\beta|}$

Zahndicken

164. $s_{bn} = s_{bt}\cdot\cos\beta_b$

165. $s_{bt} = d_b\cdot\left(\frac{\pi+4\cdot x\cdot\tan\alpha_n}{2\cdot z} + \mathrm{inv}\alpha_t\right)$ (3.43)

166. $s_n = s_t \cdot \cos\beta = \frac{p_n}{2} + 2 \cdot x \cdot m_n \cdot \tan\alpha_n$

$= m_n \cdot \left(\frac{\pi}{2} + 2 \cdot x \cdot \tan\alpha_n\right)$ (3.40)

167. $s_t = \frac{p_t}{2} + 2 \cdot x \cdot m_n \cdot \tan\alpha_t$

$= m_t \cdot \left(\frac{\pi}{2} + 2 \cdot x \cdot \tan\alpha_n\right) = \frac{s_n}{\cos\beta}$ (2.33-1)

168. $s_{yn} = s_{yt} \cdot \cos\beta_y$

169. $s_{yt} = d_y \cdot \left(\frac{s_t}{d} + \text{inv}\alpha_t - \text{inv}\alpha_{yt}\right)$

$= d_y \cdot \left(\frac{\pi + 4 \cdot x \cdot \tan\alpha_n}{2 \cdot z} + \text{inv}\alpha_t - \text{inv}\alpha_{yt}\right)$ (2.31-1) (3.41)

170. $s_{vn} = s_{vt} \cdot \cos\beta_v$

171. $s_{vt} = d_v \cdot \left(\frac{s_t}{d} + \text{inv}\alpha_t - \text{inv}\alpha_{vt}\right)$

$= d_v \cdot \left(\frac{\pi + 4 \cdot x \cdot \tan\alpha_n}{2 \cdot z} + \text{inv}\alpha_t - \text{inv}\alpha_{vt}\right)$ (3.42)

Zahndickenabmaße

172. $A_s = (d_{aM} - d_a) \cdot \tan\alpha_n$

173. $A_{sm} = \frac{1}{2} \cdot (A_{se} + A_{si})$

174. $A_{st} = \frac{A_s}{\cos\beta}$

175. $A_{sy} = A_s \cdot \frac{d_y \cdot \cos\beta_y}{d \cdot \cos\beta} \approx A_s \cdot \left(1 + 2 \cdot \frac{x}{z_{nW}}\right)$

Zahndicken-Halbwinkel

176. $\psi = \frac{s_t}{d} = \frac{\pi + 4 \cdot x \cdot \tan\alpha_n}{2 \cdot z}$

177. $\psi_a = \frac{s_{at}}{d_a} = \psi + \text{inv}\alpha_t - \text{inv}\alpha_{at}$

178. $\psi_b = \frac{s_{bt}}{d_b} = \psi + \text{inv}\alpha_t$

179. $\psi_v = \frac{s_{vt}}{d_v} = \psi + \text{inv}\alpha_t - \text{inv}\alpha_{vt}$

180. $\psi_y = \frac{s_{yt}}{d_y} = \psi + \text{inv}\alpha_t - \text{inv}\alpha_{yt}$

Zahndickensehnen

181. $\bar{s}_c = s \cdot \cos^2\alpha = m \cdot \cos^2\alpha \cdot \left(\frac{\pi}{2} + 2 \cdot x \cdot \tan\alpha\right)$

182. $\bar{s}_n = d_n \cdot \sin\psi_n = \frac{d \cdot \sin(\psi \cdot \cos^3\beta)}{\cos^2\beta}$

183. $\bar{s}_n \approx s_n \cdot \left(1 - \frac{1}{6} \cdot \psi^2 \cdot \cos^6\beta\right)$

184. $\bar{s}_{vn} = \frac{d_v \cdot \sin(\psi_v \cdot \cos^3\beta_v)}{\cos^2\beta_v}$

185. $\bar{s}_{vn} \approx s_{vn} \cdot \left(1 - \frac{1}{6} \cdot \psi_v^2 \cdot \cos^6\beta_v\right)$

186. $\bar{s}_{yn} = \frac{d_y \cdot \sin(\psi_y \cdot \cos^3\beta_y)}{\cos^2\beta_y}$

187. $\bar{s}_{yn} \approx s_{yn} \cdot \left(1 - \frac{1}{6} \cdot \psi_y^2 \cdot \cos^6\beta_y\right)$

Zahnhöhen

188. $h = h_P + k = (h_P^* + k^*) \cdot m$ (2.20)

189. $h = \frac{(d_a - d_{fE})}{2}$

190. $h_a = h_{aP} + x \cdot m_n + k$ (2.20-1) (4.37)

191. $h_f = h_{fP} - x \cdot m_n$ (2.20-2) (4.38)

192. $h_a = \frac{(d_a - d)}{2}$ (4.33)

193. $h_{fE} = \frac{(d - d_{fE})}{2}$

194. $h_w = \frac{d_{a1} + d_{a2}}{2} - a$

195. $h_f = r - r_f$

Zahnlücken: siehe Lückenweiten

Zahnlücken-Halbwinkel

196. $\eta = \frac{e_t}{d} = \frac{\pi - 4 \cdot x \cdot \tan\alpha_n}{2 \cdot z}$

197. $\eta = \frac{e_t - A_{st}}{d} = \frac{\pi - 4 \cdot x \cdot \tan\alpha_n}{2 \cdot z} = \frac{A_s}{z \cdot m_n}$

198. $\eta_b = \frac{e_{bt}}{d_b} = \eta - \mathrm{inv}\alpha_t$

199. $\eta_f = \frac{e_{ft}}{d_f} = \eta - \mathrm{inv}\alpha_t + \mathrm{inv}\alpha_{ft}$

200. $\eta_v = \frac{e_{vt}}{d_v} = \eta - \mathrm{inv}\alpha_t + \mathrm{inv}\alpha_{vt}$

201. $\eta_y = \frac{e_{yt}}{d_y} = \eta - \mathrm{inv}\alpha_t + \mathrm{inv}\alpha_{yt}$

Zähnezahlverhältnis

202. $u = \frac{z_2}{z_1} \qquad |u| \geqq 1$ (1.10)

Zahnweite

203. $W_k = m_n \cdot \cos\alpha_n \cdot \left[\left(k - \frac{z}{2 \cdot |z|}\right) \cdot \pi + z \cdot \mathrm{inv}\alpha_t\right] +$

$+ 2 \cdot x \cdot m_n \cdot \sin\alpha_n$

8.5 Gleichungen zur Tragfähigkeitsberechnung von Stirnrädern (Zylinderrädern) [7/1]

Allgemeine Einflußfaktoren

Anwendungsfaktor

$K_A = 1{,}00$ bis $\geq 2{,}25$ je nach Arbeitsweise der treibenden und getriebenen Maschine

Breitenfaktoren

$$\text{für } \frac{b_{cal}}{b} \leq 1: \quad K_{H\beta} = 2 \cdot \frac{b}{b_{cal}} \tag{7.9}$$

$$\text{mit } \frac{b_{cal}}{b} = \sqrt{\frac{2 \cdot F_m/b}{F_{\beta y} \cdot c_\gamma}} \tag{7.10}$$

$$\text{für } \frac{b_{cal}}{b} > 1: \quad K_{H\beta} = \frac{2 \cdot b_{cal}/b}{2 \cdot (b_{cal}/b) - 1} \tag{7.11}$$

$$\text{mit } \frac{b_{cal}}{b} = 0{,}5 + \frac{F_m/b}{F_{\beta y} \cdot c_\gamma} \tag{7.12}$$

$$K_{F\beta} = K_{H\beta}^N \tag{7.13}$$

$$\text{mit } N = \frac{(b/h)^2}{1 + b/h + (b/h)^2} \tag{7.14}$$

$$\text{und } b/h = \min\left(\frac{b_1}{h_1}, \frac{b_2}{h_2}\right)$$

$$K_{B\beta} = K_{H\beta} \tag{7.15}$$

Dynamikfaktor

für $N \leq 0{,}85$

$$K_V = N \cdot K + 1 \tag{7.2}$$

$$\text{mit } K = C_{v1} B_p + C_{v2} B_f + C_{v3} B_k \tag{7.3}$$

für $0{,}85 < N \leqq 1{,}15$

$$K_v = C_{v1}B_p + C_{v2}B_f + C_{v4}B_k + 1 \quad (7.4)$$

für $N > 1{,}5$

$$K_v = C_{v5}B_p + C_{v6}B_f + C_{v7} \quad (7.5)$$

für $1{,}15 < N < 1{,}5$

$$K_v = K_{v(N=1{,}5)} + \frac{K_{v(N=1)} - K_{v(N=1{,}5)}}{0{,}35} \cdot (1{,}5 - N) \quad (7.6)$$

Stirnfaktoren

für $\varepsilon_\gamma \leqq 2$

$$K_{H\alpha} = K_{B\alpha} = K_{F\alpha} = \frac{\varepsilon_\gamma}{2}\left(0{,}9 + 0{,}4 \cdot \frac{c_\gamma(f_{pe} - y_\alpha)}{F_{tH}/b}\right) \quad (7.16)$$

für $\varepsilon_\gamma > 2$

$$K_{H\alpha} = K_{B\alpha} = K_{F\alpha} = 0{,}9 + 0{,}4 \cdot \sqrt{\frac{2(\varepsilon_\gamma - 1)}{\varepsilon_\gamma}} \cdot \frac{c_\gamma(f_{pe} - y_\alpha)}{F_{tH}/b} \quad (7.17)$$

Grenzbedingungen für Stirnfaktoren

$$K_{H\alpha} = K_{B\alpha} = K_{F\alpha} \geqq 1 \quad (7.19)$$

$$K_{H\alpha} = K_{B\alpha} \leqq \frac{\varepsilon_\gamma}{\varepsilon_\alpha \cdot Z_\varepsilon^2} \quad (7.20)$$

$$K_{F\alpha} \leqq \frac{\varepsilon_\gamma}{\varepsilon_\alpha \cdot Y_\varepsilon} \quad (7.21)$$

Einflußfaktoren

Elastizitätsfaktor

$$Z_E = \sqrt{\frac{1}{\pi\left(\frac{1-\nu_1^2}{E_1} + \frac{1-\nu_2^2}{E_2}\right)}} \quad (7.27)$$

Formfaktor

$$Y_F = \frac{6 \cdot \frac{h_F}{m_n} \cdot \cos\alpha_{Fen}}{\left(\frac{s_{Fn}}{m_n}\right)^2 \cdot \cos\alpha_n} \qquad (7.45)$$

Geschwindigkeitsfaktor

$$Z_V = C_{ZV} + \frac{2(1-C_{ZV})}{\sqrt{0{,}8+\frac{32}{v}}} \qquad (7.39)$$

$$\text{mit } C_{ZV} = 0{,}85 + \frac{\sigma_{Hlim} - 850}{350} \cdot 0{,}08$$

Größenfaktor

bei Bau- und Vergütungsstählen, Gußeisen mit Kugelgraphit, perlitischem Temperguß

$$\left.\begin{array}{ll} \text{für } 5 < m_n < 30: & Y_X = 1{,}03 - 0{,}006 \cdot m_n \\ \text{für } m_n \geqq 30: & Y_X = 0{,}85 \end{array}\right\} \quad (7.72\text{-}1)$$

oberflächengehärtete Stähle

$$\left.\begin{array}{ll} \text{für } 5 < m_n < 30: & Y_X = 1{,}05 - 0{,}01 \cdot m_n \\ \text{für } m_n \geqq 30: & Y_X = 0{,}75 \end{array}\right\} \quad (7.72\text{-}2)$$

Grauguß

$$\left.\begin{array}{ll} \text{für } 5 < m_n < 25: & Y_X = 1{,}075 - 0{,}015 \cdot m_n \\ \text{für } m_n \geqq 25: & Y_X = 0{,}7 \end{array}\right\} \quad (7.72\text{-}3)$$

$$\text{für } m_n \leqq 5: \quad Y_X = 1{,}0 \qquad (7.72\text{-}4)$$

$Z_X = 1$ in der Regel, da noch nicht genügend erforscht

Lebensdauerfaktor

bei Bau- und Vergütungsstählen, Gußeisen mit Kugelgraphit, perlitischem Temperguß

$$\left.\begin{aligned} &\text{für } N_L \leqq 10^4: \quad Y_{NT} = 2{,}5 \\ &\text{für } 10^4 < N_L \leqq 3\cdot 10^6: \quad Y_{NT} = \left(\frac{3\cdot 10^6}{N_L}\right)^{0{,}16} \\ &\text{für } N_L > 3\cdot 10^6: \quad Y_{NT} = 1 \end{aligned}\right\} \quad (7.68\text{-}1)$$

bei Einsatzstählen, oberflächengehärteten Stählen

$$\left.\begin{aligned} &\text{für } N_L \leqq 10^3: \quad Y_{NT} = 2{,}5 \\ &\text{für } 10^3 < N_L \leqq 3\cdot 10^6: \quad Y_{NT} = \left(\frac{3\cdot 10^6}{N_L}\right)^{0{,}115} \\ &\text{für } N_L > 3\cdot 10^6: \quad Y_{NT} = 1 \end{aligned}\right\} \quad (7.68\text{-}2)$$

bei Vergütungsstählen oder Nitrierstählen, gasnitriert, Grauguß

$$\left.\begin{aligned} &\text{für } N_L \leqq 10^3: \quad Y_{NT} = 1{,}6 \\ &\text{für } 10^3 < N_L \leqq 3\cdot 10^6: \quad Y_{NT} = \left(\frac{3\cdot 10^6}{N_L}\right)^{0{,}059} \\ &\text{für } N_L > 3\cdot 10^6: \quad Y_{NT} = 1 \end{aligned}\right\} \quad (7.68\text{-}3)$$

bei Vergütungsstählen, kurzzeitnitriert

$$\left.\begin{aligned} &\text{für } N_L \leqq 10^3: \quad Y_{NT} = 1{,}2 \\ &\text{für } 10^3 < N_L \leqq 3\cdot 10^6: \quad Y_{NT} = \left(\frac{3\cdot 10^6}{N_L}\right)^{0{,}012} \\ &\text{für } N_L > 3\cdot 10^6: \quad Y_{NT} = 1 \end{aligned}\right\} \quad (7.68\text{-}4)$$

bei Vergütungsstählen, Gußeisen mit Kugelgraphit, perlitischem Temperguß oder oberflächengehärteten Stählen

$$\text{für } N_L \leqq 10^5: \quad Z_{NT} = 1{,}6 \qquad (7.31\text{-}1)$$

$$\text{für } 10^5 < N_L < 5\cdot 10^7: \quad Z_{NT} = \left(\frac{5\cdot 10^7}{N_L}\right)^{0{,}0756} \qquad (7.31\text{-}2)$$

$$\text{für } N_L \geqq 5\cdot 10^7: \quad Z_{NT} = 1 \qquad (7.31\text{-}3)$$

bei Vergütungsstählen oder Nitrierstählen, gasnitriert, Grauguß für $N_L \leqq 10^5$: $Z_{NT} = 1{,}3$ (7.32-1)

für $10^5 < N_L < 2 \cdot 10^6$: $Z_{NT} = \left(\frac{2 \cdot 10^6}{N_L}\right)^{0{,}0875}$ (7.32-2)

für $N_L \geqq 2 \cdot 10^6$: $Z_{NT} = 1$ (7.32-3)

bei Vergütungsstählen, badnitriert

für $N_L \leqq 10^5$: $Z_{NT} = 1{,}1$ (7.33-1)

für $10^5 < N_L < 2 \cdot 10^6$: $Z_{NT} = \left(\frac{2 \cdot 10^6}{N_L}\right)^{0{,}0318}$ (7.33-2)

für $N_L \geqq 2 \cdot 10^6$: $Z_{NT} = 1$ (7.33-3)

relativer Oberflächenfaktor

für $R_z < 1 \mu m$

$Y_{RrelT} = 1{,}12$ (Vergütungsstähle)
$Y_{RrelT} = 1{,}07$ (einsatzgehärte und weiche Stähle)
$Y_{RrelT} = 1{,}025$ (Grauguß, nitrierte Stähle) (7.71-1)

für $1\ \mu m \leqq R_z \leqq 40\ \mu m$

$Y_{RrelT} = 1{,}674 - 0{,}529\ (R_z + 1)^{0{,}1}$ (Vergütungsst.)
$Y_{RrelT} = 5{,}306 - 4{,}203(R_z + 1)^{0{,}01}$ (einsatzgehärtete und weiche Stähle)
$Y_{RrelT} = 4{,}299 - 3{,}259(R_z + 1)^{0{,}005}$ (Grauguß, nitrierte Stähle) (7.71-2)

Rauheitsfaktor

$$Z_R = \left(\frac{3}{R_{z100}}\right)^{C_{ZR}} \quad (7.37)$$

$$\text{mit } C_{ZR} = 0{,}12 + \frac{1000 - \sigma_{H\,lim}}{5000} \quad (7.38)$$

und der gemittelten relativen Rauhtiefe

$$R_{Z100} = \frac{R_{z1} + R_{z2}}{2} \sqrt[3]{\frac{100}{a_w}} \quad (7.36)$$

Ritzeleinzeleingriffsfaktor

$$Z_B = \sqrt{\frac{\rho_{C1} \cdot \rho_{C2}}{\rho_{B1} \cdot \rho_{B2}}} \geqq 1 \qquad (7.26)$$

Schmierstoffaktor

$$Z_L = C_{ZL} + \frac{4(1 - C_{ZL})}{\left(1,2 + \frac{80}{\nu_{50}}\right)^2} \qquad (7.34)$$

$$\text{mit } C_{ZL} = \frac{\sigma_{H\,lim} - 850}{350} \cdot 0,08 + 0,83 \qquad (7.35)$$

Schrägenfaktor

$$Y_{\beta min} = 1 - 0,25 \cdot \varepsilon_\beta \geqq 0,75 \qquad (7.50)$$

$$Y_\beta = 1 - \varepsilon_\beta \cdot \frac{\beta}{120} \geqq Y_{\beta min} \qquad (7.49)$$

$$Z_\beta = \sqrt{\cos\beta} \qquad (7.30)$$

Spannungskorrekturfaktor

$$Y_S = (1,2 + 0,13 \cdot L) q_S^{\left(\frac{1}{1,21 + \frac{2,3}{L}}\right)} \qquad (7.46)$$

$$\text{mit } L = \frac{s_{Fn}}{h_F} \qquad (7.47)$$

$$\text{und } q_S = \frac{s_{Fn}}{2\rho_F} \qquad (7.48)$$

$$\text{sowie } 1 \leqq q_S \leqq 8$$

$$Y_{ST} = 2,0 \qquad (7.53)$$

relative Stützziffer

$$Y_{\delta relT} = \frac{Y_\delta}{Y_{\delta T}} = \frac{1 + \sqrt{\rho' \cdot \chi^*}}{1 + \sqrt{\rho' \cdot \chi_T^*}} \qquad (7.69)$$

bezogenes Spannungsgefälle

$$\chi^* = \frac{1}{5} \cdot (1 + 2 \cdot q_s) \qquad (7.70)$$

$$q_{sT} = 2,5$$

Überdeckungsfaktor

für $\varepsilon_\alpha \geqq 1$

$$Z_\varepsilon = \sqrt{\frac{4-\varepsilon_\alpha}{3}\cdot(1-\varepsilon_\beta)+\frac{\varepsilon_\beta}{\varepsilon_\alpha}} \quad \text{für } \varepsilon_\beta < 1 \qquad (7.29\text{-}1)$$

$$Z_\varepsilon = \sqrt{\frac{1}{\varepsilon_\alpha}} \quad \text{für } \varepsilon_\beta \geqq 1 \qquad (7.29\text{-}2)$$

für $\varepsilon_\alpha < 1$

$$Z_\varepsilon = \sqrt{\frac{\varepsilon_\beta}{\varepsilon_\alpha+\varepsilon_\beta-1}} \quad \text{für } \varepsilon_\beta < 1 \text{ und } \varepsilon_\gamma > 1 \qquad (7.29\text{-}3)$$

$$Z_\varepsilon = \sqrt{\frac{\varepsilon_\beta}{\varepsilon_\alpha}} \quad \text{für } \varepsilon_\beta \geqq 1 \text{ und } \varepsilon_\gamma < 2 \qquad (7.29\text{-}4)$$

$$Z_\varepsilon = \sqrt{\frac{\varepsilon_\beta}{2\cdot\varepsilon_\alpha+\varepsilon_\beta-2}} \quad \text{für } \varepsilon_\beta > 1 \text{ und } \varepsilon_\gamma > 2 \qquad (7.29\text{-}5)$$

Werkstoffpaarungsfaktor

$$Z_W = 1{,}2 - \frac{HB-130}{1700} \qquad (7.41)$$

für $HB < 130$: $Z_W = 1{,}2$

für $HB > 470$: $Z_W = 1{,}0$

Zonenfaktor

$$Z_H = \sqrt{\frac{2\cdot\cos\beta_b\cdot\cos\alpha_{wt}}{\cos^2\alpha_t\cdot\sin\alpha_{wt}}} \qquad (7.25)$$

Flankenpressungen

Flankenpressung (Hertzsche Pressung) am Wälzkreis

$$\sigma_H = \sigma_{H0}\cdot\sqrt{K_A\cdot K_V\cdot K_{H\beta}\cdot K_{H\alpha}} \qquad (7.22)$$

Nennwert der Flankenpressung

$$\sigma_{H0} = \sqrt{\frac{F_t}{d_{t1}\cdot b}\cdot\frac{u+1}{u}}\cdot Z_H\cdot Z_B\cdot Z_E\cdot Z_\varepsilon\cdot Z_\beta \qquad (7.22\text{-}1)$$

Zulässige Flankenpressung

$$\sigma_{HP} = \frac{\sigma_{H\,lim} \cdot Z_{NT}}{S_{H\,min}} \cdot Z_L \cdot Z_R \cdot Z_v \cdot Z_W \cdot Z_X = \frac{\sigma_{HG}}{S_{H\,min}} \tag{7.23}$$

Kräfte

Nenn-Umfangskraft (bei Vernachlässigung der Reibkräfte)

$$F_t = \frac{2P}{d_{t1} \cdot \omega_1} = \frac{2M_{an}}{d_{t1}} \tag{7.1}$$

Zahnnormalkraft

$$F_b = F_t \cdot \frac{r}{r_b} \tag{7.43}$$

Maßgebende Umfangskräfte

$$F_m = F_t \cdot K_A \cdot K_v \tag{7.8}$$

$$F_{tH} = F_t \cdot K_A \cdot K_v \cdot K_{H\beta}$$

Sicherheiten

Sichere Auslegung gegen Grübchenbildung

$\sigma_{HP} \geqq \sigma_H$ für den gewählten Sicherheitsfaktor S_H (7.24)

Sichere Auslegung gegen Zahnfußbruch

$\sigma_{FP} \geqq \sigma_F$ für den gewählten Sicherheitsfaktor S_F (7.55)

Zahnfußspannungen

Maximale Tangentialspannung am Zahnfuß

$$\sigma_F = \sigma_{F0} \cdot K_A \cdot K_v \cdot K_{F\beta} \cdot K_{F\alpha} \tag{7.52}$$

Örtliche Zahnfußspannung

$$\sigma_{F0} = \frac{F_t}{b \cdot m_n} \cdot Y_F \cdot Y_S \cdot Y_\beta \tag{7.51}$$

Zulässige Zahnfußspannung

$$\sigma_{FP} = \frac{\sigma_{Flim} \cdot Y_{ST} \cdot Y_{NT}}{S_F} \cdot Y_{\delta relT} \cdot Y_{RrelT} \cdot Y_X \quad (7.54)$$

8.6 Genormte Modul- und Diametral-Pitch-Reihen für Stirnräder

Modul m in mm		Diametral Pitch	Modul m in mm		Diametral Pitch	Modul m in mm		Diametral Pitch
Reihe I	Reihe II	1/Zoll	Reihe I	Reihe II	1/Zoll	Reihe I	Reihe II	1/Zoll
0,05			0,8		32		(6,5)	4
	0,055			0,85			7	3,5
0,06			0,9		28	8		3
	0,07			0,95			9	2,75
0,08			1		24	10		2,5
	0,09			1,125			11	2,25
0,1			1,25		20	12		2
	0,11			1,375	18		14	1,75
0,12		200	1,5		16	16		1,5
	0,14	180		1,75	14		18	
		160	2		12	20		1,25
0,16				2,25	11		22	
	0,18	140	2,5		10	25		1
0,2		120		2,75	9		(27)	
	0,22		3		8		28	0,875
0,25		100		(3,25)			(30)	
	0,28			3,5	7	32		0,75
0,3		80		(3,75)			36	
	0,35	64	4		6		(39)	
0,4				(4,25)		40		0,625
	0,45			4,5	5,5		(42)	
0,5		48		(4,75)			45	
	0,55		5		5	50		0,5
0,6		40		(5,25)			55	
	0,65			5,5	4,5	60		
0,7		36		(5,75)			70	
	0,75		6					

Bild 8.1. Die auszuwählenden Modul- und Diametral-Pitch-Größen sind zugunsten einer begrenzten Werkzeughaltung eingegrenzt und gestuft. In der deutschen Norm [8/2;2/6] gibt es zwei Reihen, von denen Reihe I gegenüber Reihe II stets bevorzugt werden soll. Die eingeklammerten Moduln sind für Sonderzwecke vorgesehen (siehe auch ISO-Norm [8/3]).

Die nach British Standard 978 angeführte DP-Reihe entspricht nicht genau den metrischen Werten und liegt daher immer neben den genormten Modulwerten. Ist m der Modul und P der Diametral-Pitch-Wert und w ein Umrechnungsfaktor, dann gilt nach Gl.(2.21)

$$P = \frac{w}{m_n}\ 1/\text{Zoll}\ ;\ w = 25{,}4\ \text{mm/Zoll}\ ;\ P = 25{,}4/m_n\ 1/\text{Zoll}\ ;\ m_n = \frac{25{,}4}{P}\ \text{mm} \qquad (2.21)$$

Danach entspricht der Wert P = 16 1/Zoll dem Modul m_n = 25,4/16 = 1,5875 mm und der Modul m_n = 1,5 mm dem Wert P = 25,4/1,5 = 16,933 1/Zoll.

8.7 Diagramme für Grenzen der Profilverschiebung bei Stirnrad-Verzahnungen im Normalschnitt mit $\alpha_p = 20°$ und Zahnhöhen h_{aP}/h_{FfP} von 0 bis $1{,}7 \cdot m_n$

8.7.1 Außenverzahnung, z_{nx} = 1 bis 150, s_{an} = 0

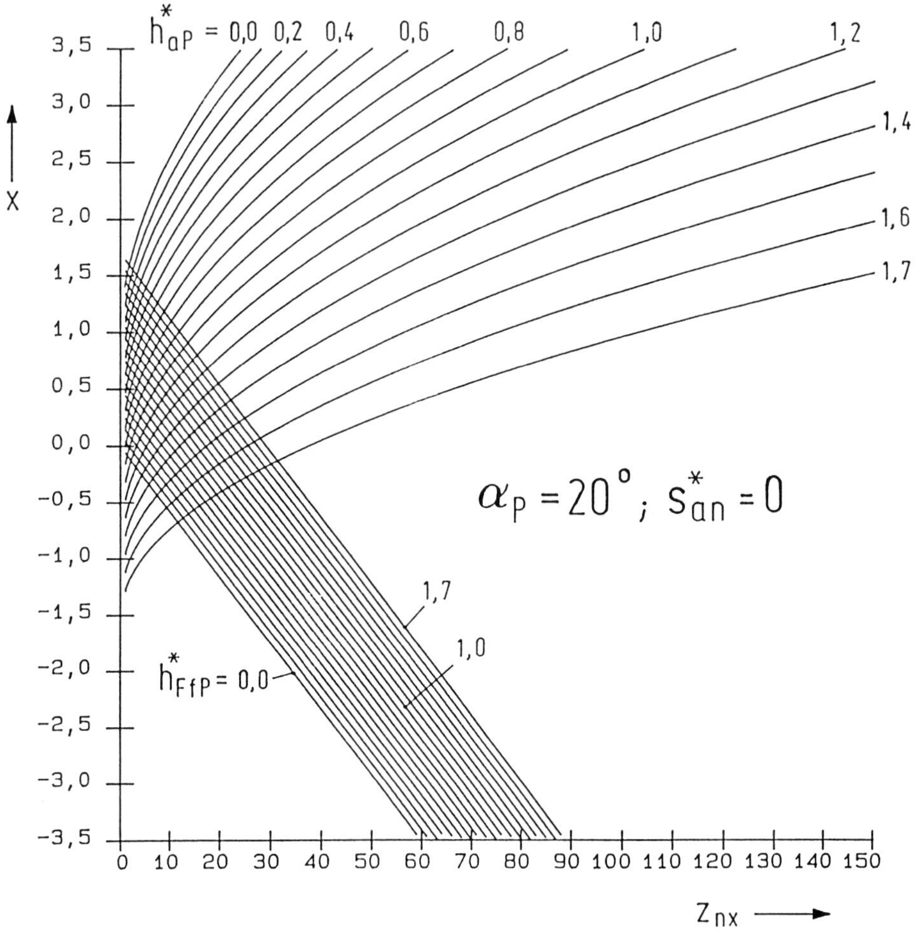

Bild 8.2. Profilverschiebungsfaktor x (stets im Normalschnitt) von Außenverzahnungen bis zur Spitzen- und Unterschnittgrenze für die Zähnezahlen z_{nx} = 1 bis 150. Es ist:

Profilwinkel des Bezugsprofils	$\alpha_P = 20°$
Zahndicke auf dem Kopfzylinder im Normalschnitt	$s_{an} = 0{,}0$
Kopfhöhe des Stirnrad-Bezugsprofils	$h_{aP} = 0{,}0$ bis $1{,}7 \cdot m_n$
Fuß-Formhöhe des Stirnrad-Bezugsprofils	$h_{FfP} = 0{,}0$ bis $1{,}7 \cdot m_n$
Profilverschiebungsfaktor im Normalschnitt	$x = -3{,}5$ bis $+3{,}5$
Ersatzzähnezahl bzw. Zähnezahl einer Geradverzahnung	z_{nx} = 1 bis 150

8.7.2 Außenverzahnung, z_{nx} = 1 bis 40, s_{an} = 0

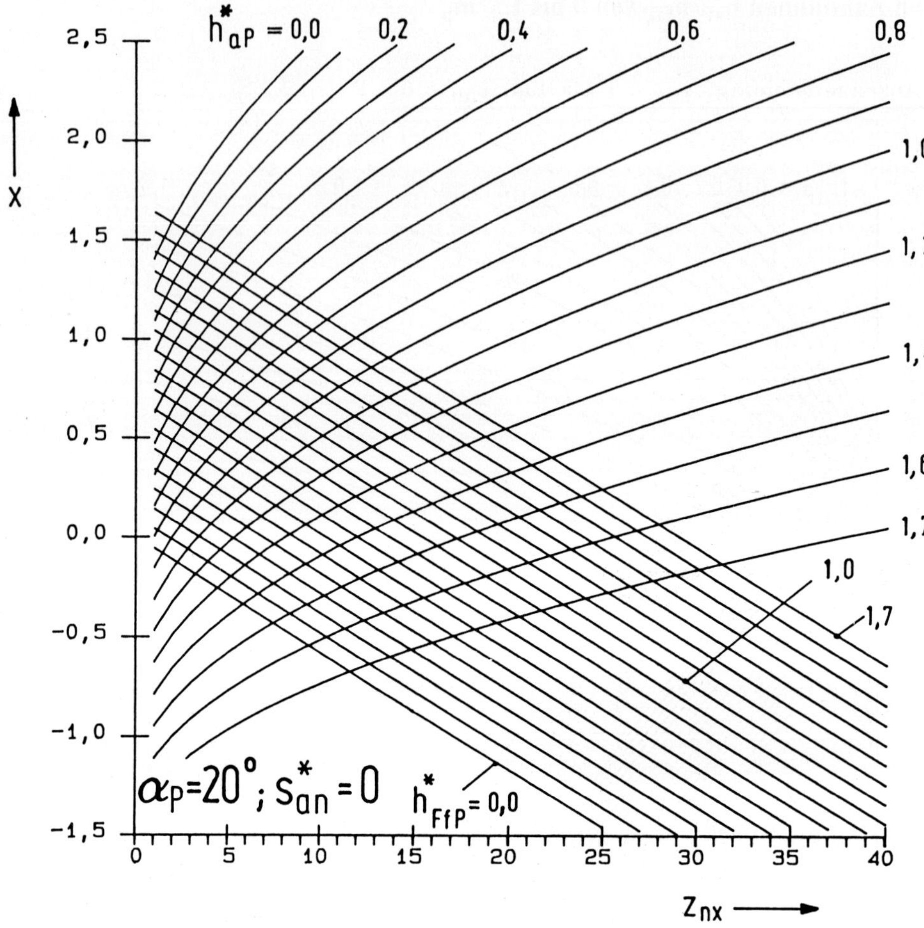

Bild 8.3. Profilverschiebungsfaktor x von Außenverzahnungen bis zur Spitzen- und Unterschnittgrenze der Zähnezahlen z_{nx} = 1 bis 40 (Bezeichnungen in Bild 8.2). Es ist: α_P = 20°, s_{an} = 0,0, h_{aP} = 0,0 bis $1{,}7 \cdot m_n$, h_{FfP} = 0,0 bis $1{,}7 \cdot m_n$, x = -1,5 bis +3,5.

8.7.3 Außenverzahnung, z_{nx} = 1 bis 150, s_{an} = 0,2·m_n

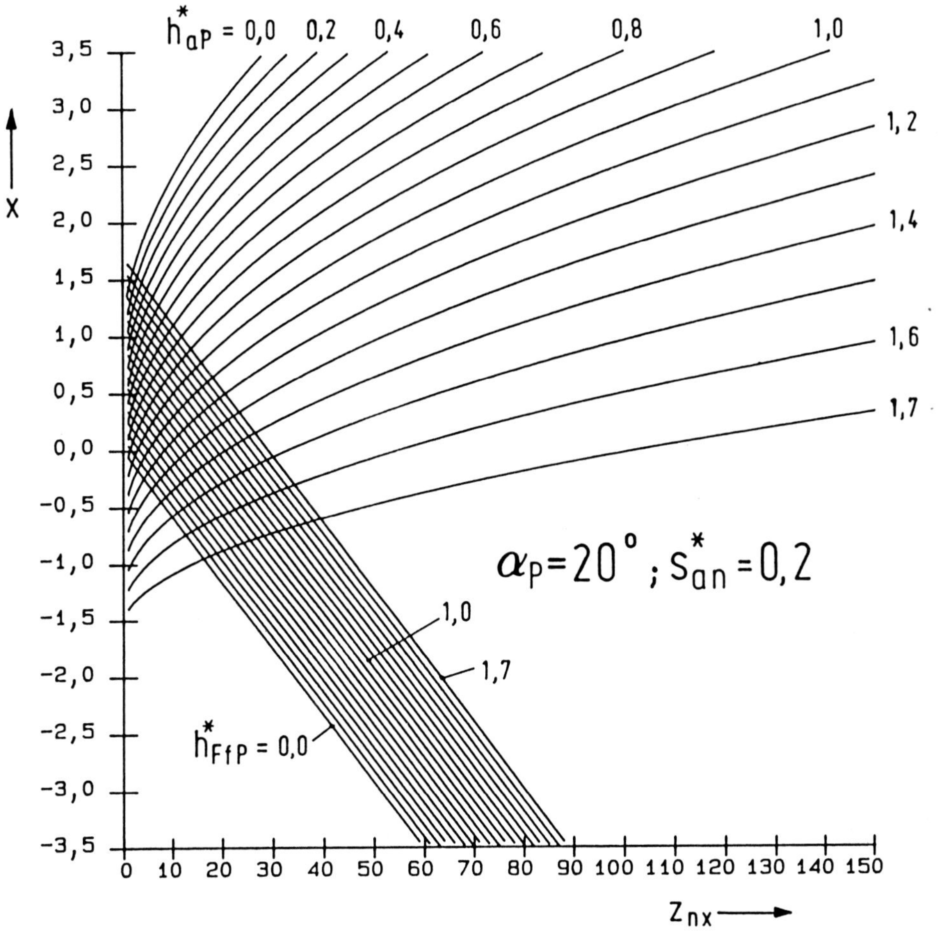

Bild 8.4. Profilverschiebungsfaktor x von Außenverzahnungen für die Mindestzahndicke s_{amin} am Kopfzylinder und den Unterschnittbeginn bei Zähnezahlen von z_{nx} = 1 bis 150 (Bezeichnungen in Bild 8.2). Es ist:
α_P = 20°, s_{anmin} = 0,2·m_n, h_{aP} = 0,0 bis 1,7·m_n, h_{FfP} = 0,0 bis 1,7·m_n, x = -3,5 bis +3,5.

8.7.4 Außenverzahnung, z_{nx} = 1 bis 40, s_{an} = 0,2 $\cdot m_n$

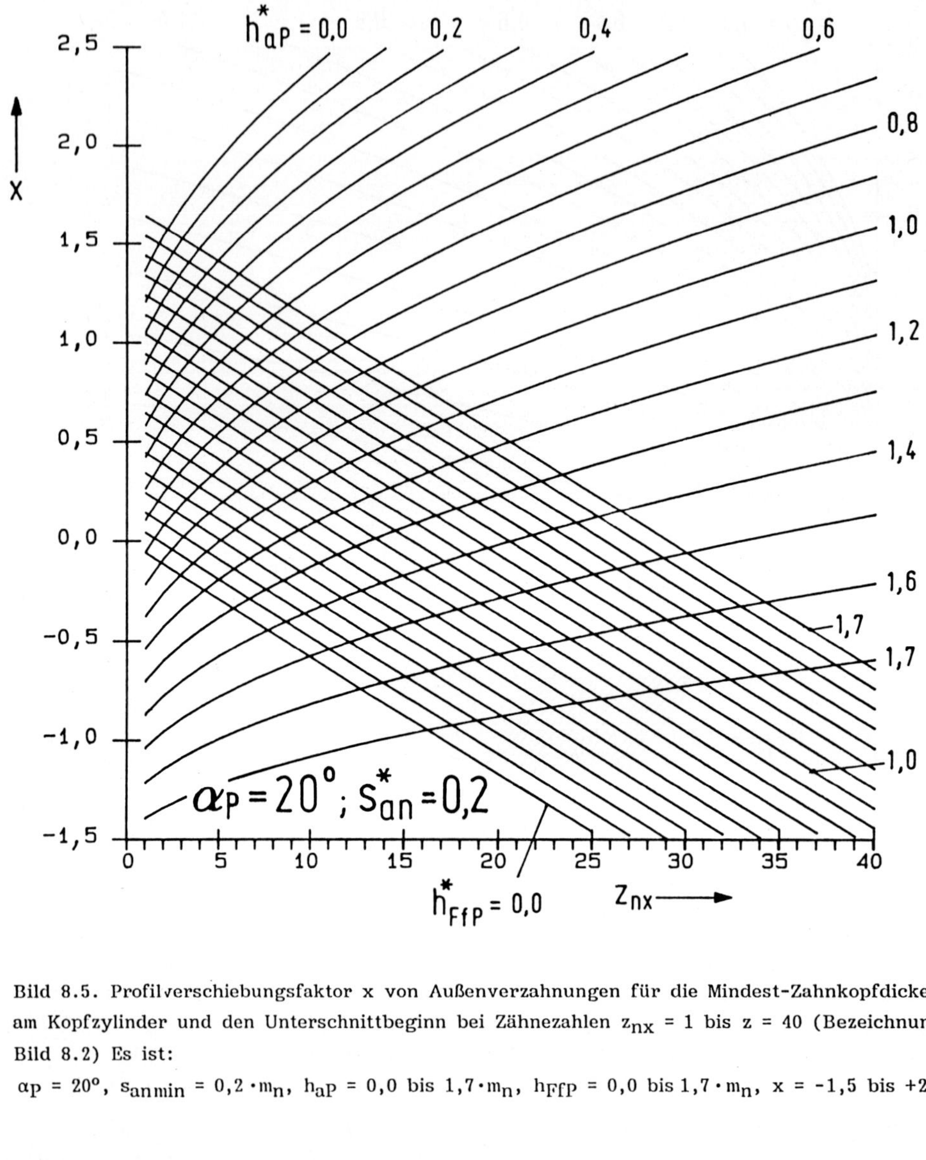

Bild 8.5. Profilverschiebungsfaktor x von Außenverzahnungen für die Mindest-Zahnkopfdicke s_{amin} am Kopfzylinder und den Unterschnittbeginn bei Zähnezahlen z_{nx} = 1 bis z = 40 (Bezeichnungen in Bild 8.2) Es ist:

α_P = 20°, s_{anmin} = 0,2 $\cdot m_n$, h_{aP} = 0,0 bis 1,7 $\cdot m_n$, h_{FfP} = 0,0 bis 1,7 $\cdot m_n$, x = -1,5 bis +2,5.

8.7.5 Innenverzahnung, z_{nx} = -1 bis -150, $e_{fn\,min} = 0{,}2 \cdot m_n$

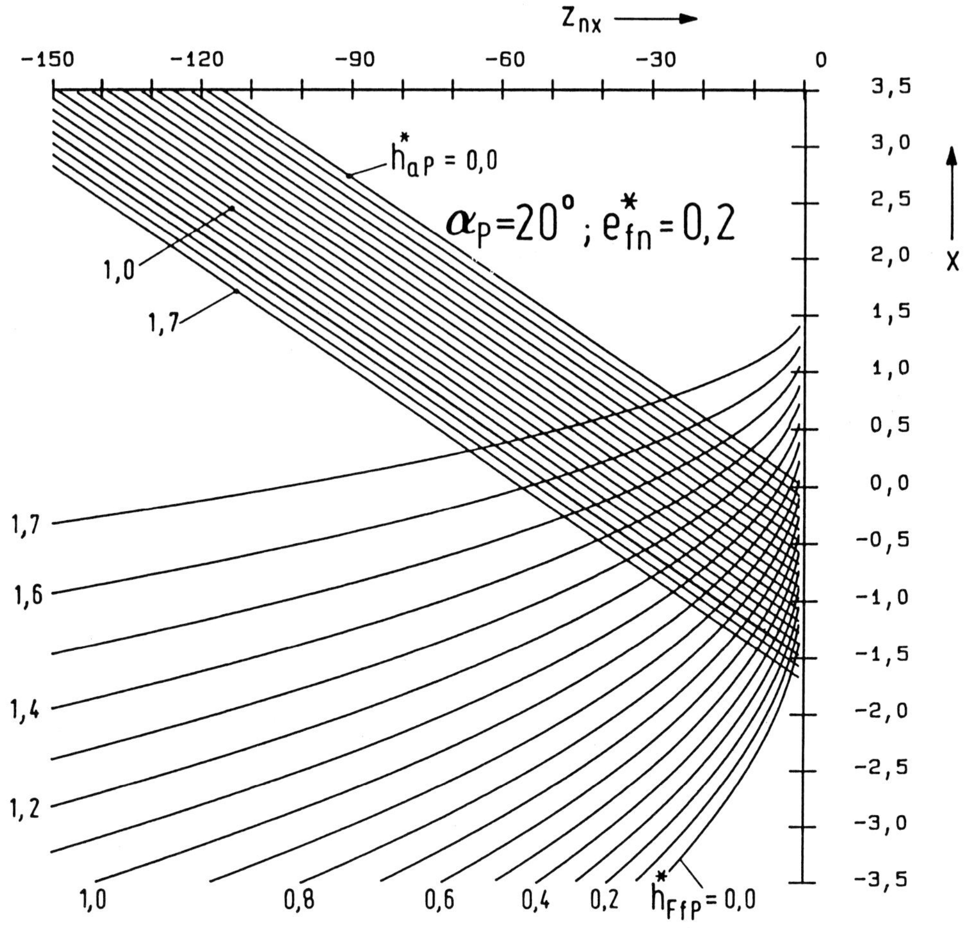

Bild 8.6. Profilverschiebungsfaktor x für Hohlräder mit dem Kopfspiel $c = 0{,}0 \cdot m_n$, bis zum kleinstzulässigen Kopfkreisradius $r_a(|r_a| \geq |r_b|)$, für Mindest-Zahnfußlückenweite $e_{fn\,min}$ und die Zähnezahlen z_{nx} = -1 bis -150 (Bezeichnungen in Bild 8.2). Es ist:
$\alpha_P = 20°$, $e_{fn\,min} = 0{,}2 \cdot m_n$, h_{aP} = 0,0 bis $1{,}7 \cdot m_n$, h_{FfP} = 0,0 bis $1{,}7 \cdot m_n$, x = -3,5 bis +3,5, $c = 0{,}0 \cdot m_n$.

8.7.6 Innenverzahnung, z_{nx} = -1 bis -40, $e_{fn\,min}$ = 0,2 $\cdot m_n$

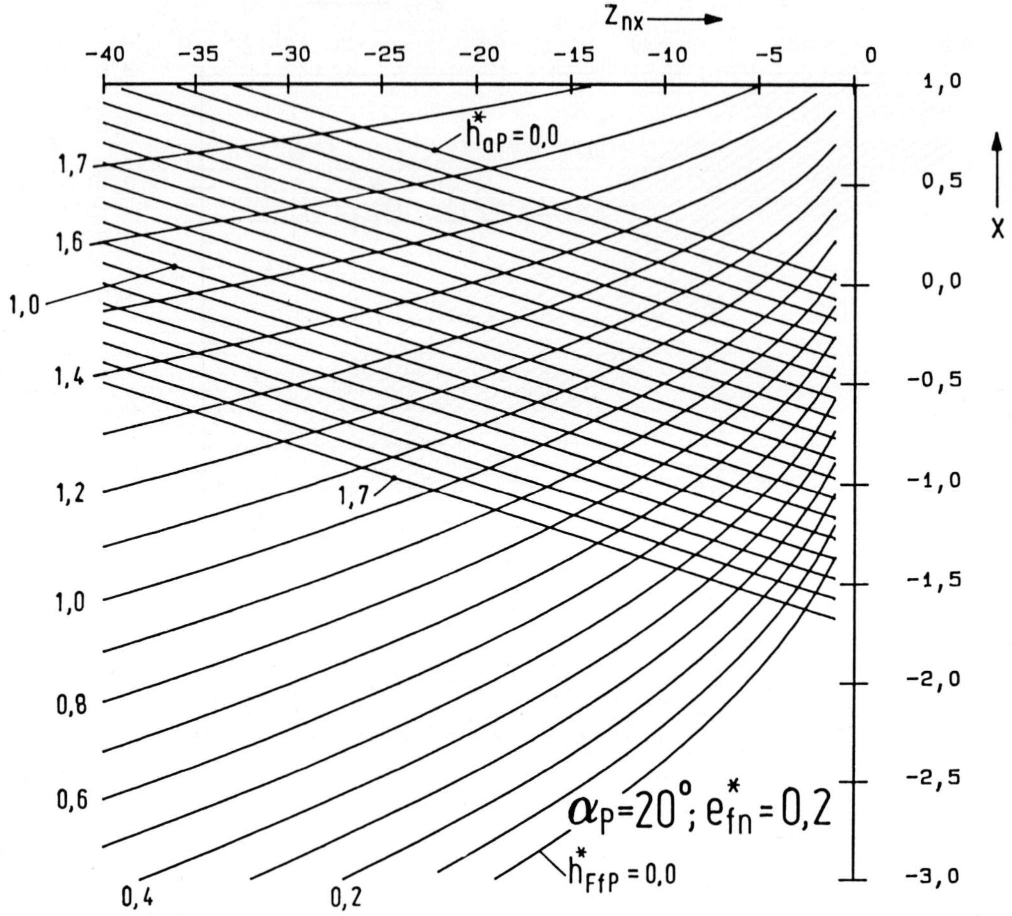

Bild 8.7. Profilverschiebungsfaktor x für Hohlräder mit dem Kopfspiel c = 0,0 $\cdot m_n$, bis zum kleinstzulässigen Kopfkreisradius $r_a(|r_a| \geq |r_b|)$, für Mindest-Zahnfußlückenweite $e_{fn\,min}$ und die Zähnezahlen z_{nx} = -1 bis -40 (Bezeichnungen in Bild 8.2). Es ist:
α_P = 20°, $e_{fn\,min}$ = 0,2$\cdot m_n$, h_{aP} = 0,0 bis 1,7 $\cdot m_n$, h_{FfP} = 0,0 bis 1,7 $\cdot m_n$, x = -3,0 bis +1,0, c = 0,0 $\cdot m_n$.

Bild 8.8. Geometrische Begrenzung der Profilverschiebung bei Innen-Radpaarungen.
Bedeutung der Begrenzungslinien der eingezeichneten Fünfecke:
Untere Linie: Unterschnittgrenze Ritzel
Steigende rechte Linien: Kopfkreis der Innenverzahnung geht durch äußersten Eingriffsstreckenbeginn am Ritzelgrundkreis, Berühren der Zahnkopfkanten
Obere Linie: Profilüberdeckung ε_α = 1,1
Steigende linke Linie: Zahnlückenweiten am Hohlrad 0,2$\cdot m_n$ (siehe Bild 4.18, Bd. I)
Teilbild 1: z_{nx2} = -50; Teilbild 2: z_{nx2}= -60; nach [8/5].

8.8 Profilverschiebung bei Innen-Radpaaren

8.8.1 Radzähnezahlen z_2 = -50, -60

1

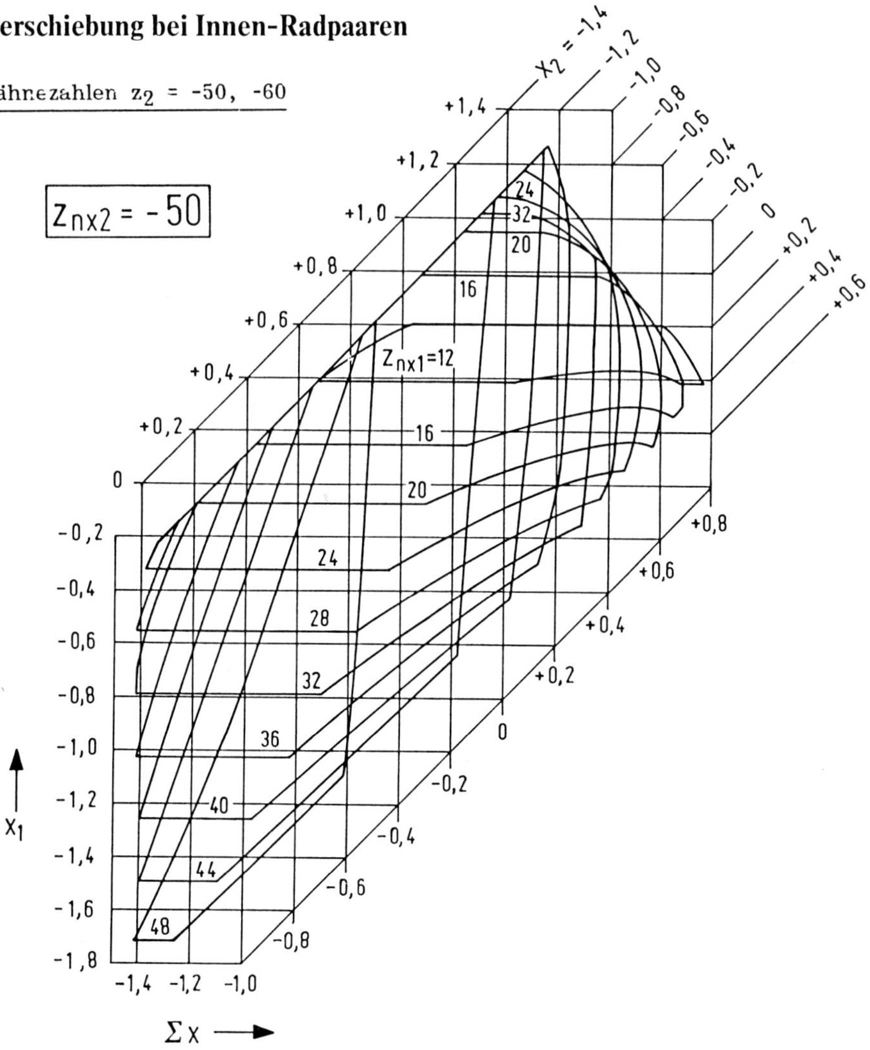

2

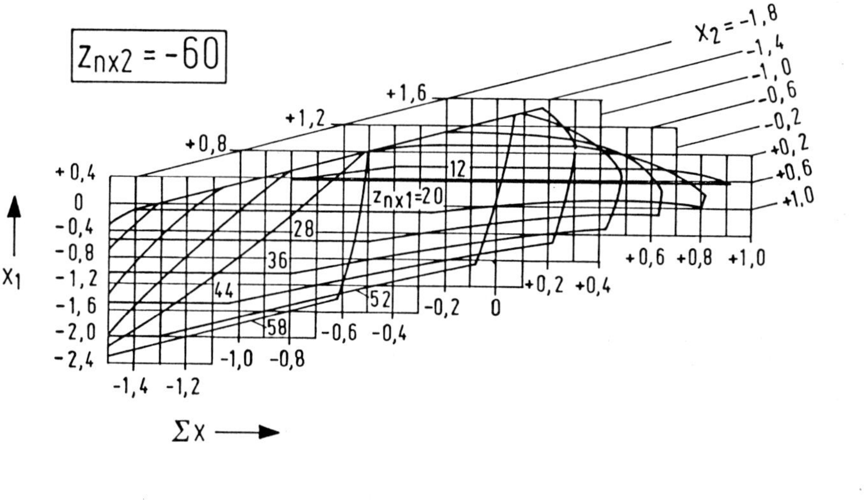

Bild 8.8

8.8.2 Radzähnezahlen z_2 = -80, -100

1

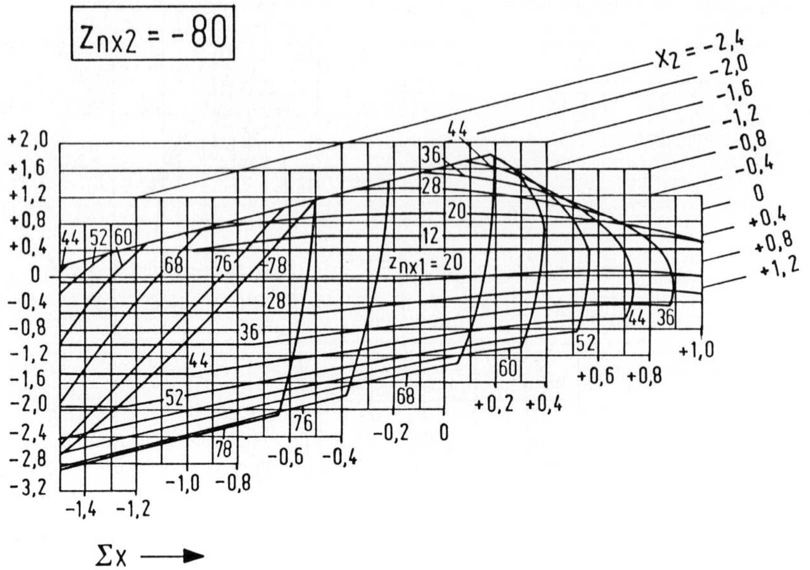

2

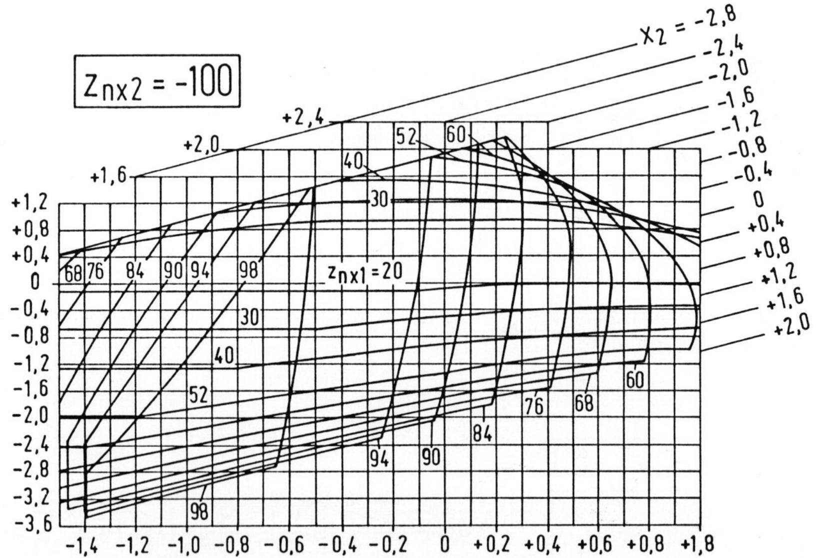

Bild 8.9. Geometrische Begrenzung der Profilverschiebung bei Innenradpaarungen (Erläuterungen siehe Bild 8.8), Teilbild 1: z_{nx2} = -80; Teilbild 2: z_{nx2} = -100; nach [8/5].

8.9 Lösen von Gleichungen mit inv-Funktionen am Rechner

8.9.1 Struktogramm zur Bestimmung des Winkels aus der inv-Funktion

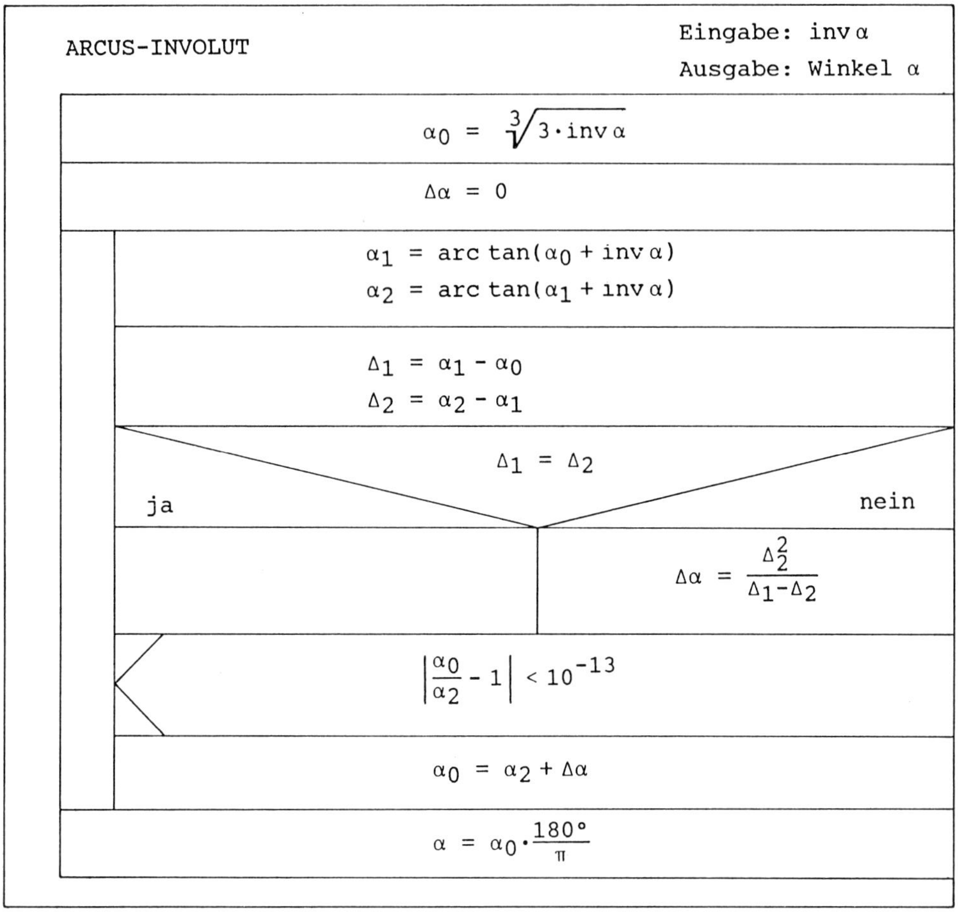

8.9.2 Struktogramm zur Berechnung der Profilverschiebung x_{sa} bei vorgegebener Mindestzahnkopfdicke $s_{a\,min}$

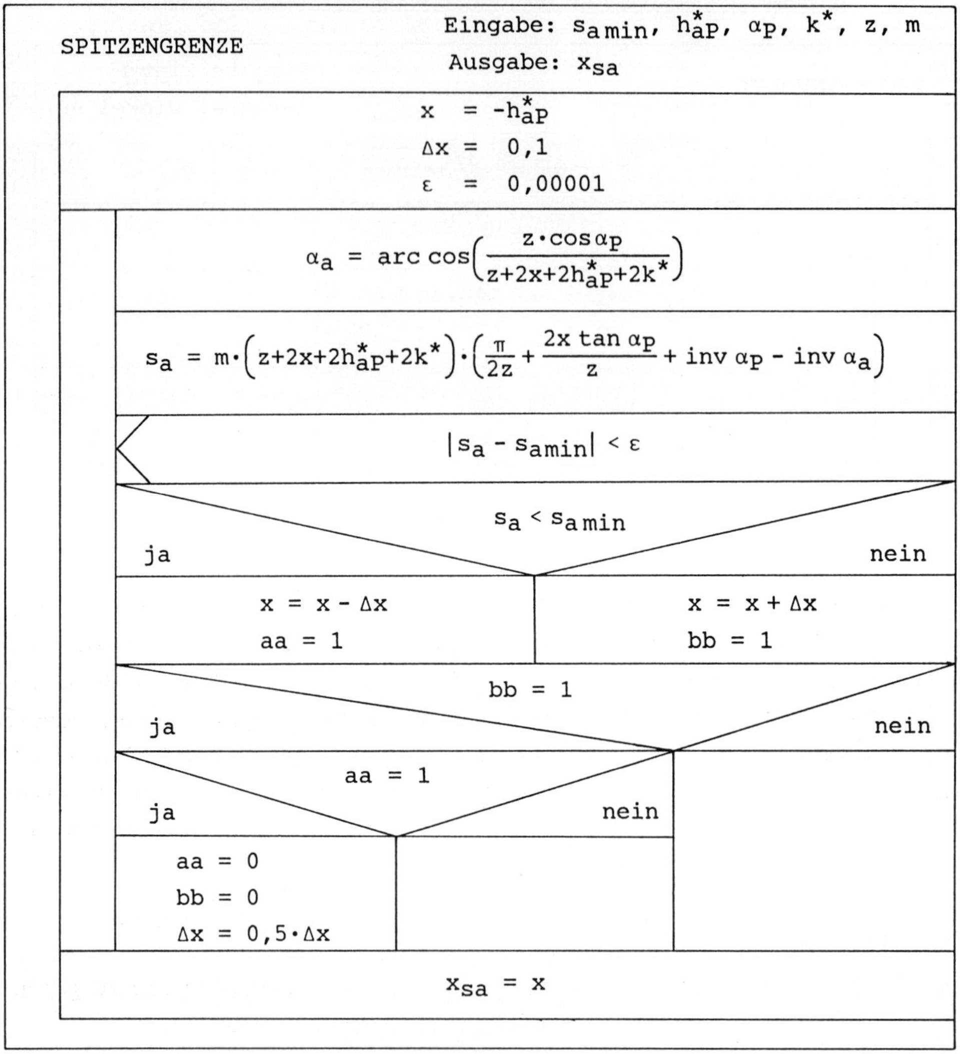

8.9.3 Struktogramm zur Berechnung des Achsabstandes bei gegebener Profilverschiebungssumme

ACHSABSTAND

Eingabe: x_1, x_2, z_1, z_2, α_n, α_t, a_d

Ausgabe: a

$$\text{inv}\,\alpha_{wt} = \frac{x_1+x_2}{z_1+z_2}\cdot 2\cdot\tan\alpha_n + \text{inv}\,\alpha_t$$

ARCUS-INVOLUT

$$a = a_d\cdot\frac{\cos\alpha_t}{\cos\alpha_{wt}}$$

8.10 Rechenregeln für die Summierung tolerierter Maße

Ein toleriertes Maß M ist ein Nennmaß N mit zugeordneten Grenzabmaßen, wobei die Grenzabmaße entweder einzeln am Nennmaß eingetragen oder mit Hilfe von Allgemeintoleranzen angegeben werden [6/1]. Zum Rechnen werden die tolerierten Maße, auch die sogenannten "Freimaße", aber auch die Spiele und Exzentrizitäten durch Nennmaße N, durch obere und untere Grenzabmaße A_e, A_i, dargestellt [8/6]. Das ist eine Größe mit drei Zahlenwerten, von denen das Nennmaß einen absoluten und die Grenzabmaße einen relativen Bezugspunkt haben. Daher gelten für die Gleichungen mit tolerierten Maßen besondere Rechenregeln.

8.10.1 Maßaddition

Regel 1: Gleichungen für tolerierte Maße werden zu ihrer Kennzeichnung mit gepfeilten Gleichheitszeichen versehen. Es ist definitionsgemäß

$$M \Rightarrow N_{A_i}^{A_e} \quad . \tag{8.1}$$

Regel 2: Das resultierende tolerierte Maß M_{res} erhält man durch Addition und/oder durch Subtraktion der tolerierten Einzelmaße $M_1 \ldots M_n$. Ob die Maße addiert oder subtrahiert werden, hängt von ihrem jeweiligen Richtungssinn in der durchlaufenen Maßkette (siehe Bilder 8.10; 6.9) ab.

Regel 3: Das Zeichnen der Kette tolerierter Maße erfolgt so, daß man, ähnlich wie in den Bildern 8.10 bzw. 6.9, den linken Punkt der nicht bemaßten Strecke (Beginn des Doppelpfeils) und den rechten Punkt (Ende des Doppelpfeils) sucht und den Doppelpfeil mit M_{res} (im speziellen Fall mit j_t) bezeichnet. Nun durchläuft man vom Ausgangspunkt des Doppelpfeils (hier links) zum Endpunkt des Doppelpfeils (hier rechts) auf dem Umweg über die bemaßten Strecken (meistens mit M bezeichnet) entweder in Doppelpfeilrichtung oder auch entgegen der Doppelpfeilrichtung alle Strecken bis zum Endpunkt. Das durchlaufene Maß erhält beim Durchgang in Doppelpfeilrichtung in der Gleichung ein positives, bei entgegengesetztem Durchlauf ein negatives Vorzeichen.

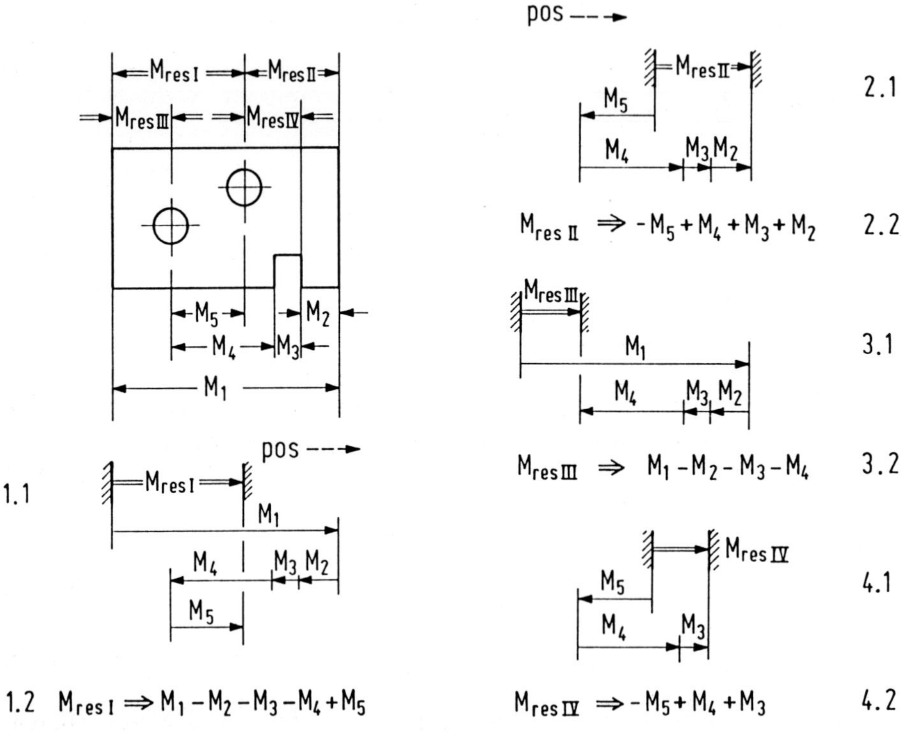

Bild 8.10. Addition von tolerierten Maßen. Ermitteln des tolerierten resultierenden Maßes M_{res} einiger nicht bemaßter Längen eines Einzelteils. Vorgehen:

Teilbild 1.1: Anfangspunkt (Pfeilbeginn) und Endpunkt (Pfeilspitze) des resultierenden Maßes M_{res} markieren. Die positive Richtung ist mit der Spitze des Doppelpfeils festgelegt. Mit den in der Zeichnung vorhandenen Einzelmaßen vom Anfangs- zum Endpunkt des resultierenden Maßes wird eine Maßkette gebaut, deren Pfeile (Vektoren) alle im Durchlaufsinn gerichtet sind (Beispiel für M_{resI}).

Teilbild 1.2: Aufstellen der Maßkettengleichung. Positiv und negativ durchlaufene Maße M werden mit positivem bzw. negativem Vorzeichen versehen.

Teilbilder 2.1; 3.1; 4.1: Wie Teilbild 1.1.

Teilbilder 2.2; 3.2; 4.2: Wie Teilbild 1.2.

Die gleichen Maße erhalten je nach Durchlaufsinn in den einzelnen Maßketten verschiedene Vorzeichen. Eine Zahlenrechnung ist als Beispiel im Text enthalten.

Regel 4: Beim Summieren werden alle Nennmaße N, alle oben stehenden Grenzabmaße und alle unten stehenden Grenzabmaße getrennt zum resultierenden Nennmaß N_{res}, zum oberen resultierenden Grenzabmaß A_{eres} und zum unteren resultierenden Grenzabmaß A_{ires} zusammengezählt. Haben die tolerierten Maße M ein negatives Vorzeichen, werden sie vor dem Summieren erst nach Gl.(8.9) aufgelöst, sind sie konjugiert, werden erst die Grenzabmaße nach Gl.(8.14) vertauscht.

Für positive Maße gilt folgendes Vorgehen, gezeigt an Gl.(8.2):

$$M_{res} \Rightarrow M_1 + M_2 + \ldots + M_n \tag{8.2}$$

mit Gl.(8.1) ist

$$M_{res} \Rightarrow N1_{A_{i1}}^{A_{e1}} + N2_{A_{i2}}^{A_{e2}} + \ldots + Nn_{A_{in}}^{A_{en}}$$

$$\Rightarrow (N_1 + N_2 + \ldots + N_n)_{A_{i1} + A_{i2} + \ldots + A_{in}}^{A_{e1} + A_{e2} + \ldots + A_{en}} \tag{8.3}$$

Aus Gl.(8.3) kann man sofort die drei resultierenden Zahlenwerte mit üblichen Gleichungen berechnen, wobei die einzelnen Grenzabmaße (nicht die Nennmaße) durchaus auch negative Vorzeichen haben können. Es ist

$$N_{res} = N_1 + N_2 + \ldots + N_n \tag{8.4}$$

$$A_{eres} = A_{e1} + A_{e2} + \ldots + A_{en} \tag{8.5}$$

$$A_{ires} = A_{i1} + A_{i2} + \ldots + A_{in} \tag{8.6}$$

mit den Toleranzen

$$T = A_e - A_i \tag{8.7}$$

$$T_{res} = A_{eres} - A_{ires}. \tag{8.8}$$

Regel 5: Haben die tolerierten Maße aufgrund des Durchlaufs der Maßkette (Bilder 8.10;6.9) ein negatives Vorzeichen, also -M, dann wirkt sich das sowohl auf das Nennmaß aus, das ein negatives Vorzeichen erhält, als auch auf die Grenzabmaße, die vertauscht werden und gleichzeitig ihre Vorzeichen ändern. Es ist mit Gl.(8.1) daher [1/5]

$$-M \Rightarrow -\left(N_{A_i}^{A_e}\right) \Rightarrow -N_{-A_e}^{-A_i} \tag{8.9}$$

Wenn das Allgemeine Maß nicht in Klammern steht, gelten die Vorzeichen nur für die Größen, vor denen sie stehen.

Regel 6: Hat man eine Maßgleichung mit negativen tolerierten Maßen, werden diese nach Gl.(8.9) aufgelöst und im Anschluß - genau wie in Gl.(8.3) - die Nennmaße, die oben stehenden und unten stehenden Grenzabmaße einzeln addiert.

Es sei

$$M_{res} \Rightarrow M_1 - M_2 + \ldots - M_n \tag{8.10}$$

und mit Gl.(8.1;8.9)

$$M_{res} \Rightarrow N_{res}{}^{A_{eres}}_{A_{ires}} \Rightarrow N_1{}^{A_{e1}}_{A_{i1}} - \left(N_2{}^{A_{e2}}_{A_{i2}}\right) + \ldots - \left(N_n{}^{A_{en}}_{A_{in}}\right). \tag{8.10-1}$$

Man erhält nach Regel 5

$$N_{res}{}^{A_{eres}}_{A_{ires}} \Rightarrow N_1{}^{A_{e1}}_{A_{i1}} - N_2{}^{-A_{i2}}_{-A_{e2}} + \ldots - N_n{}^{-A_{in}}_{-A_{en}}$$

$$\Rightarrow (N_1 - N_2 + \ldots - N_n)^{A_{e1} - A_{i2} + \ldots - A_{in}}_{A_{i1} - A_{e2} + \ldots - A_{en}} \tag{8.10-2}$$

Aus Gl.(8.10-2) erhält man schließlich übliche Gleichungen für die resultierenden Zahlenwerte

$$N_{res} = N_1 - N_2 + \ldots - N_n \tag{8.11}$$

$$A_{eres} = A_{e1} - A_{i2} + \ldots - A_{in} \tag{8.12}$$

$$A_{ires} = A_{i1} - A_{e2} + \ldots - A_{en}. \tag{8.13}$$

8.10.2 Entwickeln der Maßgleichungen nach tolerierten Einzelmaßen (Bild 8.11)

Regel 7.1: Soll in einer Gleichung mit tolerierten Maßen eine Maßgröße die Seite wechseln, dann muß sie nicht allein das Vorzeichen wechseln (wie bei nicht tolerierten Größen), sondern muß zusätzlich "konjugiert" werden, d.h. man muß die Grenzabmaße vertauschen.

Stellt man die Konjugierung durch Querstriche dar, dann ist, ausgehend von Gl. (8.1),

$$M \Rightarrow N^{A_e}_{A_i} \tag{8.1}$$

$$\overline{M} \Rightarrow N^{A_i}_{A_e} \tag{8.14}$$

$$\overline{\overline{M}} \Rightarrow \overline{N^{A_i}_{A_e}} \Rightarrow N^{A_e}_{A_i} \Rightarrow M \tag{8.15}$$

Regel 7.2: Zweimalige Konjugierung stellt - ähnlich wie zweimalige Multiplikation mit (-1) - wieder den Ausgangszustand her.

1

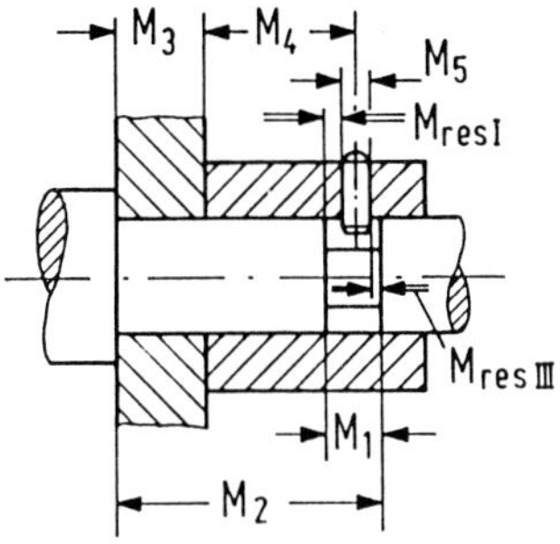

3

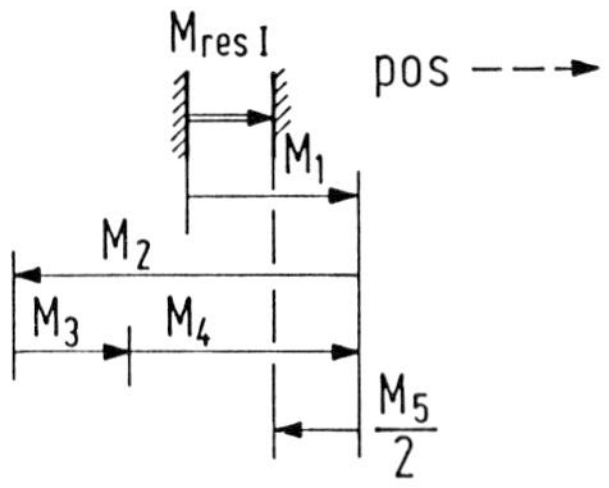

2

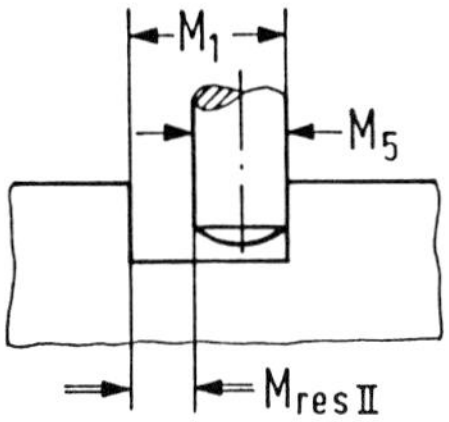

$M_{res\,II} \Rightarrow M_1 - M_5$

$M_{res\,II\,min} = M_{1\,min} - M_{5\,max}$

4

$$M_{res\,I} \Rightarrow M_1 - M_2 + M_3 + M_4 - \frac{M_5}{2}$$

$$\overline{M}_2 \Rightarrow -\overline{M}_{res\,I} + M_1 + M_3 + M_4 - \frac{M_5}{2}$$

$$M_2 \Rightarrow \overline{M}_1 + \overline{M}_3 + \overline{M}_4 - \left(M_{res\,I} + \frac{\overline{M}_5}{2}\right)$$

5

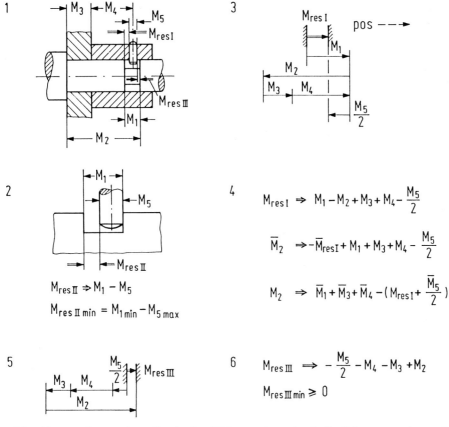

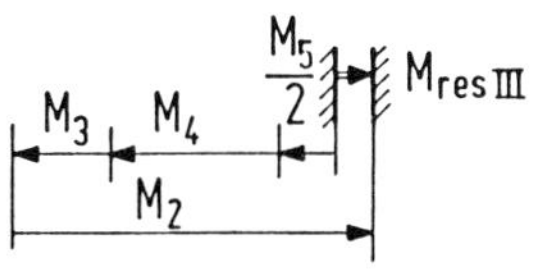

6

$$M_{res\,III} \Rightarrow -\frac{M_5}{2} - M_4 - M_3 + M_2$$

$$M_{res\,III\,min} \geq 0$$

Bild 8.11. Berechnung eines Einzelmaßes (M_2), um einen durch die Toleranzsummierung beim Zusammenbau einzelner Teile sich ergebenden Abstand $M_{res\,I}$ in vorgegebenen Grenzen zu halten. $M_{res\,max}$ und $M_{res\,min}$ muß durch eine vorausgehende Abschätzung, die den erstrebten Abstand ermöglicht, festgelegt werden.
Teilbild 1: Zusammenstellung der Einzelteile.
Teilbild 2: Einzelheit, um $M_{res\,II\,min}$, den kleinsten auftretenden Abstand zu bestimmen.
Teilbild 3: Maßkette für $M_{res\,I}$ nach Regel 3.
Teilbild 4: Aufstellen der Gleichung für $M_{res\,I}$ nach Regel 2. Entwickeln nach Einzelmaß M_2, nach Regel 8.
Teilbild 5: Maßkette für $M_{res\,III}$.
Teilbild 6: Aufstellen der Gleichung für $M_{res\,III}$, Prüfen, ob Abstand von Stift und rechter Kante größer Null ist.

Regel 8: Eine Gleichung bleibt auch richtig - ähnlich wie beim Vorzeichenwechsel - wenn alle Terme ihren Konjugierungszustand wechseln. Im Endzustand darf die linke Seite nicht konjugiert sein, da es dafür keine geometrische Deutung gibt.

Beispiel 1

$$M_{res} \Rightarrow M_1 - M_2 + \ldots - M_n \quad \text{(Ausgang)} \tag{8.10}$$

$$\overline{M}_2 \Rightarrow M_1 - \overline{M}_{res} + \ldots - M_n \quad \text{(Seitenwechsel)} \qquad (8.10\text{-}3)$$

$$\overline{\overline{M}}_2 \Rightarrow \overline{M}_1 - \overline{\overline{M}}_{res} + \ldots - \overline{M}_n \quad \text{(Gleichung konjugiert)} \qquad (8.10\text{-}4)$$

$$M_2 \Rightarrow \overline{M}_1 - M_{res} + \ldots - M_n \quad \text{(Gleichung bereinigt)} \qquad (8.10\text{-}5)$$

Beispiel 2

$$-\overline{M}_1 \Rightarrow -M_2 - \overline{M}_{res} + \ldots - M_n \qquad (8.10\text{-}6)$$

$$M_1 \Rightarrow \overline{M}_2 + M_{res} - \ldots + \overline{M}_n . \qquad (8.10\text{-}7)$$

Zur Berechnung des Nennmaßes N_2, des oberen und unteren Grenzabmaßes A_{e2} und A_{i2}, kann man Gl.(8.10-5) weiter entwickeln. Es ist mit den Regeln 5 und 7.1

$$M_2 \Rightarrow N_{1\,A_{e1}}^{\;A_{i1}} - N_{res\,-A_{e\,res}}^{\;-A_{i\,res}} + \ldots - N_{n\,-A_{en}}^{\;-A_{in}}$$

$$\Rightarrow (N_1 - N_{res} + \ldots - N_n)_{A_{e1}-A_{e\,res}+\ldots-A_{en}}^{A_{i1}-A_{i\,res}+\ldots-A_{in}} \qquad (8.10\text{-}8)$$

$$N_2 = N_1 - N_{res} + \ldots - N_n \qquad (8.11\text{-}1)$$

$$A_{i2} = A_{e1} - A_{e\,res} + \ldots - A_{en} \qquad (8.12\text{-}1)$$

$$A_{e2} = A_{i1} - A_{i\,res} + \ldots - A_{in} . \qquad (8.13\text{-}1)$$

Die Gl.(8.11-1) bis (8.13-1) können sowohl aus Gl.(8.10-5) als auch aus den Gl. (8.11) bis (8.13) entnommen werden.

8.10.3 Allgemeine Spiele und Passungen in Maßketten

Bei Spielen und Passungen symmetrischer Körper kann man entscheiden, ob die Maßkette über die Mitten der gepaßten Körper oder über ihre Randkonturen geht. Die Regel 9 bezieht sich auf den ersten Fall. Der zweite Fall (Randkanten) ist in Regel 10 besprochen.

Regel 9: Werden Spiele in die Maßkettengleichung einbezogen, die durch zwei Maße entstehen, deren Nennmaße verschieden sind, verfährt man nach Regel 2. Handelt es sich jedoch um Lagerspiele, von denen nur der Spielbetrag bekannt ist, setzt man für das Nennmaß den Wert Null und nimmt die Hälfte des größten Lagerspiels $S_L/2$ mit positivem Vorzeichen als oberes, mit negativem Vorzeichen als unteres Grenzabmaß. Bei Exzentrizitäten von Wellenachsen verfährt man ähnlich, setzt das Nennmaß Null und die größte Exzentrizität der Achsen E_x mit positivem Vorzeichen als oberes, mit negativem Vorzeichen als unteres Grenzabmaß ein.

Da das Nennmaß Null ist und die Grenzabmaße bis auf das Vorzeichen gleich sind ($A_e = -A_i$), ist es gleich, ob dieses Maß ein positives oder negatives Vorzeichen hat, also gleich, ob es im positiven oder negativen Maßkettenast eingebaut ist.

$$M_{SL} \Rightarrow 0^{+S_L/2}_{-S_L/2} \qquad (8.16)$$

$$M_{Ex} \Rightarrow 0^{+E_x}_{-E_x} \qquad (8.17)$$

Passungen

Bezeichnet man mit M_1 das tolerierte Maß der Bohrung und mit M_2 das tolerierte Maß der Welle, mit P_e die Höchst- und mit P_i die Mindestpassung [6/1], dann gilt für die Passung P (sei es Spiel P_S, sei es Übermaß $P_Ü$ oder gar eine Passung $P_{ÜG}$ mit Übergangstoleranzfeld) ganz allgemein

$$P \Rightarrow M_{resP} \Rightarrow M_1 - M_2 \Rightarrow 0^{A_{e1}-A_{i2}}_{A_{i1}-A_{e2}} \Rightarrow 0^{P_e}_{P_i} \qquad (8.18)$$

mit $N_1 = N_2$. (8.18-1)

Es ist daher

$$P_e = A_{e1} - A_{i2} \qquad (8.19)$$

$$P_i = A_{i1} - A_{e2} \; . \qquad (8.20)$$

Die drei realisierbaren Fälle von Passungen sind

Spiel P_S: $0 \leqq P_i < P_e$ (8.21)

Übergang $P_{ÜG}$: $P_i < 0 \leqq P_e$ (8.22)

Übermaß $P_Ü$: $P_i < P_e < 0$ (8.23)

Regel 10.1: Man zeichnet die gepaßten Teile so ein, daß das allenfalls auftretende Spiel zu sehen ist, am besten in der sich im Betrieb einstellenden Extremlage. Die Maßkette läuft dann zwangsläufig über die Radien bzw. Durchmesser, welche maßgebend sind, und zeigt die notwendigen Vorzeichen an (siehe Bild 8.12).

Regel 10.2: Geht man grundsätzlich über die Achse des Hohlteils, dann kann nach Gl.(8.24) einfach die größtmögliche exzentrische Lage mit M_{PExmax} in die Maßkette eingefügt werden mit beliebigem Gesamtvorzeichen, da das Nennmaß Null ist und die Grenzabmaße symmetrisch sind. Es ist

$$M_{PExmax} \Rightarrow 0^{+(A_{e1}-A_{i2})/2}_{-(A_{e1}-A_{i2})/2} \Rightarrow 0^{+P_e/2}_{-P_e/2} \qquad (8.24)$$

Das gilt nur, so lange die Höchstpassung größer Null ist,

$$P_e > 0. \tag{8.25}$$

Bei Übermaßpassungen verläuft die Maßkette über die gemeinsame Achse, wobei keine "Spiele" zu berücksichtigen sind.

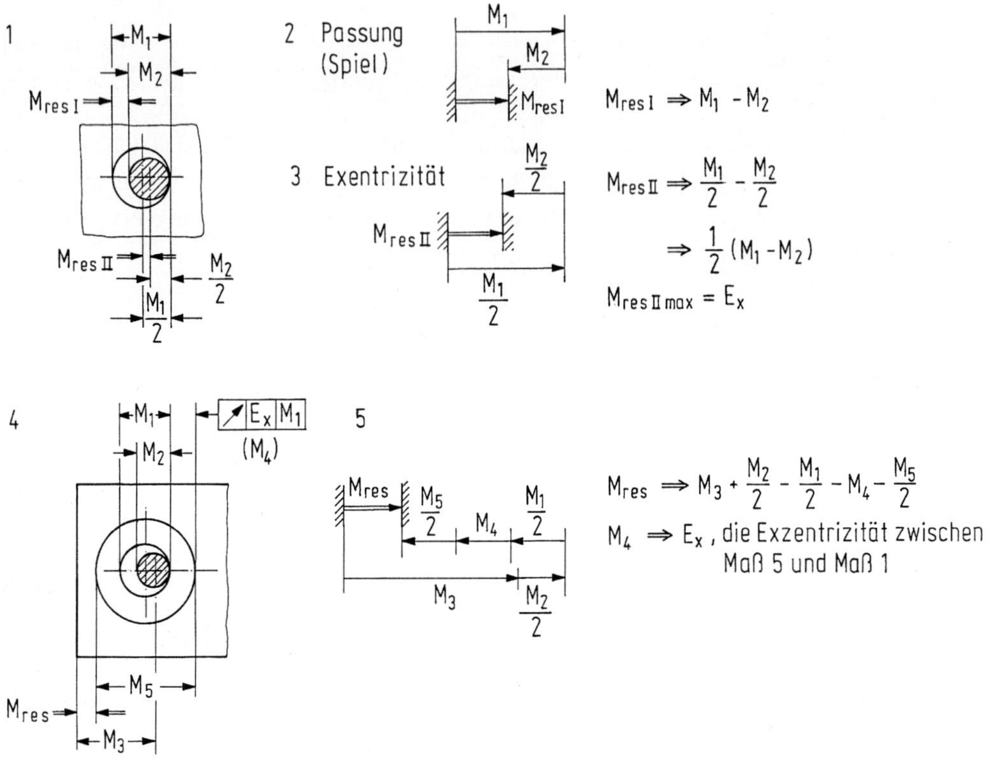

Bild 8.12. Maßketten mit Spielen und Passungen.

Teilbild 1: Darstellung einer Paarung mit Spiel, gegebenenfalls einer Passung.

Teilbild 2: Maßkette und Gleichung. $M_{res\,I}$ kann das "Spiel" einer beliebigen Paarung, d.h. auch eine Passung (Spiel, Übergang oder Übermaß) sein.

Teilbild 3: $M_{res\,II}$ ist das halbe mögliche Spiel. Die Hälfte des größten Spiels ist die Exzentrizität E_x, die größte mögliche Entfernung der beiden Mittelachsen.

Teilbild 4: Einbeziehung des Lagerspiels und der exzentrischen Lage von Bohrung M_1 und Auge M_5 in die Toleranzrechnung. M_{res} gibt an, welcher Abstand sich zwischen Auge und Rand einstellen kann, wenn das Maß M_3 verlangt wird.

Teilbild 5: Maßkette und Maßgleichung zu Teilbild 4.

8.10.4 Zahlenbeispiele zur Rechnung mit tolerierten Maßen

In den folgenden Beispielen werden die Zahlenwerte der Grenzabmaße wohl in der realistischen Größenordnung, aber im einzelnen so gewählt, daß viele Fälle möglicher Grenzabmaß-Kombinationen auftreten und sich die Abmaßwerte nicht wiederholen.

8.10.4.1 Maßaddition

1. Zahlenrechnung für Beispiel $M_{res\,I}$ in Bild 8.10. Es ist

$$M_1 \Rightarrow 155^{+0,000}_{-0,100} \qquad M_2 \Rightarrow 23^{-0,046}_{-0,067} \qquad M_3 \Rightarrow 11^{+0,093}_{+0,050}$$

$$M_4 \Rightarrow 90^{+0,175}_{-0,175} \qquad M_5 \Rightarrow 60^{+0,028}_{-0,018} .$$

Die Maße in Gl.(8.32) aus Bild 8.10, Teilbild 1.2, eingesetzt, nach positiven und negativen Maßen geordnet, ergibt

$$M_{res\,I} \Rightarrow 155^{+0,000}_{-0,100} + 60^{+0,028}_{-0,018} - \left(23^{-0,046}_{-0,067} + 11^{+0,093}_{+0,050} + 90^{+0,175}_{-0,175}\right)$$

$$\Rightarrow 215^{+0,028}_{-0,118} - \left(124^{+0,222}_{-0,192}\right) \Rightarrow 215^{+0,028}_{-0,118} - 124^{+0,192}_{-0,222}$$

$$\Rightarrow 91^{+0,220}_{-0,340} .$$

In ähnlicher Weise verfährt man mit den Gleichungen für $M_{res\,II}$, $M_{res\,III}$, $M_{res\,IV}$ der Teilbilder 2.2, 3.2 und 4.2.

2. Einen Beweis dafür, daß sich Grenztoleranzen und Grenzabmaße immer addieren, nie subtrahieren, liefert die Gleichung

$$M - M \neq 0. \tag{8.26}$$

Gl.(8.26) gilt nicht, wenn, was in der Praxis ohnehin nicht sein darf,

$$A_e = A_i. \tag{8.27}$$

Mit Gl.(8.1) und (8.9) erhält man

$$M - M \Rightarrow N^{A_e}_{A_i} - \left(N^{A_e}_{A_i}\right) \Rightarrow (N-N)^{A_e-A_i}_{A_i-A_e}$$

$$\Rightarrow 0^{A_e-A_i}_{A_i-A_e} \Rightarrow 0^{A_{e\,res}}_{A_{i\,res}} . \tag{8.26-1}$$

Die (Grenz-)Toleranz ist

$$T = A_e - A_i , \tag{8.7}$$

und man erhält mit Gl.(8.26-1) für diesen Fall

$$N_{res} = N - N = 0 \tag{8.28}$$

$$A_{e\,res} = A_e - A_i \tag{8.29}$$

$$A_{i\,res} = A_i - A_e , \tag{8.30}$$

mit Gl.(8.8)

$$T_{res} = A_{eres} - A_{ires} = A_e - A_i - (A_i - A_e)$$

$$= 2(A_e - A_i) = 2\ T. \tag{8.31}$$

Die Toleranzen von M haben sich summiert, obwohl zwei gleiche Maße voneinander abgezogen wurden.

Auf Maß M_3 angewendet erhält man:

$$M_{res} \Rightarrow M_3 - M_3 \Rightarrow 11^{+0,093}_{+0,050} - \left(11^{+0,093}_{+0,050}\right)$$

$$\Rightarrow 11^{+0,093}_{+0,050} - 11^{-0,050}_{-0,093} \Rightarrow 0^{+0,043}_{-0,043}\ .$$

Das Nennmaß wird null, aber die Toleranz hat sich verdoppelt. Nach Gl.(8.7) ist

$$T_3 = 0,093 - 0,050 = 0,043$$

und nach Gl.(8.31)

$$T_{res} = 0,043 - (-0,043) = 0,086 = 2 \cdot T_3\ .$$

8.10.4.2 Entwickeln nach tolerierten Einzelmaßen

1. Es wird eine rechnerische Probe der Berechnung aus Abschnitt 8.10.4.1, Absatz 1 gemacht, zu dem Zweck die Gl. (8.32) (Bild 8.10, Teilbild 1.2) nach M_2 entwickelt und die Zahlenwerte eingesetzt.

$$M_{resI} \Rightarrow M_1 - M_2 - M_3 - M_4 + M_5 \tag{8.32}$$

$$\overline{M}_2 \Rightarrow -\overline{M}_{resI} + M_1 - M_3 - M_4 + M_5$$

$$M_2 \Rightarrow -M_{resI} + \overline{M}_1 - \overline{M}_3 - \overline{M}_4 + \overline{M}_5 \Rightarrow \overline{M}_1 + \overline{M}_5 - (M_{resI} + \overline{M}_3 + \overline{M}_4)\ .$$

Mit den Zahlenwerten ergibt sich

$$M_2 \Rightarrow 155^{-0,100}_{+0,000} + 60^{-0,018}_{+0,028} - \left(91^{+0,220}_{-0,340} + 11^{+0,050}_{+0,093} + 90^{-0,175}_{+0,175}\right)$$

$$\Rightarrow 155^{-0,100}_{+0,000} + 60^{-0,018}_{+0,028} - 91^{+0,340}_{-0,220} - 11^{-0,093}_{-0,050} - 90^{-0,175}_{+0,175}$$

$$\Rightarrow 23^{-0,046}_{-0,067}\ .$$

Der Vergleich mit dem Ausgangswert von M_2 zeigt, daß die Rechnung stimmt.

2. Es soll gezeigt werden, daß

$$M_{res} \Rightarrow M - \overline{M} \Rightarrow 0 \tag{8.33}$$

ist.

Mit den Gl.(8.1;8.9;8.14) erhält man

$$M_{res} \Rightarrow M - \bar{M} \Rightarrow N_{A_i}^{A_e} - \left(N_{A_e}^{A_i}\right) \Rightarrow N_{A_i}^{A_e} - N_{-A_i}^{-A_e}$$

$$M_{res} \Rightarrow (N-N)_{A_i-A_i}^{A_e-A_e} \Rightarrow 0_0^0 \,. \qquad (8.33\text{-}1)$$

Nach Gl.(8.11 bis 8.13 und 8.8) ergibt sich aus Gl.(8.33)

$$N_{res} = N - N = 0 \qquad (8.33\text{-}2)$$

$$A_{eres} = A_e - A_e = 0 \qquad (8.33\text{-}3)$$

$$A_{ires} = A_i - A_i = 0 \qquad (8.33\text{-}4)$$

$$T_{res} = A_{eres} - A_{ires} = 0 \,. \qquad (8.34)$$

Rein mathematisch betrachtet bedeutet es, daß nur dann die Summe zweier Terme Null ergibt, wenn beide Operationen (Vorzeichenwechsel und Konjugierungswechsel) angewendet werden. Der Vorzeichenwechsel bei der Differenz gleicher Allgemeiner Maße führt allein zum Nullwerden des resultierenden Nennmaßes, wie Gl.(8.26-1;8.28) zeigen, der Konjugierungswechsel führt allein nur zum Nullwerden der resultierenden Toleranz, nach Gl.(8.34). Die Grenzabmaße werden auch nur bei Vorzeichen und Konjugierungswechsel Null, Gl.(8.33). Eine Maßnahme allein genügt daher nicht, um den ganzen Term durch Abziehen der gleichen Größe zu Null werden zu lassen, sondern nur beide. Beim Wechsel der Gleichungsseiten zieht man letzten Endes den zu wechselnden Term von beiden Seiten ab, (da sowohl das Vorzeichen als auch der Konjugierungszustand wechselt), so daß er auf einer Seite verschwindet und auf der anderen Seite wieder auftaucht. Ein Allgemeines Maß, zum gleichen aber konjugierten Allgemeinen Maß addiert, ergibt ein resultierendes Maß mit gleichem oberen und unteren resultierenden Abmaß, also ein Maß ohne Toleranz. Es ist

$$M_{res} \Rightarrow M + \bar{M} \Rightarrow N_{A_i}^{A_e} + N_{A_e}^{A_i} \Rightarrow 2N_{A_e+A_i}^{A_e+A_i} \qquad (8.35)$$

Nach Gl.(8.4 bis 8.6 und 8.8) wird

$$N_{res} = N + N = 2N \qquad (8.35\text{-}1)$$

$$A_{eres} = A_e + A_i \qquad (8.35\text{-}2)$$

$$A_{ires} = A_e + A_i \qquad (8.35\text{-}3)$$

$$T_{res} = A_{eres} - A_{ires} = 0 \qquad (8.34)$$

Die beiden Operationen nach Gl.(8.9;8.35) führen zu Ergebnissen, die keine Entsprechung in der Realität haben und nur zur mathematischen Behandlung der Gleichungen sinnvoll sind, denn es gibt kein reales Allgemeines Maß, bei dem das obere Grenzmaß $(N+A_e)$ kleiner als das untere $(N+A_i)$ ist, Gl.(8.9), und auch kein Allgemeines Maß bei dem durch Summierung die resultierende Grenzmaßtoleranz null[1] wird, wie in Gl.(8.34).

3. Rechenbeispiel für die Auslegung eines Einzelmaßes derart, daß die Toleranzsummierung aller übrigen Maße nur einen vorgegebenen Bereich überstreicht (Diese Vorgehensweise ist erforderlich, wenn die Toleranzsummierungen ein vorgegebenes Spiel nicht überschreiten sollen).

Die Zahlenwerte für die Gleichung in Bild 8.11, Teilbild 4, sind

$$M_1 \Rightarrow 4{,}0^{+0{,}060}_{+0{,}030}\,,\quad M_3 \Rightarrow 15{,}0^{-0{,}052}_{-0{,}092}\,,\quad M_4 \Rightarrow 31{,}0^{+0{,}080}_{-0{,}080}\,,$$

$$M_5 \Rightarrow 3{,}7^{+0{,}000}_{-0{,}030}\,.$$

Um M_{res} nicht außerhalb der durch die Einzelmaße möglichen Toleranzen zu wählen, wird dessen Toleranz zunächst abgeschätzt.

Die Gleichung für M_2 ist

$$M_2 \Rightarrow \overline{M}_1 + \overline{M}_3 + \overline{M}_4 - \left(M_{resI} + \frac{\overline{M}_5}{2}\right)\,. \tag{8.37}$$

Daraus ergibt sich

$$\begin{aligned} N_2 &= N_1 + N_3 + N_4 - N_{resI} - \frac{1}{2}N_5 \qquad (8.38)\\ &= 4{,}0 + 15{,}0 + 31{,}0 - N_{resI} - \frac{3{,}7}{2} = 48{,}15 - N_{resI}\,. \end{aligned}$$

Mit $N_{resI} = 0{,}15$ (angenommen) wird $N_2 = 48{,}0$; dazu erhält man für einen Grundtoleranzgrad IT9 die Toleranz $T = 0{,}062$ mm. Zusammen mit den Toleranzen der Maße M_1, M_3 bis $M_5/2$ ergibt das $\Sigma T \approx 0{,}307$ mm. Eine weitere Abschätzung der zulässigen Werte für M_{res} ergibt sich aus der Bedingung, daß die Summe der Maßtoleranzen ΣT, welche auf die Relativlage von Stift und Nut in Bild 8.11, Teilbild 2, eingeht, das vorhandene Spiel nicht überschreiten darf. Das kleinste vorhandene Spiel auf der linken Seite muß daher sein

$$M_{resIImin} \geqq \Sigma T \approx 0{,}307 \text{ mm} \tag{8.39}$$

mit

$$\begin{aligned} M_{resIImin} &= M_{1min} - M_{5max} = N_1 + A_{i1} - (N_5 + A_{e5}) \qquad (8.40)\\ &= 4{,}030 - 3{,}700 = 0{,}330 \text{ mm.} \end{aligned}$$

Damit ist die Bedingung Gl.(8.39) eingehalten. Nun kann die resultierende Toleranz zwischen diesen beiden Werten festgelegt werden, z.B. $T_{resI} = 0{,}320$ mm, aufgeteilt

---

1) Nur bei Ist-Abmaßen, wenn gewissermaßen oberes und unteres Abmaß zu einem Abmaß zusammenfallen, kann die Summe der Toleranzen kleiner als die Einzeltoleranzen oder gar null sein.

in A_{eresI} = +0,180 mm, A_{iresI} = -0,140 mm. Eine Rechnung nach Gl. (8.37), Bild 8.11, Teilbild 4, ergibt (bei linearem Anteil der Toleranzen für Bruchteile der Nennmaße)

$$M_2 \Rightarrow 4{,}0^{+0{,}030}_{+0{,}060} + 15{,}0^{-0{,}092}_{-0{,}052} + 31{,}0^{-0{,}080}_{+0{,}080} - \left(0{,}15^{+0{,}180}_{-0{,}140} + 1{,}85^{-0{,}015}_{+0{,}000}\right)$$

$$\Rightarrow 50{,}0^{-0{,}142}_{+0{,}088} - 2{,}0^{+0{,}140}_{-0{,}165} \Rightarrow 48{,}0^{-0{,}002}_{-0{,}077} \;.$$

Mit diesen Werten für das Allgemeine Maß M_2 sind die Bedingungen sinnvoller Toleranzen für das Nennmaß N_2 und Vermeidung einer Durchdringung von Stift und Nutbegrenzung erfüllt.

Mit Gl.(8.41) muß nun geprüft werden, ob das Spiel rechts des Stiftes stets größer Null ist. Man erhält für

$$M_{resIII} \Rightarrow -\left(\frac{M_5}{2} + M_4 + M_3\right) + M_2 \qquad (8.41)$$

$$\Rightarrow -\left(1{,}85^{+0{,}000}_{-0{,}015} + 31{,}0^{+0{,}080}_{-0{,}080} + 15{,}0^{-0{,}052}_{-0{,}092}\right) + 48{,}0^{-0{,}002}_{-0{,}077}$$

$$\Rightarrow -\,1{,}85^{+0{,}015}_{-0{,}000} - 31{,}0^{+0{,}080}_{-0{,}080} - 15{,}0^{+0{,}092}_{+0{,}052} + 48{,}0^{-0{,}002}_{-0{,}077}$$

$$\Rightarrow 0{,}15^{+0{,}185}_{-0{,}105}$$

$$M_{resIIImin} = 0{,}150 - 0{,}105 = +0{,}045 \text{ mm} > 0$$

einen Wert, der stets größer Null ist.

8.10.4.3 Rechenbeispiel mit Passungen in der Maßkette

1. Berechnen der Passung

Die Passung P von zwei gepaßten Teilen erhält man stets mit Gl.(8.18), wobei M_1 das tolerierte Bohrungsmaß und M_2 das tolerierte Wellenmaß ist (Bild 8.12, Teilbilder 1 und 2). Da bei Passungen

$$N_1 = N_2 \qquad (8.18\text{-}1)$$

ist, wird

$$P \Rightarrow M_1 - M_2 \Rightarrow (N_1 - N_2)^{A_{e1}-A_{i2}}_{A_{i1}-A_{e2}} = 0^{P_e}_{P_i} \;. \qquad (8.18)$$

So ergibt sich z.B. mit den Werten

$$M_1 \Rightarrow 12{,}0^{+0{,}059}_{+0{,}016} \text{ (F9) und } M_2 \Rightarrow 12{,}0^{+0{,}000}_{-0{,}043} \text{ (h9)}$$

$$P \Rightarrow (12{,}0 - 12{,}0)^{+0{,}059\,-(-0{,}043)}_{+0{,}016\,-\,0{,}000} \Rightarrow 0^{+0{,}102}_{+0{,}016}$$

die Höchstpassung P_e = +0,102 mm und die Mindestpassung P_i=+0,016 mm, also Spiel P_S. Mit den Maßen für die Bohrung in Feldlage P9

$$M_1' \Rightarrow 12^{-0,018}_{-0,061} ,$$

erhält man die Werte P_e' = +0,025 und P_i' = -0,061, ein Übergangsfeld $P_{ÜG}$, bei der nur noch die Höchstpassung P_e' in der Toleranzkette berücksichtigt wird. Man setzt nach Gl.(8.24) die halbe Höchstpassung als oberes und unteres Grenzabmaß ein (siehe Bild 8.12, Teilbild 3),

$$M_{PExmax} \Rightarrow M_{resII} \Rightarrow 0^{+P_e'/2}_{-P_e'/2} = 0^{+0,0125}_{-0,0125} .$$

2. Die Maßkette mit Einbeziehung einer Passung (siehe Bild 8.12, Teilbild 5).
Mit den Werten

$$M_1 \Rightarrow 12,0^{+0,059}_{+0,016} \text{ (F9)} , \quad M_2 \Rightarrow 12,0^{+0,000}_{-0,043} \text{ (h9)}$$

$$M_3 \Rightarrow 30,6^{+0,125}_{-0,125} , \quad M_4 \Rightarrow 0,0^{+0,100}_{-0,100} , \quad M_5 \Rightarrow 61,0^{+0,000}_{-0,074}$$

und der Gleichung aus Teilbild 5 erhält man

$$M_{res} \Rightarrow M_3 + \frac{M_2}{2} - \left(\frac{M_1}{2} + M_4 + \frac{M_5}{2}\right) \tag{8.42}$$

$$\Rightarrow 30,6^{+0,125}_{-0,125} + 6,0^{+0,000}_{-0,0215} - \left(6,0^{+0,0295}_{-0,008} + 0,0^{+0,100}_{-0,100} + 30,5^{+0,000}_{-0,037}\right)$$

$$\Rightarrow 30,6^{+0,125}_{-0,125} + 6,0^{+0,000}_{-0,0215} - 6,0^{+0,008}_{-0,0295} - 0,0^{+0,100}_{-0,100} - 30,5^{+0,037}_{-0,000}$$

$$\Rightarrow 0,1^{+0,270}_{-0,276} .$$

Der Steg zwischen dem Auge und der senkrechten Wand kann bei der Bemaßung zwischen den Werten schwanken

$$M_{res\,max} = +0,370 \text{ mm} \quad \text{und} \quad M_{res\,min} = -0,176 \text{ mm},$$

daher kann das Auge über die Kante hinausragen bzw. der Steg neben dem Auge verschwinden.

Allgemein: Erhält M_{res} einen negativen Wert, dann ist für das dabei berücksichtigte Abmaß die links angenommene Ausgangskante rechts und die rechte links. Wird das resultierende Nennmaß negativ, liegen die Ausgangskanten grundsätzlich umgekehrt als angenommen wurde.

8.10.5 Einteilung der Maße in "Allgemeine" und "Spezielle Maße"

Die verwendeten Maße muß man streng danach unterscheiden, ob sie mehrere Zahlenwerte enthalten, wie z.B. das Allgemeine Maß M bzw. die Passung P, oder ob sie nur einen Zahlenwert darstellen, wie z.B. das Nennmaß N, das obere und untere Abmaß A_e, A_i bzw. die Toleranz T, die Abweichung F oder die Höchst- und Mindestpassung. Erstere sollen "Allgemeine Maße", letztere "Spezielle Maße" genannt werden. Gleichungen mit Allgemeinen Maßen erhalten gepfeilte Gleichheitszeichen. Die Terme ändern beim Seitenwechsel in der Gleichung sowohl ihr Vorzeichen als auch ihre Konjugierung. Gleichungen mit Speziellen Maßen erhalten ein übliches Gleichheitszeichen. Die Terme ändern beim Seitenwechsel nur ihre Vorzeichen.

Die folgende Übersicht zeigt an, unter welchen Bezeichnungen Allgemeine und unter welchen Spezielle Maße gemeint sind.

1. Allgemeine Maße

$M \Rightarrow N_{A_i}^{A_e}$	Allgemeines Maß. Abmaße sind auf das Nennmaß bezogen.	(8.1)
$A \Rightarrow 0_{A_i}^{A_e}$	Feldlagen-Abmaß, auf Feldlage eines Maßes bezogen.	(6.23)
$M_{res} \Rightarrow (N_1+N_2+N_3)_{A_{i1}+A_{i2}+A_{i3}}^{A_{e1}+A_{e2}+A_{e3}}$	Allgemeines resultierendes Maß, aus der Summe positiver Allgemeiner Maße gebildet.	(8.3-1)
$M_{res} \Rightarrow (N_1-N_2+N_3)_{A_{i1}-A_{e2}+A_{i3}}^{A_{e1}-A_{i2}+A_{e3}}$	Allgemeines resultierendes Maß, aus der Summe positiver und negativer Allgemeiner Maße gebildet.	(8.10-3)
$P \Rightarrow 0_{A_{i1}-A_{e2}}^{A_{e1}-A_{i2}} \Rightarrow 0_{P_i}^{P_e}$	Passung, auf mindestens zwei Maße (Teile) und deren Feldlagen bezogen.	(8.18)
$j_t \Rightarrow 0_{\Sigma A_i\,\text{vergr.} - \Sigma A_e\,\text{verkl.}}^{\Sigma A_e\,\text{vergr.} - \Sigma A_i\,\text{verkl.}}$	Flankenspiel, auf Maße von mindestens drei Teilen und deren Feldlagen bezogen.	(6.17)
$A_{SL} \Rightarrow 0_{A_{SLi}}^{A_{SLe}} \Rightarrow 0_{-S_L/2}^{+S_L/2}$	Lagerspiel, auf Maße von mindestens zwei Teilen und deren Feldlagen bezogen.	(6.41)
$A_{Frw} \Rightarrow 0_{A_{Frwi}}^{A_{Frwe}} \Rightarrow 0_{-A_{Frw}/2}^{+A_{Frw}/2}$	Exzentrizität, auf zwei konzentrische Maße eines Teils bezogen.	(6.47)
$A_s \Rightarrow 0_{A_{si}}^{A_{se}}$	Feldlagen-Abmaß der Zahndicke.	
$A_a \Rightarrow 0_{A_{ai}}^{A_{ae}}$	Feldlagen-Abmaß des Achsabstands.	

2. Spezielle Maße, Toleranzen

$N,\ A_e,\ A_i$	Nennmaß, oberes und unteres Abmaß	
$N_{res} = \sum_1^n N$	Summe der Nennmaße	(8.11-2)
$A_{eres} = \sum A_{e\,vergr.} - \sum A_{i\,verkl.}$	Resultierendes oberes Abmaß ist die Summe der das resultierende Abmaß vergrößernden Abmaße.	(8.12-2)
$A_{ires} = \sum A_{i\,vergr.} - \sum A_{e\,verkl.}$	Resultierendes unteres Abmaß ist die Summe der das resultierende Abmaß verkleinernden Abmaße.	(8.13-2)
$T = A_e - A_i$	Toleranz (nur positiv)	(8.7)
$T_{res} = A_{eres} - A_{ires}$	Resultierende Toleranz (nur positiv)	(8.31)
$P_e = A_{e1} - A_{i2}$	Höchstpassung (vorzeichenbehaftet)	
$P_i = A_{i1} - A_{e2}$	Mindestpassung (vorzeichenbehaftet)	
$P_i \geq 0$	Bedingung für Spiel P_S	
$\left.\begin{matrix} P_e > 0 \\ P_i < 0 \end{matrix}\right\}$	Bedingung für Übergang $P_{ÜG}$	
$P_e < 0$	Bedingung für Übermaß $P_Ü$	
$P_T = P_e - P_i = T_1 + T_2$	Paßtoleranz (kein Vorzeichen)	
$P_{jt} = j_{tmax} - j_{tmin}$	Flankenspieltoleranz (Flankenspiel)	(6.25)

$F = A_{Fe} - A_{Fi}$	Abweichung, Toleranz einer Verzahnungsgröße.
A_{ae}, A_{ai}, A_{se}, A_{si}, A_{Fri}, A_{Fre}, A_{SLi}, A_{SLe} ...	Grenzabmaße, vorzeichenbehaftet
j_{tmax}, j_{tmin}	Grenzmaße des Drehflankenspiels

8.11 Bestimmung der Ersatzzähnezahl nach verschiedenen Verfahren

Die Ersatzzähnezahl im Normalschnitt erhält man nach den in Kapitel 3 angeführten Verfahren wie folgt:

8.11.1 Ersatzzähnezahl $z_{n\beta}$ mit Schnittebene senkrecht zum Schrägungswinkel β sowie Teilung am Teilkreis (r_n) - Verfahren 1

Das Bild 8.13 zeigt in der Mitte, mit durchgehenden Linien dargestellt, den Grundzylinder eines Zahnrades, auf dem der Verlauf der schrägen Zähne angedeutet ist. Strichpunktiert sind zwei Mantellinien des Teilkreiszylinders und gestrichelt zwei des Kopfkreiszylinders dargestellt. Senkrecht zur Flankenlinie am Teilzylinder (Schrägungswinkel β) wird der Schnitt I-I gelegt und senkrecht zur Flankenlinie am Grundzylinder (Schrägungswinkel β_b) der Schnitt II-II.

In Teilbild 1 ist die Projektion 1 dargestellt, nämlich die Ellipse, welche durch Schnitt I-I am Teilzylinder (r_t) entsteht. Man rechnet nun den Krümmungsradius im Scheitelpunkt dieser Ellipse aus, betrachtet ihn als den Teilkreisradius eines geradverzahnten Normalschnitt-Rades (erster Vorgehensschritt) und ersetzt die Teilkreisradien durch die entsprechende Teilung (zweiter Vorgehensschritt) in Form des Produkts von Modul mal Zähnezahl. Für beide Schritte muß über die Allgemeingültigkeit der damit erhaltenen Gleichungen Rechenschaft gegeben werden.

Aus den Ellipsenhalbachsen in Bild 8.13, Teilbild 1, erhält man den Radius im Schnittpunkt der kleinen Achse, gleichzeitig als Teilkreisradius (erster Schritt), zu

$$r_{n\beta} = \frac{a_1^2}{b_1} = \frac{(r_t/\cos\beta)^2}{r_t} = \frac{r_t}{\cos^2\beta} \qquad (8.43)$$

Mit Gl.(3.34)

$$r_t = \frac{z \cdot m_n}{2 \cdot \cos\beta} \qquad (3.34)$$

ergibt sich

$$r_{n\beta} = \frac{z \cdot m_n}{2 \cdot \cos^3\beta} \quad . \tag{8.44}$$

Ersetzt man die linke Seite durch eine von Zähnezahl und Modul festgelegte Teilung (zweiter Schritt) nach Gl.(3.14), ergibt sich

$$\frac{z_{n\beta}}{2} \cdot m_n = \frac{z \cdot m_n}{2 \cdot \cos^3\beta}$$

und daraus

$$z_{n\beta} = \frac{z}{\cos^3\beta} = z^*_{n\beta} \cdot z \ , \tag{8.45}$$

die Ersatzzähnezahl eines im Normalschnitt zum Schrägungswinkel β gedachten, dem Schrägstirnrad annähernd entsprechenden Geradstirnrades. Wie man sieht, ist die Zähnezahl im Stirnschnitt immer kleiner oder gleich der im Normalschnitt, da der Ersatz-Zähnezahlfaktor $z^*_{n\beta}$

$$z^*_{n\beta} = \frac{1}{\cos^3\beta} \ , \tag{8.46}$$

mit stets positiv einzusetzendem β, immer größer oder gleich 1 ist.

Der Grundkreisradius im Normalschnitt $r_{bn\beta}$ wird nun mit Hilfe des Eingriffswinkels im Normalschnitt α_n, ähnlich wie in Gl.(2.3), berechnet. Es ist

$$r_{bn\beta} = r_{n\beta} \cdot \cos\alpha_n \ . \tag{8.47}$$

8.11.2 Ersatzzähnezahl z_{nx} mit Schnittebene senkrecht zum Schrägungswinkel β_b und Teilung am Teilkreis (r_n) - Verfahren 2

Unbefriedigend bei Verfahren 1 ist, daß man am Teilzylinder unter dem Winkel β schneidet und in diesem Schnitt, der nicht durch den Fußpunkt $\overline{U}$ der entsprechenden Stirnschnittevolvente geht, einen neuen Grundkreis ($r_{bn\beta}$) definiert (ähnlich Bild 3.6, Teilbild 1, Fußpunkt U). Das wirkt sich dann besonders gravierend aus, wenn man bezüglich der Unterschnittverhältnisse, aber auch bezüglich der Spitzengrenze von der Gerad- auf die Schrägverzahnung schließen will, z.B., wenn auf die Diagramme für geradverzahnte Räder, z.B. Bilder 2.19 und 8.2 bis 8.7) zurückgegriffen werden soll.

Bei Verfahren 2 (siehe auch Kap. 3) bezieht sich der Normalschnitt auf die Flankenrichtung am Grundzylinder (r_b) und die Teilung auf den Teilzylinder (r_n), wie in Bild 3.6, Teilbild 1, und Bild 8.13, Teilbild 2, dargestellt. Nach Gl.(3.13 bis 3.15)

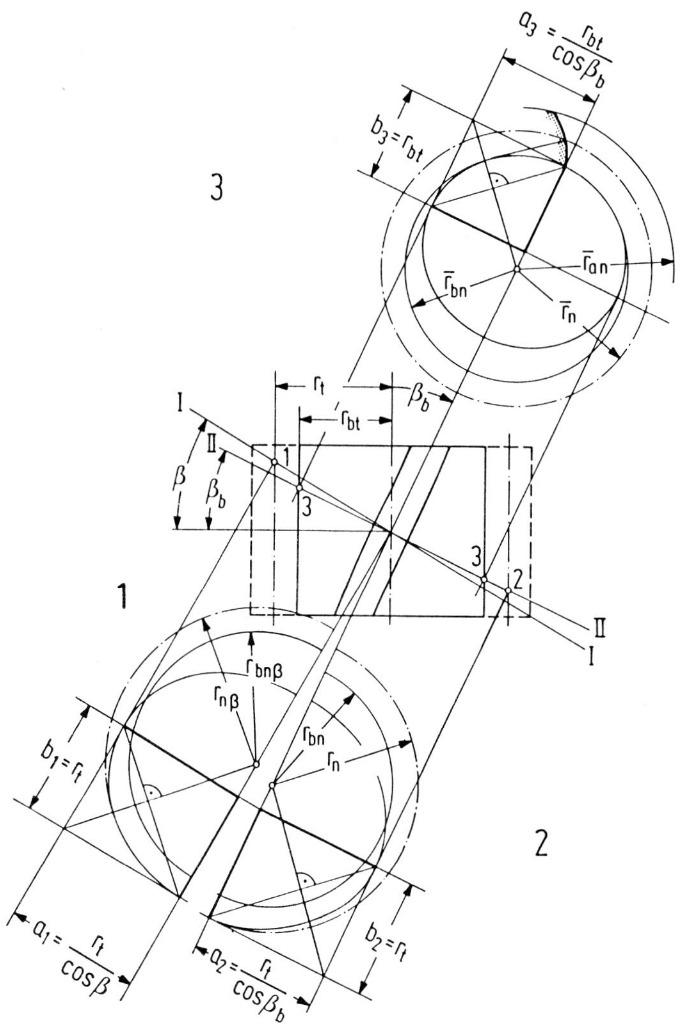

Bild 8.13. Ermitteln der Ersatzzähnezahl für den Normalschnitt einer Schrägverzahnung mit Hilfe von Normalschnitt-Ebenen.

Teilbild 1: Schnitt in Richtung des Schrägungswinkels β am Teilkreiszylinder. Die aus $r_{n\beta}$ und der Zahnteilung im Teilkreis berechneten Ersatzzähnezahl $z_{n\beta}$ ergibt keine genauen Umrechnungswerte für Unterschnitt (Zahnfuß) und Spitzengrenze (Zahnkopf).

Teilbild 2: Schnitt in Richtung des Schrägungswinkels β_b am Grundzylinder, daraus Berechnung von r_n und r_{nb}. Berechnung der dazugehörenden Zahnteilung aus dem Teilkreisradius r_n in einem anderen Schnitt, nämlich dem Schnitt senkrecht zum Schrägungswinkel β. Zufriedenstellende, jedoch theoretisch nicht exakte Berechnung des Unterschnitts mit z_{nx}, keine zufriedenstellenden Rückschlüsse auf die Spitzengrenze, auf Flankenkrümmung außerhalb des Zahnfußes.

Teilbild 3: Schnitt in Richtung des Schrägungswinkels β_b am Grundzylinder. Daraus Berechnen des Ersatz-Grundkreisradius $\bar{r}_{bn}$, dann mit Hilfe der Zahnteilung am Grundkreis Berechnen der Ersatzzähnezahl $\bar{z}_n$. Alle Werte am Grundkreis sind exakt, an den anderen Kreisen nicht.

erhält man für die Ersatzzähnezahl Gl.(3.16)

$$z_{nx} = \frac{z}{\cos^2\beta_b \cdot \cos\beta} = z_{nx}^* \cdot z \ , \tag{3.16}$$

die dem Normenwerk DIN 3960 [1/1] zugrunde gelegt wurde. Sie stammt von Niemann [8/7]. Grundlage für ihre Ableitung war das Bestreben, eine Ersatzzähnezahl für den Normalschnitt zu finden, bei der der Beginn des Unterschnitts bei der gleichen Lage der erzeugenden Normal- und dazugehörenden Stirnschnitt-Bezugsprofilstange (geradflankiges Werkzeug) entsteht. Mit Gl.(2.28 und 3.1) ist die Grenzzähnezahl für Unterschnittbeginn

$$z_u = \frac{2 \cdot (h_{Fa0} - x \cdot m_n)}{(m_n/\cos\beta) \cdot \sin^2\alpha_t} \ . \tag{8.48}$$

Setzt man in Gl.(8.48)

$$h_{Fa0} = 1 \cdot m_n \ , \tag{8.49}$$

was nur für das Normprofil nach DIN 867 [2/3] zulässig ist, wird daraus

$$x_u = 1 - \frac{z_u \cdot \sin^2\alpha_t}{2 \cdot \cos\beta} \ . \tag{8.50}$$

Nach Bild 2.11 ist die für den Unterschnitt maßgebende Zahnkopf-Formhöhe h_{FaP0} des Werkzeugprofils

$$h_{FaP0} = h_{aP0} - \rho_{aP0} \cdot (1 - \sin\alpha_P) \ . \tag{8.51}$$

Mit den Gl.(2.28 und 8.51) erhält man

$$z_{Emin} = x_{unx} = - \frac{z_{nx} \cdot \sin^2\alpha_n}{2} + \frac{h_{aP0} - \rho_{aP0} \cdot (1 - \sin\alpha_P)}{m_n} \ . \tag{8.52}$$

Legt man in Gl.(8.51) den Sonderfall des Bezugsprofils DIN 867 nach Gl.(8.49) zugrunde, wird aus Gl.(8.52)

$$x_{unx} = 1 - \frac{z_{nx} \cdot \sin^2\alpha_n}{2} \ . \tag{8.53}$$

Die Ausdrücke Gl.(8.50 und 8.53) gleichgesetzt, folgt mit Gl.(3.22)

$$z_{nux} = \frac{z_u}{\cos^2\beta_b \cdot \cos\beta} \tag{8.54}$$

der gleiche Ausdruck wie in Gl.(3.16), der aber nur für den Fußpunkt U der Evolvente bei Beginn des Unterschnitts gilt (Bild 3.6). Der auftretende Unterschnittpunkt ist aber $\overline{U}$, was in Kapitel 3 nachgewiesen wurde. Daher ist auch Gl.(8.54) und demzufolge Gl.(3.16) theoretisch nicht exakt, sondern für Unterschnitt ein brauchbarer Kompromiß.

Setzt man in Bild 3.6 für eine Zahlenrechnung die Ausgangswerte ein: $r_t = 50$ mm, $\beta = 30°$, $\beta_b = 25°$, erhält man unter Berücksichtigung der Gl.(3.13;3.22;3.24) die Werte $r_{bn} = 51{,}451$ mm, $\bar{r}_{bn} = 49{,}165$ mm, $r_e = 2{,}091$ mm und $U\text{-}\bar{U} = 0{,}196$ mm.

Mit Gl.(2.3-1) wird aus dem Teilkreisradius r_n im Normalschnitt der Grundkreis berechnet

$$r_{bn} = r_n \cdot \cos\alpha_n \tag{2.3-1}$$

und mit Gl.(3.13) sein Bezug zum Teilkreis im Stirnschnitt hergestellt

$$r_{bn} = \frac{r_t \cdot \cos\alpha_n}{\cos^2\beta_b} \; . \tag{8.55}$$

Der Grundkreisradius, aus der Schnittellipse nach Bild 3.6, Teilbild 1, bzw. Bild 8.13, Teilbild 3, berechnet, ist - ähnlich Gl.(3.13) -

$$\bar{r}_{bn} = \frac{r_{bt}}{\cos^2\beta_b} \; . \tag{8.56}$$

Das Verhältnis des über den Teilkreisradius r_n berechneten und des wirklichen Grundkreisradius $\bar{r}_{bn}$ ist nach den Gl.(8.55;8.56)

$$\frac{r_{bn}}{\bar{r}_{bn}} = \frac{r_t \cdot \cos\alpha_n}{r_{bt}} = \frac{r_t \cdot \cos\alpha_n}{r_t \cdot \cos\alpha_t} = \frac{\cos\alpha_n}{\cos\alpha_t} \; . \tag{8.57}$$

Da nach Gl.(3.22) immer

$$\alpha_n \leqq \alpha_t \tag{8.58}$$

ist, wird mit Gl.(8.57) stets

$$r_{bn} \geqq \bar{r}_{bn} \tag{8.59}$$

sein und daher auch die aus ihnen abgeleitete Ersatzzähnezahl. Mit den Gl. (8.55; 8.56) läßt sich auch die Differenz der Grundkreisradien im Normalschnitt ausrechnen. Sie ist

$$r_{bn} - \bar{r}_{bn} = \frac{r_t}{\cos^2\beta_b} \cdot (\cos\alpha_n - \cos\alpha_t) \, . \tag{8.60}$$

Für das oben angeführte Beispiel ist $r_{bn}/\bar{r}_{bn} = 1{,}0465$ und $r_{bn} - \bar{r}_{bn} = 2{,}286$ mm.

Den Korrekturfaktor, welcher den Unterschied zwischen dem tatsächlichen Grundkreisradius $\bar{r}_{bn}$ und dem aus dem Teilkreisradius r_n berechneten ergibt, erhält man entweder aus Gl.(8.57) mit

$$\bar{r}_{bn} = r_{bn} \cdot \frac{\cos\alpha_t}{\cos\alpha_n} , \tag{8.57-1}$$

wobei mit Gl.(2.3-1) gilt

$$\bar{r}_{bn} = r_n \cdot \cos\alpha_n \cdot \frac{\cos\alpha_t}{\cos\alpha_n} = r_n \cdot \cos\alpha_t \tag{8.61}$$

oder mit den Gl.(8.57-1;3.23;3.24)

$$\bar{r}_{bn} = r_{bn} \cdot \frac{\cos\beta}{\cos\beta_b} . \tag{8.62}$$

Um den Faktor $\cos\beta/\cos\beta_b$ ist daher der tatsächliche Grundkreisradius $\bar{r}_{bn}$ im Normalschnitt kleiner als der über den Teilkreisradius im Normalschnitt r_n berechnete Grundkreisradius r_{nb}. Entsprechend ist dann auch die Ersatzzähnezahl z_{nx} in Gl. (3.16) größer, als wenn man sie über den Grundkreisradius $\bar{r}_{bn}$ ermitteln würde.

8.11.3 Ersatzzähnezahl $\bar{z}_n$ mit Schnittebene senkrecht zum Schrägungswinkel β_b und Teilung am tatsächlichen Grundkreis ($\bar{r}_{bn}$) - Verfahren 3

Sofern der Schluß auf die Unterschnittverhältnisse von der Gerad- auf die Schrägverzahnung im Vordergrund steht, sollte man die Ersatzzähnezahl vom Grundzylinder her bestimmen, so wie es im Verfahren 3 gezeigt wird, Bild 8.13, Teilbild 3. Dabei wird sowohl der Schnitt senkrecht zum Grundschrägungswinkel β_b ausgeführt, als auch die Teilung von der Grundkreisteilung p_{bt} abgeleitet.

Es ist, hier sowohl für Teilbilder 2 und 3 gültig (erster Schritt)

$$\bar{r}_{bn} = \frac{a_3^2}{b_3} = \frac{(r_{bt}/\cos\beta_b)^2}{r_{bt}} = \frac{r_{bt}}{\cos^2\beta_b} . \tag{8.56}$$

Mit Gl.(3.39)

$$r_{bt} = r_t \cdot \cos\alpha_t \tag{3.39}$$

und mit Gl.(3.34) erhält man

$$r_{bt} = \frac{z \cdot m_n}{2 \cdot \cos\beta} \cdot \cos\alpha_t . \tag{8.63}$$

Gl.(8.63) in Gl.(8.56) eingesetzt, ergibt

$$\bar{r}_{bn} = \frac{1}{\cos^2\beta_b} \cdot \frac{z \cdot m_n}{2} \cdot \frac{\cos\alpha_t}{\cos\beta} . \tag{8.64}$$

Für Evolventen-Stirnräder gilt Gl.(2.3-1), die man auch für den Normalschnitt anwendet (zweiter Schritt)

$$\bar{r}_{bn} = \bar{r}_n \cdot \cos\alpha_n \,, \tag{8.65}$$

aber hier, um mit dem Grundkreisradius $\bar{r}_{bn}$ den Teilkreisradius $\bar{r}_n$ zu ermitteln. Aus den Gl.(8.65;3.14) erhält man

$$\bar{r}_{bn} = \frac{1}{2} \cdot \bar{z}_n \cdot m_n \cdot \cos\alpha_n \,. \tag{8.66}$$

Gl.(8.64) und Gl.(8.66) gleichgesetzt ergibt

$$\frac{1}{2} \cdot \bar{z}_n \cdot m_n \cdot \cos\alpha_n = \frac{1}{\cos^2\beta_b} \cdot \frac{z \cdot m_n}{2} \cdot \frac{\cos\alpha_t}{\cos\beta}$$

und daraus

$$\bar{z}_n = \frac{z}{\cos^2\beta_b \cdot \cos\beta} \cdot \frac{\cos\alpha_t}{\cos\alpha_n} \,. \tag{8.67}$$

Mit den Gl.(3.23;3.24), ebenso mit den Gl.(8.57-1;8.62) kann man zeigen, daß gilt

$$\frac{\cos\beta}{\cos\beta_b} = \frac{\cos\alpha_t}{\cos\alpha_n} \tag{8.68}$$

und damit die Ersatzzähnezahl $\bar{z}_n$ in Gl.(8.65) berechnen zu

$$\bar{z}_n = \frac{z}{\cos^3\beta_b} = \bar{z}_n^* \cdot z \,. \tag{8.69}$$

In Bild 8.14 ist der Verlauf der einzelnen Schnitte auf der Evolventenflanke übersichtlich dargestellt. Die in Teilbild 1 dargestellten Schnittlinien 1 bis 3 entsprechen den Verfahren 1 bis 3, und zwar Linie 1 für Schnitt senkrecht zu β mit Teilung am Teilkreis, Linie 2 Schnitt senkrecht zu β_b mit Teilung am Teilkreis und Linie 3 Schnitt senkrecht zu β_b mit Teilung am Grundkreis. Die Linie S_t ist ein Stirnschnitt durch den tatsächlichen Evolventen-Ursprungspunkt $\bar{U}$, von dem auch der Schnitt 3 ausgeht.

8.11.4 Weitere Möglichkeiten für Ersatzzähnezahlen

Betrachtet man die Stirnschnittevolvente S_t in Bild 8.14, Teilbild 2, immer in Richtung der "Fadenlinie" $\bar{\rho}_n$, also senkrecht zur Flankenoberfläche, dann ist diese Kurve auch eine exakte Evolvente mit dem konstanten Grundkreisradius $\bar{r}_{bn}$. Berücksichtigt man weiter, daß Teil- und Grundkreisradius im "Normalschnitt", soweit sie mit den entsprechenden Radien im Stirnschnitt übereinstimmen sollen, nicht der üblichen Gleichung (2.3-1)

$$r_{bn} = r_n \cdot \cos\alpha_n \,, \tag{2.3-1}$$

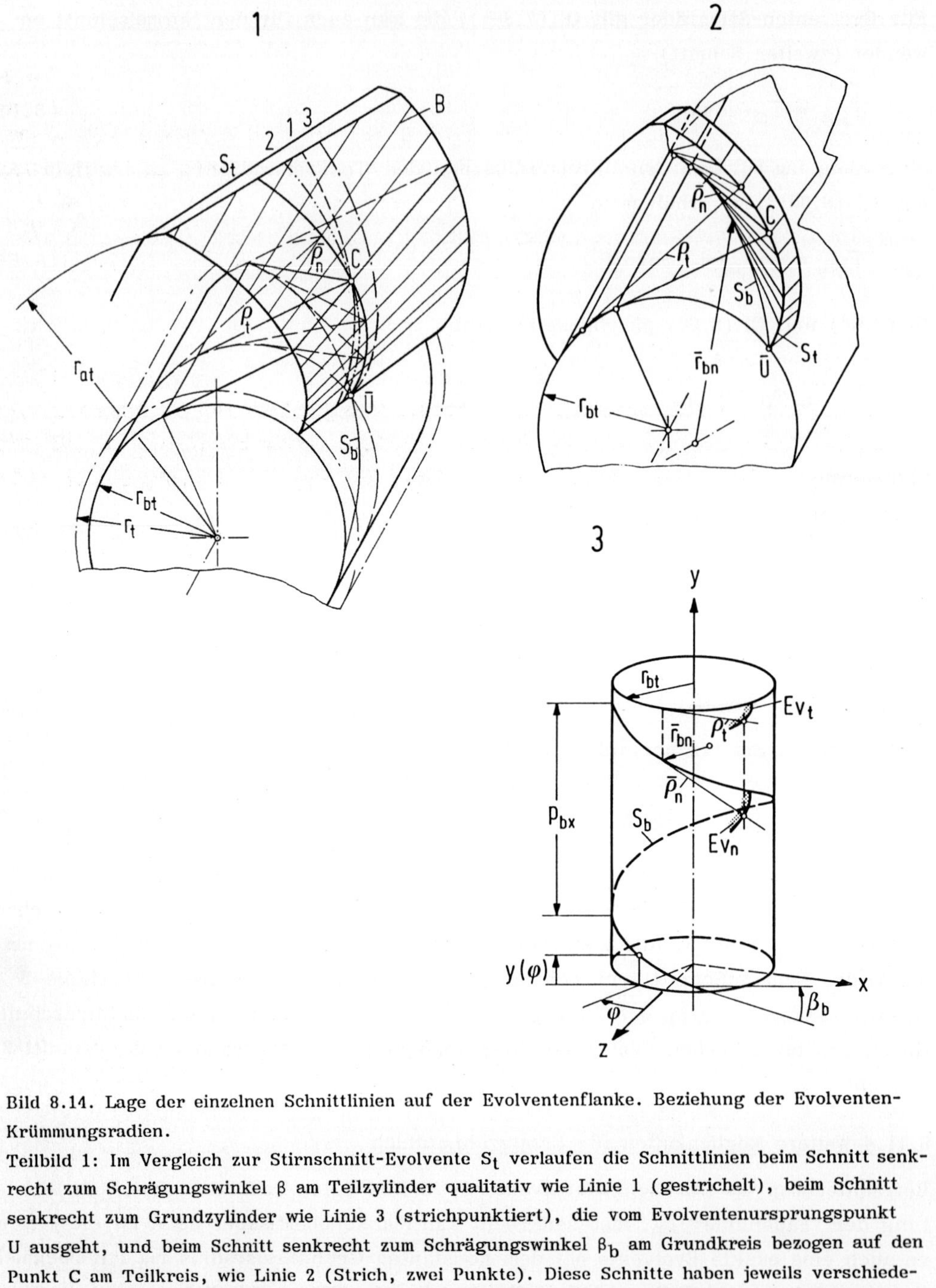

Bild 8.14. Lage der einzelnen Schnittlinien auf der Evolventenflanke. Beziehung der Evolventen-Krümmungsradien.

Teilbild 1: Im Vergleich zur Stirnschnitt-Evolvente S_t verlaufen die Schnittlinien beim Schnitt senkrecht zum Schrägungswinkel β am Teilzylinder qualitativ wie Linie 1 (gestrichelt), beim Schnitt senkrecht zum Grundzylinder wie Linie 3 (strichpunktiert), die vom Evolventenursprungspunkt U ausgeht, und beim Schnitt senkrecht zum Schrägungswinkel β_b am Grundkreis bezogen auf den Punkt C am Teilkreis, wie Linie 2 (Strich, zwei Punkte). Diese Schnitte haben jeweils verschiedene Evolventenflanken, verschiedene Unterschnittverhältnisse und verschiedene Spitzengrenzen.

Teilbild 2: Der Krümmungsradius an Punkt C ist in Stirnschnittrichtung ρ_t, in Normalrichtung $\bar{\rho}_n$.

Teilbild 3: Die Schraubenlinie S_b am Grundzylinder mit dem konstanten Krümmungsradius $\bar{r}_{bn}$, zeigt den geometrischen Ort an, von dem man die Fadenlinie $\bar{\rho}_n$ abwickeln kann, die auch in Richtung zur Schraubenlinie S_b eine exakte Evolvente ergibt.

sondern beispielsweise Gleichung (8.61)

$$\bar{r}_{bn} = r_n \cdot \cos\alpha_t \tag{8.61}$$

genügen, dann kann man damit eine variable Ersatzzähnezahl definieren, die einem "Normalrad" mit korrekten Evolventenflanken entspricht und sowohl für Unterschnitt als auch für die Spitzengrenze gilt. Der Schrägungswinkel β_y geht als Parameter ein und muß je nach betrachtetem Zylinderradius r_y seinen Wert entsprechend ändern. Die Gleichung kann die Form haben

$$z_{ny} = \frac{z}{\cos^3\beta_y} = z^*_{ny} \cdot z \ . \tag{8.70}$$

Den Unterschied der Ersatzzähnezahlen für die drei geschilderten Verfahren in Abhängigkeit des Schrägungswinkels β zeigt das Diagramm in Bild 8.15. Aus Bild 8.16 kann man die Ersatzzähnezahlen nach Verfahren 3 für $\bar{z}_n$ in Abhängigkeit vom Schrägungswinkel entnehmen.

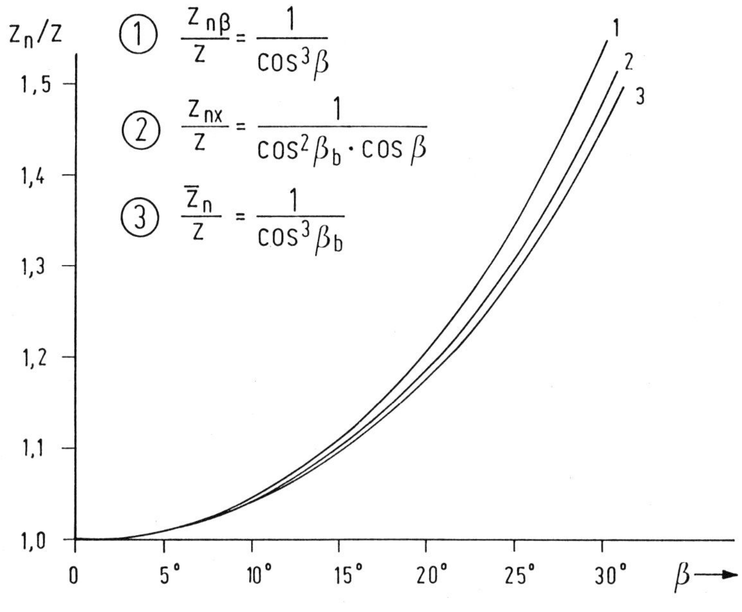

Bild 8.15. Ersatzzähnezahl z_n nach den verschiedenen Berechnungsverfahren zur Umrechnung von Schräg- in Geradverzahnung.

1. Schnitt senkrecht zum Schrägungswinkel β am Teilkreiszylinder, Teilung am Teilkreiszylinder.
2. Schnitt senkrecht zum Schrägungswinkel β_b am Grundkreiszylinder, Teilung am Teilkreiszylinder.
3. Schnitt senkrecht zum Schrägungswinkel am Grundkreiszylinder, Teilung am Grundkreiszylinder.

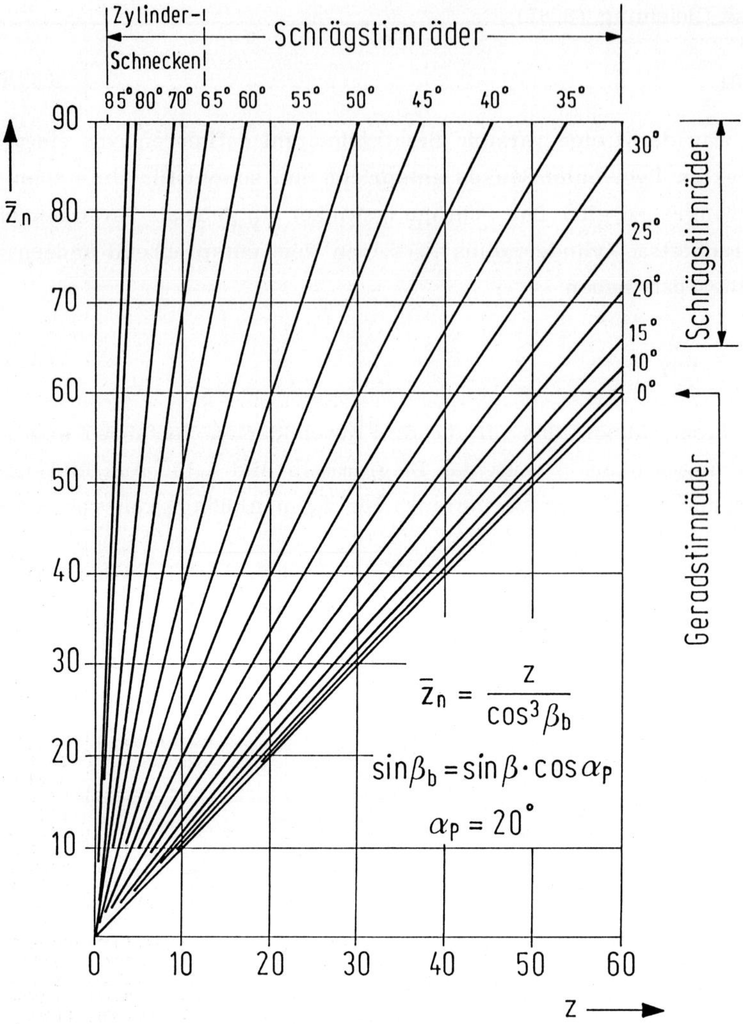

Bild 8.16. Ersatzzähnezahl $\bar{z}_n$ für den Normalschnitt einer Schrägverzahnung, wenn senkrecht zur Flankenrichtung am Grundzylinder geschnitten wird.

8.12 7-stellige Werte für die inv-Funktion von 14° bis 51° in Stufen von 0,02°

Funktion:

$$\text{inv}\alpha = \tan\alpha - \alpha \quad (2.7)$$

In der Tabelle wird der Winkel α in Grad als Funktion des Wertes von invα angegeben (Werte nach Zimmer [8/8]).

$$\text{inv}\,\alpha = \tan\alpha - \widehat{\alpha}$$

Grad	,.0	,.2	,.4	,.6	,.8	Grad	,.0	,.2	,.4	,.6	,.8
14,0	,004 9819	,005 0036	,005 0254	,005 0473	,005 0692	21,0	,017 3449	,017 3964	,017 4480	,017 4997	,017 5515
,1	,005 0912	1133	1354	1576	1798	,1	6034	6554	7076	7598	8122
,2	2021	2245	2470	2695	2921	,2	8646	9172	9699	,018 0227	,018 0756
,3	3147	3374	3602	3831	4060	,3	,018 1286	,018 1817	,018 2349	2883	3417
,4	4289	4520	4751	4983	5215	,4	3953	4489	5027	5566	6106
,5	5448	5682	5917	6152	6388	,5	6647	7189	7732	8277	8822
,6	6624	6861	7099	7338	7577	,6	9369	9917	,019 0466	,019 1016	,019 1567
,7	7817	8057	8299	8541	8783	,7	,019 2119	,019 2672	3227	3782	4339
,8	9027	9271	9515	9761	,006 0007	,8	4897	5456	6016	6577	7140
,9	,006 0254	,006 0501	,006 0749	,006 0998	1248	,9	7703	8268	8824	9401	9969
15,0	,006 1498	,006 1749	,006 2001	,006 2253	,006 2506	22,0	,020 0538	,020 1108	,020 1680	,020 2252	,020 2826
,1	2760	3014	3270	3525	3782	,1	3401	3977	4555	5133	5713
,2	4039	4297	4556	4816	5076	,2	6293	6875	7458	8043	8628
,3	5337	5598	5861	6124	6387	,3	9215	9802	,021 0391	,021 0981	,021 1573
,4	6652	6917	7183	7450	7717	,4	,021 2165	,021 2759	2353	3949	4546
,5	7985	8254	8523	8794	9065	,5	5145	5744	6345	6947	7550
,6	9337	9609	9882	,007 0156	,007 0431	,6	8154	8760	9366	9974	,022 0583
,7	,007 0706	,007 0982	,007 1259	1537	1815	,7	,022 1193	,022 1805	,022 2417	,022 3031	3646
,8	2095	2374	2655	2936	3219	,8	4262	4880	5498	6118	6739
,9	3501	3785	4069	4355	4640	,9	7361	7985	8610	9235	9863
16,0	,007 4927	,007 5214	,007 5503	,007 5791	,007 6081	23,0	,023 0491	,023 1120	,023 1751	,023 2383	,023 3016
,1	6372	6663	6935	7247	7541	,1	3651	4287	4923	5562	6201
,2	7835	8130	8426	8723	9020	,2	6842	7483	8127	8771	9416
,3	9318	9617	9916	,008 0217	,008 0518	,3	,024 0063	,024 0711	,024 1361	,024 2011	,024 2663
,4	,008 0820	,008 1123	,008 1426	1731	2036	,4	3316	3970	4626	5283	5941
,5	2342	2648	2956	3264	3573	,5	6600	7261	7922	8586	9250
,6	3883	4194	4505	4817	5130	,6	9916	,025 0582	,025 1251	,025 1920	,025 2591
,7	5444	5759	6074	6390	6707	,7	,025 3263	3936	4611	5286	5964
,8	7025	7343	7663	7983	8304	,8	6642	7322	8003	8685	9368
,9	8626	8948	9272	9596	9921	,9	,026 0053	,026 0739	,026 1427	,026 2115	,026 2805
17,0	,009 0247	,009 0574	,009 0901	,009 1230	,009 1559	24,0	,026 3497	,026 4189	,026 4883	,026 5578	,026 6275
,1	1889	2219	2551	2883	3217	,1	26 6973	26 7672	26 8372	26 9074	26 9777
,2	3551	3886	4221	4558	4895	,2	27 0481	27 1187	27 1894	27 2602	27 3312
,3	5234	5573	5912	6253	6595	,3	27 4023	27 4735	27 5449	27 6164	27 6880
,4	6937	7280	7624	7969	8315	,4	27 7598	27 8317	27 9037	27 9759	28 0482
,5	8662	9009	9357	9707	,010 0057	,5	28 1206	28 1932	28 2658	28 3387	28 4116
,6	,010 0407	,010 0759	,010 1112	,010 1465	1819	,6	28 4848	28 5580	28 6314	28 7049	28 7785
,7	2174	2530	2887	3245	3603	,7	28 8523	28 9262	29 0002	29 0744	29 1488
,8	3963	4363	4684	5046	5409	,8	29 2232	29 2978	29 3725	29 4474	29 5224
,9	5773	6137	6503	6869	7236	,9	29 5976	29 6728	29 7483	29 8238	29 8995
18,0	,010 7604	,010 7973	,010 8343	,010 8714	,010 9085	25,0	,029 9753	,030 0513	,030 1274	,030 2037	,030 2801
,1	9458	9831	,011 0205	,011 0581	0957	,1	30 3566	30 4333	30 5101	30 5870	30 6641
,2	,011 1333	,011 1711	2090	2469	,011 2850	,2	30 7413	30 8187	30 8962	30 9738	31 0516
,3	3231	3614	3997	4381	4766	,3	31 1295	31 2076	31 2858	31 3642	31 4426
,4	5151	5538	5926	6314	6704	,4	31 5213	31 6001	31 6790	31 7580	31 8372
,5	7094	7485	7877	8271	8665	,5	31 9166	31 9961	32 0757	32 1555	32 2354
,6	9059	9455	9852	,012 0250	,012 0648	,6	32 3154	32 3956	32 4760	32 5565	32 6371
,7	,012 1048	,012 1448	,012 1849	2251	2655	,7	32 7179	32 7988	32 8799	32 9611	33 0424
,8	3059	3464	3870	4276	4684	,8	33 1239	33 2056	33 2874	33 3693	33 4514
,9	5093	5503	5913	6325	6737	,9	33 5336	33 6160	33 6985	33 7812	23 8640
19,0	,012 7151	,012 7565	,012 7980	,012 8396	,012 8814	26,0	,033 9470	,034 0301	,034 1134	,034 1968	,034 2803
,1	9232	9651	,013 0071	,013 0492	,013 0913	,1	34 3640	34 4479	34 5319	34 6160	34 7003
,2	,013 1336	,013 1760	2185	2610	3037	,2	34 7847	34 8693	34 9541	35 0390	35 1240
,3	3465	3893	4323	4753	5185	,3	35 2092	35 2945	35 3800	35 4657	35 5514
,4	5617	6051	6485	6920	7356	,4	35 6374	35 7235	35 8097	35 8961	35 9827
,5	7794	8232	8671	9111	9552	,5	36 0694	36 1562	36 2432	36 3304	36 4177
,6	9994	,014 0438	,014 0882	,014 1327	,014 1773	,6	36 5051	36 5927	36 6805	36 7684	36 8565
,7	,014 2220	2668	3117	3567	4018	,7	36 9447	37 0331	37 1216	37 2103	37 2991
,8	4470	4923	5376	5831	6287	,8	37 3881	37 4773	37 5666	37 6560	37 7456
,9	6744	7202	7661	8121	8582	,9	37 8354	37 9253	38 0154	38 1056	38 1960
20,0	,014 9044	,014 9507	,014 9971	,015 0436	,015 0902	27,0	,038 2866	,038 3773	,038 4681	,038 5591	,038 6503
,1	,015 1369	,015 1837	,015 2305	2775	3246	,1	38 7416	38 8331	38 9248	39 0166	39 1085
,2	3719	4192	4666	5141	5617	,2	39 2006	39 2929	39 3853	39 4779	39 5707
,3	6094	6572	7051	7531	8013	,3	39 6636	39 7567	39 8499	39 9433	40 0368
,4	8495	8978	9463	9948	,016 0434	,4	40 1306	40 2244	40 3185	40 4126	40 5070
,5	,016 0922	,016 1410	,016 1900	,016 2390	2882	,5	40 6015	40 6962	40 7910	40 8860	40 9812
,6	3375	3868	4363	4859	5356	,6	41 0765	41 1720	41 2676	41 3634	41 4594
,7	5854	6353	6852	7354	7856	,7	41 5555	41 6518	41 7483	41 8449	41 9417
,8	8359	8863	9368	9875	,017 0382	,8	42 0387	42 1358	42 2331	42 3305	42 4281
,9	,017 0891	,017 1400	,017 1911	,017 2422	2935	,9	42 5259	42 6238	42 7219	42 8202	42 9186

$$\mathrm{inv}\,\alpha = \tan\alpha - \widehat{\alpha}$$

Grad	,.0	,.2	,.4	,.6	,.8	Grad	,.0	,.2	,.4	,.6	,.8
28,0	,043 0172	,043 1160	,043 2149	,043 3140	,043 4133	35,0	89 3423	,089 5136	,089 6851	,089 8569	,089 0289
,1	43 5128	43 6124	43 7121	43 8621	43 9122	,1	90 2012	90 3738	90 5466	90 7196	90 8929
,2	44 0124	44 1129	44 2135	44 3143	44 4152	,2	91 0665	91 2403	91 4144	91 5888	91 7634
,3	44 5163	44 6176	44 7191	44 8207	44 9225	,3	91 9382	92 1134	92 2887	92 4644	92 6403
,4	45 0245	45 1266	45 2289	45 3314	45 4340	,4	92 8165	92 9929	93 1696	93 3465	93 5237
,5	45 5369	45 6399	45 7430	45 8463	45 9499	,5	93 7012	93 8789	94 0596	94 2352	94 4137
,6	46 0535	46 1574	46 2614	46 3656	46 4700	,6	94 5925	94 7715	94 9508	95 1304	95 3102
,7	46 5745	46 6792	46 7841	46 8892	46 9944	,7	95 4904	95 6707	95 8514	96 0323	96 2134
,8	47 0998	47 2054	47 3112	47 4171	47 5232	,8	96 3949	96 5766	96 7586	96 9408	97 1233
,9	47 6295	47 7360	47 8426	47 9494	48 0564	,9	97 3061	97 4891	97 6724	97 8560	98 0399
29,0	,048 1636	,048 2709	,048 3784	,048 4861	,048 5940	36,0	,098 2240	,098 4084	,098 5931	,098 7780	,098 9632
,1	48 7020	48 8103	48 9187	49 0273	49 1360	,1	99 1487	99 3344	99 5205	99 7068	99 8933
,2	49 2450	49 3541	49 4634	49 5729	49 6825	,2	,100 0802	,100 2673	,100 4547	,100 6424	,100 8303
,3	49 7924	49 9024	50 0126	50 1229	50 2335	,3	101 0185	101 2070	101 3958	101 5848	101 7741
,4	50 3442	50 4552	50 5663	50 6775	50 7890	,4	101 9637	102 1536	102 3438	102 5342	102 7249
,5	50 9006	51 0125	51 1245	51 2367	51 3490	,5	102 9159	103 1072	103 2987	103 4905	103 6826
,6	51 4616	51 5743	51 6873	51 8004	51 9137	,6	103 8750	104 0677	104 2607	104 4539	104 6474
,7	52 0271	52 1408	52 2546	52 2687	52 4829	,7	104 8412	105 0353	105 2296	105 4243	105 6192
,8	52 5973	52 7119	52 8266	52 9416	53 0567	,8	105 8144	106 0099	106 2057	106 4018	106 5981
,9	53 1721	53 2876	53 4033	53 5192	53 6352	,9	106 7947	106 9917	107 1889	107 3844	107 5842
30,0	,053 7515	,053 8679	,053 9846	,054 1014	,054 2184	37,0	,107 7822	,107 9806	,108 1792	,108 3782	,108 5774
,1	54 3356	54 4530	54 5706	54 6884	54 8063	,1	108 7769	108 9767	109 1768	109 3772	109 5779
,2	54 9245	55 0428	55 1613	55 2800	55 3990	,2	109 7788	109 9801	110 1816	110 3835	110 5856
,3	55 5181	55 6373	55 7568	55 8765	55 9964	,3	110 7880	110 9908	111 1938	111 3971	111 6007
,4	55 1164	55 2367	56 3571	56 4777	56 5986	,4	111 8046	111 0088	112 2133	112 4181	112 6231
,5	56 7196	56 8408	56 9622	57 0838	57 2056	,5	112 8285	113 0342	113 2402	113 4464	113 6530
,6	57 3276	57 4498	57 5722	57 6947	57 8175	,6	113 8599	114 0670	114 2745	114 4823	114 6903
,7	57 9405	58 0636	58 1870	58 3105	58 4343	,7	114 8987	115 1074	115 3163	115 5256	115 7352
,8	58 5582	58 6824	58 8067	58 9312	59 0560	,8	115 9451	116 1552	116 3657	116 5675	116 7876
,9	59 1809	59 3060	59 4314	59 5569	59 6826	,9	116 9990	117 2107	117 4227	117 6350	117 8496
31,0	,059 8086	,059 9347	,060 0610	,060 1875	,060 3142	38,0	,118 0605	,118 2737	,118 4873	,118 7011	,118 9153
,1	60 4412	60 5683	60 6956	60 8231	60 9509	,1	119 1297	119 3445	119 5596	119 7749	119 9906
,2	61 0788	61 2069	61 3353	61 4638	61 5925	,2	120 2066	120 4229	120 6396	120 8565	121 0737
,3	61 7215	61 8506	61 9800	62 1095	62 2393	,3	121 2913	121 5092	121 7274	121 9459	122 1647
,4	62 3692	62 4994	62 6297	62 7603	62 8911	,4	122 3838	122 6032	122 8230	123 0431	123 2635
,5	63 0221	63 1533	63 2874	63 4162	63 5481	,5	123 4842	123 7052	123 9265	124 1482	124 3701
,6	63 6801	63 8123	63 9447	64 0773	64 2102	,6	124 5924	124 8150	125 0380	125 2612	125 4848
,7	64 3432	64 4775	64 6099	64 7436	64 8775	,7	125 7087	125 9329	126 1574	126 3822	126 6074
,8	65 0116	65 1459	65 2804	65 4151	65 5500	,8	126 8329	127 0587	127 2848	127 5113	127 7381
,9	65 6851	65 8205	65 9561	66 0918	66 2278	,9	127 9652	128 1926	128 4204	128 6485	128 8769
32,0	,066 3640	,066 5004	,066 6370	,066 7738	,066 9109	39,0	,129 1056	,129 3347	,129 5641	,129 7938	,130 0238
,1	67 0481	67 1856	67 3233	67 4612	67 5993	,1	130 2542	130 4849	130 7160	130 9473	131 1790
,2	67 7376	67 8761	68 0149	68 1538	68 2930	,2	131 4110	131 6434	131 8761	132 1091	132 3424
,3	68 4324	68 5720	68 7118	68 8519	68 9921	,3	132 5761	132 8101	133 0445	133 2792	133 5142
,4	69 1326	69 2733	69 4142	69 5553	69 6967	,4	133 7495	133 9852	134 2212	134 4576	134 6943
,5	69 8383	69 9800	70 1220	70 2643	70 4067	,5	134 9313	135 1687	135 4064	135 6445	135 8828
,6	70 5493	70 6922	70 8353	70 9786	71 1222	,6	136 1216	136 3606	136 6000	136 8398	137 0799
,7	71 2659	71 4099	71 5541	71 6985	71 8432	,7	137 3203	137 5611	137 8022	138 0436	138 2854
,8	71 9880	72 1331	72 2784	72 4240	72 5697	,8	138 5275	138 7700	139 0129	139 2560	139 4995
,9	72 7157	72 8619	73 0083	73 1550	73 3018	,9	139 7434	139 9876	140 2322	140 4771	140 7223
33,0	73 4489	,073 5963	,073 7438	,073 8916	,074 0396	40,0	,140 9679	,141 2139	,141 4602	,141 7068	,141 9538
,1	74 1878	74 3363	74 4849	74 6339	74 7830	,1	142 2012	142 4489	142 6969	142 9453	143 1941
,2	74 9324	75 0819	75 2318	75 3818	75 5321	,2	143 4432	143 6926	143 9424	144 1926	144 4431
,3	75 6826	75 8333	75 9843	76 1355	76 2869	,3	144 6940	144 9452	145 1968	145 4487	145 7010
,4	76 4385	76 5904	76 7425	76 8949	77 0435	,4	145 9537	146 2067	146 4601	146 7138	146 9679
,5	77 2003	77 3533	77 5056	77 6601	77 8138	,5	147 2229	147 4771	147 7323	147 9878	148 2437
,6	77 9678	78 1220	78 2764	78 4311	78 5860	,6	148 5000	148 7566	149 0136	149 2709	149 5286
,7	78 7411	78 8965	79 0521	79 2080	79 3640	,7	149 7867	150 0451	150 3039	150 5631	150 8226
,8	79 5204	79 6769	79 8337	79 9907	80 1480	,8	151 0825	151 3428	151 6034	151 8644	152 1258
,9	80 3055	80 4632	80 6212	80 7794	80 9379	,9	152 2875	152 8496	152 9121	153 1749	153 4382
34,0	81 0966	,081 2555	,081 4147	,081 5741	,081 7337	41,0	,153 7017	,153 9657	,154 2300	,154 4947	,154 7598
,1	81 8936	82 0538	82 2141	82 3747	82 5356	,1	155 0253	155 2911	155 5573	155 8239	156 0908
,2	82 6967	82 8580	83 0196	83 1814	83 3435	,2	156 3582	156 6259	156 8940	157 1624	157 4313
,3	83 5058	83 6684	83 8312	83 9942	84 1575	,3	157 7005	157 9701	158 2401	158 5104	158 7812
,4	84 3210	84 4848	84 6488	84 8131	84 9776	,4	159 0523	159 3228	159 5957	159 8679	160 1406
,5	85 1424	85 3047	85 4726	85 6381	85 8039	,5	160 4136	160 6870	160 9608	161 2350	161 5096
,6	85 9699	86 1361	86 3026	86 4693	86 6363	,6	161 7846	162 0599	162 3357	162 6118	162 8883
,7	86 8036	86 9711	87 1388	87 3068	87 4750	,7	163 1652	163 4425	163 7202	163 9982	164 2767
,8	87 6435	87 8123	87 9813	88 1505	88 3200	,8	164 5556	164 8348	165 1144	165 3945	165 6749
,9	88 4898	88 6598	88 8300	89 0005	89 1713	,9	165 9557	166 2369	166 5186	166 8006	167 0830

$$\text{inv}\,\alpha = \tan\alpha - \widehat{\alpha}$$

Grad	,.0	,.2	,.4	,.6	,.8	Grad	,.0	,.2	,.4	,.6	,.8
42,0	,167 3658	,167 6490	,167 9325	,168 2165	,168 5009	47,0	,252 0640	,252 4657	,252 8679	,253 2707	,253 6741
,1	169 7857	169 0709	169 3565	169 6425	169 9289	,1	254 0781	254 4826	254 8877	255 2933	255 6996
,2	170 2157	170 5029	170 7905	171 0785	171 3669	,2	256 1064	256 5137	256 9217	257 3302	257 7392
,3	171 6557	171 9449	172 2346	172 5246	172 8150	,3	258 1489	258 5591	258 9699	259 3813	259 7932
,4	173 1059	173 3971	173 6888	173 9809	174 2733	,4	260 2058	260 6189	261 0326	261 4468	261 8617
,5	174 5662	174 8595	175 1533	175 4474	175 7419	,5	262 2771	262 6931	263 1097	263 5269	263 9447
,6	176 0369	176 3322	176 6280	176 9242	177 2208	,6	264 3630	264 7820	265 2015	265 6216	266 0423
,7	177 5179	177 8153	178 1132	178 4114	178 7101	,7	266 4636	266 8855	267 3080	267 7310	268 1547
,8	179 0092	179 3088	179 6087	179 9091	180 2099	,8	269 5790	269 0038	269 4293	269 8553	270 2820
,9	180 5111	180 8127	181 1148	181 4173	181 7202	,9	270 7092	271 1371	271 5655	271 9946	272 4242
43,0	,182 0235	,182 3273	,182 6314	,182 9360	,183 2411	48,0	,272 8545	,273 2853	,273 7168	,274 1489	,274 5816
,1	183 5465	183 8524	184 1587	184 4655	184 7727	,1	274 0148	275 4487	275 8832	276 3184	276 7541
,2	185 0803	185 3883	185 6968	186 0057	186 3150	,2	277 1904	277 6274	278 0650	278 5031	278 9419
,3	186 6248	186 9350	187 2456	187 5567	187 8682	,3	279 3814	279 8214	280 2621	280 7033	281 1452
,4	188 1801	188 4925	188 8053	189 1185	189 4322	,4	281 5877	282 0309	282 4747	282 9190	283 3641
,5	189 7463	190 0609	190 3759	190 6914	191 0072	,5	283 8097	284 2560	284 7029	285 1504	285 5985
,6	191 3236	191 6403	191 9576	192 2752	192 5933	,6	286 0473	286 4968	286 9468	287 3975	287 8488
,7	192 9119	193 2309	193 5503	193 8702	194 1905	,7	288 3008	288 7534	289 2066	289 6605	290 1150
,8	194 5113	194 8325	194 1542	195 4763	195 7989	,8	290 5701	291 0259	291 4823	291 9394	292 3971
,9	196 1220	196 4454	196 7694	197 0938	197 4186	,9	292 8555	293 3145	293 7742	294 2345	294 6955
44,0	,197 7439	,198 0697	,198 3959	,198 7225	,199 0496	49,0	,295 1571	,295 6193	,296 0822	,296 5458	,297 0100
,1	199 3772	199 7053	200 0337	200 3627	200 6921	,1	297 4749	297 9404	298 4066	298 8735	299 3410
,2	201 0220	201 3523	201 6831	202 0144	202 3461	,2	299 8092	300 2780	300 5475	301 2176	301 6885
,3	202 6783	203 0109	203 3440	203 6776	204 0117	,3	302 1599	302 6321	303 1049	303 5784	304 0525
,4	204 3462	204 6811	205 0166	205 3525	205 6889	,4	304 5274	305 0029	305 4790	305 9559	306 4334
,5	206 0257	206 3631	206 7009	207 0391	207 3779	,5	306 9116	307 3905	307 8700	308 3502	308 8311
,6	207 7171	208 0568	208 3970	208 7376	209 0787	,6	309 3127	309 7950	310 2779	310 7616	311 2459
,7	209 4203	209 7624	210 1049	210 4479	210 7914	,7	311 7309	312 2166	312 7030	313 1900	313 6778
,8	211 1354	211 4799	211 8248	212 1703	212 5162	,8	314 1662	314 6554	315 1452	315 6357	316 1270
,9	212 8628	213 2095	213 5568	213 9047	214 2530	,9	316 6189	317 1115	317 6048	318 0988	318 5935
45,0	,214 6018	,214 9511	,215 3009	,215 6512	,216 0020	50,0	,319 0890	,319 5851	,320 0819	,320 5794	,321 0777
,1	216 3533	216 7050	217 0573	217 4100	217 7633	,1	321 5766	322 0763	322 5766	323 0777	323 5995
,2	218 1170	218 4712	218 8259	219 1811	219 5368	,2	324 0820	324 5852	325 0891	325 5938	326 0991
,3	219 8930	220 2497	220 6069	220 9646	221 3228	,3	326 6052	327 1120	327 6195	328 1278	328 6367
,4	221 6815	222 0407	222 4005	222 7607	223 1214	,4	329 1464	329 6578	330 1680	330 6798	331 1924
,5	223 4826	223 8443	224 2065	224 5693	224 9325	,5	331 7057	332 2198	332 7346	333 2501	333 7663
,6	225 2962	225 6605	226 0253	226 3905	226 7563	,6	334 2833	334 8010	335 3195	335 8387	336 3586
,7	227 1226	227 4894	227 8567	228 2246	228 5929	,7	336 8793	337 4007	337 9229	338 4458	338 9695
,8	228 9618	229 3311	229 7010	230 0714	230 4424	,8	339 4939	340 0190	340 5449	341 0716	341 5990
,9	230 8138	231 1858	231 5583	231 9313	232 3048	,9	342 1271	342 6560	343 1857	343 7161	344 2473
46,0	,232 6786	,233 0534	,233 4285	,233 8041	,234 1803	51,0	,344 7792	,345 3119	,345 8454	,346 3796	,346 9146
,1	234 5570	234 9342	235 3119	235 6901	236 0689	,1	347 4503	347 9869	348 5241	349 0622	349 6010
,2	236 4482	236 8281	237 2085	237 5894	237 9708	,2	350 1406	350 6809	351 2221	351 7640	352 3067
,3	238 3528	238 7353	239 1183	239 5019	239 8860	,3	352 8501	353 3944	353 9394	354 4852	355 0318
,4	240 2707	240 6559	241 0416	241 4279	241 8147	,4	355 5791	356 1273	356 6762	357 2259	357 7764
,5	242 2020	242 5899	242 9784	243 3673	243 7569	,5	358 3277	358 8798	359 4327	359 9864	360 5408
,6	244 1469	244 5375	245 9287	245 3204	245 7127	,6	361 0961	361 6522	362 2090	362 7667	363 3251
,7	246 1055	246 4988	246 8927	247 2872	247 6822	,7	363 8844	364 4445	365 0053	365 5670	366 1295
,8	248 0778	248 4739	248 8705	249 2687	249 6655	,8	366 6928	367 2569	367 8218	368 3875	368 9540
,9	250 0639	250 4628	250 8622	251 2623	251 6628	,9	369 5214	370 0896	370 6585	371 2284	371 7990

8.13 Schrifttum zu Kapitel 8

Normen, Richtlinien

[8/1] DIN 3960: Begriffe und Bestimmungsgrößen für Stirnräder (Zylinderräder) und Stirnradpaare (Zylinderradpaare) mit Evolventenverzahnung. Berlin: Beuth-Verlag, März 1987.

[8/2] DIN 780 Teil 1: Modulreihe für Zahnräder, Moduln für Stirnräder. Berlin: Beuth-Verlag Mai 1977.

[8/3] ISO 54-1977: Moduln und Diametral Pitches für Stirnräder für den allgemeinen Maschinenbau und den Schwermaschinenbau.

[8/4] DIN 3992: Profilverschiebung bei Stirnrädern mit Außenverzahnung. Berlin, Köln: Beuth-Verlag 1964.

[8/5] DIN 3993: Geometrische Auslegung von zylindrischen Innenradpaaren mit Evolventenverzahnungen, Grundregeln. Berlin, Köln: Beuth-Verlag, August 1981.

Bücher, Dissertationen

[8/6] Roth, K.: Konstruieren mit Konstruktionskatalogen. Band I Konstruktionslehre, 3. Auflage 2000; Band II Konstruktionskataloge, 3. Auflage 2001; Band III Verbindungen und Verschlüsse, Lösungsfindung, 2. Auflage 1996. Berlin, Heidelberg, New York: Springer

[8/7] Niemann, G., Winter, H.: Maschinenelemente Band II, 2. Auflage. Berlin, Heidelberg, New York: Springer 1983.

[8/8] Zimmer, H.-W.: Verzahnungen I, Stirnräder mit geraden und schrägen Zähnen. Werkstattbücher. Berlin, Heidelberg, New York: Springer 1968.

Zeichen und Benennungen

a Achsabstand eines Stirnradpaares stets als Betriebsachsabstand im Stirnschnitt

a_d Null-Achsabstand (Summe der Teilkreishalbmesser)

a_v Verschiebungs-Achsabstand (Stirnschnitt)

a_0 Achsabstand im Erzeugungsgetriebe

a'' Zweiflanken-Wälzabstand

b Zahnbreite

b_M Berührgeraden-Überdeckung (bei Zahnweitenmessungen)

c Kopfspiel

c_F Formübermaß

c_P Kopfspiel zwischen Bezugsprofil und Gegenprofil

c^* Kopfspielfaktor

d Teilkreisdurchmesser

d_a Kopfkreisdurchmesser

d_{aE} Erzeugter Kopfkreisdurchmesser

d_{aM} Kopfkreisdurchmesser bei überschnittenen Stirnrädern

d_b Grundkreisdurchmesser

d_{b0} Schneidrad-Grundkreisdurchmesser

d_f Fußkreisdurchmesser (Nennmaß)

d_{fE} Erzeugter Fußkreisdurchmesser

d_{f0} Schneidrad-Fußkreisdurchmesser

$d_{Ff(0)}$ Fuß-Formkreisdurchmesser

d_n Ersatz-Teilkreisdurchmesser

d_v V-Kreis-Durchmesser

d_{vE} V-Kreis-Durchmesser bei der Erzeugung

d_w Wälzkreisdurchmesser

d_y Y-Kreis-Durchmesser

d_{Fa} Kopf-Formkreisdurchmesser

d_{Fa0} Kopf-Formkreisdurchmesser des Schneidrades

d_{Ff} Fuß-Formkreisdurchmesser

d_K Durchmesser des Kugelmittelpunkt-Kreises

d_M Meßkreisdurchmesser (an Berührstelle mit Meßgerät)

d_{Na} Kopf-Nutzkreisdurchmesser

d_{Nf} Fuß-Nutzkreisdurchmesser

$d_{Nf(0)}$ Fuß-Nutzkreisdurchmesser, erzeugt durch Werkzeug, z.B. Schneidrad

e Lückenweite auf dem Teilzylinder

e_a Lückenweite auf dem Kopfzylinder

e_b Grundlückenweite (auf dem Grundzylinder)

e_f Lückenweite auf dem Fußzylinder

e_v Lückenweite auf dem V-Zylinder

e_y Lückenweite auf dem Y-Zylinder

e_P Lückenweite des Stirnrad-Bezugsprofils

f Einzelabweichung

f_b Grundkreisabweichung

f_e Außermittigkeit

f_{fE} Erzeugenden-Formabweichung

$f_{f\alpha}$ Profil-Formabweichung

$f_{f\beta}$ Flankenlinien-Formabweichung

f_i' Einflanken-Wälzsprung

f_i'' Zweiflanken-Wälzsprung

f_k' Kurzwellige Anteile der Einflanken-Wälzabweichungen

f_l' Langwelliger Anteil der Einflanken-Wälzabweichung

f_p Teilungs-Einzelabweichung

f_{pe} Eingriffsteilungs-Abweichung

f_{px} Axialteilungs-Abweichung

f_{pz} Steigungshöhen-Abweichung

f_{pS} Teilungsspannen-Einzelabweichung

f_r Rundlaufabweichung einer Verzahnung, am überschnittenen Kopfzylinder gemessen

f_{rw} Rundlaufabweichung aller rotierenden Teile

f_{rW} Rundlaufabweichung der Welle

f_{rB} Rundlaufabweichung der Buchse

f_{rLi} Rundlaufabweichung Wälzlager-Innenring

f_{rLa} Rundlaufabweichung Wälzlager-Außenring

f_u	Teilungssprung
$f_{w\alpha}$	Profil-Welligkeit
$f_{w\beta}$	Flankenlinien-Welligkeit
f_{HE}	Erzeugenden-Winkelabweichung
$f_{H\alpha}$	Profil-Winkelabweichung
$f_{H\beta}$	Flankenlinien-Winkelabweichung
f_α	Eingriffswinkelabweichung
f_β	Schrägungswinkelabweichung
f_σ	Kreuzungswinkel zwischen Verzahnungsachse und Radführungsachse
$f_{\Sigma\beta}$	Achsschränkung
$f_{\Sigma\delta}$	Achsneigung
g	Eingriffsstrecke
g_a	Länge der Austritt-Eingriffsstrecke
g_f	Länge der Eintritt-Eingriffsstrecke
g_α	Länge der Eingriffsstrecke (gesamte)
$g_{\alpha a}$	Länge der Kopfeingriffsstrecke
$g_{\alpha f}$	Länge der Fußeingriffsstrecke
$g_{\alpha Y}$	Abstand eines Punktes Y vom Wälzpunkt C
g_β	Sprung
h	Zahnhöhe (zwischen Kopf- und Fußlinie)
h_a	Zahnkopfhöhe
h_{aP}	Kopfhöhe des Stirnrad-Bezugsprofils
h_{aP0}	Kopfhöhe des Werkzeug-Bezugsprofils
h_c	Zahnhöhe des Fußgrundes
h_f	Zahnfußhöhe
h_{fP}	Fußhöhe des Stirnrad-Bezugsprofils
h_{fP0}	Fußhöhe des Werkzeug-Bezugsprofils
h_{pr}	Protuberanz-Zahnhöhe
h_w	Gemeinsame Zahnhöhe eines Stirnradpaares
h_{wP}	Gemeinsame Zahnhöhe von Bezugsprofil und Gegenprofil
h_F	durch Formkreise begrenzte nutzbare Zahnhöhe
h_{FaP0}	Kopf-Formhöhe des Werkzeug-Bezugsprofils
h_{Ff}	Zahnfuß-Formhöhe
h_{FfP}	Fuß-Formhöhe des Stirnrad-Bezugsprofils
h_{FfP0}	Fuß-Formhöhe des Werkzeug-Bezugsprofils
h_{FK}	Kantenbrechflanken-Formhöhe
h_K	Radialbetrag des Kopfkantenbruchs oder der Kopfkantenrundung
h_P	Zahnhöhe des Bezugsprofils
h_{Na}	Zahnkopf-Nutzhöhe
h_{Nf}	Zahnfuß-Nutzhöhe
h_P	Zahnhöhe des Stirnrad-Bezugsprofils
$\bar{h}_a$	Höhe über der Sehne $\bar{s}_n$
h_c	Zahnhöhe des Fußgrundes (Zahngrundhöhe)
$\bar{h}_c$	Höhe über der konstanten Sehne $\bar{s}_c$
i	Toleranzfaktor ($N < 500$ mm)
i	Übersetzung
i_ω	Momentane Übersetzung
$i_{\omega m}$	Mittlere Übersetzung
i_M	Drehmomentenverhältnis
i_{1s}	Übersetzung (Drehzahlverhältnis von Rad 1 zum Steg)
i_{s1}	Übersetzung (Drehzahlverhältnis vom Steg zu Rad 1)
int	Integerfunktion
inv	Evolventenfunktion
j	Flankenspiel
j_n	Normalflankenspiel
j_r	Radialspiel
j_t	Drehflankenspiel
k	Anzahl der Zähne oder Teilungen in einem Bereich
k	Kopfhöhenänderung
k	Meßzähnezahl (Meßlückenzahl) bei der Zahnweitenmessung
l	Länge der Berührlinie für kleinere Zahnbreite
l_i	Teilstücke der Gesamtberührungslinie
m	Modul (Durchmesserteilung)
m_b	Grundmodul
m_n	Normalmodul
m_t	Stirnmodul
m_x	Axialmodul
n	Drehzahl (Drehfrequenz)
n	Toleranzklasse (Qualität)
n_a	Drehzahl (Drehfrequenz) des treibenden Rades
n_b	Drehzahl (Drehfrequenz) des getriebenen Rades
n_s	Drehzahl des Steges
n_s	Hüllschnittzahl
p	Teilung auf dem Teilzylinder
p_a	Teilung am Kopfzylinder
p_b	Teilung auf dem Grundzylinder
p_e	Eingriffsteilung
p_k	Teilungsspanne (Teilungssumme)
p_n	Normalteilung
p_s	Teilung auf der Zeichenschablone
p_t	Stirnteilung, Teilkreisteilung
p_v	Teilung auf dem V-Zylinder
p_x	Axialteilung
p_y	Teilung auf dem Y-Zylinder
p_z	Steigungshöhe

pr	Protuberanzbetrag
q	Bearbeitungszugabe auf den Stirnrad-Zahnflanken
r	Teilkreishalbmesser
r_a	Kopfkreishalbmesser
r_b	Grundkreishalbmesser
r_e	Exzentrizität
r_f	Fußkreishalbmesser
$\bar{r}_n$	Ersatz-Teilkreishalbmesser Verfahren 3
r_{nx}	Ersatz-Teilkreishalbmesser Verfahren 2
$r_{n\beta}$	Ersatz-Teilkreishalbmesser Verfahren 1
r_v	V-Kreis-Halbmesser
r_w	Wälzkreishalbmesser
r_y	Y-Kreis-Halbmesser
r_{Fa}	Kopf-Formkreishalbmesser
r_{Ff}	Fuß-Formkreishalbmesser
r_H	Wirksamer Hebelarm am Abtriebsrad
r_N	Nutzkreishalbmesser
$r_{Nf(0)}$	Fuß-Nutz-Kreishalbmesser, erzeugt durch bestimmtes Werkzeug
s	Zahndicke auf dem Teilzylinder
s_a	Zahndicke auf dem Kopfzylinder
s_{aK}	Restzahndicke am Zahnkopf bei Kopfkantenbruch oder Kopfkantenrundung
s_b	Grundzahndicke (auf dem Grundzylinder)
s_v	Zahndicke auf dem V-Zylinder
s_w	Zahndicke auf dem Wälzzylinder
s_y	Zahndicke auf dem Y-Zylinder
s_P	Zahndicke des Stirnrad-Bezugsprofils
$\bar{s}$	Zahndickensehne
$\bar{s}_c$	Konstante Sehne
u	Zähnezahlverhältnis
v	Lineare Geschwindigkeit
v_g	Gleitgeschwindigkeit
v_{ga}	Gleitgeschwindigkeit am Zahnkopf
v_{gf}	Gleitgeschwindigkeit am Zahnfuß
v_n	Geschwindigkeit normal zur Berührungstangente
v_r	Geschwindigkeit in Richtung der Berührungstangente
v_t	Tangentialgeschwindigkeit, Umfangsgeschwindigkeit
w	Umrechnungsgröße (Zoll, mm)
x	Profilverschiebungsfaktor
x_n	Profilverschiebungsfaktor für Normalschnitt
x_s	Profilverschiebungsfaktor für Spitzengrenze
x_t	Profilverschiebungsfaktor für Stirnschnitt
x_{unx}	Profilverschiebungsfaktor bei Unterschnittgrenze für Normalschnitt nach Verfahren 2
x_E	Erzeugungs-Profilverschiebungsfaktor
x_{Em}	Mittlerer Erzeugungs-Profilverschiebungsfaktor
$x_{E\,min}$	Erzeugungs-Profilverschiebungsfaktor bei Unterschnittgrenze
x_0	Profilverschiebungsfaktor des Schneidrades
x''	Profilverschiebungsfaktor bei Zweiflanken-Wälzeingriff
y	Teilkreisabstandsfaktor
z	Zähnezahl
$z(t)$	Zähnezahl (Stirnschnitt besonders betont)
z_a	Zähnezahl des treibenden Rades
z_b	Zähnezahl des getriebenen Rades
z_{nx}	Ersatzzähnezahl für Profilverschiebungs-Berechnungen
z_{nM}	Ersatzzähnezahl für Kugel- oder Rollenmaße
z_{nW}	Ersatzzähnezahl für Zahnweiten-Berechnungen
z_s	Zähnezahl für Spitzengrenze
z_u	Zähnezahl für Unterschnittsbeginn
z_0	Zähnezahl des Schneidrades
A	Feldlagen-Abmaß
A	Anfangspunkt des Eingriffs
A_a	Achsabstandsabmaß
A_a''	Abmaß des Zweiflanken-Wälzabstandes
A_{da}	Kopfkreisdurchmesser-Abmaß bei überschnittenen Stirnrädern
A_e	Oberes Grenzabmaß
A_i	Unteres Grenzabmaß
A_s	Zahndickenabmaß (auf dem Teilzylinder)
A_{swn}	Ist-Abmaß der Zahndicke aus den Meßwerten der Kopfkreisdurchmesser bei überschnittenen Außenstirnrädern
A_{sy}	Zahndickenabmaß am Y-Zylinder
$A_{\bar{s}}$	Abmaß der Zahndickensehne
$A_{\bar{s}v}$	Abmaß der Zahndickensehne auf dem V-Kreis
A_B	Abmaß durch Form- und Maßabweichungen der Bauteile
A_E	Abmaß durch Abweichungen aufgrund der Elastizität
A_F	Abmaße durch Verzahnungseinzelabweichungen
A_{Frw}	Abmaß durch umlaufende Exzentrizitäten

A_{Md}	Abmaß des diametralen Zweikugel- oder Zweirollenmaßes
A_{Mr}	Abmaß des radialen Einkugel- oder Einrollenmaßes
A_{SL}	Abmaß durch Lagerspiel
A_W	Zahnweitenabmaß
$A_{\Sigma\beta}$	Abmaß durch Unparallelität der Bohrungen
A_δ	Abmaß durch Erwärmung
B	Innerer Einzeleingriffspunkt am treibenden Rad
C	Wälzpunkt
D	Geometrisches Mittel aus den Grenzen des Nennmaßbereichs
D	Äußerer Einzeleingriffspunkt am treibenden Rad
D_e	Obere Grenze des Nennmaßbereichs
D_i	Untere Grenze des Nennmaßbereichs
D_M	Meßkugel- oder Meßrollendurchmesser
E	Endpunkt des Eingriffs
F	Die Reibung verursachende Kraft
F	Summenabweichung, Gesamtabweichung
F_i'	Einflanken-Wälzabweichung
F_i''	Zweiflanken-Wälzabweichung
F_p	Teilungs-Gesamtabweichung
F_{pk}	Teilungs-Summenabweichung (Summe über k Teilungen)
F_{pkS}	Teilungsspannen-Summenabweichung (über k Spannen)
$F_{pz/8}$	Teilungs-Summenabweichung (Summe über k = z/8 Teilungen)
F_{pS}	Teilungsspannen-Gesamtabweichung
F_r	Rundlaufabweichung einer Verzahnung, in den Zahnlücken gemessen
F_{rR}	Rundlaufabweichung an der Rad-Rückseite
F_{rV}	Rundlaufabweichung an der Rad-Vorderseite
F_r''	Wälz-Rundlaufabweichung
F_E	Erzeugenden-Gesamtabweichung
F_N	Normalkraft
F_R	Reibkraft
F_α	Profil-Gesamtabweichung
F_β	Flankenlinien-Gesamtabweichung
F_1, F_2	Schnittpunkte der Eingriffslinie mit den Fuß-Formkreisen der Räder 1 und 2
FS	Fußfreischnitt
G	Evolventenpunkt am Radius r_{Ff}
I	Toleranzfaktor (N > 500 mm)
K	Klassenfaktor zur Berechnung einer Grundtoleranz
K	Störfaktor
K_g	Gleitfaktor
K_{ga}	Gleitfaktor am Zahnkopf
K_{gf}	Gleitfaktor am Zahnfuß
L	Meßpunkteabstand
L	Prüfbereich
L	Lenker
L_a	Wälzlänge vom Evolventenursprung zum Zahnkopf
L_f	Wälzlänge vom Evolventenursprung zum Zahnfuß
L_Y	Wälzlänge zum Punkt Y
L_E	Erzeugenden-Prüfbereich
L_G	Lagermitten-Abstand an einer Radachse
L_α	Profil-Prüfbereich
L_β	Flankenlinien-Prüfbereich
M	Meßwert
M_{abtr}	Abtriebsmoment
M_{antr}	Antriebsmoment
M_{dK}	Diametrales Zweikugelmaß
M_{dR}	Diametrales Zweirollenmaß
M_p	Meßwert einer Teilungsmessung
M_{rK}	Radiales Einkugelmaß
M_{rR}	Radiales Einrollenmaß
N	Nummer eines Zahnes oder einer Teilung
Null-Rad	Stirnrad ohne Profilverschiebung
O	Kreismittelpunkt
P	Berührpunkte (z.B. zwischen Meßkugel und Zahnflanke)
P	Diametral Pitch
P	Passung
P_e	Höchstpassung
P_i	Mindestpassung
P_{jt}	Paßtoleranz des Flankenspiels
P_S	Spiel (beim Längen-Paßsystem)
P_T	Paßtoleranz
$P_Ü$	Übermaß
R	Schwankung
R_j	Flankenspielschwankung
R_p	Teilungsschwankung
R_s	Zahndickenschwankung
$R_{\bar{s}}$	Zahndickensehnen-Schwankung
R_{Md}	Schwankung des diametralen Zweikugel- oder Zweirollenmaßes
R_{Mr}	Schwankung des radialen Einkugel- oder Einrollenmaßes
R_W	Zahnweitenschwankung
S_L	Radiallagerspiel
S_R	Spiel Zapfen/Bohrung
T	Berührpunkt der Tangente am Grundkreis

T	Maß-Toleranz
T_a	Achsabstandstoleranz
$T_{a''}$	Toleranz des Zweiflanken-Wälzabstandes
T_{da}	Kopfkreisdurchmesser-Toleranz bei überschnittenen Stirnrädern
T_g	ISO-Grundtoleranz
T_s	Zahndickentoleranz
$T_{\bar{s}}$	Toleranz der Zahndickensehne
T_{Md}	Toleranz des diametralen Zweikugel- oder Zweirollenmaßes
T_{Mr}	Toleranz des radialen Einkugel- oder Einrollenmaßes
T_W	Zahnweitentoleranz
U	Evolventenursprungspunkt
V-Rad	Stirnrad mit Profilverschiebung
W_d	Anteil der Zahnweite ohne Profilverschiebung
W_k	Zahnweite über k Meßzähne oder Meßlücken
W_x	Anteil der Zahnweite durch Profilverschiebung
Y	Beliebiger Punkt auf einer Zahnflanke oder Evolvente
α	Eingriffswinkel
α_a	Profilwinkel am Kopfzylinder
α_n	Normaleingriffswinkel
α_{nK}	Normaleingriffswinkel der Kantenbruch-Evolvente
α_{pr}	Protuberanz-Profilwinkel
α_t	Stirneingriffswinkel
α_{tK}	Stirneingriffswinkel der Kantenbruch-Evolvente
α_{t0}	Stirneingriffswinkel im Erzeugungsgetriebe
α_v	Profilwinkel am V-Zylinder
α_{wn0}	Profilwinkel am Wälzzylinder im Normalschnitt des Erzeugungsgetriebes
α_{wt}	Betriebseingriffswinkel
α_{wt0}	Betriebseingriffswinkel im Erzeugungsgetriebe
α_y	Profilwinkel am Y-Zylinder
α_{Ff}	Profilwinkel am Fuß-Formkreis
α_K	Profilwinkel der Kantenbruchflanke
α_K	Profilwinkel am Kugelmittelpunkt-Kreis
α_{Kt}	Profilwinkel im Stirnschnitt am Kugelmittelpunkt-Kreis
α_M	Profilwinkel am Meßkreis
α_{Mt}	Profilwinkel im Stirnschnitt am Meßkreis
α_{Nf}	Profilwinkel am Fuß-Nutzkreis
α_P	Profilwinkel des Stirnrad-Bezugsprofils
α''	Betriebseingriffswinkel bei Zweiflanken-Wälzprüfung
β	Schrägungswinkel
β_b	Grundschrägungswinkel
β_v	Schrägungswinkel auf dem V-Zylinder
β_w	Schrägungswinkel auf dem Wälzzylinder
β_y	Schrägungswinkel auf dem Y-Zylinder
β_M	Schrägungswinkel am Meßkreis
γ	Steigungswinkel
γ	Steigungswinkel auf dem Teilzylinder
γ_b	Grundsteigungswinkel
δ	Polarwinkel, Winkel zur Berechnung der Eingriffsstörung
ε	Winkel, Berechnung der Eingriffsstörung
ε	Überdeckung
ε_α	Profilüberdeckung
$\varepsilon_{\alpha f}$	Eintritt-Profilüberdeckung
$\varepsilon_{\alpha a}$	Austritt-Profilüberdeckung
ε_β	Sprungüberdeckung
ε_γ	Gesamtüberdeckung
ζ	Spezifisches Gleiten
ζ_f	Spezifisches Gleiten im Endpunkt der Eingriffsstrecke
η	Zahnlücken-Halbwinkel am Teilkreis
η	Verzahnungs-Wirkungsgrad
η_b	Grundlücken-Halbwinkel
η_f	Zahnlücken-Halbwinkel am Fußkreis
η_v	Zahnlücken-Halbwinkel am V-Kreis
η_w	Zahnlücken-Halbwinkel am Wälzkreis
η_y	Zahnlücken-Halbwinkel am Y-Kreis
η_{12}	Wirkungsgrad, Rad 1 treibend
η_{21}	Wirkungsgrad, Rad 2 treibend
κ	Auslenkwinkel, Kopfrücknahmewinkel
λ	Übertragungsfaktor
λ_N	Übertragungsfaktor für Normalkraft
λ_R	Übertragungsfaktor für Reibkraft
μ	Reibwert
μ_w	Betriebsreibwert
μ_k	Klemmreibwert
ν	Winkel, Berechnung der Eingriffsstörung
ξ	Wälzwinkel der Evolvente
ξ_a	Wälzwinkel der Evolvente am Zahnkopfende
ξ_f	Wälzwinkel der Evolvente am Zahnfußende

ξ_{wt0}	Wälzwinkel am Erzeugungswälzkreis
ξ_y	Wälzwinkel der Evolvente im Punkt Y
ξ_{Fa0}	Wälzwinkel am Kopf-Formkreis des Schneidrades
ξ_{Ff}	Wälzwinkel am Fuß-Formkreis
ξ_{Na}	Wälzwinkel am Kopf-Nutzkreis
ξ_{Nf}	Wälzwinkel am Fuß-Nutzkreis
ρ	Krümmungshalbmesser, Rundungshalbmesser
ρ_{an}	Kopfkanten-Rundungshalbmesser im Stirnrad-Normalschnitt
ρ_{aP0}	Kopfkanten-Rundungshalbmesser des Werkzeug-Bezugsprofils
ρ_{a0}	Kopfkanten-Rundungshalbmesser am Werkzeug
ρ_f	Zahnfußradius
ρ_{fP}	Fußrundungsradius des Stirnrad-Bezugsprofils
ρ_y	Krümmungsradius der Evolvente im Punkt Y
ρ_μ	Reibungswinkel
τ	Teilungswinkel
φ	Überdeckungswinkel
φ	Zentriwinkel
φ_e	Zentriwinkel zwischen den Höchstwerten der Rundlaufabweichung F_{rV} und F_{rR}
φ_α	Profil-Überdeckungswinkel
φ_β	Sprung-Überdeckungswinkel
φ_γ	Gesamt-Überdeckungswinkel
ψ	Zahndicken-Halbwinkel am Teilkreis
ψ_a	Zahndicken-Halbwinkel am Kopfkreis
ψ_b	Grunddicken-Halbwinkel
ψ_n	Ersatz-Zahndicken-Halbwinkel
ψ_v	Zahndicken-Halbwinkel am V-Kreis
ψ_w	Zahndicken-Halbwinkel am Wälzkreis
ψ_y	Zahndicken-Halbwinkel am Y-Kreis
ω	Winkelgeschwindigkeit
ω_a	Momentane Winkelgeschwindigkeit des treibenden Rades
ω_{am}	Mittlere Winkelgeschwindigkeit des treibenden Rades
ω_b	Momentane Winkelgeschwindigkeit des getriebenen Rades
ω_{bm}	Mittlere Winkelgeschwindigkeit des getriebenen Rades
ΔW	Längendifferenz bei der Zahnweitenmessung
$\Delta\varphi$	Drehwinkel-Unterschied
Σ	Achsenwinkel
Σx	Summe der Profilverschiebungsfaktoren
Σz	Summe der Zähnezahlen

Indizes

-	ohne Index: Größen am Teilzylinder
a	für Größen am Zahnkopf oder für das treibende Rad oder auf den Achsabstand bezogen
b	für Größen am Grundzylinder oder für das getriebene Rad
e	für Größen in der Eingriffsebene oder für eine obere Grenze oder bei Außermittigkeit
f	für Größen am Zahnfuß
g	für "Gleiten"
i	für eine untere Grenze oder auf "Übersetzung" bezogen
k	für eine Anzahl von Zähnen, Teilungen oder Spannen
k	für Klemmreibwert und Klemm-Reibungswinkel
l	für "linkssteigend" bzw. "im Sinne einer Linksschraube"
m	für einen Mittelwert
max	für einen Höchstwert
min	für einen Mindestwert
n	für Größen im Normalschnitt (auch für Ersatz-Geradverzahnung einer Schrägverzahnung)
n_β, n_x	für Ersatz-Geradverzahnungen nach Verfahren 1 und 2
p	für Teilungs-Abweichungen
p	bezogen auf Planetenrad
pr	für Größen an der Protuberanz
r	für "rechtssteigend" bzw. "im Sinne einer Rechtsschraube" oder für "Rundlaufabweichung"
s	bezogen auf "Zahndicke"; bezogen auf Steg, auf Zeichenschablone
t	für Größen im Stirnschnitt oder in Tangentialrichtung
u	für einen Teilungssprung; für Unterschnitt
v	für Größen am V-Zylinder
w	für Größen am Wälzzylinder bzw. gemeinsame Größen eines Radpaares oder für "Welligkeit"
x	für Größen im Axialschnitt (in Richtung der Radachse) oder bezogen auf Profilverschiebung
y	für Größen an einem Punkt Y (am Y-Zylinder)
z	bezogen auf einen Zahn oder die Zähnezahl
zul	zulässiger Grenzwert
B	bezogen auf Bauteile
E	bezogen auf "Erzeugung" (z.B. am Stirnrad erzeugte Größen) bzw.

E	"Erzeugende"; bezogen auf Elastizität
F	für Formkreise (den maximal nutzbaren Flankenbereich bestimmende Größen)
H	Winkelabweichung im Flankenprüfbild
K	für Größen an Kantenbruch- oder Kantenbrechflanken bzw. bei Kugelmaßen
L	zur Bezeichnung eines Lehrzahnrades oder von Linksflanken
M	zur Bezeichnung eines Meßwertes; in bezug auf das Moment
N	für Nutzkreise (den vom Gegenrad genutzten (aktiven) Flankenbereich bestimmende Größen); bezüglich Normalkraft
P	für Größen des Stirnrad-Bezugsprofils
P0	für Größen des Werkzeug-Bezugsprofils
R	für Rückseite, zur Bezeichnung von Rechtsflanken oder von Größen bei einer Rollenmessung; bezüglich Reibkraft
S	für eine Teilungsspanne
SL	für Lagerspiel
V	für Vorderseite, für Vor-Verzahnwerkzeug, für Stirnrad-Vorverzahnung
W	für Zahnweiten-Messung
α	für Größen oder Abweichungen in einer Stirnschnittebene oder den Eingriff betreffend
β	für Größen oder Abweichungen an einer Flankenlinie
γ	für Gesamtüberdeckung
δ	für Neigung; für Temperatur
σ	für Taumeln
Σ	für Achsenwinkel
$\Sigma\beta$	für Unparallelität
0	für Größen am erzeugenden Werkzeug oder im Erzeugungsgetriebe
1	für Größen an dem kleineren Rad einer Radpaarung
2	für Größen an dem größeren Rad einer Radpaarung
'	für Größen bei Einflankeneingriff
"	für Größen bei Zweiflankeneingriff
*	zur Bezeichnung eines Faktors, mit dem eine Größe in Teilen oder Vielfachen des Normalmoduls oder der Zähnezahl ausgedrückt wird oder zur Bezeichnung eines Abmaßfaktors

Wenn sich aus dem Zusammenhang eine gewisse Eindeutigkeit ergibt, werden häufig Indizes eingespart. Es ist dann:

Bezeichnung	Bedeutung	Bezeichnung	Bedeutung
a	a_w, a_{wt}	h_f^*	h_{fn}^*, h_{ft}^*
d	d_t	h_{aP}^*	h_{aPn}^*
d_b	d_{bt}	h_{fP}^*	h_{fPn}^*
d_a	d_{at}	h_{FfP}^*	h_{FfPn}^*
d_f	d_{ft}	⋮	⋮
⋮	⋮	m	m_n
h_a	h_{an}, h_{at}	x	x_n
h_f	h_{fn}, h_{ft}	z	z_t
h_a^*	h_{an}^*, h_{at}^*		

Sachverzeichnis

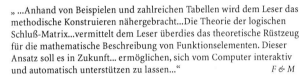

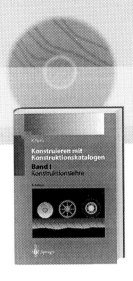

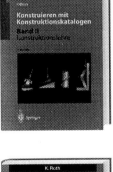

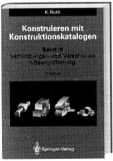

Druck: Saladruck, Berlin
Verarbeitung: Buchbinderei Lüderitz & Bauer, Berlin